国际焊接工程师培训教程

第二册　材料及材料焊接行为

机械工业哈尔滨焊接技术培训中心（WTI）编

钱　强　主编

中国科学技术出版社

·北　京·

图书在版编目（CIP）数据

国际焊接工程师培训教程. 第二册，材料及材料焊接行为 / 机械工业哈尔滨焊接技术培训中心（WTI）编；钱强主编 . -- 北京：中国科学技术出版社，2023.3

ISBN 978-7-5046-9886-5

Ⅰ . ①国… Ⅱ . ①机… ②钱… Ⅲ . ①焊接 – 技术培训 – 教材 Ⅳ . ① TG4

中国版本图书馆 CIP 数据核字（2022）第 221406 号

《国际焊接工程师培训教程》
编委会

主　编　钱　强

副主编　徐林刚　常凤华　陈　宇

主　审　解应龙

副主审　李慕勤　闫久春　方洪渊　朴东光

本册编委会

主　编　徐林刚

副主编　何珊珊

主　审　闫久春

编审人员（按姓氏笔画排序）

王龙权　邓义刚　司晓庆　吕适强

庄明辉　闫久春　李　淳　李慕勤

何珊珊　张　岩　陈玉华　俞韶华

钱　强　徐林刚　黄春平　常凤华

梁志敏

注：编审人员详细情况见《第四册　焊接生产及应用》中"《国际焊接工程师培训教程》全四册编审人员"一览表。

序

随着全球经济一体化的不断发展，通过消除各国之间包括人员资质在内的技术壁垒，可以大大促进我国制造业的国际合作。焊接是机械工程行业在全球最早实现资质统一的专业，国际焊接学会（IIW）于1998年建立了国际统一的焊接人员培训与资格认证体系，截至目前，已实现国际焊接工程师（IWE）、国际焊接技师（IWS）等7类焊接人员全球范围内的培训、考试及资格认证的统一。

我国于2000年获得IIW的授权，在全国范围内推广和实施国际焊接培训及资格认证体系。成立于1984年的机械工业哈尔滨焊接技术培训中心，在中德政府开展合作项目期间成功引入德国及欧洲焊接人员培训与资格认证体系，为我国获得国际授权奠定了坚实基础。作为首家授权培训机构，获得授权20年来，机械工业哈尔滨焊接技术培训中心共举办各类国际资质人员培训班600多期，培训认证IWE等7类国际资质人员25000多人，除西藏自治区，全国各省（自治区、直辖市）均有人员参加学习。据国际焊接学会国际授权委员会（IIW-IAB）统计，我国国际资质人员培训认证累计人数居全球第二，其中IWE累计认证人数居全球第一。

我国推广国际化的焊接培训与资格认证体系，可以提高焊接专业人员的水平，培养一批了解、熟悉并掌握国际焊接标准和最新技术的人才，促进我国高校及职业院校焊接人才培养与国际接轨，为我国焊接企业开展国际企业认证提供人才保证，助力我国制造业高质量发展。

《国际焊接工程师培训教程》作为IWE培训使用的内部培训教程，经过20余年的编写与修订，很好地满足了IWE培训的需要。该培训教程此次正式出版，必将促进国际焊接培训认证体系在我国的推广。借此机会感谢积极支持和推广国际化焊接培训与资格认证体系的各界人士！感谢参与此书编审工作的全体人员！

中国机械工程学会　监事长

IIW授权（中国）焊接培训与资格认证委员会（CANB）执委会主席

2021年12月

前　言

国际焊接学会（IIW）于 1998 年建立了国际统一的焊接人员培训与资格认证体系，截至目前，已实现国际焊接工程师（IWE）、国际焊接技术员（IWT）等七类焊接人员全球范围内的培训、考试及资格认证的统一。其中，IWE 是 ISO 14731 标准中所规定的最高层次的焊接技术和质量监督人员，是焊接相关企业获得国际质量认证的关键要素之一，他们可以负责焊接结构设计、工艺制定、生产管理、质量保证、研究和开发等方面的技术工作，在企业中起着极其重要的作用。

我国于 2000 年得到 IIW 的授权，开始在全国推广和实施国际焊接培训认证体系。为满足 IWE、IWT 等培训及认证的需求，编委会组织编写了国际焊接资质人员系列培训教程。这套《国际焊接工程师培训教程》是根据 IIW 最新培训规程 IAB-252R5-19 要求编写的，共四册，总计 300 余万字。本教程系统地讲授了焊接相关基础理论，介绍了与焊接技术及生产相关的国际标准（ISO）、欧洲标准（EN）、美国标准（ASME）、德国标准（DIN）和中国标准（GB）及相关规程，且标准介绍与理论和生产实际相互融合；密切结合生产实际，突出实用性；汇集了国际先进的焊接技术、科研成果及焊接生产实践经验。

本套 IWE 培训教程由机械工业哈尔滨焊接技术培训中心（WTI）组织编写，除 WTI 的专家和教师，还邀请了参与在校生 IWE 联合培养的哈尔滨工业大学等高校的教授和来自制造业各领域的焊接工程专家参与编审工作。在此向参与编审工作的所有人员表示衷心的感谢！

编者在教程编写中援引了大量参考文献，包括我们的长期合作伙伴德国焊接培训与研究所（GSI SLV）的相关培训资料，这里向文献的所有原作者表示衷心的感谢！

本培训教程除用于 IWE 的培训使用，还可作为 IWT 培训教材使用，也可作为从事焊接工作的各类人员的参考书籍。

书中不当之处在所难免，欢迎学员和读者指正并提出宝贵意见。

编　者
2021 年 12 月

目 录
CONTENTS

—— 第 **1** 章 ——

金属的结构和性能

编写：梁志敏　审校：张岩

相同成分的金属材料，经不同加工处理后改变其内部的组织结构，也可以极大地改变其性能。固态金属和合金通常都是晶体，本章从原子结构、晶体结构和缺陷、微观组织、性能以及材料的变形和再结晶等方面介绍金属材料的基础知识，为后续各章节的学习打下基础。

1.1 金属原子结构和原子间作用力

物质是由原子组成的。原子由带正电的质子和电中性的中子组成的原子核，以及核外的带负电的电子所构成。原子的体积很小，其直径约为 10^{-10} m 数量级，而其原子核直径更小，仅为 10^{-15} m 数量级。但原子的质量主要集中在原子核内，单个质子和中子的质量约为 1.67×10^{-24} g，而电子的质量约为 9.11×10^{-28} g，仅为质子的 1/1836。电子在原子核外做高速旋转运动。电子运动没有确定的轨道，但可根据电子的能量高低，用统计方法判断其在核外空间某一区域出现的概率大小。能量低的电子在离核近的区域运动，能量高的电子在离核远的区域运动。最外层电子的能量高，与原子核作用力小，这样的电子通常称为价电子。

金属原子的结构特点是，其最外层的电子数很少，一般为 1~2 个，最多不超过 4 个。由于这些外层电子与原子核的结合力弱，所以很容易脱离原子核的束缚而变为自由电子，此时原子变为正离子。当金属原子聚集在一起时，全部或大部分的价电子脱离原子核的束缚，为整个原子基体所公有，称之为电子云。这些价电子成为自由电子，已不再只围绕自己的原子核运动，而是与其他所有的价电子一起在共有的原子核周围按量子力学规律运动。贡献出价电子的原子变成正离子，沉浸在电子云中，它们依靠运动于其间的公有化的自由电子的静电作用结合起来，这种结合方式称为金属键，如图 1.1 所示。绝大多数金属均以金属键方式结合，其基本特点是电子的公有化。

在固态金属中各相邻原子之间的相互作用力比较复杂，包括正离子与周围自由电子间的吸引力、正离子与正离子以及电子与电子之间的排斥

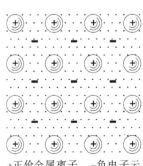

+正价金属离子　−负电子云

图 1.1　金属键示意图

力。图 1.2 所示为两个原子之间相互作用的力的情况。吸引力使两原子靠近（r_A 为两原子间吸引力最大时的距离），而排斥力却使两原子分开，它们的大小都随原子间距离的变化而变化。在平衡位置（图 1.2 中 d_0）处，吸引力与排斥力相等，此时结合力为零，系统势能最低。为了使固态金属具有最低的能量，大量原子之间必须保持一定的平衡距离，这是固态金属中的原子区域规则排列的重要原因。

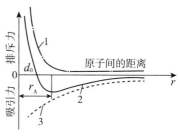

1—排斥力；2—结合力；3—吸引力

图 1.2 两个原子作用力模型

1.2 金属晶体结构

根据固态金属内部原子排列的有序性可以将其分为非晶体和晶体。在非晶体中，其原子不是按照某种规律排列，而是呈无序状态（或仅近程有序），如玻璃。非晶体材料的性能表现为各向同性。晶体是指其内部原子按照一定的规律排列，或者空间周期性重复排列。绝大部分金属和合金都属于晶体，其内部原子趋于紧密排列，构成高度对称的简单晶体结构，其性能呈各向异性。

1.2.1 晶格和晶胞

为清晰表明原子在空间排列的规律性，将构成晶体的原子抽象为几何点，称为阵点或结点。阵点可以是原子中心，也可以是彼此等同的原子群中心，各阵点周围环境相同。由这种阵点有规则地周期性重复排列所形成的三维空间阵列称为空间点阵。将阵点用直线连起来形成的空间格子，称为晶格。

在点阵中取出一个能够完整反映晶格特征的具有代表性的最小基本单元（通常是平行六面体），称为晶胞。将晶胞做三维的重复堆砌就构成了空间点阵。晶胞的 3 个方向上的边长称为点阵常数，如图 1.3 中 a、b、c 所示。晶胞的棱间夹角称为晶间夹角。

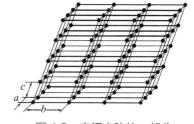

图 1.3 空间点阵的一部分

1.2.2 晶面和晶向

在晶体中，由一系列原子所组成的平面称为晶面，任意两个原子之间连线所指的方向称为晶向。不同的晶面和晶向具有不同的原子排列和不同的取向。金属的许多性质和行为都和晶面、晶向密切相关。在同一晶格的不同晶面和晶向上原子排列的疏密程度不同，因此原子结合力也就不同，从而在不同的晶面和晶向上显示出不同的性能，这就是晶体具有各向异性的原因。国际上常用米勒指数来统一标定晶面指数和晶向指数，如图 1.4 所示。

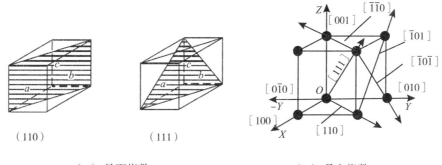

（a）晶面指数　　　　　　　　　　（b）晶向指数

图 1.4　立方晶系的晶面指数和晶向指数

1.2.3 典型的金属晶体结构

虽然晶体结构类型很多，但绝大多数金属属于以下三种。

（1）体心立方结构。晶胞是一个立方体，原子位于立方体的 8 个顶角上和立方体的中心，如图 1.5 所示。属于这种晶体类型的金属有铬（Cr）、钒（V）、钨（W）、钼（Mo）及 α–铁（α–Fe）等。

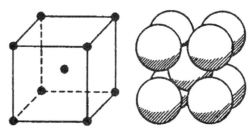

图 1.5　体心立方晶胞

（2）面心立方结构。晶胞是一个立方体，原子位于立方体的 8 个顶角上和立方体 6 个面的中心，如图 1.6 所示。属于这种晶体类型的金属有铝（Al）、铜（Cu）、铅（Pb）、镍（Ni）及 γ–铁（γ–Fe）等。

（3）密排六方结构。晶胞是一个正六方柱体，原子排列在柱体的每个顶角上和上、下底面的中心，另外 3 个原子排列在柱体内，如图 1.7 所示。属于这种晶格类型的金属有镁（Mg）、铍（Be）、镉（Cd）及锌（Zn）等。

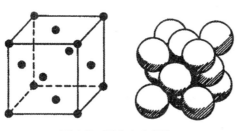

图 1.6　面心立方晶胞

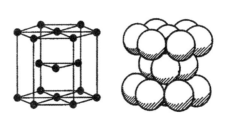

图 1.7　密排六方晶胞

1.2.4 配位数和致密度

晶胞中原子排列的紧密程度是反映晶体结构特征的一个因素，通常用配位数和致密度两个参数表征。

（1）配位数：晶体结构中与任意原子最邻近、等距离的原子数目。配位数越大，晶体中原子排列越紧密。例如，在体心立方结构中，以立方体中心原子来看，与其最邻近、等距离的原子有 8 个，所以配位数为 8。

（2）致密度：原子排列的紧密程度，可用原子所占体积（V_1）与晶胞体积（V）之比表示，称为致密度（K）。如体心立方结构的晶胞中包含 2 个原子，晶格常数为 a，原子半径为 $r = \sqrt{3}\,a/4$，其致密度为：

$$K = n\frac{V_1}{V} = \frac{2 \times \frac{4}{3}\pi r^3}{a^3} \approx 0.68$$

金属发生晶格结构变化时，其致密度也将发生改变，导致金属体积发生变化。

1.3　金属晶体缺陷

晶体点阵中的完整性只是一个理论上的概念，自然界存在的晶体总是不完整的。在实际晶体中，由于原子的热运动、晶体的形成条件、冷热加工过程以及辐射、杂质等因素的影响，晶体点阵中原子的排列不可能非常规则和完整，而是或多或少地存在着偏离完整结构的区域，出现了不完整性，通常把这种偏离完整性的区域称为晶体缺陷。对于晶体结构而言，规则的完整排列是主要的，而非完整性是次要的，但对于晶体的许多性能特别是力学性能而言，起主要作用的却是晶体的非完整性，即晶体缺陷为主要因素，晶体的完整性占次要的地位。

根据晶体缺陷的几何特征，可以将它们分为点缺陷（零维缺陷）、线缺陷（一维缺陷）、面缺陷（二维缺陷）和体缺陷（三维缺陷），如图 1.8 所示。

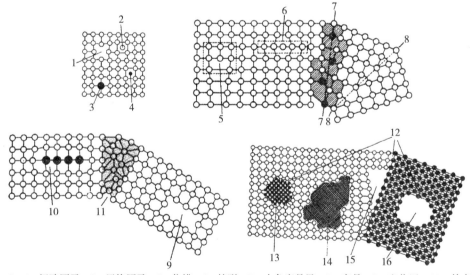

1—空位；2，4—间隙原子；3—置换原子；5—位错；6—挤裂；7—小角度晶界；8—孪晶；9—空位区；10—外来原子区；
11—大角度晶界；12—相变边界；13—沉淀析出相或弥散相；14—夹杂物；15—微裂纹；16—微孔

图 1.8　晶体缺陷

1.3.1 点缺陷

点缺陷的特征是在三维空间的各个方向上尺寸都很小，尺寸范围为一个或几个原子尺度，故称为零维缺陷，如空位、间隙原子、杂质或溶质原子等。

晶格上应该有原子的地方没有原子，那里就会出现"空洞"，这种原子堆积上的缺陷叫作"空位"。在晶格的某些空隙处出现多余的原子或挤入外来原子，则把这种缺陷叫作间隙原子，占据在原来基体原子平衡位置上的异类原子称为置换原子。

点缺陷的存在会造成点阵畸变，使内能升高，降低热力学稳定性，但点缺陷引起的畸变（不完整性）仅局限在几个原子间距范围内。点缺陷对金属的性能有一定的影响，可使金属的电阻升高、体积膨胀、密度减小。另外，过饱和点缺陷（如淬火空位、辐射缺陷）可提高金属的屈服极限。点缺陷的不断无规则运动以及空位或间隙原子不断产生和复合是扩散、相变、蠕变等过程的基础。

1.3.2 线缺陷

线缺陷的特征是在空间两个方向上尺寸都很小，另外一个方向上的尺寸相对很长，故也称一维缺陷，如位错。位错是在晶体中某处有一列或若干列原子发生有规律的错排现象，使长度达几百个甚至几万个原子间距、宽为几个原子间距范围内的原子离开其平衡位置，发生了有规律的错动。常见的位错有刃型位错和螺型位错。

位错是一种极为重要的晶体缺陷，它对金属的力学性能、扩散和相变等过程有重要的影响。不含位错的铁晶须的抗拉强度是含有位错的工业纯铁的 40 倍，且不易发生塑性变形。如果采用冷塑性变形的方法使金属中的位错增加，则金属的强度也随之提高。金属强度与位错之间的关系如图 1.9 所示，图中位错密度为 ρ 处，晶体的抗拉强度最小，相当于退火状态下的晶体强度；经过变形加工后，位错密度增加，由于位错之间的相互作用和制约，晶体的强度又上升了。

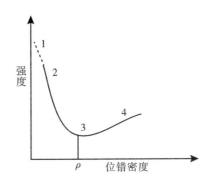

1—理论强度；2—晶须强度；3—未强化的纯金属强度；4—合金化、加工硬化或热处理的合金强度

图 1.9　金属的塑性变形抗力与位错密度的关系

1.3.3 面缺陷

面缺陷的特征是在空间一个方向上尺寸很小，另外两个方向上的尺寸很大，也称为二维缺陷。晶体面缺陷包括晶体的外表面（表面或自由界面）和内界面两类，其中的内界面又有晶界、亚晶界、

孪晶界、堆垛层错和相界等。

　　相对于理想、完整的晶体，表面通常包含几个原子层厚的区域，该区域中的原子排列及其化学成分往往不同于晶体内部。材料的许多性能，如摩擦、腐蚀、氧化、吸附、光的吸收和反射等都要受到其表面特点的影响。

　　晶体结构相同但位向不同的晶粒之间的界面称为晶粒间界，简称晶界。根据相邻晶粒之间位向差的不同，晶界又分为小角度晶界（位向差小于10°）和大角度晶界（位向差大于10°）。晶粒的位向差不同，其晶界的结构和性质也不同。现已查明，小角度晶界基本上由位错构成，大角度晶界的结构却十分复杂，目前还不是十分清楚，而多晶体金属材料中的晶界大部分属于大角度晶界。在晶粒内的原子排列有时也并不十分齐整，其中会出现位向差极小（小于2°）的亚结构，在亚结构之间有亚晶界。

　　相界是不同晶体结构的两相之间的分界面。相界的结构有三类，即共格界面、半共格界面和非共格界面，如图1.10所示。所谓共格界面是指界面上的原子同时位于两相晶格的结点上，为两种晶格所共有，界面上原子的排列规律既符合这个相晶粒内原子排列的规律，又符合另一个相晶粒内原子排列的规律。

　　晶界具有界面能，界面能越高，则晶界越不稳定。因此，高的界面能具有向低的界面能转化的趋势，这就导致了晶界的运动。晶粒长大和晶界的平直化都可减少晶界的面积，从而降低晶界的总能量。当金属中存在能降低界面能的异类原子时，这些原子就将向晶界偏聚，如在钢中加入微量的硼。晶界上位错、空位等缺陷较多，容易被腐蚀和氧化。相变时新相晶核往往首先在晶界形成。

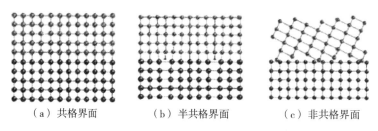

（a）共格界面　　　　（b）半共格界面　　　　（c）非共格界面

图1.10　相界的结构

1.3.4 体缺陷

　　体缺陷的特征是缺陷在两个方向的尺寸都较大，但又不是很大，故也称三维缺陷。例如，固溶体内的偏聚区、分布极弥散的第二相超显微微粒以及一些超显微空洞等。当体缺陷较大时，即可归属于面缺陷来讨论。

　　体缺陷的存在对晶体的力学性能产生较大的影响。对大多数材料来说，体缺陷的存在会使材料的强度和弹性模量降低。

1.4 金属材料的微观组织

1.4.1 单晶体和多晶体

按照构成金属的内部晶粒的位向和数目，可以将金属分为单晶体和多晶体。当整块金属晶粒呈相同的位向或只有一个晶粒时，称为单晶体［图 1.11（a）］。单晶体的性能是"各向异性"的。单晶体内部没有晶界，有时存在一些亚晶界，其在金属的研究中有重要作用。单晶体的制备可以采用垂直提拉法和尖晶形核法。

各向异性：晶体在不同的方向上测量其性能（如导电性、导热性、热膨胀性、弹性和强度等）时，表现出或大或小的差异，称之为各向异性或异向性。

晶体具有各向异性的原因，是由于其在不同晶向上的原子紧密程度不同所致。原子的紧密程度不同，意味着原子之间的距离不同，则导致原子间结合力不同，从而使晶体在不同晶向上的物理、化学和力学性能不同，即无论是弹性模量、断裂抗力、屈服强度，还是电阻率、磁导率、线膨胀系数，以及在酸中的溶解度等方面都表现出明显的差异。

实际中的金属多由位向不同的许许多多的小晶粒所组成，晶粒之间为晶界，称为多晶体［图 1.11（b）］。由于多晶体内各晶粒的晶格位向互不一致，它们自身的"各向异性"彼此抵消，故显示出"各向同性"，亦称为"伪无向性"。多晶体的晶粒大小对其性能有重要的影响。

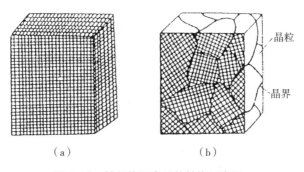

（a）　　　　　　　　　（b）

图 1.11　单晶体和多晶体结构示意图

1.4.2 金属的固态相变

有些金属（如 Fe，Mn，Ti，Co，Sn，Zr）固态下在不同温度或不同压力范围内具有不同的晶体结构，即有多晶型性。例如，在一个大气压下，铁在 911℃以下为体心立方结构，称为 α-Fe；在 912~1394℃之间为面心立方结构，称为 γ-Fe；而在 1394~1538℃（熔点）之间为体心立方结构，称为 δ-Fe。把这种同一元素在固态下随温度或压力变化所发生的晶体结构的转变称为多晶型转变或同素异构转变。以不同晶格形式存在的同一金属元素的晶体称为该金属的同素异晶体。铁的同素异构转变如图 1.12 所示。0~1475℃工业纯铁的膨胀曲线如图 1.13 所示。

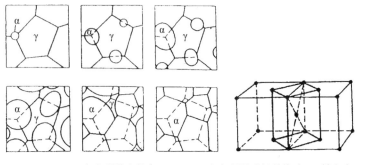

（a）形核和长大　　　（b）原子重组晶格（γ-Fe转变为α-Fe）

图 1.12　铁的同素异构转变

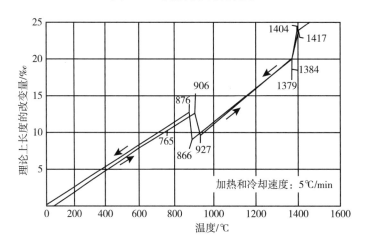

图 1.13　工业纯铁的膨胀曲线

　　金属的同素异构转变过程也是形核和晶核长大的过程，但固态相变又具有自身的特点。例如，①转变需较大的过冷度；②晶格的变化伴随金属体积的变化，转变时会产生较大的内应力；③新晶格的晶核最容易在晶界处形成。控制冷却速度，可以改变同素异构转变后的晶粒大小，从而改变金属的性能。

1.4.3　金属中脱溶析出过程

　　脱溶析出（或称沉淀），是指从过饱和固溶体中分离出一个新相的过程，通常这个过程是由温度变化引起的。能够发生沉淀的合金，最基本的条件是在其相图上有溶解度的变化。先对合金进行固溶处理，即加热到单相区得到均匀的固溶体，若缓慢冷却，固溶体就会发生沉淀反应，析出平衡的沉淀相，但如果急冷淬火，则单相固溶体来不及分解，在室温得到亚稳的过饱和固溶体，此过饱和固溶体若在室温或较高温度保持，便会发生分解反应，这一现象叫作过饱和固溶体分解，也称时效。

　　这些溶解的原子和沉淀相都会阻碍位错运动。所以，时效可以显著提高合金的强度、硬度，是强化材料的一种重要途径，如铝合金、耐热合金、部分超高强度钢（沉淀硬化不锈钢，马氏体时效钢）等，都是经过时效处理进行强化的。

1.5 金属材料的性能

固体材料从性能来看可分为两类：结构材料和功能材料。功能材料是以某一特殊性能，如电性能、热性能、磁性能或光性能等为主要应用指标进行分类；结构材料是以强度和韧性等为主要应用指标进行分类，其性能取决于原子间的键合和微观结构。

1.5.1 静载拉伸的力学性能

图 1.14 所示为常见塑性材料和脆性材料的应力－应变曲线。如图 1.14（a）所示，塑性材料的应力－应变曲线在 Oe 段为弹性变形阶段，弹性变形的本质是构成材料的原子或分子自平衡位置产生可逆位移的反应，符合胡克定律，Oe 的斜率 E 为材料的弹性模量。曲线在 e 点偏离直线关系，开始发生屈服，σ_s 为屈服极限，屈服阶段卸载后会出现不可逆的塑性变形。塑性变形使微观结构的相邻部分产生永久位移，但并不引起材料破裂。随变形量的增大，应力不断提高的现象称为形变强化，sb 段为强化阶段，曲线最高点对应的应力值 σ_b 为材料的抗拉强度。普遍认为金属材料的应变硬化是塑性变形中多系滑移和交系滑移造成的。在 b 点之后，变形显著增加，出现缩颈现象，材料发生断裂，bk 段为缩颈断裂阶段。如图 1.14（b）所示，脆性材料的应力－应变曲线呈直线比例关系，只发生弹性变形，不发生塑性变形，在最高载荷点处断裂，形成平断口，断口平面与拉力轴线垂直。

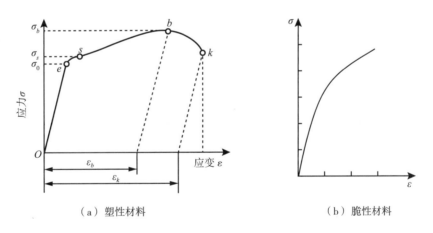

（a）塑性材料　　　　　　　　　　　　　（b）脆性材料

图 1.14　塑性材料和脆性材料的应力－应变曲线

研究金属材料在常温静载荷下的力学性能时，除采用静载拉伸方法外，还有压缩、弯曲以及硬度等试验方法，在此不再赘述。

1.5.2 材料的冲击韧性和低温脆性

冲击韧性是指材料在冲击载荷下吸收塑性变形功和断裂功的能力，常用标准式样的冲击吸收能量 K 表示。在冲击载荷下，瞬时作用于位错上一个相当高的应力，会使位错速率增加。运动速率越大，能量越大，宽度越小，滑移临界切应力增大，金属产生附加强化。由于冲击载荷下应力水平较高，许多位错源同时开动，会抑制单晶体中的易滑移阶段的产生和发展。此外，冲击载荷增加位错密度和滑移系数，出现孪晶，增加点缺陷浓度，使金属材料塑性变形难以进行。显微观察表明，在静载荷下塑性变形较均匀分布在晶粒中，而在冲击载荷下塑性变形则集中在某些局部区域，塑性变形极不均匀，不均匀性又限制了塑性变形的发展导致屈服强度、抗拉强度提高。

材料的冲击吸收功随温度降低而降低，当试验温度低于某一温度（韧脆临界转变温度）时，冲击吸收功明显下降，材料由韧性状态变为脆性状态，这种现象称为低温脆性。

1.5.3 材料的断裂韧性

经典强度理论认为断裂是瞬时发生的。实际上，断裂是裂纹萌生、扩展直至断裂的过程。断裂力学研究裂纹尖端的应力、应变和应变能的分布，建立描述裂纹扩展的力学参量、断裂判据和断裂韧性。详见本教程第三分册。

1.5.4 材料的疲劳性能

工程中许多机件和构件都是在变动载荷下工作的，如曲轮、齿轮及桥梁等。其失效形式主要是疲劳断裂。疲劳的破坏过程是材料内部薄弱区域的组织在变动应力作用下，逐渐发生变化和损伤累积、开裂，裂纹扩展到一定程度后发生突然断裂。疲劳破坏是循环应力引起的延时断裂，其断裂应力水平往往低于材料的抗拉强度。疲劳失效前的工作时间称为疲劳寿命。

1.5.5 材料的磨损性能

磨损是在摩擦作用下物体相对运动，表面逐渐分离出磨屑从而不断损伤的现象。在磨损过程中，磨屑的形成也是一个变形和断裂的过程。通常用磨损量表示材料的耐磨性，磨损量越小，耐磨性越高。根据摩擦面损伤和破坏的形式，可分为黏着磨损、磨粒磨损、腐蚀磨损及疲劳磨损等。

1.5.6 材料的高温力学性能

温度对金属材料的力学性能影响很大，通常材料的常温静载力学性能与载荷持续时间关系不大，但在高温时，强度极限随承载时间的延长而降低。另外，在高温短时载荷作用下，材料塑性增加，但在高温长时载荷作用下金属材料的塑性却显著降低，缺口敏感性增加，呈现脆性断裂特性。金属材料在长时间的恒温、恒载荷作用下产生塑性变形的现象，称为蠕变。由于这种变形导致的金属材料断裂称为蠕变断裂。

1.6 金属材料的变形和再结晶

金属材料在制备和使用过程中都要受到外力的作用。材料受力后要发生变形，外力较小时产生弹性变形，外力较大时发生塑性变形，而当外力过大时就会发生断裂。在变形的同时，材料内部组织和相关性能也发生变化，在加热情况下可能发生回复和再结晶现象。

1.6.1 弹性变形

当外力消除后，金属能恢复原来形状的变形，称为弹性变形。材料受力时总是先发生弹性变形。其本质是材料内部原子在外力作用下偏离其平衡位置，发生变形；而在外力去除后，内部原子都恢复其平衡位置，所产生的变形消失。

1.6.2 塑性变形

当金属材料因受外力而发生变形，卸载后仍不能消失的那部分变形称为塑性变形。

1.6.2.1 单晶体的塑性变形

单晶体塑性变形的基本形式有两种：滑移和孪生。

所谓滑移是晶体的一部分沿一定的晶面和晶向相对于另一部分发生相对滑动位移的现象。滑移变形是在切应力作用下通过位错的运动来实现的，如图1.15所示。滑移总是沿着晶体中密度最大的晶面（密排面）和其上密度最大的晶向（密排方向）进行，这是由于密排面之间、密排方向之间的距离最大，结合力最弱。一个滑移面与其上的一个滑移方向组成一个滑移系。表1.1给出了三种常见金属结构的滑移系。滑移系越多，金属发生滑移的可能性越大，塑性就越好。从表1.1中可以看出，密排六方金属的塑性较差，而体心立方和面心立方较好。然而，金属塑性的好坏，不只是取决于滑移系的多少，还与滑移面上原子的密排程度和滑移方向的数目等因素有关。例如，体心立方金属的原子密排程度比面心立方金属低，它的滑移方向不及面心立方金属多，同时其滑移面间距离较小，原子间结合力较大，必须在较大的应力作用下才能开始滑移。所以 α–Fe 的塑性要比铜（Cu）、铝（Al）、银（Ag）、金（Au）等面心立方金属差些。

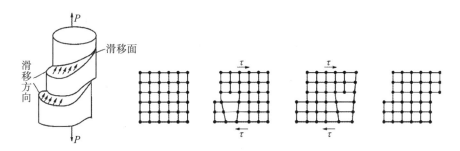

图 1.15　位错引起的滑移变形示意图

表 1.1　三种常见金属结构的滑移系

晶格类型	〈110〉〈111〉 体心立方	〈111〉（111） 面心立方	滑移面 滑移方向 密排六方
滑移面	｛110｝ 6个	｛111｝ 4个	｛0001｝ 1个
滑移方向	〈111〉 2个	〈110〉 3个	$\langle \overline{1}2\overline{1}0\rangle$ 3个
滑移系数目	6×2＝12个	4×3＝12个	1×3＝3个

　　晶体在切应力作用下，一部分将沿一定的晶面（孪晶面）产生一定角度的切变，称为孪生。其晶体学特征是晶体相对于孪晶面成镜面对称，如图 1.16 所示。以孪晶面为对称面的两部分晶体称为孪晶。发生孪生变形的部分称为孪晶带。孪生与滑移不同，它只在一个方向上产生切变，是一个突变过程，孪晶的位向将发生变化。孪生所产生的形变量很小，一般不一定是原子间距的整数倍。孪生萌发于局部应力集中的地方，且孪生变形较滑移变形一次移动的原子较多，故其临界切应力远高于滑移所需的切应力。因此，只有在滑移变形难于进行时，才会产生孪生变形。一些具有密排六方结构的金属，由于滑移系少，特别是在不利于滑移取向时，塑性变形常以孪生变形

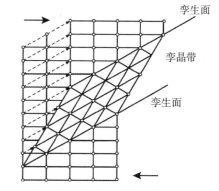

图 1.16　孪晶中的晶格位向变化

的方式进行。而具有面心立方晶格与体心立方晶格的金属则很少会发生孪生变形，只有在低温或冲击载荷下才发生孪生变形。

1.6.2.2　多晶体的塑性变形

　　多晶体的塑性变形与单晶体的塑性变形比较并无本质上的区别，即每个晶粒的塑性变形仍然以滑移等方式进行。但由于晶界的存在和每个晶粒位向不同，多晶体的塑性变形具有下列一些特点。

　　（1）晶粒位向的影响。由于每个晶粒的位向不相同，其内部的滑移面及滑移方向分布也不一致，因此在外力作用下，各晶粒内滑移系上的分切应力也不相同。有些晶粒所处的位向能使其内部的滑移系获得最大的分切应力，并将首先达到临界分切应力值而开始滑移。这些晶粒所处的位向为易滑移位向，称为"软位向"；还有些晶粒所处的位向，只能使其内部滑移系获得的分切应力最小，最难滑移，被称为"硬位向"。首批处于软位向的晶粒，在滑移过程中也要发生转动。转动的结果可能会导致从软位向逐步到硬位向，使之不再继续滑移，而引起邻近未变形的硬位向晶粒转动到软位向并开始滑移。可见，多晶体的塑性变形，先发生于软位向晶粒，后发展到硬位向晶粒，是一个有先后和不均匀的塑性变形过程。

　　（2）晶界的影响。晶界是相邻晶粒的过渡区，原子排列不规则。当位错运动到晶界附近时，受到晶界的阻碍而堆积起来（位错的塞积），如图 1.17 所示。若使变形继续进行，则必须增加外力，

可见晶界使金属的塑性变形抗力提高。图 1.18 所示为双晶粒试样的拉伸试验，在拉伸到一定的伸长量后观察试样，发现晶界处变形很小，而远离晶界的晶粒内变形量很大。这说明晶界处的变形抗力大于晶粒内的变形抗力。

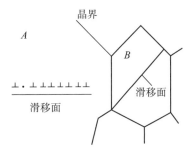

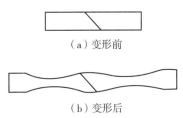

（a）变形前

（b）变形后

图 1.17　位错在晶界处的堆积示意图　　　图 1.18　晶界对拉伸变形的影响

金属的晶粒越细，晶界总面积越大，需要协调具有不同位向的晶粒越多，其塑性变形的抗力便越大，表现出强度越高。另外，金属晶粒越细，在外力作用下，有利于滑移和参与滑移的晶粒数目也越多。由于一定的变形量会由更多的晶粒分散承担，不至于造成局部的应力集中，从而推迟了裂纹的产生，即使发生的塑性变形量很大也不致断裂，表现出塑性的提高。在强度和塑性同时提高的情况下，金属在断裂前要消耗大量的功，因而其韧性也比较好。因此，细晶强化是金属的一种很重要的强韧化手段。

1.6.3　金属的塑性变形对其组织和性能的影响

1.6.3.1　对组织的影响

金属发生塑性变形后，晶粒沿形变方向被拉长或压扁。当形变量很大时，晶粒呈细条状或纤维状，称为纤维组织，如图 1.19 所示。这种组织导致沿纤维方向的力学性能比垂直方向的高得多。

金属无塑性变形或塑性变形很小时，位错分布均匀。但在大量变形后，由于位错运动及位错间的交互作用，分布变得不均匀，并使晶粒碎化成许多亚晶粒。亚晶粒边界上聚集着大量位错，而其内部位错很少。金属塑性变形到很大程度（70% 以上）时，由于晶粒发生转动，使各晶粒的位向大致趋于一致，形成特殊的"择优取向"，这种有序化的（晶粒的位向大致趋于一致的）结构叫作形变织构。

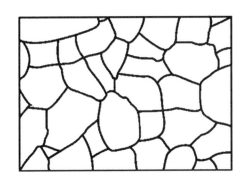

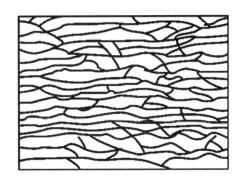

图 1.19　变形前后晶粒形状变化示意图

1.6.3.2 对性能的影响

随着塑性变形量的增加，金属的强度、硬度升高，塑性、韧性下降，这种现象称为加工硬化（也称为形变强化），如图 1.20 所示。

位错密度及其他晶体缺陷的增加是导致加工硬化的原因。一方面，因为变形量的增加，位错密度急剧增高，位错间的交互作用增强，造成位错运动阻力的增大，塑性变形抗力提高。另一方面，由于晶粒碎化导致亚晶界的增多，阻碍位错运动，使得强度提高。在生产中可通过冷轧、冷拔等工艺提高钢的强度。

由于纤维组织和形变织构的形成，使金属的性能产生各向异性，如沿纤维方向的强度和塑性明显高于垂直方向。具有形变织构的金属，在随后的再结晶退火过程中极易形成再结晶织构。用有形变织构的板材冲制简单形状零件时，由于在不同方向上塑性差别很大，零件的边缘出现"制耳"，如图 1.21 所示。由于金属在发生塑性变形时，内部会产生残余内应力，使金属的耐腐蚀性能降低，严重时可导致零件变形或开裂。有些时候，残余内应力也有有利的一面，如齿轮等零件，表面通过喷丸处理后，可产生较大的残余压应力，提高了疲劳强度。

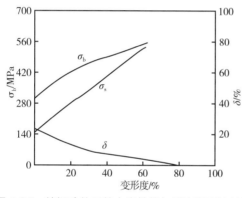

图 1.20　纯铜冷轧后的力学性能与形变程度的关系

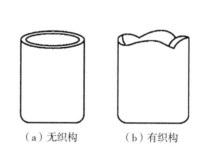

（a）无织构　　（b）有织构

图 1.21　因织构造成的"制耳"示意图

1.6.4 回复和再结晶

经过冷塑性变形的金属，其组织和性能都发生了变化，晶格畸变严重，位错密度增加，晶粒碎化，金属内部残留内应力，这都使金属处于热力学不稳定的高自由能状态。因此，经塑性变形的材料具有自发恢复到稳定状态的趋势。当对冷塑性变形的金属进行加热时，因原子活动能力增强，会发生一系列组织和性能的变化。随着加热温度的升高，这种变化过程可分为回复、再结晶及晶粒长大 3 个阶段，如图 1.22 所示。冷变形金属加热退火过程中某些性能的变化如图 1.23 所示。

（1）回复。回复是指冷变形金属在较低温度加热时，新的无畸变晶粒出现之前（光学显微组织没有变化）所产生的亚结构和性能变化的阶段。

在回复过程中，由于加热温度不高，原子扩散能力较弱，只是晶粒内位错、空位、间隙原子等缺陷以移动、复合消失的方式大大减少，所以晶粒仍保持变形后的形态。此时材料的强度和硬度只略有降低，塑性有一定提高，但残余应力大大降低。

冷变形金属在较高温度（约 $0.3T_{熔}$，$T_{熔}$ 为金属熔点）回复时，其机制主要与位错的攀移运动有

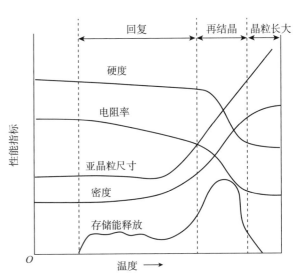

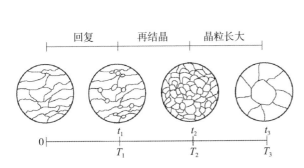

图 1.22　加热保温过程中组织变化的 3 个阶段示意图

图 1.23　冷变形金属加热退火时性能的变化

关。在热激活条件下，分布于滑移面上的同号
刃型位错，通过空位迁移而引起如图 1.24 所示
的攀移与滑移，并形成垂直于滑移面方向排列
的位错墙。如果将单晶体稍加弯曲，使其发生
塑性变形，而后进行回复处理，这个单晶体就

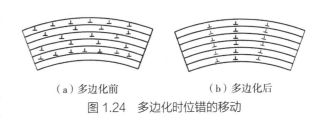

图 1.24　多边化时位错的移动

会变成若干个无畸变的亚晶粒。由于一个光滑、弯曲着的点阵矢量变成了一个多边形的一部分，所
以把这个过程叫作多边化。现代研究表明，多边化是金属回复过程中的一种普遍现象，只要塑性变
形造成晶格畸变，退火时就会产生多边化。

　　在生产上，常利用回复现象对冷变形金属进行低温加热，这样既可消除内应力稳定组织又保留
了加工硬化效果，这种方法称为去应力退火。例如，用冷拉钢丝卷制弹簧，在卷成之后都要进行一
次 250~300℃的低温处理，以消除内应力使其定型。

　　（2）再结晶。当冷塑性变形金属加热到较高的温度时，原子活动能力增强，可以重新排列，原
畸变的晶粒通过形核及晶核长大而形成新的无畸变等轴晶粒，从而取代全部变形组织恢复到完全软
化状态，该过程称为再结晶。再结晶与重结晶（同素异构转变）的共同点是两者都经历了形核与长
大 2 个阶段；两者的区别是，再结晶前后各晶粒的晶格类型不变，成分不变，而重结晶则发生了晶
格类型的变化。

　　再结晶是通过形核和长大来消除形变和回复基体的过程。一般来说，这个过程首先要经历一段
孕育期，然后在某些有利位置形成基本上无应变的晶核，这些晶核部分或完全被大角度晶界所包围，
晶界通过大角度界面运动而长大。再结晶完成后，整个基体由再结晶晶粒所占据，由于再结晶核心
的长大是通过大角度界面的迁移而实现的，所以再结晶会消除或改变原来的形变织构。再结晶后的
晶粒内部晶格畸变消失，位错密度下降，因而金属的强度、硬度显著下降，而塑性则显著上升。

　　可以利用再结晶软化材料，如经过拉拔的线材发生了加工硬化，只有进行多次再结晶退火软化
后才能继续拉拔直至最终尺寸。对于不能通过相变的细化晶粒的材料，可以通过形变再结晶工艺使晶

粒得到细化。深冲钢和硅钢也要通过形变再结晶获取合适的织构，达到改善深冲性能和磁性的目的。

再结晶不是一个恒温过程，它是在一个温度范围内发生的。冷变形金属开始进行再结晶的最低温度，称为再结晶温度。再结晶温度受预先变形度、加热速度和保温时间、杂质和合金元素含量等因素的影响。实验表明，纯金属（纯度大于99.9%）的再结晶温度与熔点间的关系可按下列经验公式计算：

$$T_{再} = （0.35{\sim}0.4）T_{熔}$$

式中：$T_{再}$——金属的再结晶温度，K；

　　　　$T_{熔}$——金属的熔点，K。

例如，工业纯铁的 $T_{再}$ 约为723K。

（3）晶粒长大。再结晶阶段刚刚完成时，得到的是无畸变的等轴再结晶初始晶粒，随着加热温度的升高或保温时间的增长，晶粒之间就会互相吞并而长大，这种现象称为晶粒的长大。再结晶完成后晶粒长大有两种类型：一种是随温度的升高或时间的增长而均匀地连续长大，称为正常长大；另一种是不连续不均匀地长大，称为反常长大，也称二次再结晶。

晶粒长大受加热温度、保温时间和预先变形度的影响，如图1.25所示。再结晶加热温度越高，保温时间越长，金属的晶粒越大。其中加热温度的影响尤为显著，这是由于加热温度升高，原子扩散能力和晶界迁移能力增强，有利于晶粒长大。预先变形度的影响，实质上是变形均匀程度的影响。当变形程度很小时，由于金属的畸变能也很小，不足以引起再结晶，因而晶粒仍保持原来的形状。当变形程度达2%~10%时，金属中只有部分晶粒发生变形，变形极不均匀，再结晶时形成的核心数不多，可以充分长大，从而导致再结晶后的晶粒特别粗大。这个变形程度称为临界变形度。生产中应尽量避开这一变形程度。超过临界变形程度之后，随变形程度的增加，变形越来越均匀，再结晶时形成的核心数大大增多，故可获得细小的晶粒，并且在变形量达到一定程度后，晶粒大小基本不变。

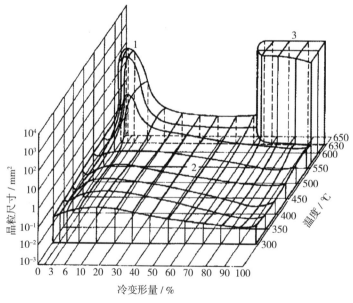

1—临界变形度下的粗大晶粒；2—正常细晶粒；3—二次长大的粗晶粒

图1.25　99.6%Al保温2h晶粒长大后的晶粒大小

1.6.5 热加工和动态回复、动态再结晶

热加工是指在再结晶温度以上的加工过程，在再结晶温度以下的加工过程称为冷加工。例如，铅的再结晶温度低于室温，因此，在室温下对铅进行加工属于热加工；钨的再结晶温度约为 1200℃，因此，即使在 1000℃拉制钨丝也属于冷加工。由此可见，再结晶温度是区分冷、热加工的分界线。

由于热加工的变形温度高于再结晶温度，故在变形的同时伴随着回复、再结晶过程，这里称为动态回复和动态再结晶。在热加工过程中，因变形而产生的硬化与动态回复和动态再结晶引起的软化是同时存在的，热加工后金属的组织和性能取决于它们之间相互抵消的程度。

1.6.5.1 动态回复

冷变形金属在高温回复时，由于螺型位错的交滑移和刃型位错的攀移，产生多边形化和位错缠结胞的规整化，对于层错能高的晶体，这些过程进行得相当充分，形成了稳定的亚晶，经动态回复后就不会发生动态再结晶了，如铝、铁素体钢及一些密排六方金属（Zn、Mg、Sn 等）。

加热时只发生动态回复的金属，由于内部有较高的位错密度，若能在热加工后快速冷却至室温，可使材料具有较高的强度。但若缓慢冷却则会发生静态再结晶而使材料彻底软化。

1.6.5.2 动态再结晶

对于一些层错能较低的金属，如铜及铜合金、镍及镍合金、奥氏体钢等，由于它们的扩展位错很宽，很难从节点和位错网中解脱出来，也很难通过交滑移和攀移而与异号位错相互抵消，所以动态回复过程进行得很慢，亚结构中位错密度较高，剩余的储存能足以引起再结晶。

动态再结晶同样是形核长大的过程，其机制与再结晶基本相同。但动态再结晶具有反复形核、有限长大的特点。已形成的再结晶核心在长大时继续受到变形作用，使已再结晶部分位错增殖，储存能增加，与邻近变形基体的能量差减小而停止长大。当储存能增高到一定程度时，又会重新形成再结晶核心，如此反复进行。

1.6.5.3 应变时效

在一定的应变速度和温度范围内，经过塑性变形的金属和合金的力学性能，在很大程度上，还受到一种叫作"应变时效"过程的影响。所谓应变时效，就是金属和合金在塑性变形时或塑性变形后所发生的时效过程。最常见的是变形后的时效，叫作静态应变时效（Static Strain Aging，简称SSA）；而变形和时效同时发生的过程，则叫作动态应变时效（Dynamic Strain Aging，简称 DSA）。现在一般认为应变时效主要是由于金属固溶体中的间隙溶质原子（如钢中的 C、N）向位错偏聚并使之钉扎而造成的。由于在应变时效时并无第二相析出，也不会有 C、N 化合物的聚集长大，所以随着时效时间的延长，强化效应不会消失，这是应变时效与淬火时效的本质区别。

很多重要的工业合金（包括很多种钢及 Ti、V、Nb、Cu、Al 合金等），在常规的应变速度和应用温度范围内，都会发生动态应变时效。如 LC4 铝合金（Al-Cu-Mg-Zn 系合金）产生动态应变时效的温度区间在 233~393K。动态应变时效在应力 – 应变曲线上出现锯齿状波形，叫作锯齿式屈服（Portevin-Le Chatelier 效应，简称 PL 效应或 PLC 效应）。如图 1.26 所示，在达到某一临界应变量（图中箭头所示）后，应力应变曲线不再光滑，而是出现锯齿波。这种锯齿式屈服现象是由于可移动的

位错和扩散中的溶质原子之间发生了交互作用的结果，而溶质原子扩散所必需的空位，则是由变形所产生的，因此要求有临界应变值。动态应变时效也会导致出现异常的应变速度 – 加工硬化关系，尤其是在含有间隙原子如 C、N 或 O 的体心立方或者密排六方金属中。如图 1.27 所示，高纯度 Ti 和 Ag 几乎不存在动态应变时效，而 O 含量为 0.4% 的工业纯钛，在 800K 附近出现了加工硬化速率的峰值，比相应的高纯 Ti 的加工硬化速率高 4 倍以上。

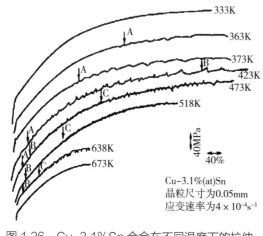

图 1.26 Cu-3.1%Sn 合金在不同温度下的拉伸
应力 – 应变曲线

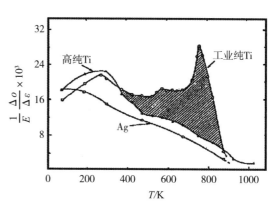

图 1.27 不同材料加工硬化速度关系曲线

研究结果表明，对材料进行动态应变时效预处理后，材料的强度（屈服强度、疲劳极限及高温持久强度）随预应变温度的升高及预应变量的增大而提高，经 DSA 预处理后的强度值高于（至少应等于）冷变形态，并保持了较高的塑性，显示了 DSA 具有强韧化材料的作用，且强化效果优于冷变形强化。

1.6.5.4 热加工对金属组织和性能的影响

热加工不仅改变了材料的形状，而且由于其对材料组织和微观结构的影响，也使材料性能发生改变，主要体现在以下几方面。

（1）改善铸态组织，减少缺陷。热变形可焊合铸态组织中的气孔和疏松等缺陷，增加组织致密性，并通过反复的形变和再结晶破碎粗大的铸态组织，减小偏析，改善材料的力学性能。

（2）形成流线和带状组织使材料性能呈现各向异性。热加工后，材料中的偏析、夹杂物、第二相、晶界等将沿金属变形方向呈断续、链状（脆性夹杂）和带状（塑性夹杂）延伸，形成流动状的纤维组织，称为流线。通常，沿流线方向比垂直流线方向具有更高的力学性能。另外，在共析钢中，热加工可使铁素体和珠光体沿变形方向呈带状或层状分布，称为带状组织。有时，在层、带间还伴随着夹杂或偏析元素的流线，使材料表现出较强的各向异性，横向的塑、韧性显著降低，切削性能也变差。

（3）晶粒大小的控制。热加工时动态再结晶的晶粒大小主要取决于变形时的流变应力，应力越大，晶粒越细小。

因此要想在热加工后获得细小的晶粒必须控制变形量、变形的终止温度和随后的冷却速度，同时添加微量的合金元素抑制热加工后的静态再结晶也是很好的方法，热加工后的细晶材料具有较高的强韧性。

参考文献

［1］崔忠圻，覃耀春 . 金属学与热处理［M］. 3 版 . 北京：机械工业出版社，2020.

［2］余永宁 . 金属学原理［M］. 2 版 . 北京：冶金工业出版社，2003.

［3］刘国勋 . 金属学原理［M］. 2 版 . 北京：冶金工业出版社，1983.

［4］张晓燕 . 材料科学基础［M］. 北京：北京大学出版社，2009.

［5］GSI. SFI-Aktuell［M］. Duisburg: Gesellschaft für Schweißtechnik International mbH，2010.

［6］钱匡武，李效琦，萧林钢，等 . 金属和合金中的动态应变时效现象［J］. 福州大学学报：自然科学版，2001，29（6）.

［7］束德林 . 工程材料力学性能［M］. 3 版 . 北京：机械工业出版社，2016.

［8］刘瑞堂，刘锦云 . 金属材料力学性能［M］. 哈尔滨：哈尔滨工业大学出版社，2015.

［9］胡赓祥，蔡珣，戎咏华 . 材料科学基础［M］. 3 版 . 上海：上海交通大学出版社，2000.

本章的学习目标及知识要点

1. 学习目标

（1）了解金属晶体结构所涉及晶格、晶胞、晶面及晶向等的基本概念和常见晶体结构。

（2）了解各类晶体缺陷的概念及特征。

（3）掌握金属固态相变和脱溶析出过程。

（4）理解并掌握金属材料性能与金属微观结构之间的关系。

（5）理解并掌握金属材料在变形和再结晶过程中对应的微观结构变化。

2. 知识要点

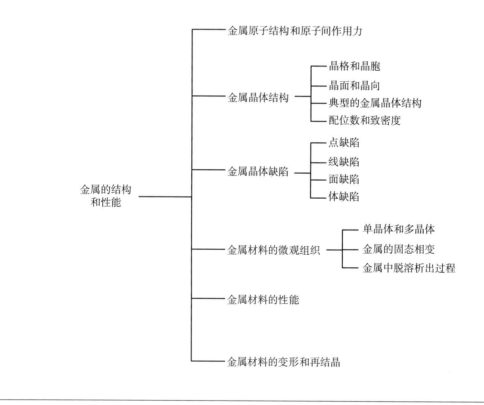

第 2 章

合金与相图

编写：何珊珊　审校：钱强

通过对合金的化学成分和组织结构的调整，可改善其工艺性能和使用性能，从而满足各种情况对材料的要求。合金的性能与其成分和内部的组织结构有着密切的关系。因此，研究合金性能必须掌握合金成分和组织结构的变化规律。本章主要介绍合金、合金的相结构及二元合金相图，了解合金的结晶过程，掌握合金成分、组织结构和性能之间的关系。

2.1 纯金属与合金

纯金属具有优良的导电性、导热性、化学稳定性，以及对可见光具有强烈的反射作用。纯金属虽因具有这些优良的特性而在工业上获得了一些应用，但几乎所有纯金属的强度、硬度、耐磨性等力学性能都比较低，如铁的抗拉强度为 170~270MPa，而铝不到 100MPa，因此其应用受到一定的限制。

合金是由两种或两种以上的金属元素或金属元素与非金属元素熔合在一起，形成的具有金属特征的物质，如普遍使用的碳钢和铸铁主要是由铁和碳组成的合金。目前广泛使用的合金大多是采用熔炼法生产的，熔炼法需要得到具有某种化学成分均匀一致的液态合金，将其降温冷却，使其结晶为固态合金。合金除具有纯金属的基本特性，还具有比纯金属更好的力学性能、物理性能和化学性能。

2.1.1 合金中的基本概念

在研究分析合金及合金相图时，通常用到组元、相、合金系及组织等名词，其具体含义见表2.1。

因组织是决定合金性能的非常重要的因素，而相是组织的基本组成部分，所以在研究合金的组织、性能之前必须先了解合金组织中的相及其结构。

表 2.1 合金中的基本概念及含义

序号	名词	含义
1	组元	组成合金最基本的、独立的物质称为组元。组元主要是指化学元素，也可以是稳定化合物，如铜锌合金中的铜元素和锌元素，铁与碳形成的化合物 Fe_3C 等。由两个组元组成的合金称为二元合金，由三个组元组成的合金称为三元合金，由三个以上组元组成的合金称为多元合金
2	相	将不同组元经熔炼或烧结形成合金时，这些组元间由于物理或化学的相互作用，形成具有一定成分和一定晶体结构的相。一个相本身是均质的，即有相同的化学成分、硬度、密度、导电性。合金在固态时由一个相组成的称为单相合金，如铜镍合金在固态时，由铜和镍按照一定比例互相混合后形成单一固相。由两个以上相组成的合金称为两相或多相合金，如碳钢在平衡状态下是由铁素体和渗碳体两个相所组成，可根据相关的不同行为来进行区分如金相试验或硬度试验
3	合金系	组成合金的各元素含量可以在很大范围内调节，因此在研制合金时，由选定的几个组元可以配制出一系列不同成分的合金，这一系列合金就构成了一个合金系统，简称合金系或系。随着合金含量的变化，固态时可能形成不同的相，如铁碳合金中，当碳含量不同时，可以获得性能不同的钢和铸铁两类材料
4	组织	合金组织是由一种或多种相以不同的形态、尺寸、数量和分布形式而组成的综合体。因此，相是组成组织的基本组成部分。但同样的相，当它们的大小及分布不同时，就会出现不同的组织，如碳钢在平衡状态下是由铁素体和渗碳体两个相所组成，当铁素体与渗碳体的比例不同时为不同的组织，其性能也不同

2.1.2 合金中的相结构

合金中不同的相具有不同的金属晶体结构，虽然相的种类繁多，但根据构成合金各组元之间相互作用的不同，可以将其分为固溶体和金属化合物两大类。

2.1.2.1 固溶体

把合金加热到熔化状态，组成合金的各组元相互溶解形成均匀的液相，当合金由液相冷却结晶为固相时，组元之间也会相互溶解。如一种组元均匀地溶解在另一种组元中而形成均匀固相，则其称为固溶体。组成固溶体的组元中晶格保持不变的组元称为溶剂，晶格消失的组元称为溶质。例如，单相黄铜中的 α 相，就是 Zn 在 Cu 中的固溶体，其中 Cu 是溶剂，Zn 是溶质。Zn 原子位于 Cu 原子组成的晶格结点上，其晶格消失，α 相具有面心立方晶格。工业上使用的金属材料，绝大部分是以固溶体为基体，如广泛使用的碳钢和合金钢均以固溶体为基本相。根据溶质原子溶解度的不同，固溶体分为有限固溶体和无限固溶体；根据溶质原子在溶剂晶格中的分布情况，固溶体可分为置换固溶体和间隙固溶体。

1. 置换固溶体

置换固溶体是指溶质原子位于溶剂晶格的某些结点位置所形成的固溶体，就像这些结点上的溶剂原子被溶质原子置换一样，如图 2.1（a）所示。Fe、Mn、Ni、Cr、Si、Mo 等元素都可以相互形成置换固溶体，但固溶度的大小相差较大。例如，Cu 和 Ni 可以无限互溶，Zn 在 Cu 中仅能溶解 39%，而 Pb 在 Cu 中则几乎不溶解。在置换固溶体中，溶质在溶剂中的溶解度主要取决于两者原子半径的差异，以及它们在周期表中的相互位置和晶格类型。当组元晶格类型相同，在元素周期表中位置越靠近往往可以任意比例互溶，形成无限固溶体，反之，形成有限固溶体。固溶体虽然保持着溶剂的晶格类型，但溶质原子的溶入会导致金属晶格畸变，随着溶质原子浓度的增加，晶格的畸变增大。

2. 间隙固溶体

间隙固溶体是指溶质原子分布在溶剂晶格空隙处而形成的固溶体，如图 2.1（b）所示。过渡金属元素与 H、C、N、O 等原子半径较小的非金属元素组成合金时多形成间隙固溶体。例如，碳原子分布在 α-Fe 的晶格间隙中形成间隙固溶体。溶剂晶格中的间隙是有一定限度的。因此，当溶质元素溶入后，将使溶剂晶格常数增大，并使晶格发生畸变。溶入的溶质原子越多引起的晶格畸变越大，当畸变达到一定程度后，溶剂晶格变得不稳定。因此，间隙固溶体只能是有限固溶体，并随着溶质原子的半径及溶剂的晶格类型不同而不同。

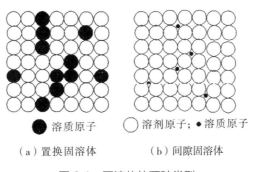

●溶质原子　　　　　○溶剂原子；●溶质原子

（a）置换固溶体　　　　（b）间隙固溶体

图 2.1　固溶体的两种类型

3. 固溶体的性能

当组元间形成固溶体时，溶质溶入后不改变溶剂晶格类型，但会引起晶格常数的改变和晶格畸变。形成置换固溶体时，由于溶质原子与溶剂原子大小不同，当溶质原子比溶剂原子大时，平均晶格常数增大，反之则减小。随着溶质原子浓度的增加，晶格畸变增大。形成间隙固溶体时，其晶格常数随着溶质原子的不断溶入而增大，在固溶体的溶解度范围内，溶质含量越多，原子半径越大，晶格畸变越严重。反之，溶质含量越少，原子半径越小，则畸变就越小。因此，在固溶体中，随着溶质浓度的增加，由溶质原子与溶剂原子的尺寸差别所引起的晶格畸变，使变形困难，其结果使固溶体的强度、硬度提高，而塑性、韧性有所下降，这种现象称为固溶强化。固溶体的塑性和韧性虽比纯金属的平均值低，但比一般化合物高很多。实践表明，当固溶体中的溶质含量适当，不仅能提高金属强度还能保持良好的塑性和韧性。固溶强化是提高金属材料力学性能的主要途径之一。

晶格畸变除了引起固溶强化，还会引起材料物理性能的变化。随着溶质原子含量的增加，溶质原子对自由电子移动的阻碍增加，使固溶体的电阻率升高，电阻温度系数下降。因此工业上应用的精密电阻，都广泛使用固溶体合金材料。

2.1.2.2　金属化合物

合金组元原子间经相互作用，除形成固溶体，还可形成金属化合物。金属化合物的晶体结构及性能均不同于任一组元，可以用分子式来大致表示其组成。大多数金属化合物的原子间结合键是金属键与离子键或共价键相混合的结合方式，这取决于元素的电负性差值，因而具有一定的金属性质，所以称之为金属化合物。碳钢中的 Fe_3C、黄铜中的 $CuZn$、铝合金中的 $CuAl_2$ 都是金属化合物。由于金属化合物一般具有较高的熔点，性能硬而脆，因此，很少单独使用。当它在合金组织中呈细小均匀分布时，能使合金的强度、硬度、耐磨性明显提高，这种提高金属材料强度的方式称为弥散强化。金属化合物也是金属材料中不可缺少的合金相，但由于塑性、韧性会降低，要控制好金属化合物的种类及量。

因此，合金的组织组成可能是由单相固溶体、单相金属化合物、两种固溶体的混合物或固溶体和金属化合物混合组成。如碳钢中，碳原子除了溶入铁的晶格间隙中形成间隙固溶体，还存在碳与铁形成的金属化合物。

2.1.3 金属的结晶

金属由液态冷却凝固为固态的过程称为结晶。金属结晶后所形成的晶粒的形状、大小和分布，将极大地影响到金属的加工性能和使用性能。因此，研究和控制金属的结晶过程，是改善金属材料力学性能和工艺性能的一个重要手段。金属焊接时，焊缝金属也会发生结晶，因此对于焊接件来说，结晶过程基本决定了它的使用性能和使用寿命。纯金属和合金的结晶，两者既有相同之处又有差别，与纯金属相比较，合金的结晶过程更为复杂。

2.1.3.1 纯金属的结晶

1.纯金属结晶的宏观特征

纯金属的结晶一般通过热分析法测定。先将纯金属熔化成液态，并以极其缓慢的速度冷却，在冷却过程中，记录温度随时间变化的数据，将记录下来的数据绘制在温度－时间坐标中，获得如图2.2所示的纯金属冷却曲线。从热分析曲线可以看出结晶过程的两个十分重要的宏观特征。

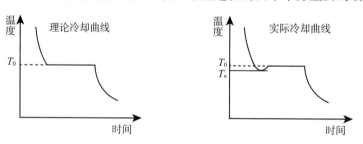

图 2.2　纯金属冷却曲线示意图

（1）过冷现象。

由纯金属的冷却曲线可知，液态金属随着冷却时间的延长，温度不断下降。当冷却到理论结晶温度（熔点）T_0时，并未开始结晶，而是需要冷却到T_0之下某一温度T_n时，液态金属才开始结晶。

金属的实际结晶温度T_n低于理论结晶温度T_0的现象，称为过冷现象。理论结晶温度与实际结晶温度的差称为过冷度，用ΔT表示，公式表示为：$\Delta T = T_0 - T_n$。过冷度随金属的本性、纯度以及冷却速度的差异而不同。金属不同，过冷度的大小不同；当金属纯度确定后，其冷却速度越大，过冷度越大，实际结晶温度越低。金属总是在一定的过冷度下结晶，因此过冷是结晶的必要条件。

（2）结晶潜热。

金属结晶时从液相转变为固相要放出的热量，称为结晶潜热。由于结晶潜热的释放，补偿了散失到周围环境的热量，使温度并不随冷却时间的延长而下降，所以在冷却曲线上出现了平台。结晶结束，没有结晶潜热补偿散失的热量，温度又重新下降。因此，纯金属的结晶是在恒温下进行的。

2. 纯金属结晶的微观特征

液态金属结晶的微观过程是形核与长大的过程，这一过程可用图 2.3 来表示。

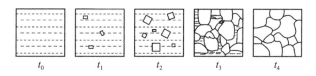

图 2.3　液态金属结晶的微观过程示意图

（1）晶核的形成。

液态金属的结晶从形核开始，最开始的晶核仅为原子大小。开始结晶时原子随意排列形成原子群或形成亚晶核，这些亚晶核已经有了凝固金属的典型排列方式。当亚晶核有能力长大的时候结晶才会稳定。这种可以增长的原子的积聚称为晶核。

（2）晶核的长大。

晶核形成之后，会不断吸收周围的金属原子而逐渐长大。开始时，因其内部原子规则排列，外形比较规则，但由于晶核长大需要不断散热，所以在散热条件比较好的棱边和顶角处就会优先长大，其生长方式像树枝一样，称为枝晶。每个小晶体称为晶粒，实际金属结晶后，一般会形成许多晶粒组成的多晶体，晶粒与晶粒之间自然形成的界面称为晶界。在多晶体中，晶粒的大小对其力学性能影响很大。

由此可知，结晶过程由形核和长大两个过程交错重叠在一起。

2.1.3.2　合金的结晶

合金结晶的基本规律与纯金属基本相同，也是在一定过冷度下形核和长大完成结晶。不同的是，合金结晶过程更复杂，对于有些合金材料，由液态转变为固态后，随着温度降低，仍会继续发生转变。从液态转变为固态，再到稳定状态，可能发生的变化主要有三种：一是晶体结构变化；二是成分浓度变化；三是形成沉淀。金属材料不同，冷却结晶过程所发生的转变也不同，因而使得合金具有不同的特性。

1. 晶体结构变化

液态金属转变为固态后，在固态下，由一种晶格转变为另一种晶格的变化，称为固态相变，也称为同素异构转变。例如，铁由高温冷却到 911℃以下，由面心立方晶体结构转变为体心立方晶体结构。这种相变具有特殊的重要性，改变金属的微观组织结构有可能影响金属的加工和使用性能。从原子论的角度来看，这种转变的特点是原子在空间晶格中的位置或分配发生了变化。

2. 成分浓度变化

实际生产中，由于冷却速度较快，内部原子的扩散过程落后于结晶过程，成分的均匀化来不及进行，合金中各组成元素在结晶时呈现分布不均匀的现象，称之为偏析。这种偏离平衡条件的结晶，称为不平衡结晶，其对合金的组织和性能有很大影响。焊接熔池一次结晶过程中，由于冷却速度快，已凝固的焊缝金属中的化学成分来不及扩散，造成分布不均，产生偏析。焊缝中的偏析现象有显微偏析和宏观偏析。熔池一次结晶时，最先结晶的结晶中心金属最纯，后结晶部分含其他合金元素和杂质略高，导致一个柱状晶粒内部和晶粒之间的化学成分分布不均匀，称为显微偏析。这种偏析可导致点蚀的发生。这种腐蚀也发生在不锈钢焊接金属中，尤其是含有钼的合金，其起始点是由于显微偏析导致钼含量低的枝晶中心。生产中常采用扩散退火来消除这种偏析。熔池一次结晶时，由于柱状晶体的不断长大和推移，会使杂质向熔池中心聚集，使熔池中心的杂质含量比其他部位多，这种大范围内化学成分不均匀的现象称为区域偏析。如沸腾钢铸锭中的成分偏析属于区域偏析。焊缝的截面形状对区域偏析的分布影响很大。窄而深的焊缝中心聚集有较多的杂质，这种焊缝在其中心部位极易产生热裂纹；宽而浅的焊缝，杂质则聚集在焊缝的上部，这种焊缝抗热裂能力较强。通过"控制凝固"（如快速铸造、搅拌、振动）以及添加特殊的合金元素，可以避免或消除区域偏析。如钢锭中加入脱氧剂，实现充分脱氧获得镇静钢。

3. 形成沉淀

沉淀是一种合金的浓度和结构的变化。当一个或多个组分在固溶体中的溶解度随温度变化而变化时，就会有第二相从金属中沉淀析出。释放的原子和不同沉淀类型都是位错运动的障碍，都导致强度增大。

形成的合金中至少有一个相的溶解度依赖温度，对这类材料采取热处理为"固溶处理－淬火－时效"，如图2.4所示。

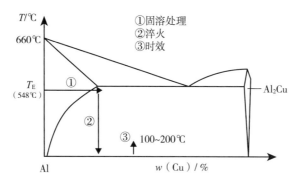

图 2.4　Al-Al$_2$Cu 系列热处理时效强化的原理

固溶处理是将其加热到一定温度，使添加的合金元素更多地溶解到固溶体中，而后进行淬火，通过快速冷却，使添加合金元素的固溶体转变为过饱和状态。在随后的时效过程中，可在室温（自然时效）或高温下进行（人工时效），最小的粒子从过饱和固溶体中沉淀出来，导致位错运动受阻。根据沉淀的大小和数量，强度特性有可能显著提高。然而，塑性和韧性有大幅下降的风险。对于有色金属，如某些铝材料、镍、铜、钛或钴合金，沉淀析出是提高强度的重要方法，就是利用第1章中介绍的，发现金属中存在脱溶析出现象的应用。这种强化方式也用于钢，如细晶粒结构钢、马氏体镍钴钼钢等。如果钢中含有一定量的氮和磷，这些元素在一定条件下以亚稳相的形式沉淀析出，大大降低了变形能力和韧性，而强度增加很小。如果材料已经冷变形，位错密度更高，溶解的氮、磷和碳原子将向这些位错处聚集，导致位错运动受阻，产生应变时效。值得注意的是，如果时效温度过高或时效时间过长，析出物的尺寸会增加，会使强度再次降低，这个过程称为过时效。

形成的合金组元可能发生化学反应形成金属化合物。如二元合金系统，两个组元按照一定比例形成化合物，如形成的 Fe_3C、TiN、WC、Mg_2Si、Al_4Mn 等。与它们的原始成分相比，这些化合物具有不同的晶格结构。它们通常是脆性的，并且在化学和物理性质方面也有所不同。

由此可知，合金的结晶过程非常复杂，结晶后的组织可以是单相或是多相，既可能形成纯固溶体也可能是化合物或两相组成的机械混合物。而且在不同温度下，同一化学成分合金的显微组织也可能不同。对于合金较为复杂的结晶过程，只用冷却曲线或语言简单叙述是不太方便，因此，通常利用合金相图这种形式来表述合金的结晶及冷却过程的相变规律。

2.1.4 晶粒大小的控制

金属结晶后，一般获得由大量晶粒组成的多晶体，其晶粒在显微镜下呈颗粒状。晶粒大小对金属的力学性能有很大影响。在常温下，金属晶粒越细小，其强度和硬度则越高，同时塑性和韧性也越好。细化晶粒对提高金属材料的常温力学性能作用很大，通过细化晶粒提高材料强度的方法称为细晶强化。但对于高温下工作的金属材料，晶粒过于细小反而不好。通常希望得到适中的晶粒度。

晶粒的大小取决于形核率 N 和长大速度 G 之比，即 N/G。比值越大，晶粒越细小。形核率和长大速度与过冷度密切相关。在一般的过冷度范围内，过冷度越大，N/G 比值越大，晶粒越细小，但当过冷度增大到一定值后，形核率和长大速度都会下降。凡能促进形核、抑制长大的因素，都能起到细化晶粒的作用。通常通过控制结晶条件来控制晶粒度的大小，作为改善金属材料力学性能的主要手段。根据结晶时形核和长大规律，为细化铸态金属晶粒，在工业生产中，可采用以下措施。

2.1.4.1 增大金属的过冷度

增大过冷度的方法主要是提高液态金属的冷却速度。在铸造生产中，可以采用金属型或石墨型代替砂型。增加金属型的厚度，降低金属型的温度，采用蓄热大、散热快的金属型，局部加冷铁等方法提高冷却速度。增大过冷度的另一个方法是采用低的浇注温度、减慢铸型温度的升高，或者进行慢浇注。这样，一方面可使铸型温度不致升高太快，另一方面由于延长了凝固时间，晶核形成的数目增多，即可获得较细小的晶粒。提高冷却速度对大铸件并不适用，其原因是不易获得很快的冷却速度，且表面和芯部冷却速度不易一致，故增加金属的过冷度只适用于小铸件或简单薄壁铸件。

2.1.4.2 变质处理

大型铸件在浇注前，常在液态金属中加入难溶质点（变质剂），结晶时这些质点将在液体中形成大量非自发晶核，使晶粒数目大大增加，从而达到细化晶粒的目的，这种处理称为变质处理。

因此，变质处理是在浇注前往液态金属中加入变质剂，用以增加晶核的数量。这类变质剂是通过促进非均匀形核来细化晶粒。例如，在钢水中加入钛、钒、铝，在铝合金中加入钛、锆、钒，在铸铁中加入硅铁或硅钙合金等。还有一类变质剂，不能提供结晶核心，但能阻止晶粒长大，称为长大抑制剂。例如，在铝硅合金中加入钠盐，钠能富集于硅的表面，降低硅的长大速度，使合金晶粒细化。

2.1.4.3 振动、搅动

对即将凝固的金属溶液进行振动或搅动，破碎其正在生长中的树枝状晶体，可以形成更多的结晶核心，从而达到细化晶粒的目的。进行振动或搅动的方法很多，例如，用机械的方法使铸型振动或变速转动；使液态金属流经振动的浇注槽；进行超声波处理；将金属置于交变的电磁场中，利用电磁感应现象使液态金属翻滚，等等。

此外，对铸锭采用各种塑性变形工艺，如挤压、轧制、锻造等；在加工过程中，通过控制温度、应变及应变速率等参数，利用再结晶或相变来控制晶粒尺寸。例如，在挤压过程中发生再结晶，再结晶晶粒大小与温度及应变速率有关，应变速率越高，变形过程中产生的位错来不及抵消，增加了再结晶形核位置，从而细化晶粒；钢材采用控轧控冷技术，通过再结晶区轧制、未再结晶区轧制、两相区轧制和加速冷却 4 个阶段巧妙结合实现细化晶粒。而锻造细化是通过充分利用锻造高温形变的再结晶软化机制，利用合适的变形温度、均匀的变形分布以及其他热力学参数，可以获得满足产品性能要求的均匀细晶粒。

在焊接生产过程中，要保证焊接接头力学性能，可以采取上述细化铸态金属晶粒的措施，通过控制焊缝金属结晶条件，控制形核率和长大速度来保证焊缝金属的晶粒度。如提高冷却速度，加大过冷度；选择含变质剂成分的焊材；焊接过程中搅动熔池等措施。

2.2 合金相图

合金存在的状态通常由合金的成分、温度和压力 3 个因素确定。一般合金的熔炼和加工都是在常压下进行，因此，常压下合金的状态取决于温度和成分。合金相图是表示合金系中合金的状态与温度、成分之间关系的图解，表示合金系中每一种合金在任何温度下所存在的相或状态。由于相图是在极其缓慢的冷却条件下测定的，系统中各相长时间共存而不互相转化，合金系的状态稳定，不随时间而改变，处于平衡状态，也把相图称为平衡图。通过相图，可以知道各种成分的合金在不同温度下存在哪些相、各个相的成分及其相对含量，有助于研究结晶过程中的变化规律。掌握相图可以帮助我们了解合金的组织状态和预测合金的性能，可以根据要求研制新的合金。因此，合金相图是研究金属材料的重要工具，在工业生产中，可以作为合金熔炼、铸造等热加工工艺的重要依据。依据组元的数目，可分为二元、三元、四元等合金相图，最基本最简单的为二元合金相图。

2.2.1 典型二元合金相图

二元相图是由两个组元所构成的合金系的相图，是用来表示系统中两个组元在热力学平衡状态下组分和温度、压力之间的关系的简明图解。由于合金的加工处理通常是在常压下进行，所以合金的状态由合金成分和温度两个因素确定。以铜镍（Cu-Ni）合金为例，通常用横坐标表示成分，纵坐标表示温度，如图 2.5 所示。在成分 – 温度坐标平面上的任一点的坐标值表示一个合金的成分含量和温度，A 点合金的成分含量为：w（Ni）为 40%、w（Cu）为 60%；B 点表示成分含量为：w（Ni）

为 60%、w（Cu）为 40% 的合金在 1000℃时为单相 α 固溶体；
C 点表示含 w（Ni）为 30%、w（Cu）为 70% 的合金在 1200℃
时处于液相 L 和固相 α 两相共存状态。图 2.5 中所示，将所
有的结晶开始温度点连线，称为液相线，再将所有结晶终了
温度点连线，称为固相线，这两条线把 Cu-Ni 合金相图分成
三个区域：液相线以上所有合金都处于液态，称为液相单相
区，用 L 表示；固相线以下，所有合金处于固相状态，称为
固相单相区，用 α 表示；在液相线和固相线之间，表示合金
在结晶过程中，处于液相和固相两相共存状态，称为液相和
固相两相共存区，用 L+α 表示。

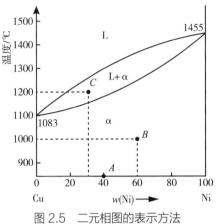

图 2.5　二元相图的表示方法

对于二元合金相图来说，由于两个组元的特性不同，在液态及固态的相互作用不同，在相图中
表现出来的结晶变化规律不同，所以不同的二元合金，其相图也不同。虽然不同的合金其相图不
同，但有些具有相同的变化规律，典型的二元合金相图主要有匀晶相图、包晶相图、共晶相图及
共析相图。

2.2.1.1 匀晶相图

两组元不但在液态无限互溶，而且在固态也无限互溶
的二元合金系所形成的相图，称为匀晶相图。具有这类相
图的二元合金主要有 Cu-Ni 合金、Fe-Cr 合金、Ag-Au 合
金等。在这类合金中，结晶时都是从液相结晶出单相固溶
体，这种结晶过程称为匀晶转变。几乎所有的二元合金相
图都包含匀晶转变部分，因此，可以帮助分析固溶体的结
晶及形成的固溶体的状态及性能。下面以 Cu-Ni 合金为例，
分析二元匀晶相图。如图 2.6 所示，相图只有两条线，上
面是液相线，下面是固相线。液相线以上是液相区 L，固
相线以下是固相区 α，液、固相线之间是液、固两相共存区 L+α。固溶体的平衡结晶是指在极缓慢

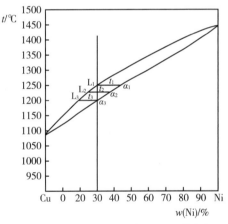

图 2.6　二元匀晶相图（Cu-Ni 合金）

条件下进行的结晶。以 w（Ni）=30% 的 Cu-Ni 合金为例，分析其平衡结晶过程。t_1 点温度以上是液
相 L，缓慢冷却至 t_1 点，从液相中开始结晶出 α 固溶体，因刚结晶，因此基本上全部是液相。继续
缓慢冷却到 t_2 温度，便有一定数量的 α 固溶体结晶出来。到达 t_3 点，全部结晶，获得与原合金成分
相同的单相 α 固溶体。可见，结晶过程中液相成分沿液相线变化，固相成分沿固相线变化，同时液
相的相对质量逐渐减少，固相的相对质量逐渐增加。经过一段时间后，液相全部转化为固相。由此
可知，固溶体的结晶过程也是形核和长大的过程，可以通过控制形核率和晶粒长大速率控制晶粒尺
寸，如通过增加过冷度增加固溶体的形核率，来获得细小晶粒组织。

另外，从相图中可以看出，固溶体合金的结晶是在一定的温度范围内，如 w（Ni）=30% 的
Cu-Ni 合金的结晶温度为 t_1 点到 t_3 点。由此可知，结晶过程需要足够长的时间，才能保证平衡结晶
过程的进行。通过对固溶体的结晶过程分析得出，固溶体的结晶过程为固溶体晶核的形成，产生相

内（液相或固相）的浓度差，从而引起相内的扩散，扩散破坏了相界面处的平衡，迫使晶核长大，从而达到新的平衡。因此，固溶体晶体的长大过程是平衡到不平衡再到平衡再到不平衡的发展过程。只有在极其缓慢的冷却条件下，才能使每个扩散过程进行得完全，如果冷却速度较快，原子扩散不能充分进行，则会形成成分不均匀的固溶体。对于 Cu–Ni 合金来说，先结晶的树枝晶中含高熔点的组元（Ni）较多，后结晶的树枝晶枝干含低熔点的组元（Cu）较多，造成一个晶粒内部化学成分不均匀的现象，称为晶内偏析。通常冷却速度越大，液、固相线间距越大，晶内偏析程度越严重。晶内偏析会降低合金的力学性能和工艺性能，也会使合金抗蚀性能降低。生产上常采用扩散退火或均匀化退火来消除其影响，即把钢加热到高温（低于固相线 100℃左右），进行长时间保温，使原子充分扩散，从而获得成分均匀的固溶体。

此外，在分析研究固溶体合金结晶时，由于溶质组元重新分布，在固、液界面处形成溶质的浓度梯度，从而产生成分过冷，使实际结晶温度低于平衡结晶温度。这种由于液相中成分变化而引起的过冷度，称为成分过冷。成分过冷对晶体成长形状有影响。随着成分过冷增大，固溶体晶体由平面状向胞状、树枝状形态发展。结晶形态不同，其合金的性能也不同。因此，控制成分过冷可以获得不同的固溶体成长形态。而成分过冷与合金成分、液相内的温度梯度和凝固速度有关。

2.2.1.2　包晶相图

二元合金系中的两组元在液态时无限互溶，在固态时有限互溶，并发生包晶转变的相图，称为二元包晶相图。具有这类相图的二元合金系主要有 Pt–Ag、Sn–Sb 等。下面以 Pt–Ag 相图为例，简要分析包晶相图。图 2.7 所示为 Pt–Ag 合金相图，图中 ABC 为液相线，$ADEC$ 为固相线。相图中有 3 个基本相：α、β 和液相 L。α 是 Ag 溶于 Pt 的固溶体，β 是 Pt 溶于 Ag 的固溶体，液相 L 是 Pt 与 Ag 形成的液体。3 个基本相对应相图上 3 个单相区，单相区之间有 3 个两相区：L+α、L+β 和 α+β。水平线 DEB 对应 L、α、β 三相共存区。成分在 DEB 之间的合金，在三相共存水平线对应的温度下（t_E）将发生一种转变，即 B 点成分的液相 L_B 和 D 点成分的 α_D 相反应生成 E 点成分的 β_E 相，转变的反应式为：$L_B + \alpha_D \xleftrightarrow{t_E} \beta_E$。这种由一种液相与一种固相在恒温下反应生成另一种固相的反应叫作包晶反应，E 点是包晶点。这种作用首先发生在液相和固相的相界面上，所以 β 相通常依附在 α 相上生核并长大，即将 α 相包围起来，β 相成为 α 相的外壳，故称为包晶反应。随着反应的进行，液相和 α 相被 β 相隔开了，只有通过 β 进行原子相互扩散使反应进一步进行。随着时间延长，β 相越来越厚，扩散距离越来越远，使得包晶转变变得越来越困难。通常转变温度很高、原子扩散较快，包晶反应就有可能彻底完成。由此可知，包晶转变具有两个显著特点：一是包晶转变的形成相依附在初晶相上形成；二是包晶转变的不完全性。根据这个特点，包晶反应在工业生产中可以细化晶粒，即利用包晶转变可以实现细化晶粒，如铝及铝合金中加入少量钛，合金会首先从液相中析出初晶 $TiAl_3$，然后液相和 $TiAl_3$ 发生包晶反应形成 α 相，$TiAl_3$ 对 α 相起非均匀形核作用，由于从液相中析出的 $TiAl_3$ 细小而弥散，细化晶粒作用显著。同样，在铜及铜合金中加入少量的铁和镁，在镁合金中加入少量的锆或锆的盐类，均因在包晶反应前形成大量细小的化合物，起非均匀形核作用，从而实现细化晶粒。由图 2.7 可知，合金Ⅰ、合金Ⅱ及合金Ⅲ三种典型合金的平衡结晶过程及结晶产物不同。其结晶后的室温组织分别为 β+α_Ⅱ、β+α_Ⅱ+α+β_Ⅱ 和 α+β_Ⅱ，其中，α_Ⅱ 是从 β 相中析出的，β_Ⅱ 是从 α 相中析出的。由此得知，不同的合金具有不同使用性能。

此外，如冷却速度较快，包晶转变将被抑制，不能继续进行。包晶转变不能充分进行而产生化学成分不均匀现象，称为包晶偏析。可以采用长时间的扩散退火减少或消除偏析。

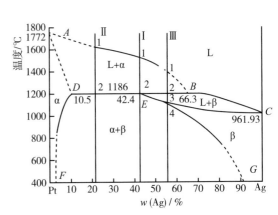

图 2.7 二元包晶相图（Pt-Ag 合金）

2.2.1.3 共晶相图

二元合金系中的两组元在液态时无限互溶，在固态时有限互溶，并发生共晶转变的相图，称为二元共晶相图。具有这类相图的二元合金系主要有 Pb-Sn、Pb-Sb、Ag-Cu、Al-Si 等。另外，有些合金相图中不仅有一种典型相图特征，如 Fe-Fe₃C 相图中除了有匀晶相图、包晶相图也含有共晶相图部分。下面以 Pb-Sn 相图为例，分析共晶相图。

图 2.8 为 Pb-Sn 合金相图，图中 ABC 为液相线，ADBEC 为固相线。成分在 DE 之间的合金，在三相共存水平线对应的温度下将发生转变，即 B 点成分的液相 L_B 同时结晶出 D 点成分的 α_D 相和 E 点成分的 β_E 相，其中 α 相为 Sn 溶于 Pb 中的固溶体，β 相为 Pb 溶于 Sn 中的固溶体，转变的反应式为：

$$\mathrm{L}_B \xleftrightarrow{\,t_B\,} \alpha_D + \beta_E$$

这种由一种液相在恒温下同时结晶出两种固相的反应叫作共晶反应，所生成的两相混合物叫作共晶体

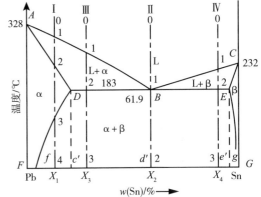

图 2.8 二元共晶相图（Pb-Sn 合金）

（或共晶组织），B 点是共晶点。共晶转变也要经过形核和长大过程。在形核时，两相中总有一个在先，一个在后，首先形成的相称为领先相。

此外，相图中有两条重要的曲线，DF 线为 α 相的固溶度（即 Sn 在 Pb 中的溶解度）曲线，EG 线为 β 相的固溶度（即 Pb 在 Sn 中的溶解度）曲线。随着温度下降，固溶体的固溶度降低，α 相中的 Sn 以 β 相的形式析出，为了区别于从液相中结晶出的 β 相，称为二次 β，写作 β_Ⅱ。同样，β 相中的 Pb 以 α 相的形式析出，称为二次 α，写作 α_Ⅱ。

实际生产中，冷却速度往往较快，凝固时的原子扩散不能充分进行，出现不平衡结晶。典型的不平衡组织主要有伪共晶和离异共晶。在平衡结晶条件下，只有共晶成分的合金才能得到 100% 共晶组织。但在不平衡结晶条件下，在共晶点附近左右两侧的合金，也能得到 100% 共晶组织。这种非共晶成分的合金得到的共晶组织称伪共晶。共晶相图中两条液相线的延长线包围的阴影区为伪共

晶区，如图 2.9 所示。不平衡结晶时，由于冷却速度较快，合金液态将被过冷到共晶温度以下才凝固。当液态合金被过冷到图 2.9 所示阴影区时发生共晶转变，全部得到共晶组织。凡是合金被冷却到该区域才凝固，都能得到伪共晶组织。离异共晶可以在平衡条件下获得，也可以在不平衡结晶条件下获得。在先共晶相数量较多而共晶组织较少时，有时共晶组织中与先共晶相相同的那一相，会依附于先共晶相上生长，剩下的另一相单独存在于晶界上，使得共晶组织中的两相相互分离，这种两相分离的共晶称为离异

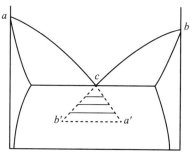

图 2.9　伪共晶示意图

共晶。如钢中因含有杂质 S 而形成的 Fe-FeS 共晶，往往是离异共晶，FeS 分布在晶界上。离异共晶可能会给合金性能带来不良影响，在不平衡结晶下出现这种组织可以通过均匀化退火处理予以消除。

2.2.1.4　共析相图

一种固相在恒温下转变成另外两种固相，这种转变叫作共析转变。如图 2.10 所示，下半部分是共析相图，它与共晶转变的相图相似，不同之处在于共晶转变的反应相是液相，共析转变的反应相是固相，且共析组织比共晶组织细密。共析转变对合金的热处理强化有重大意义，钢铁材料的热处理工艺是建立在共析转变基础上的。这一部分将在 Fe-Fe₃C 相图中介绍（第 3 章铁碳合金）。

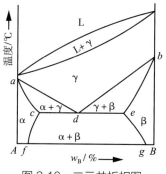

图 2.10　二元共析相图

2.2.2　三元合金相图

实际生产中使用的金属材料不仅有二元合金，还有三元、四元及多元合金。如实际生产中广泛应用的各种钢及有色金属材料都是由两种以上的组元构成。此外，即使是二元合金，往往也含有杂质元素，研究杂质的影响时，就应该将其看作是三元合金来研究。因此，三元及多元合金比二元合金应用更广泛。三元合金相图类型很多，图形比较复杂，因此比较完整的相图不多。二元合金相图是一个平面图形，而三元合金相图是一个立体图形。三元合金立体相图应用起来不方便，比较复杂的立体相图很难用实验方法测定，实际生产中通常使用的是截面图，主要是三元合金相图的等温截面、变温截面以及投影图。

在三元合金相图中通常采用等边三角形表示合金的成分，这种三角形称为成分三角形，如图 2.11 所示。三角形的 3 个顶点代表 A、B、C 三个纯组元，三角形的 3 条边分别表示 3 个二元合金，AB 边为 A-B 二元合金，BC 边为 B-C 二元合金，CA 边为 C-A 二元合金，三角形内的任意一点表示一定成分的三元合金。

等温截面又称水平截面图，相当于用一平行于成分三角形的水平面与立体相图相截时得到的图形。等温截面图能表明不同成分的合金在某一温度时平衡相的数目和成分，帮助我们理解空间相图概念，但等温截面实际是用各种试验方法测定出来的，并不是在立体图形上截

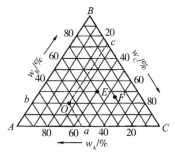

图 2.11　成分三角形

取下来的。变温截面又称垂直截面，通常有两种：一种是通过平行于成分三角形某一边所做的变温截面，此时位于截面上的所有合金含某一组元的量是固定的；另一种是通过成分三角形的某一顶点所做的截面，这个截面上所有合金中另两顶点所代表的组元含量的比值是一定的。变温截面与二元合金相图类似，可以利用变温截面分析合金的结晶过程，确定相变温度，了解合金在不同温度下所处的状态以及合金的室温平衡组织，如高合金钢的铁素体或奥氏体凝固转变结果可通过 Fe-Cr-Ni 相图的 72%Fe 截面图来说明（图 2.12）。在不锈钢与耐热钢一节将介绍它的应用。

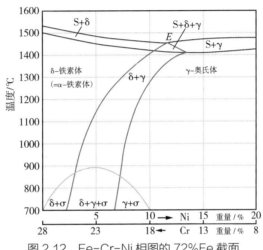

图 2.12　Fe-Cr-Ni 相图的 72%Fe 截面

2.3　合金相图的应用及注意事项

由典型二元合金相图可知，不同成分的合金结晶规律不同。相图中展示了一系列合金随温度的变化相的变化过程。掌握相的性质和合金的结晶规律，可以大致判断合金结晶后的组织和性能。因此，合金相图为选择合适的材料提供依据，为制定加工工艺及参数的确定起到重要的指导作用，此外，相图也是研制新材料、设计新材料的指导书。但由于相图的确定是在极其缓慢冷却的条件下获得的，存在一定的局限性，因此在使用时还要正确使用。

2.3.1　合金相图的主要应用

2.3.1.1　判断合金使用性能

相图与合金在平衡状态下的使用性能之间有一定的联系。根据二元合金相图可以判断二元合金的力学性能、物理性能。二元合金成分比例不同时具有不同的使用性能，为选材、用材提供依据。不同的二元合金相图描述了不同合金的变化规律，从而性能变化趋势也不同。具体关系参见表 2.2 及图 2.13。

表 2.2 相图与合金性能的关系

合金类型	相图类型	使用性能变化
单相固溶体合金	匀晶相图 共晶相图 包晶相图	匀晶相图及共晶相图和包晶相图的端部均为单相固溶体，其性能与组元及溶质溶入的量有关。对于一定的溶质和溶剂，强度、硬度及电阻随溶质溶入量的增加而提高，塑性、电导率及热导率随溶质溶入量的增加而降低。一般形成单相固溶体的合金综合力学性能较好，但强度和硬度有限
两相混合物合金	共晶相图 包晶相图	共晶相图及包晶相图中间部分为两相混合物，合金的性能往往是两组成相性能的平均值，对于两相混合物组成的合金，当两相的大小、分布都比较均匀时，合金的力学性能和物理性能与成分的关系呈直线变化，合金的某些性能可以用两个组成相的性能的算数平均值估算。如硬度 $HB=HB_{\alpha}w_{\alpha}+HB_{\beta}w_{\beta}$，式中 HB_{α}、HB_{β} 分别为 α 相、β 相的硬度；w_{α}、w_{β} 分别为 α 相、β 相的质量百分数

强度对组织较敏感，与组成相的形态有很大关系。组织细密，且在不平衡结晶时出现伪共晶，其强度、硬度将偏离直线关系而出现峰值，如图 2.13 中的虚线所示。

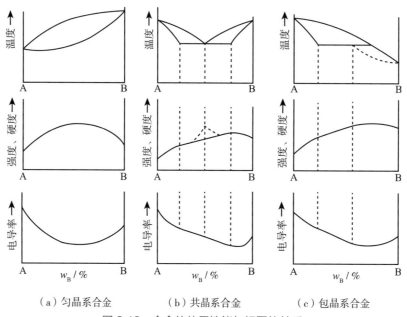

（a）匀晶系合金 （b）共晶系合金 （c）包晶系合金

图 2.13 合金的使用性能与相图的关系

2.3.1.2 制定热加工工艺的依据

相图总结了不同成分合金在缓慢加热和冷却时状态的变化规律，为热加工工艺的制定提供了依据。

1. 铸造、锻压工艺

合金的铸造性能与相图的关系见图 2.14。合金的铸造性能与合金的流动性、缩孔、热裂倾向等因素有关，这些因素取决于成分间隔与温度间隔，即相图上液相线与固相线之间的水平距离与垂直距离，距离越小，合金的铸造性能越好。所以，单相固溶体合金的流动性不如纯金属和共晶合金，且液相线与固相线间隔越大，结晶温度范围越大，形成枝晶偏析倾向越大，流动性也越差，形成的分散缩孔增多，其铸造性变差。而接近共晶成分的合金，其熔液的流动性好，凝固后容易形成集中缩孔，热裂和偏析倾向较小。铸造合金常选共晶点附近成分的合金。

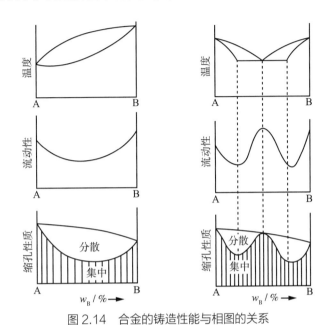

图 2.14　合金的铸造性能与相图的关系

虽然单相固溶体合金的铸造性差，但单相固溶体变形抗力小，塑性好，故易进行锻压成形。而适合铸造加工的共晶合金不适合锻压成形，通常锻压性差。

2. 焊接工艺

由于焊接是局部被快速加热，因此，从焊缝到母材各点的温度不同，冷却后组织性能可能不同，可以根据相图分析焊接接头组织的变化情况。由此，确定如何调整工艺及采取合适的焊后热处理来调整和改善。如根据铁碳合金相图可以判断碳钢的焊接性，从铁碳合金相图中可知，随着含碳量增加，组织中渗碳体的量增加，因此钢的塑性下降，导致钢的冷裂倾向增加，焊接性变差。

3. 热处理工艺

相图是制定热处理加工工艺的重要依据，根据相图可以初步判断合金可能承受的热处理方式。对于固溶体类合金，由于不发生固态转变，可以进行高温扩散退火以改善固溶体的枝晶偏析；对于有脱溶转变的合金，由于有溶解度变化，可以进行固溶处理及时效处理，提高合金的强度，这是铝合金及耐热合金的主要热处理方式；对于有共析转变的合金，一般加热到固溶体单相区，然后快速冷却，抑制共析转变的发生，则获得不同的亚稳组织，如马氏体、贝氏体等以满足不同零件力学性能的要求。这些抑制共析转变的热处理方式是零件进行热处理的基础。

2.3.1.3 新材料设计的指导书

合金相图也作为我们开发研制新材料的指导书。如前所述，与纯金属相比合金在各项性能上具有较大的优势，所以实际使用的金属材料大多为合金。在研制合金时，需要清楚添加何种元素及添加合金元素的量为多少时能够满足要求。例如，镁在自然界中分布广泛，具有质量小、延展性好等特点，但强度较低，通过添加不同合金元素，可使其成为具有优良特性的结构材料，并且能使其具有更广泛的应用特性的研究还在继续，而在研制新材料上相图发挥着重要的指导作用。目前已获得了一系列的镁合金，镁合金是工程应用中较轻的金属结构材料，其比强度和比刚度大，具有良好的铸造性能、优异的导热性、电磁屏蔽性能、机械加工性能、阻尼性能以及再加工回收特性，在航空航天、汽车、电子等领域得到日益广泛的应用。为了更有效地优化合金成分，选择合理的工艺，改进合金性能，人们做了大量研究。合金相图在开发新材料、研究合金元素对材料性能的影响等方面起到重要的指导作用。

2.3.2 应用相图时要注意的问题

实际使用的金属材料往往是多元合金，不仅含有两个组元，而在两个组元的基础上还有一些其他的合金元素，有的是原来就含有的，有的是后添加的，而这些合金元素的存在对二元合金相图是有影响的，因此，分析的二元合金相图不能真实地反映实际材料的变化规律，二元合金相图是二元系合金相的平衡关系。因此，在使用二元合金相图分析金属材料时要考虑其他合金元素的影响。

金属材料的实际生产条件很少能够达到平衡状态，而我们得到的合金相图是表示平衡状态，即在非常缓慢的加热和冷却条件下，或在给定温度长期保温的情况下。如果实际条件是较快的冷却速度，就会出现前面介绍典型二元相图存在的问题，如匀晶相图中的枝状偏析问题；包晶相图中发生的包晶反应不完全；共晶相图中固溶体合金会出现的共晶组织或离异共晶，亚共晶合金和过共晶合金可能获得伪共晶；因此，在应用相图时，按照相图的平衡变化分析不平衡条件下的组织，并作为制定热加工工艺的依据，可能会出现不满足要求的合金制品。如共晶相图中的固溶体合金，按照平衡条件分析，可以从相图中判断冷却结晶后为单相固溶体，但如果实际生产中的冷却速度较快，则会出现少量共晶组织，而我们使用的合金相图并不能反映出这一变化，对此合金制定热加工工艺，如果加热温度略高于共晶温度时，合金中共晶部分就会熔化，造成不能满足使用要求的问题，因此，我们在制定热加工工艺时应加以注意。

此外，合金的相相同，其性能不一定是相同的。如前所述，相是组成组织的基本组成部分。但同样的相，当它们的大小及分布不同时，就会出现不同的组织，不同的组织具有不同的特性。而相图不能反映出相的大小、数量和分布等情况，即不能给出合金的组织状态。如合金结晶后获得固溶体，其固溶体的晶粒大小和形态不同，合金的性能是不同的。因此，使用合金相图分析实际问题时，即结合相图也要考虑结晶条件等因素对组织的影响，全面了解合金成分、相结构、组织与性能的关系，分析实际生产条件如何进行控制。

参考文献

［1］崔忠圻，刘北兴．金属学与热处理原理［M］．3 版．哈尔滨：哈尔滨工业大学出版社，2007.

［2］张晓燕．材料科学基础［M］．北京：北京大学出版社，2009.

［3］潘金生．材料科学基础［M］．北京：清华大学出版社，2006.

［4］戴起勋．金属材料学［M］．北京：化学工业出版社，2005.

［5］凌爱林．金属学与热处理［M］．北京：机械工业出版社，2008.

［6］GSI. SFI–Aktuell［M］．Duisburg: Gesellschaft für Schweiβtechnik International mbH，2010.

［7］朱兴元、刘忆．金属学与热处理［M］．北京：中国林业出版社，2006.

[8] 陈丹，赵岩，刘天佑. 金属学与热处理 [M]. 北京：北京理工大学出版社，2017.

[9] 高晓龙，夏天东，王晓军，等. 金属晶粒细化方法的研究现状 [J]. 金属功能材料，2009，16（6）：60-65.

[10] 韩宝军，徐洲. 钢铁晶粒超细化方法及其研究进展 [J]. 材料导报：综述篇，2010，24（1）.

[11] 陈刚，彭晓东，谢卫东，等. 耐热镁合金及其相图热力学研究及应用进展 [J]. 材料导报，2005，19（2）：410-412.

[12] 李翘楚. 激光增材制造 Ti-Mo 基合金的组织及性能研究 [D]. 大连：大连理工大学，2020.

[13] 陈丽娟. Mg-Al、Mg-Zn 基镁合金相平衡的热力学研究 [D]. 沈阳：东北大学，2010.

本章的学习目标及知识要点

1. 学习目标

（1）了解组元、相、合金系及组织的概念。

（2）掌握合金的相结构及其特性。

（3）了解金属的结晶过程，掌握控制晶粒尺寸的方法。

（4）了解典型二元合金相图。

（5）掌握合金相图在实际中的应用及注意事项。

2. 知识要点

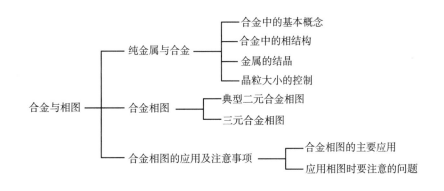

第3章

铁碳合金

编写：何珊珊　审校：钱强

碳钢和铸铁是工业上重要的金属材料，主要是由铁和碳两种元素组成，称为铁碳合金。当铁碳合金中的成分比例不同时，其组织和性能也不同，在工程中具有不同的应用。由于合金相图可以表示不同成分的合金在平衡条件下的成分、温度及组织的关系，因此研究钢铁材料的成分和组织变化首先从铁碳合金相图开始。铁碳合金相图是研究铁碳合金的重要工具，对于钢铁材料的研究及使用、制定热加工工艺及热处理工艺有着重要的指导意义。

3.1 Fe-Fe₃C 相图

铁和碳可以形成一系列化合物，如 Fe_3C、Fe_2C 及 FeC 等，并可以作为独立的组元，所以铁碳合金相图可以划分为 Fe-Fe_3C、Fe_3C-Fe_2C、Fe_2C-FeC、FeC-C 四个部分，但碳质量分数超过 6.67%（Fe_3C 含碳量）的铁碳合金脆性很大，没有使用价值，所以有实用意义的只是 Fe-Fe_3C 部分。通常说的铁碳合金相图，实际上是指 Fe-Fe_3C 相图，是以温度为纵坐标，含碳量为横坐标绘制的图形，如图 3.1 所示。工程上依据 Fe-

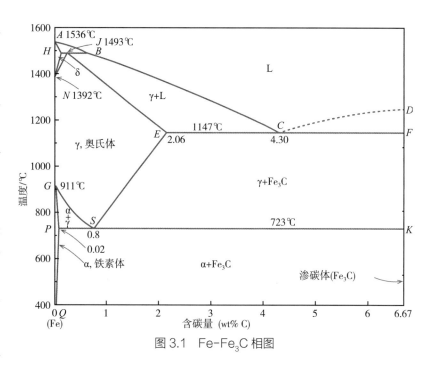

图 3.1　Fe-Fe₃C 相图

Fe_3C 相图把铁碳合金分为三类，即工业纯铁（含碳量不大于 0.02%）、钢［含碳量为 0.02%~2.06%(我国教材中为 0.0218%~2.11%)］和铸铁［含碳量为 2.06%~6.67%（我国教材中为 2.11%~6.69%)］。

3.1.1 铁碳合金的组元和基本相

3.1.1.1 铁碳合金的组元

1. 纯铁

铁是过渡族元素，在一个大气压下的熔点为 1536℃，密度为 7.87g／cm³。纯铁的塑性和韧性较好，但强度较低，固态下可以发生同素异构转变，即在固态下随着温度的改变，可由一种晶格转变为另一种晶格，也称为多晶型转变。

图 3.2 所示为纯铁的冷却曲线。液态纯铁在 1536℃时开始结晶，产物为 δ–Fe，具有体心立方晶格，当温度降至 1392℃时，δ–Fe 转变为具有面心立方晶格的 γ–Fe，当温度继续降到 911℃

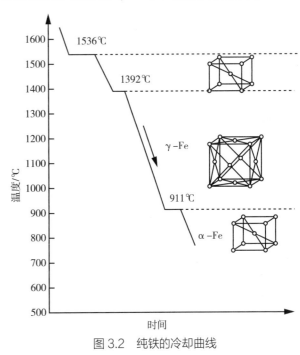

时，γ–Fe 又转变成具有体心立方晶格的 α–Fe。911℃以下，铁的晶体结构不再发生变化。因此纯铁具有三种同素异构体，即温度低于 911℃的体心立方晶格，称为 α–Fe；温度在 911~1392℃的面心立方晶格，称为 γ–Fe；温度高于 1392℃的体心立方晶格，称为 δ–Fe。通过冷却曲线描述纯铁的凝固过程和同素异构转变过程。铁的多晶型转变具有很重要的实际意义，它是钢的合金化和热处理的基础。

由于晶体结构不同，其晶格常数不同，因此，晶格的转变会导致金属的体积随之发生变化，如 γ–Fe 在 911℃转变为 α–Fe 时，体积大约会膨胀 1%，可引起钢淬火时产生较大的内应力，严重时会导致工件变形、开裂。另外纯铁的居里点是 769℃，即 α–Fe 在 769℃将发生磁性转变，由高温的顺磁性转变为低温的铁磁性状态。因为铁的晶格类型没有发生改变，所以磁性转变不属于相变。

图 3.2　纯铁的冷却曲线

2. 渗碳体

渗碳体是铁与碳形成的具有复杂晶体结构间隙化合物，用 Fe_3C 或者 C_m 表示，碳的质量分数为 6.67%，熔点约为 1227℃，居里点为 230℃。渗碳体是铁碳合金中的基本相，其硬度高（HB800），塑性、韧性几乎为零，脆性很大，为碳钢中的主要强化相，它的形态与分布对钢的性能有很大影响。

3.1.1.2 铁碳合金的基本相

在铁碳二元合金中，根据铁和碳的相互作用关系，其相结构主要是碳固溶于铁中形成的间隙固溶体及碳和铁反应形成的间隙化合物两大类。由于纯铁具有三种同素异构体，即从低温到高温分别为 α–Fe、γ–Fe、δ–Fe。因此碳固溶于铁中形成的固溶体有三种，分别为：碳固溶于 α–Fe 中形成的间隙固溶体，称为铁素体；碳固溶于 γ-Fe 中形成的间隙固溶体，称为奥氏体；碳固溶于 δ-Fe 中形成的间隙固溶体，称为高温铁素体。碳和铁反应形成的间隙化合物为 Fe_3C，称为渗碳体。因此，铁碳合金形成的基本相分别为铁素体、奥氏体、高温铁素体及渗碳体。

1. 铁素体

铁素体是碳固溶于 α-Fe 中形成的间隙固溶体，用符号 F 或 α 表示，具有体心立方晶格，其组织如图 3.3 所示。铁素体中碳的固溶度很小，在 723℃时溶碳量最大，为 0.02%。室温时几乎不溶解，铁素体的力学性能与工业纯铁相似，塑性、韧性好，强度、硬度较低。

2. 奥氏体

奥氏体是碳固溶于 γ-Fe 中形成的间隙固溶体，用符号 A 或 γ 表示，具有面心立方晶格，其组织如图 3.4 所示。奥氏体中碳的固溶度较大，在 1147℃时溶碳量最大，其质量分数达 2.06%，在 723℃时，溶碳量降至 0.80%。奥氏体的力学性能与其溶碳量多少及晶粒大小有关，是一个硬度较低而塑性较高的相，易于锻压变形，具有顺磁性。奥氏体存在于高温下，其稳定存在的温度范围为 723~1392℃，碳钢室温组织中无奥氏体。

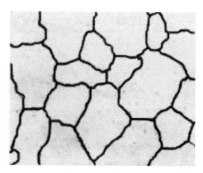

图 3.3 铁素体

3. 高温铁素体

高温铁素体是碳固溶于 δ-Fe 中形成的间隙固溶体，用符号 δ 表示，具有体心立方晶格。高温铁素体在 1392℃以上存在，在 1493℃时溶碳量最大，其质量分数为 0.10%。

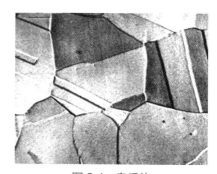

图 3.4 奥氏体

4. 渗碳体

当铁碳合金中的碳含量超过在它铁中的溶解度时，多余的碳主要以碳化物 Fe_3C（渗碳体）的形式存在。在前面已经介绍过，渗碳体是钢中的主要强化相，它的数量、形态及分布对铁碳合金的性能有很大的影响。渗碳体分为一次渗碳体（从液体相中结晶出）、二次渗碳体（从奥氏体中析出）和三次渗碳体（从铁素体中析出）。根据生成条件不同有条状、网状、片状、粒状等不同形态，对铁碳合金的力学性能有很大影响。

3.1.2 Fe-Fe₃C 相图分析

铁碳合金相图中的横坐标是碳的含量，碳含量在 0~6.67%，碳含量 6.67% 时对应 100% 的 Fe_3C，纵坐标为温度。相图包含一些特征线，这些特征线相交于不同的点，由此划分出若干区域。本节将从特征点、特征线及相区三部分进行阐述。

3.1.2.1 Fe-Fe₃C 相图中的特征点

Fe-Fe₃C 相图（图 3.1）中主要特征点的温度、成分及含义见表 3.1。

表 3.1　Fe-Fe₃C 相图中的主要特征点及含义

特征点符号	温度 / ℃	含碳量 / %	特征点含义
A	1536（1538）	0	纯铁熔点
B	1493（1495）	0.51（0.53）	包晶反应时液态合金的浓度
C	1147（1148）	4.30	共晶点，$L_C \Leftrightarrow A_E + Fe_3C$
D	约 1330（1227）	6.67（6.69）	渗碳体熔点（计算值）
E	1147（1148）	2.06（2.11）	碳在 γ-Fe 中的最大溶解度
F	1147（1148）	6.67（6.69）	渗碳体成分
G	911（912）	0	α-Fe $\Leftrightarrow \gamma$-Fe 同素异构转变点（A_3）
H	1493（1495）	0.10（0.09）	碳在 δ-Fe 中的最大溶解度
J	1493（1495）	0.16（0.17）	包晶点，$L_B + \delta_H \Leftrightarrow A$
K	723（727）	6.67（6.69）	渗碳体成分
N	1392（1394）	0	γ-Fe $\Leftrightarrow \delta$-Fe 同素异构转变点（A_4）
P	723（727）	0.02（0.0218）	碳在 α-Fe 中的最大溶解度
S	723（727）	0.80（0.77）	共析点，$A_S \Leftrightarrow F_P + Fe_3C$
Q	室温	约 0.006	碳在 α-Fe 中的室温溶解度

注：括号中所列的数据为我国一些教材中的数据。

3.1.2.2　Fe-Fe₃C 相图中的特征线

Fe-Fe₃C 相图中主要特征线及含义见表 3.2。

表 3.2　Fe-Fe₃C 相图中各特征线的含义

特征线符号	温度 / ℃	特征线含义
$ABCD$		液相线
$AHJECF$		固相线
HJB	1493（1495）	包晶转变线
ECF	1147（1148）	共晶转变线
PSK	723（727）	共析转变线
GS		奥氏体与铁素体发生同素异构转变的温度线
ES		碳在奥氏体中的溶解度
PQ		碳在铁素体中的溶解度

注：括号中所列的数据为我国一些教材中的数据。

1. 液相线与固相线

Fe-Fe₃C 相图中液相线是 $ABCD$，此线以上是液相区，用 L 表示，冷却至此线温度时，开始结晶。固相线是 $AHJECF$，合金冷却至此线温度时液相消失，全部结晶为固相。

2. 三条水平线

Fe-Fe₃C 相图上有三条重要的水平线，分别为：HJB——包晶转变线；ECF——共晶转变线；PSK——共析转变线，又称 A_1 线、共析线。这三条水平线上会发生三种恒温转变，分别为包晶转变、共晶转变及共析转变。

（1）包晶转变。

含碳量在 HJB 之间的合金，即含碳量在 0.10%~0.51% 的合金，平衡结晶过程中在 1493℃发生包晶转变，即含碳量为 0.51% 的液相和含碳量为 0.10% 的 δ 铁素体转变为含碳量为 0.16% 的奥氏体。反应在恒温下进行，反应过程中 L、δ、A 三相共存，反应式为：

$$L_{0.51} + \delta_{0.10} \xleftrightarrow{1493℃} A_{0.16}$$

式中：$L_{0.51}$——含碳量为 0.51% 的液相；

$\delta_{0.10}$——含碳量为 0.10% 的 δ 铁素体；

$A_{0.16}$——含碳量为 0.16% 的奥氏体。

对于含碳量在 HJ 之间的合金，除发生上述反应生成奥氏体外，还有剩余的未参与反应的 δ 铁素体；含碳量在 JB 之间的合金，除发生上述反应生成奥氏体外，还有剩余的未参与反应的液相。而 J 点对应的合金由液相和 δ 铁素体完全反应生成奥氏体，因此，J 点称为包晶转变点。

（2）共晶转变。

含碳量在 ECF 之间的合金，即含碳量在 2.06%~6.67% 的铁碳合金，平衡结晶过程中在 1147℃发生共晶转变，即含碳量为 4.3% 的液相转变为含碳量为 2.06% 的奥氏体和渗碳体。共晶转变是在恒温下进行的，反应过程中 L、A、Fe₃C 三相共存，反应式为：

$$L_{4.3} \xleftrightarrow{1147℃} A_{2.06} + Fe_3C$$

式中：$L_{4.3}$——含碳量为 4.3% 的液相；

$A_{2.06}$——含碳量为 2.06% 的奥氏体。

共晶反应的产物是奥氏体与渗碳体的共晶混合物，称为莱氏体，用符号 L_e 或 L_d 表示。因而共晶反应式可以表达为：

$$L_{4.30} \xleftrightarrow{1147℃} L_{e_{4.30}}$$

对于含碳量在 EC 之间的合金，除发生上述反应生成莱氏体外，还有由包晶反应生成的奥氏体；含碳量在 CF 之间的合金，除发生上述反应生成莱氏体外，还有从液相中直接析出来的 Fe_3C，称为一次渗碳体，用 Fe_3C_1 表示。而在 C 点对应的合金只发生液相完全转变为莱氏体的反应，因此，C 点称为共晶转变点。除 C 点成分以外的合金仅生成一定量的莱氏体。

莱氏体中的奥氏体呈颗粒状分布在渗碳体的基体上，如图 3.5 所示。莱氏体中的渗碳体称为共晶渗碳体。由于以硬脆的渗碳体作基体，所以莱氏体塑性很差。

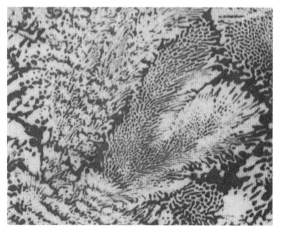

图 3.5 莱氏体示意图

（3）共析转变。

含碳量在 *PSK* 之间的合金，即含碳量大于 0.02% 的铁碳合金，平衡结晶过程中在 723℃发生共析转变，这一区间的合金在平衡冷却到 723℃时，含碳量为 0.80% 的奥氏体转变成含碳量 0.02% 的铁素体和渗碳体，形成机械混合物。共析反应在恒温下进行，反应过程中 A、F、Fe_3C 三相共存，反应式为：

$$A_{0.80} \xleftrightarrow{\quad 723℃ \quad} F_{0.02} + Fe_3C$$

式中：$A_{0.80}$——含碳量为 0.80% 的奥氏体；

$\quad\quad$ $F_{0.02}$——含碳量 0.02% 的铁素体。

共析反应的产物是铁素体与渗碳体的机械混合物，称为珠光体，用符号 *P* 表示。因而共析反应式可以表达为：

$$A_{0.80} \xleftrightarrow{\quad 723℃ \quad} P_{0.80}$$

对于含碳量在 *PS* 之间的合金，除发生上述反应生成珠光体外，还有由奥氏体发生同素异构转变的铁素体，含碳量在 *SK* 之间的合金，除发生上述反应生成珠光体外，还有从奥氏体中析出的 Fe_3C，称为二次渗碳体，用 Fe_3C_{II} 表示。而在 *S* 点对应的合金由奥氏体完全转变为铁素体和渗碳体，因此，*S* 点称为共析转变点。除 *S* 点以外的合金仅生成一定量的珠光体。

金相显微镜下珠光体呈层片状，在放大倍数较大时，可清楚看到相间分布的渗碳体片（薄片）与铁素体片（厚片），如图 3.6 所示。珠光体的性能介于两组成相之间，珠光体中的渗碳体 Fe_3C 称共析渗碳体。

因此，在铁碳合金相图中，由上述的三种恒温转变可知，当铁碳合金的成分不同时，结晶后获得的组织中含有不同的相结构。因相结构不同，组织不同，使得不同成分的铁碳合金具有不同的特性，在工程中具有不同的应用价值。

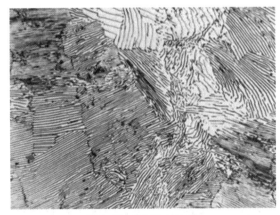

图 3.6　珠光体示意图

3. 重要的特性曲线

$Fe-Fe_3C$ 相图中还有 3 条比较重要的特性曲线，分别是 *GS* 线、*ES* 线和 *PQ* 线。

GS 线又称为 A_3 线，加热时由铁素体转变为奥氏体；冷却时，由奥氏体转变为铁素体。是奥氏体与铁素体发生同素异构转变的温度线。

ES 线是碳在奥氏体中的固溶度曲线，常称为 A_{cm} 线。奥氏体在 1147℃时溶碳量最大，可达2.06%，随着温度下降，溶碳量逐渐减小，碳会以渗碳体的形式从奥氏体中析出；到 723℃时，溶解的碳质量分数降为 0.80%。所以含碳量超过 0.80% 的铁碳合金自 1147℃冷却至 723℃时，从奥氏体中析出的渗碳体称为二次渗碳体，用 Fe_3C_{II} 表示，即 A_{cm} 线是二次渗碳体的析出线。二次渗碳体通常沿着奥氏体晶界呈网状分布，使得铁碳合金的力学性能下降。

PQ 线是碳在铁素体中的固溶度曲线。铁素体的溶碳量在 723℃时达到最大，碳质量分数为

0.02%，随着温度下降，溶碳量逐渐减小，到室温时碳质量分数约为 0.006%。所以碳会以渗碳体的形式从铁素体中析出，从铁素体中析出的渗碳体称为三次渗碳体，用 Fe_3C_{III} 表示。以不连续的网状或片状分布于铁素体晶界，会降低塑性。PQ 线是三次渗碳体的析出线。

3.1.2.3 Fe-Fe₃C 相图中的相区

Fe-Fe₃C 相图由特征线分割为若干区域，包括四个单相区、七个两相区。四个单相区为：$ABCD$ 线以上——液相区（L）；$AHNA$ 相区——δ 铁素体相区（δ）；$NJESGN$ 相区——奥氏体区（A）；GPQ 以左——铁素体区（F）。七个两相区，它们分别存在于相邻的两个单相区之间，即：L+δ、L+A、L+Fe₃C、δ+A、A+Fe₃C、A+F 和 F+Fe₃C。

由此可知，一定成分的合金在一定温度下处于不同的状态。例如，含碳量为 0.2% 的碳钢，缓慢冷却到 1200℃时，其组织为奥氏体，缓慢冷却到室温，组织为铁素体和珠光体；含碳量为 0.80% 的碳钢，缓慢冷却到 1200℃时，其组织为奥氏体，缓慢冷却到室温，组织为珠光体。由此可知，合金的成分不同，结晶后得到的室温组织不同，具有不同的使用性能和加工性能。

3.1.3 铁碳合金室温下的微观组织

根据含碳量不同，可将铁碳合金划分为工业纯铁、碳钢和白口铸铁三大类。其中工业纯铁中的含碳量小于 0.02%；碳钢中的含碳量为 0.02%~2.06%；白口铸铁中的含碳量为 2.06%~6.67%。根据组织特征，参照 Fe-Fe₃C 相图将铁碳合金按照含碳量不同划分为工业纯铁、亚共析钢、共析钢、过共析钢、共晶白口铁、共晶白口铁、过共晶白口铁。

3.1.3.1 工业纯铁

含碳量小于 0.02% 的铁碳合金称为工业纯铁。随着温度的降低，依次发生由液相结晶为 δ 铁素体、δ 铁素体转变为奥氏体、奥氏体转变为铁素体、铁素体中析出三次渗碳体。因此室温组织为 F 和少量 Fe_3C_{III}，组织形态为白色块状铁素体及其晶界上少量分布的小白片状的三次渗碳体。三次渗碳体是沿铁素体晶界析出，一般呈网状或断续网状，对工业纯铁性能有一定影响。另外，在各种钢中都可能出现三次渗碳体，在多数钢中对性能影响不大，但在低碳钢中有时会因三次渗碳体的出现使塑性大幅下降，影响后续加工和使用，可用等温球化退火来处理使之球化，以改善其性能。

3.1.3.2 共析钢

含碳量为 0.80% 的铁碳合金，称为共析钢。随着温度的降低，依次发生匀晶转变（液相转变为奥氏体）、共析转变（奥氏体转变为珠光体）、珠光体中的铁素体析出三次渗碳体。由于三次渗碳体极少，可以忽略。因此室温组织为珠光体，其比例大约是 88% 的铁素体和 12% 的渗碳体。珠光体的组织形态为铁素体和渗碳体片层相间，如图 3.6 所示。珠光体的性能介于铁素体和渗碳体之间，即其强度、硬度比铁素体显著增高，塑性、韧性比铁素体要差，但比渗碳体要好得多。

3.1.3.3 亚共析钢

含碳量在 0.02%~0.80% 的铁碳合金，称为亚共析钢。其室温组织为 F+P，组织形态为白色块状铁素体和层片状珠光体。随着温度的降低会从先共析的铁素体中析出三次渗碳体，由于量比较少，可以忽略。随着含碳量升高，组织中的铁素体减少，珠光体增多，含碳量达 0.80%，组织全部为珠光体，因此，含碳量不同的亚共析钢具有不同的组织，其性能也不同。当含碳量较高时，其珠光体的量较多，钢的强度硬度较高。

3.1.3.4　过共析钢

含碳量在 0.80%~2.06% 的铁碳合金，称为过共析钢。其室温组织为 P+ Fe$_3$C$_{II}$，组织形态为层片状的珠光体和其晶界上呈网状分布的 Fe$_3$C$_{II}$。二次渗碳体是当温度降低至 ES 线时，从奥氏体中沿晶界呈网状析出，其余奥氏体在共析温度 723℃下发生共析转变，转变为珠光体。随着温度继续下降，降至室温时，珠光体中的铁素体会析出三次渗碳体。三次渗碳体的量很少，可以忽略。而二次渗碳体多在过共析钢中出现，对性能的影响不利，可通过正火来消除网状二次渗碳体，以改善性能。另外，随着含碳量增加，钢中含有的 Fe$_3$C$_{II}$量增大，会使钢的脆性急剧增加，所以实际生产中使用的钢中含碳量应加以控制。

3.1.3.5　共晶白口铸铁

含碳量为 4.30% 的铁碳合金，称为共晶白口铁。从液相到室温组织的过程中，首先在 1147℃时发生共晶转变，液相全部转变为莱氏体 L$_e$（奥氏体和共晶渗碳体），其比例为 48.6% 渗碳体和 51.4% 奥氏体；在 1147℃至 723℃时，莱氏体中奥氏体按 ES 的变化趋势析出 Fe$_3$C$_{II}$；在 723℃时，奥氏体中含碳量降至 0.80%，此时奥氏体发生共析转变，转变为珠光体。将珠光体和共晶渗碳体称为低温莱氏体 L$_e'$，组织形态为粒状或条状珠光体分布在共晶 Fe$_3$C 基体上。因此，共晶白口铁的室温组织为低温莱氏体 L$_e'$ 及二次渗碳体。

3.1.3.6　亚共晶白口铸铁

含碳量为 2.06%~4.30% 的铁碳合金，称为亚共晶白口铁。其室温组织为 P+Fe$_3$C$_{II}$+L$_e'$，组织形态为小颗粒状的珠光体和渗碳体基体构成的低温莱氏体及大块黑色的珠光体，Fe$_3$C$_{II}$与共晶渗碳体连成一片，不易分辨。

3.1.3.7　过共晶白口铸铁

含碳量在 4.30%~6.67% 的铁碳合金，称为过共晶白口铁。其室温组织为 Fe$_3$C$_I$+L$_e'$，组织形态为小颗粒状的珠光体和渗碳体基体构成的低温莱氏体及粗大条状的一次渗碳体 Fe$_3$C$_I$。

综上所述，含碳量在 0.02%~2.06% 的铁碳合金，其室温组织主要为铁素体及珠光体，因此，其具有一定的强度、硬度，同时有一定的塑性、韧性。而含碳量在 2.06%~6.67% 的铁碳合金，其室温组织主要为莱氏体，因莱氏体的基体是硬而脆的渗碳体，所以硬度高，塑性很差，生产中主要用于耐磨件，如轧辊、抗磨垫板等，不适合焊接加工。含碳量的变化会引起组织的变化，随着含碳量的增加，铁碳合金的室温组织按下列顺序变化：

$$F \rightarrow F+P \rightarrow P \rightarrow P+ Fe_3C_{II} \rightarrow P+Fe_3C_{II} + L_e' \rightarrow L_e' \rightarrow Fe_3C_I +L_e' \rightarrow Fe_3C$$

图 3.7 反映了随着含碳量的增加，铁碳合金的室温组织。组织的变化会直接引起性能的变化。为保证工业上使用的钢具有足够的强度，并具有一定的塑性和韧性，钢中的含碳量一般不超过 1.3%。

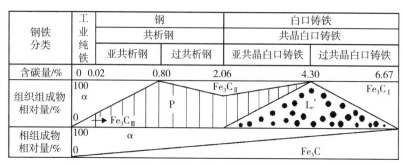

钢铁分类	工业纯铁	钢			白口铸铁	
		共析钢			共晶白口铸铁	
		亚共析钢	过共析钢		亚共晶白口铸铁	过共晶白口铸铁
含碳量/%	0 0.02		0.80	2.06	4.30	6.67

图 3.7　铁碳合金成分－组织关系

3.1.4 合金元素对 Fe–Fe₃C 相图的影响

Fe–Fe₃C 相图描述了不同成分的铁碳合金由液态到室温组织的转变过程，因此，当合金成分中仅有 Fe 和 C 时，在一定温度下，可以从 Fe–Fe₃C 相图中了解合金的特定状态。但合金中添加了其他成分时，将会使 Fe–Fe₃C 相图发生变化。添加的合金元素可能与碳发生相互作用，也可能使相图中的各相区发生变化。

3.1.4.1 合金元素与碳的相互作用

（1）非碳化物形成元素：Ni、Si、Co、Al、Cu 等元素以溶于 α–Fe 或 γ–Fe 中的形式存在。

（2）碳化物形成元素：Ti、Nb、Zr、V、Mo、W、Cr、Mn 等元素一部分溶于奥氏体和铁素体中，另一部分与碳形成碳化物，Ti、Zr、V、Nb 为强碳化物形成元素，W、Mo、Cr 为中强碳化物形成元素，Mn 为弱碳化物形成元素。

（3）形成间隙化合物：$Cr_{23}C_6$、Cr_2C_3、Mn_3C、Fe_3C 等。

（4）间隙相：WC、VC、TiC、W_2C、Mo_2C 熔点高，硬度高，稳定，热处理时不易分解，不易溶于奥氏体中。

（5）合金元素可溶于碳化物中形成多元碳化物，如 Fe_4Mo_2C、$Fe_3W_2C_6$，常以 M_6C、$M_{23}C_6$ 表示。

（6）合金元素溶于渗碳体中即为合金渗碳体，如（FeCr）₃C、（FeMn）₃C，常以（FeM）₃C 表示。

3.1.4.2 合金元素对相变的影响

合金元素对铁的同素异晶转变有很大影响，主要是通过合金元素在 α–Fe 和 γ–Fe 中的固溶度以及对 γ–Fe 存在温度区间的影响表现出来，而这二者又决定了合金元素与铁构成的二元合金相图的基本类型。

（1）Mn、Ni、Co 等元素使 γ 区扩展，与 γ–Fe 形成无限固溶体，与 α–Fe 形成有限固溶体，它们均使 A_3（图 3.1 中 GS 线）线降低，A_4（图 3.1 中 JN 线）线升高。C、N、Cu、Zn 元素使 A_3 线降低，A_4 线升高，γ 区扩展，与 α–Fe 和 γ–Fe 均形成有限固溶体。

（2）Si、Cr、W、Mo、P、V、Ti、Al、Be 等元素使 A_3 线上升，A_4 线下降，封闭 γ 区，无限扩大 α 区。B、Nb、Ta、Zr 缩小 γ 区，但不使 γ 区封闭。

从各元素对不锈钢组织的影响和作用程度来看，基本上有两类元素。一类是形成稳定奥氏体的元素：C、Ni、Mn、N 和 Cu 等，其中 Ni、C 和 N 的作用程度较大；另一类是缩小甚至封闭 γ 相区即形成铁素体的元素：Cr、Si、Mo、Ti、Nb、V、W 和 Al 等，其中 Cr、Si、Mo 的影响较大。

3.2 Fe-Fe₃C 相图在工程中的应用及注意事项

铁碳合金相图总结了铁碳合金的成分、组织、性能之间的变化规律，因此，Fe-Fe₃C 相图在实际生产中的选材和加工工艺的制定等方面具有很重要的实际意义。

3.2.1 Fe-Fe₃C 相图在工程中的应用

3.2.1.1 在钢铁材料的选用方面的应用

Fe-Fe₃C 相图反映了铁碳合金的成分与组织、性能的变化规律，为钢铁材料的选材提供了依据。实际工程中，如需要塑性、韧性较高的材料，应采用低碳钢，因其具有良好的冷成型性能；如需要强度、塑性、韧性都较好，综合力学性能要求较高的材料，应采用中碳钢，可用于制造机器零件等用途；如需要硬度和耐磨性较好的材料，用于制造工具等，则应采用高碳钢；纯铁强度、硬度太低，不宜做结构材料，可做电磁铁的铁芯等；白口铁具有很高的硬度和脆性，不宜切削加工和锻造，可以铸造成耐磨而不受冲击载荷的制件，如冷轧辊、拔丝模等。

3.2.1.2 在热加工工艺方面的应用

Fe-Fe₃C 相图反映了不同成分的合金在缓慢加热和冷却过程中的组织转变规律，为制订热加工和热处理工艺提供了依据。

1. 在铸造生产方面

根据铁碳合金相图找出不同成分的钢铁的熔点，为制定铸造工艺提出基本数据，确定合适的出炉温度以及合理的浇注温度，如图 3.8 所示。浇注温度一般在液相线以上 50~100℃。此外，根据铁碳合金相图还可以确定金属的锻轧温度和淬火温度。根据相图还可以判断合金的铸造性能，共晶成分以及接近共晶成分的铁碳合金，其合金熔点最低，它们的结晶温度范围小，故流动性好、分散缩孔少、偏析小，因而铸造性能最好。实际铸造生产中，铸铁的化学成分选在共晶成分附近。铸铁液相线温度比钢低，其流动性比钢好。纯铁和共晶白口铁的液相线和固相线距离最小，铸造性能最好，因而在铸

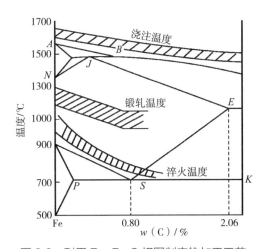

图 3.8　利用 Fe-Fe₃C 相图制定热加工工艺

造生产上共晶成分附近的铸铁得到了广泛的应用。钢的铸造性能总体不太好。常用铸钢的含碳量在 0.15%~0.6%，在此范围的钢，结晶温度范围相对较小，铸造性较好。

2. 在锻造生产方面

金属的可锻性是指金属压力加工时，能改变形状而不产生裂纹的性能。碳钢在室温时是由铁素体和渗碳体组成的复相组织，当将其加热到单相奥氏体状态时，可获得良好的塑性，易于锻造成形。可锻性与含碳量有关，低碳钢的可锻性好于高碳钢，且含碳量越低，其锻造性能越好。而白口

铸铁无论是在低温还是高温，组织中均有大量硬而脆的渗碳体，故不能锻造。而且对于碳钢，铁碳合金相图是确定其锻造温度范围的依据。选择的原则是开始锻造或轧制温度不能过高，以免钢材严重氧化和发生奥氏体晶界熔化，而始锻温度也不能太低，以免钢材因温度低塑性差，产生裂纹。一般始锻、始轧温度控制在固相线以下 100~200℃内，始锻温度一般为 1150~1250℃，终锻温度一般为 750~850℃，因此，锻造与轧制通常选择在单相奥氏体区的适当温度进行。

3. 在焊接生产方面

根据铁碳合金相图可以判断合金的焊接性。铁碳合金的焊接性与含碳量有关，随含碳量增加，组织中渗碳体的量增加，钢的脆性增加，导致钢的冷裂倾向加大，焊接性下降。含碳量越高，铁碳合金的焊接性越差。此外，焊接过程中，由于焊接热作用的不均匀性，导致焊接接头各区域受到焊接热影响的程度不同，可以根据铁碳合金相图来分析碳钢的焊接组织。通过分析不同温度的各个区域，在随后的冷却过程中，可能会出现的组织和性能的变化，从而需采取措施，保证焊接质量。

4. 在热处理工艺方面

热处理是通过对钢铁材料进行加热、保温和冷却过程来改善和提高钢铁材料的一种工艺方法。由于铁碳合金在加热或冷却过程中有相的变化，故钢和铸铁可通过不同的热处理（如退火、正火、淬火、回火及化学热处理等）来改善性能。根据 Fe–Fe₃C 相图可确定各种热处理操作的加热温度，如图 3.9 所示。根据铁碳合金相图可知，何种成分的铁碳合金可以进行哪种热处理，以及各种热处理方法的加热温度，所以，铁碳合金相图是制定热处理工艺的重要参考依据。此外，一些焊接缺陷往往采用焊后热处理的方法加以改善。因此，相图为焊后对应的热处理工艺提供了依据。

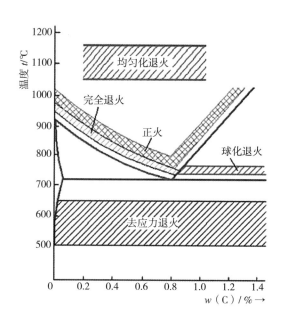

图 3.9 根据铁碳合金相图确定碳钢热处理的加热温度

3.2.1.3 切削加工性能

金属的切削加工性能一般从切削力、表面粗糙度、断屑与排屑的难易程度、对刀具的磨损程度等方面来评价，金属的化学成分、组织、硬度、韧性、导热性、加工硬化程度等对其均有影响。低碳钢塑性、韧性好，硬度低，切削时容易粘刀，不易断屑和排屑，切削加工性能不好。高碳钢中渗碳体较多，硬度高，切削时刀具易磨损，切削加工性能也很差。中碳钢含碳量介于低碳钢和高碳钢之间，硬度和塑性适中，切削加工性能较好。一般认为钢的硬度在 170~230HBS 时，切削加工性能比较好。此外，钢的导热性对切削加工性能也有很大影响。具有奥氏体组织的钢，由于其导热性差，尽管硬度不高，但切削加工性能也不好。

3.2.2 Fe–Fe₃C 相图注意事项

Fe–Fe$_3$C 相图虽是研究钢铁材料的基础，但也有其局限性。

（1）Fe–Fe$_3$C 相图只能反映铁碳二元合金中相的平衡状态，当钢中加入其他元素时，相图将发生变化，因此，Fe–Fe$_3$C 相图无法确切表示多元合金的相的状态，必须借助三元或多元相图。

（2）Fe–Fe$_3$C 相图反映的是相，而不是组织，从相图上不能反映组织的形状、大小及分布。

（3）Fe–Fe$_3$C 相图反映的是平衡条件下铁碳合金中相的状态，不能说明较快速度加热或冷却时组织的变化规律，也看不出相变过程所经历的时间。

3.3 钢在加热和冷却时的组织转变

热处理工艺是把固态下金属材料在一定介质中加热、保温、冷却，改变其组织，从而获得所需性能的一种热加工工艺。其热加工工艺曲线示意图如图 3.10 所示。因此，热处理是一种重要的金属加工工艺，正确的热处理工艺可以消除钢材经铸造、锻造、焊接等热加工工艺造成的各种缺陷、细化晶粒、消除偏析、降低内应力，使组织和性能更加均匀。金属材料在热处理过程中，会发生一系列的组织变化，钢中组织转变规律是热处

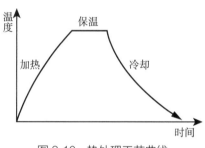

图 3.10　热处理工艺曲线

理的理论基础，主要包括钢的加热转变和冷却转变。冷却转变包括珠光体转变、马氏体转变及贝氏体转变。因此，需根据转变特点制定具体的加热温度、保温时间及冷却方式等热处理参数。

3.3.1 钢在加热时的组织转变

为了使钢在热处理后获得所需要的组织和性能，在热处理时，一般需要将钢加热到一定温度进行奥氏体化或部分奥氏体化，获得奥氏体组织，然后再以适当方式冷却。通常把钢加热获得奥氏体的转变过程称为奥氏体化过程。但奥氏体化是使钢获得某种性能的手段而不是目的。加热形成奥氏体的成分、晶粒大小、均匀性以及是否存在碳化物或夹杂等其他相，对于随后的冷却过程中得到的组织和性能等有着直接的影响。因此，研究钢在加热过程中奥氏体的形成过程具有重要的实际和理论意义。根据 Fe–Fe$_3$C 相图来确定钢加热时的奥氏体化温度，方便起见，把 Fe–Fe$_3$C 相图中的 PSK 线称为 A_1 线，GS 线称为 A_3 线，ES 线称为 A_{cm} 线。A_1、A_3、A_{cm} 线为钢在平衡条件下临界点。

3.3.1.1 根据 Fe–Fe₃C 相图确定奥氏体转变温度

由 Fe–Fe$_3$C 相图可知，共析钢在加热和冷却过程中经过 A_1 线时，发生珠光体与奥氏体之间的相互转变，亚共析钢经过 A_3 线时，发生铁素体与奥氏体之间的相互转变，过共析钢经过 A_{cm} 线时，发生渗碳体与奥氏体之间的相互转变。在实际热处理生产过程中，加热和冷却速度不是极其缓慢的，其相变是在非平衡的条件下进行的。研究表明，上述转变往往会产生不同程度的滞后现象，即实际

转变温度与平衡临界温度之间有差距。将此温度差称为过热度（加热时）或过冷度（冷却时）。过热度或过冷度随加热或冷却速度的增大而增大。图3.11所示为钢加热和冷却速度为7.5℃/h时对临界温度影响的图形。通常把加热时的临界温度加注下标"c"，如A_{c1}、A_{c3}、A_{ccm}，而把冷却时的临界温度加注下标"r"，如A_{r1}、A_{r3}、A_{rcm}。

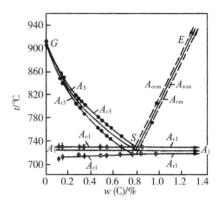

图3.11 加热和冷却速度（7.5℃/h）对临界温度的影响

3.3.1.2 奥氏体的形成

以共析钢为例讨论奥氏体的转变过程。共析钢室温时的平衡组织为珠光体，即由基体相铁素体（含碳极少的体心立方晶格）和分散相渗碳体（含碳量很高的复杂斜方晶格）组成的两相混合物。即：

$$F \quad + \quad Fe_3C \xleftrightarrow{A_{c1}} A$$

含碳量　　0.02　　6.67　　　0.80

珠光体的平均含碳量为0.80%。当加热至A_{c1}以上温度并保温一定时间，珠光体将全部转变为奥氏体。奥氏体的形成过程一般分为四个阶段：奥氏体形核，奥氏体晶核长大，残余奥氏体溶解，奥氏体成分均匀化，如图3.12所示。

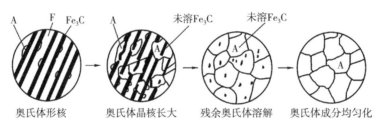

　奥氏体形核　　　奥氏体晶核长大　　残余奥氏体溶解　　奥氏体成分均匀化

图3.12 共析钢奥氏体形成过程示意图

奥氏体的形成是通过形核与长大实现的，整个过程受原子扩散控制。因此，一切影响扩散、形核和长大的因素都影响奥氏体的转变速度。主要因素有加热温度、加热速度、原始组织和化学成分等。

3.3.1.3 奥氏体的晶粒大小及影响因素

加热时形成的奥氏体晶粒大小对冷却后转变产物的组织和性能有重要影响。如奥氏体晶粒越细，冷却转变产物的组织也越细小，其强度和韧性也较好。一般情况下，奥氏体的晶粒每细化一级，其转变产物的冲击韧性a_k值就提高2~4kg/cm²。因此，需要了解奥氏体晶粒的长大规律，以便在生产中控制晶粒大小，获得所需性能。

1. 奥氏体晶粒度

奥氏体晶粒大小常用晶粒度表示。通常晶粒度分8级，1级最粗，8级最细。晶粒度的级别与晶粒大小的关系为：$n = 2^{N-1}$，式中，n为放大100倍进行金相观察时，每平方英寸（6.45cm²）视野中，平均所含晶粒的数目；N为晶粒度的级别数。可见，晶粒度的级别N越高，晶粒愈细。一般把晶粒度为1~4级称为粗晶粒，5~8级的称为细晶粒，如图3.13所示。

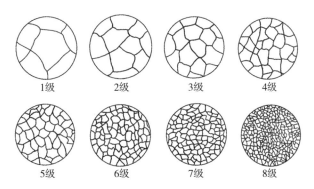

图 3.13　标准晶粒度等级示意图

2.影响奥氏体晶粒长大的因素

奥氏体晶粒的长大是奥氏体晶界迁移的过程，其实质是原子在晶界附近的扩散过程，所以一切影响原子扩散迁移的因素都能影响奥氏体晶粒长大。

加热温度越高，保温时间越长，奥氏体晶粒越容易自发长大粗化。短时保温是实际生产中细化晶粒的手段之一。若加热时间很短，即使在较高的加热温度下也能得到细小晶核。加热温度一定时，随保温时间增长，晶粒也会不断长大。但保温时间足够长后，奥氏体晶粒就几乎不再长大而趋于相对稳定。当加热温度确定后，加热速度越快，相变时过热度越大，相变驱动力也越大，形核率提高，晶粒会越细。实际生产中，有时采用高温快速加热、短时保温的方法，可以获得细小的晶粒。对同一种钢而言，当奥氏体晶粒细小时，冷却后的组织也细小，其强度较高，塑性、韧性较好；当奥氏体晶粒粗大时，在同样冷却条件下，冷却后的组织也粗大，粗大的晶粒会导致钢的力学性能下降，甚至在淬火时形成裂纹。可见，加热时如何获得细小的奥氏体晶粒常常成为保证热处理的关键问题之一。

在一定范围内，随钢的含碳量的增加，奥氏体晶粒长大的倾向增大，但是含碳量超过某一限度时，奥氏体晶粒反而变得细小。这是因为随着含碳量的增加，碳在钢中的扩散速度以及铁的自扩散速度均增加，增大了奥氏体晶粒长大的倾向性。但是，当含碳量超过一定限度以后，钢中出现二次渗碳体，随着含碳量的增加，二次渗碳体数量增多，渗碳体可以阻碍奥氏体晶界的移动，故奥氏体晶粒反而变得细小。

钢中的合金元素，形成难熔化合物的合金元素，如 Ti、Zr、V、Al、Nb、Ta 等，可阻碍晶粒长大。因为这些元素在晶界形成碳、氮化合物分布，阻碍晶界的迁移，阻碍奥氏体晶粒长大；非碳化物形成元素有的阻碍晶粒长大，如 Cu、Si、Ni 等，有的促进晶粒长大，如 P、Mn 等。

一般来说，钢的原始组织越细，碳化物弥散度越大，奥氏体的起始晶粒越细小。

实际生产中，因加热温度不当，使奥氏体晶粒长大粗化的现象叫"过热"，过热后将使钢的性能恶化，因此控制奥氏体晶粒大小，是热处理和热加工制定加热温度时必须考虑的重要问题。

3.3.2　钢在冷却时的组织转变

对于钢在室温时的组织与性能，不仅与加热时获得奥氏体的均匀化程度和晶粒大小有关，而且更重要的是与奥氏体在冷却时的组织转变有关。控制奥氏体在冷却时的转变过程是热处理的关键。

它决定着钢在热处理后的组织和性能。研究不同冷却条件下钢中奥氏体组织的转变规律，对于正确制定热处理冷却工艺，获得预期的性能具有重要的实际意义。

奥氏体化后的钢采用不同的冷却方式，将获得不同的组织，如图 3.14 所示，其性能也明显不同。生产中经常采用的冷却方式有两种：一种是等温冷却，如等温淬火、等温退火等，它是将奥氏体化后的钢由高温快速冷却到临界温度以下某一温度，保温一段时间以进行等温转变，然后再冷却到室温；另一种是连续冷却，如炉冷、空冷、油冷、水冷等，它是将奥氏体化后的钢从高温连续冷却到室温，使奥氏体在一个温度范围内发生连续转变，如图 3.15 所示。

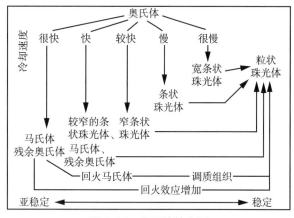

图 3.14　奥氏体转变图

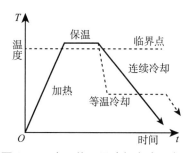

图 3.15　奥氏体不同冷却方式示意图

3.4 TTT 图和 CCT 图

3.4.1 过冷奥氏体的等温冷却转变图（TTT 图）

奥氏体在临界点 A_1 以下是不稳定的，必定要发生转变，但并不是一到 A_1 温度以下就立即发生转变，它在转变前需要一定的时间，这段时间称为孕育期。在 A_1 温度以下暂时存在的处于不稳定状态的奥氏体被称为过冷奥氏体。

钢经过奥氏体化后冷却到临界点以下的温度区间内保温一段时间，过冷奥氏体将发生组织转变，这种转变称为过冷奥氏体等温转变。过冷奥氏体等温转变曲线综合反映了过冷奥氏体在不同过冷度下的等温转变过程：转变开始和转变终了时间、转变产物的类型以及转变量与时间、温度之间的关系等。因其形状通常像英文字母"C"，故称为 C 曲线，也称为 TTT（Time–Temperature–Transformation）图。

3.4.1.1 过冷奥氏体等温转变曲线的建立

由于过冷奥氏体在转变过程中不仅有组织转变和性能变化，而且有体积和磁性的转变，因此可以采用膨胀法、磁性法、金相 – 硬度法等来测定过冷奥氏体等温转变曲线。

3.4.1.2 过冷奥氏体等温转变曲线分析

图 3.16 中所示的水平虚线表示钢的临界点 A_1（723℃），即奥氏体与珠光体的平衡温度。A_1 线

以上是奥氏体稳定区。图中的 M_s（230℃）为马氏转变开始温度线，M_f（-50℃）为马氏体转变终了温度。M_s 线至 M_f 线之间区域为马氏体转变区，过冷奥氏体冷却至 M_s 线以下将发生马氏体转变。A_1 与 M_s 线之间有两条 C 曲线，左侧一条为过冷奥氏体转变开始线，右侧为过冷奥氏体转变终了线。过冷奥氏体转变开始线与转变终了线之间区域为过冷奥氏体转变区，在该区域过冷奥氏体向珠光体或贝氏体转变。在转变终了线右侧的区域为过冷奥氏体转变产物区。A_1 线以下、M_s 线以上以及纵坐标与过冷奥氏体转变

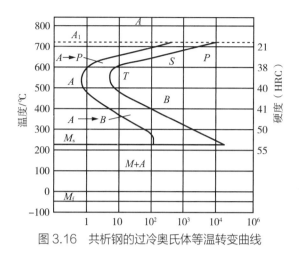

图 3.16　共析钢的过冷奥氏体等温转变曲线

开始线之间的区域为过冷奥氏体区，过冷奥氏体在该区域内不发生转变，处于亚稳定状态。在 A_1 温度以下某一温度，过冷奥氏体转变开始线与纵坐标之间的水平距离为过冷奥氏体在该温度下的孕育期，孕育期的长短表示过冷奥氏体稳定性的高低。随等温温度降低，孕育期缩短，过冷奥氏体转变速度增大，在 550℃ 左右共析钢的孕育期最短，过冷奥氏体稳定性最低，转变速度最快，称为 C 曲线的"鼻尖"。

此后，随等温温度下降，孕育期又不断增加，转变速度减慢，因此使过冷奥氏体等温转变曲线呈"C"字形。过冷奥氏体转变终了线与纵坐标之间的水平距离则表示在不同温度下转变完成所需要的总时间。转变所需的总时间与温度的变化规律和孕育期的变化规律相似。

过冷奥氏体的稳定性同时由两个因素控制：一个是新相与旧相之间的自由能差 ΔG；另一个是原子的扩散系数 D。等温温度越低，过冷度越大，自由能差 ΔG 也越大，过冷奥氏体的转变速度则越快。但原子扩散系数却随温度降低而减小，从而减慢过冷奥氏体的转变速度。高温时，自由能差 ΔG 起主导作用。低温时，原子扩散系数起主导作用。处于"鼻尖"温度 550℃ 左右时，两个因素综合作用的结果，使转变孕育期最短，转变速度最大。

3.4.1.3 过冷奥氏体等温转变产物的组织及其性能

从前面的分析可知，过冷奥氏体冷却转变时，转变温度区间不同，转变方式不同，转变产物的组织性能也不同。共析成分奥氏体在 A_1 点以下会发生三种不同的转变：在 C 曲线的"鼻子"以上部分，即 $A_1 \sim 550℃$，过冷奥氏体发生珠光体转变，转变产物为珠光体，这一温度区称为珠光体区。在 C 曲线的"鼻子"以下部分，550℃ $\sim M_s$ 点，过冷奥氏体发生贝氏体转变，转变产物是贝氏体，这一温度区称为贝氏体区。在 M_s 线以下，过冷奥氏体发生马氏体转变，转变产物为马氏体，这一温度区称为马氏体区。

1.高温珠光体转变

共析成分的过冷奥氏体从 A_1 以下至 C 曲线的"鼻尖"以上，即 $A_1 \sim 550℃$ 温度范围内会发生奥氏体向珠光体的转变，其反应式为：

$$A \rightarrow P（F + Fe_3C）$$

奥氏体转变为珠光体的过程也是一个形核和长大的过程。

当奥氏体过冷到 A_{r1} 温度时，由于能量、成分、结构起伏三者满足了形核条件，在奥氏体晶界处形成薄片状的渗碳体核心。它必须依靠其周围奥氏体不断地供应碳原子而逐渐长大，同时，渗碳体周围奥氏体的含碳量不断降低，为铁素体的形核创造了有利条件，铁素体晶核便在渗碳体两侧形成，这样就形成了一个珠光体晶核。由于铁素体的含碳量很低（小于 0.02%），其长大过程中需将过剩的碳排出来，使相邻奥氏体中的含碳量增高，这又为产生新的渗碳体创造了条件。随着渗碳体片的不断长大，又将产生新的铁素体片，如此交替进行下去，奥氏体最终全部转变为铁素体和渗碳体片层相间的珠光体组织。珠光体转变是全扩散型转变，即在这一转变过程中既有碳原子的扩散又有铁原子的扩散运动。

可见，珠光体是等温形成的片层状铁素体和渗碳体的机械混合物。

研究发现，珠光体片层的粗细与等温转变温度密切相关，而片间距对其性能有很大的影响。等温温度越低，片层越细，片间距越小，珠光体的强度和硬度就越高，同时塑性和韧性也有所增加。共析钢在不同温度下等温转变产物分别为珠光体、索氏体和屈氏体。珠光体、索氏体和屈氏体实际都是由渗碳体和铁素体组成的片层状机械混合物，只是由于片层的大小不同，决定了它们的力学性能各异。表 3.3 给出了共析钢的珠光体转变产物类型、形成温度、片层间距及硬度等参考值。

表 3.3　共析钢珠光体转变产物参考表

组织类型	形成温度 /℃	片层间距 / μm	硬度（HRC）
珠光体（P）	A_1~650	> 0.4	< 20
索氏体（S）	650~600	0.4~0.2	22~35
屈氏体（T）	600~550	< 0.2	35~42

2. 中温贝氏体转变

把共析奥氏体过冷到 C 曲线"鼻尖"以下至 M_s 线之间，即 230~550℃，将发生奥氏体向贝氏体的转变。贝氏体是由含碳过饱和的铁素体与渗碳体组成的两相混合物。和珠光体转变不同，在贝氏体转变中，由于过冷度很大，没有铁原子的扩散，而是靠切变进行奥氏体向铁素体的点阵转变，并由碳原子的短距离"扩散"进行碳化物的沉淀析出。因此，贝氏体转变的机理、转变产物的组织形态都不同于珠光体。贝氏体转变属于半扩散型转变，有两种常见的组织形态，即上贝氏体和下贝氏体。

上贝氏体：过冷奥氏体在 350~550℃ 转变将得到羽毛状组织，称其为上贝氏体，用"$B_上$"表示。奥氏体向贝氏体转变时，首先沿奥氏体晶界析出过饱和的铁素体，由于此时碳处于过饱和状态，有从铁素体中脱溶向奥氏体方向扩散的倾向。随着密排铁素体条的伸长和变宽，铁素体中的碳原子不断通过界面排到周围的奥氏体中，使条间奥氏体中的碳原子不断富集，当其浓度足够高时，便在条间沿条的长轴方向析出碳化物，形成上贝氏体组织。在中碳钢、高碳钢中，当上贝氏体形成量不多时，在光学显微镜下可以观察到成束排列的铁素体条自奥氏体晶界平行伸向晶内，具有羽毛状特征，且条间的渗碳体分辨不清，如图 3.17（a）所示。在电子显微镜下可以清楚地看到在平行条状铁素体之间常存在断续的、粗条状的渗碳体，如图 3.17（b）所示。上贝氏体中铁素体的亚结构是位错，其密度为 $10^8 \sim 10^9 / cm^2$。上贝氏体硬度较高，可达 40~45HRC，但由于其铁素体片较粗，塑性和韧性较差，在生产中应用较少。

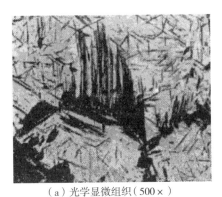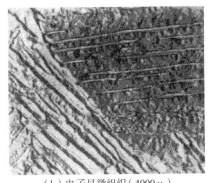

（a）光学显微组织（500×）　　　　（b）电子显微组织（4000×）

图 3.17　上贝氏体显微组织

下贝氏体：下贝氏体的形成温度在 350℃至 M_s 线之间，用"$B_下$"表示。下贝氏体可以在奥氏体晶界上形成，但更多的是在奥氏体晶粒内部形成。典型的下贝氏体是由含碳过饱和的片状铁素体和其内部沉淀的碳化物组成的机械混合物。下贝氏体的空间形态呈双凸透镜状，与试样磨面相交呈片状或针状。在光学显微镜下，当转变量不多时，下贝氏体呈黑色针状或竹叶状，针与针之间呈一定角度，如图 3.18（a）所示。在电子显微镜下可以观察到下贝氏体中碳化物的形态，细小、弥散分布，呈粒状或短条状，沿着与铁素体长轴呈 55° ~ 60° 角取向平行排列，如图 3.18（b）所示。下贝氏体中铁素体的亚结构为位错，其位错密度比上贝氏体中铁素体的高。下贝氏体的铁素体内含有过饱和的碳。由于细小碳化物弥散分布于铁素体内，针状铁素体又有一定过的饱和度，因此，弥散强化和固溶强化使下贝氏体具有较高的强度（可达 50~60HRC）、硬度和良好的塑性、韧性，即具有较优良的综合力学性能。生产中有时对中碳合金钢和高碳合金钢采用"等温淬火"的方法获得下贝氏体，以提高钢的强度、硬度、韧性和塑性。

（a）光学显微组织（500×）　　　　（b）电子显微组织（12000×）

图 3.18　下贝氏体显微组织

由于贝氏体转变是发生在珠光体与马氏体转变之间的中温区，铁和合金元素的原子难以进行扩散，但碳原子还具有一定的扩散能力，这就决定了贝氏体转变兼有珠光体转变和马氏体转变的某些特点。与珠光体转变相似，贝氏体转变过程中发生碳在铁素体中的扩散；与马氏体转变相似，奥氏体向铁素体的晶格改组是通过共格切变方式进行的。因此，贝氏体转变是一个有碳原子扩散的共格切变过程。

贝氏体的性能主要取决于其组织形态。上贝氏体的形成温度较高，铁素体条粗大，碳的过饱和度低，因而强度和硬度较低。另外，碳化物颗粒粗大，且呈断续条状分布于铁素体条间，铁素体条和碳化物的分布具有明显的方向性，这种组织形态使铁素体易于产生脆断，同时铁素体条本身也可能成为裂纹扩展的路径，所以上贝氏体的冲击韧性较低。越是靠近贝氏体区上限温度形成的上贝氏体，韧性越差，强度越低。因此，在工程材料中一般应避免上贝氏体组织的形成。下贝氏体中细小针状的铁素体分布均匀，在铁素体内沉淀析出大量弥散细小的碳化物，而且铁素体内含有过饱和的碳及高密度位错，因此下贝氏体不但强度高，而且韧性也好，即具有良好的综合力学性能，缺口敏感性和脆性转折温度都较低，是一种理想的组织。在生产中以获得下贝氏体组织为目的的等温淬火工艺得到了广泛的应用。

3. 低温马氏体转变

马氏体是碳在 α-Fe 中的过饱和固溶体，用"M"表示。钢从奥氏体化状态快速冷却，抑制其扩散性分解，在较低温度下（低于 M_s 点）发生的转变称为马氏体转变。马氏体转变属于非扩散型转变，马氏体转变时只发生 γ-Fe 到 α-Fe 的晶格改组，而没有成分变化，也没有原子的扩散，马氏体中含碳量就是原奥氏体中含碳量。

钢中马氏体的组织形态分为板条马氏体和片状马氏体，如图3.19所示。板条马氏体是低碳钢、中碳钢及马氏体时效钢、不锈钢等铁基合金中形成的一种典型马氏体组织。是由许多成群的、相互平行排列的板条所组成，故称为板条马氏体。板条马氏体的空间形态是扁条状的。板条马氏体的亚结构是位错，故又称位错马氏体。片状马氏体是在中碳钢、高碳钢中形成的一种典型马氏体组织。片状马氏体的空间形态呈双凸透镜状，由于与试样磨面相截，在光学显微镜下则呈针状或竹叶状，故又称为针状马氏体。片状马氏体内部的亚结构主要是孪晶，因此片状马氏体又称为孪晶马氏体。

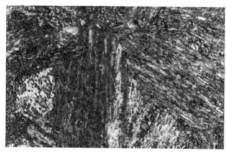 

（a）板条状马氏体　　　　　　　　　　（b）片状马氏体

图3.19　马氏体显微组织

钢的马氏体形态主要取决于钢的含碳量和马氏体的形成温度。对碳钢来说，随着含碳量的增加，板条马氏体数量相对减少，片状马氏体的数量相对增加。含碳量小于0.2%的奥氏体几乎全部形成板条马氏体，而含碳量大于1.0%的奥氏体几乎只形成片状马氏体，含碳量为0.2%~1.0%的奥氏体则形成板条马氏体和片状马氏体的混合组织。一般认为板条马氏体大多在200℃以上形成，片状马氏体主要在200℃以下形成。含碳量为0.2%~1.0%的奥氏体在马氏体区较高温度下先形成板条马氏体，然后在较低温度下形成片状马氏体。

（1）马氏体转变的主要特点。

马氏体转变属于无扩散型转变，转变进行时，只有点阵做有规则的重构，而新相与母相并无成分的变化。马氏体转变是在一定温度范围内完成的，且是温度的函数。一般情况下，马氏体转变开始后，必须继续降低温度，才能使转变继续进行，如果中断冷却，转变便停止。在通常冷却条件下马氏体转变开始温度 M_s 与冷却速度无关。当冷却到某一温度以下，马氏体转变不再进行，此即马氏体转变终了温度，也称 M_f 点。

通常情况下，马氏体转变不能进行到底，也就是说当冷却到 M_f 点温度后还不能获得100%的马氏体，而在组织中保留有一定数量的未转变的奥氏体，称之为残余奥氏体。淬火后钢中残余奥氏体量的多少，和 M_s–M_f 点温度范围与室温的相对位置有直接关系，并且和淬火时的冷却速度以及冷却过程中是否停顿等因素有关。

（2）马氏体的性能。

钢中马氏体力学性能的显著特点是具有高硬度和高强度。马氏体的硬度主要取决于马氏体的含碳量。马氏体的硬度随含碳量的增加而升高，当含碳量达到0.6%时，淬火钢硬度接近最大值。含碳量进一步增加，虽然马氏体的硬度会有所提高，但由于残余奥氏体量增加，反而使钢的硬度下降。合金元素对马氏体的硬度影响不大，但可以提高其强度。马氏体具有高硬度、高强度的原因是多方面的，主要包括固溶强化、相变强化、时效强化以及晶界强化等。

马氏体的塑性和韧性主要取决于马氏体的亚结构。片状马氏体具有高强度、高硬度，但韧性很差，其特点是硬而脆。在相同屈服强度的条件下，板条马氏体比片状马氏体的韧性要好得多。其原因在于片状马氏体中微细孪晶亚结构的存在破坏了有效滑移系，使脆性增大；而板条马氏体中的高密度位错是不均匀分布的，存在低密度区，为位错提供了活动的余地，所以仍有相当好的韧性。此外，片状马氏体的碳浓度高，晶格的正方畸变大，这也使其韧性降低而脆性增大，同时，片状马氏体中存在许多显微裂纹，还存在着较大的淬火内应力，这些也都使其脆性增大。而板条马氏体则不然，由于碳浓度低，再加上自回火，所以晶格正方度很小或没有，淬火应力也小，而且不存在显微裂纹。这些使得板条状马氏体的韧性相当好，同时，强度、硬度也足够高，所以，板条状马氏体具有高的强韧性。

可见，马氏体的力学性能主要取决于含碳量、组织形态和内部亚结构。板条马氏体具有优良的强韧性；片状马氏体的硬度高，但塑性、韧性差。通过热处理可以改变马氏体的形态，增加板条马氏体的相对数量，可显著提高钢的强韧性，这是充分发挥钢材潜力的有效途径。

3.4.2　过冷奥氏体的连续冷却转变图（CCT 图）

在实际生产中，普遍采用的热处理方式是连续冷却，如炉冷退火、空冷正火、水冷淬火等。因此，研究过冷奥氏体在连续冷却过程中的组织转变规律具有很大的实际意义。

过冷奥氏体连续冷却转变的规律也可以用另一种 C 曲线表示，即连续冷却 C 曲线，又称为"CCT（Continuous Cooling Transformation）曲线"。它反映了在连续冷却条件下过冷奥氏体的转变规律，是分析转变产物组织与性能的依据，也是制定热处理工艺的重要参考资料。

3.4.2.1 过冷奥氏体连续转变曲线分析

CCT 曲线是通过实验测定的。以共析钢为例，共析钢连续冷却时，只发生珠光体和马氏体转变，不发生贝氏体转变，未转变的过冷奥氏体一直保留到 M_s 线以下转变为马氏体。如图 3.20 所示为共析钢的 CCT 曲线示意图。可以看到，珠光体转变区由 3 条曲线构成，左边是转变开始线 P_s，右边是转变终了线 P_f，下面是转变中止线 P_k。马氏体转变区则由两条曲线构成：一条是温度上限 M_s 线，另一条是冷速下线 v_k'。从图可以看出：

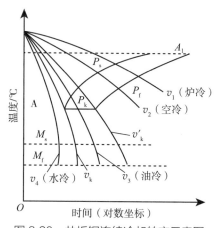

图 3.20　共析钢连续冷却转变示意图

①当冷却速度 $v < v_k'$ 时，冷却曲线与珠光体转变开始线相交便发生奥氏体向珠光体的转变，与终了线相交时，转变结束，形成全部的珠光体；

②当冷却速度 $v_k' < v < v_k$ 时，冷却曲线只与珠光体转变开始线相交，而不再与转变终了线相交，但会与中止线相交，这时奥氏体只有一部分转变为珠光体；冷却曲线一旦与中止线相交就不再发生转变，只有一直冷却到 M_s 线以下才发生马氏体转变，并且随着冷速 v 的增大，珠光体转变量越来越少，而马氏体量越来越多；

③当冷却速度 $v > v_k$ 时，冷却曲线不再与珠光体转变开始线相交，即不发生奥氏体向珠光体的转变，而全部过冷到马氏体区，只发生马氏体转变。

可见，v_k 是保证奥氏体在连续冷却过程中不发生分解而全部过冷到马氏体区的最小冷却速度，称为上临界冷却速度，通常也叫作淬火临界冷却速度。v_k' 则是保证奥氏体在连续冷却过程中全部分解而不发生马氏体转变的最大冷却速度，称为下临界冷却速度。

3.4.2.2 连续冷却转变与等温转变的关系

连续冷却过程可以看成是无数个微小的等温过程，在经过每一温度时都停留一小段时间。在连续冷却过程中只能出现已有的等温转变，而不会出现任何新的转变，而且，每种转变只能出现在自己的温度区内。在共析和过共析碳钢中，连续冷却时不出现贝氏体转变，其原因就是奥氏体的碳浓度高，使贝氏体转变的孕育期大大延长，因而在连续冷却过程中，在贝氏体区内达不到 100% 孕育效果。

奥氏体的连续冷却转变与等温转变的关系，可以从连续冷却 C 曲线与等温 C 曲线的关系中反映出来。连续冷却 C 曲线总是位于等温 C 曲线的右下侧。这表明，连续冷却转变比等温转变的过冷度要大些，孕育期要长些。另外，由于共析钢的连续冷却时的转变测定较困难，生产中，常利用等温冷却转变图来分析连续冷却转变的结果，按照连续冷却转变图与等温冷却转变图相交的大致位置，估计连续冷却后得到的组织，如图 3.21 所示。

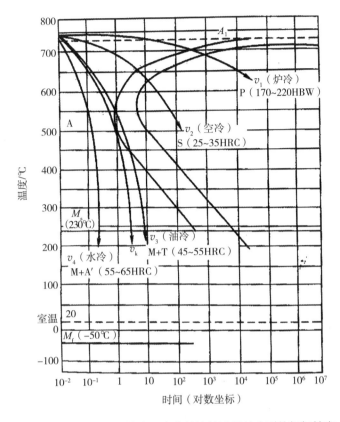

图 3.21　在等温冷却转变图上估计连续冷却转变时的组织转变

图 3.21 中 v_1 相当于随炉冷却的速度，与等温冷却图相交于 670~700℃位置时，转变产物为珠光体；v_2 相当于在空气中冷却的速度，与等温冷却图相交于 600~650℃位置时，转变产物为索氏体；v_3 相当于在油中淬火冷却的速度，与等温冷却图相交于 450~600℃位置时，转变产物为托氏体、马氏体和残留奥氏体混合组织；v_4 相当于在水中淬火冷却的速度，与等温冷却图不相交直接与 M_s 相交，转变产物为马氏体和残留奥氏体。因此，可以利用等温冷却转变图判断连续冷却过程的转变产物，可以帮助我们分析钢的组织和性能、合理选材及正确的判断热处理工艺。

3.5　过冷奥氏体转变图的应用

3.5.1　热处理制定上的应用

过冷奥氏体冷却转变曲线是制定热处理工艺的重要依据，也有助于了解热处理冷却过程中钢材组织和性能的变化。

（1）可以利用等温冷却 C 曲线定性地近似地分析钢在连续冷却时组织转变的情况。例如，要确定这种钢经某种冷却速度冷却后所得的组织和性能，一般是将这种冷却速度画到该材料的 C 曲线上，按其交点位置估计其所得组织和性能。

（2）等温冷却 C 曲线对于制定等温退火、等温淬火、分级淬火以及变形热处理工艺具有指导作用。

（3）利用连续冷却曲线可以定性和定量地显示钢在不同冷却速度下所获得的组织和硬度，这对于制定和选择零件热处理工艺有实际的指导意义。可以比较准确地定出钢的淬火临界冷却速度（v_k），正确选择冷却介质。利用连续冷却 C 曲线可以大致估计零件热处理后表面和内部的组织及性能。

3.5.2 焊接 CCT 图的应用

焊接 CCT 图揭示了焊接热影响区和焊缝金属连续冷却时固态相变的规律，常常用连续冷却转变曲线预测焊接热影响区的组织和性能，进而评定钢材焊接性。焊接 CCT 图分为模拟热影响区 CCT 图和模拟焊缝金属 CCT 图。热影响区 CCT 图一般模拟最高加热温度 1350℃的焊接热循环所得到的 CCT 图，用以推测靠近热影响区熔合线部分的组织和性能。焊缝金属 CCT 图适用于焊缝金属的组织和性能分析。国产低合金钢焊接 CCT 图册提供了国产钢材的焊接 CCT 图图谱和资料。在图谱上只要知道在焊接条件下熔合区附近 $t_{8/5}$（焊接熔池的温度从 800~500℃的冷却时间）冷却时间，就可以在冷却曲线图中查出相应的组织和硬度，预先判断出在这种焊接条件下的接头性能，也可以预测此钢种的淬硬倾向及产生冷裂纹的可能。同时也可作为调节焊接工艺参数和改进工艺（预热、后热及焊后热处理）的依据。如图 3.22 所示为 Q345（16Mn）钢的连续冷却转变图。

准确地测量瞬时冷却速度有一定的困难，多采用一定温度范围内的冷却时间来代替冷却速度，以此作为研究焊接接头的组织、性能及抗裂性的重要参数。

碳钢及低合金钢采用固态相变温度范围的 800~500℃的冷却时间 $t_{8/5}$；淬硬倾向比较大的钢种采用冷却时间 $t_{8/3}$（焊接熔池的温度从 800~300℃的冷却时间）或冷却时间 t_{100}（焊接熔池的温度从 T_m~100℃的冷却时间）。

组织硬度图是焊接连续冷却转变图的一个补充，可更直观地了解在一定冷却时间下组织的体积分数和硬度值，如图 3.23 所示。

因此，焊接热影响区 CCT 图是评定金属焊接性的重要工具，也是合理制定焊接工艺参数的重要依据。但由于 CCT 图是通过模拟试验技术制定出来的，而不是通过实际焊接热影响区测定的，因此工程实际应用中还需要结合其他实验方法综合评定。

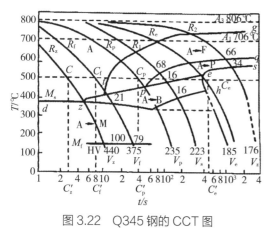

图 3.22 Q345 钢的 CCT 图

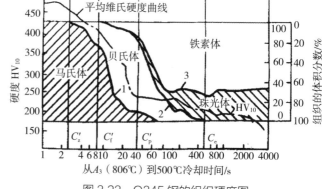

图 3.23 Q345 钢的组织硬度图

参考文献

［1］崔忠圻，刘北兴 . 金属学与热处理原理［M］. 3 版 . 哈尔滨：哈尔滨工业大学出版社，2007.

［2］凌爱林 . 金属学与热处理［M］. 北京：机械工业出版社，2008.

［3］尹传华 . 金属工艺学［M］. 北京：机械工业出版社，2009.

［4］杨秀英，刘春忠 . 金属学与热处理［M］. 北京：机械工业出版社，2010.

［5］张晓燕 . 材料科学基础［M］. 北京：北京大学出版社，2009.

［6］潘金生 . 材料科学基础［M］. 北京：清华大学出版社，2006.

［7］崔忠圻，覃耀春 . 金属学与热处理［M］. 2 版 . 北京：机械工业出版社，2007.

［8］GSI. SFI-Aktuell［M］. Duisburg: Gesellschaft für Schweiβtechnik International mbH，2010.

［9］朱兴元，刘忆 . 金属学与热处理［M］. 北京：中国林业出版社，2006.

［10］陈祝年 . 焊接工程师手册［M］. 2 版 . 北京：机械工业出版社，2009.

［11］H. K. D. H. BHADESHIA, R.W. K. HONEYCOMBE. Steels Microstructure and Properties［M］. Third edition. Elsevier Ltd. 2006.

［12］MAX HANSEN, KURT ANDERKO，H. W. SALZBERG. Constitution of Binary Alloys［M］. Journal of The Electrochemical Society-J ELECTROCHEM SOC. 1958.

本章的学习目标及知识要点

1. 学习目标

（1）掌握铁碳合金中的基本相。

（2）掌握 $Fe-Fe_3C$ 相图中特征点、特征线的含义。

（3）了解不同铁碳合金室温下的微观组织。

（4）掌握 $Fe-Fe_3C$ 相图在工程中的应用及注意事项。

（5）了解钢在加热和冷却时的组织转变，掌握 TTT 图和 CCT 图及其应用。

2. 知识要点

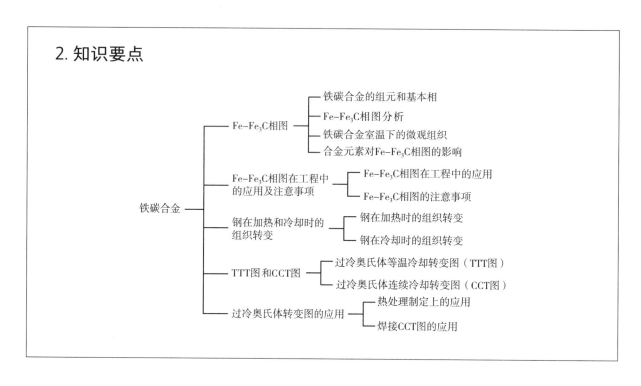

第 4 章

钢的工业生产

编写：张岩　审校：徐林刚

本章介绍钢材的冶炼过程和钢材冶炼中的伴生和合金元素及其影响，并介绍欧洲标准 EN 10020
钢的概念和分类以及 EN 10027 钢的标记体系及我国相对应的国标，以期帮助学习者了解和掌握钢材
的分类和标记方法，为学习各类钢材的焊接奠定基础。

4.1 钢铁冶金概述

冶金学是一门研究如何经济地从矿石或其他原料中提取金属或金属化合物，并用一定加工方法
制成具有一定性能的金属材料的科学。

钢铁的冶炼技术是冶金学中的重要组成，研究从铁矿石和返回利用的铁资源经过还原熔炼、氧
化精炼及二次精炼、凝固成型等工序，制成质量符合要求的钢铁产品的过程，以及相关联的能源消
耗和合理利用等工程问题的学科。钢材的制造过程流程图如图 4.1 所示。

现代炼铁技术大多数采用高炉炼铁，个别采用直接还原炼铁法和电炉炼铁法。高炉炼铁是将铁
矿石在高炉中还原、熔化炼成生铁，此法操作简便、能耗低、成本低廉，可大量生产。近年来，根
据我国"碳达峰"的要求，"绿色钢铁"成为钢铁工业发展的选择与方向。这包括合理配置综合环保
高炉精料场、优化高比例球团矿炉料结构、延长高炉寿命、采用热风炉高风温技术、富氧大喷煤技
术、高炉炉顶均压煤气回收技术、新型环保底滤渣处理技术、新型重力除尘气力输灰技术、冲渣水
预热利用技术、"一罐到底"出铁技术等高炉冶炼技术手段。

4.2 钢铁冶炼过程

4.2.1 炼铁

4.2.1.1 高炉炼铁

高炉炼铁是指利用焦炭、含铁的矿石、熔剂以及助燃空气放入竖式反应器（高炉）中连续生产
液态生铁的方法。现代高炉内型剖面图如图 4.2 所示。

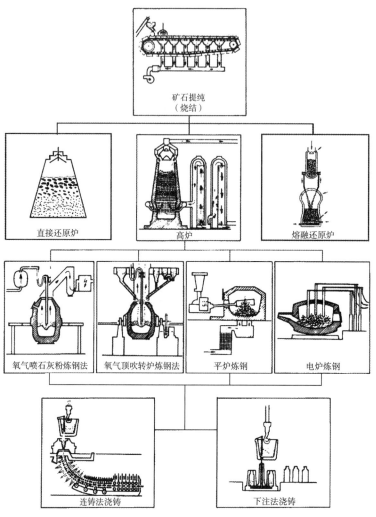

图 4.1 钢材的制造过程流程图

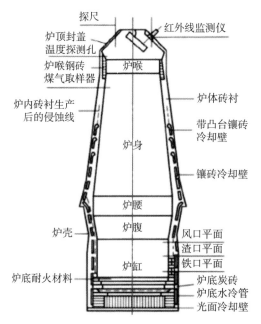

图 4.2 现代高炉内型剖面图

高炉炼铁过程的主要目的是将铁矿石中的铁元素与氧元素进行化学分离（还原过程），同时该过程还要将被还原的金属与脉石机械分离形成液态铁水和炉渣。

高炉生产所用的原料有铁矿石、燃料、熔剂和一些辅助原材料，其中铁矿石是高炉炼铁的主要原料。炼铁时使用的铁矿石中铁元素以氧化物［赤铁矿（Fe_2O_3）、磁铁矿（Fe_3O_4）、褐铁矿（$nFe_2O_3 \cdot mH_2O$）和菱铁矿（$FeCO_3$）等］形式存在。生产时所用的主要燃料是焦炭，此外还有煤粉、天然气、重油等。常用的碱性熔剂有石灰石（$CaCO_3$）、白云石［$Ca(Mg)CO_3$］、萤石（CaF_2）等，酸性熔剂有石英石（SiO_2）等。

高炉炼铁时将铁矿石、焦炭、熔剂按照一定比例通过装料设备装入炉内，将经过预热的高温空气（800~1350℃）从风口吹入炉内，焦炭和其他辅助燃料与热空气燃烧形成高炉煤气，高炉煤气上升加热铁矿石和熔剂，经过还原等反应后铁矿石里的铁被还原出来成为铁水，同时生成炉渣。铁水自铁口流出，炉渣同时排出高炉。高炉炼铁过程示意图如图 4.3 所示。

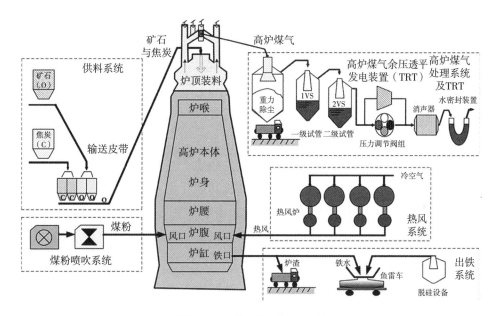

图 4.3　高炉炼铁过程示意图

高炉炼铁的主要产物是生铁，生铁分为炼钢生铁、铸造生铁和铁合金三大类。炼钢生铁是炼钢的主要原料，所以在冶炼时要注意控制生铁中的硅、硫等杂质的含量。铸造生铁的成分特点一般是高硅低硫并含有一定量的锰，这主要是为了提高其铸造能力，同时具有一定的韧性便于加工。铁合金是铁与一种或几种元素组成的中间合金，用于炼钢时脱氧和合金化等特殊用途，常见的铁合金有硅铁、锰铁等。

高炉炼铁是现代钢铁生产的重要环节，它的冶炼工艺相对简单，同时高炉的产量大、劳动生产率高、相对能源消耗低，所以高炉炼铁依然是现代炼铁的主要方法。

4.2.1.2　直接还原法炼铁

直接还原法炼铁是指直接还原炼铁，是用气体或固体还原剂在低于矿石软化温度下，在反应装置内将铁矿石还原成金属铁的方法。该方法的产物称为直接还原铁，由于该铁保留了失氧前的外形，但其在还原时直接脱氧形成大量微孔隙，所以其在显微镜下形似海绵结构，故又称海绵铁。直接还原铁中碳、硅成分偏低，但是杂质含量较高。一般该铁替代废钢作为电炉炼钢的原材料使用。

4.2.1.3 熔融还原法

一切不用高炉冶炼生铁的方法统称为熔融还原法。其目的是取代高炉，解决高炉炼铁投资大、能耗高、流程长、污染严重等问题。资料显示目前熔融还原法炼铁已有 30 多种工艺，但到目前为止，国际上仅有少数几家钢铁冶炼企业的熔融还原法炼铁工艺发展到了工业化规模。

4.2.2 炼钢

高炉炼铁得到的炼钢生铁中碳、硫、磷等元素含量较高，其冷加工、热加工性能差，因此需要通过炼钢来降低生铁中的碳并去除有害杂质，同时根据钢材的性能需要添加适量的合金元素，使钢材具有良好的力学、物理、化学及加工性能。

钢材精炼过程中去除杂质主要方法是通过向铁水中吹入氧气、加入矿石并加入造渣剂形成熔渣来实现的。钢材的精炼方法主要有转炉炼钢法、平炉炼钢法和电炉炼钢法。

4.2.2.1 转炉炼钢法

转炉冶炼是将高炉铁水进行脱碳升温、去除杂质得到钢水的复杂高温物理化学反应过程，其炼钢示意图如图 4.4 所示。

按气体吹入炉内的部位分为顶吹法、底吹法和顶底复合吹炼法。氧气顶吹转炉炼钢的生产效率高、成本低、质量较高，投入成本比平炉少，易于实现自动化。氧气底吹转炉炼钢法对熔池有很强的搅拌作用，脱硫效果好，适合冶炼超低碳钢。顶底复合吹炼法又称顶吹鼓风平衡法，以顶吹为主，底部吹入氧、氩、氮等气体来搅拌炉内金属，兼具顶吹法、底吹法的优点。

用一根水冷式喷氧管，将纯氧吹到熔融金属上，从而把不希望存在的伴生元素氧化，变成熔渣。这种氧化反应可提供足够的热量，因而不需从外部供给附加的能量。而在通常情况下必须添加废钢铁料，转炉炼钢的氧化反应按硅、锰、磷和硫的顺序依次进行，因此在精炼过程中碳的烧损非常严重，必须再次补充碳（二次渗碳）。精炼过程持续时间为 8~15min。

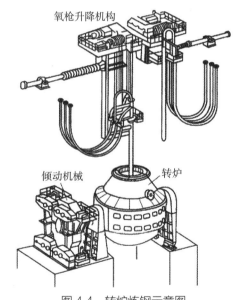

图 4.4　转炉炼钢示意图

4.2.2.2 平炉炼钢法

平炉炼钢实际上是用反射炉的原理，利用排出的高温废气给空气和燃料预热，高温火焰从被加热的对象上方通过，铁矿石在高温作用下熔化、精炼、升温。平炉炼钢示意图如图 4.5 所示。

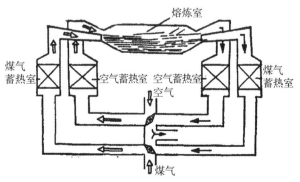

图 4.5　平炉炼钢示意图

平炉炼钢可采用任何比例的生铁和废钢作为炉料，从而降低原材料成本。平炉炼钢可冶炼如高磷成分之类的元素范围宽泛的铁水，且整个冶炼过程易于操作和控制。但平炉炼钢必须向炉膛内供给外来热源（通常是燃烧煤气或重油），且冶炼过程中反应速度慢、冶炼时间长，所以平炉炼钢能耗较高，其成本较转炉炼钢法要高。

4.2.2.3 电炉炼钢法

电炉炼钢包括电弧炉冶炼、电渣重熔、感应炉冶炼等。电弧炉炼钢是这些冶炼方式中最常用的一种，它是将固态的或液态的炉料通过电弧加热而熔化，熔化后的生铁发生脱磷、脱硫及合金化等反应。电炉炼钢示意图如图 4.6 所示。

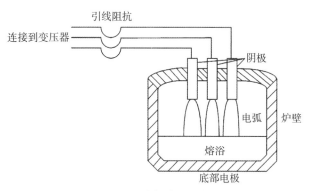

图 4.6　电炉炼钢示意图

由于在电炉炼钢中可以使用超高功率电炉（容量可超过 800kV·A / t），所以电炉炼钢的熔化速度快、产量高。电炉设备比较简单，投资少资金回收快，所以其经济合理性也较高，若其与连铸配合，可以大幅度提高生产率，增加钢材品种，改善钢材质量。电炉炼钢能去除钢中有害气体与夹杂物，也可以脱氧、脱硫，还能起到合金化作用，所以适合冶炼特殊钢，如不锈钢、耐热钢等。

4.2.3 钢的浇注

4.2.3.1 钢的浇注方法

钢的浇注是指将钢炉中熔炼和炉外精炼所得到的合格的钢水经过浇注设备，注入一定形状和尺寸的钢锭模或结晶器中，使钢水凝固成为钢锭或者钢坯。

钢的浇注是连接炼钢和轧钢之间的工艺，对钢材的使用性能有着重要的影响，整个浇注过程要在钢水具有足够的流动性之前完成。

目前，常用的钢的浇注方法分为模注法和连铸法两大类。

模注法根据钢液由盛钢桶注入钢锭模的方式分为上注法和下注法。上注法铸钢钢锭的内部质量好，浇注飞溅小，浇注钢锭支数少；下注法钢锭表面质量好，钢液中气体容易排出，可以同时浇注多支钢锭，但是相对而言其内部质量偏差。所以，一般表面质量要求严格的不锈钢、硅钢、轧制薄钢等采用下注法，而对内部质量要求高的轴承钢、炮钢等选择上注法。

连铸法是将钢液在两条平行移动的钢带和侧向金属块组成的型腔内凝固成型的方法，其工艺示意图如图 4.7 所示。连铸法与模注法相比简化了生产工序，不用初轧开坯，不仅节约了能耗也缩短了轧制时间；连铸法提高了约 10% 金属的收得率，同时改善了劳动强度；另外，连铸法钢坯内部组织均匀、致密、偏析少。

4.2.3.2 钢的主要缺陷

钢水在冶炼过程中存在大量的氧，若在浇注前没有采取措施消除或降低氧含量，就会在钢材浇注时发生氧与碳的剧烈反应，会导致钢材成分和性能的不均匀。

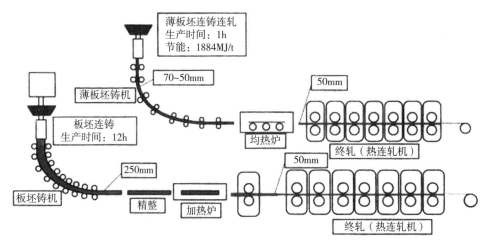

图 4.7 薄板坯连铸连轧与板坯连铸 – 热轧工艺比较

依据钢水的脱氧程度可将钢分为沸腾钢、半镇静钢、镇静钢（包含特殊镇静钢），三种钢的结构模型如图 4.8 所示。目前使用半镇静钢较少，所以下面主要介绍沸腾钢、镇静钢及特殊镇静钢。

1. 沸腾钢

沸腾钢是指没有脱氧或没有充分脱氧的钢。钢液浇注到钢锭模具内，随着温度的下降，钢中的氧和碳发生反应，产生 CO 或 CO_2 气体，这些气体引起钢液沸腾，所以叫沸腾钢。钢液在模具中凝固时会排出

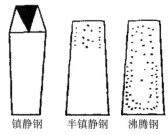

镇静钢 半镇静钢 沸腾钢
图 4.8 镇静钢、半镇静钢、沸腾钢结构示意图

气体，会导致钢锭的表皮处生成一定厚度的致密度高的硬壳，而钢锭内部存在一定的规律分布的气孔，这些小气孔在后续的轧制过程中会焊合起来。该钢锭表面成分大多为铁和碳，成分均匀，质量良好，但是沸腾钢内部偏析严重、成分不均匀。因此沸腾钢只能在低碳普通钢中存在。

2. 镇静钢

钢在浇注前对钢液进行了充分脱氧，在浇注和凝固时钢液表现得很平静并无沸腾，所以称为镇静钢。镇静钢里添加的脱氧剂主要为 0.15% 的硅和少量的锰和铝。镇静钢的钢锭组织由三层组成，最外面称为激冷层，向内为柱状结晶带，最内为等轴晶带。镇静钢锭的组织致密性高，偏析少，成分均匀，钢材强度高；但是，浇注后在钢液冷却时体积收缩易形成中心缩孔。一般对力学性能要求比较高的钢会冶炼成镇静钢，如轨道钢、工具钢、轴承钢等。

3. 特殊镇静钢

如果把合金添加量提高到约 0.2% 的硅，约 0.02% 的铝和少量的锰，这样就可使钢水完全脱氧（除氧），其中锰能附加地与大部分硫化合，这类钢在凝固时特别镇静。

4.2.4 钢的供货

4.2.4.1 钢的典型供货状态

常见的钢材交货状态有热轧、冷轧、正火、退火、回火、固溶等。

热轧状态指钢材在热轧或锻造后不再对其进行专门热处理，冷却后直接交货。热轧的终止温度

一般为 800~900℃，之后一般在空气中自然冷却，因而热轧状态基本相当于正火处理状态，但因其热轧终止温度略有变化，所以不如正火温度控制严格，轧制后的钢材性能也不如正火稳定。

冷轧状态指经冷拉、冷轧等冷加工成型的钢材，不经过任何热处理而直接交货。冷轧比热轧状态的钢材尺寸精度更高、表面质量更好、粗糙度也更低，并且具有较好的力学性能，但是冷轧钢材存在很大的内应力，在后续使用中容易出现应力腐蚀开裂。

正火状态指钢材出厂之前经过正火热处理。由于正火热处理可以使钢材细化晶粒、均匀组织，所以正火状态的钢中多为珠光体组织，且其分布比较均匀，力学性能较为优良。尤其是正火状态的低碳钢中魏氏体和过共析钢中的渗碳体网状组织都能得到改善。

退火状态指钢材出厂之前经过退火热处理。由于退火热处理可以改善和消除前道工序产生的组织缺陷和内应力，所以退火状态的钢具有良好的组织和性能。退火状态可用于合金结构钢、轴承钢、工具钢等钢种。

高温回火状态指钢材出厂前经过高温回火热处理。该供货状态可以彻底消除前道工序产生的内应力，调整淬火热处理之后的组织，改善钢材的力学性能。某些马氏体型高强度不锈钢、高速工具钢等经常在淬火之后进行高温回火。

固溶处理状态指钢材出厂前经固溶处理。这种供货状态一般应用于奥氏体不锈钢中，保证通过固溶处理使钢得到单相奥氏体组织，从而提高钢材的塑性和韧性指标，为后续冷加工做好准备。

4.2.4.2　钢的供货检验文件

EN 10204：2004 标准规定，对于所交付的所有型式（如板材、棒材、锻件、铸件等）的金属产品，无论采用何种生产方式，均应按照订单要求给采购方提供相应类型的检验文件。其检验文件的内容及文件确认者详见表 4.1。

表 4.1　检验文件一览表

EN 10204：2004 符号	文件形式说明	文件内容	文件确认者
2.1 型	符合订单的声明	符合订单的声明	制造厂
2.2 型	试验报告	符合订单的声明和有非特殊检验结果	制造厂
3.1 型	检验合格 3.1	符合订单的声明和特殊检验结果	制造厂指定的检验代表，与制造部门无关
3.2 型	检验合格 3.2	符合订单的声明和有特殊检验结果	制造厂指定的检验代表（与制造部门无关）和采购方指定的检验代表或官方条例指定的检验人员

我国标准《钢及钢产品　检验文件的类型》现行标准编号为 GB / T 18253—2018，该标准等同于 ISO 10474：2013，其内容与 EN 10204：2004 基本一致。

4.2.5　钢中的常见伴生元素及其影响

铁矿石包括铁的氧化物和脉石，除此之外还含有许多伴生元素，所以铁矿石经过冶炼形成的钢中也存在很多伴生元素。

（1）硫。硫对钢材是最有害的伴生元素，它会给钢带来热脆性。硫和铁会形成化合物 FeS，FeS 和

Fe 会结合在晶界处形成低熔点共晶物，其熔点只有 985℃，这就增加了金属在晶界处的结晶裂纹倾向。

（2）磷。磷也是钢中的有害伴生元素，磷和铁形成化合物 Fe_3P 也会与 Fe 在晶界处形成低熔点共晶物，其熔点为 1050℃，在快速冷却时磷会发生偏析，磷化铁聚集在晶界周围，会削弱晶粒之间的结合力，从而造成冷脆现象。

（3）氮。钢中的氮来自炉料，也会在冶炼、浇铸过程中来自炉气和大气。氮在钢中容易引起时效现象，从而导致钢的硬度、强度提高，但是其塑性和韧性也会降低。对于普通低合金钢来说，时效现象是有害的，因而氮是有害伴生元素。但是对于一些细晶粒钢以及含钒、铌的钢，由于氮可以形成化合物起到细化晶粒的作用，使氮成为有益伴生元素。

4.3 钢的分类及标记（EN 10020，EN 10027）

4.3.1 钢的分类

钢可以按照化学成分、冶炼方式、质量等级、用途等不同的方式进行分类，本节主要介绍欧洲及我国钢材按照化学成分的分类。另外，在焊接行业中从焊接角度出发，给出标准 ISO / TR 15608：2017《焊接 金属材料分类体系指南》。该标准对焊接用母材根据其性能及成分进行分类，目前这种分类体系广泛应用于国际标准的焊工考试、工艺评定等项目的金属材料分类中。

4.3.1.1 根据 EN 10020 钢的分类

欧洲标准 EN 10020：2000 中钢的概念和分类，将钢材按照化学成分分为非合金钢、合金钢、不锈钢。非合金钢和合金钢合金元素规定含量界限值见表 4.2。

非合金钢：达不到表 4.2 中的界限值的钢定义为非合金钢。

不锈钢：铬含量至少为 10.5%、碳含量最大值为 1.2% 的钢为不锈钢。

合金钢：与不锈钢不同，至少达到表 4.2 中的数值的钢为合金钢。

表 4.2 非合金钢和合金钢合金元素规定含量界限值（熔炼分析）

合金元素	合金元素规定含量界限值 /%	合金元素	合金元素规定含量界限值 /%
Al（铝）	0.30	Ni（镍）	0.30
B（硼）	0.0008	Pb（铅）	0.40
Bi（铋）	0.10	Se（硒）	0.10
Co（钴）	0.30	Si（硅）	0.60
Cr（铬）	0.30	Te（碲）	0.10
Cu（铜）	0.40	Ti（钛）	0.05
La（镧系）（每一种元素）	0.10	V（钒）	0.10
Mn（锰）	1.65[a]	W（钨）	0.30
Mo（钼）	0.08	Zr（锆）	0.05
Nb（铌）	0.06	其他规定元素（C、P、S、N 除外）（每一种元素）	0.10

注：a. 规定锰只使用最大值 1.80% 的界限值，不使用最高值 0.7 倍的规定（见 EN 10027：2016 中 3.1.2）。

需要注意的是，根据 EN 10025-2：2019 标准规定，S355 熔样分析的化学成分中 Mn 的质量分数为 1.60%，根据表 4.2 规定其属于非合金钢。

4.3.1.2 我国钢的分类

根据 GB／T 13304.1—2008 标准，我国按照化学成分将钢分为非合金钢、低合金钢和合金钢三类，分类方式见表 4.3。

表 4.3　非合金钢、低合金钢和合金钢合金元素规定含量界限值

合金元素	合金元素规定含量界限值（质量分数）／%		
	非合金钢	低合金钢	合金钢
Al	＜ 0.10	—	≥ 0.10
B	＜ 0.0005	—	≥ 0.0005
Bi	＜ 0.10	—	≥ 0.10
Cr	＜ 0.30	0.30~ ＜ 0.50	≥ 0.50
Co	＜ 0.10	—	≥ 0.10
Cu	＜ 0.10	0.10 ~ ＜ 0.50	≥ 0.50
Mn	＜ 1.00	1.00 ~ 1.40	≥ 1.40
Mo	＜ 0.05	0.05 ~ 0.10	≥ 0.10
Ni	＜ 0.30	0.30 ~ 0.50	≥ 0.50
Nb	＜ 0.02	0.02 ~ ＜ 0.06	≥ 0.06
Pb	＜ 0.40	—	≥ 0.40
Se	＜ 0.10	—	≥ 0.10
Si	＜ 0.50	0.50 ~ ＜ 0.90	≥ 0.90
Te	＜ 0.10	—	≥ 0.10
Ti	＜ 0.05	0.05 ~ ＜ 0.13	≥ 0.13
W	＜ 0.10	—	≥ 0.10
V	＜ 0.04	0.04 ~ ＜ 0.12	≥ 0.12
Zr	＜ 0.05	0.05 ~ ＜ 0.12	≥ 0.12
La 系（每一种元素）	＜ 0.02	0.02 ~ ＜ 0.05	≥ 0.05
其他规定元素（S、P、C、N 除外）	＜ 0.05	—	≥ 0.05

注：La 系元素含量，也可作为混合稀土含量总量。
　　表中"—"表示不规定，不作为划分依据。

需要注意的是，当标准、技术条件或订货单对钢的熔炼分析化学成分规定最大值时，应以最大值的 0.7 倍作为规定含量进行分类。GB／T 13304.1—2008 标准中并未像 EN 10020：2000 标准单独对 Mn 元素的最大含量做出特别规定，所以根据 GB／T 1591—2018 中规定我国 Q355 钢中 Mn 元素质量分数为 1.60%，虽然该数值大于表 4.3 中低合金钢的范围，但是其 0.7 倍含量在该范围内，所以在我国钢的分类中 Q355 属于低合金钢。

除按化学成分对钢进行分类外，在工程应用上经常根据钢材性能按照使用用途来分类，但目前各国按此方式对钢的分类并未统一。通常将焊接用钢材分为以下常见种类：非合金钢可分为一般用

途的结构钢、专门用途的结构钢、工具钢等；合金钢可分为一般用途的细晶粒结构钢、专门用途的比如耐候钢、低温钢、热强钢及高强钢等；不锈钢可分为耐腐蚀钢、耐热钢、抗蠕变钢等。

4.3.2 钢的标记

4.3.2.1 按照欧洲标准钢的标记

按照 EN 10027：2016 标准，钢的牌号体系中的第 1 部分：钢名，钢的标记如下：按照钢的用途和力学或物理性能对钢的标记见表 4.4~ 表 4.9，按照钢中化学成分的含量对钢的标记见表 4.10~ 表 4.15，钢材的其他标记见表 4.16~ 表 4.18[①]。

表 4.4　结构钢

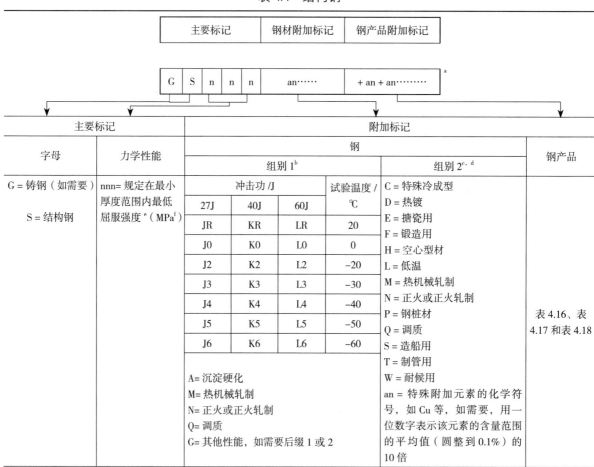

注：a. n= 数字字符，a=α 字符，an= 文字数字式字符。

　　b. 组别 1 中的标记 A、M、N 和 Q 适用于细晶粒钢。

　　c. 组别 2 中的标记不同于化学符号，可以后缀一个或两个数字以按照相关产品标准来区别质量。

　　d. 如果此组别中的两个标记有一个是化学符号则应该是最后一个。

　　e. 根据相关产品标准中的要求，"屈服强度"指屈服强度的上限（R_{eH}）或下限（R_{eL}）或者是弹性强度（R_p），或者弹性强度总范围（R_t）。

　　f. 1MPa=1N / mm²。

---

① 表 4.4~ 表 4.18 选自英国国家标准 BS EN 10027：2016。

表 4.5　结构钢续

结构钢钢名示例		结构钢钢名示例	
标准	按照 EN 10027-1 中的钢名	标准	按照 EN 10027-1 中的钢名
EN 10025-2	S235JR S355JR S355J0 S355J2 S355K2 S450J0	EN 10149-2	S355MC
EN 10025-3	S355N S355NL	EN 10149-3	S355NC
EN 10025-4	S355M S355ML	EN 10210-1	S355J2H
EN 10025-5	S235J0W S235J2W S355J0WP S355J2WP S355J0W S355J2W S355K2W	EN 10248-1	S355GP
EN 10025-6	S460Q S460QL S460QL1	EN 10346	S350GD S350GD+Z

表 4.6　压力容器用钢

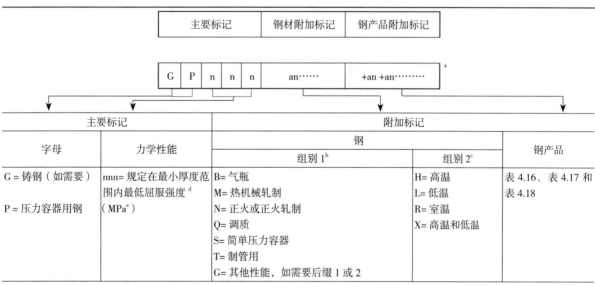

主要标记		附加标记			
字母	力学性能	钢			钢产品
		组别 1[b]		组别 2[c]	
G = 铸钢（如需要） P = 压力容器用钢	nnn= 规定在最小厚度范围内最低屈服强度[d]（MPa[e]）	B= 气瓶 M= 热机械轧制 N= 正火或正火轧制 Q= 调质 S= 简单压力容器 T= 制管用 G= 其他性能，如需要后缀 1 或 2		H= 高温 L= 低温 R= 室温 X= 高温和低温	表 4.16、表 4.17 和表 4.18

注：a. n= 数字字符，a= α 字符，an= 文字数字式字符。

　　b. 组别 1 中的标记 M、N 和 Q 适用于细晶粒钢。

　　c. 组别 2 中的标记不同于化学符号，可以后缀一个或两个数字以按照相关产品标准来区别质量。

　　d. 根据相关产品标准中的要求，"屈服强度"指屈服强度的上限（R_{eH}）或下限（R_{eL}）或者是弹性强度（R_p），或者弹性强度总范围（R_t）。

　　e. 1MPa=1N / mm^2。

表 4.7 压力容器用钢续

钢名示例		钢名示例	
标准	按照 EN 10027-1 中的钢名	标准	按照 EN 10027-1 中的钢名
EN 10028-2	P265GH	EN 10120	P265NB
EN 10028-3	P355NH	EN 10207	P265S
EN 10028-5	P355M P355ML1	EN 10213	GP240GR GP240GH
EN 10028-6	P355Q P355QH P355QL1		

表 4.8 管线用钢

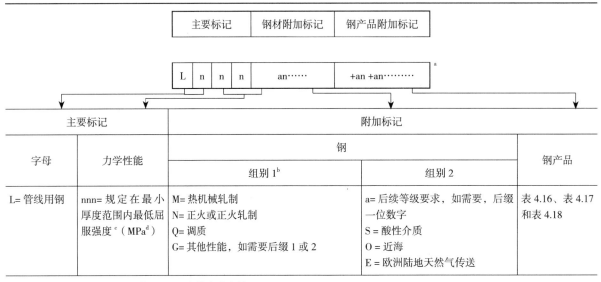

主要标记		附加标记		
		钢		钢产品
字母	力学性能	组别 1[b]	组别 2	
L= 管线用钢	nnn= 规定在最小厚度范围内最低屈服强度[c]（MPa[d]）	M= 热机械轧制 N= 正火或正火轧制 Q= 调质 G= 其他性能，如需要后缀 1 或 2	a= 后续等级要求，如需要，后缀一位数字 S = 酸性介质 O = 近海 E = 欧洲陆地天然气传送	表 4.16、表 4.17 和表 4.18

注：a. n= 数字字符，a=α 字符，an= 文字数字式字符。

b. 组别 1 中的标记 M、N 和 Q 适用于细晶粒钢。

c. 根据相关产品标准中的要求，"屈服强度"指屈服强度的上限（R_{eH}）或下限（R_{eL}）或者是弹性强度（R_p），或者弹性强度总范围（R_t）。

d. 1MPa=1N / mm^2。

表 4.9 管线用钢续

钢名示例	
标准	按照 EN 10027-1 中的钢名
EN ISO 3183	L360 L360N L360Q L360M

表 4.10　平均含锰量小于 1% 的非合金钢（易切削钢除外）

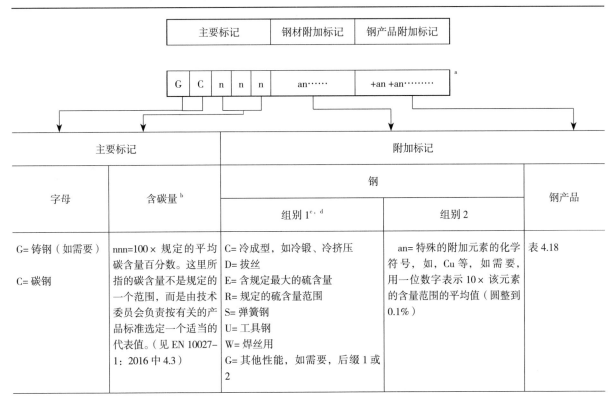

主要标记		附加标记		
		钢		钢产品
字母	含碳量[b]	组别 1[c, d]	组别 2	
G= 铸钢（如需要） C= 碳钢	nnn=100× 规定的平均碳含量百分数。这里所指的碳含量不是规定的一个范围，而是由技术委员会负责按有关的产品标准选定一个适当的代表值。（见 EN 10027–1：2016 中 4.3）	C= 冷成型，如冷锻、冷挤压 D= 拔丝 E= 含规定最大的硫含量 R= 规定的硫含量范围 S= 弹簧钢 U= 工具钢 W= 焊丝用 G= 其他性能，如需要，后缀 1 或 2	an= 特殊的附加元素的化学符号，如，Cu 等，如需要，用一位数字表示 10× 该元素的含量范围的平均值（圆整到 0.1%）	表 4.18

注：a.n= 数字字符，a=α 字符，an= 文字数字式字符。

　　b. 为了区别两个相似的钢组，在碳含量数字后增加 1。

　　c. 组别 1 中的标记，除 E 和 R 外，可以后缀一位或两位数字，以便按照相关产品标准来区别质量。

　　d. 组别 1 中的标记 E 和 R 后缀数字 1 表示 100× 硫含量的最大值或平均值（圆整到 0.01%）。

表 4.11　平均含锰量小于 1% 的非合金钢（易切削钢除外）钢名示例

钢名示例					
EN ISO 16120–2	C20D	EN 10083–2	C35 C35E C35R	EN 10132–4	C85S
EN ISO 16120–3	C2D1			EN 10263–2	C8C
EN ISO 16120–4	C20D2				

表 4.12　平均含锰量不小于 1% 的非合金钢，非合金易切削钢和合金钢（高速钢除外）

每一个合金元素的平均含量（按重量）小于 5%

主要标记				附加标记	
				钢	钢产品
字母	含碳量 [b]	合金元素		组别 1 ｜ 组别 2	
G= 铸钢（如需要）	nnn=100× 规定的平均碳含量百分数。这里所指的碳含量不是规定的一个范围，而是由技术委员会负责按有关的产品标准选定一个适当的代表值。（见 EN 10027–1：2016 中 4.3）	a= 表示合金元素的化学符号[c] 后面规定钢的特性； n–n= 不同元素的代表数字，用连字符分开，每个数字分别表示所指元素的平均百分含量乘以下表给出的系数		—	表 4.16 和表 4.18

元素	系数
Cr, Co, Mn, Ni, Si, W	4
Al, Be, Cu, Mo, Nb, Pb, Ta, Ti, V, Zr	10
Ce, N, P, S	100
B	1000

注：a. n= 数字字符，a=α 字符，an= 文字数字式字符。

　　b. 为了区别两个相似的钢组，在碳含量数字后增加 1。

　　c. 符号的顺序按含量值递减排列。如果两个或多个元素的含量相等时，相应的符号应按字母表的顺序排列。

表 4.13　平均含锰量不小于 1% 的非合金钢，非合金易切削钢和合金钢（高速钢除外）钢名示例

每一个合金元素的平均含量（按重量）小于 5%

钢名示例		钢名示例	
标准	按照 EN 10027–1 的钢名	标准	按照 EN 10027–1 的钢名
EN 10028–2	13CrMo4–5	EN 10083–3	27MnCrB5–2
EN 10028–4	13MnNi6–3	EN 10087	11SMnPb30
EN 10083–2	28Mn6		

表 4.14　不锈钢和其他合金钢（高速钢除外）

至少有一个合金元素的含量（按重量）不小于 5%

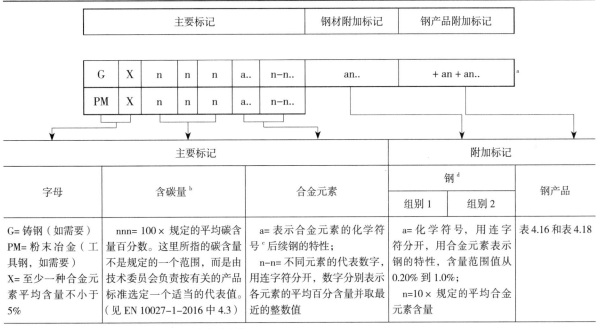

主要标记		钢材附加标记	钢产品附加标记

G	X	n	n	n	a..	n–n..	an..	+ an + an..	a
PM	X	n	n	n	a..	n–n..			

主要标记			附加标记		
字母	含碳量 b	合金元素	钢 d		钢产品
			组别 1	组别 2	
G= 铸钢（如需要） PM= 粉末冶金（工具钢，如需要） X= 至少一种合金元素平均含量不小于 5%	nnn= 100 × 规定的平均碳含量百分数。这里所指的碳含量不是规定的一个范围，而是由技术委员会负责按有关的产品标准选定一个适当的代表值。（见 EN 10027–1–2016 中 4.3）	a= 表示合金元素的化学符号 c 后续钢的特性； n–n= 不同元素的代表数字，用连字符分开，数字分别表示各元素的平均百分含量并取最近的整数值	a= 化学符号，用连字符分开，用合金元素表示钢的特性，含量范围值从 0.20% 到 1.0%； n=10 × 规定的平均合金元素含量		表 4.16 和表 4.18

注：a. n= 数字字符，a=α 字符，an= 文字数字式字符。

　　b. 为了区别两个相似的钢组，在碳含量数字后增加 1。

　　c. 符号的顺序按含量值递减排列。如果两个或多个元素的含量相等时，相应的符号应按字母表的顺序排列。

　　d. 表 4.15 中给出的示例含较高氮含量（见标准相关内容）。

表 4.15　不锈钢和其他合金钢（高速钢除外）钢名示例

至少有一个合金元素的含量（按重量）不小于 5%

钢名示例			
标准	按照 EN 10027–1 中的钢名	标准	按照 EN 10027–1 中的钢名
EN ISO 4957	X100CrMoV 5 X38CrMoNb16	EN 10088–2	X10CrNi18–8 X6CrMoNb17–1
无参考标准	X30NiCrN15–1–N5		X5CrNiCuNb16–4

表 4.16　钢产品特殊要求的符号

符号 a	含义
+CH	芯部硬化
+H	硬化
+Z15	厚度方向性能；断面收缩率不小于 15%
+Z25	厚度方向性能；断面收缩率不小于 25%
+Z35	厚度方向性能；断面收缩率不小于 35%

注：a. 当使用时应与附加（+）的钢号有所区别。见 EN 10027–1：2016 中 7.2。这些符号表明了特殊要求，一般来说它们属于钢的特性，但是由于在实际应用方面的原因它们作为钢产品的符号来使用。

表 4.17　钢产品涂层类型标记

标记[a]	含义	标记[a]	含义
+A	热镀铝	+T	铅锡合金热镀
+AS	铝硅合金镀层	+TE	铅锡合金电镀
+AZ	铝锌（Al > 50%）合金镀层	+Z	热浸镀锌
+CE	电镀铬/氧化铬镀层（ECCS）	+ZA	热浸锌铝（Zn > 50%）镀层
+CU	镀铜	+ZE	电镀锌
+IC	无机涂料涂层	+ZF	热浸锌铁（镀锌）涂层
+OC	有机涂料涂层	+ZM	热浸锌镁涂层
+S	热镀锡	+ZN	锌镍合金电镀
+SE	电镀锡		

注：a. 当使用时应与附加（+）的钢号有所区别。见 EN 10027-1：2016 中 7.2。

表 4.18　钢产品处理状态标记

标记[a]	含义	标记[a]	含义
+A	软化退火	+NT	正火 + 回火
+AC	球化退火	+P	析出强化
+AR	普通轧制（不经特殊轧制或热处理）	+Q	淬火
+AT	固溶退火	+QA	空冷淬火
+C	冷作硬化	+QO	油淬
+Cnnn	冷作硬化，最小抗拉强度为 nnnMPa[b]	+QT	调质
+CPnnn	冷作硬化，最小 0.2% 屈服强度为 nnnMPa[b]	+QW	水淬
+CR	冷轧	+RA	再结晶退火
+DC	供货条件按照制造商说明	+S	冷剪处理
+FP	热处理以获得铁素体-珠光体组织以及达到硬度范围	+SR	消除应力
+HC	热轧后冷硬化（强化）	+T	回火
+I	等温处理	+TH	处理至硬度范围
+LC	回火及光整冷轧（回火轧制或冷拔）	+U	不经处理
+M	热机械成型	+WW	热成型
+N	正火或正火成型		

注：a. 当使用时应与附加（+）的钢号有所区别。见 EN 10027-1：2016 中 7.2。

　　b. 1MPa = 1N / mm^2。

4.3.2.2 我国钢材标记

我国钢材的牌号标记参照 GB / T 221—2008 标准中给出的内容进行标记。该标准规定凡是列入我国国家标准和行业标准的钢铁产品牌号均要按照本标准给出的方法进行标记。

1. 碳素结构钢和低合金结构钢的标记

碳素结构钢和低合金结构钢的牌号由四部分组成（其中第二、第三、第四部分为必要时才会标记），各部分意义如下：

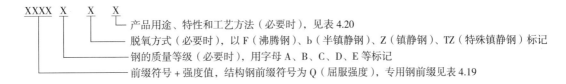

表 4.19　碳素结构钢和低合金结构钢前缀（摘录）

产品名称	采用的汉字及汉语拼音或英文单词			采用字母	位置
	汉字	汉语拼音	英文单词		
焊接气瓶用钢	焊瓶	HAN PING	—	HP	牌号头
管线用钢	管线	—	Line	L	牌号头
煤机用钢	煤	MEI	—	M	牌号头

表 4.20　钢材产品用途、特性和工艺方法标记

产品名称	采用的汉字及汉语拼音或英文单词			采用字母	位置
	汉字	汉语拼音	英文单词		
锅炉和压力容器用钢	容	RONG	—	R	牌号尾
锅炉用钢（管）	锅	GUO	—	G	牌号尾
低温压力容器用钢	低容	DI RONG	—	DR	牌号尾
桥梁用钢	桥	QIAO	—	Q	牌号尾
耐候钢	耐候	NAI HOU	—	NH	牌号尾
高耐候钢	高耐候	GAO NAI HOU	—	GNH	牌号尾
高性能建筑结构用钢	高建	GAO JIAN	—	GJ	牌号尾
低焊接裂纹敏感性钢	低焊接裂纹敏感性	—	Crack Free	CF	牌号尾
保证淬透性钢	淬透性	—	Hardenability	H	牌号尾

碳素结构钢和低合金结构钢的标记示例见表4.21。

表4.21　碳素结构钢和低合金结构钢标记示例

产品名称	第一部分	第二部分	第三部分	第四部分	牌号示例
碳素结构钢	最小屈服强度为235N/mm²	A级	沸腾钢	—	Q235AF
低合金高强度结构钢	最小屈服强度为345N/mm²	A级	特殊镇静钢	—	Q345D
管线用钢	最小规定总延伸强度为415MPa	—	—	—	L415
煤机用钢	最小抗拉强度为510MPa	—	—	—	M510
锅炉和压力容器用钢	最小屈服强度为345N/mm²	—	特殊镇静钢	压力容器"容"的汉语拼音首字母"R"	Q345R

2. 合金结构钢的标记

焊接结构钢牌号通常也由4部分组成，具体内容如下，标记示例见表4.22。

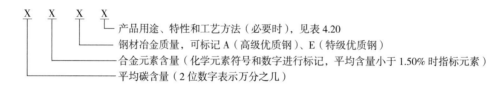

表4.22　合金结构钢钢标记示例

产品名称	第一部分	第二部分	第三部分	第四部分	牌号示例
合金结构钢	碳含量 0.22%~0.29%	铬含量1.50%~1.80% 钼含量0.25%~0.35% 钒含量0.15%~0.30%	高级优质钢	—	25Cr2MoVA
锅炉和压力容器用钢	碳含量 ≤ 0.22%	铬含量1.20%~1.60% 钼含量0.45%~0.65% 铌含量0.025%~1.00%	特级优质钢	锅炉和压力容器用钢	18MnMoNbER

参考文献

[1] GSI. SFI–Aktuell [M]. Duisburg: Gesellschaft für Schweißtechnik International mbH, 2010.

[2] 于勇, 王新东. 钢铁工业绿色工艺技术 [M]. 北京: 冶金工业出版社, 2017.

[3] 张福明. 面向未来的低碳绿色高炉炼铁技术发展方向 [J]. 炼铁, 2016, 35 (1): 1-6.

[4] 项钟庸, 王筱留. 高炉设计: 炼铁工艺设计理论与实践 [M]. 2版. 冶金工业出版社, 2014.

[5] 杨天钧, 张建良, 刘征建, 等. 近年来炼铁生产的回顾及新时期持续发展的路径 [J]. 炼铁, 2017 (4): 1-9.

[6] 冶金学名词审定委员会. 冶金学名词. 1999 [M]. 北京: 科学出版社, 2001.

[7] 张发港. 一种高炉炼铁用燃料铲: CN207016806U [P]. 2018-02-16.

[8] 陈津. 非高炉炼铁 [M]. 北京: 化学工业出版社, 2014.

[9] 梁中渝. 炼铁学 [M]. 北京: 冶金工业出版社, 2009.

［10］王维兴，黄洁．中国高炉炼铁技术发展评述［J］．钢铁，2007，42（3）：1-4.

［11］陈家祥．钢铁冶金学：炼钢部分［M］．北京：冶金工业出版社，1990.

［12］王筱留．钢铁冶金学：炼铁部分［M］．北京：冶金工业出版社，1991.

［13］薛正良．钢铁冶金概论［M］．北京：冶金工业出版社，2008.

［14］宋贺达，周平，王宏，等．高炉炼铁过程多元铁水质量非线性子空间建模及应用［J］．自动化学报，2016，42（11）：1664-1679.

［15］干勇，田志凌，董瀚，等．中国材料工程大典（第2卷，钢铁材料工程．上）［M］．北京：化学工业出版社，2006.

［16］中国冶金百科全书总编辑委员会．中国冶金百科全书［M］．北京：冶金工业出版社，1998.

［17］陈炳庆，张瑞祥，周渝生．COREX 熔融还原炼铁技术［J］．钢铁，1998，33（2）：10-13.

［18］郭培民，赵沛，庞建明，等．熔融还原炼铁技术分析［J］．钢铁钒钛，2009（3）：5-13.

［19］王敏，任荣霞，董洪旺，等．熔融还原炼铁最新技术及工艺路线选择探讨［J］．钢铁，2020，55（8）：151-156.

［20］邱绍岐，祝桂华．电炉炼钢原理及工艺［M］．北京：冶金工业出版社，1996.

［21］李日乾．平炉炼钢技术在我国存在的条件及对其应取的技术政策［J］．炼钢，1986（2）：48-52.

［22］鞍山钢铁公司第一炼钢厂．平炉炼钢生产［M］．北京：冶金工业出版社，1974.

［23］王丰华．电弧炉建模研究及其应用［D］．上海．上海交通大学，2006.

［24］上钢五厂一车间．电炉炼钢500问［M］．北京：冶金工业出版社，1978.

［25］英国国家标准．BS EN 10204 金属产品 - 检验文件的种类［S］．布鲁塞尔：欧洲电工标准化委员会，2004.

［26］国际标准．ISO / TR 15608 焊接 - 金属材料的分类规则［S］．日内瓦：ISO 版权部，2017.

［27］英国国家标准．BS EN 10020 钢的概念和分类［S］．布鲁塞尔：欧洲电工标准化委员会，2000.

［28］英国国家标准．BS EN 10027-1 钢的牌号体系 - 第1部分：钢名［S］．布鲁塞尔：欧洲电工标准化委员会，2000.

［29］中国国家标准．GB / T 13304.1 钢分类 - 第1部分：按化学成分分类［S］．北京：中国标准出版社出版，2008.

［30］中国国家标准．GB / T 221 钢铁产品牌号表示方法［S］．北京：中国标准出版社出版，2008.

本章的学习目标及知识要点

1. 学习目标

（1）了解高炉炼铁和炼钢的基本原理。

（2）掌握沸腾钢和镇静钢的特点及脱氧剂。

（3）掌握 S、P、N、Mn、Si 等元素在钢中的作用。

（4）了解我国钢材的分类和标记。

（5）掌握欧洲钢材的分类和标记。

2. 知识要点

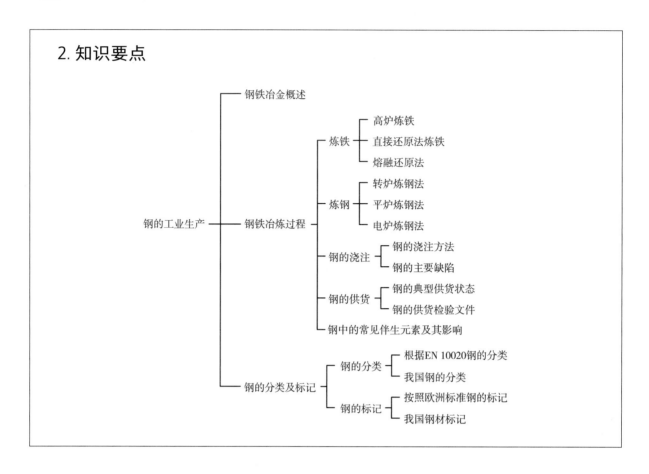

第 5 章

焊接接头组织性能及金属焊接性

编写：庄明辉　审校：李慕勤

焊接接头由焊缝金属、熔合区和热影响区所组成。为保证焊接接头质量，不但要获得优异的焊缝金属组织与性能，还必须保证焊接热影响区及熔合区的性能。本章从焊接温度场、焊接熔池凝固和焊缝固态相变、焊接热影响区的组织和性能以及金属焊接性等方面介绍焊接接头组织和性能的基本知识，为学习控制和改善焊接接头质量的措施提供基础知识铺垫。

5.1 焊接温度场和焊接热循环

在焊接过程中，被焊金属由于热的输入及传播而经历的加热（熔化或达到热塑性状态）和冷却（凝固）过程称为焊接热过程。焊接热过程具有自身的特点。一是对焊件的加热是局部的，焊接热源集中作用在焊件接口部位，整个焊件的加热是不均匀的；二是焊接热过程是瞬时的，焊接热源始终以一定速度运动。焊接传热通常用焊接温度场和焊接热循环来表征。焊接温度场对于研究受热区域的大小以及计算焊接应力场等有重要作用，而焊接热循环对研究焊接过程中的组织和性能有重要意义。

5.1.1 焊接温度场

5.1.1.1 焊接传热的基本形式

焊接时，由于焊件局部受热，致使焊件本身出现很大的温差。因此，在焊件内部以及焊件与周围介质之间必然发生热能的流动。

根据热学理论，热能传递的基本方式是传导、对流、辐射。焊接传热学研究结果认为，在电弧焊条件下，热能由热源传给焊件，主要是以辐射和对流为主，母材和焊条获得热能之后则以传导为主的方式向金属内部传递热能。由于焊接传热学主要是研究焊件上的温度分布及其随时间变化的规律性，因此焊接温度场的研究是以热传导为主，适当考虑辐射和对流的作用。

5.1.1.2 焊接温度场的特征

焊接过程中，焊件上各点的温度分布是空间和时间的函数。某一瞬间焊件上各点的温度分布称为焊接温度场。它与磁场、电场有类似的概念，可以用数学关系式表示为：

$$T = f(x, y, z, t) \tag{5-1}$$

式中：　　　T—— 某瞬时焊件上某点的温度；

x, y, z—— 焊件上某点的空间坐标；

t—— 时间。

焊接温度场的分布情况可以用等温线或等温面表示。焊件上瞬时温度相同的点连接成为一条线或一个面称为等温线或等温面。焊件上温度场由不同的等温线或等温面构成。

根据温度随时间的变化，焊接温度场可分为三种：一是稳定温度场，焊接温度场各点的温度不随时间而变；二是非稳定温度场，焊件上各点温度随时间而变；三是准稳定温度场，正常焊接条件下，当功率恒定的热源在一定长度的工件上匀速直线运动时，经过一段时间后焊接过程稳定，形成一个与热源同步运动的不变温度场。根据焊件尺寸和热源的性质，焊接温度场可分为三种：一维温度场（线性传热），焊条或焊丝的加热（面热源，径向无温差，如同一个均温的小平面在传热）；二维温度场（平面传热），一次焊透的薄板，板厚方向无温差（线热源，把热源看成沿板厚的一条线）；三维温度场（空间传热），厚大焊件表面堆焊（点热源），如图 5.1 所示。

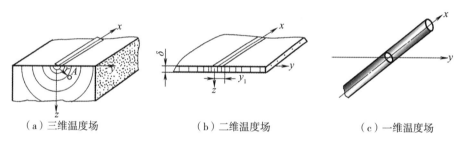

（a）三维温度场　　　　　　　（b）二维温度场　　　　　　　（c）一维温度场

图 5.1　温度场的分类

5.1.1.3 影响焊接温度场的主要因素

1. 热源的性质

焊接热源不同，热能功率密度、加热最高温度、加热最小面积不同。因此，焊接温度场分布不同。例如，焊条电弧焊焊接厚度大于 25mm 的钢板，此时的热源可认为是点状热源，焊件是三维温度场。而 100mm 厚的焊件进行电渣焊，则认为是线状热源，焊件是平面传热，属于二维温度场。

气焊加热面积大，因而温度场范围也很大；电子束及激光焊功率高，加热温度高，加热最小面积小，因而温度场范围也小。同一热源加热，焊接工艺参数不同，温度场分布形态也不同。

2. 被焊金属材料的物理性能

被焊金属材料的物理性能不同，在相同热源、相同焊件尺寸情况下，温度场分布会不同。由于各种材料的热物理常数是不同的，特别是热导率（λ）和容积比热容（C_ρ）不同，对焊接温度场的分布具有很大的影响。

例如，焊接铬镍不锈钢时，相同等温线的范围（如 600℃）要比低碳钢焊接时大，这是由于奥氏体不锈钢的导热性较差［铬镍不锈钢 λ=0.252W／（cm・℃），低碳钢 λ=0.42W／（cm・℃）］。因此，当焊接不锈钢和耐热钢时，所选用的焊接线能量应比焊接低碳钢时要小。相反，焊接铜（纯铜 $\lambda=3.783W/cm\cdot℃$）和铝（纯铝 $\lambda=2.65W/cm\cdot℃$）时，由于导热性能良好，因此应选用比焊接低碳钢更大的线能量。

3. 焊接热输入

同样的焊接热源，焊接工艺参数不同，热输入量也不同，温度场会不同。熔焊时，由焊接热源输入给单位长度焊缝上的能量，称为热输入，也称线能量。电弧焊的热输入公式为：

$$q/v=\eta(IU/v)\qquad(5-2)$$

式中：q/v——热输入，J/cm；

　　　　I——焊接电流，A；

　　　　U——电弧电压，V；

　　　　v——焊接速度，cm/s；

　　　　η——电弧加热功率有效系数（焊条电弧焊 $\eta\approx0.7\sim0.8$）。

当热源功率固定时，随焊接速度的增加，等温线的范围变小，即温度场的宽度和长度都变小，但宽度的减小更大些，所以温度场的形状变得细长。随热源功率的增加，温度场的范围也随之增大。

4. 焊件形态

焊件几何尺寸（如厚度）和所处状态（环境温度）对传热有很大影响，因而影响温度场的分布。

对于厚大焊件在表面上堆焊，可以把温度场看成是三维的，这时可把热源看成是一个点（点热源），热的传播是沿 x、y、z 轴三个方向进行。一次焊透的薄板，温度场可以看成是二维的，可以认为在板厚方向没有温差，把热源看成是沿板厚的一条线（线热源），热的传播为 x、y 轴两个方向，属于平面传热。钢筋的摩擦焊接，温度在细棒截面上的分布是均匀的，如同一个均温的小平面进行热的传播（面热源），此时的传热方向只有一个 x 轴方向。

5.1.2 焊接热循环

焊接过程中，热源沿焊件移动，在焊接热源作用下，焊件上某点的温度随时间变化的过程，称为该点的焊接热循环。当热源加热时，某点的温度随时间由低而高，达到最大值；随着热源的离开，又由高而低，整个过程用一条曲线来表示，这条曲线称为热循环曲线，如图 5.2 所示。焊接热循环与热处理的热过程相比，具有加热速度快、加热的峰值温度高、在某一温度的保温时间又非常短的重要特征。焊接热循环是表征焊接热源对母材金属的热作用和焊接热影响区组织性能的重要数据。

5.1.2.1 焊接热循环的主要参数

焊接热循环对组织性能的影响，主要考虑以下四个参数。

1. 加热速度 v_H

焊接时的加热速度比热处理条件下快得多，并

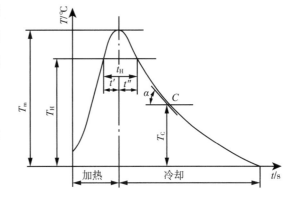

图 5.2　焊接热循环曲线示意图及参数

随加热速度的提高，相变温度也提高。它直接影响奥氏体的均质化和碳化物的溶解过程。因此，也会影响冷却时的组织转变和性能。加热速度的影响因素主要有焊接方法、焊接热输入，以及母材的板厚、几何尺寸、热物理性质等。

2. 加热的最高温度 T_m

加热的最高温度又称峰值温度，是热循环的重要参数之一。加热的最高温度对于焊接热影响区金属的晶粒长大、相变组织以及碳氮化合物溶解等有很大影响，同时也决定着焊件产生内应力的大小和接头中塑性变形区的范围。焊接时焊缝两侧热影响区加热的最高温度不同，冷却速度不同，就会有不同的组织和性能。低碳钢和低合金钢熔合区的温度可达 1300~1350℃。

3. 高温停留时间 t_H

高温停留时间对于扩散均质化及晶粒的长大、相的溶解或析出影响很大，对于某些活泼金属，高温停留时间还将影响焊接接头对周围气体介质的吸收或相互作用的程度。对于低合金高强钢，高温停留时间越长，越有利于奥氏体的均质化过程，但温度太高时（如 1100℃以上），即使停留时间不长，也会引起奥氏体晶粒的长大。为了便于分析研究，常把高温停留时间 t_H 分为加热过程的停留时间 t' 和冷却过程的停留时间 t''，即 $t_H = t' + t''$，参见图 5.2。

4. 冷却速度 v_C（或冷却时间 $t_{8/5}$、$t_{8/3}$、t_{100}）

冷却速度是决定热影响区组织性能的主要参数。焊接冷却过程不同阶段的冷却速度是不同的，某一温度下的瞬时冷却速度可用热循环曲线上该点切线的斜率表示。对于低合金钢，在连续冷却条件下，由于在 540℃ 左右组织转变最快，因此，常用熔合线附近 540℃ 的瞬时冷却速度作为冷却过程的评价指标（见图 5.2 中的 C 点）。为了方便，也可采用一定温度范围内的平均冷却速度。

由于测定冷却时间更方便，所以近年来许多国家常采用某一温度范围内的冷却时间来研究热影响区组织和性能的变化，如 800~500℃ 的冷却时间 $t_{8/5}$ 常用于不易淬火钢，而易淬火钢常用 800~300℃ 的冷却时间 $t_{8/3}$，以及从峰值温度 T_m 冷却至 100℃ 的冷却时间 t_{100} 等，这要根据不同研究对象所存在的问题来决定。

5.1.2.2 多层焊热循环

实际焊接生产中，很少采用单层焊，而多是采用多层多道焊。多层焊热循环是许多单层焊热循环的综合作用，后层焊道对前层焊道会产生热处理作用，使前层焊道的组织和性能得到改善，并加速氢的逸出。因此，从提高焊接质量来看，多层焊比单层焊更优越。

在实际生产中，根据要求不同，多层焊可分为长段多层焊和短段多层焊。长段多层焊就是每道焊缝的长度较长（一般在 1m 以上），这样在焊完第一层再焊第二层时，第一层已基本上冷却到较低的温度（一般多在 100~200℃ 以下），其焊接热循环如图 5.3 所示。

由图 5.3 可以看出，长段多层焊热循环的特点是每层焊道高温停留时间短，晶粒不容易长大。因此，适宜焊接易过热的钢种。但由于冷却速度大，层间温度低，不适于焊接淬硬倾向较大的钢种。

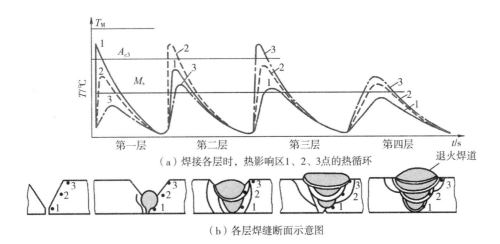

（a）焊接各层时，热影响区1、2、3点的热循环

（b）各层焊缝断面示意图

图 5.3　长段多层焊焊接热循环

短段多层焊就是每道焊缝的长度较短（50~400mm），未等前层焊缝冷却到较低的温度（如 M_s 点）就开始焊接下一层焊缝。短段多层焊焊接热循环如图 5.4 所示。

由图 5.4 可以看出，短段多层焊焊接热循环的特点是高温停留时间短，避免了晶粒长大；前层焊道对后层焊道有预热作用，后层焊道对前层焊道有缓冷作用，延长了在 M_s 点以上的停留时间，从而降低了淬硬倾向，避免了冷裂纹的产生。但是，短段多层焊的操作工艺十分烦琐，生产率低，只有在特殊情况下才采用。

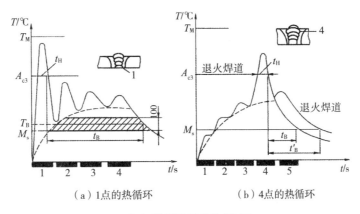

（a）1点的热循环　　　　（b）4点的热循环

t_B—由 A_{c3} 冷却至 M_s 的冷却时间

图 5.4　短段多层焊焊接热循环

5.2　熔池凝固和焊缝固态相变

熔焊时，在高温热源的作用下，母材将发生局部熔化，并与熔化了的焊丝金属搅拌混合而形成焊接熔池。与此同时，进行了短暂而复杂的冶金反应。当焊接热源离开以后，熔池金属便开始凝固（结晶）。熔池完全凝固以后，随着连续冷却过程的进行，对于钢铁材料来说，焊缝金属将发生组织转变。

熔池凝固、焊缝金属相变对焊缝金属的组织、性能具有重要的影响。焊接过程中，由于熔池中的冶金条件和冷却条件的不同，可得到性能差异较大的组织，直接影响焊接接头的最终使用性能。

5.2.1 熔池的基本特征

熔焊时，在焊接热源作用下，焊件上所形成的具有一定几何形状的液态金属部分就是熔池。熔池是由熔化的焊条金属与局部熔化的母材金属所组成的。如果用非熔化极进行焊接时，如不加填充材料的钨极氩弧焊，此时熔池仅由局部熔化的母材所组成。

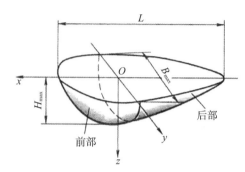

图 5.5　电弧焊时熔池的形状

熔池的形成需要一定的时间，经过这段时间以后，就进入准稳定时期，这时熔池的形状、尺寸、质量就不再发生变化。电弧焊时熔池的形状如图 5.5 所示。熔池很像一个不标准的半椭圆球，其轮廓正好是熔点的等温面。熔池的宽度与深度是沿 x 轴连续变化的。一般情况下，随着焊接电流的增加，熔池的最大深度 H_{max} 增大，熔池的最大宽度 B_{max} 相对减小；随着电弧电压的升高，B_{max} 增大，H_{max} 减小。

熔池的长度 L 可由下式进行近似估算，即：

$$L = K_2 P = K_2 UI \tag{5-3}$$

式中：K_2——比例系数。

试验证明，K_2 取决于焊接方法和焊接电流。

焊条电弧焊时熔池的质量通常在 0.6~16g，多数情况下小于 5g。自动埋弧焊时，由于焊接电流值较大，熔池的质量也较大，但通常也小于 100g。由于熔池的体积和质量很小，所以熔池存在的时间很短，一般只有几秒至几十秒，因此，在熔池中的冶金反应时间是很短暂的。熔池在液态时存在的最大时间 t_{max} 为：

$$t_{max} = L / v \tag{5-4}$$

式中：L——熔池的长度，cm；

　　　v——焊接速度，cm / s。

由于熔池温度的影响因素比较复杂，所以难以用理论分析的方法精确地计算出来。实测表明，熔池各点的温度是不均匀的。熔池的前部，由于输入的热量大于散失的热量，所以随着焊接热源的向前移动，母材就不断地熔化。位于电弧下面的熔池表面即熔池中部，具有最高的温度。而熔池后部的温度逐渐降低，因为这个区域输入的热量小于散失的热量，于是发生金属凝固的现象。熔池的平均温度主要取决于母材的性质和散热条件。对于低碳钢，熔池的平均温度为 1770 ± 100℃。

熔池中的液相在焊接过程中发生强烈的搅拌作用，这样就使冶金反应充分进行，同时将熔化的母材与焊丝金属充分混合使之均匀。产生熔池中液相运动的原因是由于熔池温度分布不均匀，从而造成的液态金属密度差、表面张力差，使液相产生对流运动。同时，焊接热源作用在熔池上的各种机械力（如电磁力、气体吹力、熔滴下落的冲击力、离子的冲击力等）使熔池中的液相产生搅拌作用。

研究表明，焊接参数、电极直径、焊炬的倾斜角度等参数对熔池中液相的运动状态都有很大的影响。搅拌运动有利于母材及焊丝的熔化金属很好地混合，以便获得成分均匀的焊缝；有利于气体、夹杂的排出，以便消除焊接缺陷，提高焊缝质量；同时有利于焊接冶金过程的进行。

5.2.2 熔池的凝固

熔焊过程中，母材在高温热源的作用下发生了局部熔化，并且与熔化了的焊丝金属混合，形成熔池。在熔滴及熔池形成的过程中，进行了剧烈而复杂的冶金反应。当焊接热源离开以后，熔池金属逐渐冷却，当温度达到母材的固相线时，熔池开始凝固结晶，最终形成焊缝金属。

5.2.2.1 熔池中晶核的形成

虽然熔池的凝固条件较为特殊，但熔池金属的结晶与一般金属的结晶相同，也是生核和晶核长大的过程。由金属学理论可知，生成晶核的热力学条件是过冷度造成的自由能降低，进行结晶过程的动力学条件是自由能降低的程度。这两个条件在焊接过程中都是具备的。

根据结晶理论，晶核有两种：自发晶核和非自发晶核。但在液相中无论形成自发晶核或非自发晶核都需要消耗一定的能量。在液相中形成自发晶核所需的能量 E_K 为：

$$E_K = \frac{16\pi\sigma^3}{3\Delta F_V^2} \tag{5-5}$$

式中： σ —— 新相与液相间的表面张力系数；

ΔF_V —— 单位体积内液 – 固两相自由能之差。

研究表明，在焊接熔池结晶中，非自发晶核起了主要作用。在液相金属中有非自发晶核存在时，可以降低形成临界晶核所需的能量，使结晶易于进行。

在液相中形成非自发晶核所需的能量 E_K' 为：

$$E_K' = \frac{16\pi\sigma^3}{3\Delta F_V^2}\left(\frac{2-3\cos\theta+\cos^3\theta}{4}\right) \tag{5-6}$$

$$E_K' = E_K\left(\frac{2-3\cos\theta+\cos^3\theta}{4}\right) \tag{5-7}$$

式中：θ —— 非自发晶核的浸润角，（°）。

由式（5-7）可见，当 $\theta=0°$ 时，$E_K'=0$，说明液相中有大量的悬浮质点和某些现成表面。当 $\theta=180°$ 时，$E_K'=E_K$，说明液相中只存在自发晶核，不存在非自发晶核的现成表面。由此可见，当 θ 在 $0°\sim180°$ 时，E_K'/E_K 的值位于 0~1，这就是说在液相中有现成表面存在时，将会降低形成临界晶核所需的能量。

在熔焊过程中，由于在熔化边界处存在半熔化状态的母材晶粒，这些晶粒就相当于形核所需的基体（现成表面）。由于焊接熔池中的液态金属与这些基体晶粒直接接触，并且能够使之完全润湿，在液态金属中晶胞就很容易在基体晶粒上形核。在无填充金属的情况下（如自动焊），形核就是液态金属原子排列在原有的基体晶粒上，而不改变它们原有的晶体取向，此种结晶方式称为交互结晶，也称为联生结晶，如图 5.6 所示。在每个晶粒中的箭头表示其 <100> 晶向。对于面心立方或者体心立方晶体结构，柱状枝晶（或者晶胞）的主干沿 <100> 方向生长。如图 5.6 所示，每个晶粒生长时都没有改变 <100> 方向。

5.2.2.2 熔池中晶核的长大

熔池中晶核形成之后，以这些新生的晶核为核心，不断向焊缝中成长。熔池金属结晶开始于熔合区附近母材半熔化晶粒的现成表面。也就是说，熔池金属开始结晶时，是从靠近熔合线处的母材上以联生结晶的形式长大起来的。

在焊缝金属凝固过程中，晶粒倾向于沿着垂直于熔池边界的方向生长，因为这个方向具有最大的温度梯度，散热最快。但是，在每个晶粒里的柱状枝晶或者晶胞都倾向于沿着最容易生长的方向生长。对于面心立方（fcc）和体心立方（bcc）结构的材料，<100> 方向都是容易生长的方向。因此，

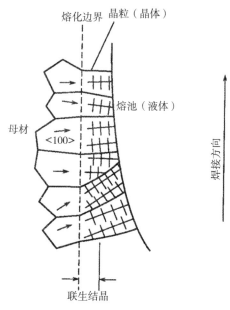

图 5.6　在熔化边界焊缝金属的生长

在凝固过程中，那些生长方向与熔池边界大致垂直的晶粒将更容易长大，并将排挤那些取向不利的晶粒，如图 5.6 所示。这种竞争生长机制决定了焊缝金属的晶粒结构。

5.2.2.3 熔池结晶的形态

对焊缝的断面进行金相分析发现，焊缝中的晶体形态主要是柱状晶和少量等轴晶。在显微镜下进行微观分析时，可以发现在每个柱状晶内有不同的结晶形态，如平面晶、胞晶及树枝状晶等。结晶形态的不同，是由于金属纯度及散热条件不同所引起的。

熔池结晶过程中晶体的形核和长大都必须具有一定的过冷度。由于在纯金属凝固结晶过程中不存在化学成分的变化，因此纯金属的凝固点理论上为恒定温度。液相中的过冷度取决于实际结晶温度低于凝固点的数值。例如，冷却速度越大，实际结晶温度越低，过冷度就越大。

工业上用的金属大多是合金，即使是纯金属，也没有理论上所述的那么纯。合金的结晶温度与成分有关，先结晶与后结晶的固、液相成分也不相同，造成固、液界面一定区域内的成分起伏。因此合金凝固时，除了由于实际温度造成的过冷（温度过冷），还存在由于固、液界面处成分起伏而造成的成分过冷。所以合金结晶时不必需要很大的过冷就可出现树枝状晶，而且随着不同的过冷度，晶体成长会出现不同的结晶形态。

根据成分过冷理论的分析，由于过冷度的不同，会使焊缝组织出现不同的形态，如图 5.7 所示。结晶形态大致可分为平面晶、胞状晶、树枝状晶及等轴晶。这些结晶形态中，除等轴晶外的其他结晶形态，都属于柱状晶范畴。大量的试验表明，结晶形态主要取决于合金中溶质的浓度 C_0、结晶速度 R（或晶粒长大速度）和液相中温度梯度 G 的综合作用。当结晶速度 R 和温度梯度 G 不变时，随合金中溶质浓度的提高，成分过冷增加，从而使结晶形态由平面晶变为胞状晶、树枝状晶，最后到等轴晶。

焊接熔池中成分过冷的情况在焊缝的不同部位是不同的，因此会出现不同的焊缝结晶形态。在

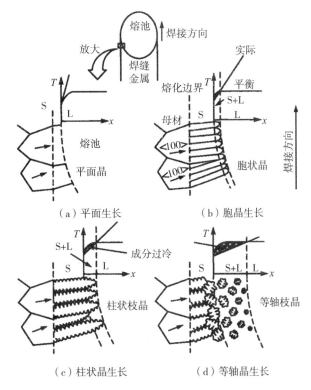

图 5.7　焊接过程中成分过冷对凝固模式的影响

熔池的熔化边界，由于温度梯度 G 较大，结晶速度 R 又较小，成分过冷接近于零，所以平面晶得到发展。随着远离熔化边界向焊缝中心过渡时，温度梯度 G 逐渐变小，而结晶速度逐渐增大，所以结晶形态将由平面晶向胞状晶、树枝晶，一直到等轴晶的方向发展。图 5.8 所示为焊缝结晶形态的变化过程。在对于焊缝凝固组织的金相观察中，证实了上述结晶形态变化的趋势。

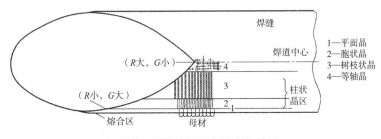

图 5.8　焊缝结晶形态的变化过程

5.2.3　焊缝固态相变

　　焊接熔池凝固以后，随着连续冷却过程的进行，焊缝金属组织将会发生转变。焊缝金属组织状态，受焊缝的化学成分和冷却条件的影响。焊缝金属固态相变的机理与一般钢铁材料固态相变的机理相同，可根据焊接特点，结合低碳钢、低合金钢的相变特点进行分析。

5.2.3.1 微观组织的演变

有人提出了用于示意性地说明低碳钢和低合金钢焊缝金属微观组织变化的连续冷却转变（CCT）相图。图 5.9 所示是低碳钢的焊缝金属经历连续冷却的转变图。六边形代表在焊缝金属形成的奥氏体柱状晶的横截面。当奥氏体（γ）从高温冷却下来的时候，铁素体（α）在晶界形核并向晶内生长。晶界处形成的铁素体不具有反映其内部晶体结构的规则的多面形状。当温度较低时，晶界处铁素体的平面生长减缓，魏氏铁素体（也称为侧板条铁素体）在晶内形成。在更低的温度下，魏氏铁素体生长更缓慢，且不会再向晶内生长，除非正在生长的铁素体的前沿存在新的铁素体形核，它才会长得比较快。这些新的铁素体，即针状铁素体，在夹杂存在的地方形核，随机性地取向生长成类似于编织花篮的短小针状铁素体。

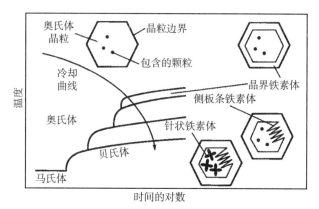

图 5.9 低碳钢的焊缝金属经历连续冷却的转变图

图 5.10 所示是低碳钢和低合金钢焊缝金属的微观结构。图 5.10（a）中包括晶界铁素体（A）、魏氏铁素体（C）和针状铁素体（D），图 5.10（b）中包括上贝氏体（E）和下贝氏体（F），还发现了多边形的贝氏体。通常需要采用透射电镜（TEM）来判别上、下贝氏体。

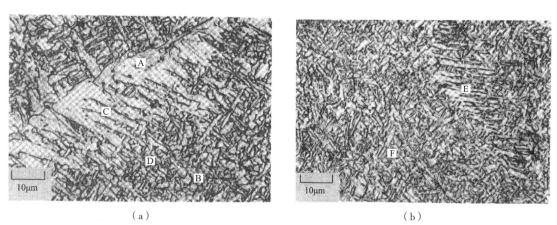

（a）   （b）

A—晶界类型的铁素体；B—多边形的铁素体；C—魏氏铁素体；D—针状铁素体；
E—上贝氏体；F—下贝氏体

图 5.10 低碳钢的典型焊缝金属微观组织

5.2.3.2 影响微观组织的因素

图 5.11 列举了几个对焊缝金属微观组织变化的影响因素：焊缝金属的成分、从 800℃冷却到 500℃的时间（$t_{8/5}$）、焊缝金属的含氧量和奥氏体晶粒的尺寸。垂直的箭头指示的是这些因素增强的方向，它可以通过 CCT 曲线来加以解释。

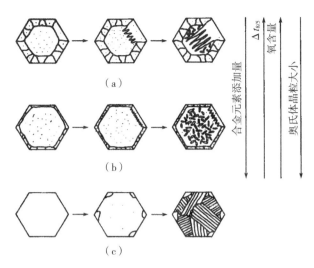

图 5.11　由合金元素、从 800℃到 500℃的冷却时间、焊缝中的含氧量以及
奥氏体晶粒大小所产生影响的示意图

1. 冷却时间

如图 5.12 中左侧的 CCT 曲线（虚线），曲线从 1 转变到 2 和 3 时，冷却速度下降（$t_{8/5}$ 增加），转变的产物从以贝氏体为主［图 5.11（c）］变成以针状铁素体为主［图 5.11（b）］，再到以晶界铁素体和魏氏铁素体为主［图 5.11（a）］。

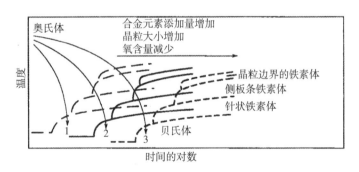

图 5.12　低碳钢的焊缝金属的合金元素、晶粒尺寸和含氧量对 CCT 相图的影响

2. 合金成分

合金元素的增加（合金具有较高的可淬性）将使 CCT 曲线向较长的时间和较低的温度方向平移。如图 5.12 所示，分析冷却曲线 3，转换产物能够从晶界铁素体和魏氏铁素体为主（左边的 CCT 曲线）转变到以针状铁素体为主（中间的 CCT 曲线），再到以贝氏体为主（右边的 CCT 曲线）。

3. 晶粒大小

与合金元素的影响很类似，奥氏体晶粒尺寸的增加（使铁素体形核的晶界区域变小），同样会使得 CCT 曲线向较长时间和较低温度的方向平移。

4. 焊缝金属的含氧量

有研究显示，增加焊缝的含氧量，会使得焊缝中夹杂体积分数增加，但会减小夹杂的平均尺寸。尺寸小而多的第二相颗粒通过钉扎晶界能够显著地抑制晶粒的生长，这样增加焊缝金属的含氧量能够减小生成的奥氏体晶粒的尺寸，如图 5.11 所示。另外，焊缝金属含氧量比较低，使得焊缝中产生较大尺寸的夹杂，它们能够有利于针状铁素体形核。

5.2.4 焊缝性能的改善方法

具有相同化学成分的焊缝金属，由于结晶形态和组织不同，在性能上会有很大的差异。通常，焊接构件在焊后不进行热处理。因此，应尽可能保证焊缝凝固以后，经过固态相变就具有良好的性能。在焊接工作中用于改善焊缝金属性能的途径很多，归纳起来主要是焊缝的固溶强化、变质处理（微合金化）和调整焊接工艺。

5.2.4.1 焊缝金属的强化与韧化

改善焊缝金属凝固组织性能的有效方法之一是向焊缝金属中添加某些合金元素，起固溶强化和变质处理的作用。根据不同的目的及要求，可加入不同的合金元素，以改变凝固组织的形态，从而提高焊缝金属的性能。特别是近年来采用了多种微量合金元素，大幅提高了焊缝金属的强度和韧性。

研究结果表明，通过焊接材料（焊条、焊丝或焊剂等）向熔池中加入细化晶粒的合金元素，如 Mo、V、Ti、Nb、B、Zr、Al 和稀土等，可以改变焊缝结晶形态，使焊缝金属的晶粒细化，既可提高焊缝的强度和韧性，又可改善抗裂性能。

5.2.4.2 改善焊缝性能的工艺措施

焊接实践表明，通过调整焊接工艺措施可以改善焊缝的性能。所采用的焊接工艺措施有以下几种。

1. 焊后热处理

焊后热处理可以改善焊接接头的组织，可以充分发挥焊接结构的潜在性能。因此，一些重要的焊接结构，一般都要进行焊后热处理，如珠光体耐热钢的电站设备、电渣焊的厚板结构，以及中碳调质钢的飞机起落架等，焊后都要进行不同的热处理，以改善结构的性能。

2. 多层多道焊接

对于相同板厚焊接结构，采用多层多道焊接可以有效地提高焊缝金属的性能。这种方法一方面由于每层焊缝的热输入变小而改善了熔池凝固结晶的条件，以及减少了热影响区性能恶化的程度；另一方面，后一层对前一层焊道具有附加热处理的退火作用，从而改善了焊缝固态相变的组织。

3. 锤击焊道表面

锤击焊道表面既能改善后层焊缝的凝固结晶组织，又能改善前层焊缝的固态相变组织。因为锤击焊道可使前一层焊缝中的晶粒不同程度地被破碎，使后层焊缝在凝固时晶粒细化，这样逐层锤击焊道就可改善整个焊缝的性能。此外，锤击可产生塑性变形而降低残余应力，从而提高焊缝的韧性和疲劳性能。

4. 跟踪回火处理

跟踪回火处理就是每焊完一道焊缝立即用火焰加热焊道表面，温度控制在 900~1000℃。例如，厚度为 9mm 的板采用焊条电弧焊方法焊接 3 层时，每层焊道的平均厚度约为 3mm，则第三层焊完时进行的跟踪回火，对前两层焊缝有不同程度的热处理作用：最上层焊缝（0~3mm）相当于正火处理，对中层焊缝（3~6mm）承受约 750℃的高温回火，对下层焊缝（6~9mm）进行 600℃左右的回火处理。所以采用跟踪回火，不仅改善了焊缝的组织，同时也改善了焊接区的性能，因此焊接质量得到了显著的提高。

5. 振动结晶

振动结晶是改善熔池凝固结晶的一种方法。振动结晶就是采用振动的方法来打碎正在成长的柱状晶粒，从而获得细晶组织。根据振动方式的不同，可分为低频机械振动、高频超声振动和电磁振动等。

5.3 焊接热影响区的组织及性能

焊接过程中母材因受焊接热的影响（未熔化），而发生金相组织和力学性能变化的区域称为热影响区（Heat Affected Zone，HAZ）。焊缝、热影响区和母材构成焊接接头。图 5.13 所示为焊接接头的宏观组织和热影响区示意图。由于距焊缝远近不同的各部位所经历的焊接热过程不同，其组织性能差异就较大。焊接热影响区是焊接接头的薄弱环节。

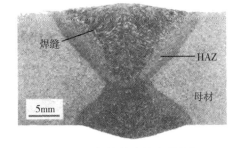

图 5.13　焊接接头的宏观组织

5.3.1 焊接热影响区组织转变特点

在焊接热循环的作用下，热影响区的组织性能将发生变化。其相变的规律与热处理相似，由形核和晶核长大两个过程完成，符合经典的结晶理论。焊接热影响区相变的条件同样取决于系统的热力学条件，即新相与母相间的自由能之差。但由于焊接热过程的特点与热处理相比具有较大的差异，因此，焊接时的相变及组织变化也与热处理不同，这就使焊接时的组织转变具有一些特殊性。

5.3.1.1 焊接加热过程中的组织转变

焊接时的加热速度快、高温停留时间短，这对金属的相变温度和高温奥氏体的均质化必然带来显著影响。大量的试验结果表明，过快的加热速度，导致母材相变温度 A_{c1} 和 A_{c3} 升高，加热速度越快，相变点 A_{c1} 和 A_{c3} 的温度越高，而且 A_{c1} 和 A_{c3} 之间的温差越大。

焊接的加热速度快，在 A_{c3} 以上的停留时间短，合金元素来不及完成扩散均匀化，所以奥氏体的均质化程度低，甚至残留碳化物，这对冷却时的相变有明显的影响。特别是钢中含有碳化物形成元素时，影响更为显著。同时，熔合区附近的热影响区峰值温度很高（低碳钢和低合金钢熔合区的温度可达 1300~1350℃），接近焊缝金属的熔点，因而易造成晶粒过热而严重长大。

5.3.1.2 焊接冷却过程中的组织转变

焊接加热过程中热影响区形成的奥氏体，在冷却过程中将发生分解转变，转变的结果将最终决定热影响区的组织和性能。由于熔合区附近是焊接接头的薄弱地带，因此应当把该区冷却时的相变特点作为主要的研究对象。

在奥氏体均质化程度相同的情况下，随着焊接冷却速度的加快，钢铁材料的相变温度 A_{r1} 和 A_{r3} 均降低。同时，在快速冷却的条件下，共析成分也发生变化，甚至得到非平衡状态的伪共析组织。但应指出，由于奥氏体均质化程度受到焊接加热过程的影响，因而加热过程也会对冷却过程的组织转变产生影响，对此必须给予充分注意。

在焊接热循环条件下，马氏体的转变也受到了影响。一方面，熔合线附近的晶粒因过热而粗化，增加了奥氏体的稳定性，使淬硬倾向增大；另一方面，钢中的碳化物合金元素（如 Cr、Mo、V、Ti、Nb 等）只有充分溶解在奥氏体的内部，才能增加奥氏体的稳定性（增加淬硬倾向）。很显然在焊接条件下，由于加热速度快、高温停留时间短，所以这些合金元素不能充分溶解在奥氏体中，因此降低了奥氏体的稳定性，使淬硬倾向降低。

5.3.2 焊接热影响区的组织和性能

由于焊接热影响区距焊缝不同距离的点所经历的焊接热循环不同，各点所发生的组织转变也不相同，从而造成热影响区组织转变的不均匀性，在局部位置还可能产生硬化、软化和脆化等现象。这些现象的发生，往往使热影响区的性能低于母材，使其成为焊接接头的薄弱部位。

5.3.2.1 焊接热影响区的组织分布

1. 不易淬火钢的组织分布

不易淬火钢是指在焊后空冷条件下不易形成马氏体的钢种，如低碳钢、低合金钢中 16Mn、15MnTi、15MnV 等。对于这类钢，按照热影响区中不同部位加热的最高温度及组织特征的不同，可划分为 4 个区域，如图 5.14 所示。

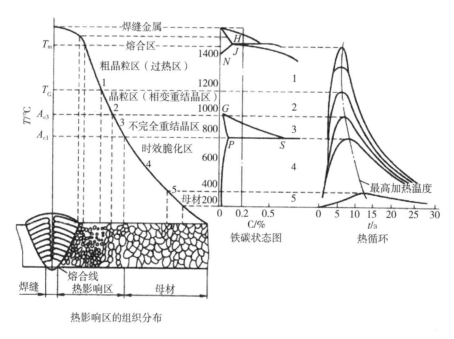

T_m—固相线温度；T_G—晶体长大温度

图 5.14　钢的焊接热影响区组织分布示意图

（1）熔合区。紧邻焊缝的母材部位，又叫半熔化区（加热温度在液相线和固相线之间）。此区范围很窄，一般只有几个晶粒宽。由于该区化学成分和组织性能存在严重的不均匀性，对接头的强度、韧性有很大的影响，在许多情况下是产生裂纹和脆性破坏的发源地。

（2）过热区。加热温度在固相线以下到晶粒开始急剧长大的温度（一般指 1100℃）范围内的区域。由于该区加热温度高，奥氏体晶粒严重长大，冷却后会得到粗大的过热组织，因此又叫粗晶区。

该区焊后晶粒度一般为 1~2 级，韧性很低，通常冲击韧性要降低 20%~30%。与熔合区一样，该区也容易产生脆化和裂纹。过热区和熔合区都是焊接接头的薄弱部位。

（3）相变重结晶区（正火区）。该区的加热温度范围是 A_{c3} 至晶粒开始急剧长大的温度（一般指 1100℃）。在该温度范围内，铁素体和珠光体全部转变为奥氏体，因加热温度较低（一般低于1100℃），奥氏体晶粒未显著长大，因此在空气中冷却以后会得到均匀而细小的铁素体和珠光体，相当于热处理过的正火组织，所以该区又叫正火区。此区的综合力学性能是热影响区性能最好的。

（4）不完全重结晶区。该区的加热温度处于 $A_{c1}~A_{c3}$，因此在加热过程中，原来的珠光体全部转变为细小的奥氏体，而铁素体仅部分溶入奥氏体，剩余部分继续长大，成为粗大的铁素体。冷却时奥氏体变为细小的铁素体和珠光体，粗大的铁素体被保留下来。所以，此区的特点是晶粒大小不一，组织不均匀，力学性能也不均匀。

以上这四个区是低碳钢、低合金钢焊接热影响区的主要组织特征。对于时效应变敏感性强的钢，如果母材焊前经过冷加工变形或由于焊接应力而产生应变，则在 A_{c1} 以下将发生再结晶和应变时效现象，尽管其金相组织没有明显变化，但处于 A_{c1} 到 300℃ 的热影响区将发生脆化现象，表现出较强的缺口敏感性。

采用 J422 焊条焊接 Q235 钢时，热影响区各区段的组织特征如图 5.15 所示。图 5.15（a）为接头组织，左边柱状晶为焊缝金属，右边为母材热影响区，两区交界为熔合区；图 5.15（b）为焊缝组织，具有明显的柱状晶形貌，白色先共析铁素体分布于柱状晶晶界上；图 5.15（c）为过热区，可见明显的粗大魏氏体组织；图 5.15（d）所示为正火区组织，由块状铁素体与珠光体组成；图 5.15（e）所示为不完全重结晶区组织，由铁素体与呈絮聚集的珠光体组成；图 5.15（f）所示为母材组织，由铁素体与珠光体组成。

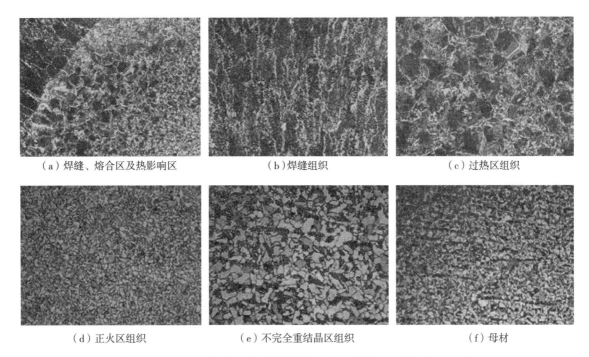

（a）焊缝、熔合区及热影响区　　（b）焊缝组织　　（c）过热区组织

（d）正火区组织　　（e）不完全重结晶区组织　　（f）母材

图 5.15　Q235 钢焊条电弧焊热影响区各区段的组织特征（200×）

2. 易淬火钢的组织分布

易淬火钢是指在焊接空冷条件下容易淬火形成马氏体的钢种，如中碳钢（如 45 钢）、低碳调质高强钢（如 18MnMoNb）和中碳调质高强度钢（如 30CrMnSi）等。这类钢焊接热影响区的组织分布特征与母材焊前的热处理状态有关。

如母材焊前是正火或退火状态，焊接热影响区根据其组织特征可分为完全淬火区和不完全淬火区。如果母材焊前为调质状态，焊接热影响区除上述完全淬火区和不完全淬火区外，还存在一个回火软化区。

（1）完全淬火区。该区的加热温度处于固相线到 A_{c3} 线之间。由于这类钢淬硬倾向大，冷却时将淬火形成马氏体。在焊缝附近的区域（相当于低碳钢过热区的部位），由于晶粒严重长大，会得到粗大的马氏体组织，而相当于正火区的部位则得到细小的马氏体组织。这个区域的组织只是粗细不同，均属于同一组织类型（马氏体），因此统称为完全淬火区。

（2）不完全淬火区。该区的加热温度范围在 $A_{c3} \sim A_{c1}$ 线。在快速加热条件下，珠光体（或贝氏体、索氏体）转变为奥氏体，铁素体很少溶入奥氏体，未溶入奥氏体的铁素体将得到进一步长大。因此，冷却时奥氏体会转变为马氏体，粗大的铁素体被保留下来，并有不同程度的长大，从而形成了马氏体和铁素体的混合组织，故称不完全淬火区。当母材含碳量和合金元素含量不高或冷却速度较慢时，也可能出现贝氏体、索氏体或珠光体。

（3）回火软化区。出现于调质状态母材的热影响区，回火软化区内的组织性能发生变化的程度取决于焊前调质状态的回火温度。例如，母材在焊前调质时的回火温度为 T_1，焊接时加热温度在 $A_{c1} \sim T_1$ 的部位，加热温度高于回火温度 T_1，其组织性能将发生变化，出现软化现象；加热温度低于 T_1 的部位，组织性能将不发生变化。

由此可知，焊接热影响区的组织性能不仅与母材的化学成分有关，而且还与焊接工艺条件和母材焊前的热处理状态有关。

5.3.2.2 焊接热影响区的性能

焊接热影响区的组织分布是不均匀的，从而导致热影响区性能也不均匀。焊接热影响区与焊缝不同，焊缝可以通过化学成分的调整再配合适当的焊接工艺来保证性能的要求，而热影响区性能不可能进行成分上的调整，它是由焊接热循环作用引起的不均匀性问题。对于一般焊接结构，焊接热影响区的性能主要考虑硬化、脆化、韧化、软化，以及综合的力学性能、耐蚀性和疲劳性能等，这要根据焊接结构的具体使用要求来决定。

1. 焊接热影响区的硬化

研究表明，焊接热影响区的硬度与其力学性能密切相关。一般而言，随着硬度的增大，强度升高，塑性和韧性下降，冷裂纹倾向增大。因此，通过测定焊接热影响区的硬度分布便可间接地估计热影响区的力学性能及抗裂性等。焊接热影响区的硬度主要与被焊钢材的化学成分和冷却条件有关，因硬度试验操作比较方便，因此常用热影响区（一般在熔合区和过热区）的最高硬度 H_{max} 来间接判断热影响区的性能。

焊接热影响区中的硬度分布实际上反映了各部位的组织变化情况。一般来说，得到的淬硬组织

（如马氏体）越多，硬度越高。另外，即便组织相同，硬度也可能不相同，这主要与钢的含碳量和合金元素的含量有关。例如，同为马氏体，其硬度随着含碳量的增加而增大。

除去冷却速度，钢的含碳量和合金元素的含量也是影响焊接热影响区硬度的重要因素。人们常采用碳当量来表述钢中合金元素含量对热影响区硬化的影响，并通过大量焊接工艺试验和数学工具建立了焊接热影响区硬度的计算模型。

碳当量用符号 C_{eq} 或 CE 表示，反映钢中化学成分对热影响区硬化程度的影响。它是把钢中合金元素（包括碳）的含量，按其作用折算成碳的相当含量（以碳的作用系数为 1），作为粗略地评价钢材焊接性的一种参考指标。

由于世界各国钢种的合金体系和所采用的试验方法不同，所以都建立了相适应的碳当量公式。

20 世纪 40~50 年代的钢材以 C-Mn 强化为主，为了评定这类钢的焊接性，先后建立了许多碳当量公式，其中以国际焊接学会推荐的 CE_{IIW} 和日本焊接协会的 $C_{eq(WES)}$ 公式应用较广，这两个公式为：

$$CE_{IIW}= C+ \frac{Mn}{6} + \frac{Cu+Ni}{15} + \frac{Cr+Mo+V}{5} \tag{5-8}$$

$$C_{eq(WES)} = C+ \frac{Mn}{6} + \frac{Si}{24} + \frac{Ni}{40} + \frac{Cr}{5} + \frac{Mo}{4} + \frac{V}{14} \tag{5-9}$$

式（5-8）主要适用于中等强度的非调质低合金钢（R_m = 400~700MPa），式（5-9）主要适用于强度级别较高的低合金高强钢（R_m = 500~1000MPa），调质和非调质的钢均可应用。以上两个公式只适用含碳量为 0.18%（质量分数）以上的钢种，不能用于含碳量为 0.17%（质量分数）以下的钢种，这是根据试验条件和统计的精度而确定的。

20 世纪 60 年代以后，为了改进钢的焊接性，世界各国大力发展了低碳微量多合金元素的低合金高强度钢。在这种情况下，式（5-8）和式（5-9）已不适用。为此建立了 P_{cm}、CEN 等碳当量计算公式。近年来随着钢铁冶炼技术水平的提高，研制出许多新的适合于焊接的低合金高强度钢，如 CF 钢、细晶粒钢、TMCP 控轧钢和管线钢等，大大提高了这些钢的焊接性。为评定此类钢种的淬硬倾向，又相应建立的 P'_{cm}、P''_{cm} 碳当量计算公式。

利用碳当量计算公式，并结合冷却速度，即可计算出焊接热影响区的最高硬度。例如，对于国产低合金钢，作为粗略估算，可采用下面的公式：

$$H_{max}(HV10) = 140 + 1089P_{cm} - 8.2t_{8/5} \tag{5-10}$$

2. 焊接热影响区的脆化

随着锅炉、压力容器向大型化和高参数化（高温、高压或低温）方向的发展，防止热影响区发生脆性破坏便成为一个非常重要的问题。为了保证焊接结构安全运行的可靠性，必须防止焊接热影响区的脆化。因此，提高热影响区的韧性是一个极为重要的问题。

许多材料的缺口韧性和温度的关系密切，所以可用韧性断裂变为脆性断裂的转变温度评价。许多试验方法（如静弯试验、冲击试验、落锤试验等）都能确定韧脆转变温度 T_{rs}。但应当说明，对于一种材料用不同方法得到的转变温度特性并不相同，即使是同一试验方法但试件形式不同（如缺口形状和尺寸不一），其结果也不相同。因此，不同的试验方法、不同的评价标准可以得到不同的韧脆

转变温度 T_{rs}。由于热影响区各区段所经历的热作用不同，组织性能各异，因而各区段的韧性也不相同。如果用韧脆转变温度（T_{rs}）作为判据，则碳锰钢热影响区不同部位 T_{rs} 的变化不同。从焊缝到热影响区，韧脆转变温度有两个峰值：一是过热区；二是 A_{c1} 线以下的时效脆化区（400~600℃）。而在900℃附近的细晶区具有最低的 T_{rs}，说明这个部位的韧性高，抗脆化的能力强。

导致热影响区脆化的原因较多，如粗晶脆化、淬硬脆化、析出相脆化、M-A组元脆化、组织遗传脆化、热应变时效脆化等。

3. 焊接热影响区的软化

对于焊前经冷作硬化或热处理强化的金属或合金，焊后在热影响区总要发生软化或失强现象。最典型的就是调质高强度钢的过回火软化和沉淀强化合金（如硬铝）的过时效软化。

例如，调质钢焊热影响区软化的程度与母材焊前的热处理状态有关。若母材焊前为退火状态，焊后无软化问题；若母材焊前为淬火＋高温回火，则软化程度较低；若母材焊前为淬火＋低温回火，则软化程度最大。这是因为焊前调质时回火温度 T_1 越低，析出的碳化物颗粒越弥散细小。焊接时加热温度在 A_{c1}~T_1 范围内的碳化物聚集长大越明显，因此过回火软化现象越严重。

这种软化现象的发生会降低焊接接头的承载能力，对于重要的焊接结构，还必须经过焊后强化处理才能满足要求。

4. 焊接热影区的力学性能

在焊接热循环的作用下，焊接热影响区的组织和性能是不均匀的。一般来讲，对热影响区力学性能的研究主要从两方面进行：一方面，是专门研究熔合区附近（T_m=1300~1400℃）的力学性能，因为熔合区是存在问题较多的部位；另一方面，是研究热影响区不同部位（如过热区、重结晶区、不完全重结晶区等）的力学性能。上述两方面的研究均可以采用热模拟技术进行。

图5.16所示是淬硬倾向不大的钢种（相当于Q345钢）热影响区的常温力学性能。由图5.16可以看出，当加热最高温度超过900℃以后，随着加热最高温度的升高，强度、硬度升高，而塑性（伸长率 A 和断面收缩率 Z）下降；当 T_m 值达到1300℃附近时，强度达到最高值（相当于过热粗晶区）；在 T_m 超过1300℃的部位，在塑性继续下降的同时，强度也有所下降。这可能是由于晶粒过于粗大和晶界疏松造成的。对于加热温度在 A_{c1}~A_{c3} 线的不完全重结晶区，由于晶粒大小不均匀，屈服强度反而降低。

综上所述，热影响区硬度最高、塑性最差的部位是过热区，属于焊接接头的薄弱部位，因此，在采用热模拟技术研究热影响区性能时，应着重研究过热区力学性能随热循环参数的变化规律。

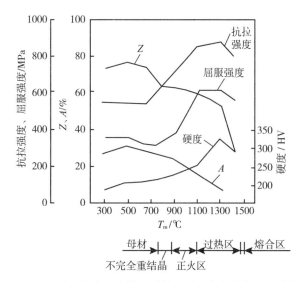

图5.16　淬硬倾向不大的钢种热影响区各部位的力学性能

5.4 金属焊接性

随着工业的发展，各种金属与非金属材料的生产与使用及其品种趋向日益多样化。在机器制造和结构制造中焊接工艺占有重要的地位，这就要求我们对于各种材料都能够找到合适的焊接方法，得到可靠的焊接接头。而研究材料的焊接性就是要解决这一关键性问题。

5.4.1 金属焊接性的概念

金属作为最常用的工程结构材料，通常要求具备高温强度、低温韧性、耐蚀性以及其他基本性能，并要求在焊后仍能够保持这些基本性能。但是材料在焊接时要经受加热、熔化、化学反应、结晶、冷却、固态相变等一系列复杂的过程，这些过程又是在温度、成分以及应力极度不平衡的条件下发生的，这就可能在焊接区域内产生各种类型的缺陷，使接头丧失其连续性。即使没有产生缺陷，也可能降低某些性能，导致焊接结构的使用寿命受到影响。为了研究金属在焊接时的某些特有性能，就提出了焊接性的概念。

金属焊接性是指金属是否能适应焊接加工而形成完整的、具备一定使用性能的焊接接头的特性。也就是说，金属焊接性包含两方面的内容：第一，是焊接工艺性问题，即金属在焊接加工过程中，金属形成完整接头的能力，及对焊接缺陷的敏感性；第二，是焊接使用性问题，即焊成的接头在一定的使用条件下可靠运行的能力。这也说明，焊接性不仅包括结合性能，而且包括结合后的使用性能。

5.4.2 影响金属焊接性的因素

影响金属焊接性的四大因素是材料、设计、工艺及使用环境。材料因素包括钢的化学成分、冶炼轧制状态、热处理、组织状态和力学性能等。设计因素是指焊接结构设计的安全性，它不但受到材料的影响，而且在很大程度上还受到结构形式的影响。工艺因素包括施工时所采用的焊接方法、焊接工艺规程（如焊接热输入、焊接材料、预热、焊接顺序等）和焊后热处理等。使用环境因素是指焊接结构的工作温度、负荷条件（动载、静载、冲击等）和工作环境（化工区、沿海及腐蚀介质等）。

5.4.2.1 材料因素

材料因素包括母材本身和使用的焊接材料，如焊条电弧焊时的焊条、埋弧焊时的焊丝和焊剂、气体保护焊时的焊丝和保护气体等。母材和焊材在焊接过程中直接参与熔池或熔合区的冶金反应，对焊接性和焊接质量有重要影响。母材或焊接材料选用不当时，会造成焊缝成分不合格、力学性能和其他使用性能变差，甚至导致裂纹、气孔、夹渣等焊接缺陷，也就是使工艺焊接性变差。因此，正确选用母材和焊接材料是保证焊接性良好的重要因素。

5.4.2.2 设计因素

焊接接头的结构设计会影响应力状态，从而对焊接性产生影响。设计结构时应使接头处的应力处于较小的状态，能够自由收缩，这样有利于减小应力集中和防止焊接裂纹产生。接头处的缺口、截面突变、堆高过大、交叉焊缝等都容易引起应力集中，要尽量避免。不必要的增大母材厚度或焊缝体积，会产生多向应力，也应避免。

5.4.2.3 工艺因素

对于同一种母材，采用不同的焊接方法和工艺措施，所表现出来的焊接性有很大的差异。例如，铝及其合金用气焊较难进行焊接，但用氩弧焊就能取得良好的效果；钛合金对氧、氮、氢极为敏感，用气焊和焊条电弧焊不可能焊好，而用氩弧焊或电子束焊就比较容易焊接。所以，发展新的焊接方法和新的工艺措施是改善工艺焊接性的重要途径。

工艺措施对防止焊接缺陷、提高接头使用性能有重要的作用。最常见的工艺措施是焊前预热、缓冷和焊后热处理，这些工艺措施对防止热影响区淬硬变脆、减小焊接应力、避免氢致冷裂纹等是较有效的措施。

合理安排焊接顺序也能减小应力和变形，原则上应使被焊工件在整个焊接过程中尽量处于无拘束能自由膨胀和收缩的状态。焊后热处理可以消除残余应力，也可以使氢逸出而防止延迟裂纹。

5.4.2.4 使用环境

焊接结构的使用环境多种多样，如工作温度高低、工作介质种类、载荷性质等都属于使用条件。工作温度高时，可能产生蠕变；工作温度低或载荷为冲击载荷时，容易发生脆性破坏；工作介质有腐蚀性时，接头要求具有耐腐蚀性。使用条件越不利，焊接性就越不易保证。

焊接性与材料、设计、工艺和使用环境等因素有密切关系，人们不可能脱离这些因素而简单地认为某种材料的焊接性好或不好，也不能只用某一种指标来概括某种材料的焊接性。

5.4.3 焊接性的评定

新材料、新工艺及新结构产品在正式施工制造、焊接之前，需要经过焊接性试验及评定工作，以确定其工艺焊接性及使用焊接性是否达到技术条件的要求，以防止在焊接或使用过程中出现问题。

评定焊接性的方法分为间接法和直接试验法两类。间接法是以化学成分、热模拟组织和性能、焊接连续冷却转变图（CCT 图）以及焊接热影响区的最高硬度等来判断焊接性，各种碳当量公式和裂纹敏感指数经验公式等也都属于焊接性的间接评定方法。直接试验法主要是指各种抗裂性试验以及对实际焊接结构焊缝和接头的各种性能试验等。如斜 Y 形坡口焊接裂纹试验、插销冷裂纹试验、压板对接（FISCO）焊接裂纹试验等。

评价材料焊接性的试验方法很多，采用直接试验方法，可以通过在焊接过程中观察是否发生某种焊接缺陷或发生缺陷的程度，直观评价焊接性的优劣。例如，可以定性或定量地评定被焊金属产生某种裂纹的倾向，揭示产生裂纹的原因和影响因素。由此确定防止裂纹等焊接缺陷必要的焊接工艺措施，包括焊接方法、焊接材料、焊接参数、预热和焊后热处理等。

5.4.4 常见金属材料的焊接性

5.4.4.1 低碳钢

低碳钢的含碳量小于 0.25%，碳当量数值小于 0.40%，所以这类钢的焊接性良好，焊接时一般不需要采取特殊的工艺措施，用各种焊接方法都能获得优质的焊接接头。且焊缝产生裂纹和气孔的倾向性小，只有在母材和焊接材料成分不合格时（如碳、硫和磷的质量分数过高时）焊缝才可能产生热裂纹。低碳钢焊接时一般不需要预热，只有厚大结构件在低温下焊接时，才应考虑焊前预热，如20mm 以下板厚、温度低于零下 10℃或板厚大于 50mm、温度低于 0℃，应预热至 100~150℃。

5.4.4.2　中、高碳钢

中碳钢的 CE 一般为 0.4%~0.6%，随着 CE 的增加，焊接性能逐渐变差。热影响区组织淬硬倾向增大，较易出现裂纹和气孔，为此要采取一定的工艺措施。焊接中碳钢一般选用焊条电弧焊和气焊，尽量选用抗裂性能好的低氢型焊条。例如，35 钢、45 钢焊接时，焊前应预热 150~250℃。为避免母材过量熔入焊缝中导致碳含量升高，要开坡口并采用细焊条，小电流，多层焊等工艺。焊后缓冷，并进行 600~650℃回火，以消除应力。

高碳钢的 CE 一般大于 0.6%，焊接性能更差，这类钢一般不用来制作焊接结构，只用于破损工件的焊补。焊补时通常采用焊条电弧焊或气焊，预热 250~350℃，焊后缓冷，并立即进行 650℃以上高温回火，以消除应力。

5.4.4.3　普通合金结构钢

焊接生产中常用的合金结构钢大致可分为两大类：一类是强度用钢，它主要应用在一些要求常规条件下能承受静载和动载的机械零件和工程结构中，合金元素的加入是为了在保证足够的塑性和韧性的条件下获得不同的强度等级；另一类是专用钢，主要用于一些特殊工作条件的机械零件和工程结构，必须能适应特殊环境下进行工作的要求。

1. 强度用钢

强度用钢按照屈服点数值分为三类：$\sigma_s = 294~490$MPa 的低合金高强钢，一般都在热轧或正火状态下作用，故称热轧或正火钢；$\sigma_s = 441~980$MPa 的低碳调质钢（特点是含碳量较低，一般小于0.25%，焊前为调质状态）；$\sigma_s = 880~1176$MPa 的中碳调质钢（含碳量较高，一般大于 0.3%，焊前为调质状态）。

热轧及正火钢的焊接性能接近低碳钢，焊缝及热影响区的淬硬倾向比低碳钢稍大。常温下焊接，不用复杂的技术措施，便可获得优质的焊接接头。当施焊环境温度较低或焊件厚度、刚度较大时，则应采取预热措施，预热温度应根据工件厚度和环境温度进行考虑。

强度等级较高的低合金钢，其 CE 为 0.4%~0.6%，有一定的淬硬倾向，焊接性较差。且钢的强度级别越高，冷裂倾向越大，应采取的技术措施是：尽可能选用低氢型焊条或使用碱度高的焊剂配合适当的焊丝；按规范对焊条进行烘干，仔细清理焊件坡口附近的油、锈、污物，防止氢进入焊接区；焊前预热温度应更高，为 200~350℃；焊后应及时进行热处理以消除内应力。

2. 专用钢

珠光体耐热钢是以 Cr、Mo 为基础的低、中合金钢，如 12CrMo、20Cr3MoWV 等。其碳当量数值为 0.45%~0.90%，裂纹倾向较大，焊接性较差。焊条电弧焊时，要选用与母材成分相近的焊条，预热温度为 150~400℃，焊后应及时进行高温回火处理。如果焊前不能预热，应选用 Ni、Cr 含量较高的奥氏体不锈钢焊条。

低温钢中含 Ni 量较高的 5Ni、9Ni 钢等，焊前不需预热，焊条成分要与母材匹配，焊接时能量输入要小，焊后回火注意避开回火脆性区。

耐蚀钢中除 P 含量较高的钢以外，其他耐蚀钢焊接性较好，不需预热或焊后热处理等，但要选择与母材相匹配的耐蚀焊条。

5.4.4.4 奥氏体不锈钢

奥氏体不锈钢是实际应用最广泛的不锈钢，如 1Cr18Ni9Ti。奥氏体不锈钢的焊接性能良好，几乎所有的熔化焊方法都可采用。焊接时，一般不需要采取特殊措施，主要应防止晶界腐蚀和热裂纹。奥氏体不锈钢由于本身导热系数小，线膨胀系数大，焊接条件下会形成较大拉应力，同时晶界处可能形成低熔点共晶，导致焊接时容易出现热裂纹。因此，为了防止焊接接头热裂纹的出现，一般应采用小电流、快速焊，不横向摆动，以减少母材向熔池的过渡。

5.4.4.5 铝及铝合金

工业生产中用于焊接的铝和铝合金主要为工业纯铝和不能热处理强化的铝合金（铝锰合金、铝镁合金）和能进行热处理强化的铝合金（铝铜镁、铝锌镁等）。

铝及铝合金焊接时存在的主要问题如下。

（1）极易氧化。

铝的氧化性强，极易氧化生成熔点高和密度大的氧化铝（Al_2O_3）薄膜，覆盖在金属表面，阻碍母材熔合。薄膜密度大，易进入焊缝造成夹杂而产生脆化。

（2）易生成气孔。

铝及铝合金液态时能吸收大量的氢气，但氢在液态铝合金中的溶解度比固态高 20 多倍，所以熔池凝固时氢气来不及完全逸出，造成焊缝气孔。另外 Al_2O_3 薄膜易吸附水分，使焊缝出现气孔的倾向增大。

（3）容易产生热裂纹。

铝的热导率为钢的四倍，焊接时，热量散失快，需要功率大或密度高的热源，同时铝的线膨胀系数为钢的两倍，凝固时收缩率达 6.6%，易产生焊接应力与变形，并可能产生裂纹。

（4）易焊穿。

铝及铝合金从固态转化为液态时无颜色上的明显变化，令操作者难以识别，不易控制熔融时间和温度，很容易造成温度过高、焊缝塌陷和烧穿等缺陷。

铝合金中，防锈铝的焊接性较好，而其他可热处理强化铝合金的焊接性相对较差。

5.4.4.6 铜及铜合金

常见的铜及铜合金有紫铜、黄铜和青铜等。焊接结构件常用的是紫铜和黄铜。

铜及铜合金焊接的主要问题如下。

（1）难熔合。

铜及铜合金的导热性很强，约为钢的 6 倍。焊接时热量很快从加热区传导出去，热量极易散失，因而，导致焊件温度难以升高，金属难以熔化，以致填充金属与母材不能很好地熔合。因而，要求采用功率大、热量集中的热源。对于厚而大的工件焊前需预热，否则容易产生未熔合和未焊透等缺陷。

（2）焊接应力与变形大。

铜及铜合金的线膨胀系数及收缩率都较大，并且由于其导热性好，使焊接热影响区变宽，因此焊件的焊接应力与变形较大。

（3）易产生气孔。

铜在液态时能溶解大量氢，而凝固时，溶解度急剧下降，焊接熔池中的氢气来不及完全析出，在焊缝中形成气孔。另外氢还与熔池中的 Cu_2O 反应生成水蒸气，造成焊缝中易出现氢气和水蒸气气孔，它们若以很高的压力状态分布在显微空隙中，则导致裂缝产生，即所谓的氢脆现象。

（4）热裂纹倾向大。

铜及铜合金在高温液态下极易氧化，生成的氧化铜结晶时与铜形成低熔点共晶体，并沿晶界分布，使焊缝的塑性和韧度显著下降，易引起热裂纹。

铜及铜合金焊接性较差，焊接接头的各种性能一般均低于母材。为此采用焊接强热源设备和焊前预热（150~550℃）来防止难熔合、未焊透现象并减少焊接应力与变形；采用严格限制杂质含量，加入脱氧剂，控制氢来源，降低溶池冷速等措施防止裂纹、气孔缺陷；并在焊后采用退火处理以消除应力等措施。

参考文献

［1］张文钺.焊接冶金学：基本原理［M］.北京：机械工业出版社，1995.

［2］SINDO KOU.焊接冶金学［M］.闫久春，杨建国，张广军，译.北京：高等教育出版社，2012.

［3］陈伯蒨.焊接冶金原理［M］.北京：清华大学出版社，1991.

［4］李亚江.焊接冶金学：材料焊接性［M］.北京：机械工业出版社，2007.

［5］汪恺.机械工程标准手册：焊接与切割卷［M］.北京：中国标准出版社，2001.

［6］曾乐.现代焊接技术手册［M］.上海：上海科学技术出版社，1993.

［7］赵立红，吴滨，王利民，等.材料成形技术基础［M］.哈尔滨：哈尔滨工程大学出版社，2018.

本章的学习目标及知识要点

1. 学习目标

（1）了解焊接温度场的特征及影响因素。

（2）掌握焊接热循环主要参数及其对接头组织性能的影响。

（3）了解熔池凝固和焊缝固态相变的特点，并掌握改善焊缝性能的措施。

（4）理解焊接热影响区形成的本质原因，掌握其对接头性能的影响。

（5）理解焊接性的概念，了解常用金属材料的焊接性。

2. 知识要点

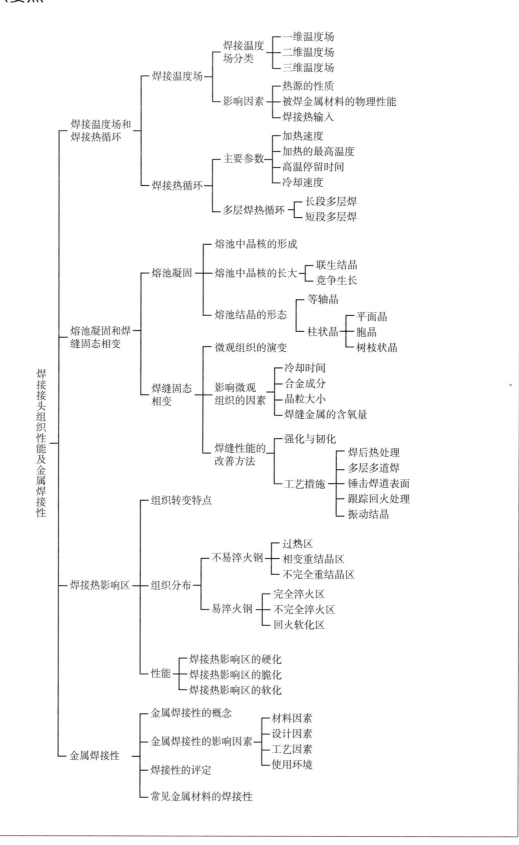

第 6 章

焊接裂纹

编写：张岩　审校：常凤华

本章介绍焊接裂纹的概念和分类，从裂纹的形成机理、影响因素、预防措施等方面详细讲解热裂纹、冷裂纹、再热裂纹、层状撕裂和应力腐蚀裂纹的各种问题；另外，从间接评估和直接评估两方面介绍裂纹的评估方法，为各种钢材的焊接性分析奠定基础。

6.1 焊接接头裂纹的定义及分类

6.1.1 焊接裂纹

焊接裂纹是在焊接应力及其他致脆因素的共同作用下，材料的原子结合遭到破坏，形成新界面而产生的缝隙。形成焊接裂纹主要是因为在焊接过程中焊接接头局部区域由于某些因素导致强度降低或者塑性、韧性不足，同时在该区域存在一定的应力，两者共同作用形成了焊接裂纹。

焊接裂纹长宽比大，且裂纹尖端缺口尖锐，这不仅降低了焊接接头的有效承载面积，也会由于裂纹尖锐的尖端带来应力集中问题从而导致焊接结构的脆性破坏、疲劳破坏或加速焊接结构的腐蚀。所以，焊接裂纹在焊接结构中的危害极大（可以认为是焊接接头中最严重的缺陷），为提高焊接结构的工艺质量和使用寿命，裂纹是焊接技术中必须要解决的问题。

6.1.2 焊接裂纹产生的基本因素

6.1.2.1 冶金学因素

焊接过程中的热量并非均匀地作用于工件的每个位置，焊接填充材料（焊条、焊丝等）与母材的化学成分也不完全相同，所以在焊接的快速冶金条件下，必然会产生不同程度的物理和化学状态的不均匀性。因此在焊接冶金过程中可能存在氮、氢、氧等气体元素含量的过饱和状态，焊接热影响区金属的晶格缺陷增加，焊接接头的组织不均匀，在焊缝中有 S、P 偏析等化学成分分布不均匀产生低熔点共晶物，某些合金元素引起的焊接接头在较快的冷却速度下形成脆性组织等问题，这些焊接接头的冶金过程带来的问题都会增加焊接裂纹产生的倾向。

6.1.2.2 力学因素

焊接过程中不均匀的加热和冷却会引起焊接内在的热应力、组织应力，这些应力与外加的拘束应力以及应力集中相叠加，就形成了导致焊接接头金属开裂必不可少的力学因素。在焊接过程中，接头的不同区域受到焊接加热的峰值温度不同，其冷却速度也不同，同时不同的加热温度和冷却速度也会产生不均匀的组织区域，所以在焊接接头中就会产生焊接热应力和组织应力；而在焊接冶金过程中带来的焊接缺陷会导致焊接接头存在应力集中现象；另外，在焊接过程中由于工装夹具的使用，会导致焊接工件的拘束应力增加，这些力学因素的累加就会给原本薄弱的焊接接头提供开裂的能量。

6.1.3 焊接裂纹分类

焊接裂纹可以按照多种形式进行分类，如图 6.1 所示。按照裂纹尺寸可分为宏观裂纹和微观裂纹；按照裂纹形成的微观位置可分为晶间裂纹和穿晶裂纹；按照裂纹发生的宏观位置可分为根部裂纹、弧坑裂纹、熔合区裂纹、焊趾裂纹、热影响区裂纹（图 6.2）；按照裂纹的形成原因可分为热裂纹、冷裂纹、再热裂纹、层状撕裂、应力腐蚀裂纹，该分类及裂纹基本特性见表 6.1。

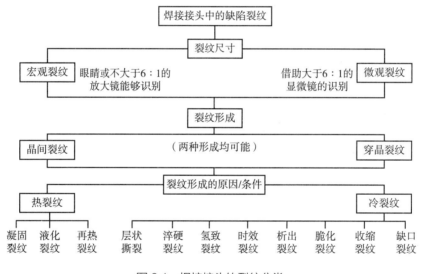

图 6.1 焊接接头的裂纹分类

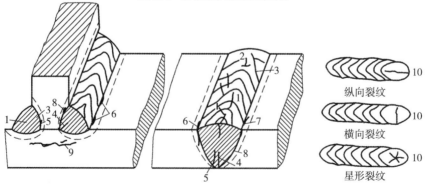

1—焊缝纵向裂纹；2—焊缝横向裂纹；3—熔合区裂纹；4—焊缝根部裂纹；5—HAZ 根部裂纹；6—焊趾纵向裂纹（冷裂纹）；7—焊趾纵向裂纹（液化裂纹、再热裂纹）；8—焊道下裂纹（延迟裂纹、液化裂纹、多边化裂纹）；9—层状撕裂；10—弧坑裂纹

图 6.2 焊缝裂纹的分布特征

表 6.1　焊接裂纹的类型及特征

裂纹分类		形成机理	敏感的温度区间	焊接母材	出现位置	裂纹特征
热裂纹	结晶裂纹	在结晶后半段的固液共存区，低熔共晶形成的液态薄膜，削弱了晶粒间的连接，在拉应力作用下发生开裂	固液共存区接近固相线的温度区间	碳钢（S、P 等杂质含量高）奥氏体不锈钢铝及铝合金镍及镍基合金	多数为焊缝中间	沿晶开裂断口有氧化性色彩
	液化裂纹	在焊接热影响区或多层多道焊接的前焊道上受到焊接热量在晶界处局部液化，并在随后的收缩应力作用下产生的开裂	固相区中略低于固相线的温度区间	镍铬高温钢（S、P、C 等杂质含量高）	热影响区多层多道焊时前道的焊道	沿晶开裂
	多边化裂纹	刚凝固的金属中产生大量的位错和空位之类晶格缺陷，在急冷的作用下此晶格缺陷无法扩散，形成了聚集的二次边界，即多边化，此晶格缺陷带来低塑性状态，在应力作用下产生的开裂	固相线稍下的温度区间	纯金属单相奥氏体合金	多数发生在焊缝上，少数可能在焊接热影响区	沿晶开裂无液态薄膜
冷裂纹	延迟裂纹	在淬硬组织、氢加上拘束应力的共同作用下而产生的具有延迟特征的裂纹	M_s 点以下	中、高碳钢低、中合金钢钛合金	热影响区偏多，少量可能在焊缝上	沿晶开裂或者穿晶开裂
	淬硬脆化裂纹	焊接应力作用在淬硬组织上导致的开裂	M_s 点附近	铬钢马氏体不锈钢工具钢	热影响区偏多，少量可能在焊缝上	沿晶开裂或者穿晶开裂
	低塑性脆化裂纹	由于某些焊材料在较低温度下的收缩应变超过了材料本身的塑性储备而导致的裂纹	400℃以下	铸铁堆焊硬质合金	热影响区焊缝	沿晶开裂穿晶开裂
再热裂纹		在焊后消除应力热处理时，焊接残余应力松弛过程中焊接热影响区的粗晶区界塑性变形超过了该部位的塑性变形能力，导致了晶界滑移，引起裂纹的萌生和扩展	消应力热处理温度下	高强钢（含有沉淀强化合金元素）奥氏体钢镍基合金	热影响区的粗晶区	沿晶部开裂
层状撕裂		主要是由于钢板的内部有沿轧制方向分层分布的夹杂物，在垂直轧制方向的焊接残余应力作用下导致热影响区出现层状的裂纹	400℃以下	轧制的含有层状夹杂物的碳钢和低合金钢厚大钢板	热影响区附近	沿晶开裂或者穿晶开裂
应力腐蚀裂纹		某些焊接结构在腐蚀介质和应力的共同作用下产生的延迟开裂	任何工作温度下	碳钢低合金钢不锈钢铝合金	焊缝和热影响区	沿晶开裂或者穿晶开裂

6.2 典型焊接裂纹

6.2.1 热裂纹

热裂纹是指在固相线附近的高温下产生的裂纹，也称为高温裂纹。热裂纹一般是沿原奥氏体晶界开裂的，根据其形态、出现的温度区间、产生的主要原因可分为结晶裂纹、液化裂纹和多边化裂纹三类。

6.2.1.1 形成机理

1. 结晶裂纹

焊缝结晶过程中，在固相线温度以上稍高的温度（固液共存区），由于低熔点共晶形成的液态薄膜削弱了晶粒间的连接，在拉应力的作用下发生沿晶开裂的裂纹称为结晶裂纹。结晶裂纹沿焊缝的纵向呈连续或断续分布，也可看到沿焊缝柱状晶界，呈八字形分布，如图6.3所示。结晶裂纹的裂口处断面无光泽、有明显的氧化色彩。典型的金属凝固裂纹和焊缝中的结晶裂纹如图6.4、图6.5所示。

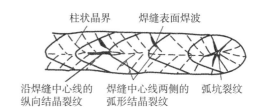

图6.3 结晶裂纹的位置、走向与焊缝结晶方向的关系

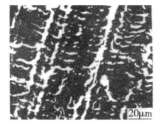

图6.4 结晶裂纹端口特征
（5.5%的Ni钢焊缝）

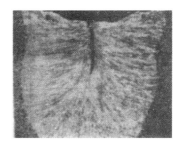

图6.5 焊缝中的结晶裂纹
（自动焊15MnVN，焊丝06MnMo）

结晶裂纹主要产生在含杂质较多的碳钢、低中合金钢、单相奥氏体钢、镍基合金及某些铝合金的焊缝中。

结晶裂纹是由金属的低塑性或脆化（内因）和拉应力（外因）共同作用下产生的。金属要经历液相区、液固共存区（液相占主要部分）、固液共存区（固相占主要部分）、固相区四个相区来完成凝固过程。其中在液固共存区由于液相占主要部分，所以液相的自由流动可有效地抵消变形，而少量的固相跟随液相发生移动但本身形状基本不变，移动后流出的间隙能及时被流动的液态金属所填充，所以在液固共存区不会形成热裂纹。但是在固液共存区中，由于焊缝中已经凝固的固相占主要部分，且固相的枝晶已生长到相互接触、局部联生，少量的液态金属被封闭在固态晶粒的晶界中形成封闭的液膜，所以其中液体（主要是低熔点合金）的自由流动受到限制，若固液共存区再受到凝固引起的收缩应力，那么晶间液膜就被拉开，从而形成热裂纹，如图6.6所示。所以固液共存区所处的温度区间也被称为脆性温度区。结晶裂纹主要出现在一次结晶的晶界上，且沿晶界分布，若结晶为柱状晶时，此分布方式更为明显，而焊缝结晶一般为柱状晶，所以焊缝结晶的晶界是结晶过程中的薄弱区域。从焊接凝固冶金得知，焊缝结晶时纯金属先结晶，杂质和合金化的元素后结晶，这种结晶方式形成了偏析（杂质聚集）。随着柱状晶的长大，杂质合金化元素就不断被推到平行生长的柱状晶交界处或焊缝中心线处，它们与金属形成低熔点共晶物（如钢中 S 含量较多时，S 与 Fe 形成的化合物 FeS 会与铁形成低熔点共晶物 Fe+FeS，该共晶物熔点为 985℃，远低于钢材的熔点）。在结晶后期绝大部分金属已经凝固，而这类低熔点共晶物尚未凝固，以液态薄膜的形式分布在晶界处割断了一些晶粒之间的联系。该薄膜在焊缝冷却产生的收缩拉应力的作用下沿晶界开裂形成了结晶裂纹。

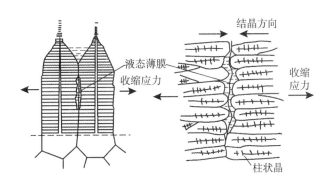

（a）柱状晶界形成裂纹　（b）焊缝中心线上形成裂纹

图 6.6　收缩应力作用下结晶裂纹形成示意图

根据金属断裂理论，在高温阶段当晶间延性或塑性变形能力不足以承受当时发生的应变时，即发生高温沿晶断裂。在焊接时，由于材料在凝固过程中不能够自由收缩，所以必然会导致内部的拉伸变形。结晶裂纹的产生倾向主要取决于材料本身在凝固过程中的变形能力、在脆性温度区材料的低塑性或脆化以及在脆性温度区间内的应变发展情况，这三个方面是相互影响又相对独立的。例如，脆性温度区的大小和金属在脆性温度区的塑性主要取决于化学成分、结晶条件、偏析程度、晶粒大小和结晶方向等冶金因素；而应变增长率主要由金属的线胀系数、焊件的刚度、焊接工艺及温度场的温度分布等力学因素决定。所以金属是否产生结晶裂纹是多方面原因共同决定的。

2. 液化裂纹

液化裂纹与结晶裂纹类似，它的形成也与晶界液态薄膜有关，但是它们的形成机理不同。液化裂纹的形成机理是由于焊接时热影响区的高温区或前焊道的近焊缝区里存在于晶界上的低熔点共晶物在焊接高温作用下重新熔化，在拉应力的作用下形成沿奥氏体晶间开裂的裂纹，如图 6.7 所示。此外，在不平衡的加热和冷却条件下金属间化合物的分解和元素的扩散，也会导致局部区域的共晶成分偏高，这些共晶物在高温下也会发生局部的晶间液化，同样也会产生液化裂纹。所以，液化裂纹也是由冶金因素和力学因素共同作用的结果，这些因素导致了液化裂纹多以微观裂纹的大小出现，在宏观上很难被发现。

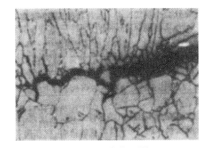

图 6.7　液化裂纹

　　液化裂纹同样也产生于脆性温度区（图6.8）。在该区域内的母材近缝区和多层焊的层间部位，由于存在低熔点组成物，其塑性和强度都急剧下降。在加热过程中，金属的塑性在接近固相线温度时发生陡降，在冷却过程中由于过冷会使塑性恢复的温度一直低于加热时塑性开始下降的温度，所以冷却过程的脆性温度区比加热时的脆性区要大。在冷却时的收缩应力作用下，处于薄弱状态的晶间将在更长的时间内承受应变，也就更容易形成裂纹。一般地，冷却时的脆性温度区的大小是判断液化裂纹倾向的一个重要指标。研究显示，液化裂纹可以从熔合线或结晶裂纹起裂后沿晶界向热影响区扩展（图6.9）；而在熔合线附近的部分熔化区和未混合区内，由于受热发生熔化和结晶会导致化学成分的重新分布，原来在母材中的S、P、Si等低熔点共晶元素，会富集到未混合区中一次结晶的晶界上，若母材中杂质较多则容易引起液化裂纹；裂纹也可以从粗晶区起裂，当母材中含有较多的低熔点物形成元素时，焊接时热影响区的粗晶区晶粒长大严重、晶界数量急剧下降，将导致此处的杂质元素形成的低熔点共晶物会以液态薄膜的形式富集到少量的晶界上，在相间张力和冷却收缩应力的作用下产生液化裂纹。液化裂纹的扩展方向随受力的状态的改变而改变，可能会平行于熔合线扩展发展成为较长的近缝区纵向裂纹，也可能垂直于熔合线扩展发展成为较短的近缝区横向裂纹。

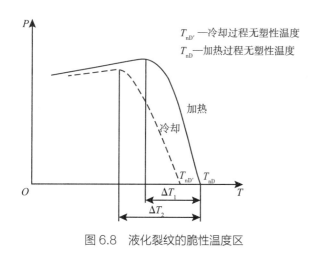

图6.8　液化裂纹的脆性温度区

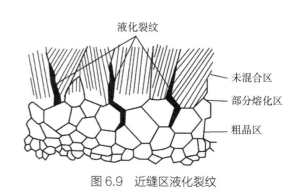

图6.9　近缝区液化裂纹

3. 多边化裂纹

　　多边化裂纹是指在焊接时金属多边化晶界上形成的裂纹，该裂纹主要因为高温时金属塑性很低造成的，所以也称为高温低塑性裂纹。

　　多边化裂纹多数发生在焊缝中，这是因为焊缝金属结晶时会沿着已经凝固的晶粒中萌生出大量晶格缺陷（空位、位错等），这些晶格缺陷在快速冷却下不易向外扩散，最终以过饱和状态保留在焊缝金属中，过饱和的晶格缺陷在一定温度和应力的条件下会从高能部位向低能部位发生移动和聚集形成二次边界（即多边化边界，如图6.10所示）；此时母材的热影响区在焊接热循环的作用下，由热应变带来了金属中的畸变能增加，也形成了多边化边界，此边界一般不与一次结晶晶界重合，在焊后的冷却过程中，热塑性的降低将导致金属沿多边化的边界产生裂纹。

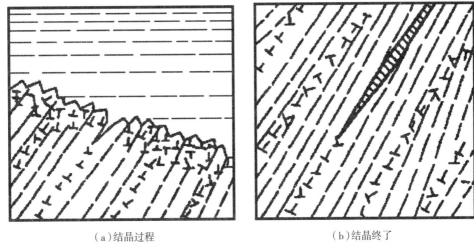

（a）结晶过程　　　　　　　　　　（b）结晶终了

图 6.10　由晶格缺陷形成的多边化边界及裂纹

多边化裂纹在焊缝中的方向与一次结晶不一致，多数以任意方向贯穿于树枝状结晶中；由于多层多道焊接的层间金属和母材的热影响区在焊接时重复受热，故这些部位更易发生多边化裂纹；另外多边化裂纹附近常常伴有再结晶晶粒出现，同时其断口呈现明显的高温低塑性开裂特征（无明显的塑性变形）。

6.2.1.2 影响因素

热裂纹产生的影响因素一般可以从冶金因素和力学因素两方面考虑。

1. 冶金因素

合金相图的类型、化学成分和结晶组织形态等是在裂纹中主要考虑的影响焊接热裂纹的冶金因素。

在金属平衡状态条件下冷却，合金相图结晶温度区间越大热裂纹倾向也就越大。图 6.11 所示可得出以下结论，结晶温度区间和脆性温度区随着合金元素含量的增加而增大，因此热裂纹的倾向也会增加，S 点是结晶温度区间和脆性温度区间的最大点，此处热裂纹的敏感性最大。当超过 S 点后，合金元素含量再增加时，结晶温度区间和脆性温度区反而减小，所以裂纹倾向也随之降低。所以我们可以利用各种合金相图的类型来预测焊接时热裂纹倾向的大小。

合金元素会在焊缝结晶时产生低熔点共晶物，而液态薄膜状的低熔点共晶物正是热裂纹的主要来源，所以其成分百分比对热裂纹的影响很大。常见的元素在钢中的偏析系数不同，所以其热裂纹的影响程度也不相同，根据表 6.2 可知，P 和 S 在钢中的偏析系数最大，所以这两种元素极易引起偏析，其

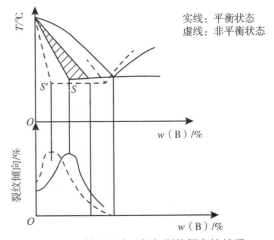

实线：平衡状态
虚线：非平衡状态

图 6.11　结晶温度区间与裂纹倾向的关系

热裂纹倾向也最大。除 P 和 S 以外，C 也是钢中的热裂纹影响因素，随着含碳量的增加铁碳合金中的 δ 相转变成 γ 相，杂质 P 和 S 在 γ 相中的溶解度更大，而在冷却结晶时 P 和 S 会形成液态薄膜的低熔点共晶物，从而导致热裂纹倾向的增大。而 Mn 之类的脱 S 元素则可以降低热裂纹倾向。

表 6.2　钢中各元素的偏析系数 K（％）

元素	S	P	W	V	Si	Mo	Cr	Mn	Ni
偏析系数 K	200	150	60	55	40	40	20	15	5

焊缝结晶时产生的晶粒大小、形态和方向都会影响热裂纹倾向，往往晶粒越粗大、柱状晶方向性越强，热裂纹的倾向也就越大。所以，细化晶粒、打乱柱状晶的结晶方向可以有效阻止热裂纹的形成。比如，在奥氏体不锈钢的焊接中，形成一定量的 δ 相（5%~20%）比全部都是 γ 相更有利于防止热裂纹，如图 6.12 所示。

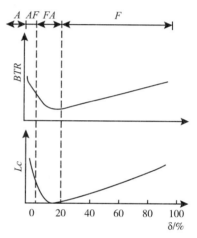

图 6.12　焊缝中 δ 相数量对热裂纹的影响

2. 力学因素

焊接热裂纹一般是在高温时的沿晶断裂。所以发生此断裂的力学因素是金属在高温时的塑性变形能力不足以承受当时所发生的塑性应变量。根据金属的结晶规律发现在固液共存区会存在脆性温度区，该区域内的金属其塑性变形能力最低，此区域的大小及最小的变形能力取决于金属的冶金因素。但是高温阶段金属的塑性应变量是在高温时的各种力的综合作用引起的，它反映了焊缝高温时的应力状态。该塑性变形量受焊接的热应力、组织应力和拘束应力等决定。当焊接接头上存在大的温度梯度且冷却速度很快，就容易引起大的高温塑性变形量，此时结晶裂纹的倾向很大；当金属的线膨胀系数很大时金属的高温塑性变形量也很大，此时热裂纹倾向也很大；当焊接接头拘束度较大时（如大厚板焊接或刚性拘束焊接接头），也会引起较大的高温塑性变形率，此时也极易产生热裂纹。

6.2.1.3　预防措施

防止热裂纹的产生主要就是解决其冶金因素和力学因素，而力学因素的影响主要来源于焊接的工艺过程控制，所以生产中我们主要考虑从冶金和工艺两个方面来预防热裂纹，如图 6.13 所示。

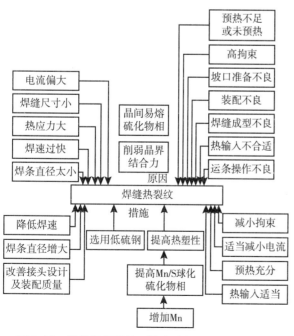

图 6.13　结构钢焊缝热裂纹产生的原因及防止措施

6.2.2 冷裂纹

焊接冷裂纹指焊接接头在较低的温度下产生的裂纹，一般发生在 M_s 温度以下。

此类裂纹经常出现在含碳量较高的中、高碳钢和碳当量较高的低合金高强钢（细晶粒结构钢）、某些高合金钢中。

冷裂纹与热裂纹不同，并非一定在焊接之后马上出现，很多冷裂纹要经过一段时间（几小时、几天或几十天）才会出现，而且冷裂纹一旦出现还有随着时间增多和扩展的情况。经过一段时间才会出现的冷裂纹称为延迟裂纹。

冷裂纹经常在焊接热影响区出现，大、厚工件或某些高强钢焊接时也会在焊缝中出现。其起源一般为有缺口效应的区域或氢聚集的区域。该裂纹可能沿晶扩展也可呈穿晶扩展，具体的裂纹扩展方向取决于焊接接头的组织、应力和氢含量。

一般冷裂纹分为淬硬裂纹、延迟裂纹、低塑性裂纹三大类。而延迟裂纹按分布位置可分为焊趾裂纹、焊根裂纹和焊道下裂纹，如图 6.14、图 6.15 所示。

焊根裂纹　　焊根裂纹

焊趾裂纹

焊道下裂纹

图 6.14　三种延迟裂纹的分布示意图

图 6.15　12CrNi3MoV 钢的延迟裂纹（125×）

6.2.2.1 形成机理

1. 淬硬裂纹

钢材的淬硬倾向与钢材的化学成分、板厚、焊接工艺和冷却速度有关。在焊接时钢材的淬硬倾向越大，产生冷裂纹的倾向也就越大。

钢的淬硬组织最常见的是马氏体组织。在马氏体中碳原子以间隙固溶体的形式存在于晶格中，碳的过饱和状态会使铁原子偏离平衡位置引起较大的晶格畸变，从而使钢材的组织处于硬化状态。而在焊接时，焊接热影响区的高温区受热温度可以高达 1350~1400℃，此温度下奥氏体晶粒迅速长大，且焊接冷却速度较快，所以粗大的奥氏体晶粒将转变为粗大的马氏体晶粒。马氏体的力学性能不均衡，其脆性偏大，发生断裂时消耗的能量较低，所以焊接接头中若存在马氏体，则易形成淬硬裂纹。但是，因为马氏体组织的形态不同，所以其对裂纹的敏感性也不同，如低碳板条状马氏体的 M_s 点较高，发生转变后仍有自回火作用，因此这种马氏体的韧性相对良好，淬硬裂纹倾向不是很大；但当钢中的含碳量较高或冷却速度较大时会出现片状马氏体，并且此片状组织由孪晶生成（孪晶马氏体），该形态的马氏体硬度高、脆性大，易产生淬硬裂纹。研究发现，钢材的化学成分（含碳量、碳当量）直接影响接头的淬硬倾向，影响淬硬裂纹出现的概率，所以我们可以根据钢的含碳量或碳当量等方法粗略估计冷裂纹的倾向大小。

研究表明，除马氏体外，金属在受力不平衡的情况下会形成大量的晶格缺陷（空位、位错），而在应力和热力不平衡时空位和位错都会发生移动和聚集，当晶格缺陷的浓度达到一定的临界值后，就会形成裂纹源。裂纹源在后续的应力继续作用下，会持续扩展最终形成宏观的裂纹，这类裂纹也是淬硬裂纹。钢中的位错密度越大其裂纹倾向也就越大，所以可以用热影响区最大硬度来作为某些高强钢淬硬倾向和抗裂能力的衡量方式。

2. 氢致延迟性裂纹

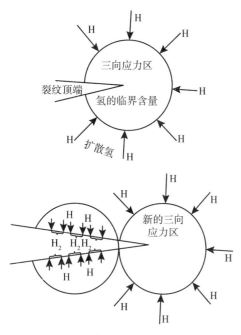

图 6.16　氢致裂纹的扩展过程

氢是高强钢焊接产生延迟裂纹的重要因素之一。试验表明，高强钢焊接接头的冷裂纹敏感性随含氢量升高而增大，当钢的局部含氢量超过临界含氢量时，就会出现冷裂纹。氢致延迟性裂纹的延迟主要是因为氢在钢中的扩散、聚集、产生应力直到开裂是需要一定时间的。试验中对焊接接头中氢的微观分布及氢逸出动态进行观察，发现氢是沿着组织晶界逸出并聚集在缺口部位（夹杂物和缺陷附近），此处氢气泡的数量显著增加。这是因为在受力的过程中，缺口部位会形成三向应力集中区，氢则极力向此区域扩散，缺口处的应力也随之提高，当此部位氢的浓度达到临界值时，就会发生开裂和裂纹扩展；随着裂纹扩展，氢又不断地向新的三向应力区扩散，达到临界浓度时，又发生新的裂纹扩展，如此往复扩散和裂纹扩展最终形成宏观裂纹，该过程如图 6.16 所示。此类氢致延迟裂纹的倾向主要由氢的含量、逸出和内部能量状态等因素而定。

高强钢的热影响区氢致延迟裂纹的出现有所不同，它是由于在焊接高温下，某些含氢的化合物受热分解析出的氢原子大量溶于熔池里，在熔池的冷却凝固过程中，随着温度下降和组织变化，氢在金属中的溶解度急剧降低，氢原子结合成氢分子并以气体状态从金属中逸出，但由于焊接冷却速度较快，氢气来不及完全逸出而滞留在焊缝中，就会形成氢致延迟性裂纹。不同组织的氢的高温溶解度不同，铁素体中的溶解度要低于奥氏体中的溶解度。所以在焊接高强钢时，焊缝金属在冷却过程中会发生由奥氏体向铁素体和珠光体、贝氏体或马氏体的相变，由于不同组织的氢的溶解度不同，在相变后焊缝金属中氢的溶解度突然下降且扩散能力得到提高，所以氢原子便很快由焊缝穿过熔合区向热影响区中的奥氏体扩散，而奥氏体的氢溶解度大但是扩散速度慢，所以使靠近熔合区的热影响区中聚集了大量的氢，随着温度的降低，氢的扩散能力变弱，于是便以过饱和状态残存于由奥氏体转变的马氏体中，并聚集在一些晶格缺陷中或应力集中处，促使马氏体进一步脆化，在焊接应力和相变应力的共同作用下形成冷裂纹，如图 6.17 所示。当氢的浓度较高时，马氏体会更加脆化，此时形成焊道下裂纹。当氢的浓度较低时，则只有在缺口处才会出现裂纹，此时形成焊趾裂纹或焊根裂纹。

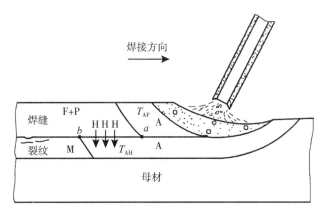

图 6.17　高强度钢热影响区冷裂纹的形成过程

3. 低塑性脆化裂纹

低塑性脆化裂纹是指在较低的温度下，金属焊件的收缩应变超过了其本身的塑性储备或因焊件变脆而产生的裂纹。此类裂纹是在较低的温度下产生的，所以也属于冷裂纹，但因其无延迟现象所以不是延迟性裂纹。一般铸铁补焊、硬质合金堆焊和高铬合金焊接时，容易出现这种裂纹。低塑性脆化裂纹主要受焊接接头的应力状态影响。例如，铸铁的热焊法（同质材料焊接）时，易在 500℃ 以下的焊缝及热影响区出现低塑性脆化裂纹，但是在 500℃ 以上就很少出现此类裂纹，这是因为在高温时铸铁具有一定的塑性，同时高温时焊缝所受的应力也较小的原因。

6.2.2.2 影响因素

大量的生产实践和理论研究表明，钢的淬硬倾向、焊接接头中的氢含量以及焊缝收缩产生的拉应力（包括热应力、相变应力和结构自身的拘束条件）状态是高强钢焊接时产生冷裂纹的三个主要因素。但这三个因素并非孤立存在，而是在一定条件下相互联系和相互影响的。当焊缝和热影响区中有对氢敏感性高的高碳马氏体组织时，同时扩散氢的含量也较高并且在三轴焊接应力的作用下就极有可能产生冷裂纹。

6.2.2.3 预防措施

以高强钢为例，从上述冷裂纹产生的原因可知，为避免冷裂纹的出现，主要措施是控制钢中的淬硬组织含量、减少氢的含量，同时降低焊接接头上的应力。具体可以通过控制母材的化学成分、合理选用填充材料、正确制定焊接工艺 3 个方面来解决冷裂纹问题。冷裂纹产生的原因及对策如图 6.18 所示。

母材方面是优先选择抗冷裂性能好的低碳

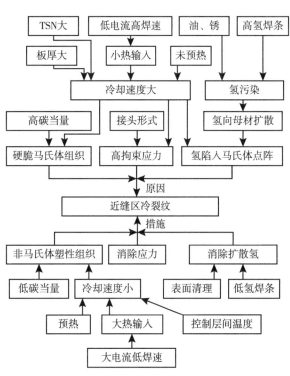

图 6.18　冷裂纹产生的原因及对策

当量或低冷裂敏感系数的材料，具体为主要选择尽可能低的含碳量以及降低其他或者有淬硬倾向的合金元素的百分含量。

　　填充材料的选择优先考虑低氢或超低氢焊材，比如使用碱性焊条而不是用酸性焊条，或在埋弧焊中使用氟化物碱性焊剂等。同时应注意低氢焊材的保管和烘干要求，这是因为焊缝金属的扩散氢含量随焊材烘干温度的上升而下降（图 6.19），扩散氢含量越低越有利于抗冷裂。此外，可在焊接高强钢时适当地使用低强匹配的焊材或在焊材中增加提高塑性的合金元素（如 Ti、Nb 等），此类焊材由于其强度低塑性好易于变形，所以能降低焊后的接头拘束应力，从而改善焊接冷裂纹倾向。

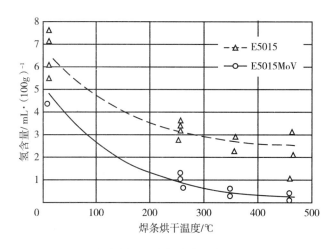

图 6.19　焊条烘干温度与扩散氢含量的关系曲线

　　焊接工艺方面需要选择合理的工艺参数、预热、层间温度以及合适的焊后热处理工艺。一般高强钢的焊接热输入不能过大也不能过小，这是因为输入过大易导致热影响区晶粒粗化带来接头韧性下降的问题，而输入过小容易导致冷却速度过大增加淬硬倾向和氢的滞留，所以一般应该在充分保证焊接接头韧性的前提下适当加大焊接热输入。预热能有效减小冷却速度，降低淬硬倾向，也能有效地使氢充分扩散溢出，预热温度与焊件化学成分、厚度、接头型式、扩散氢含量以及环境因素有关，常见钢材的预热温度见表 6.3。若有需要，可以在焊后采取后热手段，一般后热需要在热影响区冷却到 100℃ 以上（冷裂纹的上限温度）的时候迅速加热，并保温一段时间（图 6.20）。后热对减小冷却速度非常有效，同时也利于扩散氢的逸出。如果主要针对扩散氢问题，可以做消氢处理，采用后热措施可以适当地降低预热温度或代替某些焊件的中间热处理。

表 6.3　按钢材强度等级与碳当量确定的预热温度

钢材强度等级 σ_b / MPa	碳当量 CE_{wes} / %	预热温度 /℃
500	0.46	—
600	0.52	25
700	0.52	100
800	0.62	150

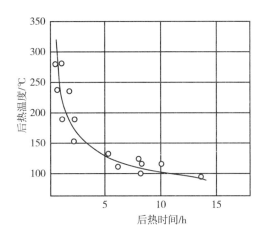

图 6.20　避免冷裂纹的后热温度及时间（焊前预热 130℃）

6.2.3 再热裂纹

再热裂纹是指某些含有沉淀强化元素的钢种和高温合金焊后并未发现裂纹，但在消应力热处理的过程中出现的裂纹，或者是指某些高温工作条件下使用的材料在焊后没有产生裂纹但是在高温长期工作时产生的裂纹。再热裂纹大多发生在热影响区的粗晶区内，也有极少数情况是发生在焊缝中，而热影响区的细晶组织不会产生再热裂纹。再热裂纹一般沿熔合线的奥氏体粗晶晶界扩展（图6.21）。有时裂纹连续，有时裂纹断续，这是因为再热裂纹如遇到细晶就会停止扩展。其断口一般有氧化性色彩。再热裂纹与热裂纹出现的时机不同，热裂纹是发生在固相线附近的焊接冷却或加热过程，而再热裂纹则多发在焊后再次加热的升温过程，且再热裂纹存在一个敏感温度区间。

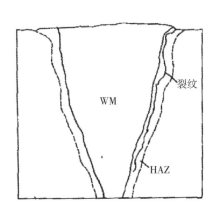

图 6.21　再热裂纹的发生部位和形态

再热裂纹的产生主要是在消应力热处理的应力松弛过程中，因为粗晶区应力集中部位的某些晶界塑性变形量超过了该部位的塑性变形能力而导致了开裂。一般具有沉淀强化元素（Cr、Mo、Nb、V、Ti 等）的钢材再热裂纹敏感性较高，这主要是因为对此类钢做消应力热处理时的加热会导致晶粒内部析出碳化物，所以晶粒内部强度增加，这就迫使通过蠕变变形的残余应力松弛只能发生在晶界上。而形成沉淀强化的碳化物或氮化物在焊接时被加热到 1100℃以上发生分解并固溶于奥氏体中，随后的焊接冷却速度较快，碳化物或氮化物未来得及析出而是以过饱和的形式固溶到奥氏体转变之后的马氏体中，当此区域做消应力热处理时细小的碳化物就会先于应力释放析出造成晶内二次硬化，一般来说晶界的性能较差，而消应力热处理释放的应力带来的蠕变集中于晶界，因此产生沿晶开裂。同时，在消应力热处理的加热过程中，Sb、As、Sn、S、P等杂质受热也会在过热粗晶区晶界处析出并聚集，这也导致了晶界弱化，也是再热裂纹产生的原因。

　　再热裂纹的形成机制在认识上有多种学说，如晶内硬化、晶间杂质富集脆化、蠕变损伤等，目前主要认为再热裂纹的影响因素分为冶金因素和工艺因素两大类。冶金因素方面主要受化学成分和晶粒度的影响，钢中各元素对再热裂纹的影响如图 6.22~ 图 6.25 所示；钢的晶粒度越大则晶界开裂所需的应力越小，也就越容易产生再热裂纹。工艺因素方面主要考虑热输入、填充材料、预热和后热以及焊接残余应力和应力集中的影响，焊接热输入的影响也是表现在过热粗晶区的范围大小上，过热粗晶区越大再热裂纹倾向也就越大；在填充材料的选择上如果选用低匹配的焊材则可以提高焊缝的塑性变形能力，从而减少近缝区塑性应变集中，降低焊接接头的受力，有利于降低再热裂纹的倾向；预热和后热可以有效地减小焊接残余应力和减少过热区的硬化，若想降低再热裂纹，则须加热的温度比冷裂纹的预热温度更高才行；在结构设计和焊接施工中，要有效地减少焊接缺口效应，比如设计中尽量采用全熔透接头、焊接时尽量减少焊接缺陷等。

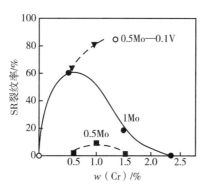

图 6.22　钢中 Cr、Mo 对再热裂纹的影响
（620℃，2h）

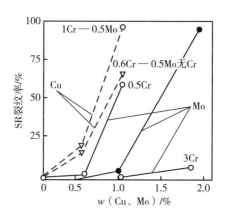

图 6.23　钢中 Mo、Cu 对再热裂纹的影响
（600℃，2h 炉冷）

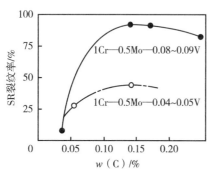

图 6.24　钢中 C 对再热裂纹的影响
（600℃，2h 炉冷）

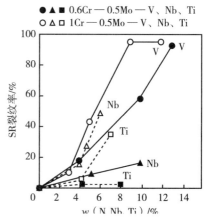

图 6.25　钢中 V、Nb、Ti 对再热裂纹的
影响（600℃，2h 炉冷）

6.2.4 层状撕裂

在大型厚壁结构焊接时，如果钢材的冶炼和轧制导致钢板中出现层状分布的杂质，同时钢板在厚度方向承受较大的拉伸应力，那么此时在钢板上出现沿钢板轧制方向的一种阶梯状的裂纹称为层状撕裂。

低碳钢和低合金钢层状撕裂一般产生的温度不超过 400℃，但其与冷裂纹不同，它的发生主要取决于钢中的夹杂物含量及分布形态，钢中夹杂物含量越高且呈片状分布越明显则层状撕裂敏感性越高。层状撕裂是阶梯状开裂的裂纹，一般是多条平行于轧制表面的开裂与大体垂直于表面的剪切壁组成，平行于轧制表面的部分通常由非金属夹杂物组成。层状撕裂微观上既有穿晶也有沿晶扩展，其一般发生在 T 形或十字形接头焊接时，在钢板厚度方向（Z 向）产生较大应力，对接接头中极少出现。图 6.26 给出了层状撕裂的典型特征。

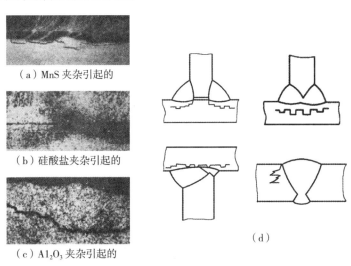

（a）MnS 夹杂引起的

（b）硅酸盐夹杂引起的

（c）A1₂O₃ 夹杂引起的

（d）

图 6.26　层状撕裂示意图

层状撕裂是因为钢材中的非金属夹杂物（硅酸盐、硫化物）在轧制过程中被轧成平行于轧制方向的带状夹杂物，导致钢材厚度方向的塑性变形能力急剧下降，而在厚板 T 形或十字形接头焊接时，焊缝的收缩会在母材厚度方向产生大的多次的拉应力和应变，当应变超过母材厚度方向的塑性变形能力时就会造成夹杂物与金属分离，从而形成微裂纹，随着拉应力和应变次数的增多，微裂纹发生扩展，如图 6.27 所示。

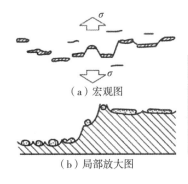

（a）宏观图

（b）局部放大图

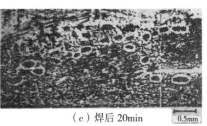

（c）焊后 20min

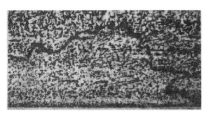

（d）焊后 120min

图 6.27　层状撕裂的产生示意图

层状撕裂按照起源可以分为焊根冷裂纹引起的层状撕裂、焊趾冷裂纹引起的层状撕裂、沿热影响区轧制夹杂物层的层状撕裂三种，其分类、形貌示意图及预防措施见表6.4。

表 6.4　按起源分类的层状撕裂形貌、产生原因及防止措施

分类	形貌	产生原因	防止措施
以焊根裂纹、焊趾裂纹为起源，沿 HAZ 发展		由冷裂引起 伸长的 MnS 夹杂物 角变形引起的弯曲拘束应力或缺口引起的应变集中	同防止冷裂措施 降低钢中 S 含量，选用具有 Z 向性能的钢 改变接头或坡口形式，防止角变形及应变集中
以轧层夹杂物为起源，沿 HAZ 发展		伸长的 MnS 夹杂物及硅酸盐夹杂物 拘束度大，存在 Z 向拉伸拘束应力	降低钢中杂质数量，选用 Z 向钢 减小拘束度 采用低氢焊接材料 改进接头或坡口形式 堆焊隔离层
完全自由收缩应变导致的以轧层夹杂物为起源，沿远离 HAZ 的母材厚板中央发展		轧层中的长条 MnS 夹杂物及硅酸盐夹杂物 拘束度大，弯曲拘束产生的残余应力 应变时效	选用 Z 向钢 减小拘束度 改进接头或坡口形式 堆焊隔离层 钢板端面须经机械加工

6.2.5　应力腐蚀裂纹

应力腐蚀裂纹是金属构件在拉应力和一定腐蚀介质的共同作用下所产生的低应力脆性破坏形式。试验表明，即使焊接结构焊后不存在外界载荷，但是只要存在适当的腐蚀介质，也会引起应力腐蚀。应力腐蚀裂纹具有低应力、脆性破坏的特点，其在开裂前没有明显的征兆，所以其破坏性和危害性极大。

不同材料在不同应力状态下和不同的腐蚀介质环境中出现的应力腐蚀裂纹特征是不一样的，见表 6.5。

表 6.5　产生应力腐蚀裂纹的材料－环境组合

材料	环境	浓度	温度	开裂模式
碳钢	氢氧化物	$\approx 1\text{mol/L}$	沸点	沿晶
	硝酸盐	$< 1\text{mol/L}$	$< 100\text{℃}$	沿晶
	碳酸盐／碳酸氢盐	$< 10^{-2}\text{mol/L}$	$< 100\text{℃}$	沿晶
	液氨	—	室温	穿晶
	$CO/CO_2/H_2O$	—	室温	穿晶
	碳酸水	—	$>$沸点	穿晶
低合金钢 （如 Cr-Mo，Cr-Mo-V）	水	—	$< 100\text{℃}$	穿晶

续表

材料	环境	浓度	温度	开裂模式
高强度钢	水（＞1200MPa） 氯化物（＞800MPa） 硫化物（＞600MPa）	— — —	室温 室温 室温	混合型 混合型 混合型
奥氏体不锈钢	氯化物 氢氧化物	≈1mol/L ≈1mol/L	沸点 ＞沸点	穿晶 混合型
敏化奥氏体不锈钢	碳酸水 硫代硫酸盐或连多硫酸盐	— ＜10^{-2}mol/L	＞沸点 室温	沿晶 沿晶
双相不锈钢	氯化物	≈1mol/L	＞沸点	穿晶
马氏体不锈钢	氯化物 + 高 H_2S 氯化物（一般 +H_2S）	≈1mol/L ＜1mol/L	＜100℃ 室温	穿晶 穿晶
高强度铝合金钛合金	水蒸气 氯化物 氯化物 甲醇	— ＜10^{-2}mol/L ≈1mol/L —	室温 室温 室温 室温	穿晶 沿晶 穿晶 穿晶
铜合金（不含 Cu–Ni）	N_2O_4 高 含氨溶液或其他含氮物质	— ＜10^{-2}mol/L	室温 室温	穿晶 沿晶

应力腐蚀裂纹经过了孕育、扩展和破裂三个阶段。在孕育阶段，工件由于拉应力使工件表面造成塑性变形，形成局部滑移阶梯（图 6.28）导致工件表面膜破坏，从而形成局部的最初腐蚀缺口。在扩展阶段，最初的腐蚀缺口在拉应力和腐蚀介质的共同作用下，沿着垂直于拉应力的方向向纵深扩展，随着缺口扩展会出现很多分支（图 6.29），其分支形态取决于工件所用材料、使用环境和所承受的压力。在破裂阶段，在拉应力局部累积到越来越大的时候，发展最快的裂纹最终出现崩溃性发展直至工件断裂。

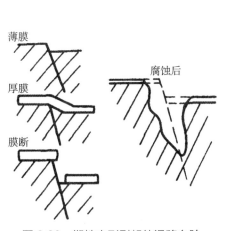

图 6.28　塑性变形引起的滑移台阶

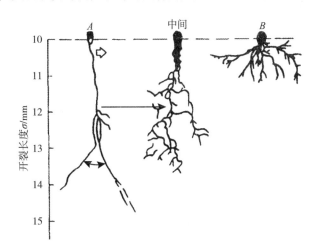

图 6.29　应力腐蚀裂纹的扩展形态

应力腐蚀裂纹主要受金属的组成、组织结构、材料所处的介质环境、材料所受的应力以及应变状态等因素的影响。金属的化学成分、是否存在偏析、组织成分、晶粒度和晶格缺陷等材料的内因都会影响材料的物理、化学及力学等方面的性能，这些性能影响金属的应力腐蚀裂纹敏感性，如与纯金属相比多元合金的裂纹敏感性更高，组成金属合金系统的元素之间的电极电位差越大裂纹敏感性越高，同一种金属中的杂质含量越高、晶界偏析越严重裂纹敏感性越高，钢铁材料的金相组织中渗碳体的裂纹敏感性大于其他常见组织，金属材料的强度级别越高、塑性指标越低裂纹敏感性越高。工件所受的应力和应变状态也影响应力腐蚀裂纹的敏感性，如工件所受的应力越大裂纹敏感性越大，体积型应力比面积型应力的裂纹敏感性更大；而从载荷种类上看，动载比静载的裂纹敏感性更高。

　　一般防止应力腐蚀裂纹要从降低和消除应力、控制环境、改变材料这三个方面入手，其中最有效的是降低和消除应力。在设计时需要将最大有效应力或应力强度降低到临界应力或应力腐蚀门槛应力以下。另外，由于多数应力腐蚀裂纹是由于残余应力而不是外界载荷所引起的，所以在施工过程中要尽量避免产生较大的残余应力，或者在焊后使用消除应力热处理来降低焊接残余应力。另外也可以通过表面处理的方法（表面喷丸、喷砂、锤击或表面化学处理）使焊接结构表面产生压应力来将敏感的拉应力层与环境隔离。除应力方面以外，也可以通过采用阴极保护、加缓蚀剂、表面涂覆隔离层等腐蚀防护措施来降低出现应力腐蚀裂纹的概率。

6.3　焊接裂纹评定方法

　　焊接裂纹可能会导致结构的突然断裂，是最危险的焊接缺陷，一旦出现就可能造成难以估量的损失，所以焊接生产中需要事先分析、研究做出开裂可能性的分析和判断，然后提出防止裂纹产生和修复裂纹的技术方案。焊接裂纹的出现受母材、焊材和焊缝的成分、焊接接头的拘束程度、焊接工艺等因素的影响，所以分析裂纹问题要多方面入手。以下我们主要从材料的角度给出一些裂纹的评估方法，常见的裂纹评估方法分间接评估和直接评估两种类型。

6.3.1　焊接裂纹间接评估方法

　　常用工艺焊接性间接估算法见表 6.6。

表 6.6　常用工艺焊接性间接估算法

方　　法		应用条件	评价内容
碳当量法		根据钢材成分计算	判断某些钢材冷裂纹倾向
冷裂纹敏感指数法		根据材料成分及熔敷金属扩散氢含量计算	低合金钢冷裂纹倾向，确定预热温度
冷裂纹临界应力经验公式		根据材料成分、熔敷金属扩散氢含量、焊缝冷却时间、HAZ 最大硬度计算	焊接冷裂纹倾向
冷裂纹临界冷却时间经验公式		根据材料成分及熔敷金属扩散氢含量计算	焊接冷裂纹倾向
热裂纹敏感指数法	热裂纹敏感系数（HCS）法	根据钢材成分计算	金属热裂纹倾向
	临界应变增长率（CST）法		
再热裂纹敏感指数法	ΔG 法	根据钢材成分计算	金属再热裂纹倾向
	PSR 法		
层状撕裂敏感指数法		根据材料成分及熔敷金属扩散氢含量计算	HAZ 附近层状撕裂倾向
HAZ 连续冷却组织转变图法（CCT 图法）		获得 SHCCT 图	淬硬及冷裂纹倾向
热影响区最高硬度法		测定热影响区最高硬度	淬硬及冷裂纹倾向

6.3.1.1 热裂纹敏感性评价方式

焊接热裂纹倾向可以通过临界应变增长率、热裂纹敏感指数、热裂指数来进行评价。

（1）临界应变增长率（简称 CST）。

$$CST = \left[-19.2w(\text{C}) -97.2w(\text{S}) -0.8w(\text{Cu}) -1.0w(\text{Ni}) \right.$$
$$\left. +3.9w(\text{Mn}) +65.7w(\text{Nb}) -618.5w(\text{B}) +7.0 \right] \times 10^{-4}$$

当 $CST \geqslant 6.5 \times 10^{-4}$ 时，可以防止裂纹。

（2）热裂纹敏感指数（简称 HCS）。

对于一般低合金高强度钢，热裂纹敏感指数：

$$HCS = \frac{w(\text{C})\left[w(\text{S}) +w(\text{P}) +w(\text{Si})/25 +w(\text{Ni})/100 \right]}{3w(\text{Mn}) +w(\text{Cr}) +w(\text{Mo}) +w(\text{V})} \times 10^3$$

金属材料中，如果 $HCS < 4$ 则热裂纹敏感性较低，HCS 越大其热裂纹敏感性越高。

（3）热裂指数（简称 HCI）。

在奥氏体焊缝中能促使热裂的元素及排序为：$\text{P} > \text{S} > \text{Si} > \text{Ni}$；能抑制热裂的元素及排序为：$\text{C} > \text{Mn} > \text{Cr}$。所以奥氏体焊缝中各种元素对热裂纹的影响可用"热裂指数" HCI 表示：

$$HCI = 1080w(\text{P}) +733w(\text{S}) +13w(\text{Si}) +0.2w(\text{Ni}) -43w(\text{C}) -3w(\text{Mn}) -0.7w(\text{Cr})$$

为防止焊缝产生凝固裂纹，要求 $HCI < 15$。

6.3.1.2 冷裂纹敏感性评价方式

1. 冷裂纹敏感指数法

冷裂纹敏感性的评价可以参考表 6.7。

表 6.7　冷裂纹敏感性数据及焊接预热温度确定

冷裂纹敏感性数据公式 /%	预热温度计算公式 /℃	公式的应用条件
$P_{\text{c}} = P_{\text{cm}} + \dfrac{[H]}{60} + \dfrac{\delta}{600}$ $P_{\text{W}} = P_{\text{cm}} + \dfrac{[H]}{60} + \dfrac{R}{400000}$	$T_0 = 1440P_{\text{c}} - 392$	斜 Y 形坡口试件，适于 $w(\text{C}) \leqslant 0.17\%$ 的低合金钢，$[H]$ 为 1~5mL/100g，δ 为 19~50mm
$P_{\text{H}} = P_{\text{cm}} + 0.075\lg[H] + \dfrac{R}{400000}$	$T_0 = 1600P_{\text{H}} - 408$	斜 Y 形坡口试件，适于 $w(\text{C}) \leqslant 0.17\%$ 的低合金钢，$[H] > 5$mL/100g，$R=500$~33000N/（mm·mm）
$P_{\text{HT}} = P_{\text{cm}} + 0.088\lg[\lambda H_D'] + \dfrac{R}{400000}$	$T_0 = 1400P_{\text{HT}} - 330$	斜 Y 形坡口试件，P_{HT} 考虑了氢在熔合区附近的聚集
$T_0 = 324P_{\text{cm}} + 17.7[H] + 0.014R_{\text{m}} + 4.73\delta - 214$		插销试验，考虑了被焊金属抗拉强度 R_{m}（MPa）

注：$[H]$——熔敷金属中扩散氢含量，mL/100g；

　　δ——被焊金属的板厚，mm；

　　R——拘束度，N/（mm·mm）；

　　H_D'——有效扩散氢，mL/100g（低氢型焊条：$H_D' = [H]$；酸性焊条：$H_D' = [H]/2$）；

　　λ——有效系数（低氢型焊条：$\lambda=0.6$；酸性焊条：$\lambda=0.48$）。

　　$P_{\text{cm}} = \text{C} + \dfrac{\text{Si}}{30} + \dfrac{\text{Mn+Cu+Cr}}{20} + \dfrac{\text{Ni}}{60} + \dfrac{\text{Mo}}{15} + \dfrac{\text{V}}{10} + 5\text{B}$（%），其适用的成分范围为 C 为 0.07%~0.22%、Si 不大于 0.06%、Mn 为 0.40%~1.40%、Cu 不大于 0.50%、Ni 不大于 1.20%、Cr 不大于 1.20%、Mo 不大于 0.70%、V 不大于 0.12%、Nb 不大于 0.04%、Ti 不大于 0.05%、B 不大于 0.005%。

2.碳当量评估法

碳当量是将钢中合金元素（包括碳）的含量按其作用换算成碳的相当含量。碳当量可以用来评价钢材淬硬倾向、冷裂纹倾向等。

各个国家的碳当量计算公式不尽相同，常见如下三种。

（1）国际焊接协会（IIW）推荐的碳当量计算公式：

$$CE（IIW）= C + \frac{Mn}{6} + \frac{Cr+Mo+V}{5} + \frac{Cu+Ni}{15}（\%）$$

式中，各元素使用钢中的质量分数（%），计算碳当量时取其成分的上限。

（2）日本JIS标准规定的碳当量计算公式：

$$C_{eq}（JIS）= C + \frac{Mn}{6} + \frac{Si}{24} + \frac{Ni}{40} + \frac{Cr}{5} + \frac{Mo}{4} + \frac{V}{14}（\%）$$

此方法适合低合金高强钢。

（3）美国焊接学会（AWS）推荐的碳当量计算公式：

$$CE（AWS）= C + \frac{Mn}{6} + \frac{Si}{24} + \frac{Ni}{15} + \frac{Cr}{5} + \frac{Mo}{4} + \frac{Cu}{13} + \frac{P}{2}（\%）$$

应当指出的是，焊接裂纹的间接评估方法中的公式属于经验类公式，其优点是使用此类方法评定焊缝裂纹时一般不需要焊出焊缝，只需要根据材料或焊缝的化学成分就可计算出数值得到结果；但是此类公式都是在一定的试验条件下建立的，所以其有一定的使用限制，而且此类公式大多只能间接、粗略地估计裂纹倾向，所以有时我们需要采用裂纹的直接评估方法来对裂纹倾向进行评定。

6.3.2 焊接裂纹直接评估方法

焊接裂纹的直接评估方法就是指各种抗裂性试验，使用直接试验的方法来评定裂纹倾向可以通过对焊件的观察来直观地定性或定量评定产生某种裂纹的倾向，揭示产生裂纹的原因和影响因素。

6.3.2.1 热裂纹直接评估方法

焊接热裂纹的直接评估可以使用T形接头焊接裂纹试验、压板对接（FISCO）焊接裂纹试验、十字搭接裂纹试验、鱼骨状裂纹试验、可调拘束裂纹试验等试验方法。具体的试验方法及用途见表6.8。

表6.8　焊接热裂纹的主要试验方法及用途

试验方法名称	用途
T形接头焊接裂纹试验	评定碳素钢、低合金钢角焊缝的热裂纹敏感性
压板对接（FISCO）焊接裂纹试验	评定碳钢、低合金钢、奥氏体不锈钢焊条及焊缝的热裂纹敏感性
十字搭接裂纹试验	评定厚度1~3mm的结构钢、不锈钢、高温合金、铝、镁、钛合金薄板TIG焊和焊条电弧焊的热裂纹敏感性
鱼骨状裂纹试验	评定厚度1~3mm铝合金、镁合金、钛合金薄板焊缝及HAZ的热裂纹敏感性
可调拘束裂纹试验	评定碳钢、低合金钢、不锈钢、铝合金、铜合金的热裂纹敏感性

常用的焊接热裂纹试验可参照 ISO 17641 系列标准进行，该标准目前执行情况如下：

ISO 17641-1：2004《金属材料焊缝的破坏性试验　焊接件的热裂纹试验　电弧焊接工艺　第 1 部分：总则》

ISO 17641-2：2015《金属材料焊接的破坏性试验　焊接件热裂纹试验　电弧焊接工艺　第 2 部分：自拘束试验》

ISO 17641-3：2005《金属材料焊缝的破坏性试验　焊接件热裂纹试验　电弧焊接工艺　第 3 部分：外加载荷试验》

6.3.2.2　冷裂纹直接评估方法

焊接冷裂纹的直接评估可以使用斜 Y 形坡口试验（小铁研式抗裂试验）、搭接接头（CTS）试验、刚性对接裂纹试验、里海（Lehigh）拘束裂纹试验、插销试验等，具体的试验方法及用途见表 6.9。常用的焊接冷裂纹试验可参照 ISO 17642 系列标准进行，该标准目前执行情况如下：

ISO 17642-1：2004《金属材料焊缝的破坏性试验　焊接件的冷裂纹试验　电弧焊接工艺　第 1 部分：总则》

ISO 17642-2：2005《金属材料焊缝的破坏性试验　焊接件的冷裂纹试验　电弧焊接工艺　第 2 部分：自拘束试验》

ISO 17642-3：2005《金属材料焊缝的破坏性试验　焊接件的冷裂纹试验　电弧焊接工艺　第 3 部分：外加载荷试验》

表 6.9　焊接冷裂纹的主要试验方法

试验方法名称	用途
斜 Y 形坡口试验	主要用来评价碳钢和低合金高强钢焊接热影响区内的冷裂纹敏感性，应用范围广
搭接接头（CTS）试验	主要用来评价碳钢和低合金高强钢焊接热影响区内的冷裂纹敏感性
刚性对接裂纹试验	测定焊缝的热裂纹和冷裂纹，也可测定焊接热影响区的冷裂纹
里海（Lehigh）拘束裂纹试验	主要用于评定碳钢、低合金高强钢和奥氏体不锈钢焊缝金属的热裂纹和冷裂纹的敏感性，美国和欧洲应用广泛
插销试验	主要用于测定碳钢和低合金高强钢焊接热影响区对冷裂纹的敏感性，为定量试验方法，应用广泛
拉伸拘束裂纹试验	碳钢和低合金高强钢等，大型定量的评定冷裂纹的试验方法，大吨位的试验机适合厚板多层焊
刚性拘束裂纹试验	大型定量的评定冷裂纹的试验方法，由于其能反映焊接接头的应力状态，所以是目前测试焊接冷裂纹敏感性最完善的试验，但是试验设备较拉伸拘束裂纹试验更为复杂，消耗的试验钢材也更多，所以未能广泛使用
平板刚性拘束试验	基本原理与刚性拘束裂纹试验基本相同，该方法既保留了刚性拘束裂纹试验的优点，又比刚性拘束裂纹试验设备简单，但是其缺点也很明显，其调节拘束长度（拘束应力）是分段的而不是连续的

6.3.2.3　再热裂纹直接评估方法

再热裂纹的直接评估方法一般有斜 Y 形坡口再热裂纹试验、改进里海拘束裂纹试验和插销式再热裂纹试验三种形式。这三种试验方法都要求预热之后检查无裂纹后再进行消应力热处理，然后再检验裂纹，以防止冷裂纹对试验的影响而降低评估再热裂纹敏感性的准确度。其中斜 Y 形坡口再热裂纹试验由于其试验方法简单易行，得到广泛应用。

6.3.2.4　层状撕裂直接评估方法

层状撕裂一般采用 Z 向拉伸试验、Z 向窗口试验和 Granfield 试验来测定钢材的层状撕裂敏感性。

Z 向拉伸试验是利用钢板厚度方向的断面收缩率来评定钢材的层状撕裂敏感性。

Z 向窗口试验是利用模拟实际层状撕裂受力的试验方法来评定钢材的层状撕裂敏感性。

Granfield 试验是根据焊道数量的多少和调整预热温度及层间温度来评价层状撕裂敏感性。

参考文献

［1］GSI. SFI-Akktuell［M］. Duisburg: Gesellschaft für Schweißtechnik International mbH，2010.

［2］史耀武. 新编焊接数据资料手册［M］. 北京：机械工业出版社，2014.

［3］中国机械工程学会焊接学会. 焊接手册：第 2 卷［M］. 北京：机械工业出版社，2014.

［4］杜则裕. 焊接科学基础：材料焊接科学基础［M］. 北京：机械工业出版社，2012.

［5］LIPPOLD J C，KOTECKI D J，不锈钢焊接冶金学及焊接性［M］陈剑虹，译. 北京：机械工业出版社，2008.

［6］第一机械工业部哈尔滨焊接研究所. 焊接裂缝金相分析图谱［M］. 哈尔滨：黑龙江科学技术出版社，1981.

［7］张文钺. 焊接冶金学：基本原理［M］. 北京：机械工业出版社，1999.

［8］史耀武. 中国材料工程大典：22 卷［M］. 北京：化学工业出版社，2006.

［9］陈伯蠡. 焊接冶金原理［M］. 北京：清华大学出版社，1991.

［10］陈祝年. 焊接工程师手册［M］. 2 版. 北京：机械工业出版社，2010.

［11］Destructive tests on welds in metallic materials—Cold cracking tests for weldments—Arc welding processes—Part 1:General:ISO 17642-1:2004［S/OL］.［2004-08-01］. http://www.doc88.com/p-25959750243366.html.

本章的学习目标及知识要点

1.学习目标

（1）了解焊接裂纹产生的基本因素。

（2）了解焊接裂纹的分类和特征。

（3）掌握各种焊接裂纹的产生机理、影响因素和预防措施。

（4）了解焊接裂纹的评估方法。

2.知识要点

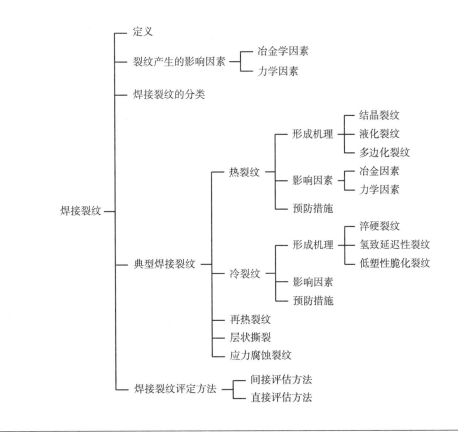

第7章

不同种类的断裂

编写：王龙权　审校：徐林刚

本章从断裂的工程实例、断裂的种类、断裂的机理及防止措施等方面介绍断裂的相关知识，为焊接结构的断裂预防提供理论基础。

在目前的工作中，"断裂"用于表明不稳定裂纹的扩展，或者扩展路径贯穿整个结构件，或者结构件的强度或刚度显著减小。断裂按其原因分类有：疲劳断裂、蠕变断裂及过载断裂等；按塑性应变分类为：塑性断裂（韧性断裂或延性断裂）和脆性断裂；按断裂微观路径分类为：穿晶断裂、沿晶断裂和混合断裂；按构件断裂时的断口形貌分类为：解理断裂、准解理断裂、沿晶断裂、纯剪切断裂及微孔聚集型断裂。

7.1 疲劳断裂

材料、零件和构件在循环载荷作用下，在某个点或某些点逐渐产生局部的永久性的性能变化，在一定循环次数后形成裂纹，并在载荷作用下继续扩展直到完全断裂的现象，称为疲劳断裂或疲劳破坏。

疲劳可以按不同方法分类，按照应力状态不同可分为弯曲疲劳、扭转疲劳、拉压疲劳及复合疲劳；按照环境和接触情况不同可分为大气疲劳、腐蚀疲劳、高温疲劳、热疲劳、接触疲劳等；按照断裂寿命和应力高低不同可分为高周疲劳（$N_f > 10^5$）和低周疲劳（$N_f = 10^2 \sim 10^5$），这是最基本的分类方法。

7.1.1 疲劳断裂实例

图 7.1 所示为从焊趾裂纹开始的疲劳裂纹。疲劳裂纹从焊趾裂纹向外辐射而贯穿板厚，最后造成构件断裂。对于塑性材料，宏观断口为纤维状，暗灰色；对于脆性材料，则为结晶状。

图 7.2 所示为直升机起落架的疲劳断裂图。裂纹从高度集中的角接板尖端开始，该直升机飞行着陆 2118 次后发生破坏，属于低周疲劳。

图 7.3 所示为载货汽车底架纵梁疲劳断裂。该梁板厚 5mm，承受反复的弯曲应力。在角钢和纵梁的焊接处，因应力集中很高而产生裂纹。该车破坏时已运行 30000km。

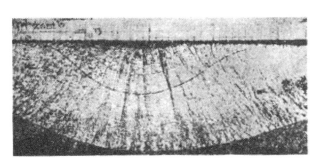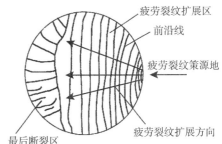

图 7.1　从焊趾裂纹开始的疲劳裂纹

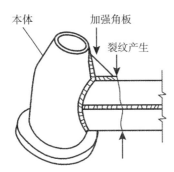

图 7.2　直升机起落架的疲劳断裂

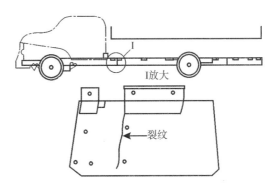

图 7.3　载重汽车纵梁的疲劳断裂结构

图 7.4 所示为空气压缩机法兰盘和管道连接处，因采用应力集中系数很高的角焊缝而导致疲劳断裂。改为应力集中系数较小的对接焊缝后，疲劳事故大大减少。

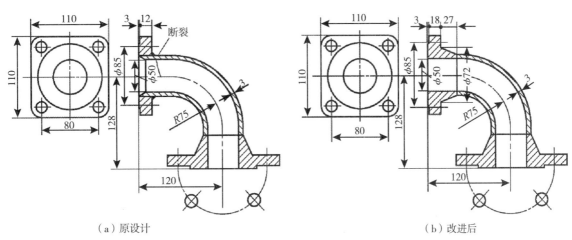

（a）原设计　　　　　　　　　　　　　　　（b）改进后

图 7.4　空气压缩机的疲劳断裂

工程中很多机件和构件都是在变动载荷下工作的，如曲轴、连杆、齿轮、弹簧、辊子、叶片及桥梁等，其失效形式主要是疲劳断裂。

图 7.5 所示为穿梭运输油轮的传动轴的疲劳断裂。断裂发生在传动轴中间部分。裂纹起源于传动轴表面的引弧点。

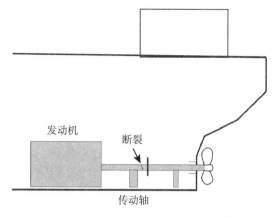

图 7.5 穿梭运输油轮的传动轴的疲劳断裂

7.1.2 疲劳断裂断裂机理

疲劳破坏一般从应力集中处和构件表面开始。而焊接结构的疲劳又往往是从焊接接头处产生的。

（1）应力集中处。材料中含有缺陷、夹杂，或构件中有孔、切口、台阶等几何不连续处将引起应力集中，成为"裂纹源"。

（2）构件表面。大多数情况下，构件中高应力区域总是在表面（或近表面）处，如承受弯曲或扭转的圆轴，其最大正应力或剪应力在截面半径最大的表面处。表面加工痕迹如切削刀痕以及环境腐蚀都有影响。

7.1.3 疲劳断裂防止措施

疲劳断裂的防止措施可以参考以下几点：①采用强韧性好的结构钢作母材，并满足设计要求的承载能力，避免过载导致结构件失效；②细化晶粒，提高材料的强韧性；③若仅从疲劳强度出发，结构钢可以采用淬火加低温回火热处理；④提高材料纯净度，减少非金属夹杂物及冶金缺陷，有利于提高疲劳强度；⑤其他措施参见本教程第三分册中焊接结构及设计、断裂力学相关介绍内容。

7.2 蠕变断裂

所谓蠕变，就是金属在长时间的恒温、恒载荷作用下缓慢地产生塑性变形的现象。由于这种变形而导致金属材料的断裂称为蠕变断裂。

金属材料在低温及常温时也存在蠕变现象，但不显著，当约比温度（T/T_m，T 为试验温度，T_m 为金属熔点）大于 0.3 时才比较显著。如碳钢温度超过 300℃、合金钢温度超过 400℃时，就必须考虑蠕变的影响。

7.2.1 蠕变断裂工程实例

蠕变变形能导致构件尺寸发生很大的变化，以至于无法继续使用或者断裂。当过量的蠕变变形达到或超过设计极限应变，就会产生蠕变断裂。

例如，图 7.6 为钴基合金涡轮叶片的蠕变断裂，构件在较高温度下使用，由于过热导致蠕变强度下降而发生蠕变断裂；图 7.7 为喷气式发动机涡轮叶片的蠕变变形断裂。

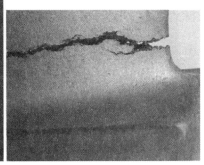

图 7.6　钴基合金涡轮叶片的蠕变断裂　　　　图 7.7　喷气式发动机涡轮叶片的蠕变变形断裂

7.2.2 蠕变断裂断裂机理

金属材料在长时高温载荷作用下的断裂，大多为沿晶断裂。一般认为，这是由于晶界滑动在晶界上形成裂纹并逐渐扩展而引起的。试验表明，在不同的应力与温度条件下，晶界裂纹的形成方式有两种。

7.2.2.1 在三晶粒交会处形成楔形裂纹

在高应力和较低温度下，由于晶界滑动在三晶粒交会处受阻，造成应力集中形成空洞，空洞相互连接便形成楔形裂纹。图 7.8 所示即为在 A、B、C 三晶粒交会处形成楔形裂纹示意图。图 7.9 所示为在耐热合金中所观察到的楔形裂纹。

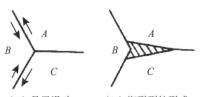

（a）晶界滑动　　（b）楔形裂纹形成

图 7.8　楔形裂纹形成示意图　　　　图 7.9　耐热合金中的楔形裂纹

7.2.2.2 在晶界上由空洞形成晶界裂纹

较低应力和较高温度下产生的裂纹。这种裂纹出现在晶界上的突起部位和细小的第二相质点附近，由于晶界滑动而产生空洞，如图7.10所示。图7.10（a）为晶界滑动与晶内滑移带在晶界上交割时形成的空洞；图7.10（b）为晶界上存在第二相质点时，当晶界滑动受阻而形成的空洞。这些空洞长大并连接，便形成裂纹。在耐热合金中晶界上形成的空洞如图7.11所示。

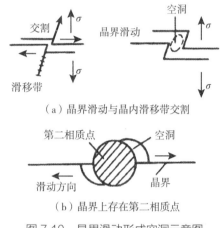

（a）晶界滑动与晶内滑移带交割

（b）晶界上存在第二相质点

图7.10 晶界滑动形成空洞示意图

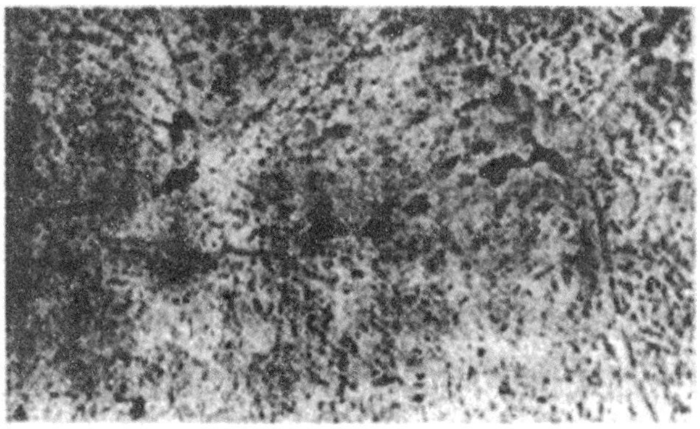

图7.11 耐热合金中晶界上形成的空洞

以上两种方式形成裂纹，都有空洞萌生过程。可见，晶界空洞对材料在高温下使用的温度范围和寿命是至关重要的。裂纹形成后，进一步依靠晶界滑动、空位扩散和空洞连接而扩展，最终导致沿晶断裂。

由于蠕变断裂主要在晶界上发生，因此，晶界的形态、晶界上的析出物和杂质偏聚、晶粒大小及晶粒度的均匀性对蠕变断裂均会产生很大影响。

蠕变断裂断口的宏观特征为：①在断口附近产生塑性变形，在变形区域附近有很多裂纹，使断裂机件表面出现龟裂现象；②由于高温氧化，断口表面往往被一层氧化膜所覆盖。

蠕变断裂的微观断口特征，主要为冰糖状的沿晶断裂形貌。

7.2.3 蠕变断裂防止措施

提高金属材料的高温力学性能（尤其是蠕变极限和持久强度），有利于防止蠕变断裂。由蠕变变形和断裂机理可知，要提高蠕变极限，必须控制位错攀移的速率；要提高持久强度，必须控制晶界的滑动，即要控制晶内和晶界的原子扩散过程。而这种扩散过程主要取决于合金的化学成分，并与冶炼工艺、热处理工艺等因素紧密相关。

7.2.3.1 合金化学成分

选择耐热钢及合金，其基体材料一般选用熔点高、自扩散激活能或层错能低的金属及合金。选择某些面心立方结构的金属，其高温强度比体心立方结构的高。

在基体金属中加入Cr、Mo、W、Nb等合金元素，产生固溶强化，同时使层错能降低，易形成扩展位错，且溶质原子与溶剂原子的结合力较强，增大了扩散激活能，从而提高蠕变极限。

在合金中添加能产生弥散强化的合金元素，弥散相能强烈阻碍位错的滑移，从而提高高温强度。

在合金中添加能增加晶界扩散激活能的元素（如 B、稀土等），阻碍晶界滑动又增大晶界裂纹面的表面能，有利于提高蠕变极限和持久强度。

7.2.3.2 冶金工艺

提高耐热钢及高温合金的纯净度，降低钢中的杂质元素（S、P、Pb、Sn、As、Sb、Bi），减少钢中的夹杂物和冶金缺陷。

7.2.3.3 热处理工艺

珠光体耐热钢一般采用正火加高温回火工艺，正火温度较高，以促使碳化物较充分而均匀地溶于奥氏体中。回火温度应高于使用温度 100~150℃，以提高其在使用温度下的组织稳定性。

奥氏体耐热钢或合金一般进行固溶处理和时效，以获得适当的晶粒度，改善强化相的分布状态。

采用形变热处理改变晶界形状（形成锯齿状），并在晶内形成多变化的亚晶界，则可使合金进一步强化。如 GH38、GH78 型铁基合金采用高温形变热处理后，在 550℃和 630℃的高温下保持 100h 持久强度极限分别提高 25% 和 20% 左右，而且还具有较高的持久伸长率。

7.2.3.4 晶粒度

晶粒大小对金属材料高温力学性能的影响很大。对于耐热钢及合金来说，随合金成分及工作条件不同有一个最佳晶粒度范围。如奥氏体耐热钢及镍基合金，一般以 2~4 级晶粒度较好。因此，进行热处理时应考虑采用适当的加热温度，以满足晶粒度的要求。

7.3 脆性断裂

在工程上，按照断裂前塑性变形的大小，可将断裂分为脆性断裂（断面收缩率不大于 5%）和延性断裂（也称塑性断裂和韧性断裂，断面收缩率不小于 5%）。

脆性断裂（狭义）包括两类：低应力脆断和环境介质条件下的脆断。

低应力脆断是指通常在弹性应力范畴内在许用应力条件下一次加载引起的脆性断裂。例如，钢的低温脆性、蓝脆、回火脆性、不锈钢的 475℃脆性、σ 相脆性等。

环境介质条件下的脆断，实际上也是一种低应力脆断。环境介质因素是指零部件或构件在受载荷情况下同时接触到会使材料性能或表面状态恶化的环境条件，如潮湿空气、水介质、熔盐、硫化氢气氛、低熔点熔融金属、辐照环境等。这种环境介质条件下的断裂可分为氢脆、碱脆、晶间腐蚀、应力腐蚀开裂、氢腐蚀等几种。这类事故的发展过程包含了时间因素，与疲劳断裂在这一点上有相似之处，都有裂纹形成和发展的时间过程，都不是受载后立即发生断裂，属于滞后破坏断裂范畴，这与上述受载后立即断裂的低应力脆断事故是有差别的。除了上述问题导致脆断，还有一些涉及焊接热影响区 HAZ 的脆化，也可能导致构件的脆断，如粗晶脆化、组织脆化、析出脆化及热应变时效脆化等。

金属脆性断裂的基本特征有：①断裂时没有明显的塑性变形，断口平直，一般应与主应力垂直，边缘无剪切唇，断后断块能平凑起来，两断口吻合良好，如图 7.12 所示；②断裂过程消耗能量小，断裂速度快，具有突发性；③断口的颜色光亮，呈晶粒状（呈现细瓷状、结晶状及镜面反光状等特征，如图7.12和图7.13所示）；④断口的宏观外貌上有裂纹扩展时留下的人字形线纹或放射性线纹。人字线纹顶点和放射纹源，线纹方向为裂纹扩展方向，如图7.14和图7.15所示；⑤微观端口（电子金相分析）为解理断口、准解理断口或沿晶断口，如图7.16和图7.17所示。

图 7.12 低碳钢的脆性断裂

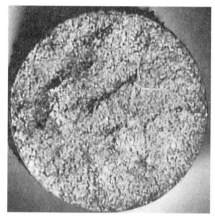

图 7.13 铸铁拉伸试样断口形态

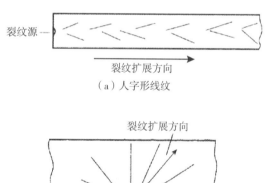

图 7.14 脆性断口的线纹

图 7.15 脆性断口人字纹

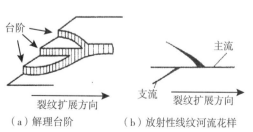

图 7.16 解理断口微观形貌

图 7.17 脆性断口放射性线纹河流花样

7.3.1 脆性断裂实例

　　工程上焊接结构断裂的典型事例见表 7.1。由脆断引起的破坏及损失应引起焊接工作者的足够重视。

表 7.1　焊接结构断裂的典型事例

损坏时间	结构种类、特点地点	损坏的情况及主要原因
1919 年	糖蜜罐（铆接）高 14m，直径 30m，美国波士顿	安全系数不足、超应力引起，在人孔附近起裂
1934 年	油罐，美国	气候骤冷时，罐底与罐壁的温差引起脆性裂纹
1938—1940 年	威廉德式桥，比利时	由于严重应力集中，残余应力高，钢材性能差，气候骤冷，焊接裂纹引起脆断
1942 年	油罐，德国汉斯	补焊处产生裂纹
1942—1946 年	EC2（自由轮）货船，美国建造	设计不当，材料性能差
1943 年 2 月	球形氧罐，直径 13m，美国纽约	应力集中，残余应力，钢材脆性（半镇静钢）
1944 年 10 月	液化天然气圆筒形容器，直径 24m，高 13m，美国俄亥俄	为双层容器，内筒采用含 3.5% 镍合金钢制成，由于材料选用不当，有大量裂纹，在 −162℃ 低温下爆炸
1949—1963 年	美国以外建造的商船	钢材选择不当，韧性低
1950 年	直径 4.57m，水坝内全焊管道，美国	由环焊缝不规则焊波向四周扩展的小裂纹引发
1949—1951 年	板梁式钢桥，加拿大魁北克	材料为不合格的沸腾钢，因出现裂纹曾局部修补过
1954 年	大型油船"世界协和号"，美国制造	钢材缺口韧性差。断裂发生在船中部，即纵梁与隔舱板中段的两端处引发裂纹然后裂纹从船底沿船两侧向上发展，并穿过甲板，断裂时有大风浪
1962 年	Kings 桥，焊制钢梁，澳大利亚墨尔本	支承钢筋混凝土桥面的四根板腹主梁发生脆裂，裂纹从角焊缝热影响区扩展到母材中
1962 年	原子能电站压力容器，法国希农	厚 100mm 锰钼钢的制成，环焊缝热处理不当导致开裂
1965 年 12 月	合成氨用大型压力容器，内径 1.7m，厚 149~150mm，美国	在筒体与锻件埋弧焊时，锻体偏析（Mn-Cr-Mo-V 钢制），在锻件一侧热影响区有裂纹，焊后未进行恰当的消除应力热处理
1965 年	"海宝"号钻井船桩腿，北海油田	由升降连接杆气割火口裂纹引发脆断，平台整个坍塌
1968 年	球形容器，日本	使用厚 29mm、80kg 级高强钢，补焊热输入量过大，导致开裂
1974 年 12 月	圆筒形石油贮罐，日本	使用厚 12mm、60kg 级钢焊制，在环状边板与罐壁拐角处产生裂纹扩展 13m，大量石油外流

7.3.2 脆性断裂断裂机理、原因

　　断裂的全过程包括裂纹的萌生与扩展。当材料性质与外加应力配合最不利时，就有可能萌生裂纹。裂纹萌生理论很多，但都与位错运动受阻导致应力集中有关。目前公认的理论是：① Stroh 位错塞积理论，该理论的核心是位错遇障碍受阻，形成位错塞积群，产生应力集中，当该应力中的正应

力达到材料断裂强度时，即萌生裂纹；② Cottrell 位错反应理论，该理论认为在体心立方金属中，若沿两相交滑移面上存在有两个全位错，当它们相遇时会发生位错反应形成新的位错，而新合成的位错不在其滑移面上，故为不动位错，并将阻碍后续位错的运动，从而形成位错塞积群，造成应力集中而导致开裂；③ Smith 碳化物边界形成裂纹理论，该理论认为铁素体内的位错运动于碳化物边界将造成位错受阻，引起应力集中有可能导致碳化物开裂。

对各种焊接结构脆断事故分析和研究，发现焊接结构发生脆断是材料（包括母材和焊材）、结构设计和制造工艺三方面因素综合作用的结果。就材料而言，主要是在工作温度下韧性不足；就结构设计而言，主要是造成极为不利的应力状态，限制了材料塑性的发挥；就制造工艺而言，除了因焊接工艺缺陷造成严重的应力集中，还因为焊接热的作用改变了材质（HAZ 脆化）和焊接残余应力与变形等。焊接结构脆断的影响因素如下。

7.3.2.1 影响金属材料脆断的主要因素

研究表明，同一种金属材料由于受外界因素影响，其断裂的性质会发生改变，其中最主要的因素是温度、加载速度和应力状态，而这三者往往是共同起作用。

（1）温度的影响。

温度对材料的拉伸性能、冲击韧性和断裂韧性有很大影响，如图 7.18 ~ 图 7.21 所示。

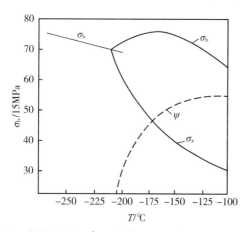

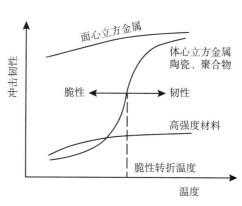

图 7.18 热轧低碳钢 [w（C）=0.2%] 的温度与拉伸性能关系　　图 7.19 温度对不同材料的冲击韧性的影响

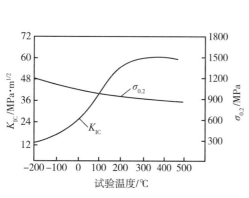

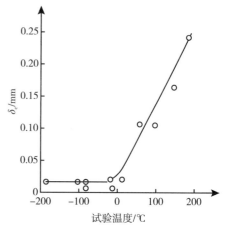

图 7.20 温度对 Ni-Cr-Mo-V 钢的 K_{IC} 的影响　　　　图 7.21 温度对 Mn-Cr-Mo-V 钢 δ_c 的影响

（2）加载速度的影响。

实验证明，钢的屈服点 σ_s 随着加载速度提高而提高，如图 7.22 所示，说明了钢材的塑性变形抗力随加载速度提高而加强，促进了材料脆性断裂。提高加载速度的作用相当于降低温度。

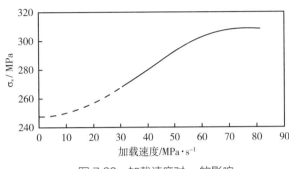

图 7.22　加载速度对 σ_s 的影响

（3）应力状态的影响。

厚板结构的焊接（焊接接头中的裂纹、未熔合、未焊透、咬边等）易出现三向拉应力状态，塑性变形受到拘束，必然发生脆断。

（4）材料状态的影响。

板厚增大，脆断可能性增大；对于低碳钢和低合金钢来说，晶粒度越细，韧脆转变温度越低，脆断倾向越小；结构钢中，随含碳量及有害的伴生元素含量增加，脆断倾向会增大；而钢中含有能细化晶粒的合金元素，脆断倾向会减小。

7.3.2.2 影响结构脆断的设计因素

焊接结构是根据焊接工艺特点和使用要求设计的。设计上，有些不利因素是这类结构固有特点造成的，因而比其他结构更易于引起脆断。有些则是设计不合理而引起脆断。这些因素有：① 焊接连接是刚性连接；② 结构整体性，导致其刚性大；③ 结构设计上存在应力集中；④ 结构细部设计不合理。另外，在钢结构中，高强钢丝束、钢绞线和钢丝绳等脆性材料由于过载断裂易出现脆断。

7.3.2.3 影响结构脆断的工艺因素

焊接结构在生产过程中一般要经历下料、冷（或热）成形、装配、焊接、矫形和焊后热处理工序，金属材料经过这些工序其材质可能发生变化，焊接可能产生缺陷，焊后产生的残余应力和变形等，都对结构脆断有影响。

7.3.3 防止脆性断裂的措施

防止脆性断裂的措施可以从以下几点考虑：① 调整钢的化学成分（控制钢材的 Mn / C 比，钢中加 Ni 或细化晶粒元素 Nb、Ti、V 等），降低杂质含量，提高钢的纯净度；② 细化晶粒（正火、变形热处理等）；③ 等温淬火获得下贝氏体组织，淬火加回火获得低碳马氏体组织；④ 合理的结构设计（减少结构或焊接接头部位的应力集中、减小结构刚度、避免过厚截面、重视附件或不受力的焊缝设计，满足结构强度设计要求，尽量避免结构使用过程中出现过载而导致结构失效）；⑤ 保证焊缝质量，适当减小热输入，减小焊接残余内应力。另外，严格生产管理，加强工艺纪律。

7.4 塑性断裂

7.4.1 金属塑性断裂的基本特征

金属塑性断裂的基本特征为：① 塑性断裂前金属发生明显的塑性变形，断后两断口合不拢，即恢复不到原形；② 断口附近有颈缩现象，边缘呈 45° 剪切唇，如图 7.23~ 图 7.25 所示；③断口颜色灰暗，呈纤维状；④断裂过程是从弹性变形开始，到达屈服极限即发生屈服，产生塑性变形，当应力达到金属的强度极限时断裂才产生，整个过程需消耗较大的能量；⑤塑性断口微观形态特征为韧窝，如图 7.26 所示。

图 7.23 铝合金的塑性断裂（杯锥状断口）

图 7.24 302 不锈钢的塑性断裂（杯锥状断口）

图 7.25 低碳铸钢拉伸试样

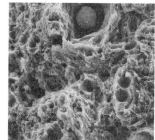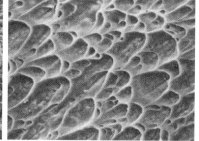

（a）低合金中碳钢等轴韧窝 1750× （b）铸造 Ti–6Al–4V 剪切韧窝断口 350×

图 7.26 塑性断裂断口形貌——韧窝

7.4.2 塑性断裂的断裂机理

塑性断裂的表面在宏观和微观两个层次上都有鲜明的特点。图 7.27 所示为两类典型宏观拉伸断口示意图。图 7.27（a）所示为极软金属的拉伸断口，如室温下纯金和纯铅的拉伸断口和高温下其他金属、聚合物、无机玻璃等的拉伸断口。这些高塑性材料受拉伸时颈缩成一点后发生断，断面收缩率可达 100%。

大多数塑性金属的拉伸断口同图 7.27（b），断口处仅有一定量的颈缩。断裂过程一般分为图 7.28 中的几个阶段。首先，颈缩开始后，横断面中心会形成显微孔洞〔图 7.28（b）〕。接下来，随着塑性变形继续增加，微孔扩大、聚合，连接形成椭圆形裂纹，其长轴方向与应力

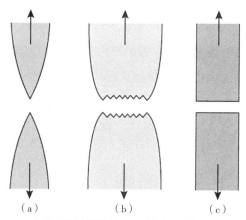

（a）高塑性材料断口，颈缩成一点断裂
（b）中塑性材料断口，部分颈缩后断裂
（c）脆性材料断口，无塑性变形

图 7.27 两类典型宏观拉伸断口示意图

方向垂直。裂纹通过该微孔聚合连接过程继续向平行于其长轴的方向成长，如图 7.28（c）所示。最后，裂纹在颈部的外周裂纹沿着与拉伸轴呈 45° 方向（此方向剪应力最大），围绕颈部的外周，迅速扩展后，发生断裂，如图 7.28（d）所示。

7.4.3　防止塑性断裂的措施

由于塑性断裂前产生显著的塑性变形，容易引起人们的注意，从而可及时采取措施防止断裂的发生，即使局部发生断裂，也不会造成灾难性事故。对于使用时只有塑性断裂可能的金属材料，设计时只需按照材料的屈服强度计算承载能力，避免结构使用中出现过载现象，一般就能保证安全使用。

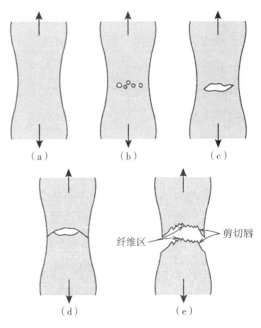

（a）初始缩颈
（b）显微孔洞形成
（c）显微孔洞聚合连接成裂纹
（d）裂纹扩展
（e）最终剪切断裂（在拉伸方向的 45° 角方向）

图 7.28　杯锥形断口示意图

7.5　过载断裂

当工作载荷超过金属构件危险截面所承受的极限载荷时，构件发生的断裂称为过载断裂。

在工程上，对于金属构件来说，一旦材料的性质确定以后，构件的过载断裂主要取决于两个因素：① 构件危险截面上的真实应力；② 截面的有效尺寸。

真实应力是由外加载荷的大小、方向及残余应力的大小来决定的，并受到构件的几何形状、加工状况（表面粗糙度及缺口的曲率半径等）及环境因素（磨损、腐蚀及氧化等）多种因素的影响。因此，为了安全起见，在设计时，将材料的屈服极限除以一个安全系数 n（$n > 1$）后，作为材料的许用应力 $[\sigma]$，即：

$$[\sigma] = \frac{\sigma_{0.2}}{n} \tag{7-1}$$

式中：$\sigma_{0.2}$——材料的实际屈服强度，MPa；

　　　n——许用安全系数。

按照此种方法设计，构件在理论上是安全的。但由于种种原因，构件发生过载断裂失效的现象并不少见。

需要特别指出的是，判断某个断裂失效构件（零件）是不是过载性质的，不仅要看其断口上有无过载断裂的形貌特征，还要看构件断裂的初始阶段是不是过载性质的断裂。因为对于任何断裂，当初始裂纹经过亚临界扩展，到达某临界尺寸时就会发生失稳扩展。此时的断裂总是过载性质的，其断口上必有过载断裂的形貌特征。但如果断裂的初始阶段不是过载性质的，那么过载就不是构件断裂的真正原因。

在失效分析时还应当注意，所谓过载，仅仅说明工作应力超过构件的实际承载能力，并不一定表示操作者违章作业，使构件超载运行。因为也可能属于另一种情况，即工作应力并未超过设计要求，而由于材料缺陷及其他原因，使其不能承受正常的工作应力，此时发生的断裂也是过载性质的。两种断裂同属于过载断裂，但致其断裂的原因却不相同。因此，在使用式（7-1）来判定是否存在过载时，所采用的 $\sigma_{0.2}$ 一定是构件材料的实际屈服强度，而不应是该材料一般的屈服强度数值。例如，45 钢正常调质状态（840℃水淬 + 560℃回火），$\sigma_{0.2}$ = 501~539MPa；而正火状态，$\sigma_{0.2}$ = 370MPa。如果设计要求调质状态使用的构件，而实际只是正火状态的材料加工而成，则实际的许用载荷将大大降低。尤其对用轧制钢板加工的普通结构件，在分析时一定要注意材料的各向异性。设计时参考一般材料性能数据手册或机械设计手册，查到的往往是沿轧制方向材料的性能。另外，对于存在缺陷尤其是裂纹的构件，应按照断裂力学的计算办法进行校核，而不能单用简单的式（7-1）进行校核。

过载断裂失效的宏观表现，可以是宏观塑性的断裂，也可以是宏观脆性的断裂。

7.5.1 过载断裂失效断口的一般特征

7.5.1.1 宏观塑性断裂失效

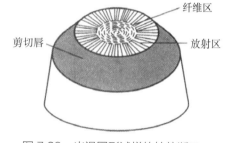

图 7.29　光滑圆形试样的拉伸断口

金属（如铝合金、低碳钢及珠光体钢等）构件发生过载断裂失效时，通常显示一次加载断裂的特征。其宏观断口与拉伸试验断口极为相似。

对于宏观塑性的过载断裂失效来说，其断口上一般可以看到三个特征区：纤维区、放射区及剪切唇，如图 7.23、图 7.24 及图 7.29 所示，通常称为断口的三要素。

（1）纤维区。位于断裂的起始部位。它在三向拉应力的作用下，裂纹做缓慢扩展而形成。裂纹的形成核心就在此区内。该区微观断裂机制是等轴微孔聚集型，断面与应力轴垂直。

（2）放射区。裂纹的快速扩展区。宏观上可见放射状条纹或人字纹。该区的微观断裂机制为撕裂微孔聚集型，也可能是微孔与解理的混合断裂机制。断面与应力轴垂直。

（3）剪切唇。最后断裂区。此时构件的剩余截面处于平面应力状态，塑性变形的约束较少，由切应力引起的断裂，断面平滑，呈暗灰色。该区的微观断裂机制为剪切（滑开）微孔聚集型。断面与应力轴呈 45°。

7.5.1.2 宏观脆性过载断裂失效的断口特征

（1）拉伸脆性材料。过载断裂的断口为瓷状、呈结晶状或具有镜面反光特征（图 7.12 和图 7.13）；在微观上分别为等轴微孔、沿晶正断及解理断裂，图 7.13 所示为脆性断口，呈结晶状，无三要素特征。

（2）拉伸塑性材料。因其尺寸较大或有裂纹存在时发生的脆性断裂，其断口中的纤维区很小，放射区占有极大比例，周边几乎不出现剪切唇，其微观断裂机制为微孔聚集型并兼有解理的混合断裂。

7.5.2 影响过载断裂失效断裂特征的因素

7.5.2.1 材料性质的影响

大多数的单相金属、低碳钢及珠光体钢，其过载断裂口上，具有典型的三要素特征。

高强度材料、复杂的工业合金及马氏体时效钢等，其断口的纤维区内有环形花样，其中心像"火山口"状，"火山口"中心必有夹杂物，此为裂纹源。另外，有放射区细小及剪切唇细小等特点。

中碳钢及中碳合金钢的调制状态，断口的主要特征是具有粗大的放射剪切花样，基本上无纤维区和剪切唇。放射剪切是一种典型的剪切脊。这是在断裂起源后扩展时，沿最大切应力方向发生剪切变形的结果。其另一特点是放射源不是直线的，这是因为变形约束小，裂纹钝化，致使扩展速度较慢等。

塑性较好的材料，由于变形约束小，断口上可能只有纤维区和剪切唇而无放射区。可以说，断口上的纤维区较大，则材料的塑性较好；反之，放射区增大，则表示材料塑性降低，脆性增大。

纯金属还可能出现一种全纤维的断口或 45° 的滑开断口。

脆性材料的过载断裂，在其断口上可能完全不出现三要素特征，而呈现细瓷状、结晶状镜面反光特征。

7.5.2.2 零件形状与几何尺寸的影响

圆形试件参考图 7.23~ 图 7.25；方形试件参考图 7.15。

几何尺寸的影响：无论何种形状的零件，其几何尺寸越大，放射区的尺寸越大，纤维区和剪切唇的尺寸也有所增大，但变化幅度较小，在很薄的试样上，可能出现全剪切的断口。

7.5.2.3 载荷性质的影响

应力状态的柔性对三要素的相对大小有较大影响。三向拉应力为硬状态，三向压缩为柔性状态；快速加载为硬状态，慢速加载为柔性状态，由于材料在硬状态应力作用下表现为较大脆性，所以放射区加大，纤维区缩小，剪切唇变化不大。

7.5.2.4 环境因素的影响

温度越高，一般是材料的塑性增加，而纤维区加大，剪切唇也有所增加，放射区相对变小。

腐蚀介质可能使通常的延性断裂变为脆性断裂。

7.5.3 扭转和弯曲过载断裂断口特征

7.5.3.1 扭转过载断裂断口特征

承受扭转应力零件的最大正应力方向与轴向呈 45°，最大切应力方向与轴向呈 90°。当发生过载断裂时，断裂的断口与最大应力方向一致。韧性断裂的断面与轴向垂直，脆性断裂的断面与轴向为 45° 螺旋状，对于刚性不足的零件，扭转时发生明显的扭转变形。

图 7.30 所示为工程机械传动轴扭转断裂的断口实物，40Cr 钢调质后表面感应加热淬火处理。由于感应

图 7.30　韧性扭转过载断口

图 7.31　脆性扭转过载断口

圈设计不当，导致在轴的台阶过渡处没有淬火，在做台架试验时很快断裂。此断口表面看来类似于疲劳断口，在沿外圆周表面，有多源疲劳的微小台阶。但该轴在试验时只扭转不到 100 次即断裂，更进一步的分析表明其为扭转过载断裂。

脆性扭转断裂特征最明显的例子就是粉笔的扭转断裂，断面与轴向呈 45°，断口粗糙。图 7.31 所示为压路机扭力轴断裂的实例。该轴表面硬化处理，为硬度 58HRC，芯部硬度为 35HRC。扭转试验时，在台阶根部硬化层处开裂，在较大的扭转应力作用下，裂纹沿 45° 螺旋方向扩展，导致轴的断裂。

此类断裂的断口表面往往有疲劳断裂的特征或有小的疲劳断裂裂纹，而且小的疲劳裂纹往往是扭转断裂的断裂源区，但在发生扭转过载断裂前，这些疲劳裂纹扩展很小，整个断裂表现出扭转过载的特征，但具体的断裂原因应作进一步的分析。

7.5.3.2　弯曲过载断裂断口特征

弯曲过载断裂断口特征总体上来说与拉伸断裂断口相似。由于弯曲时零件的一侧受拉而另一侧受压，因此，断裂时在受拉一侧形成裂纹，并横向扩展直到发生断裂。其断口形态与前述冲击断口形态一致，但由于加载速率低，相同性质材料的弯曲断口的塑性区要比冲击断口的大。

在弯曲断口上可以观察到明显的放射线或人字纹花样，可以判断断裂源区，确定断裂的原因。有些强度高或脆性较大的材料，其断口上没有用来判断断裂源位置的特征花样，只能由断裂的整体零件的特征来进行分析。图 7.32 所示为过载断裂的十字轴，断裂从十字轴的根部起裂，在断面上可以观察到裂纹扩展时形成的放射状花样，其断裂原因为十字轴根部加工缺陷所致。

断裂　明显的加工刀痕　　　断裂起始部位　　　　断裂

图 7.32　弯曲过载断裂的十字轴

7.5.3.3　过载断裂的微观特征

常温下，过载断裂的微观特征是有明显的塑性变形痕迹及穿晶开裂的特征。当发生过载断裂时，材料经受过屈服阶段而后发生断裂。在电子显微镜下，过载断裂断口的微观形态为各种形式的韧窝状形貌。

断面上韧窝的大小、形状、方向及分布可进一步提供金属构件材料及应力情况的信息。因此，显微断口上的韧窝形态对断裂失效的分析是相当重要的。对同一种材料，韧窝的尺寸越大，说明构件的材料塑性越好。影响韧窝形态和尺寸的因素还有加载速度、温度、构件尺寸大小及环境介质等，所以要定量地或准确地比较韧窝的大小是困难的，特别是当断裂的条件不同时，或韧窝尺寸的分散度较大、变形量相近时更为困难。

断口上韧窝的方向是由断裂时的应力状态决定的。在正应力作用下韧窝是等轴的，而在切应力和弯曲应力作用下，剪切断裂和撕裂形成的韧窝将沿一定方向伸长变形。按照韧窝的形态可以判断断裂时载荷的性质。如发生断裂的构件，当宏观断口上难以判断是正向拉断还是弯曲作用发生的断裂时，韧窝的形态可以帮助确定断裂时载荷的性质，尤其在判断是否存在偏载或冲击作用时，这一点很重要。

根据过载断裂的定义，对于塑性的过载断裂不难判断。而对于脆性过载断裂，要明确其失效的性质和原因，较难以判断。

7.5.4 防止过载断裂的措施

结构设计时，应避免工作载荷超过结构件危险截面的极限载荷；充分考虑由结构设计、母材选择、热加工（如焊接）、冷加工等因素导致的危险截面所承受的极限载荷下降的问题。

参考文献

［1］BROBERG K BERTRAM. Cracks and Fracture［M］. San Diego. Academic Press，1999.

［2］赵建生.断裂力学及断裂物理［M］.武汉：华中科技大学出版社，2003.

［3］陈志华.钢结构原理［M］.2 版.武汉：华中科技大学出版社，2009.

［4］孙智，江利，应鹏展.失效分析：基础与应用［M］.北京：机械工业出版社，2005.

［5］钟群鹏，赵子华.断口学［M］.北京：高等教育出版社，2006.

［6］《机械设计手册》编委会.机械设计手册［M］.4 版.北京：机械工业出版社，2007.

［7］束德林.工程材料力学性能［M］.2 版.北京：机械工业出版社，2007.

［8］田锡唐.焊接结构［M］.北京：机械工业出版社，1982.

［9］方洪渊.焊接结构学［M］.北京：机械工业出版社，2008.

［10］LASSEN T，RÉCHO N. Fatigue Life Analyses of Welded Structures［M］. London: ISTE Ltd.，2006.

［11］陈传尧.疲劳与断裂［M］.武汉：华中科技大学出版社，2002.

［12］The ASM International Handbook Committee. ASM handbook, Volume 11: failure analysis and prevention［M］. Materials Park, Ohio: ASM International, 2002.

［13］CAMPBELL F C . Fatigue and fracture: understanding the basics［M］. Materials Park, Ohio: ASM International, 2012.

［14］陈祝年.焊接工程师手册［M］.2 版.北京：机械工业出版社，2009.

［15］崔忠圻，覃耀春.金属学与热处理［M］.2 版.北京：机械工业出版社，2007.

［16］王国凡.材料成型与失效［M］.北京：化学工业出版社，2002.

［17］CALLISTER W D，RETHWISCH D G. Materials science and engineering–an introduction［M］. 9th ed. Hoboken: John Wiley & Sons. Inc., 2014.

［18］HERTZBERG R W .Deformation and fracture mechanics of engineering materials［M］. 3rd ed. Hobken: John Wiley &

Sons, Inc., 1989.

［19］WULPI D J. Understanding how components fail［M］. 2nd ed. Materials Park, Ohio: ASM International, 1985.

［20］张栋，钟培道，陶春虎，等. 失效分析［M］. 北京：国防工业出版社，2004.

［21］ASHBY M F, JONES D R H. Engineering materials I: an introduction to properties, applications, and design［M］. 4th ed. Kidlington: Butterworth–Heinemann, 2012.

［22］CALLISTER W D. Fundamentals of materials science and engineering: an interactive［M］. 5th ed. Hoboken: john Wiley & Sons, Inc., 2001.

［23］The ASM International Handbook Committee. ASM handbook, volume 19: fatigue and fracture［M］. 10th ed. Materials Park, Ohio: ASM International, 1996.

本章的学习目标及知识要点

1. 学习目标

（1）了解断裂的分类方式。

（2）结合疲劳断裂、蠕变断裂、脆性断裂、塑性断裂及过载断裂的工程实例，掌握其断裂机理及预防措施。

（3）能区分过载断裂与其他断裂。

2. 知识要点

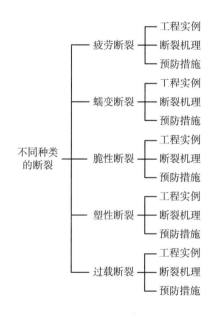

第 8 章

母材及焊接接头热处理

编写：张岩　审校：何珊珊

金属材料可以通过热处理来改变其组织和性能，从而满足其在工程中的应用。本章重点介绍正火、退火、淬火、回火几类常见热处理的目的和工艺，以及表面处理和化学处理等特殊热处理工艺，以加深对热处理原理和热处理对钢材及焊接接头作用的理解。

8.1 热处理概述

8.1.1 热处理概念

ISO 4885：2018 中给出了热处理的概念：热处理（heat treatment）是指采用适当的方式对金属材料或工件进行加热、保温和冷却获得预期的组织、结构与性能的工艺。Fe-Fe₃C 合金相图中常用的热处理加热温度区间如图 8.1 所示。在金属材料的加工和使用过程中，热处理可以改变材料的物理、

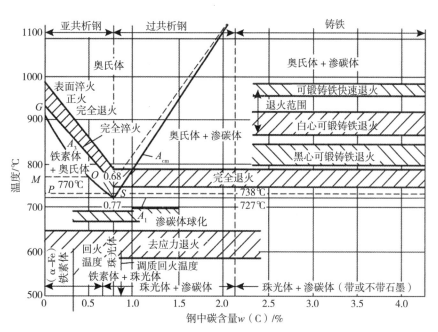

图 8.1　Fe-Fe₃C 合金相图中常用的热处理加热温度区间

化学、力学等性能，比如通过热处理可以改善材料磁性、表面硬度、韧性等。热处理可作为材料改变性能的一种手段单独使用，也可以与化学处理、形变处理等其他加工工艺共同作用来改变材料的性能。

8.1.2 热处理分类

根据 GB / T 12603—2005 金属热处理工艺分类及代号，金属的热处理分类如下。

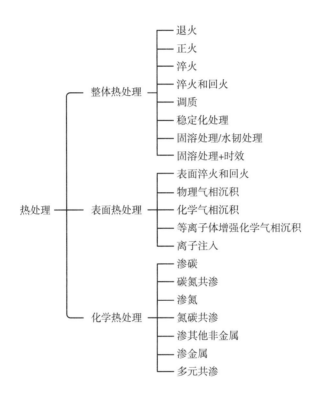

8.2 常用热处理工艺

金属材料的热处理工艺包括正火、退火、淬火、淬火和回火、调质、稳定化处理、固溶处理 / 水韧处理、固溶处理 + 时效等多种工艺。本节只介绍典型热处理工艺。

8.2.1 正火热处理

正火与退火是钢材冶金中常用的热处理工艺。所谓正火是指将工件加热到高于奥氏体温度后在空气中冷却，得到含有珠光体均匀组织的热处理方式，如图 8.2 所示。其具体加热温度一般为 A_{c3} 或 A_{ccm} 温度以上，加热时间（工件的升温时间、透热时间和保温

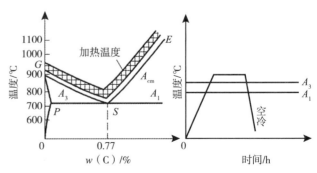

图 8.2 普通正火工艺加热温度及工艺过程示意图

时间的总和）取决于钢的成分、工件的体积、加热温度、加热介质、加热方式、装炉量、设备功率及热处理工艺等。正火加热的温度在奥氏体低温区，冷却采用空冷方式，所以对于亚共析钢而言正火之后会得到较多数量的小间距珠光体和较少的铁素体，因此，正火之后的亚共析钢综合力学性能要优于完全退火的钢。

正火能够使钢材晶粒细化、消除铸锻工艺带来的缺陷、调整钢的硬度、消除或减小内应力。但是正火得到的力学性能还取决于材料的成分和组织，根据其应用的钢材不同，正火的目的也不相同，见表 8.1。

表 8.1　正火适用的材料及其目的

热处理方式	适用范围	目的
正火	过共析碳钢、合金钢	消除网状碳化物、细化片状珠光体 帮助后续球化退火时获得均匀细小的球状碳化物
	低碳钢、中碳钢、低合金结构钢	均匀、细化珠光体晶粒 消除内应力 改善工艺性能（尤其是切削加工性能）
	中碳钢结构件	作为最终热处理，得到良好的综合力学性能
	淬火返修件	消除应力、细化组织
	电渣焊接头	细化晶粒、改善组织
	不锈钢、耐热钢	与高温回火共同作用，改善原始组织
	低合金钢（如 20Mn、15CrMo、20CrMoV 等）铸锻件	提高其韧性

8.2.2　退火热处理

退火是将钢加热到低于或高于 A_{c1} 点温度，保持一定时间后随炉缓慢冷却，以获得接近平衡组织状态的热处理。退火根据其加热温度及目的可分为完全退火、不完全退火、等温退火、扩散退火、低温退火（消应力退火、再结晶退火等）、消氢退火、软化退火、球化退火、稳定化退火、粗化退火、脱碳退火等。其加热温度范围及工艺曲线如图 8.3 所示。

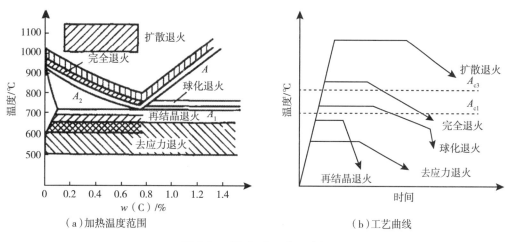

（a）加热温度范围　　　　（b）工艺曲线

图 8.3　碳钢退火工艺示意图

8.2.2.1 完全退火

将亚共析钢加热到 A_{c1} 温度以上 20~30℃，保温足够的时间，使亚共析钢完全奥氏体化并且成分基本均匀后缓慢冷却至 600℃左右出炉空冷，以得到铁素体及珠光体组织的热处理工艺称为完全退火，简称退火，其工艺示意图如图 8.4、图 8.5 所示。

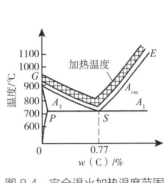

图 8.4 完全退火加热温度范围

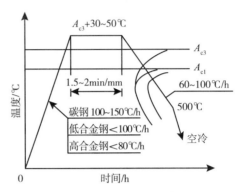

图 8.5 完全退火工艺曲线

完全退火的目的主要是细化晶粒、均匀组织、消除内应力，使钢软化，便于降低钢的硬度、改善钢的切削加工性能。

完全退火工艺适用于亚共析钢的铸造、锻造或轧制，上述加工之后出现的组织缺陷可通过重新结晶消除。如果钢中不存在组织缺陷，一般采用不完全退火替代完全退火，以解决完全退火时高温带来的氧化和脱碳问题。若过共析钢中有组织缺陷，一般不采用完全退火，而是使用正火加不完全退火工艺。碳钢推荐的完全退火温度见表 8.2。

表 8.2 碳钢推荐的完全退火温度

w（C）/%	奥氏体化温度 /℃	奥氏体分解温度范围 /℃	硬度（HBW）
0.20	860~900	860~700	111~149
0.25	860~900	860~700	111~187
0.30	840~880	840~650	126~197
0.40	840~880	840~650	137~207
0.45	790~870	790~650	137~207
0.50	790~870	790~650	156~217
0.60	790~870	790~650	156~217
0.70	790~840	790~650	156~217
0.80	790~840	790~650	167~229
0.90	790~830	790~650	167~229
0.95	790~830	790~650	167~229

8.2.2.2 不完全退火

将亚共析钢加热至 $A_{c1} \sim A_{c3}$，过共析钢加热至 $A_{c1} \sim A_{cm}$，经短时间保温后，缓慢或控制冷却，以得到铁素体和珠光体组织的热处理工艺称为不完全退火，其工艺示意图如图 8.6 所示。

不完全退火的目的与完全退火类似，均是通过相变重结晶来实现晶粒细化、改善组织、消除应力、改善切削性能，但是，不完全退火由于加热温度并未到完全奥氏体化以上，所以重结

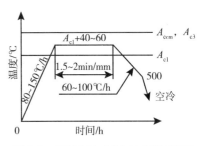

图 8.6　钢的不完全退火工艺示意图

晶不完全，导致该热处理后细化晶粒的程度不如完全退火，但是该工艺能缩短热处理加热时间、提高生产效率、降低加工成本。典型钢的不完全退火时的加热温度见表 8.3。

表 8.3　典型钢的不完全退火时的加热温度

钢种	钢号	温度 /℃
碳素工具钢及低合金工具钢	T7、T10、T12、9Mn2V、9SiCr、Cr2、CrMn、CrWMn、8CrV、W2	810~850
	T8、T10、T11、T12	750~770
冷模钢级高速钢	Cr12Mo、3Cr2W8、W18Cr4V、W9Cr4V2	900~950
轴承钢	GCr15、GCr15SiMn	810~850
合金工具钢	9Mn2V、9SiCr、SiCr、CrMn、CrWMn	770~810
	Cr12V、Cr6WV、Cr12MoV	830~870

8.2.2.3 等温退火

等温退火指将钢材加热到 A_{c3} 或 A_{c1} 线以上 30~50℃保持一定时间，然后快速冷却到稍低于 A_{c1} 线的温度（640~680℃），并在此温度下再保温一定时间（2~4h），将奥氏体全部转变为珠光体、贝氏体类组织，然后在空气中冷却的热处理方式。其工艺曲线如图 8.7 所示。等温退火一般用于中碳合金钢、某些高合金钢的大型铸、锻件及冲压件。其目的与完全退火一样为细化晶粒、均匀组织、消除内应力、改善钢材的加工性能，但是等温退火得到的组织比完全退火更为均匀。常见合金结构钢等温退火工艺规范见表 8.4。

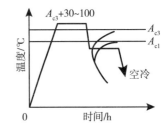

图 8.7　等温退火热处理工艺曲线示意图

表 8.4　部分合金结构钢等温退火工艺规范（获得大部分珠光体组织）

钢号	奥氏体化温度 /℃	等温分解温度 /℃	保温时间 / h	大致硬度（HBW）
20CrNi	885	650	4	179
12Cr2Ni4	870	595	14	187

钢号	奥氏体化温度 /℃	等温分解温度 /℃	保温时间 / h	大致硬度（HBW）
30CrMo	855	675	4	174
42CrMo	830 ~ 845	675	5 ~ 6	197 ~ 212
20CrNiMo	885	660	6	197
40CrNiMoA	830	650	8	223
20Cr	885	690	4	179
30Cr	845	675	6	183
20CrNiMo	885	660	4	187

8.2.2.4 扩散退火

将金属铸锭、铸件或者锻坯加热到略低于固相线的温度，长时间保温后缓慢冷却，以消除或减少钢材的化学成分及显微组织的偏析的热处理工艺称为扩散退火，也称为均匀化退火。其工艺曲线如图 8.8 所示。

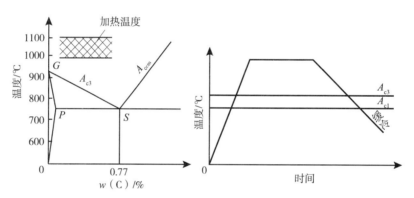

图 8.8　扩散退火加热温度及工艺曲线

铸锭凝固带来的偏析在钢材轧制时会使钢材出现带状偏析组织，可采用扩散退火热处理解决。但是，该热处理加热温度很高，保温时间也较长，所以其生产效率偏低，如非必要一般不做。另外，由于高温加热和长时间保温会使奥氏体晶粒粗大，因此扩散退火后钢材一般需要再进行一次完全退火或正火，以细化晶粒，消除过热缺陷。典型钢材的扩散退火加工工艺见表 8.5。

表 8.5　典型钢材的扩散退火工艺

钢种	加热温度 /℃	加热速度 /（℃ / h）	冷却速度 /（℃ / h）
碳素钢铸件	通常 950~1000	100~200	100~100
低合金钢铸件	通常 1000~1050	100~200	50~100
高合金钢铸件	通常 1050~1100	600~700℃以下，30~70 600~700℃以上，80~100	20~60
高合金钢钢锭	通常 1100~1250	600~700℃以下，30~70 600~700℃以上，80~100	20~60

8.2.2.5 再结晶退火

塑性加工会导致金属的力学、物理和化学等性能发生改变，加工硬化是通过塑性加工而导致金属材料硬化的一种冷加工工艺。冷塑性加工会使金属处于非平衡状态，所以具有较高的自由能，随着时间的推移，加工硬化后的金属将朝向平衡状态转变，直至自由能降低，但是，多数金属由于室温下动能不足，所以不能自行转变，需要加热，这就需要退火。

将冷却成型后的金属加热到再结晶温度以上，保温一段时间，使被拉长的变形晶粒重新形核，变成细小的等轴晶粒，同时消除冷作硬化时带来的硬化、降低材料硬度、消除内应力的热处理工艺称之为再结晶退火。其热处理工艺过程如图 8.9 所示。

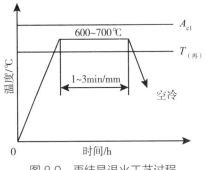

图 8.9 再结晶退火工艺过程

金属的再结晶退火温度与材料化学成分、冷作变形量、退火保温时间等因素有关，冷加工变形量及退火温度对金属组织和性能影响如图 8.10 所示。

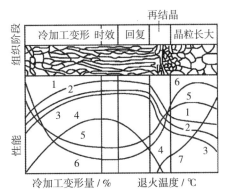

1—硬度；2—抗拉强度；3—屈服强度；4—内应力；5—伸长率；
6—断面收缩率；7—再结晶晶粒大小

图 8.10 冷加工变形量及退火温度对金属组织和性能影响的示意图

一般来说，低碳钢的再结晶温度范围在 450~650℃，再结晶温度随着含碳量和合金元素数量的增加而升高，低碳钢在冷加工后（冷轧、冷拉、冷冲等）再结晶退火温度一般为 650~700℃。不锈钢中的马氏体和铁素体不锈钢，高铬时（Cr 含量不少于 13%）的再结晶温度为 650~700℃，为了防止热处理温度过高而导致的晶粒尺寸粗大，一般再结晶退火温度控制在 650~830℃，且其温度随着铬元素百分含量的增加而增加。

此外，铝合金再结晶退火温度通常为 350~400℃，铜合金再结晶退火温度通常为 650~700℃。

8.2.2.6 软化退火

软化退火又称为中间退火，主要采用的工艺与低温回火一致，其加热速度、加热温度、保温时间和冷却速度参考低温回火。软化退火与低温回火的区别在于软化退火主要是冷变形加工工序中的一个环节，钢材在冷变形加工中会由于大量的位错造成点阵畸变，脆的碳化物破碎后沿流变方向分布，形变量增大、位错密度增大、内应力和点阵畸变也就越严重，从而导致了加工硬化现象，容易带来钢材的开裂风险，所以在冷加工工序中可以使用软化退火来消除应力、降低硬度、恢复塑性。一般冷变形钢材的软化退火温度为 A_{c1} 以下 10~20℃。

8.2.2.7 球化退火

球化退火指将钢中的碳化物进行球化处理的热处理。球化退火的目的是降低钢材硬度、均匀组织、改善钢材的切削加工性能，一般用于碳素工具钢、合金工具钢制成的冷作模具及轴承零件等。另外，球化退火也可以消除网状或粗大碳化物，可减小后续淬火时的变形与开裂风险。球化退火的具体工艺见表 8.6。

表 8.6　球化退火典型工艺曲线和参数

退火方法	工艺曲线	工艺参数	备注
缓慢冷却球化退火	温度/℃：$A_{c1}+(10\sim20)$，A_{c3}，A_{c1}，10~20℃/h，550℃，空冷	加热温度：$A_{c1}+(10\sim20)$℃ 保温时间：取决于工件透烧时间，不宜过长 冷却速度：一般以 10~20℃/h 冷却到 550℃以下空冷，碳钢的冷速可稍快些（20~40℃/h）	共析及过共析钢的球化退火球化较充分，周期长
等温球化退火	温度/℃：$A_{c1}+(20\sim30)$℃，A_{c3}，A_{c1}，$A_{r1}+(20\sim30)$℃，空冷	加热温度：$A_{c1}+(20\sim30)$℃ 等温温度：$A_{r1}-(20\sim30)$℃ 等温时间：取决于等温转变图及工件截面尺寸，等温后空冷	过共析钢、合金工具钢的球化退火，球化充分，易控制。周期较短，适宜大件
周期（循环）球化退火	温度/℃：$A_{c1}+(10\sim20)$℃，A_{c3}，A_{c1}，$A_{r1}-(20\sim30)$℃，550℃，10~20℃/h，空冷	加热温度：$A_{c1}+(10\sim20)$℃ 等温温度：$A_{r1}-(20\sim30)$℃ 保温时间：取决于工件截面均温时间 循环周期：视球化要求等级而定，以 10~20℃/h 缓冷到 550℃空冷	过共析碳钢及合金工具钢，周期较短 球化较充分，但控制较繁，不宜大件退火
感应加热快速球化退火	温度/℃：820℃，A_{c3}，A_{c1}，680℃，17	加热温度：小于 A_{ccm}，接近淬火温度下限并短时保温，奥氏体中有大量未溶碳化物 加热速度：由单位功率决定 等温温度：视硬度要求而定 保温时间：根据感应加热后测定的等温转变图决定	截面不大的碳素钢、合金工具钢、轴承钢等的快速球化退火
快速球化退火	温度/℃：$A_{ccm}+(20\sim30)$℃，A_{c3}，680~700℃，A_{c1}，淬火，空冷，P_L，M B，P_S	加热温度：A_{ccm}（或 A_{c3}）+（20~30）℃ 冷却方式：淬油或等温淬火（获得马氏体或贝氏体） 高温回火：680~700℃，1~2h	共析、过共析碳钢及合金钢的锻件快速球化退火或淬火工件返修，重淬前的预处理畸变较大，工件尺寸不能太大（仅限于小件）

8.2.2.8　稳定化退火

在耐蚀钢（不锈钢）中，为了防止晶间腐蚀，在钢的冶炼时会加入少量的钛（Ti）或铌（Nb）之类的金属元素，这可以使钢材加热到 900℃时元素钛（Ti）或铌（Nb）与碳化铬（$Cr_{23}C_6$）分解之后的碳元素结合，形成稳定的碳化物（TiC 及 NbC）来抑制晶界处析出碳化铬（$Cr_{23}C_6$），从而来防止耐蚀钢的晶间腐蚀问题。这种将耐蚀钢加热到 900℃左右的退火称为稳定化处理或稳定化退火。

8.2.2.9　脱碳退火

脱碳退火是指白口铸铁在氧化介质中加热至高温并保温足够长的时间，使得铸件表面脱碳、中心石墨化的一种热处理方式。其工艺曲线如图 8.11 所示。常见的脱碳退火一般是将白口铸铁铸坯在装有 Fe_3O_4 及建筑用砂的热处理箱中或在氧化性气氛的热处理炉中加热至 950~1050℃，长时间保温之后随炉冷至 650~550℃之后空冷。

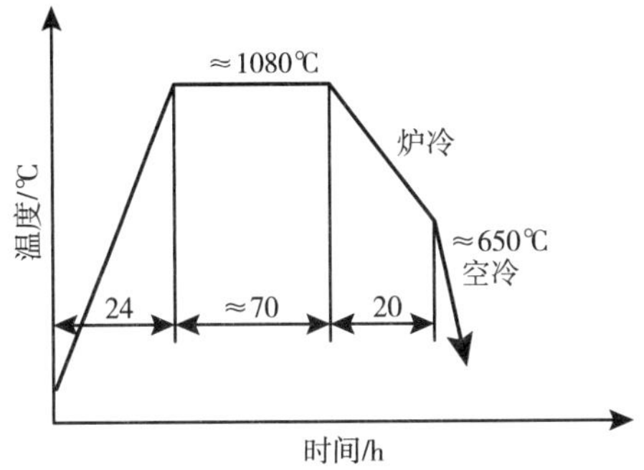

图 8.11　铸铁脱碳退火工艺曲线示意图

8.2.2.10　消氢退火

在热变形或焊接的冷却过程中，氢可能聚集形成延迟性裂纹，而氢在 α–Fe 中的扩散系数比在 γ–Fe 中大很多，但氢在 α–Fe 中的溶解度却远远小于在 γ–Fe 中的溶解度，所以，大锻件一般会从奥氏体状态冷却到奥氏体等温冷却转变的临界"鼻尖"温度范围附近尽快地得到铁素体 + 碳化物组织，然后就在此温度下或者升到 A_{c1} 线以下略低的温度长时间保温脱氢，具体工艺示意图如图 8.12 所示。焊后消氢处理是指在焊接完成以后，焊缝尚未冷却至 100℃以下时进行的去氢热处理，一般会将焊后工件加热到 200~350℃，保温 2~6h。

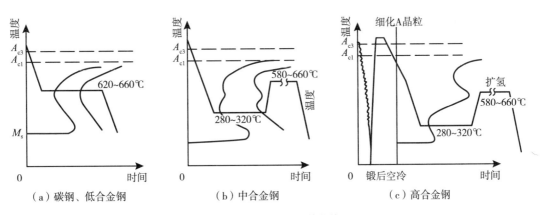

图 8.12　消氢退火工艺曲线

8.2.2.11　消应力退火

金属在加热或加工过程中会产生一定的残余应力，该应力对结构件而言是有害的，容易导致热处理或加工时的变形甚至开裂，所以需要热处理来消除这些应力。我们将冷加工、焊接或铸造之后的构件加热来去除其内部存在的残余应力的退火称为消应力退火。其工艺过程如图 8.13 所示。

钢铁材料的消应力退火温度一般稍高于再结晶温度，在 550~650℃。残余应力的消除效果与消应

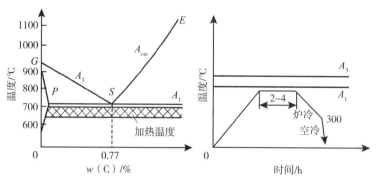

图 8.13　消应力退火工艺

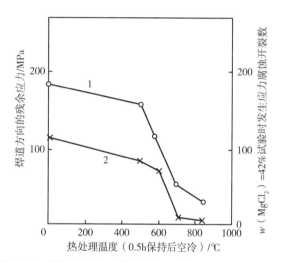

图 8.14　消应力退火对残余应力、应力腐蚀开裂的影响

力退火的加热温度有关。研究表明，在 450℃ 时退火可消除约 50% 的应力，在 650℃ 时只需加热 1h 左右即可将残余应力降至几乎为零。为保证加热去应力后不再产生附加残余应力，一般消应力热处理须缓冷至 500℃ 以下再进行空冷处理，若构件尺寸偏大则出炉温度应该更低。

消应力退火的加热温度对焊道残余应力和应力腐蚀都有显著的影响，依据图 8.14 可以看出，随着加热温度的升高，焊接残余应力和应力腐蚀倾向均明显下降，尤其是当温度达到 700℃ 以上时，残余应力基本可以消除。

8.2.3　淬火热处理

8.2.3.1　淬火

淬火是指将钢加热到奥氏体化温度以上保温一段时间之后以适当的冷却方式获得马氏体或（和）贝氏体组织的热处理工艺。淬火是为了提高工件的力学性能中的硬度、强度、耐磨性等，同时也能改善某些特殊钢的耐腐蚀、磁性及导电性等物理或化学性能。

淬火热处理的加热温度主要取决于钢材的化学成分、奥氏体晶粒长大倾向，试件的尺寸、形状，加热方式和冷却介质等因素，常见钢材的淬火温度见表 8.7。

淬火按照不同的热处理温度可以分为：完全淬火、不完全淬火、亚温淬火（亚共析钢）和低温淬火等。按照加热方式和加热介质可以分为：空气介质加热淬火、盐浴加热淬火、可控气氛加热淬火、真空加热淬火、感应加热淬火等。按照淬火介质可以分为：单介质淬火、双介质淬火、热浴淬火和空冷淬火等。按照淬火的冷却方式可以分为：连续冷却淬火、预冷淬火、中断淬火、喷液淬火、马氏体分级淬火和贝氏体等温淬火等。常见的淬火方法的工艺特点和应用范围见表 8.8。

表 8.7　常见钢的淬火温度选择

钢种	淬火温度	淬火后的组织
亚共析钢	A_{c3}+（30~50）℃	晶粒细小的马氏体
共析钢	A_{c1}+（30~50）℃	马氏体
过共析钢	A_{c1}+（30~50）℃	马氏体和渗碳体
合金钢	A_{c1} 或 A_{c3}+（30~50）℃	—
高速钢、高铬钢及不锈钢	根据要求合金碳化物溶入奥氏体的程度来选定	—
过热敏感性强的钢、脱碳敏感性强的钢	不宜选取上限温度	—

注：① 在空气炉中加热比在盐浴炉中加热温度一般高 10~30℃。
　　② 采用油、硝盐作为淬火介质，比水淬时温度提高 20℃左右。

表 8.8　常用淬火方法的工艺特点及应用范围

淬火方法	工艺曲线	工艺特点	应用范围
单介质淬火		加热至奥氏体化的工件淬入单一冷却介质中冷却，完成马氏体转变 常用的液体介质有水、油、盐（碱）水、聚合物水溶液、热浴等，气态介质有空气、氮气、氢气、氩气等 操作简便，有利于实现自动化；但水淬的工件容易引起畸变和开裂	适用于低、中碳钢及低碳、低合金钢工件淬火，各种结构钢的淬火，部分工具钢、模具钢的淬火，真空气冷淬火
双介质淬火		将工件加热至奥氏体化后，先淬入冷却能力较强的介质中，在组织即将发生马氏体转变时立即转入冷却能力弱的介质中冷却，完成马氏体转变 常用介质组合有水 – 油、水 – 空气、水 – 低温盐浴及油 – 空气等	中高碳合金钢淬火，尺寸较大或形状复杂工件的淬火
马氏体分级淬火		工件加热至奥氏体化后，浸入温度稍高于或稍低于 M_s 点的热浴中保持适当时间，待工件整体达到介质温度后，取出空冷，获得马氏体组织 冷却介质一般为硝盐浴或碱浴 分级温度为：M_s+（10~30）℃ 分级时间：30+5D 式中：D——工件有效厚度（mm）。 截面较小的工件的分级时间一般为 1~5min	适用于形状复杂、畸变要求严格、截面较小的高碳工具钢及合金工具钢的工具及模具等，不适用于大截面碳钢和低合金钢工件的淬火
贝氏体等温淬火		将奥氏体化后的工件淬入温度稍高于 M_s 点的热浴中，保持足够的时间，使奥氏体完全转变为下贝氏体，然后在空气中冷却 加热温度与普通淬火相同； 等温温度一般为：M_s+（0~30℃）； 等温时间：$t=t_1+t_2+t_3$ 式中：t_1——工件从淬火温度冷却到盐浴温度所需时间小； 　　　t_2——均温时间小； 　　　t_3——从等温转变图上查出来的转变所需要的时间小	适用于形状复杂、尺寸不大、硬度较高、变形很小的中高合金工具钢模具

续表

淬火方法	工艺曲线	工艺特点	应用范围
预冷淬火		将奥氏体化的工件先在空气中或其他缓冷介质中预冷到稍高于A_{r1}或A_{r3}的温度，然后再用冷却速度较快的淬火介质冷却	适用于截面变化较大或形状复杂、易淬裂的工件，以及合金钢模具的淬火
亚温淬火		亚共析钢制工件加热到$A_{c1}{\sim}A_{c3}$温度区间，淬火后获得马氏体和铁素体组织；铁素体的存在，可提高钢的缺口韧性，降低临界脆化温度，抑制回火脆性	适用于低、中碳钢及低合金结构钢的淬火
高温形变淬火（锻热淬火）		将零件坯料加热至A_{c3}以上较高的温度进行热锻或热轧，在A_{r3}以上温度直接淬火，获得较粗大的板条状马氏体组织　工艺流程简化，节能	用于亚共析钢零件锻后直接淬火
亚温形变淬火		亚共析钢完全奥氏体化后，冷却到$A_{c3}{\sim}A_{c1}$温度区间均温，随后进行形变淬火　将工件进行一次完全淬火，再加热到$A_{c3}{\sim}A_{c1}$温度区间保温适当时间，随后进行形变淬火　亚温形变淬火可降低冷脆转变温度，改善钢的冷脆性能	适用于在严寒地区工作的结构件和冷冻设备上的零件的热处理
低温形变淬火（亚稳奥氏体形变淬火）		将钢加热到奥氏体状态并保温适当时间后，急速冷却到A_{c1}以下和M_s点以上某一温度，实施锻、轧成形，随后立即淬火获得马氏体组织	适用于模具、板簧、车刀等

续表

淬火方法	工艺曲线	工艺特点	应用范围
快速加热淬火	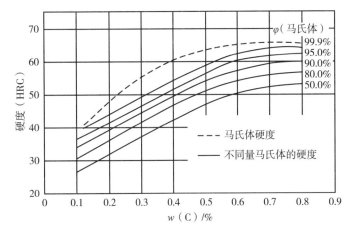	将炉温升高到正常的淬火温度以上100~200℃，工件入炉，停止供热；当炉温下降到淬火温度时，继续加热，并在淬火温度下保温，工件烧透后淬火 应根据工件的大小和装炉量合理选择炉温，并严格控制加热时间，以防工件过热 可以缩短淬火加热时间，提高生产效率，并能保证工件的淬火硬度	适用于中、低碳钢及低合金钢，当炉温为950~1000℃时，工件在气体介质炉中的加热时间系数为 0.5~0.6min／mm，在盐浴炉中的加热时间系数为 0.18~0.20min／mm

钢材的淬透性是指钢材在淬火时可以淬硬的深度。从组织上讲，钢材的淬透性是指钢材淬火时全部或部分地获得马氏体的难易程度；从硬度上讲，钢材的淬透性是指钢淬火时获得较深淬硬层或中心被淬硬（淬透）的能力。评定是否淬透一般是以能不能达到 50% 马氏体 +50% 珠光体类组织作为标准，此组织被称为半马氏体组织。

钢材的淬硬性表示钢淬火时的硬化能力，用淬成马氏体可能得到的最高硬度表示，马氏体中的含碳量是主要影响因素，马氏体中含碳量越高，钢的淬硬性越高，如图 8.15 所示。

需注意的是，淬透性和淬硬性并无必然联系，比如低碳合金钢的淬硬性不高，但淬透性很好。

8.2.3.2 固溶处理

固溶处理（solution treatment）是指将合金加热到高温单相区恒温保持，使过剩相充分溶解到固溶体中后快速冷却，以得到过饱和固溶体的热处理工艺。它一般是经过 Al、Mg、Ti、Cu、Ni 等为基的时效强化合金和耐蚀钢等材料常用的热处理，该热处理可以改善铸态或锻态等强化相的不均匀分布，可降低硬度、提高塑性、提高抗腐蚀能力等。

奥氏体不锈钢固溶化热处理的目的是要把在以前各加工工序中产生或析出的合金碳化物，如 $(FeCr)_{23}C_6$ 等以及 σ 相重新溶解到奥氏体中，获取单一的奥氏体组织（有的可能存在少量的 δ 铁素体），以保证材料有良好的力学性能和耐腐蚀性能，充分消除应力和冷作硬化现象。

图 8.15　不同马氏体量时含碳量与淬火硬度的关系

8.2.4 回火

回火是将淬火后的零件加热到 A_{c1} 以下的某一温度，保温一定时间后以适当的方式冷却到室温的热处理工艺。一般回火是紧随淬火的，是淬火的下一道工序。这是因淬火后钢得到的马氏体组织脆

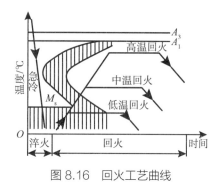

图 8.16　回火工艺曲线

性大，一般不能直接使用，所以淬火后要进行回火热处理，以降低脆性、增加塑性和韧性，从而获得良好的强韧性；此外，回火也可以稳定淬火马氏体和残余奥氏体组织、从而稳定工件的形状和尺寸，另外回火还能降低或消除焊接残余应力。

根据回火的温度，回火可分为低温回火、中温回火和高温回火三种。其热处理工艺曲线如图 8.16 所示，工艺名称与应用范围见表 8.9。

表 8.9　回火工艺名称与应用范围

回火工艺名称	回火温度 / ℃	目的与应用
低温回火	150 ~250	在保持高硬度的条件下，使脆性有所降低，残留应力有所减小；用于工具、轴承、渗碳件、碳氮共渗件及表面淬火件
中温回火	350 ~500	在具有高屈服强度及优良弹性的前提下使钢具有一定的塑性和韧性；用于弹簧和模具等
高温回火	500 ~650	使钢既具有较高的强度又有良好的塑性和韧性，用于主轴、半轴、曲轴、连杆、齿轮等

低温回火是指将钢材加热到 150~250℃ 温度范围内，保温一定时间后空冷的热处理。低温回火可以在保持高硬度、高强度、高耐磨性的同时降低焊接残余应力、减少脆性。在实际生产中，低温回火通常用在工具、量具等耐磨材料上。

中温回火是指将钢材加热到 250~550℃ 温度范围内，保温一定时间后空冷的热处理。中温回火可以使工件的内应力基本消除，所以中温回火之后的材料具有高的弹性极限、硬度、强度，同时拥有良好的塑性和韧性。在实际生产中，一般中温回火主要用于弹簧钢或热锻模具。但是钢材加热到 250~400℃ 时回火后的冲击韧性下降，给工件带来了脆性，此类脆性称为第一类回火脆性。为避免第一类回火脆性，不应该在 300℃ 左右回火。

高温回火是指将钢材加热到 500~650℃ 温度范围内，保温一定时间后空冷的热处理。高温回火往往是放在淬火之后使用，工业生产中将淬火和淬火之后的高温回火这种组合热处理工艺称为调质处理。高温回火可以得到索氏体组织，所以高温回火之后钢材的强度、塑性、韧性比较均衡。在实际生产中，主要用在发动机的曲轴、连杆、主轴、齿轮等。但是，铬镍钢在 450~600℃ 回火时钢材的冲击韧性再次下降，此时的脆性称为第二类回火脆性。

8.3　其他热处理工艺

8.3.1　表面淬火热处理

表面淬火热处理是指将全部工件表面或局部工件表面加热和冷却来改变工件表面性能的热处理方法。常用的方法有感应加热热处理、火焰加热热处理、激光或电子束加热热处理等。表面淬火热处理的主要目的是使金属工件表面获得满足设计要求厚度的改性层，同时工件的芯部仍然保持原来的显微组织和性能，从而获得在提高疲劳强度和耐磨性的同时芯部韧性也能保留优良的综合性能。

表面淬火热处理可以节省能耗并减小淬火畸变。

8.3.1.1 感应加热表面淬火

感应加热表面淬火是利用电磁感应的方法使被加热的材料的内部产生电流，依靠这些涡流的能量达到加热的目的。其具有工艺简单、工件变形小、生产效率高、省能、环境污染少、工艺过程易于实现机械化和自动化等优点。感应表面淬火是将工件放入感应器，利用工件在交变磁场中产生的感应电流使工件表面加热到淬火温度，然后快速冷却的淬火方法，其加热原理如图 8.17 所示。感应加热设备可按电源频率分为工频、中频、高频和超声频。高频感应淬火后的工件相当于复合材料，其力学性能主要取决于淬硬层深度和其显微组织，其硬度与碳含量关系如图 8.18所示。感应加热淬火加热后一般选用立即喷射冷却或立即浸入冷却两种冷却方式，如图 8.19 所示。

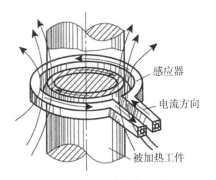

图 8.17　感应加热原理

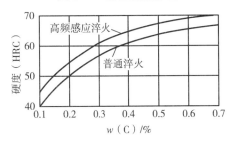

图 8.18　钢高频感应淬火

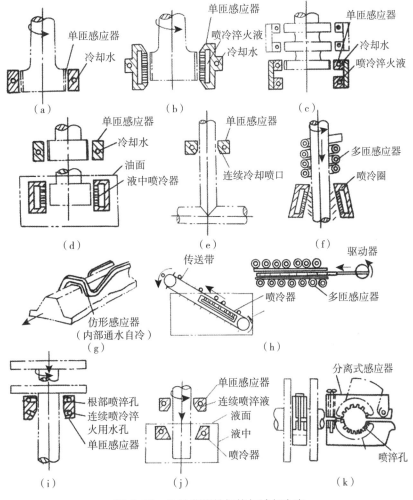

图 8.19　几种典型的加热与冷却方案

8.3.1.2 火焰加热表面淬火

火焰加热表面淬火是指用火焰喷向工件表面，使工件表层一定厚度达到奥氏体温度完成奥氏体化，然后将工件投入淬火槽中或将淬火冷却介质喷射到工件表面使工件表面急速冷却，从而在工件表面得到淬硬层的热处理手段。

火焰加热表面淬火由于其热源是火焰热，具有简便易行、设备投资少、方法灵活、用于多种材料或批量材料的优点；但是火焰淬火并不适合薄壁工件，也不适合复杂表面。

火焰加热表面淬火按照其加热方法可分为固定法、快速旋转法、平面前进法、旋转推进法、快速旋转推进法、螺旋推进法等多种方法，见表8.10。

表 8.10　火焰淬火方法及适用范围

淬火方法		图示	说明	应用范围
同时加热淬火法	固定法	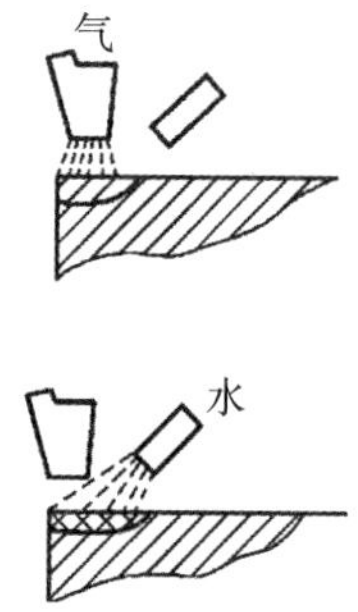	工件和火焰喷嘴都不动，当工件加热到淬火温度后，立即喷水冷却或将工件投入淬火介质中冷却	适用于形状简单、局部淬火的工件
	快速旋转法	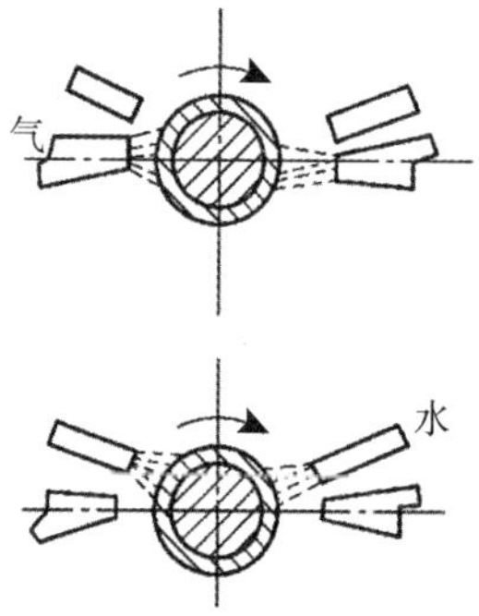	用一个或几个固定的火焰喷嘴，对快速旋转工件的表面做一定时间的加热，然后喷水冷却或投入淬火槽中冷却淬火。工件转速一般为75~150r/min	适用于淬火区宽度小，直径也不大的轴类工件
连续加热淬火法	平面前进法	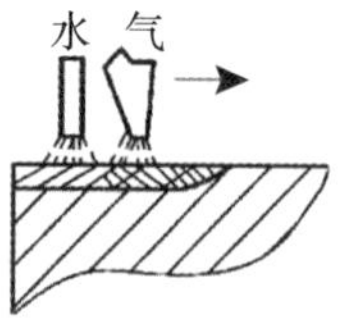	淬火工件表面为一平面，火焰喷嘴和淬火嘴一前一后沿平面做直线移动，移动速度为50~300mm/min，火焰喷嘴和淬火嘴之间距离为10~30mm	主要用于机床导轨、大模数齿轮的单齿淬火
	旋转推进法	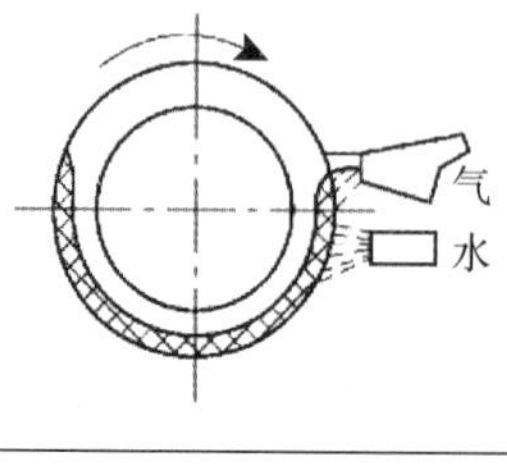	工件以50~300mm/min的速度缓慢旋转，火焰喷嘴和淬火嘴在轴侧同一位置一前一后固定，对工件进行连续地加热和冷却，旋转一周，完成淬火 缺点是在淬硬带接头处必然造成轴向回火软带	多用于制动轮、滚轮、特大型轴承圈、大型旋转支承等工件的火焰淬火

续表

淬火方法	图示	说明	应用范围
连续加热淬火法	快速旋转推进法	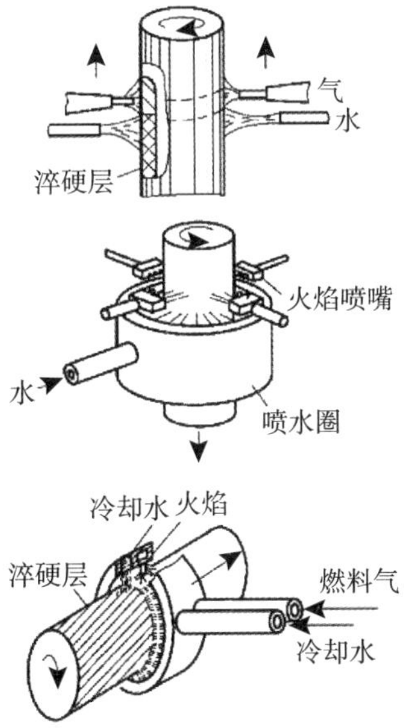 将火焰喷嘴和喷水装置置于轴的外圆周围，轴在高速旋转（75~150r/min）的同时，以一定的速度相对喷嘴做轴向移动，使工件的加热和冷却在轴表面相随而行，实现连续淬火，这种淬火方法无软带，质量较均匀	适用于长轴类工件的表面淬火，如长轴、锤杆、小型轧辊等
	螺旋推进法	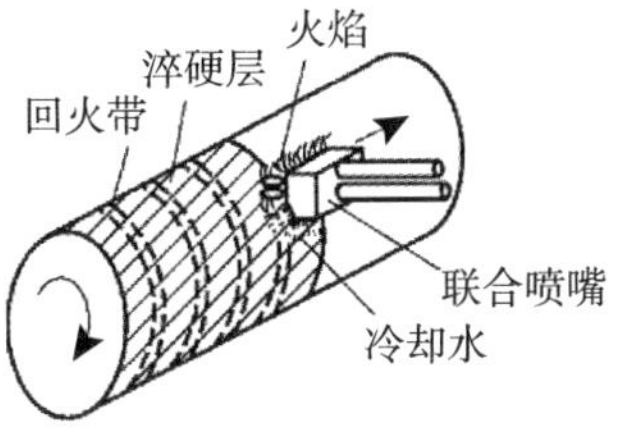 轴类工件以低速旋转，火焰喷嘴和淬火嘴沿轴向前进，工件每转一周，喷嘴前进的距离等于喷嘴宽度加 3~6mm，从而得到螺旋形淬硬表面，其缺点是形成螺旋状回火带	主要用于大型轴件的表面淬火，如大型柱塞、大型轧辊等

8.3.1.3 激光、电子束加热表面淬火

激光加热表面淬火和电子束加热表面淬火属于高能量密度的热处理，所以其具有很快的加热和冷却速度，淬火后淬火层可获得超细晶粒组织，且工件的变形小。电子束加热与激光加热的区别是电子束热处理必须在真空室内进行，其他工艺过程和工艺特点均与激光热处理一样。

8.3.2 化学热处理

化学热处理是金属表面合金化和热处理相结合的一种工艺技术。它是将工件放在一定温度的活性介质中保温，使得介质中的一种或几种元素渗入工件表面，并采用不同的后续热处理的方式使工件得到所需的化学成分、组织和性能的热处理工艺。

在化学热处理中，加入化学元素的表面合金化处理对工件的性能（表面强度、硬度、耐磨性等）起到至关重要的作用。同时化学热处理也能保持工件芯部的强韧性，使工件获得更高的综合力学性能。常见化学处理方法及作用见表 8.11。

表 8.11　常用化学热处理方法及其作用

处理方法	渗入元素	作用
渗碳及碳氮共渗	C 或 C、N	提高工件的耐磨性、硬度及疲劳强度
渗氮及氮碳共渗	N 或 N、C	提高工件的表面硬度、耐磨性、抗咬合能力及耐蚀性
渗硫	S	提高工件的减摩性及抗咬合能力
硫氮及硫氮碳共渗	S、N 或 S、N、C	提高工件的耐磨性、减摩性及抗疲劳、抗咬合能力
渗硼	B	提高工件的表面硬度，提高耐磨能力及热硬性
渗硅	Si	提高表面硬度，提高耐蚀、抗氧化能力
渗锌	Zn	提高工件抗大气腐蚀能力
渗铝	Al	提高工件抗高温氧化及在含硫介质中的耐蚀性
渗铬	Cr	提高工件抗高温氧化能力，提高耐磨及耐蚀性
渗钒	V	提高工件表面硬度，提高耐磨及抗咬合能力
硼铝共渗	B、Al	提高工件耐磨、耐蚀及抗高温氧化能力，表面脆性及抗剥落能力优于渗硼
铬铝共渗	Cr、Al	具有比单一渗铬或渗铝更优的耐热性能
铬铝硅共渗	Cr、Al、Si	提高工件的高温性能

8.4 焊后热处理

GB／T 30583—2014 标准给出了焊后热处理的定义：焊后热处理（post weld heat treatment）是指为消除焊接残余应力，改善焊接接头的组织和性能，将焊件均匀加热到金属的相变点以下足够高的温度，并保持一定时间，然后均匀冷却的过程。

ISO／TR 14745：2015 钢的焊后热处理标准中对根据 ISO／TR 15608 技术报告分类的非合金钢（组 1、组 2、组 3、组 4 和组 11）以及 Cr–Mo–（Ni）钢（组 5 和组 6）和马氏体不锈钢（组 7.2）给出了焊后热处理建议。一般情况下，这些钢焊接后可进行正火、去应力退火、回火退火、沉淀硬化（某些特殊钢）等热处理。

正火（N）：在焊接区域和邻近未受影响的母材中完全显微组织转变，或通过与工艺相关的热处理（如在 800~900℃的范围内对焊接部件进行多级加热）进行部分微观组织转变。

去应力退火（S）：通常在 450~650℃的范围内进行，目的是在微观组织不发生转变的情况下适度降低内应力。

回火退火（PWT）：通常在 530~780℃的范围内进行，具体取决于钢合金的类型，以形成特殊的碳化物并完全消除马氏体组织。副作用是将使内部应力降低。

特殊类型钢的沉淀硬化（PH）：通常在 480~760℃的范围内进行，采用一级或二级沉淀硬化工艺。

焊后热处理的方式一般有整体焊后热处理、分段焊后热处理、局部焊后热处理三种。整体焊后热处理又分为将焊件装入封闭炉内整体加热和在焊件外部或内部整体加热两种情况。分段热处理是将焊件整体分为多段进行加热，每段之间重叠部分至少 1500mm，非加热的部分采取隔热措施防止产生有害的温度梯度。局部焊后热处理则要求对焊件加热的均温带最小宽度为焊缝最大宽度两侧各加上焊缝厚度或 50mm，取两者中较小数值。推荐的钢的焊后热处理参数见表 8.12。

表 8.12　钢的焊后热处理参数（节选）

材料组别 ISO / TR 15608	材料	保温温度 /℃	材料厚度 [a] t /mm	保温时间 /min	P 临界值 （见 ISO/ TR 14745–2015 条款 6）
1.1	$R_{eH} \leqslant 275MPa$ 的钢	550~600	$t \leqslant 35$ [a]	30	17.5
	–16Mo3	550~620	$35 < t \leqslant 90$	t–5	
			$t > 90$	40+0.5t	
1.2	$275MPa < R_{eH} \leqslant 360MPa$ 的钢				
	–M 供货状态	530~580			17.3
	–QT 供货状态	550~600 [b]	$t \leqslant 35$ [a]	30	17.5
	–N 供货状态（除 13Mo 外）	550~600	$35 < t \leqslant 90$	t–5	17.5
	–16Mo3，18MnMo4–5 和 18Mo5	550~620	$t > 90$	40+0.5t	17.5
1.3	$R_{eH} > 360MPa$ 的正火细晶粒钢	530~580			17.3
5.1	不含钒的铬钼钢，按质量计： 0.75% < Cr ≤ 1.5%；Mo ≤ 0.7% [a, f]				
	–13CrMo4–5	630~700 [g]	$t \leqslant 15$	30	18.5
			$15 < t \leqslant 60$	2t	
			$t > 60$	60+t	
8.1	奥氏体不锈钢 Cr ≤ 19%	一般不适用 [d]			

注：本表节选自 ISO/TR 14745：2015 钢的焊后热处理。

　　a. 对于厚度不大于 35mm，通常只有在特殊情况下才需要进行焊后处理（比如，为减少应力腐蚀开裂或氢致开裂的危险）。

　　b. 根据应用标准中给出的条件，可以应用更高的温度。

　　d. 如果认为需要焊后热处理，焊后热处理保温时间和保温温度应考虑材料制造商和焊材制造商的建议，以达到所需的材料性能。

　　f. 根据 EN 13480–4，如果满足以下所有条件，则不需要焊后热处理：

　　　—外径不大于 114.3mm 的管子；

　　　—公称壁厚不大于 7.1mm；

　　　—最低预热温度 200℃。

　　g. 根据 EN 13445–4，如果满足以下所有条件，则不需要焊后热处理：

　　　—公称直径小于 120mm 的管子；

　　　—标称壁厚小于 13mm。

我国某压力容器企业使用 Q345R 作为母材，焊接试件尺寸 800mm×150mm×60mm，坡口采用图 8.20 所示形式，V 侧坡口和 U 侧坡口分别采用焊条电弧焊和埋弧自动焊焊接，所用焊条为

E6015-D1，埋弧自动焊丝采用 H08Mn2MoA，焊剂为 CHF113R，焊前试件预热 100℃，先用焊条电弧焊焊接 V 侧坡口，再采用埋弧自动焊焊接 U 侧坡口。焊后可选择正火加 615~645℃去应力退火手段消除焊接残余应力，热处理后焊接接头抗拉强度均大于规范 GB 713-2014《锅炉和压力容器用钢板》中大于等于 490MPa 的要求，其金相组织如图 8.21 所示。

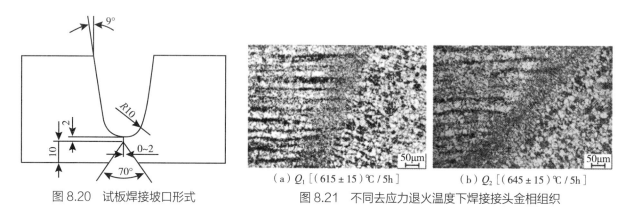

图 8.20　试板焊接坡口形式

（a）Q_1［（615 ± 15）℃ / 5h］　（b）Q_2［（645 ± 15）℃ / 5h］

图 8.21　不同去应力退火温度下焊接接头金相组织

8.5 热处理设备

热处理设备按照其在热处理生产中的功能和应用可分为主要设备和辅助设备两大类，如图 8.22 所示。

- 热处理设备
  - 主要设备
    - 热处理炉
    - 加热装置
    - 淬火冷却设备
    - 冷处理设备
    - 工艺参数检测与控制仪表
  - 辅助设备
    - 清洗、清理设备
    - 炉气气氛、加热介质、渗剂制备设备
    - 淬火介质冷却循环装置
    - 质量检测设备
    - 防火、除尘设备

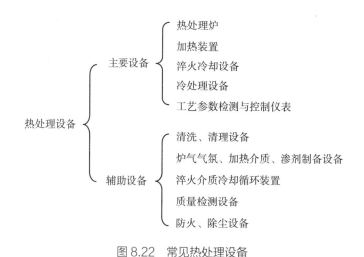

图 8.22　常见热处理设备

参考文献

［1］刘永铨 . 钢的热处理［M］. 北京：冶金工业出版社，1981.

［2］克劳斯，李崇谟 . 钢的热处理原理［M］. 北京：冶金工业出版社，1987.

［3］赵步青 . 工具用钢热处理手册［M］. 北京：机械工业出版社，2014.

［4］DOSSETT J L, TOTTEN G E. ASM Handbook, Volume 4D: Heat Treating of Irons and Steels［M］. Matrials Park, Ohio: ASM International, 2014.

［5］刘宗昌，赵莉萍．热处理工程师必备理论基础［M］.北京：机械工业出版社，2013.

［6］马伯龙，杨满．热处理技术图解手册［M］.北京：机械工业出版社，2015.

［7］叶卫平，张覃轶．热处理实用数据速查手册［M］.北京：机械工业出版社，2005.

［8］中国机械工程学会热处理学会．热处理手册：第 1 卷，工艺基础．［M］.4 版修订本.北京：机械工业出版社，2013.

［9］支道光．实用热处理工艺守则［M］.北京：机械工业出版社，2013.

［10］杨满．实用热处理技术手册［M］.北京：机械工业出版社，2010.

［11］夏立芳．金属热处理工艺学：修订版［M］.哈尔滨：哈尔滨工业大学出版社，2008.

［12］诺维柯夫 И.И.金属热处理理论［M］.北京：机械工业出版社，1987.

［13］叶宏，仵海东，张小彬．金属热处理原理与工艺［M］.北京：化学工业出版社，2011.

［14］崔忠圻，刘北兴编．金属学与热处理原理［M］.哈尔滨：哈尔滨工业大学出版社，2004.

［15］马永杰．热处理工艺方法 600 种［M］.北京：化学工业出版社，2008.

［16］刘永刚，李显，李少华．焊后去应力退火的机理及应用［J］.金属加工：热加工，2009，000（014）：60-61.

［17］Ferrous materials-Heat treatments-Vocabulary:ISO 4885:2015［S/OL］.［2018-02］.https://www.iso.org/standard/74542.html.

［18］Welding-Post-weld heat treatment parameters for steels: ISO/TR 14745:2015［S/OL］.［2015-01］.https://www.iso.org/standard/54953.html.

［19］张亮，车鹏程，陈肇宇，等.去应力退火温度对 Q345R 焊接接头性能及组织的影响［J］.压力容器，2016，33（7）：5.

本章的学习目标及知识要点

1.学习目标

（1）了解热处理的基本概念和分类。

（2）掌握正火、完全退火、消应力退火、淬火、回火等常见热处理的目的和工艺。

（3）掌握焊后热处理的意义。

（4）了解表面、化学热处理的目的。

（5）了解热处理的常见设备。

2. 知识要点

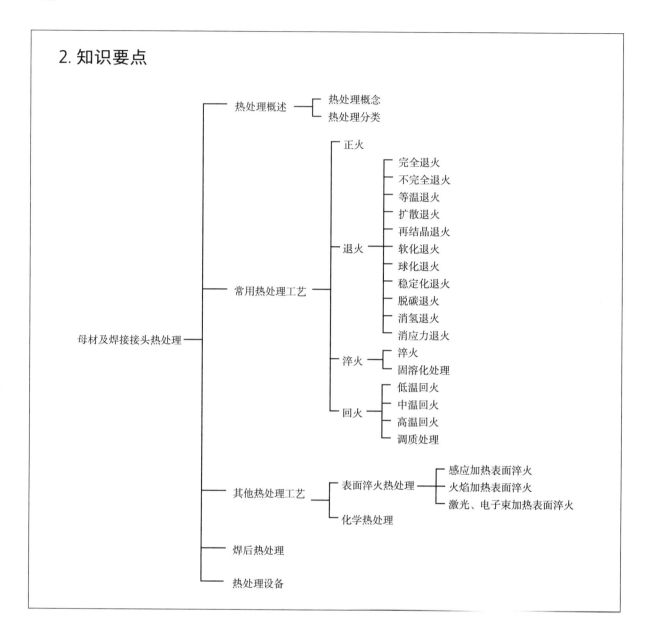

第9章

非合金钢、耐候钢及其焊接

编写：徐林刚　何珊珊　审校：钱强

非合金钢是工业生产领域非常重要的原材料之一，依据不同分类方法，其品种众多。本章主要介绍非合金结构钢和非合金调质钢，主要以欧洲标准中的技术规定为例，介绍其标记、化学成分、力学性能及其焊接等内容。此外，本章还介绍了耐候钢，主要包括其标记、化学成分、力学性能及焊接等内容。

9.1 非合金钢概述

非合金钢是应用最广泛的钢材之一，在建筑、机械工程、管道结构、汽车及船舶工业等领域广泛应用。非合金钢除含有铁和碳两种元素以外，还有少量的硅、锰、硫、磷等伴生元素，在我国也称为碳素钢，对于锰含量较高的碳素钢称为碳锰钢。非合金钢按用途可分为结构钢和工具钢。在焊接制造领域应用较多的是非合金结构钢。非合金钢的性能受其化学成分影响，化学成分不同具有不同的性能，但同样成分的钢种其供货状态不同，获得不同的显微组织，导致性能也不同。由此得知，非合金钢的性能不仅与钢中的化学成分有关，还与显微组织有关。

9.1.1 化学成分

非合金钢中的化学成分主要有 C、Si、Mn、S、P、O、N 等，这些化学成分对非合金钢的性能都有影响，这些影响有时互相加强，有时互相抵消。不同品种的非合金钢所含各种成分的量是有差异的，因此，其性能表现也不同。Mn 是由炼铁原料（铁矿石）及炼钢时加的脱氧剂（锰铁）中带入的，Mn 在钢中是一种有益元素，但要控制其含量，超过一定量时会影响钢的力学性能。Si 是由炼铁原料（铁矿石）及炼钢时加的脱氧剂（硅铁）中带入的，一定量的 Si 在钢中也是一种有益元素。S 是在炼铁时由矿石和燃料带入的，S 在钢中是一种有害元素，必须严格控制。P 是炼铁时由矿石带入的，在一般钢中，P 是有害元素，应严格控制。

9.1.2　冶炼工艺及供货状态

非合金钢目前主要采用氧气转炉和平炉冶炼，优质非合金钢也采用电弧炉生产；通过真空处理、炉外精炼和喷吹技术等，可获得更高纯度的钢，从而显著改善钢的品质；冶炼后获得钢锭可以通过塑性加工工艺获得各种钢产品。非合金钢的塑性加工工艺通常分热加工和冷加工。经过热加工，钢锭中的小气泡、疏松等缺陷被焊合起来，使钢的组织致密。同时，热加工可以破坏铸态组织、细化晶粒，使锻轧的钢材比铸态钢材具有更好的力学性能。经冷加工的钢，随着冷塑性变形程度增大，强度和硬度增加，塑性和韧性降低。

非合金钢一般是在热轧、正火或调质状态下供货，通过非热处理轧制或热处理状态供货，可以使钢在化学成分不改变的情况下得到不同的室温组织，达到改善钢力学性能的目的。如非合金钢 $[w(C)=0.45\%]$ 在热轧状态下得到粗大的珠光体和铁素体组织，在正火状态下得到的是均匀细小的珠光体和铁素体组织，在调质状态下得到的是马氏体、索氏体或托氏体，从而钢的强度、硬度及韧性大不一样。

9.1.3　非合金钢的分类

非合金钢的种类很多，因不同的分类方法而有不同的名称，常按以下方法分类。

9.1.3.1　按照钢中碳的质量分数分类

按照含碳量来划分通常有低碳钢 $[w(C)<0.30\%]$、中碳钢 $[0.30\leqslant w(C)\leqslant 0.60\%]$、高碳钢 $[w(C)>0.60\%]$ 三类。在此注意它们的含碳量范围实际并没有严格的界限。

9.1.3.2　按照钢的用途分类

非合金钢按用途可分为结构钢和工具钢。非合金结构钢主要用于制作机械零件、工程结构件，一般属于低、中碳钢。非合金工具钢也称碳素工具钢，主要用于制作刀具、量具和模具，一般属于高碳钢。

9.1.3.3　按照钢的主要质量等级分类

此种分类法主要以 S、P 等含量来划分。主要分为普通碳素钢、优质碳素钢及高级优质碳素钢 3 种。普通碳素钢中杂质 S 和 P 元素比较高，其中 $w(S)\leqslant 0.050\%$、$w(P)\leqslant 0.045\%$；优质碳素钢 S、P 含量比普通碳素钢少，其中 $w(S)\leqslant 0.035\%$，$w(P)\leqslant 0.035\%$；高级优质碳素钢 S、P 含量控制得更严格，其中 $w(S)\leqslant 0.030\%$，$w(P)\leqslant 0.035\%$。

此外，按冶炼方法不同，可分为转炉钢和电炉钢；按冶炼时脱氧程度的不同，可分为沸腾钢、镇静钢和特殊镇静钢等。

9.2　非合金结构钢（EN 10025-2）

按照上述分类方法可知，在我国非合金钢按用途可分为结构钢和工具钢。非合金结构钢一般属于低、中碳钢，非合金工具钢一般含碳量偏高。考虑到含碳量对焊接性的影响，在众多非合金钢品种中，适合焊接的非合金钢主要是低碳钢，如非合金结构钢，少数情况下也有工具钢的焊接。因此，本节重点介绍焊接用量较大的非合金结构钢。

9.2.1 牌号表示及标记

对于钢的牌号表示或标记，不同的国家、不同的标准表示方式不相同，此处介绍欧洲标准表示形式。

按照 EN 10027-1：2016《钢的命名系统》的规定，非合金结构钢是按照钢的用途和性能进行标记的。主要标记形式如下：

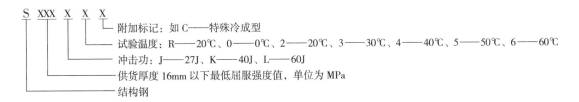

例如，S355J0C 表示一种适于冷弯边（C）的结构钢（S），其在室温条件下的最低屈服强度为 355MPa，在 0℃（J0）条件下的最低冲击功数值为 27J。

按照欧洲标准规定，每个品种的非合金结构钢都有符号和数字两种标记形式。如 S235JR 钢的数字标记为 1.0038。

在我国，通常将非合金结构钢称为碳素结构钢。按照 GB/T 221—2008《钢铁产品牌号表示方法》的规定，碳素结构钢的牌号通常由四部分构成，分别由代表屈服强度的字母、屈服强度数值、质量等级符号、脱氧方式符号按顺序组成，如 Q235-AF 表示 A 级沸腾钢。

按 ISO/TR 15608：2017 划分，非合金结构钢属于第 1 组别，比如 S235JR/J0/J2 为第 1 组别中 1.1 组，S355JR/J0/J2/K2 为 1.2 组。

9.2.2 化学成分

依前面所述，非合金结构钢中主要化学成分有 C、Si、Mn、S、P 等元素。不同标准对其具体成分规定也不完全一致。本节介绍欧洲标准 EN 10025-2：2019《结构钢的热轧产品》中"第 2 部分：非合金钢的技术供货条件"关于化学成分的规定。此标准中的非合金结构钢分别为 S185、S235、S275、S355、S460、S500 六个强度级别。其中强度级别为 S235 和 S275 的质量等级标记是 JR、J0 和 J2，强度级别为 S355 和 S460 的质量等级标记是 JR、J0、J2 和 K2，强度级别为 S500 的质量等级标记是 J0。

本标准说明扁长产品以及半成品的技术供货条件，表 9.1 和表 9.2 给出了非合金结构钢的化学成分。

表 9.1　强度等级 S235 到 S500 熔样分析的化学成分（节选）[a]

标记		脱氧方法[b]	名义产品厚度 /mm（C%max）			Si /%max	Mn /%max	P /%max[d]	S /%max[d, e]	N /%max[f]	Cu /%max	其他 /%max[g, k]
钢名	钢号		≤ 16	> 16 ≤ 40	> 40[c]							
S235JR	1.0038	FN	0.17	0.17	0.20	—	1.40	0.035	0.035	0.012	0.55	—
S235J0	1.0114	FN	0.17	0.17	0.17	—	1.40	0.030	0.030	0.012	0.55	—
S235J2	1.0117	FF	0.17	0.17	0.17	—	1.40	0.025	0.025	—	0.55	—
S355JR	1.0045	FN	0.24	0.24	0.24	0.55	1.60	0.035	0.035	0.012	0.55	—
S355J0	1.0553	FN	0.20	0.20[h]	0.22	0.55	1.60	0.030	0.030	0.012	0.55	—
S355J2	1.0577	FF	0.20	0.20[h]	0.22	0.55	1.60	0.025	0.025	—	0.55	—
S355K2	1.0596	FF	0.20	0.20[h]	0.22	0.55	1.60	0.025	0.025	—	0.55	—
S460JR[i]	1.0507	FF										
S460J0[i]	1.0538	FF	0.20	0.20[h]	0.22	0.55	1.70	0.030	0.030	0.025	0.55	[j]
S460J2[i]	1.0552	FF										
S460K2[i]	1.0581	FF										
S500J0[i]	1.0502	FF	0.20	0.20	0.22	0.55	1.70	0.030	0.030	0.025	0.55	[j]

注：a. 见 EN10025-2 中 7.2。

　　b. FN 为镇静钢；FF 为特别镇静钢（见 EN 10025-2 中 6.2）。

　　c. 名义厚度大于 100mm 的型材，C 含量需协商。见 EN10025-2 条款 13，非强制性信息 26。

　　d. 长形产品 P 和 S 含量为 0.005% 或更高。

　　e. 对于长形产品，如果改变钢材中硫化物的形态，为改善力学性能，S 含量的最大值增加 0.015%，化学成分为最低值 0.0020% 的 Ca。见 EN 10025-2 条款 13，非强制性信息 27。

　　f. 如果化学成分为最低值 0.020% 的铝的总含量或者最低值 0.015% 的铝酸溶液或者当有其他氮结合成分存在的条件下，不使用氮的最大值。在这种情况下氮结合成分应该记录在检验文件中。

　　g. 如果添加其他元素，应该在检验文件中体现出来。

　　h. 名义厚度大于 30mm；C 含量为 0.22%max。

　　i. 只适用于长形产品。

　　j. Nb 含量最大值为 0.05%，V 含量最大值为 0.13%，Ti 含量最大值为 0.05%。

　　k. 对于元素 Ni、Cr 和 Mo，最大含量（%）限制到 Ni 为 0.42，Cr 为 0.29 和 Mo 为 0.11。

表 9.2　基于表 9.1 的产品分析的化学成分（节选）[a]

标记		脱氧方法[b]	名义产品厚度 /mm（C%max）			Si /%max	Mn /%max	P /%max[d]	S /%max[d, e]	N /%max[f]	Cu /%max	其他 /%max[g, k]
钢名	钢号		≤ 16	> 16 ≤ 40	> 40[c]							
S235JR	1.0038	FN	0.19	0.19	0.23	—	1.50	0.045	0.045	0.014	0.60	—
S235J0	1.0114	FN	0.19	0.19	0.19	—	1.50	0.040	0.040	0.014	0.60	—
S235J2	1.0117	FF	0.19	0.19	0.19	—	1.50	0.035	0.035	—	0.60	—
S355JR	1.0045	FN	0.27	0.27	0.27	0.60	1.70	0.045	0.045	0.014	0.60	—
S355J0	1.0553	FN	0.23	0.23[h]	0.24	0.60	1.70	0.040	0.040	0.014	0.60	—
S355J2	1.0577	FF	0.23	0.23[h]	0.24	0.60	1.70	0.035	0.035	—	0.60	—
S355K2	1.0596	FF	0.23	0.23[h]	0.24	0.60	1.70	0.035	0.035	—	0.60	—
S460JR[i]	1.0507	FF										
S460J0[i]	1.0538	FF	0.23	0.23[h]	0.24	0.60	1.80	0.040	0.040	0.027	0.60	[j]
S460J2[i]	1.0552	FF										
S460K2[i]	1.0581	FF										

续表

标记		脱氧方法[b]	名义产品厚度 /mm（C%max ）			Si /%max	Mn /%max	P /%max[d]	S /%max[d, e]	N /%max[f]	Cu /%max	其他 /%max[g, k]
钢名	钢号		≤ 16	> 16 ≤ 40	> 40[c]							
S500J0[i]	1.0502	FF	0.23	0.23	0.24	0.60	1.80	0.040	0.040	0.027	0.60	[j]

注: a. 见 EN10025-2 中 7.2。

b. FN ＝镇静钢；FF ＝特别镇静钢（见 EN 10025-2 中 6.2）。

c. 名义厚度大于 100mm 的型材，C 含量经协商。见非强制性信息 26，条款 13。

d. 长形产品 P 和 S 含量为 0.005% 或更高。

e. 对于长形产品，如果改变钢材中硫化物的形态，为改善力学性能，S 含量的最大值增加 0.015%，化学成分为最低值 0.0020% 的 Ca。见非强制性信息 27，条款 13。

f. 如果化学成分为最低值 0.015% 的铝的总含量或者最低值 0.013% 的铝酸溶液或者当有其他氮结合成分存在的条件下，不使用氮的最大值。在这种情况下氮结合成分应该记录在检验文件中。

g. 如果添加其他元素，应该在检验文件中体现出来。

h. 名义厚度大于 30mm：C 含量为 0.24%，最大值。

i. 只适用于长形产品。

j. Nb 含量最大值为 0.06%，V 含量最大值为 0.15%，Ti 含量最大值为 0.06%。

k. 对于元素 Ni、Cr 和 Mo，最大含量（%）限制到 Ni 为 0.47%；Cr 为 0.34% 和 Mo 为 0.14%。

我国非合金结构钢的化学成分规定见标准 GB / T 700—2006《碳素结构钢》及 GB / T 34560.2—2017《结构钢　第 2 部分：一般用途结构钢交货技术条件》。

9.2.3　力学性能

非合金结构钢要保证其使用要求，对其力学性能，包括强度、塑性和韧性提出要求，并做了规定。本部分介绍欧洲标准 EN 10025-2：2019《结构钢的热轧产品　第 2 部分：非合金钢的技术供货条件》中关于力学性能的规定。在规定的供货条件下，力学性能应该符合表 9.3、表 9.4 中给出的数值。当产品的订货和供货条件为正火或正火轧制时，其正火或正火轧制或者供货以后的正火热处理后的力学性能应符合表 9.3、表 9.4 中的数值。

表 9.3　力学性能—强度等级 S235 到 S500 产品在室温条件下的拉伸性能（节选）

钢名	钢号	R_{eH}/MPa ≤16	>16≤40	>40≤63	>63≤80	>80≤100	>100≤150	>150≤200	>200≤250	>250≤400	R_m/MPa <3	≥3≤100	>100≤150	>150≤250	>250≤400	试样方向	延伸率 L_0=80mm ≤1	>1≤1.5	>1.5≤2	>2≤2.5	>2.5<3	L_0=5.65$\sqrt{S_0}$ ≥3≤40	>40≤63	>63≤100	>100≤150	>150≤250	>250≤400
S235JR 1.0038 / S235J0 1.0114 / S235J2 1.0117		235	225	215	215	215	195	185	175	165	360~510	360~510	350~500	340~490	330~480	l	17	18	19	20	21	26	25	24	22	21	21
																t	15	16	17	18	19	24	23	22	22	21	21
S355JR 1.0045 / S355J0 1.0553 / S355J2 1.0577 / S355K2 1.0596		355	345	335	325	315	295	285	275	265	510~680	470~630	450~600	450~600	450~600	l	14	15	16	17	18	22	21	20	18	17	17
																t	12	13	14	15	16	20	19	18	18	17	17
S460JR 1.0507 / S460J0 1.0538 / S460J2 1.0552 / S460K2 1.0581		460	440	420	400	390	390	—	—	—	—	550~720	530~700	—	—	l	—	—	—	—	—	17	17	17	17	—	—
S500J0 1.0502		500	480	460	450	450	—	—	—	—	—	580~760	560~750	—	—	l	—	—	—	—	—	15	15	15	15	—	—

注：a. 宽度 ≥ 600mm 的板、薄板和宽板，采用横向（t）轧制。其他产品采用的方向与轧制方向平行（l）。
b. 只适用于长材。

表 9.4　力学性能 – 强度等级 S235 到 S500 产品纵向冲击功 KV_2（节选）[a]

标记		温度 /℃	最低冲击功 KV_2 / J　名义厚度 /mm		
钢名	钢号		≤ 150[a, b]	> 150　≤ 250[b]	> 250　≤ 400[c]
S235JR	1.0038	20	27	27	27
S235J0	1.0114	0	27	27	27
S235J2	1.0117	– 20	27	27	27
S355JR	1.0045	20	27	27	27
S355J0	1.0553	0	27	27	27
S355J2	1.0577	– 20	27	27	27
S355K2	1.0596	– 20	40[d]	33	33
S460JR[e]	1.0507	20	27	—	—
S460J0[e]	1.0538	0	27	—	—
S460J2[e]	1.0552	– 20	27	—	—
S460K2[e]	1.0581	– 20	40	—	—
S500J0[e]	1.0502	0	27	—	—

对于小尺寸试样，最低冲击性能值也应降低。

注：a. 因产品尺寸限制而产生的例外情况见 9.2.3.3。

　　b. 名义厚度大于 100mm 的型材数值经协商决定。见非强制性信息 28，条款 13。

　　c. 适用于板状产品的数值。

　　d. –30℃数值为 27J（见 EN 1993-1-10）。

　　e. 只适用于长形产品。

我国非合金结构钢的力学性能规定见标准 GB / T 700–2006《碳素结构钢》及 GB / T 34560.2–2017《结构钢 – 第 2 部分：一般用途结构钢交货技术条件》。

9.2.4　非合金结构钢的焊接

9.2.4.1　焊接性

非合金结构钢因含碳量低，且其他合金元素的含量也较少，故非合金结构钢焊接性较好。采用常规的焊接方法焊接后，接头中一般不会产生淬硬组织或冷裂纹，但随着强度等级的增加，也存在淬硬倾向或冷裂纹的风险，需要采取合适的工艺措施及正确选择焊接材料，能得到满意的焊接接头。此外，同一强度下质量等级从 JR 到 K2 的焊接性依次改善，比如 S235J2 的焊接性优于 S235JR。

非合金结构钢熔化焊时受一些因素的影响，如因存在淬硬倾向导致冷裂纹的问题；偏析区熔化形成热裂纹的问题；此外，在使用过程中还要避免发生脆断等问题。上述问题的影响因素之一是钢的化学成分，尤其是钢中的碳、氮、硫和磷元素及其含量。因此，要分析非合金结构钢的焊接性就要掌握其化学成分。此外，钢在焊接中和焊接后的表现不仅取决于材料本身，也取决于焊件的大小、形状、生产、操作条件。

（1）淬硬倾向。

非合金结构钢的淬硬主要是因马氏体组织形成而引起的。马氏体是碳在 α–Fe 中形成的过饱和固溶体，它的硬度与钢中的含碳量有关，又与所形成的马氏体数量有关。马氏体的数量与冷却速度有关，而冷却速度受焊接热输入、母材厚度和环境温度的影响。因此，含碳量越高、冷却速度越快，越容易产生淬硬组织。

从化学成分角度来讲，含碳量不大于 0.22% 的结构钢是可焊接钢种，通常在不预热的情况下施焊。如果钢中存在合金元素，还应考虑合金元素对淬硬倾向的影响。因此，考虑化学成分对淬硬程度的影响可以用碳当量来衡量，EN 10025-2：2019 标准中的非合金结构钢熔样分析的 CEV 最大值见表 9.5。此为 IIW 推荐的公式，具体碳当量公式如下：

$$CEV = C + \frac{Mn}{6} + \frac{Cr + Mo + V}{5} + \frac{Ni + Cu}{15} \ （\%）$$

$CEV < 0.4\%$ 淬硬倾向小，焊接性良好

$CEV = 0.4\% \sim 0.6\%$ 淬硬倾向增加，在一定条件下焊接

$CEV > 0.6\%$ 淬硬倾向很大，焊接性较差

从冷却速度角度讲，产品厚度增加，环境温度低，冷却速度加快。

综上两方面考虑，碳当量高的非合金结构钢，焊接时冷却速度快时，存在冷裂纹的倾向。除了上述原因，引起非合金结构钢产生冷裂纹的原因还有焊缝金属中扩散氢的总量；焊接接头中明显的集中拉应力。

表 9.5 基于熔样分析的 CEV 最大值（节选）[a]

标记		最大值 CEV/% 公称产品厚度 /mm				
钢名	钢号	≤ 30	> 30 ≤ 40	> 40 ≤ 150	> 150 ≤ 250	> 250 ≤ 400
S235JR / S235J0 / S235J2	1.0038 / 1.0114 / 1.0117	0.35	0.35	0.38	0.40	0.40
S355JR / S355J0 / S355J2 / S355K2	1.0045 / 1.0553 / 1.0577 / 1.0596	0.45	0.47	0.47	0.49[b]	0.49
S460JR[c] / S460J0[c] / S460J2[c] / S460K2[c]	1.0507 / 1.0538 / 1.0552 / 1.0581	0.47	0.49	0.49	—	—
S500J0[c]	1.0502	0.47	0.49	0.49	—	—

注：a. CEV 最大值的增加，非强制性信息 20 见 7.2.4 和非强制性信息 5 见 7.4.3。

    b. 长形产品使用 0.54% 的 CEV 最大值。

    c. 只适用于长材。

（2）偏析现象。

普通的非合金结构钢 P、S 含量较高，形成低熔点化合物而造成偏析现象。随着温度的降低，钢液凝固形成柱状晶，这些化合物依然呈液态。柱状晶收缩，在柱状晶交界处由于收缩力在液态薄膜处裂开，形成热裂纹。

（3）脆断倾向。

通常材料没有明显的塑性变形的断裂称为脆断。钢材一般具有较大的变形能力，如在拉伸试验中显示出较高的延伸率和断面收缩率。但是，焊接结构设计上及焊接制造过程中产生的多轴拉应力、

焊接内应力（如厚板上的交叉焊缝是特别危险的）以及焊接造成的缺口尖角处产生较大应力集中都会促使脆断的发生，另外低温及冲击载荷也会增加脆断倾向。

（4）时效倾向。

随着时间的流逝，材料的某种性能（如缺口冲击功）出现改变的现象称为材料的时效。钢能够在冷作变形以后及在室温下出现自然时效，也能够在冷作变形以后紧接着加热的情况下出现人工时效。时效的主要原因是钢中存在氮，由于在晶界上或滑移面上析出自然氮和（或）铁氮化合物，从而降低了钢的变形能力。

冷作变形时，材料发生塑性变形，提高了钢的抗拉强度、屈服极限及硬度，降低了延伸率、缺口冲击功及断面收缩率。为提高钢材的强度，可以通过弯曲、卷边、深冲、卷曲、矫形等冷作变形工艺获得。

在冷作变形区域内焊接时要注意，当其变形量在一定范围时，焊接加热会出现晶粒粗大现象，因此增加脆断倾向。如图 9.1 所示为当冷作变形量在 5%~15% 时，其受热出现晶粒粗大现象。

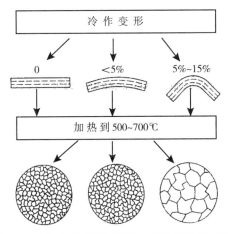

图 9.1　冷作变形量不同情况下受热晶粒尺寸变化

以上就是非合金结构钢焊接时，可能会存在的问题。表 9.6 中所示的是不同因素对于焊接性的影响。越多的"X"就表示越低的焊接性，也就是在焊接中需要更多的措施。

表 9.6　部分非合金结构钢焊接易出现的问题

钢类 / 标记（根据 EN 10025-2）	脱氧方法	易于			偏析
		脆性裂纹	时效	硬化	
S235JR	自由选择	XX	X	—	X
S235J0	FN	X	X	—	—
S235J2	FF	—	—	—	—
S275JR	FN	XX	X	—	—
S275J0	FN	X	X	—	—
S275J2	FF	—	—	—	—
S355J0	FN	X	X	X	—
S355J2	FF	—	—	X	—

注："X"越多代表出现相应问题的倾向越大；"—"表示一般不影响。

9.2.4.2　焊接工艺要点

由于造成裂纹的因素主要有钢的成分、焊接工艺、焊接材料和相关应力，如果焊接时所需 $t_{8/5}$ 冷却时间过短，热影响区会过度硬化。如果焊缝中的氢含量超过临界水平，当焊缝冷却到与周围温度相近后，硬化区受到残余应力的影响会产生冷裂纹。

要避免冷裂纹，可以对焊接条件进行选择和控制。例如，保证热影响区的冷却速度足够慢，根据金属厚度控制焊道尺寸及必要时进行预热，并控制层间温度。防止冷裂纹可以通过对冷却时间的控制，以避免形成淬硬组织。此外需要控制热循环中低温段的冷却，通常从300℃到100℃，从而较好地控制焊接接头处氢的变化，或者焊接结束时施行后热也可达到相同目的。

ISO / TR 17671-2：2002《金属材料焊接的推荐　第2部分：铁素体钢的电弧焊接》，介绍了避免氢致裂纹产生的工艺方法，适用于非合金结构钢的焊接，其具体步骤如下。

第一步：根据材料的材质单或钢材标准中的最大碳当量确定使用钢材的碳当量值。如假设钢材碳当量为0.45。

第二步：先确定将采用的焊接工艺方法及相应焊材。如假设采用焊条电弧焊，对应表9.7中的焊缝扩散氢等级为B。

表9.7　扩散氢等级

HD（mL / 100g 熔敷金属）	氢等级	HD（mL / 100g 熔敷金属）	氢等级
HD > 15	A	3 < HD ≤ 5	D
10 < HD ≤ 15	B	HD ≤ 3	E
5 < HD ≤ 10	C		

第三步：确定接头为角焊缝还是对接焊缝。假设为对接焊缝。

第四步：查看 ISO / TR 17671-2 中图 A.2 a~m 中预热线的初始温度处以上或相应纵坐标点的左侧对应的热输入量和组合厚度，可以得出预热温度。根据已知条件碳当量为0.45和焊缝扩散氢等级为B，在图 A.2a~m 中选出适合的图，如图9.2所示，如果没有适合所选氢等级和碳当量的图时，可以

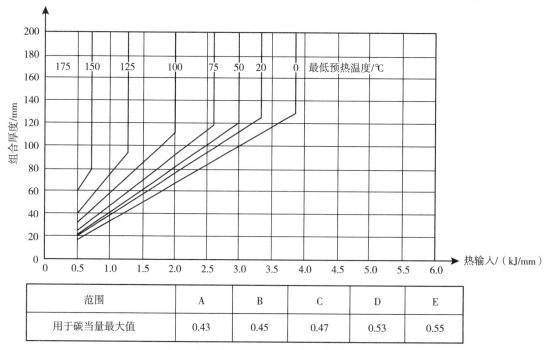

范围	A	B	C	D	E
用于碳当量最大值	0.43	0.45	0.47	0.53	0.55

图9.2　指定碳当量值的钢的焊接条件

在图 A.2 中选择适用于下一级更高碳当量值的图，如图 9.3 所示中根据焊缝扩散氢等级为 B 和更高一级碳当量 0.47。

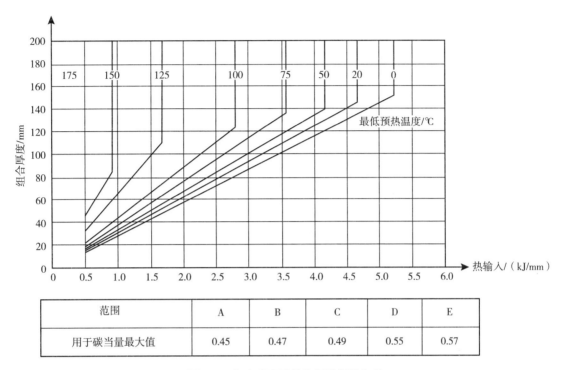

图 9.3　指定碳当量值的钢的焊接条件

范围	A	B	C	D	E
用于碳当量最大值	0.45	0.47	0.49	0.55	0.57

第五步：然后，确定对接焊缝的最小焊道尺寸（通常指根部焊道）。假设用直径 4mm 的焊条，熔敷效率为 120%，熔敷长度约为 260mm。查看 ISO / TR 17671-2 中表 A.4.3，即表 9.8，可以确定形成对接焊缝的各焊道最小热输入值最少为 1.2kJ / mm。

第六步：根据 ISO / TR 17671-2 中 A.2.4 确定对接接头的组合厚度，假设计算得出的组合厚度为 50mm。

第七步：在图 9.2 上描出 1.2kJ / mm 热输入与 50mm 组合厚度的交点，记下所需最小预热温度和层间温度，本例为 75℃。

如果针对上述产品，焊接时不进行预热，那么可以适当增加热输入，可以重新查看图 9.2 确定不需预热（通常为 20℃线）时的最小热输入。本实例对接焊缝不预热需要的最小热输入应为 1.4 kJ / mm。再根据表 9.8 及对焊接位置的考虑，此热输入值可行。然后从表 9.8 中选择焊条直径和焊道长度，如用直径为 4mm 焊条，熔敷效率为 120%，熔敷长度约为 220mm。如果不可行，可以考虑选择更低扩散氢等级的焊条，如使用更高的焊条烘干温度或更换焊材或更改焊接工艺确保在选择适当热输入量时不需要预热。不预热可焊最大组合厚度见表 9.9。

为了确保低碳钢焊接质量，在焊接工艺方面还需注意以下几点：①焊前清除焊件表面铁锈，油污、水分等杂质；②焊接刚性大的构件时，为了防止产生裂纹，宜采用焊前预热和焊后消除应力的措施；③在低温环境焊接低碳结构钢时接头冷却速度较快，为了防止产生裂纹，应采取减缓冷却速度的措施，如焊前预热、采用低氢型焊材等。

表 9.8 焊条电弧焊熔敷长度（110%＜熔敷效率≤ 130%）

热输入 / （kJ / mm）	450mm 长焊条使用 410mm 的熔敷长度直径					
	2.5mm	3.2mm	4mm	5mm	6mm	6.3mm
0.8	150	250	385	605	—	—
1.0	120	200	310	485	—	—
1.2	100	165	260	405	580	—
1.4	85	140	220	345	500	550
1.6	—	125	195	300	435	480
1.8	—	110	170	270	385	425
2.0	—	100	155	240	350	385
2.2	—	90	140	220	315	350
2.5	—	—	125	195	280	305
3.0	—	—	105	160	230	255
3.5	—	—	90	140	200	220
4.0	—	—	—	120	175	190
4.5	—	—	—	110	155	170
5.0	—	—	—	95	140	155
5.5	—	—	—	90	125	140

表 9.9 不预热可焊最大组合厚度示例

HD[a] （mL / 100g 熔敷金属）	最大组合厚度 / mm			
	碳当量 0.49		碳当量 0.43	
	热输入		热输入	
	1.0kJ / mm	2.0kJ / mm	1.0kJ / mm	2.0kJ / mm
＞ 15	25	50	40	80
10 ≤ 15	30	55	50	90
5 ≤ 10	35	65	60	100
3 ≤ 5	50	100	100	100
≤ 3	60	100	100	100

注：a.根据 ISO 3690 测量。

9.2.4.3 焊接材料及选择

1. 焊接材料标准的选择

常用的熔化焊方法包括焊条电弧焊、熔化极气体保护焊、药芯焊丝气保焊、埋弧焊等都可以焊接非合金结构钢，本小节介绍的焊材主要包括焊条电弧焊的焊条、用于气体保护焊的实芯焊丝和用于埋弧焊的焊丝。以上标准化的焊接材料是以低合金化的冶金基础，通过添加不同的含量合金元素如 Mn、Si、Cr、Ni、Mo 等来强化，以保证熔敷金属的力学性能。规定了不同方法的工艺条件下熔敷金属的屈服强度在 355~500MPa 的焊接材料。我国相应焊材的国标型号是以 ISO 标准的 B 系列进行标记的。

（1）焊条电弧焊用焊条。

EN10025-2 标准中的结构钢，推荐从 ISO 2560-A（参见第一册第 6 章）中选择焊条，规定了非合金钢和细晶粒钢焊条电弧焊用药皮焊条。ISO 2560-A 标准中介绍的焊条是按照屈服强度和熔敷金属平均冲击功 47J 分类的。而 ISO 2560-B 标准中介绍的焊条是按照抗拉强度和熔敷金属平均冲击功 27J 分类的。例如，ISO 2560-A E 46 3 1Ni B 5 3 H5，其中 46 表示熔敷金属强度及延伸率的标记，代表最低屈服强度为 460MPa，抗拉强度为 530~680MPa，最低延伸率为 20%；对应的 B 系列标记形式为 ISO 2560-B E 5518 N2 A U H5。

针对非合金结构钢用的焊条国家标准为 GB / T 5117—2012 非合金钢及细晶粒钢焊条。

（2）熔化极气体保护焊用的实心焊丝。

EN 10025-2 标准中的结构钢，推荐从 ISO 14341-A（参见第一册第 9 章）中选择实心焊丝。规定了非合金钢和细晶粒钢熔化极气体保护焊用实心焊丝。ISO 14341-A 熔化极气体保护焊用实心焊丝是按照屈服强度和熔敷金属平均冲击功 47J 分类的。而 ISO 14341-B 标准中介绍的实心焊丝是按照抗拉强度和熔敷金属平均冲击功 27J 分类的。例如，ISO 14341-A G 46 5 M21 3Si1，其中 46 表示熔敷金属强度及延伸率的标记，代表最低屈服强度为 460MPa，抗拉强度为 530~680MPa，最低延伸率为 20%。

此外，采用气体保护焊焊接时，还要有保护气体，关于保护气体的国际标准参见 ISO 14175（具体介绍参见第一册第 7 章）。

针对非合金结构钢熔化极气体保护焊用的实芯焊丝国家标准 GB / T 8110—2020 熔化极气体保护电弧焊用非合金钢及细晶粒钢实心焊丝。

（3）埋弧焊用的焊丝。

EN 10025-2 标准中的结构钢，推荐从 ISO 14171-A（参见在第一册第 11 章）中选择埋弧焊用实心焊丝，规定了非合金钢和细晶粒钢埋弧焊用实芯焊丝。ISO 14171-A 埋弧焊用实心焊丝是按照屈服强度和熔敷金属平均冲击功 47J 分类的。而 ISO 14171-B 标准中介绍埋弧焊用实心焊丝是按照抗拉强度和熔敷金属平均冲击功 27J 分类的。例如，ISO 14171-A S 46 3 AB S2，其中 46 表示熔敷金属强度及延伸率的标记，代表最低屈服强度为 460MPa，抗拉强度为 530~680MPa，最低延伸率为 20%。关于埋弧焊用焊剂国际标准参见 ISO 14174（具体介绍参见第一册第 11 章）。

针对非合金结构钢埋弧焊用的焊丝国家标准 GB / T 5293-2018 埋弧焊用非合金钢及细晶粒钢实心焊丝、药芯焊丝和焊丝 - 焊剂组合分类要求。

2. 焊接材料选择

根据焊接接头力学性能的要求，按等强匹配的原则选择焊接材料。例如，非合金结构钢选择焊条电弧焊焊接，EN 10025-2 S235JR 选择焊条根据等强匹配的原则可以选择 ISO 2560-A E 35 0 RC 1 1；对于国家标准中的 Q235，其抗拉强度平均约为 417.5MPa，按照等强原则在 GB / T 5117 标准中的 E43XX 系列焊条，它的熔敷金属的抗拉强度不小于 420MPa，在力学性能上与母材恰好匹配。因此，一般焊接结构推荐选择工艺性好的酸性焊条，如 E4301、E4303、E4313、E4320 等；当焊接重要的或裂纹敏感性大的结构，常选择低氢型的碱性焊条，如 E4316、E4315、E5015、E5016 等。

对于非合金结构钢选择其他焊接工艺方法，如熔化极气体保护焊及埋弧焊等工艺方法其焊接材料的选择原则均按照等强匹配的原则。对常用的非合金结构钢焊接材料选择举例见表9.10。

表 9.10　常用非合金结构钢焊接材料选择举例

母材		焊接材料		
EN 标准	GB 标准	ISO 标准		GB 标准
EN 10025–2 S235JR	GB 700 Q235B	ISO 2560–A E 35 0 RC 1 1 ISO 2560–A E 38 0 RR 1 2 ISO 14341–A G 38 3 3Si1 ISO 17632–A T 38 3 3Si1 ISO 14171–A S 38 3 S3	ISO 2560–B E 4303 ISO 2560–B E 4313 ISO 14341–B G 43A 2 S11 ISO 17632–B T 43 2 T1–X C1 S ISO 14171–B S 43A 2 AB S1	GB / T 5117 E 4303 GB / T 5117 E 4313 GB / T 8110 G 43A 2 S11 GB / T 10045 T 43 2 T1–X C1 S GB / T 5293 S 43A 2 AB SU10
EN 10025–2 S235J2	GB 700 Q235D	ISO 2560–A E 38 4 RC 1 1 ISO 2560–A E 42 4 RR 1 2 ISO 2560–A E 42 4 B 1 2 ISO 14341–A G 38 5 3Si1 ISO 17632–A T 38 3 3Si1 ISO 14171–A S 38 3 S3	ISO 2560–B E 4310 ISO 2560–B E 4316 ISO 2560–B E 4318 ISO 14341–B G 43A 4 S13 ISO 17632–B T 43 4 T1–X C1 A ISO 14171–B S 43A 4 AB SU10	GB / T 5117 E 4310 GB / T 5117 E 4316 GB / T 5117 E 4318 GB / T 8110 G 43A 4 S11 GB / T 10045 T 43 4 T1–X C1 A GB / T 5293 S 43A 4 AB SU08A
EN 10025–2 S355J2	GB / T 34560.2 Q355D	ISO 2560–A E 42 4 RC 1 1 ISO 2560–A E 42 4 RR 1 2 ISO 2560–A E 42 4 B 1 2 ISO 14341–A G 42 5 3Si1 ISO 17632–A T 38 3 3Si1 ISO 14171–A S 42 5 S3	ISO 2560–B E 4903 ISO 2560–B E 4918 ISO 2560–B E 4948 ISO 14341–B G 49A 3 C1 S6 ISO 17632–B T 49 3 T5–X M21 A ISO 14171–B S 49A 4 AB SU26	GB / T 5117 E 5003 GB / T 5117 E 5018 GB / T 5117 E 5048 GB / T 8110 G 49A 3 C1 S2 GB / T 10045 T 49 3 T5–X M21 A GB / T 5293 S 49A 4 AB SU26

9.2.4.4 应用实例——水轮机支持盖大环缝的焊接

1. 产品结构

75000kW 水轮机支持盖上的大直径环缝，焊缝位置及坡口形式如图9.4所示。

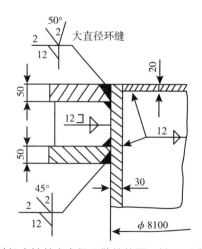

图 9.4　水轮机支持盖大直径环缝的位置及坡口形式

2. 焊接工艺

母材为 Q235 钢，相当于 EN 10025-2 中的 S235，采用 CO_2 气体保护自动焊。采用 ϕ1.6mm 的 H08Mn2SiA 焊丝，焊接参数见表 9.11。焊道分布如图 9.5 所示。

表 9.11　支持盖大直径环缝焊接参数

焊道序号	焊接电流 / A	电弧电压 / V	气体流量 / （L / min）
1，2	250~300	28~30	20
4，6，9，12	200~250	26~28	20
其余	300~350	30~32	20

焊接第 1、第 2 道焊道时，使用 ϕ20mm 喷嘴；焊接其余焊道时，采用 ϕ25mm 喷嘴。为防止侧板处产生层状撕裂，焊接第 4、第 6、第 9、第 12 道焊道时，焊丝不摆动，焊丝倾向侧板，每层焊道的厚度控制在 5mm 以内。

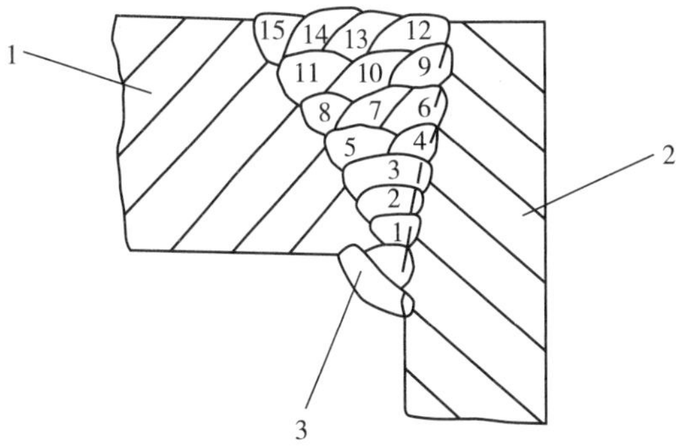

1—盖板；2—侧板；3—手工封底焊道
图 9.5　水轮机支持盖大环缝焊道分布

9.3　非合金调质钢（EN 10083-2）

本节介绍的非合金调质钢的化学成分还是以碳为主，且主要以中碳为主，添加了少量铬、镍及钼等元素。供货方式主要是淬火加回火方式。调质、正火或其他附加方式使钢的表面处于硬化状态，主要应用于曲轴、连杆、齿轮、销钉等机器零件。这类钢既有强度又有韧性，屈强比为 0.7~0.95。通过热处理的方法可以使钢获得较高的硬度，淬火马氏体的含量与临界冷却速度有关，硬度与碳的含量有关。

9.3.1　化学成分

非合金调质钢中主要化学成分有 C、Si、Mn、S、P 元素及少量的 Cr、Mo、Ni 元素等。不同标准对其具体成分规定也不完全一致。本小节介绍欧洲标准 EN 10083-2：2006《非合金调质钢的技术供货条件》的主要品种 C35、C40、C45、C50、C55、C60 等。标记中的数字代表含碳量，如 C35 表示为含碳量为 0.35% 的碳钢。本标准规定了非合金调质钢的化学成分，见表 9.12。

国家标准 GB / T 699—2015 介绍了低碳、中碳及高碳调质钢，其牌号表示主要为数字，代表碳的含量；如牌号为 45 的品种，表示含碳量为 0.45% 的优质碳素结构钢。

表 9.12　非合金调质钢的等级与化学成分（炉批分析）（节选）

钢的命名		化学成分（%，以质量计）								
钢名	钢号	C	Si 最大	Mn	P 最大	S	Cr 最大	Mo 最大	Ni 最大	Cr+Mo+Ni 最大
优质钢										
C35	1.0501	0.32~0.39	0.40	0.50~0.80	0.045	最大 0.045	0.40	0.10	0.40	0.63
C40	1.0511	0.37~0.44	0.40	0.50~0.80	0.045	最大 0.045	0.40	0.10	0.40	0.63
C45	1.0503	0.42~0.50	0.40	0.50~0.80	0.045	最大 0.045	0.40	0.10	0.40	0.63
C60	1.0601	0.57~0.65	0.40	0.60~0.90	0.045	最大 0.045	0.40	0.10	0.40	0.63
特种钢										
C35E	1.1181	0.32~0.39	0.40	0.50~0.80	0.030	最大 0.035	0.40	0.10	0.40	0.63
C35R	1.1180					0.020~0.040				
C45E	1.1191	0.42~0.50	0.40	0.50~0.80	0.030	最大 0.035	0.40	0.10	0.40	0.63
C45R	1.1201					0.020~0.040				
C60E	1.1221	0.57~0.65	0.40	0.60~0.90	0.030	最大 0.035	0.40	0.10	0.40	0.63
C60R	1.1223					0.020~0.040				
28Mn6	1.1170	0.25~0.32	0.40	1.30~1.65	0.030	最大 0.035	0.40	0.10	0.40	0.63

9.3.2　力学性能

为了满足使用要求，对其力学性能，包括强度、塑性和韧性提出要求，并做了规定。本节介绍欧洲标准 EN 10083-2：2006《非合金调质钢的技术供货条件》中关于力学性能的规定。在规定的供货条件下，力学性能应该符合表 9.13 中给出的数值。

表 9.13　非合金调质钢交付产品在室温下的力学性能

钢的命名		等效截面（见 EN 10083-1：2006 标准附件 A）的力学性能（按直径 d 或按扁平产品的厚度 t 来划分）														
钢名	钢号	$d \leq 16mm$ $t \leq 8mm$					$16mm < d \leq 40mm$ $8mm < t \leq 20mm$					$40mm < d \leq 100mm$ $20mm < t \leq 60mm$				
		R_e /MPa[b]	R_m /MPa[b]	A /% 最小	Z /% 最小	KV^a /J 最小	R_e /MPa[b]	R_m /MPa[b]	A /% 最小	Z /% 最小	KV^a /J 最小	R_e /MPa[b]	R_m /MPa[b]	A /% 最小	Z /% 最小	KV^a /J 最小
优质钢																
C35	1.0501	430	630~780	17	40	—	380	600~750	19	45	—	320	550~700	20	50	—
C40	1.0511	460	650~800	16	35	—	400	630~780	18	40	—	350	600~750	19	45	—
C45	1.0503	490	700~850	14	35	—	430	650~800	16	40	—	370	630~780	17	45	—
C60	1.0601	580	850~1000	11	25	—	520	800~950	13	30	—	450	750~900	14	35	—

钢的命名		等效截面（见 EN 10083-1：2006 标准附件 A）的力学性能（按直径 d 或按扁平产品的厚度 t 来划分）															
		$d \leqslant 16mm$ $t \leqslant 8mm$					$16mm < d \leqslant 40mm$ $8mm < t \leqslant 20mm$					$40mm < d \leqslant 100mm$ $20mm < t \leqslant 60mm$				
钢名	钢号	R_e	R_m	A / % 最小	Z / % 最小	KV^a / J 最小	R_e	R_m	A / % 最小	Z / % 最小	KV^a / J 最小	R_e	R_m	A / % 最小	Z / % 最小	KV^a / J 最小
		/ MPa^b					/ MPa^b					/ MPa^b				
特种钢																	
C35E C35R	1.1181 1.1180	430	630~780	17	40	—	380	600~750	19	46	35	320	550~700	20	50	35
C45E C45R	1.1191 1.1201	490	700~850	14	35	—	430	650~800	16	40	25	370	630~780	17	45	25
C60E C60R	1.1221 1.1223	580	850~1000	11	25	—	520	800~950	13	30	—	450	750~900	14	35	—
28Mn6	1.1170	590	800~950	13	40	—	490	700~850	15	45	40	440	650~800	16	50	40

注：a. 关于取样，参见标准 EN 10083-1：2006 图 1 和图 3。

　　b. $1MPa=1N/mm^2$。

9.3.3　非合金调质钢的焊接

EN 10083-2：2006 标准中说明的非合金调质钢按照含碳量划分主要为中碳钢，并添加少量提高淬透性的合金元素如铬、镍、钼，因此焊接性较差，主要存在的问题为接头产生淬硬组织或冷裂纹。

当含碳量为 0.35% 的非合金钢焊接时需要预热，通常预热温度为 150~250℃，焊接材料按 ISO 2560 和 ISO 14341 选择，焊后缓冷，在 250℃时退火减小扩散氢的含量。

对碳含量在 0.5% 时的非合金钢采用熔化焊相对困难，焊前预热温度为 250~350℃，焊接材料一般按 ISO 18275 和 ISO 18276 选择，焊后缓冷，冷却至 100℃时才可进行热处理，如消氢处理或回火。

对高质量的接头须焊过渡层，然后回火，再进行焊接。

根据碳当量选择预热温度见表 9.14。预热温度与碳当量、板厚、焊条直径的关系见表 9.15。

表 9.14　碳当量与预热温度的关系

CEV / %	推荐的预热温度 / ℃
< 0.45	不预热（或预热 100）
0.45~0.60	100~250
> 0.60	200~350 或更高

表 9.15　预热温度与碳当量、板厚、焊条直径的关系

碳当量	焊条直径	预热温度 /℃							
		对接接头　板厚 / mm				角接接头　板厚 / mm			
		6	12	25	50	6	12	25	50
0.35	3.25	0	0	0	0	0	0	0	100
	4	0	0	0	0	0	0	0	0
	5	0	0	0	0	0	0	0	0
	6	0	0	0	0	0	0	0	0
0.40	3.25	0	0	0	150	0	0	100	200
	4	0	0	0	0	0	0	0	150
	5	0	0	0	0	0	0	0	100
	6	0	0	0	0	0	0	0	100
0.50	3.25	0	0	250	350	0	150	350	（450）
	4	0	0	150	300	0	100	250	400
	5	0	0	100	200	0	0	200	350
	6	0	0	0	150	0	0	150	300
0.65	3.25	300	—	—	—	—	—	—	—
	4	200	350	—	—	—	—	—	—
	5	0	150	（600）	—	200	（600）	—	—
	6	0	0	（500）	—	100	300	—	—

注：表中"0"为不需要预热，"—"为预热温度非常高，实际不能采用。

9.4　耐候钢（EN 10025-5）

抗大气腐蚀的钢通常又叫作耐候钢。抗大气腐蚀主要取决于在持续干燥或潮湿条件下母材金属表面形成的保护性锈层，所起到的保护性作用主要取决于环境因素和主要的组织结构。耐候钢中含有 Fe、C、Si、Mn、S、P、Cu、Cr、Ni、Mo 等成分，与非合金结构钢相比，耐候钢中增加了少量提高抗大气腐蚀的成分，因此，耐候钢属于低合金钢，但由于其成分和非合金结构钢相差不大，通常是在非合金结构钢的基础上添加一些合金元素获得，并与非合金结构钢焊接性相似，耐候钢主要用于制造车辆、桥梁、建筑、塔架、集装箱等。

9.4.1 牌号表示及标记

钢的牌号表示及标记，不同的国家、不同的标准表示方式不相同，本小节介绍欧洲标准的标记形式。

具体符号标记如下：

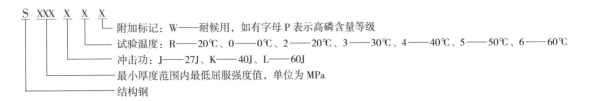

如抗大气腐蚀（W）的结构钢（S）在室温下使用最低屈服强度 355MPa，在 0℃（J0）条件下具备 27J 的最低冲击功，正火轧制（或轧制）供货：EN 10025-5 S355J0W+N（或 +AR）或者 EN 10025-5 1.8959+N（或 +AR）。

耐候钢国家标准 GB / T 4171—2008 中耐候钢牌号表示方法由"屈服强度""高耐候""耐候"的汉语拼音字母"Q""GNH""NH"、屈服强度值以及质量等级（A、B、C、D、E）组成。如 Q355GNHB 表示最低屈服强度为 355MPa 的高耐候钢，其质量等级为 B。

9.4.2 化学成分

耐候钢的化学成分主要有 C、Si、Mn、S、P 和少量的 Cr 等合金成分。不同标准对其具体成分规定也不完全一致。本部分介绍欧洲标准 EN 10025-5：2019《结构钢的热轧产品》中的"第 5 部分：抗大气腐蚀钢的技术供货条件"，规定了抗大气腐蚀钢的化学成分，见表 9.16。

表 9.16　抗大气腐蚀钢材产品分析的化学成分

标记		脱氧方法 [a]	C /% max	Si /% max	Mn /%	P [b] /%	S [b] /% max	N [e] /% max	是否添加氮化合物	Cr /%	Cu /% max	其他 [c、d] /% max
钢名	钢号											
S235J0W	1.8958	FN	0.16	0.45	0.15~0.70	max0.040	0.040	0.014	—	0.35~0.85 [g]	0.20~0.60	—
S235J2W	1.8961	FF					0.035	—	是			
S355J0WP	1.8945	FN	0.15	0.80	max1.1	0.05~0.16	0.040	0.014	—	0.25~1.35	0.20~0.60	—
S355J2WP	1.8946	FF					0.035	—	是			
S355J0W	1.8959	FN	0.19	0.55	0.45~1.60	max0.040	0.040	0.014	—	0.35~0.85 [g]	0.20~0.60	—
S355J2W	1.8965	FF				max0.035	0.035	—	是			
S355K2W	1.8967	FF				max0.035	0.035	—	是			
S355J5W	1.8991	FF				max0.035	0.030	—	是			

续表

标记		脱氧方法 a	C /% max	Si /% max	Mn /%	P b /%	S b /% max	N e /% max	是否添加氮化合物	Cr /%	Cu /% max	其他 c, d /% max
钢名	钢号											
S460J0W	1.8966	FN				max0.040	0.040	—	是			
S460J2W	1.8980	FF			max1.50	max0.035	0.035		是			
S460J5W	1.8993	FF	0.23	0.75		max0.035	0.030	0.027	是	0.35~0.85 f	0.20~0.60	—

注：a. FN = 镇静钢；FF= 特殊镇静钢（见6.2）。

　　b. 长形产品 P 和 S 含量为 0.005% 或更高。

　　c. 钢中的镍含量最多为 0.70%。

　　d. 钢中的钼含量最多为 0.35%，锆含量最多为 0.17%。

　　e. 如果化学成分中最低总铝含量为 0.020%，或者存在足量的其他氮化合物，则氮的最大值不适用，应在检验文件中标明氮化合物。

　　f. 如果化学成分中最小硅含量为 0.15%，则铬含量可降至 0.32%。

我国耐候钢的化学成分规定见标准 GB/T 4171—2008《耐候结构钢》和 GB/T 34560.5—2017《结构钢》中"第 5 部分：耐大气腐蚀结构钢交货技术条件"，其化学成分与欧标中相应品种成分不完全一致。国产耐候钢主要有高耐候钢和耐候钢两类。前者较后者具有更好的耐大气腐蚀的特性，后者较前者具有较好的焊接性能。主要是通过添加 P、Cu、Cr、Ni 等，P 和 Cu 是耐大气和耐海水侵蚀的最有效元素，且符合我国资源条件，故国产耐候钢主要以 P 和 Cu 合金为主。为了降低含 P 钢的冷脆敏感性和改善焊接性，要求控制钢中的含碳量。

9.4.3 力学性能

为了满足使用要求，除了有抗大气腐蚀性能要求，也要满足力学性能要求，包括强度、塑性和韧性的要求，并做出规定。欧洲标准 EN 10025-5：2019《热轧结构钢》"第 5 部分：抗大气腐蚀钢的技术供货条件"中关于力学性能的规定，在规定的供货条件下，力学性能应符合表 9.17 中给出的数值。

9.4.4 耐候钢的焊接

耐候钢中除高 P 含量的钢外，焊接性与非合金结构钢差别不大，焊接热影响区的最高硬度不超过 350HV，焊接性良好。钢中 Cu 的含量低 [w（Cu）为 0.2%~0.4%]，焊接时不会产生热裂纹。高 P 含量耐候钢中 w（C+P）控制在 0.25% 以下，其钢的冷脆倾向不大。可与参照强度较低的非合金结构钢制定焊接工艺，只需注意选择焊接材料时除应满足强度要求外，还需使焊缝金属的耐蚀性能与母材相匹配。

耐候钢的焊接性虽然与非合金结构钢相似，但要考虑到焊缝金属与母材耐蚀性能相匹配，焊条电弧焊时，可选用含 P、Cu 成分的结构钢焊条；也可以用含有 Cr、Ni 成分的焊条，通过渗 Cr、Ni 来保证耐蚀性和韧性。因此，耐候钢焊材选择原则为在保证和母材强度相匹配的前提下要保证焊缝的抗大气腐蚀特性，所选择的焊材中也应含有提高抗大气腐蚀特性的成分。典型耐候钢焊接材料见表 9.18。

表 9.17　抗大气腐蚀钢材的力学性能

标记		最低值屈服强度 R_{eH}^{a} / MPa 公称厚度 / mm						抗拉强度 R_m^a / MPa 公称厚度 / mm			试件位置	断裂后延伸率最低值 ^{a} / %						
钢名	钢号	≤16	>16 ≤40	>40 ≤63	>63 ≤80	>80 ≤100	>100 ≤150	<3	≥3 ≤100	≥100 ≤150		$L_0=80mm$ 公称厚度 / mm			$L_0=5.65\sqrt{S_0}$ 公称厚度 / mm			
												>1.5 ≤2	>2 ≤2.5	>2.5 <3	≥3 ≤40	>40 ≤63	>63 ≤100	>100 ≤150
S235J0W	1.8958	235	225	215	215	215	195	360~510	360~510	350~500	l	19	20	21	26	25	24	22
S235J2W	1.8961										t	17	18	19	24	23	22	22
S355J0WP	1.8945	355	345	—	—	—	—	510~680	470~630^b	—	l	16	17	18	22	—	—	—
S355J2WP	1.8946										t	14	15	16	20	—	—	—
S355J0W	1.8959	355	345	335	325	315	295	510~680	470~630	450~600	l	16	17	18	22	21	20	18
S355J2W	1.8965										t	14	15	16	20	19	18	18
S355K2W	1.8967																	
S355J4W	1.8787																	
S355J5W	1.8991																	
S460J0W	1.8966	460	440	430	410	400	385	540~720	530~710	490~660	l	14	14	14	17	16	15	14
S460J2W	1.8980										t	12	12	12	15	14	13	12
S460K2W	1.8990																	
S460J4W	1.8981																	
S460J5W	1.8993																	

注：a. 对于宽度不小于 600mm 的板材、带材和宽扁平产品，采用相对于轧制方向横向的方向（t）。对于所有其他产品，数值采用相对于轧制方向平行的方向（l）。

b. 对于扁平产品：适用于 12 mm 以下。

表 9.18 典型耐候钢焊接材料

母材		焊接材料	
EN 标记	GB 标记	ISO 标记	GB 标记
EN 10025-5 S235J0W S235J2W	GB / T 34560.2 Q235W Q235NH	ISO 2560-B E 4903-NC ISO 2560-B E 4928-CC ISO 14341-B G 43A 3 SNCC ISO 17632-B T 43 3 T2-0 C1 A CC ISO 14171-B S 43A 4 AB SUNCC1	GB / T 5117 E 5003-NC GB / T 5117 E 5028-CC GB / T 8110 G 43A 3 SNCC GB / T 10045 T 43 3 T2-0 C1 A CC GB / T 5293 S 43A 4 AB SUNCC1
EN 10025-5 S355J0W S355J2W S355K2W S355J2WP	GB / T 34560.2 Q355W Q355WP Q355NH Q355GNH	ISO 2560-B E 4916-NCC ISO 2560-B E 4928-NCC1 ISO 14341-B G 49A 4 SNCC ISO 17632-B T 49 4 T1-1 M21 A NCC2 ISO 14171-B S 49A 4 AB SUNCC1	GB / T 5117 E 5016-NCC GB / T 5117 E 5028-NCC1 GB / T 8110 G 49A 4 SNCC GB / T 10045 T 49 4 T1-1 M21 A NCC2 GB / T 5293 S 49A 4 AB SUNCC1

9.5 国内外非合金钢、耐候钢标准牌号对照

对于本章介绍的非合金钢是世界各国普遍应用的钢种,因此,对此类钢种各个国家都有相应的国家标准规定,但由于各国资源不同,要求不同,同一品种钢材在其成分上也是有一定差异的。并且所生产的品种也不完全相同,一些品种在成分和性能上具有相似性。非合金结构钢不同标准对照见表 9.19;非合金调质钢不同标准对照见表 9.20;耐候钢不同标准对照见表 9.21。

表 9.19 非合金结构钢不同标准对照

GB / T 34560.2—2017	GB / T 700—2006 GB / T 1591—2018	EN 10025-2:2019	ISO 630-2:2011
Q235A	Q235A	—	—
Q235B / C / D	Q235B / C / D	S235JR / J0 / J2	S235B / C / D
Q275A	Q275A	—	—
Q275B / C / D	Q275B / C / D	S275JR / J0 / J2	S275B / C / D
Q355B / C / D	Q355B / C / D / E	S235JR / J0 / J2 / K2	S355B / C / D
Q390B / C / D	Q390B / C / D	—	—
Q420B / C	Q420B / C	—	—
Q450C	—	—	S450
Q460C	Q460C	S460J0	—

表 9.20 非合金调质钢不同标准对照

GB / T 34484.1—2017	GB / T 699—2015	EN 10083-2:2006	ISO 683-1:2016
25	25	C 22 E / C 22 R	C 25 / C 25 E / C 25 R
30	30	—	C 30 / C 30 E / C 30 R

续表

GB / T 34484.1—2017	GB / T 699—2015	EN 10083-2：2006	ISO 683-1：2016
35	35	C 35 / C 35 E / C 35 R	C 35 / C 35 E / C 35 R
40	40	C 40 / C 40 E / C 40 R	C 40 / C 40 E / C 40 R
45	45	C 45 / C 45 E / C 45 R	C 45 / C 45 E / C 45 R
50	50	C 50 / C 50 E / C 50 R	C 50 / C 50 E / C 50 R
55	55	C 55 / C 55 E / C 55 R	C 55 / C 55 E / C 55 R
60	60	C 60 / C 60 E / C 60 R	C 60 / C 60 E / C 60 R
23Mn	—	—	23Mn
28Mn	—	28Mn6	28Mn
36Mn	—	—	36Mn
42Mn	—	—	42Mn

表 9.21　耐候钢不同标准对照

GB / T 34560.5—2017	GB / T4171—2008	EN 10025-5：2019	ISO 630-5：2014 附录 A	ISO 630-5：2014 附录 B
Q235W / Q235NH	Q235NH	S235J0W / S235J2W	S235W	SG245W1 / SG245W2
Q295NH / Q295GNH	Q295NH / Q295GNH	—	—	—
Q355W / Q355WP / Q355NH / Q355GNH	Q355NH / Q355GNH	S355J0W / S355J2W / S355K2W / S355J2WP	S355W / S355WP	SG345W / SG345WP
—	—	—	—	SG365W1 / SG365W2
—	—	—	—	SG400W
Q415NH	Q415NH	—	—	—
Q460NH	Q460NH	S460J0W / S460J2W / S460K2W / S460J4W / S460J5W	—	SG460W1 / SG460W2
Q500NH	Q500NH	—	—	SG500W
Q550NH	Q550NH	—	—	—

参考文献

［1］中国机械工程学会焊接学会.焊接手册：2卷［M］.3版.北京：机械工业出版社，2009.

［2］曾正明.实用钢铁材料手册［M］.2版.北京：机械工业出版社，2007.

［3］陈祝年.焊接工程师手册［M］.2版.北京：机械工业出版社，2009.

［4］上田修三.结构钢的焊接［M］.荆洪阳，译.北京：冶金工业出版社，2004.

［5］陈裕川.焊工手册［M］.2版.北京：机械工业出版社，2006.

［6］俞增强.水轮发电机组结构件的CO_2焊［J］.焊接技术，1989（2）：1-4.

［7］冶金工业信息标准研究院.钢铁产品牌号表示方法标准：GB/T 221-2008［S］.北京：中国标准出版社，2008.

［8］Designation systems for steels – Part 1: Steel names:EN10027-1:2016［S/OL］.［2016-07-15］.https://www.doc88.com/p-1863537613580.html.

［9］Designation systems for steels – Part 2: Numerical system：EN10027-2:2015［S/OL］.［2015-02-07］.https://www.doc88.com/p-5804923052982.html?r=1.

［10］Welding — Guidelines for a metallic materials grouping system：ISO/TR：15608:2017［S/OL］.［2017-02］.https://www.doc88.com/p-5734711714227.html.

［11］Hot rolled products of structural steels-Part 2:Technical delivery conditions for non-alloy structural steels:EN 10025-2:2019［S/OL］.［2019-11-30］.https://standards.cencenelec.eu/dyn/www/f?p=CEN:110:0::::FSP_PROJECT,FSP_ORG_ID:33983,734438&cs=12E7862132EEEC56EA3E423DC93660C91.

［12］Steels for quenching and tempering –Part 2:Technical delivery conditions for non alloy steels:EN 10083-2:2006［S/OL］.［2006-6-30].https://www.doc88.com/p-3572860736893.html.

［13］Hot rolled products of structural steels-Part 5:Technical delivery conditions for structural steels with improved atmospheric corrosion resistance:EN 10025-5:2019［S/OL］.［2019-11-30］.https://standards.cencenelec.eu/dyn/www/f?p=CEN:110:0::::FSP_PROJECT,FSP_ORG_ID:33986,734438&cs=10535840C4E94155F89ACDF57E361E40C.

［14］Welding — Recommendations for welding of metallic materials — Part 2: Arc welding of ferritic steels:ISO/TR 17671-2:2002［S/OL］.［2002-02-01］.http://www.doc88.com/p-9092838642569.html.

本章的学习目标及知识要点

1. 学习目标

（1）了解非合金结构钢、非合金调质钢及耐候钢的欧洲标准。

（2）掌握非合金结构钢、非合金调质钢及耐候钢的标记、主要成分。

（3）掌握非合金结构钢、非合金调质钢及耐候钢的焊接性、焊接工艺要点及焊材选择。

（4）了解非合金结构钢、非合金调质钢及耐候钢的国内、外钢种对照。

2. 知识要点

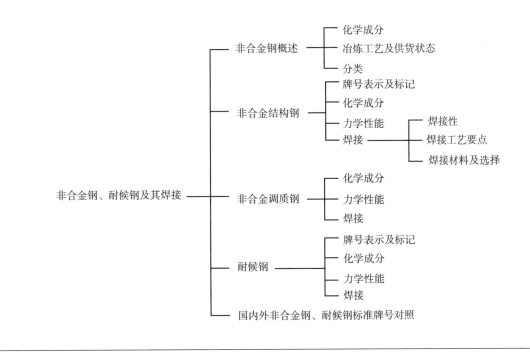

第⑩章

细晶粒结构钢及其焊接

编写：徐林刚　审校：张岩

通过低碳、微合金化、细化晶粒的方式提高钢材的强韧性，并改善其焊接性，已成为低合金高强钢发展的主要途径和方向。本章以一般用途的可焊接的正火细晶粒结构钢、热机械轧制细晶粒结构钢和调质细晶粒结构钢为例，按欧洲标准的材料冶金及供货技术条件，分别介绍了这三种细晶粒结构钢的化学成分、力学性能、焊接性及其焊接材料方面的内容，对照了我国国标中的技术规定。专门用途的低合金高强钢如耐候钢、低温钢、热强钢等在其他章节进行介绍。

10.1 细晶粒结构钢金属学基础

在钢中加入少量合金元素提高了钢的强度，改善了其韧性。合金元素的总含量小于 5% 的钢称为低合金钢。通过冶炼、轧制或热处理等工艺手段使钢材获得所需的使用性能，在环境温度下强度作为主要性能的钢称为一般用途低合金高强度结构钢，主要应用在工程结构和机械构件中。专用低合金高强度结构钢是某一行业专用钢，与焊接结构密切相关的行业用钢有：耐候钢、低温压力容器用钢、锅炉压力容器用钢等。

低合金高强钢根据其强韧化的实质，其晶粒直径在 $100\mu m$ 以下的结构用钢也叫细晶粒结构钢。

10.1.1 金属材料的强化机理

从金属学的观点来看，五种机理可以提高金属材料的强度。

10.1.1.1 析出强化

随着温度的降低，固溶体中第二相的溶解能力下降而析出细小物（质点或粒子），可使材料的强度明显提高，这是通过析出物阻碍位错在基体晶格中的移动来实现的，取决于析出物的大小、尺寸和数量。若单独使用这种强化方式，会降低材料的塑性和韧性。

10.1.1.2 固溶强化

通过在基体晶体晶格中嵌入或替代其他外来原子而获得的强化效果，置换固溶体中不同体积的原子间会产生一个恒定的弹性应力场，大大地影响了位错的移动，间隙固溶体具有同样的效果。嵌入原子的数量和大小使材料强度和韧性增加的同时会减小冲击功。

10.1.1.3　晶界强化

单晶体向多晶体转变时，晶界的出现或产生对材料性能的影响很大。多晶体的状态是稳定的，单个晶粒不规则分布，从结晶学的晶向来看，宏观上表现出了各向同性，更多的细晶粒结构就是这样。

晶界可以有效地阻碍位错移动，在剪应力的作用下，晶粒内部应变增加，但在晶界处变形速度会降低或停止，只有当剪应力逐渐增加到能克服晶界阻碍时，位错才会形成，这是因为晶界是一个需要首先克服的高能量区。通常，相邻晶粒之间不会有滑移的可能，这意味着在细晶粒钢中，屈服强度和抗拉强度是成比例增加的。

10.1.1.4　热处理强化

钢的正火工艺可以提高钢的强度。由于快速冷却时碳的扩散受阻，通过一种必要的测量可以发现碳的微观和宏观应力产生将导致屈服强度的提高。由于碳含量和冷却速度的不同，材料的冲击功可能减小或保持不变。

10.1.1.5　冷作硬化

是指在再结晶温度以下对材料进行塑性变形来提高其强度。在塑性变形时形成位错，如增加晶界，增加了进一步变形所需的能量，这样就强化了材料。因为这种强化效果减少了韧性，所以这种强化方式应限制使用。

在生产中，通常用上述一种、两种或两种以上方法的组合来强化、提高材料的强度。特别是工程结构用钢随着钢铁材料冶金技术的发展，始终把钢的强度和韧性作为主要研发的目标，并同时不断地改善其焊接性、成型性等加工性能，以满足使用的要求。

10.1.2　细晶粒结构钢的冶金特点

钢铁材料冶金技术、轧制技术的应用，使得结构钢向微合金化、细晶粒、洁净化的方向发展。细晶粒结构钢组织和性能与其化学成分及热处理状态密切相关。利用钢的连续冷却转变图（CCT 图）可以很方便地了解这种关系。

（1）在各种元素中，碳的影响最大，含碳量的增加提高了钢的淬硬性，使转变曲线向右移。当钢中同时存在 Mo、V、Ti、Nb 等合金元素时，碳主要以碳化物的形式存在。碳是提高材料强度的主要元素。

Mn 和 Ni 为固溶强化元素。提高 Mn、Ni 元素含量同样使转变曲线向右移，促使马氏体转变，但不显著改变曲线形状。Ni 为改善低合金钢和高强钢韧性的主要元素。Mo 和 Cr 元素能显著提高钢的强度和淬硬性，使转变曲线向右移，并改变其形状。

V 和 Nb 为碳化物和氮化物的强烈形成元素，以细小质点从固溶体中析出，强化 α 相，并以弥散状态细化晶粒。

N 的作用主要在于与 V、Ti、Nb 等元素形成氮化物，使钢弥散强化。

（2）钢的热处理的目的在于获得所需要的组织和性能，对于细晶粒结构钢来说主要是为了强化和改善韧性。其处理方式主要是正火和调质处理两种，故有正火钢和调质钢之分。正火的目的是碳、氮化合物以细小的质点从固溶体中析出，起到沉淀强化作用，同时又起到细化晶粒作用。调质的目的在于获得回火马氏体或贝氏体组织，使钢得以强化。低碳 $[w(C) < 0.2\%]$ 回火马氏体具有最佳的综合性能，而贝氏体次之，它们的强度高、韧性好。随着含碳量的增加，调质钢的强度和硬度升高而塑性和韧性下降。

（3）钢的控轧控冷（TMCP）技术，通过降低含碳量，结合微合金元素 Nb、Ti 、V 等细化晶粒的作用，以获得铁素体加珠光体组织或者贝氏体组织，充分利用了不同强韧化的机理，使其晶粒直径达 10~50μm。从而增加了钢的强度，改善了焊接性、成型性，提高了低温韧性。

10.1.3 细晶粒结构钢的分类

细晶粒钢的铁素体结晶粒度不小于6，拥有相同专利索引的细晶粒结构钢按照 EN ISO 643 的规定。细晶粒结构钢根据其热处理状态可分为三类。

（1）正火细晶粒结构钢。符合 EN 10025-3：2019 正火及正火轧制的细晶粒结构钢的供货条件。

（2）热机械轧制细晶粒结构钢。符合 EN 10025-4：2019 可焊接的热机械轧制细晶粒结构钢的供货条件。

（3）调质细晶粒结构钢。符合 EN 10025-6：2019 调质状态下高强度结构钢的供货条件。

在标准 EN 10025-3、EN 10025-4、EN 10025-6 中所包括的钢主要是用于受较高载荷的焊接构件，如桥梁、闸门、容器、水罐、吊车以及用于低温情况下的构件。该系列标准是欧盟标准化焊接结构应用的钢种。

我国该类钢种对应的标准如下。

GB / T 1591—2018《低合金高强度结构钢》标准中规定了一般结构和工程用低合金结构钢钢板、钢坯的正火轧制和热机械轧制供货条件。

GB / T 16270—2009《高强度结构用调质钢板》。

10.2 正火轧制细晶粒结构钢（EN 10025-3）

正火轧制是一种在一定温度范围内进行最终变形的轧制方法，它能使材料达到与正火处理后相同的状态，从而使材料在随后进行的附加正火热处理后也能保持其力学性能。这种供货状态的缩写是"N"。

10.2.1 分类和标记

10.2.1.1 级别和质量等级

此标准中说明了四种钢级别 S275、S355、S420 和 S460。每个强度级别有两个质量等级，分别标记为 N 和 NL。

标记 N：表示在不低于 −20℃ 的温度下按照所说明的最低冲击功数值。

标记 NL：表示在不低于 −50℃ 的温度下按照所说明的最低冲击功数值。

10.2.1.2 标记

按照 EN 10027-1：2016《钢的命名系统》中"符号标记"规定，正火轧制细晶粒结构钢是按照钢的用途和性能进行标记的。主要标记形式如下：

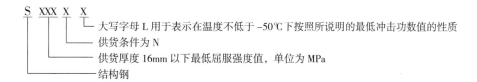

例如，在 355MPa 室温条件下根据最低屈服强度轧制的正火结构钢（S），在 –50℃ 条件下的最低冲击功数值标记为：钢材 EN 10025–3 S355 NL。

按 ISO / TR 15608：2017 划分，正火细晶粒结构钢属于第 1 类别，比如屈服强度为 355MPa 的结构钢为第 1 类别中 1.2 组，屈服强度为 420MPa 的结构钢为 1.3 组。

10.2.2 化学成分

表 10.1 中给出产品分析的化学成分数值。制造商应该在咨询和订货时通知买方将适合所要求钢材级别的合金成分添加到供货的材料中。应该在订货时对产品进行化学成分分析。

碳当量的最大值以熔样分析为基础，见表 10.2。碳当量公式使用 EN 10025–1：2004 中的公式计算：

$$CEV（IIW）= C + \frac{Mn}{6} + \frac{Cr + Mo + V}{5} + \frac{Ni + Cu}{15}（\%）$$

表 10.1　正火钢产品化学成分

标记		C	Si	Mn	P[a]	S[a, b]	Nb	V	Al[c]	Ti	Cr	Ni	Mo	Cu	N
钢名	钢号	/ % max	/ % max	/ %	/ % max	/ % max	/ % max	/ % max	总量 / %min	/ % max	/ % max	/ % max	/ % max	/ % max	/ % max
S275N	1.0490	0.20	0.45	0.45~1.60	0.035	0.030	0.06	0.07	0.015	0.06	0.35	0.35	0.13	0.60	0.017
S275NL	1.0491	0.18			0.030	0.025									
S355N	1.0545	0.22	0.55	0.85~1.75	0.035	0.030	0.06	0.14	0.015	0.06	0.35	0.55	0.13	0.60	0.017
S355NL	1.0546	0.20			0.030	0.025									
S420N	1.8902	0.22	0.65	0.95~1.80	0.035	0.030	0.06	0.22	0.015	0.06	0.35	0.85	0.13	0.60	0.027
S420NL	1.8912				0.030	0.025									
S460N	1.8901[d]	0.22	0.65	0.95~1.80	0.035	0.030	0.06	0.22	0.015	0.06	0.35	0.85	0.13	0.60	0.027
S460NL	1.8903[d]				0.030	0.025									

注：a. 长形产品 P 和 S 含量为 0.005% 或更高。

　　b. 对于某些应用条件，比如铁路，在咨询和订货时应对 0.012% 的 S 含量最大值协议商定。

　　c. 如果有其他的氮化物形成元素条件下不使用 Al 含量最低值。

　　d. V+Nb+Ti 的含量不大于 0.26% 和 Mo+Cr 的含量不大于 0.38%。

当产品对 Si 元素限制时（如热浸镀锌），需要增加其他元素的含量（如 C 和 Mn）来获得所要求的抗拉性能，表 10.2 中的碳当量的最大值应按照如下增加：

Si 含量不大于 0.040% 时，CEV 增加 0.02%；Si 含量不大于 0.25% 时，CEV 增加 0.01%。

表 10.2　正火钢的熔样分析

标记		CEV 最大值 /% 名义产品厚度 / mm		
钢名	钢号	≤ 63	> 63 ≤ 100	> 100 ≤ 250
S275N[a] / S275NL[a]	1.0490[a] / 1.0491[a]	0.40	0.40	0.42
S355N[a] / S355NL[a]	1.0545[a] / 1.0546[a]	0.43	0.45	0.45
S420N / S420NL	1.8902 / 1.8912	0.48	0.50	0.52
S460N / S460NL	1.8901 / 1.8903	0.53	0.54	0.55

注：a. 参见 EN 10025-3 标准中非强制信息 5（条款 13），最大 CEV 值会增加，见标准中条款 7.2.4。

10.2.3　力学性能

本小节介绍的正火细晶粒结构钢其力学性能应该符合表 10.3 和表 10.4 中给出的数值。冲击功数值按照 EN 10025-1 验证。

如果咨询和订货时达成协议，应使用表 10.4 中给出的横向冲击功数值代替纵向数值。

表 10.3　正火钢室温环境下的力学性能

标记		最低值屈服强度 R_{eH}^{a} / MPa 名义厚度 / mm								抗拉强度 R_m^{a} / MPa 名义厚度 / mm			断裂后延伸率的最低百分比 ^{a} $L_0=5.65\sqrt{S_0}$ 名义厚度 / mm					
钢名	钢号	≤16	>16 ≤40	>40 ≤63	>63 ≤80	>80 ≤100	>100 ≤150	>150 ≤200	>200 ≤250	≤100	>100 ≤200	>200 ≤250	≤16	>16 ≤40	>40 ≤63	>63 ≤80	>80 ≤200	>200 ≤250
S275N S275NL	1.0490 1.0491	275	265	255	245	235	225	215	205	370~510	350~480	350~480	24	24	24	23	23	23
S355N S355NL	1.0545 1.0546	355	345	335	325	315	295	285	275	470~630	450~600	450~600	22	22	22	21	21	21
S420N S420NL	1.8902 1.8912	420	400	390	370	360	340	330	320	520~680	500~650	500~650	19	19	19	18	18	18
S460N S460NL	1.8901 1.8903	460	440	430	410	400	380	370	370	540~720	530~710	510~690	17	17	17	17	17	16

注：a. 宽度不小于 600mm 的板、带钢和宽板钢，采用横向（t）轧制。其他产品采用的方向与轧制方向平行（1）。

表 10.4　正火钢纵向 / 横向 V 形缺口试件冲击试验的最低冲击功

标记		在试验温度下，冲击功最低值 / J						
钢名	钢号	+20℃	0℃	−10℃	−20℃	−30℃	−40℃	−50℃
S275N S355N S420N S460N	1.0490 1.0545 1.8902 1.8901	55 / 31	47 / 27	43 / 24	40[b] / 20[a]	—	—	—
S275NL S355NL S420NL S460NL	1.0491 1.0546 1.8912 1.8903	63 / 40	55 / 34	51 / 30	47 / 27	40 / 23	31 / 20	27 / 16

注：a. 对于冲击试样，最小值应与试样的横截面积成正比地减小。因产品尺寸限制而产生的例外情况见标准中条款 9.2.3.3。

　　b. 在 −30℃时此数值符合 27J（EN 1993−1−10）经订货时协议商定对横向试件进行冲击试验。

10.2.4　正火细晶粒结构钢的焊接

10.2.4.1　焊接性

1. 正火钢的冷裂倾向

正火细晶粒结构钢中含有较多合金元素，因而这类钢的淬硬倾向有所增加，随着钢的碳当量和板厚的增加，其淬硬及冷裂倾向随之增大，具有一定的冷裂纹倾向，需要采取控制焊接线能量、降低含氢量、预热和及时后热等措施来防止冷裂纹的产生。

2. HAZ 区脆化

V、Nb 和 C、N 形成的碳、氮化合物的析出相溶解到相中能抑制奥氏体长大，但 HAZ 的粗晶区的高温停留时间长，细化晶粒的作用被大大削弱，粗晶区出现粗大晶粒及上贝氏体、M−A 组元，再加上粗晶区对碳、氮固溶度的增加，导致韧性的降低和时效敏感性增大。采用小线能量焊接或在钢中加微量钛，有利于改善正火钢粗晶区韧性。

通过钢铁材料规范 SEW 088 和 ISO 17671−2 标准中的建议，可以根据焊接条件和不同钢种焊接范围，考虑产品的厚度和热输入来确定对构件、焊条的熔敷效率、焊接方法和焊缝性能的要求。

进行消除应力退火时，温度超过 580℃或保温时间超过 1h 会损害材料的力学性能。如果材料需要加工，产品要进行高温条件下或时间较长的消除应力处理，则在订货时应对经过这样处理后的力学性能最低值通过协商来确定。

10.2.4.2　正火细晶粒结构钢焊接材料的选择

常用的熔化焊焊接方法包括焊条电弧焊、熔化极气体保护焊、药芯焊丝气保焊、埋弧焊等都可以焊接正火细晶粒结构钢，根据焊接接头力学性能的要求，按等强匹配的原则选择焊接材料。上述焊接方法对应的焊接材料标准为：

ISO 2560《焊接耗材　非合金和细晶粒钢手动金属电弧焊的覆盖电极　分类》

ISO 14341《焊接材料　非合金钢和细晶粒钢气体保护焊焊丝和熔敷金属　分类》

ISO 17632《焊接耗材　非合金钢和细晶粒钢气体保护和非气体保护金属弧焊用药芯电极　分类》

ISO 14171《焊接材料　非合金钢和细晶粒钢埋弧焊用焊丝与焊粉组合》

ISO 14174《焊接材料　埋弧焊和电渣焊焊剂　分类》

以上标准化的焊接材料是以低合金化为冶金基础，通过添加不同含量的合金元素如 Mn、Si、Cr、Ni、Mo 等来强化，以保证熔敷金属的力学性能。规定不同方法的工艺条件下熔敷金属的屈服强度在 355~500MPa 的填充材料。我国相应焊材的国标型号是以 ISO 标准的 B 系列进行标记的。选用时主要考虑以下几点：

（1）从焊接冶金来看，低含碳量（< 0.14%），焊缝金属中合金元素与母材相当或稍低于母材的含量；

（2）从焊接工艺条件来看，要考虑坡口形状和接头形式的不同对焊缝熔合比的影响，冷却速度、焊后热处理对焊缝金属力学性能的影响；

（3）从结构方面考虑，对于厚板、拘束度大、冷裂敏感性强的焊接结构，要选择低氢或高韧性焊材。

以母材 EN 10025-3 S460N 为例，熔化焊时根据不同的焊接方法、要求可选择焊接材料熔敷金属和母材按屈服强度相等考虑 47J 冲击功匹配的原则。可以选择的焊材为：

ISO 2560-A　E 46 4 B；

ISO 14341-A　G 46 5 M 3Si1；

ISO 17632-A　T 46 3 1Ni B M；

ISO 14171-A　S 46 3 AB S2。

10.3 热机械轧制细晶粒结构钢（EN 10025-4）

钢的控制轧制和控制冷却（TMCP）技术的工艺过程为：先由控制轧制在热轧过程中通过对奥氏体的轧制温度、变形量、变形速度、终轧温度等进行合理控制，获得理想的奥氏体初始状态，使钢的塑性变形与固态相变相结合，以获得良好的晶粒和组织，提高钢的强韧性；控制冷却工艺主要是控制轧制后的开始温度、终了温度、冷却速度及冷却的均匀程度，利用余热控制冷却，获得所希望的显微组织，从而达到控制金属性能的目的，可以提高钢的强度而省去了再加热、淬火等热处理工艺。控制轧制（CR）和控制冷却（ACC）技术结合起来，轧制温度－时间关系如图 10.1 所示。它能够进一步提高钢材的强韧性和获得合理的综合性能，并能够降低合金元素含量和碳含量，节约贵重的合金元素，降低生产成本。少量珠光体钢钢带和钢板的生产过程如图 10.2 所示。

热机械轧制是一种在一定温度范围内进行最终变形的轧制方法，这种方法所能达到的具有一定性能的材料是靠热处理无法达到的，并且是不可重复得到的，这种供货状态的缩写是 M。

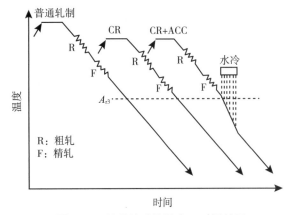

图 10.1　控轧控冷的温度－时间关系

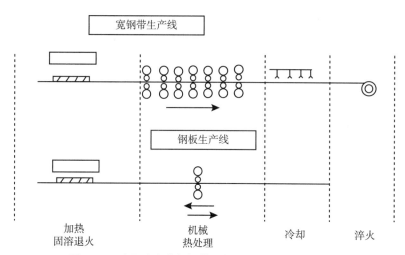

图 10.2 少量珠光体钢钢带和钢板的生产过程示意图

说明 1：EN 10025-4：2019 热机械轧制钢加热到 580℃以上时会降低材料的强度性能。如果使用温度超过 580℃则必须与供货者协商。

说明 2：EN 10025-4：2019 热机械轧制钢能在具较高的冷却速度的条件下自身回火，但不能直接淬硬和液态调质。

10.3.1 热机械轧制细晶粒结构钢的特点

（1）较低的含碳量可以改善韧性和可焊性（表 10.5 给出了热机械轧制细晶粒结构钢与碳锰钢成分和碳当量对比）；

（2）加入合金元素如 Nb、Ti、V 可以提高强度、细化晶粒；

（3）控制轧制（热机械处理）能够得到理想的组织结构和较好的性能；

（4）避免长夹渣物可以得到好的冷变形性、高韧性和较小的各向异性。

表 10.5 热机械轧制细晶粒结构钢与碳锰钢成分和碳当量对比

钢	化学成分 / %									CEV
	C	Si	Mn	P	S	N	Al	V	Nb	
S355J2	0.19	0.38	1.43	0.020	0.021	0.006	0.05	< 0.01	< 0.01	0.43
TMCP，A- 少量珠光体	0.09	0.19	1.39	0.021	0.017	0.007	0.06	0.07	0.03	0.34
TMCP，B- 无珠光体	0.015	0.12	1.34	0.017	0.010	0.007	0.03	0.06	0.03	0.25

10.3.2 分类和标记

EN 10025-4：2019，说明了热轧制可焊接的细晶粒结构钢平板和长形产品。除了 EN 10025-1 中的规定外，本标准还对在室温或低温条件下如架桥、泄洪闸门、储水池、给水池等焊接结构的重载构件部分做出了特别说明。

10.3.2.1 级别和质量等级

此标准中说明了五种钢级别 S275、S355、S420、S460 和 S500。每个强度级别有两个质量等级，分别标记为 M 和 ML。

标记 M：表示在不低于 –20℃的温度下按照所说明的最低冲击功数值；

标记 ML：表示在不低于 –50℃的温度下按照所说明的最低冲击功数值。

10.3.2.2 标记

按照 EN 10027–1：2016《钢的命名系统》中"符号标记"规定，热机械轧制细晶粒结构钢是按照钢的用途和性能进行标记的。主要标记形式如下：

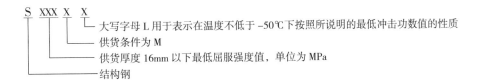

例如，在 355MPa 室温条件下根据最低屈服强度热机械轧制结构钢（S），在 –50℃条件下的最低冲击功数值为：钢材 EN 10025–4–S 355 ML，或者钢材 EN 10025–4–1.8834。

按 ISO / TR 15608：2017 划分，热机械轧制细晶粒结构钢属于第 1 类别和 2 类别，比如屈服强度为 355MPa 的结构钢为第 1 类别中 1.2 组，屈服强度为 420MPa 的结构钢为 2.1 组。

10.3.3 化学成分

表 10.6 给出了产品分析的数值。制造商应该在咨询和订货时通知买方将适合所要求钢材级别的合金成分填加到供货的材料中。应该在订货时对产品进行分析。

表 10.6　产品化学成分

标记		C /% max	Si /% max	Mn /% max	Pª /% max	Sª·ᵇ /% max	Nb /% max	V /% max	Alᶜ 总量 /% min	Ti /% max	Cr /% max	Ni /% max	Mo /% max	Cu /% max	N /% max
钢名	钢号														
S275M	1.8818	0.15ᵈ	0.55	1.60	0.030	0.030	0.06	0.10	0.015	0.06	0.35	0.35	0.13	0.60	0.017
S275ML	1.8819				0.030	0.025									
S355M	1.8823	0.16ᵈ	0.55	1.70	0.030	0.030	0.06	0.12	0.015	0.06	0.35	0.55	0.13	0.60	0.017
S355ML	1.8834				0.030	0.025									
S420M	1.8825	0.18ᵉ	0.55	1.80	0.035	0.030	0.06	0.14	0.015	0.06	0.35	0.85	0.23	0.60	0.027
S420ML	1.8836				0.030	0.025									
S460M	1.8827	0.18ᵉ	0.65	1.80	0.035	0.030	0.06	0.14	0.015	0.06	0.35	0.85	0.23	0.60	0.027
S460ML	1.8838				0.030	0.025									
S500M	1.8829	0.18	0.65	1.80	0.035	0.030	0.06	0.14	0.015	0.06	0.35	0.85	0.23	0.60	0.027
S500ML	1.8839				0.030	0.025									

注：a. 长形产品 P 和 S 含量为 0.005% 或更高。

　　b. 对于某些应用，比如铁路，在咨询和订货时应对 0.012% 的 S 含量最大值协议商定。

　　c. 如果有其他的氮化物形成元素条件下不使用 Al 含量最低值。

　　d. 组别 S275 的长形产品使用 0.17%C 含量最大值，组别 S355 的长形产品使用 0.18%C 含量最大值。

　　e. 组别 S420 和 S460 的长形产品使用 0.20%C 含量最大值。

碳当量的最大值以熔样分析为基础，采用表 10.7 中的数值。碳当量公式见 EN 10025-1：2004。

当产品对 Si 元素限制时（如热浸镀锌），需要增加其他元素的含量（如 C 和 Mn）来获得所要求的抗拉性能，表 10.7 中的碳当量的最大值应该按照如下增加：

Si 含量不大于 0.040% 时，*CEV* 增加 0.02%；Si 含量不大于 0.25% 时，*CEV* 增加 0.01%。

表 10.7　热机械轧制钢熔样分析碳当量的最大值

标记		*CEV* 最大值[a] / % 名义厚度 / mm			
钢名	钢号	≤ 16	> 16 ≤ 40	> 40 ≤ 63	> 63 ≤ 150
S275M / S275ML	1.8818 / 1.8819	0.34	0.34	0.35	0.38
S355M / S355ML	1.8823 / 1.8834	0.39	0.39	0.40	0.45
S420M / S420ML	1.8825 / 1.8836	0.43	0.45	0.46	0.47
S460M / S460ML	1.8827 / 1.8838	0.45	0.46	0.47	0.48
S500M / S500ML	1.8829 / 1.8839	0.47	0.47	0.47	0.48

注：a. 对于非强制信息 5，最大 *CEV* 值会增加，见条款 7.2.4。

10.3.4　力学性能

本部分介绍的热机械轧制细晶粒结构钢其力学性能应该符合表 10.8 和表 10.9 给出的数值。冲击功数值按照 EN 10025-1 验证（M 在 -20℃；ML 在 -50℃）。如果咨询和订货时达成协议，应使用表 10.9 中给出的横向冲击功数值代替纵向数值。

表 10.8　热机械轧制钢室温下的力学性能

标记		最低值屈服强度 R_{eH}[a] / MPa 名义厚度 / mm						抗拉强度 R_m[a] / MPa 名义厚度 / mm					断裂后延伸率最低值[b] / % $L_0 = 5.65\sqrt{S_0}$
钢名	钢号	≤ 16	> 16 ≤ 40	> 40 ≤ 63	> 63 ≤ 80	> 80 ≤ 100	> 100 ≤ 150	≤ 40	> 40 ≤ 63	> 63 ≤ 80	> 80 ≤ 100	> 100 ≤ 150	
S275M S275ML	1.8818 1.8819	275	265	255	245	245	240	370~530	360~520	350~510	350~510	350~510	24
S355M S355ML	1.8823 1.8834	355	345	335	325	325	320	470~630	450~610	440~600	440~600	430~590	22
S420M S420ML	1.8825 1.8836	420	400	390	380	370	365	520~680	500~660	480~640	470~630	460~620	19
S460M S460ML	1.8827 1.8838	460	440	430	410	400	385	540~720	530~710	510~690	500~680	490~660	17
S500M S500ML	1.8829 1.8839	500	480	460	450	450	450	580~760	580~760	580~760	560~750	560~750	15

注：a. 宽度不小于 600mm 的板、带钢和宽板钢，采用横向（t）轧制，其他产品采用的方向与轧制方向平行（1）。

　　b. 产品厚度小于 3mm，试件使用 L_0=80mm 的量规长度试验，具体数值咨询和订货时协议商定。

表 10.9　热机械轧制钢纵向 V 形缺口试件冲击试验的最低冲击功[a]

标记		在试验温度条件下，冲击功最低值 / J						
根据 EN 10027-1 和 CR 10261	根据 EN 10027-2	+20	0	-10	-20	-30	-40	-50
S275M S355M S420M S460M S500M	1.8818 1.8823 1.8825 1.8827 1.8829	55 / 31	47 / 27	43 / 24	40 / 20[b]	—	—	—
S275ML S355ML S420ML S460ML S500ML	1.8819 1.8834 1.8836 1.8838 1.8839	63 / 40	55 / 34	51 / 30	47 / 27	40 / 23	31 / 20	27 / 16

注：对于冲击试样，最小值应与试样的横截面积成正比地减小。

　　a. 因产品尺寸限制而产生的例外情况见标准中条款 9.2.3.3。

　　b. 在 -30℃时此数值符合 27J（见 EN 1993-1-10）经订货时协议商定对横向试件进行冲击试验。

10.3.5　热机械轧制的细晶粒结构钢的焊接

10.3.5.1　焊接性

少量珠光体钢对于不同的焊接方法，在不同的焊接条件下均可以无困难地进行焊接。其特殊的优点在于：这种钢在恶劣的焊接条件下也不要求预热或焊后热处理。少量珠光体钢在大型焊接管的制造，特别是在铺设长途管线时，甚至在北极地区也能保证其焊接特性。焊接热机械轧制的细晶粒结构钢时，采用较小的热输入，HAZ 获得下贝氏体，具有良好的韧性。

（1）HAZ 韧性下降。焊接时热输入过大，粗晶区将因晶粒严重长大或出现魏氏组织而降低韧性；热输入过小，由于粗晶区组织中马氏体比例增大而降低韧性。

（2）冷裂纹。对于管线钢，由于 TMCP 技术和微合金化技术的广泛应用，碳含量和碳当量都大幅度降低，因此，其冷裂敏感性不大，除非在极端情况下（很大的拘束度或扩散氢含量很高），一般不会产生冷裂纹。

10.3.5.2　热机械轧制的细晶粒结构钢的焊接材料的选择

常用的熔化焊焊接方法包括焊条电弧焊、熔化极气体保护焊、药芯焊丝气保焊、埋弧焊等都可焊接正火细晶粒结构钢，根据焊接接头力学性能的要求，按等强匹配的原则选择焊接材料。上述焊接方法对应的焊接材料标准可参考正火细晶粒结构钢。

对热机械轧制的细晶粒结构钢焊接时焊接材料的选择需要考虑：焊缝金属的强韧性只能通过合金强化的方式达到，所以填充材料的合金化程度一定要高于母材，其合金类型可以由所达到的强度和韧性级别来决定。如 Si、Mn 合金化的焊缝金属，在 -40℃具有一定的韧性，而高强钢及低温韧性要求更高的结构，就要更高合金含量的填充金属如 Ti、Ni、Mo 等，从焊接工艺上看，焊后快冷有利于生成韧性好的针状铁素体或下贝氏体。

以母材 EN 10025-4 S460M 为例，熔化焊时根据焊接方法、要求可选择焊接材料按熔敷金属和母材的屈服强度相等考虑47J冲击功匹配的原则，可以选择的焊材为：

ISO 2560-A E 46 4 B；

ISO 14341-A G 46 5 M 3Si1；

ISO 17632-A T 46 3 1Ni B M。

10.4 调质细晶粒结构钢（EN 10025-6）

调质是钢的一种热处理工艺，淬火加高温回火称为调质。

（1）淬火：将钢加热到奥氏体化温度以上，快速冷却，使钢的强度和硬度提高的工艺。

（2）回火：在对铁素体产品淬火硬化处理或者在进行其他热处理之后，为得到所需要的综合性能而进行的加工过程。此过程包括加热到一定的温度（小于 A_{c1}）并且以适当的速度冷却后浸透一次或者多次。

EN 10025-6 包括了具有高屈服极限，处于调质状态或析出强化状态的结构钢的一般供货条件。这些属于特殊优质合金。以前没有相应的 DIN 标准，以前在德国均使用 EURONORM137（欧洲以前的标准）。

10.4.1 分类和标记

EN 10025-6：2019 适用于具有高强度的板状和宽板钢，这些钢是作为热轧钢板和热轧宽板来使用的，对于钢种 S460、S500、S550、S620 和 S690，板厚为 3~200mm，对于钢种 S890、S960 最大厚度为 125mm，这些均是在调质状态，最低屈服极限由 460~960N／mm²。

10.4.1.1 级别和质量等级

此标准说明了七种钢材级别，不同强度的钢材其质量等级不同，分别标记为 Q、QL 和 QL1。

标记 Q：表示在不低于 −20℃ 的温度下按照所说明的最低冲击功数值；

标记 QL：表示在不低于 −40℃ 的温度下按照所说明的最低冲击功数值，标记 L；

标记 QL1：在不低于 −60℃ 的温度下按照所说明的最低冲击功数值，标记 L1。

10.4.1.2 标记

按照 EN 10027-1：2016《钢的命名系统》中"符号标记"规定，调质细晶粒结构钢是按照钢的用途和性能进行标记的。主要标记形式如下：

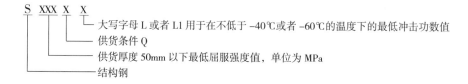

示例，结构钢（S）在室温条件下的最低屈服强度为460MPa，调质供货（Q）质量为L：

钢材 EN 10025-6 S460QL 或者 钢材 EN 10025-6 1.8906

按 ISO / TR 15608：2017 划分，调质细晶粒结构钢属于第 3 类别，比如屈服强度为 460MPa 的结构钢为第 3 类别中 3.1 组，屈服强度为 890MPa 的结构钢为 3.2 组。

10.4.2 化学成分

表 10.10 给出了产品分析的数值。制造商应该在咨询和订货时通知买方将适合所要求钢材级别的合金成分填加到供货的材料中。应该在订货时对产品进行分析。

表 10.10 产品分析的化学成分 [a]

级别	质量	C / % max	Si / % max	Mn / % max	P / % max	S / % max	N / % max	B / % max	Cr / % max	Cu / % max	Mo / % max	Nb[b] / % max	Ni / % max	Ti[b] / % max	V[b] / % max	Zr[b] / % max
所有级别	（无标记） L L1	0.22	0.86	1.80	0.030 0.025 0.025	0.017 0.012 0.012	0.016	0.0060	1.60	0.55	0.74	0.07	4.10	0.07	0.14	0.17

注：a. 根据产品厚度和生产条件，制造商可以按照表格中的数值增加一种或几种合金成分直到其达到最大值，以获得规定的性能（见标准中条款 7.2.2）。
　　b. 应有足够的固氮 N 元素（见标准中条款 6.2）。

碳当量的最大值以熔样分析为基础，采用表 10.11 中的数值。碳当量公式见 EN 10025-1：2004。

表 10.11 调质钢基于熔样分析的 CEV 最大值 [a]

标记		CEV 最大值 / % 名义产品厚度 / mm			
钢名	钢号	≤ 50	> 50 ≤ 100	> 100 ≤ 125	> 125 ≤ 200
S460Q / S460QL / S460QL1	1.8908 / 1.8906 / 1.8916	0.47	0.48	0.50	0.50
S500Q / S500QL / S500QL1	1.8924 / 1.8909 / 1.8984	0.47	0.70	0.70	0.70
S550Q / S550QL / S550QL1	1.8904 / 1.8926 / 1.8986	0.65	0.77	0.83	0.83
S620Q / S620QL / S620QL1	1.8914 / 1.8927 / 1.8987	0.65	0.77	0.83	0.83
S690Q / S690QL / S690QL1	1.8931 / 1.8928 / 1.8988	0.65	0.77	0.83	0.83
S890Q / S890QL / S890QL1	1.8940 / 1.8983 / 1.8925	0.72	0.82	0.83	—
S960Q / S960QL / S960QL1	1.8941 / 1.8933 / 1.8934	0.82	0.85	0.85	—

注：a. 参见 EN 10025-3 标准中非强制信息 5（条款 13），最大 CEV 值会增加，见标准中条款 7.2.4。

当产品对 Si 元素限制时（如热浸镀锌），需要增加其他元素的含量（如 C 和 Mn）来获得所要求的抗拉性能，表 10.11 中的碳当量的最大值应该按照如下增加：

Si 含量不大于 0.04% 时，*CEV* 增加 0.02%；Si 含量不大于 0.25% 时，*CEV* 增加 0.01%。

10.4.3 力学性能

本节介绍的调质细晶粒结构钢其力学性能应该符合表 10.12 和表 10.13 中给出的数值。冲击功数值按照 EN 10025-1 验证（Q 在 -20℃；QL 在 -40℃；QL1 在 -60℃）。如果咨询和订货时达成协议，应使用表 10.13 中给出的横向冲击功数值来代替纵向数值。

表 10.12 调质钢室温条件下的力学性能

标记		最低屈服强度 R_{eH} / MPa 名义厚度 / mm				抗拉强度 R_m / MPa 名义厚度 / mm				断裂后延伸率最低百分比 / % $L_0 = 5.65\sqrt{S_0}$
钢名	钢号	≥ 3 ≤ 50	> 50 ≤ 100	> 100 ≤ 125	> 125 ≤ 200	≥ 3 ≤ 50	> 50 ≤ 100	> 100 ≤ 125	> 125 ≤ 200	
S460Q S460QL S460QL1	1.8908 1.8906 1.8916	460	440	400		550~720		500~670		17
S500Q S500QL S500QL1	1.8924 1.8909 1.8984	500	480	440		590~770		540~720		17
S550Q S550QL S550QL1	1.8904 1.8926 1.8986	550	530	490		640~820		590~770		16
S620Q S620QL S620QL1	1.8914 1.8927 1.8987	620	580	560		700~890		650~830		15
S690Q S690QL S690QL1	1.8931 1.8928 1.8988	690	650	630		770~940	760~930	710~900		14
S890Q S890QL S890QL1	1.8940 1.8983 1.8925	890	830	830	—	940~1100	880~1100	880~1100	—	11
S960Q S960QL S960QL1	1.8941 1.8933 1.8934	960	850	850	—	980~1100	900~1100	900~1100	—	10

表 10.13　调质钢横向 / 纵向 V 形缺口试件上进行冲击试验的最大冲击功 [a]

标记		在试验温度下最低冲击功数值（横向）/J				在试验温度下最低冲击功数值（纵向）/J			
钢名	钢号	0	−20	−40	−60	0	−20	−40	−60
S460Q S500Q S550Q S620Q S690Q S890Q S960Q	1.8908 1.8924 1.8904 1.8914 1.8931 1.8940 1.8941	30	27	—	—	40	30	—	—
S460QL S500QL S550QL S620QL S690QL S890QL S960QL	1.8906 1.8909 1.8926 1.8927 1.8928 1.8983 1.8933	35	30	27	—	50	40	30	—
S460QL1 S500QL1 S550QL1 S620QL1 S690QL1 S890QL1 S960QL1	1.8916 1.8984 1.8986 1.8987 1.8988 1.8925 1.8934	40	35	30	27	60	50	40	30

注：对于冲击试样，最小值应与试样的横截面积成正比地减小。

a. 因产品尺寸限制而产生的例外情况见条款 9.2.3.3。

10.4.4　调质细晶粒结构钢的焊接

10.4.4.1　焊接性

1. 冷裂纹

这类钢在低碳的基础上加入提高淬硬性的合金元素易形成低碳马氏体和上贝氏体的混合组织，淬透倾向相当大，冷裂倾向比较大。焊接时，控制马氏体转变开始温度，较小的冷却速度，使得形成马氏体能自回火，则冷裂是可以避免的。

2. 再热裂纹

低碳调质钢中加入了 Cr、Mo、Cu、V、Ti、Nb、B 等合金元素而增加淬硬性，这些元素属于能引起再热裂纹的元素，其中 V 的影响最大，Mo 次之。

3. HAZ 区的脆化

焊接时若线能量过大，高温停留时间长而引起奥氏体晶粒粗大，形成上贝氏体、M–A 组元而引起 HAZ 区的脆化。

4. HAZ 区的软化

在 HAZ 区受热未完全奥氏体化的区域，即受热时最高温度低于 A_{c1}，而高于钢调质处理时回火温度的区域有软化的倾向，由于碳化物的集聚长大而软化。线能量越小，软化程度越小。

10.4.4.2 调质细晶粒结构钢的焊接材料

按等强匹配的原则，选择调质细晶粒结构钢的焊接材料。在焊接材料的国际标准中，将熔化焊焊接材料按熔敷金属的屈服强度分为两个系列，熔敷金属的屈服强度不大于 500MPa 的焊接材料在焊接工艺部分中均有介绍，熔敷金属的屈服强度大于 500MPa 的焊接材料参见本章 10.5。调质钢焊后焊缝金属的力学性能往往是通过添加合金元素来实现等强匹配这一原则的，特殊条件下对强度高、合金元素含量大、冷裂纹倾向大的结构，可以选择熔敷金属强度比母材稍低一些的焊材。这类结构的焊接扩散氢的控制尤为重要。这里以调质细晶粒结构钢 EN 10025-6 S620Q 为例，可选用的焊接材料为：

ISO 18275-A E 62 7 Mn1Ni B T；

ISO 16834-A G 62 5 Mn4NiMo；

ISO 18276-A T 62 5 Mn1.5Ni B T；

ISO 26304-A S 62 4 AB S2Ni2Mo H5；

ISO 26304-A S 62 4 AB T3Ni2Mo H5。

10.5 高强钢焊接材料标准（ISO 18275, ISO 16834, ISO 18276）

目前，国内外对高强钢的说法不太一致，但国际标准中在焊接材料的分类里，往往把熔化焊熔敷金属的屈服强度大于 500MPa 的焊材都命名为高强钢焊接用焊接材料，这也意味着此类焊接材料的合金类型及其焊接冶金性和 500MPa 以下的非合金钢及细晶粒钢的焊接材料有很大不同。

10.5.1 ISO 18275：2011 焊条电弧焊高强钢用药皮焊条

国际标准包括两个分类体系：按照屈服强度和熔敷金属平均冲击吸收能量 47J 体系分类，用后缀字母"A"表示；或者按照抗拉强度和熔敷金属平均冲击吸收能量 27J 体系进行分类，用后缀字母"B"表示。

（1）按照屈服强度和熔敷金属平均冲击吸收能量 47J 体系分类。

ISO 18275-A E 62 7 Mn1Ni B 3 4 H5

强制部分：ISO 18275-A E 62 7 Mn1Ni B，或者经焊后热处理：ISO 18275-A E 62 7 Mn1Ni B T。

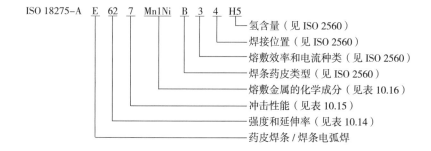

表 10.14　熔敷金属拉伸性能标记

标记	最低屈服强度 ᵃ / MPa	抗拉强度 / MPa	最低断后伸长率 ᵇ / %
55	550	610~780	18
62	620	690~890	18
69	690	760~960	17
79	790	880~1080	16
89	890	980~1180	15

注：a. 屈服点为 R_{eL}，屈服点不明显时用 $R_{p0.2}$ 代替。

　　b. 测量长度为 5 倍试棒直径。

表 10.15　熔敷金属冲击值标记

标记	最低冲击吸收能量 47J 时的温度 / ℃	标记	最低冲击吸收能量 47J 时的温度 / ℃
Z		4	−40
A	+20	5	−50
0	0	6	−60
2	−20	7	−70
3	−30	8	−80

表 10.16　熔敷金属化学成分标记

标记	化学成分（质量分数，%）			
	Mn	Ni	Cr	Mo
MnMo	1.4~2.0	—	—	0.3~0.6
Mn1Ni	1.4~2.0	0.6~1.2	—	—
1NiMo	1.4	0.6~1.2	—	0.3~0.6
1.5NiMo	1.4	1.2~1.8	—	0.3~0.6
2NiMo	1.4	1.8~2.6	—	0.3~0.6
Mn1NiMo	1.4~2.0	0.6~1.2	—	0.3~0.6
Mn2NiMo	1.4~2.0	1.8~2.6	—	0.3~0.6
Mn2NiCrMo	1.4~2.0	1.8~2.6	0.3~0.6	0.3~0.6
Mn2Ni1CrMo	1.4~2.0	1.8~2.6	0.6~1.0	0.3~0.6
Z	协商数值			

注：其他成分：$w(C)$ 为 0.03%~0.10%，$w(Ni)$ 小于 0.3%，$w(Cr)$ 小于 0.2%，$w(Mo)$ 小于 0.2%，$w(V)$ 小于 0.05%，$w(Nb)$

　　小于 0.05%，$w(Cu)$ 小于 0.3%，$w(P)$ 小于 0.025%，$w(S)$ 小于 0.020%；

　　表中单个数值为最大值；

　　本表确定数值与 ISO 31-0 附件 B 中 A 规定相符合。

（2）按照抗拉强度和冲击功27J分类。

药皮焊条的命名由此国际标准中后缀为B的后续编号给出，将遵循以下示例给出的原则。

示例：焊条电弧焊用碱性焊条（E）焊缝熔敷金属，最低抗拉强度是690MPa（69）。碱性药皮加铁粉的焊条可以使用AC和DC（＋）焊接，适于除立向下焊外的全位置焊接（18）。熔敷金属化学成分为1.5%（质量分数）Ni和0.35%（质量分数）Mo（N3M2），−50℃焊态条件（A）下，焊缝熔敷金属的冲击功不超过27J。扩散氢含量由ISO 3690决定，熔敷金属中扩散氢含量不超过5 mL / 100g（H5）。

标记为：ISO 18275−B−E 6918−N3M2 A H5，强制部分为：ISO 18275−B−E 6918−N3M2 A。

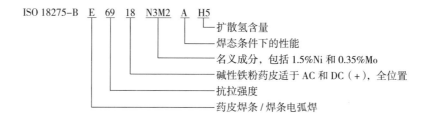

示例：另一种焊条电弧焊用碱性焊条焊缝熔敷金属，最低抗拉强度为830MPa（83）。碱性药皮加铁粉的焊条可以使用AC和DC（＋）全位置焊接（18）。扩散氢含量由ISO 3690决定，熔敷金属中扩散氢含量不超过5 mL / 100g（H5）。

如果在焊态条件下，命名方式为：

ISO 18275−B−E 8318−G A H5

强制部分：ISO 18275−B−E 8318−G A，或者经焊后热处理：ISO 18275−B−E 8318−G P。

10.5.2 ISO 16834：2012 熔化极气体保护焊高强钢用焊丝、棒

标记举例1：ISO 16834−A G 62 6 M21 Mn4Ni1Mo

ISO 16834−A W 55 6 I1 Mn4Ni1Mo T

熔化极气体保护焊高强钢实心焊丝、棒的化学成分见表10.17；保护气体标准，参见ISO 14175。

表10.17 熔化极气体保护焊高强钢实心焊丝、棒的化学成分

标记	化学成分及含量[a, b, c] / %									
	C	Si	Mn	P	S	Cr	Ni	Mo	Cu	其他成分
Z	其他允许成分									
Mn3NiCrMo	0.14	0.60~0.80	1.30~1.80	0.015	0.018	0.40~0.65	0.50~0.65	0.15~0.30	0.30	0.25
Mn3Ni1CrMo	0.12	0.40~0.70	1.30~1.80	0.015	0.018	0.20~0.40	1.20~1.60	0.20~0.30	0.35	0.25 V: 0.05~0.13
Mn3Ni1Mo	0.12	0.40~0.80	1.30~1.90	0.015	0.018	0.15	0.80~1.30	0.25~0.65	0.30	0.25

续表

标记	化学成分及含量 [a, b, c] / %									
	C	Si	Mn	P	S	Cr	Ni	Mo	Cu	其他成分
Mn3Ni1.5Mo	0.08	0.20~0.60	1.30~1.80	0.015	0.018	0.15	1.40~2.10	0.25~0.55	0.30	0.25
Mn3Ni1Cu	0.12	0.20~0.60	1.20~1.80	0.015	0.018	0.15	0.80~1.25	0.20	0.30~0.65	0.25
Mn3Ni1MoCu	0.12	0.20~0.60	1.20~1.80	0.015	0.018	0.15	0.80~1.25	0.20~0.55	0.30~0.65	0.25
Mn3Ni2.5CrCu	0.12	0.40~0.70	1.30~1.80	0.015	0.018	0.20~0.40	2.30~2.80	0.30~0.65	0.30	0.25
Mn4Ni1Mo	0.12	0.50~0.80	1.60~2.10	0.015	0.018	0.15	0.80~1.25	0.20~0.55	0.30	0.25
Mn4Ni2Mo	0.12	0.25~0.60	1.60~2.10	0.015	0.018	0.15	2.00~2.60	0.30~0.65	0.30	0.25
Mn4Ni1.5CrMo	0.12	0.50~0.80	1.60~2.10	0.015	0.018	0.15~0.40	1.30~1.90	0.30~0.65	0.30	0.25
Mn4Ni2CrMo	0.12	0.60~0.90	1.60~2.10	0.015	0.018	0.20~0.45	1.80~2.30	0.45~0.70	0.30	0.25
Mn4Ni2.5CrMo	0.13	0.50~0.80	1.60~2.10	0.015	0.018	0.20~0.60	2.30~2.80	0.30~0.65	0.30	0.25

注：a. 如果未说明：$w(Ti) \leqslant 0.10\%$，$w(Zr) \leqslant 0.10\%$，$w(Al) \leqslant 0.10\%$，$w(V) \leqslant 0.10\%$，包含镀层残余的铜含量值应该符
　　合规定值。
　　b. 表中的单个数值为最大值。
　　c. 结果应圆整到与 ISO31-0：1992 中附录 B 规则 A 中的圆整规则相同的数位。

标记举例 2：气体保护电弧焊（G）熔敷金属，混合气体保护（M21），使用焊丝 N2M3T，焊态条件下（A）最低抗拉强度达到 690MPa（69），-60℃（6）时最低平均冲击功达 27J，标记方式为：

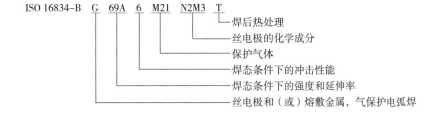

10.5.3　ISO 18276：2017 熔化极气体保护焊高强钢用药芯焊丝

标记举例 1：ISO 18276-A T 62 5 Mn1.5Ni B M

ISO 18276-A T 55 5 Mn1.5Ni B M T

熔化极气体保护焊高强钢药芯焊丝的化学成分见表 10.18，熔敷金属拉伸性能标记见表 10.19，焊芯类型标记见表 10.20；保护气体标准参见 ISO 14175。

表 10.18　熔化极气体保护焊高强钢药芯焊丝的化学成分

标记	化学成分及含量 [a, b, c] / %								
	C	Mn	Si	P	S	Ni	Cr	Mo	V
Z	其他允许成分								
MnMo	0.03~0.10	1.4~2.0	0.90	0.020	0.020	0.3	0.2	0.3~0.6	0.05

标记	化学成分及含量[a, b, c] / %								
	C	Mn	Si	P	S	Ni	Cr	Mo	V
Mn1Ni	0.03~0.10	1.4~2.0	0.90	0.020	0.020	0.6~1.2	0.2	0.2	0.05
Mn1.5Ni	0.03~0.10	1.1~1.8	0.90	0.020	0.020	1.3~1.8	0.2	0.2	0.05
Mn2.5Ni	0.03~0.10	1.1~2.0	0.90	0.020	0.020	2.1~3.0	0.2	0.2	0.05
1NiMo	0.03~0.10	1.4	0.90	0.020	0.020	0.6~1.2	0.2	0.3~0.6	0.05
1.5NiMo	0.03~0.10	1.4	0.90	0.020	0.020	1.2~1.8	0.2	0.3~0.7	0.05
2NiMo	0.03~0.10	1.4	0.90	0.020	0.020	1.8~2.6	0.2	0.3~0.7	0.05
Mn1NiMo	0.03~0.10	1.4~2.0	0.90	0.020	0.020	0.6~1.2	0.2	0.3~0.7	0.05
Mn2NiMo	0.03~0.10	1.4~2.0	0.90	0.020	0.020	1.8~2.6	0.2	0.3~0.7	0.05
Mn2NiCrMo	0.03~0.10	1.4~2.0	0.90	0.020	0.020	1.8~2.6	0.3~0.6	0.3~0.6	0.05
Mn2Ni1CrMo	0.03~0.10	1.4~2.0	0.90	0.020	0.020	1.8~2.6	0.6~1.0	0.3~0.6	0.05

注：a. 表中单个数值为最大值。

　　b. 结果应圆整到与 ISO 31-1：1992 附录 B 规则 A 中具体数位相同。

　　c. w（Cu）≤ 0.3%，w（Ni）≤ 0.05%。

表 10.19　熔敷金属拉伸性能标记（按照屈服强度和 47J 冲击功分类）

标记	最低屈服强度[a] / MPa	抗拉强度 / MPa	最低延伸率[b] / %
55	550	640~820	18
62	620	700~890	18
69	690	770~940	17
79	790	880~1080	16
89	890	940~1180	15

注：a. 对于屈服强度来说，在屈服发生时将使用低屈服度（R_{eL}），否则，将使用 0.2% 的屈服点强度（$R_{p0.2}$）。

　　b. 标准长度等于试样直径的 5 倍。

表 10.20　焊芯类型标记（按照屈服强度和 47J 冲击功分类）

标记	性能	标记	性能
R	慢凝固金红石熔渣	M	金属粉末
P	快凝固金红石熔渣	Z	其他类型
B	碱性		

　　标记举例 2：熔化极气保护电弧焊用药芯焊丝（T）；在焊态下（A），熔敷金属的最低抗拉强度为 690MPa（69），−50℃（5）的最低平均冲击功为 27J；符号"U"作为非强制性补充标识，表示在给定的试验温度下（−50℃），熔敷金属的夏比冲击功也能达到 47J 的最低要求；在 Ar+20%CO_2（M21）条件下，使用带有（T5）的焊丝进行试验，适用于全位置（1）焊接；熔敷金属的化学成分为 1.7%

Mn 和 1.4% Ni（N3M1）；根据 ISO 3690 标准测定的熔敷金属扩散氢含量不超过 5ml / 100g（H5）。

则其牌号为：

ISO 18276–B – T695T5–1M21A–N3M1–UH5

强制部分为：ISO 18276–B – T695T5–1M21A–N3M1

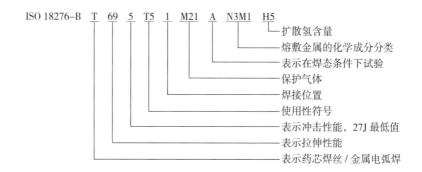

10.5.4　ISO 26304：2017 埋弧焊高强钢用实心焊丝、药芯焊丝

标记举例 1：ISO 26304–A S 62 4 AB S2Ni2Mo H5

ISO 26304–A S 62 4 AB T3Ni2Mo H5

焊剂标准参见 ISO 14174。

标记举例 2：ISO 26304–B S 69A 4 AB SUN2M2 H5

ISO 26304–B S 69A 4 AB TUN3M2 H5

10.5.5　高强钢焊接材料的选择参考

选择焊接材料时，尽量避免使焊缝金属的强度高于母材。如果许用应力没有被充分利用时，可以使用比母材强度低的焊接材料，在选择焊接材料和保护气体时，考虑所能达到的冲击吸收能量值按 DVS 规程 0916 见表 10.21 和表 10.22 来选取，其中母材以 EN 标准中一般结构用钢（S）和冷成型性能有要求（C）的细晶粒钢为例。

表 10.21　高强钢材料选择——实心焊丝（ISO 14341，ISO 16834）

DIN EN 标准钢种 10025 –3，–4，–6		横向试样的冲击吸收能量 27J 试验温度 /℃	合金类型 / 气体									
			3Si1 / M2	4Si1 / M2	3Ni1 （0.9Ni） / M2	3Ni1 （1.3Ni） / M2	2Ni2 / M2	1NiMo / M2	Mn1.5 NiCrMo / M2	Mn1.8 NiCrMo / M2	Mn2.2 Ni0.4CrMo / M2	Mn2.4 Ni0.5CrMo / M2
EN 10025-3，–4（纵向试样的冲击吸收能量为 47J）												
S275N，M		0		×								
	L	–20					×					
S355N，M		0		×	×							
	L	–20				×	×					

续表

DIN EN 标准钢种 10025 -3, -4, -6		横向试样的冲击吸收能量 27J 试验温度 /℃	合金类型/气体									
			3Si1 / M2	4Si1 / M2	3Ni1 (0.9Ni) / M2	3Ni1 (1.3Ni) / M2	2Ni2 / M2	1NiMo / M2	Mn1.5 NiCrMo / M2	Mn1.8 NiCrMo / M2	Mn2.2 Ni0.4CrMo / M2	Mn2.4 Ni0.5CrMo / M2
S420N, M		0			×							
	L	−20			×		×					
S460N, M		0			×[a]		×					
	L	−20					×					
EN 10025-6（纵向试样的冲击吸收能量为30J）												
S460Q, A		−20		×[a]	×							
	L	−40		×[a]	×							
	L1	−60			×[b]	×[a]						
S500Q, A		−20										
	L	−40			×							
	L1	−60			×[b]	×[a]						
S550Q, A		−20			w			×				
	L	−40			w			×				
	L1	−60			w			×[b]				
S620Q, A		−20			w			×[a]	×			
	L	−40			w			×[a]	×			
	L1	−60			w			×[b]	×			
S690Q, A		−20			w			w	×			
	L	−40			w			w	×			
	L1	−60			w			w	×	×		
S890Q		−20			w			w			×	
	L	−40			w			w			×	
	L1	−60			w			w			×[b]	
S960Q		−20			w			w				×
	L	−40			w			w				×
EN 10149-2, −3（横向试样的冲击吸收能量为40J）												
S260N	C	−20	×									
S315N, M	C	−20	×		×							

续表

DIN EN 标准钢种 10025 -3，-4，-6		横向试样的冲击吸收能量27J试验温度/℃	合金类型 / 气体									
			3Si1 / M2	4Si1 / M2	3Ni1（0.9Ni）/ M2	3Ni1（1.3Ni）/ M2	2Ni2 / M2	1NiMo / M2	Mn1.5 NiCrMo / M2	Mn1.8 NiCrMo / M2	Mn2.2 Ni0.4CrMo / M2	Mn2.4 Ni0.5CrMo / M2
S355N，M	C	−20	×	×								
S420N，M	C	−20		×		×						
S460M	C	−20		×ᵃ		×						
S500M	C	−20				×						
S550M	C	−20				w		×				
S600M	C	−20				w		×				
S650M	C	−20				w			×			
S700M	C	−20				w			×	×		

注：a. 含非合金钢 W 点固或根焊。
　　b.（ISO−V）−50℃。

表 10.22　高强钢材料选择——药芯焊丝（ISO 17632，ISO 18276−A）

DIN EN 标准钢种 10025 -3，-4，-6		横向试样的冲击吸收能量27J试验温度 / ℃	合金类型 / 气体								
			SGR1ᶜ C+M2	SGR1ᶜ M2ᵃ	SGR1ᶜ Cᵃ	SGB1ᶜ C+M2	MnMo C+M2	Mn1Ni C+M2	Mn1NiMo C+M2	Mn2NiCrMo C+M2	Mn2Ni1CrMo M2
EN 10025-3，-4（纵向试样的冲击吸收能量为 47J）											
S275N，M		0	×	×	×	×	×	×			
	L	−20		×	×	×	×	×			
S355N，M		0	×	×	×	×	×	×			
	L	−20		×	×	×	×	×			
S420N，M		0	×	×	×	×	×	×			
	L	−20		×	×	×	×	×			
S460N，M		0		×	×		×	×	×		
	L	−20		×	×		×	×	×		
EN 10025-6（纵向试样的冲击吸收能量为 30J）											
S460Q，A		−20		×	×		×	×	×		
	L	−40					×	×	×		
	L1	−60						×	×		
S500Q，A		−20						×			
	L	−40						×			
	L1	−60						×			

续表

DIN EN 标准钢种 10025 -3，-4，-6		横向试样的冲击吸收能量27J试验温度/℃	合金类型/气体								
			SGR1[c] C+M2	SGR1[c] M2[a]	SGR1[c] C[a]	SGB1[c] C+M2	MnMo C+M2	Mn1Ni C+M2	Mn1NiMo C+M2	Mn2NiCrMo C+M2	Mn2Ni1CrMo M2
S550Q，A		−20							×		
	L	−40							×		
	L1	−60							×		
S620Q，A		−20							×[b]		
	L	−40							×[b]		
	L1	−60							×[b]		
A690Q，A		−20								×	
	L	−40								×	
	L1	−60								×	
S890Q		−20									×
	L	−40									×
	L1	−60									
S960Q		−20									
	L	−40									
EN 10149-2，-3（横向试样的冲击吸收能量为40J）											
S260N	C	−20	×	×	×	×	×				
S315N，M	C	−20	×	×	×	×	×				
S355N，M	C	−20	×	×	×	×	×				
S420N，M	C	−20	×	×	×	×	×				
S460M	C	−20	×	×		×	×	×		
S500M	C	−20							×		
S550M	C	−20							×		
S600M	C	−20							×		
S650M	C	−20							×		
S700M	C	−20							×[b]		

注：a. 含非合金钢；

b. 点固或根焊；

c. 此标记摘自原德国标准。

续表

10.6 高强钢的焊接氢致裂纹（ISO/TR 17671-2）

高强钢焊接时会导致产生氢致裂纹的一系列因素有：钢的成分、焊接工艺、焊材和相关应力。如果焊接时 $t_{8/5}$ 时间过短，热影响区将发生过度硬化。当焊缝中的氢超过临界水平，在焊缝冷却到接近环境温度后，硬化区受残余应力影响会自动开裂。

防止氢致裂纹可以采用焊前预热，以减缓焊缝在转变温度范围的冷却时间，避免产生硬化和淬硬的微观组织；也可以控制热循环中低温段的冷却，典型区间从 100~300℃有利于扩散氢的逸出，从而较好地控制焊接接头扩散氢的含量。在焊接结束时实施后热，即常用的焊后消氢处理，也可达到相同效果。

焊缝的氢含量可通过采用控制氢的焊接工艺和焊材来控制，某种程度上也可实施后热。

以上方法也可用于防止焊缝金属的氢致裂纹。虽然硬化程度小一些，但实际上其氢和应力水平可能比热影响区更高，所以通常防止热影响区产生氢致裂纹所采用的焊接工艺，也可防止焊缝金属的开裂。然而在某些情况下，如高拘束、碳当量、厚板或焊缝金属中合金元素，将成为焊缝金属氢致裂纹的主要因素。

在 ISO / TR 17671-2：2002《焊接　金属材料焊接的推荐》中的"铁素体钢的电弧焊接"中，对 ISO / TR 15608 所规定的第 1 至第 4 组钢的电弧焊时，冷裂纹防止的方法给出了如下建议。

在裂纹危险性较大时，特别是在使用埋弧焊焊接屈服强度大于 460MPa、厚度大于 30mm 的钢板时，建议在焊接后直接进行 200~280℃的去氢处理，退火时间应至少为 2h。厚度较大时，应采用所给出的上限温度和较长的保温时间。

对于部分填充的焊缝需要中间冷却时，在冷却到预热温度以下之前，建议进行去氢处理。对于高强度钢，应当避免部分填充焊接后冷却到预热温度以下。如果由于例外情况必须部分焊缝焊接后冷却到预热温度以下并且不可能利用焊接余热进行去氢处理，那么建议在焊接工作重新开始之前对部分填充的焊缝表面进行裂纹检验。如果可能的话对整个焊缝表面包括边缘部分进行打磨。

有冷裂纹产生的危险时，不允许焊件冷却之后就进行无损检验，无损检验应至少滞后 48h 进行。

10.6.1 焊接材料和辅助材料的烘干

为减少焊接接头内部氢的含量，要特别注意按生产厂家提供的技术条件对药皮焊条和焊剂进行烘干。在 SEW 088 规程中推荐碱性焊条的烘干、中间放置以及氟基焊剂的烘干、中间放置条件见表 10.23 和表 10.24。

实心焊丝和无缝的药芯焊丝在焊接前不需烘干。对折叠式或沟槽式的药芯焊丝可能会要求烘干，是否需要烘干及烘干条件应向生产厂家询问。以上措施对防止氢致裂纹具有很重要的意义。

表 10.23　碱性焊条的烘干和中间放置

母材的最低屈服强度 /MPa	烘干		在保温柜或保温筒中的中间放置	
	温度 /℃	时间 / h	温度 /℃	时间 / d
≤ 355	250~300 300~350	2~24 2~10	100~150 150~200	≤ 30 ≤ 14
>355	300~350	2~10	150~200	≤ 14

表 10.24　氟基焊剂的烘干和中间放置

生产种类	烘干		中间放置	
	温度 /℃	时间 / h	温度 /℃	时间 / d
烧结型 熔炼型	300~400 200~400	2~10	约 150	≤ 30

10.6.2 预热和层间温度

焊接接头发生冷裂受以下因素的影响：母材和焊缝金属的化学成分、板厚、焊缝金属氢含量、焊接过程中的热输入量以及应力水平。随着合金成分、板厚和氢含量的增加，裂纹的风险也增大；相反，增加热输入，可以降低冷裂纹的风险。选择焊接条件确保热影响区的冷却速度足够慢以避免开裂，可通过控制焊道尺寸及金属厚度，如必要，则进行预热并控制层间温度。

10.6.2.1 母材

影响钢冷裂行为的化学成分用碳当量 CET 来描述，以下公式描述在碳当量这一性能中各合金元素的作用：

$$CET = C + \frac{Mn + Mo}{10} + \frac{Cr + Cu}{20} + \frac{Ni}{40}（\%）\tag{10-1}$$

该公式适用的各元素成分范围（质量分数）见表 10.25。

表 10.25　碳当量公式适用的各元素成分范围（质量分数，%）

C	Si	Mn	Cr	Cu	Mo	Nb	Ni	Ti	V	B
0.05~0.32	最大 0.8	0.5~1.9	最大 1.5	最大 0.7	最大 0.75	最大 0.06	最大 2.5	最大 0.12	最大 0.18	最大 0.005

图 10.3 所示为碳当量 CET 和预热温度 T_p（或层间温度 T_i）之间存在的线性关系，可以看出碳当量增加大约 0.01% 预热温度就会增加大约 7.5℃：

$$T_{pCET} = 750 \times CET - 150（℃）\tag{10-2}$$

10.6.2.2 板厚

图 10.4 所示为板厚 d 与预热温度 T_p 之间的关系。从图中可看出较薄材料的板厚发生变化时，将导致预热温度发生更大的改变。但随着材料厚度的增加其影响减小，当厚度大于 60mm 时影响便很小了。

$$T_{pd} = 160 \times \tan h \left(\frac{d}{35} \right) - 110 \text{（℃）} \tag{10-3}$$

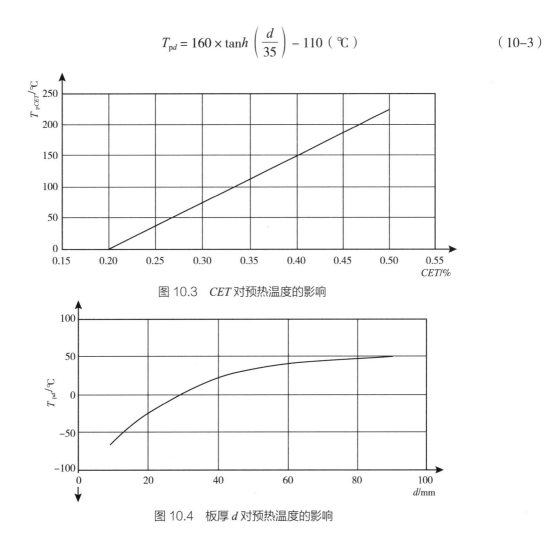

图 10.3　CET 对预热温度的影响

图 10.4　板厚 d 对预热温度的影响

10.6.2.3　氢含量

图 10.5 所示为根据 ISO 3690 确定的焊缝金属氢含量 HD 对预热温度的影响。从图中可看出氢含量增加预热温度也需增加。低浓度氢含量增加比高浓度氢含量增加对预热温度的影响更大。

$$T_{pHD} = 62 \times HD^{0.35} - 100 \text{（℃）} \tag{10-4}$$

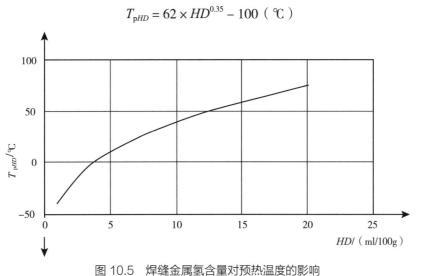

图 10.5　焊缝金属氢含量对预热温度的影响

10.6.2.4 热输入

图 10.6 所示为热输入 Q 对预热温度的影响。从图中可看出焊接时热输入的增加允许降低预热温度，而且其影响根据合金成分而不同，在低碳当量情况下比高碳当量影响更为明显。

$$T_{pQ} = (53 \times CET - 32) \times Q - 53 \times CET + 32 \text{（℃）} \tag{10-5}$$

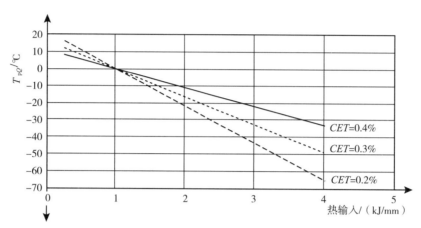

图 10.6 热输入对预热温度的影响

10.6.2.5 内应力

目前只知道一定范围内的内应力水平和预热温度之间的关系。内应力和三维应力状态的增加引起预热温度的增加。在以下计算预热温度的式（10-6）中，我们分别假设焊接区当前的内应力与母材和焊接金属的屈服强度相等。

预热温度也可用式（10-6）计算：

$$T_{p} = 697 \times CET + 160 \times \tanh (d/35) + 62 \times HD^{0.35} + (53 \times CET - 32) \times Q - 328 \text{（℃）} \tag{10-6}$$

式（10-6）适用于屈服强度达 1000MPa 的结构钢及 CET=0.2%~0.5%，d=10~90mm，HD=1~20ml/100g，Q=0.5~4.0kJ/mm。

预热温度的计算化学成分，以碳当量 CET 为特征的 d、HD 及 Q 的影响被整合到式（10-7）中以计算预热温度 T_p，即：

$$T_{p} = T_{pCET} + T_{pd} + T_{pHD} + T_{pQ} \text{（℃）} \tag{10-7}$$

对于 S460 钢厚度大于 12mm 时必须进行预热。小于 12mm 时推荐进行预热（点固焊缝也适用）。S460 的预热温度为 50~200℃（取决于板厚和 CET 值）。

S690 钢和具更高屈服强度的细晶粒结构钢应对所有板厚进行预热，根据板厚和 CET 值的不同预热温度可在 80~150℃。

要保证焊接时层间温度不能超过最大的层间温度。层间温度过高和预热温度过高一样会对接头的性能造成损害（韧性和强度），一般层间温度的范围是 220~250℃。

温度的测量根据 ISO 13916。常用的温度测量仪器是：测温笔（TS）、附着式温度计（HT）、热电偶（TH，包括瞬时温度计）、光电非接触式温度测量仪。

焊接监督人员应配备瞬时温度计。焊工至少应具有两种不同温度的测温笔，即测量最低预热温度和最大层间温度的测温笔。允许进行焊接时，前一支测温笔必须变色，而后一支笔则不能变色。

10.6.3 焊接热输入

结构钢焊接时会产生一个区域，该区域的初始微观组织受焊接热的影响而改变。随着微观组织的改变，其强度和硬度也会发生改变。热影响区微观组织的变化主要取决于母材的化学成分和焊接热循环。

10.6.3.1 钢种的影响

热影响区的微观组织和韧性之间的关系为：强度随着晶粒尺寸的增大及马氏体和贝氏体成分的增加而减小。

碳钢和碳锰钢不含有任何在焊接过程中能抑制奥氏体晶粒长大的元素，通常只有严格控制冷却时间，才能够保证其热影响区的足够的韧性。

对于微合金化的结构钢，应选择含有在高温时能析出稳定的碳化物和氮化物相的合金元素，这些碳化物和氮化物有可能限制奥氏体晶粒的长大并促进奥氏体转变过程中晶内铁素体晶核形成。奥氏体晶粒长大的抑制取决于所形成碳化物和氮化物相的类型和数量。因此这类钢热影响区的韧性损失不明显。

10.6.3.2 焊接条件对力学性能的影响

焊接条件包括焊接工艺、焊接参数、预热温度、焊缝几何形状（表 10.26）都会影响焊后冷却时间 $t_{8/5}$，从而影响焊接接头的力学性能。

表 10.26 接头形式对冷却时间 $t_{8/5}$ 的影响

接头形式		形状系数	
		F_2 二维传热	F_3 三维传热
堆焊		1	1
对接焊缝焊道间		0.9	0.9
角接头单道角焊缝		0.9~0.67	0.67
T 形接头单道角焊缝		0.45~0.67	0.67

10.6.3.3 冷却时间

通常用冷却时间 $t_{8/5}$ 来表示焊接中单个焊道的热循环，$t_{8/5}$ 是指在冷却过程中焊道及其热影响区从 800℃冷却到 500℃所花的时间。冷却时间 $t_{8/5}$ 的延长通常会导致冲击韧性的降低和热影响区脆性转变温度的上升，韧性降低的程度取决于钢材种类及其化学成分。

如果要使某种钢热影响区的冲击吸收能量不低于规定的最小值，那么选择焊接工艺参数时就应考虑冷却时间 $t_{8/5}$ 不能过长。如果要使某种钢热影响区的硬度不低于规定的最低标准，那么选择焊接工艺参数时应考虑冷却时间不能低于特定值。基于这些考虑，应将相应钢种的冲击吸收能量、脆性转变温度及硬度随 $t_{8/5}$ 变化的函数用曲线表示出来。

对于非合金高强钢和低合金铁素体钢，填充焊道和盖面焊道的适当冷却时间 $t_{8/5}$ 通常为 10~25s。如果每次焊接都根据 ISO 15614-1 进行了焊接工艺评定或根据 ISO 15613 进行了生产前试验，且焊件结构符合要求，这些钢也可采用其他冷却时间 $t_{8/5}$。

如果 $t_{8/5}$ 对冲击吸收能量、脆性转变温度和硬度的影响没有合适的曲线可用，建议根据 ISO 15614-1 和 ISO 15613 进行焊接工艺评定。

10.6.3.4 冷却时间的计算

焊接工艺参数和冷却时间的关系可以用公式来表示，但应标明二维热循环和三维热循环的区别，如图 10.7 所示。

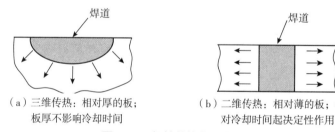

（a）三维传热：相对厚的板；
板厚不影响冷却时间　　　　（b）二维传热：相对薄的板；板厚
对冷却时间起决定性作用

图 10.7　焊接的热传导类型

当传热是三维的，冷却时间不受材料厚度的影响，用公式（10-8）来计算：

$$t_{8/5} = \frac{Q}{2\pi\lambda} \times \left(\frac{1}{500-T_0} - \frac{1}{800-T_0} \right) \qquad (10-8)$$

对非合金钢或低合金钢，使用适合的系数 F_3（标准 ISO/TR 17671-2 中表 D.1），公式（10-8）改为：

$$t_{8/5} = (6700-5T_0) \times Q \times \left(\frac{1}{500-T_0} - \frac{1}{800-T_0} \right) \times F_3 \qquad (10-9)$$

当传热是二维的，冷却时间受材料厚度的影响，用公式（10-10）来计算：

$$t_{8/5} = \frac{Q^2}{4\pi\lambda pcd^2} \times \left(\frac{1}{(500-T_0)^2} - \frac{1}{(800-T_0)^2} \right) \qquad (10-10)$$

对非合金钢或低合金钢，使用适合的系数 F_2（标准 ISO/TR 17671-2 中表 D.1），公式（10-10）改为：

$$t_{8/5} = (4300-4.3T_0) \times 10^5 \times \frac{Q^2}{d^2} \times \left[\left(\frac{1}{500-T_0}\right)^2 - \left(\frac{1}{800-T_0}\right)^2 \right] \times F_2 \qquad (10-11)$$

因此：

$$Q = \varepsilon \times E = \varepsilon \times U \times I / v \times 1000 \;(\text{kJ}/\text{mm})\qquad(10\text{--}12)$$

式中：ε——焊接工艺的热效率 ［UP（121）$\varepsilon = 1.0$；E（111）$\varepsilon = 0.85$；MAG（135）$\varepsilon = 0.85$］；

　　　U——电弧电压，V；

　　　I——焊接电流，A；

　　　v——焊接速度，mm / s。

10.7 国内外细晶粒结构钢及焊材牌号对照

GB / T1591—2018 低合金结构钢标准中，钢的牌号表示规定如下。

钢的牌号由代表屈服强度的"屈"字的汉语拼音首字母"Q"、规定的最小上屈服强度数值、交货状态的代号、质量等级符号（B、C、D、E、F）4 个部分组成。交货状态的代号为：正火或正火轧制状态（N）、热机械轧制状态（M）、调质状态（Q），质量等级符号 B、C、D、E、F 分别代表钢在 20℃、0℃、–20℃、–40℃、–60℃的冲击功值的规定。其牌号表示示例如下：

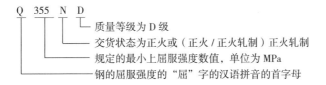

当订货方要求钢板具有厚度方向上的性能时，则在上面规定的牌号后加上代表厚度方向（Z 向）性能级别的符号，如 Q355ND25。

此类钢种各个国家都有相应的国家标准做规定，国内外正火、热机械轧制细晶粒结构钢牌号对照表见表 10.27；国内外调质细晶粒结构钢牌号近似对照表见表 10.28。

表 10.27　国内外正火、热机械轧制细晶粒结构钢牌号对照表

GB / T 1591—2018	GB / T 1591—2008	ISO 630–2：2011	ISO 630–3：2012	EN 10025–2：2004	EN 10025–3：2004	EN 10025–4：2004
Q355NB	Q355B（正火 / 正火轧制）					
Q355NC	Q355C（正火 / 正火轧制）					
Q355ND	Q355D（正火 / 正火轧制）		S355ND		S355N	
Q355NE	Q355E（正火 / 正火轧制）		S355NE		S355NL	
Q355NF						
Q355MB	Q345B（TMCP）					
Q355MC	Q345C（TMCP）					
Q355MD	Q345D（TMCP）		S355MD			S355M
Q355ME	Q345E（TMCP）		S355ME			S355ML

续表

GB／T 1591—2018	GB／T 1591—2008	ISO 630-2：2011	ISO 630-3：2012	EN 10025-2：2004	EN 10025-3：2004	EN 10025-4：2004
Q355MF						
Q420NB	Q420B（正火／正火轧制）					
Q420NC	Q420C（正火／正火轧制）					
Q420ND	Q420D（正火／正火轧制）		S420ND		S420N	
Q420NE	Q420E（正火／正火轧制）		S420NE		S420NL	

表 10.28　国内外调质细晶粒结构钢牌号近似对照表

GB／T 16270—2009	GB／T 16270—1996	EN 10025-6：2004 E	ISO 4950.3：2003
Q460QC	Q460C	—	
Q460QD	Q460D	S460Q	E460DD
Q460QE	Q460E	S460QL	E460E
Q460QF	—	S460QL1	
Q500QC			
Q500QD	Q500D	S500Q	
Q500QE	Q500E	S500QL	—
Q500QF	—	S500QL1	
Q550QC	—		
Q550QD	Q550D	S550Q	E550DD
Q550QE	Q550E	S550QL	E550E
Q550QF	—	S550QL1	
Q620QC	—		
Q620QD	Q620D	S620Q	
Q620QE	Q620E	S620QL	—
Q620QF	—	S620QL1	
Q690QC	—		
Q690QD	Q690D	S690Q	
Q690QE	Q690E	S690QL	—
Q690QF	—	S690QL1	

正火、热机械轧制细晶粒钢和调质细晶粒钢焊接材料对照见表 10.29 和表 10.30。

表 10.29　典型正火、热机械轧制细晶粒结构钢焊接材料

母材		焊接材料	
EN 标记	GB 标记	ISO 标记	GB 标记
EN10025-3 S355N／NL EN10025-4 S355M／ML	GB／T 1591 Q355NB／C／D／E／F Q355MB／C／D／E／F	ISO 2560-A　E 42 4 RC 1 1 ISO 2560-A　E 42 4 RR 1 2 ISO 2560-A　E 42 4　B 1 2 ISO 14341-A　G 42 5 3Si1 ISO 17632-A　T 42 3 3Si1 ISO 14171-A　S 42 5 S3	GB／T 5117 E 5015 GB／T 5117 E 5016 GB／T 5117 E 5018 GB／T 8110 G 49A 3 C1 S2 GB／T 10045 T 49 3 T5-X M21 A GB／T 5293 S 49A 4 AB SU26

续表

母材		焊接材料	
EN 标记	GB 标记	ISO 标记	GB 标记
EN10025–3 S460N / NL EN10025–4 460M / ML	GB / T 1591 Q460MC / D / E	ISO 2560–A　E 46 4 B 1 1 ISO 14341–A　G 46 5 M 3Si1 ISO 17632–A　T 46 3 1Ni B M ISO 14171–A　S 46 3 S3	GB / T 5117 E E6215–G GB / T 8110 G 55 A 3 C1 S4 M31 T GB / T 10045 T 55 3 T5–X C1A–N3 GB / T 5293 S 55A 4 AB SUM4

表 10.30　调质细晶粒结构钢焊接材料

母材		焊接材料	
EN 标记	GB 标记	ISO 标记	GB 标记
EN 10025–6 S620Q / QL / QL1	GB / T 16270 Q620QC / D / E / F	ISO 18275–A　E 62 7 Mn1Ni B T ISO 16834–A　G 62 5 Mn4NiMo ISO 18276–A　T 62 5 Mn1.5Ni B T ISO26304–A　S 62 4 AB S2Ni2Mo H5	GB / T 32533 E 6218–4M2 GB / T 39281 G 69A 5 M13 N3M2 GB / T 36233 T 69 5 T5–X M21 A–N3M2 GB / T 36034 S 69P 6 AB SUN3M2
EN 10025–6 S690Q / QL / QL1	GB / T 16270 Q690QC / D / E / F	ISO 18275–A　E 69 7 Mn1Ni B T ISO 16834–A　G 69 5 Mn4NiMo ISO 18276–A　T 69 5 Mn1.5Ni B T ISO26304–A　S 69 4 AB S2Ni2Mo H5	GB / T 32533 E 7816–N4C2M1 GB / T 39281 G 76A 5 M13 N4M3 GB / T 36233 T 76 5 T1–X C1 A N4C1M2 GB / T 36034 S 76P 6 AB SUN4M2

参考文献

［1］陈祝年 . 焊接工程师手册［M］. 北京：机械工业出版社，2010. 02.

［2］Welding– Recommendations for welding of metallic materials – Part 2: Arc welding of ferritic steels:ISO/TR 17671–2:2002［S/OL］.［2002–021–01］. http://www.doc88.com/p-9092838642569.htm.

［3］Hot rolled products of structural steels – Part 3: Technical delivery conditions for normalized/normalized rolled weldable fine grain structural steels:EN 10025–3:2019［S/OL］.［2019–11–30］. https://standards.cencenelec.eu/dyn/www/f?p=CEN:110:0::::FSP_PROJECT,FSP_ORG_ID:33984,734438&cs=109CD13108FB02720F4185DF1CCAAA711.

［4］Hot rolled products of structural steels – Part 4: Technical delivery conditions for thermomechanical rolled weldable fine grain structural steels:EN 10025–4:2019［S/OL］.［2019–11–30］. https://standards.cencenelec.eu/dyn/www/f?p=CEN:110:0::::FSP_PROJECT,FSP_ORG_ID:33985,734438&cs=1AB4134FCB870DB2A0129A4419E04150F.

［5］Hot rolled products of structural steels – Part 6: Technical delivery conditions for flat products of high yield strength structural steels in the quenched and tempered condition:EN 10025–6:2019［S/OL］.［2019–11–30］. https://standards.cencenelec.eu/dyn/www/f?p=CEN:110:0::::FSP_PROJECT,FSP_ORG_ID:33987,734438&cs=1881154B971EE9F0B7344933FCE7B437A.

［6］戴起勋 . 金属材料学［M］. 北京：化学工业出版社，2005.

［7］Welding consumables – Covered electrodes for manual metal arc welding of high–strength steels – Classification：ISO 18275:2011［S/OL］.［2011–05–01］.https://www.doc88.com/p-9072730463899.html.

［8］Welding consumables – Wire electrodes, wires, rods and deposits for gas shielded arc welding of high strength steels – Classification:ISO 16834:2012［S/OL］.［2012–05–01］. https://www.doc88.com/p-6901156163961.html?r=1.

[9] Welding consumables – Tubular cored electrodes for gas–shielded and non–gas–shielded metal arc welding of high strength steels – Classification：ISO 18276:2017［S/OL］.［2017-03］. https://www.doc88.com/p-6641747171786.html.

[10] Welding consumables – Solid wire electrodes, tubular cored electrodes and electrode–flux combinations for submerged arc welding of high strength steels – Classification：ISO 26304:2011［S/OL］.［2011-08-01］. https://www.doc88.com/p-6911159452190.html?r=1.

本章的学习目标及知识要点

1. 学习目标

（1）了解细晶粒结构钢的欧洲标准。

（2）掌握三种细晶粒结构钢的标记、主要成分。

（3）掌握三种细晶粒结构钢的焊接性、焊接工艺要点及焊材选择。

（4）掌握高强钢焊接材料及标记。

（5）了解细晶粒结构钢的国内外钢种对照。

2. 知识要点

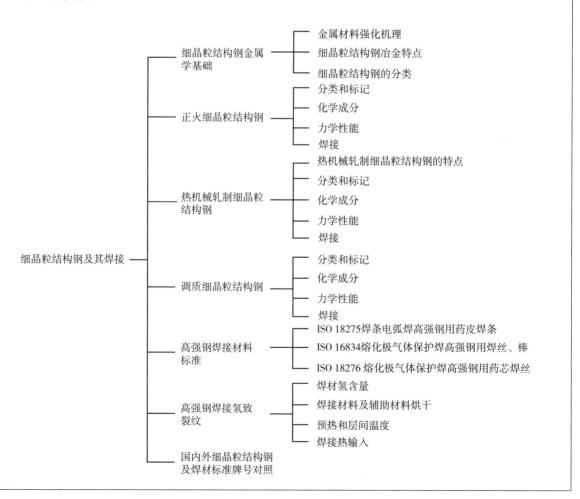

第11章

高强钢的焊接应用

编写：徐林刚　王龙权　审校：何珊珊

本章介绍一般用途的低合金高强钢焊接生产加工，从焊道布置、装配定位用辅助件的焊接及清除、火焰矫正及消除应力退火等几个方面进行介绍；此外，对专门用途的高强钢，如管线、汽车、船舶、桥梁、矿山机械用高强钢的焊接应用实例进行简单介绍。

11.1 引言

高强度结构钢是具有较高强度及良好韧性特点的钢种并具有一定的可焊性，其一般用途及低合金高强度结构钢的种类、冶金特点、性能特点及焊接工艺等内容参见第10章，这些高强度结构钢的发展和使用能够实现在载荷增加的同时减少构件的厚度。使用高强度结构钢的原因为：①减少结构重量；②减少到工地的运输费用并减少单个构件的安装重量；③减少焊缝体积；④对运动构件减少驱动力；⑤提高耐损害强度；⑥提高抗脆断安全性。

11.2 高强钢焊接生产注意事项

焊接及其相关热加工或冷加工会使细晶粒钢和高强钢的性能受到损伤或破坏，要按照材料的相关标准或加工规程来制定相应的焊接工艺和工序。焊接时的加热引起高强钢的热影响区组织变化、晶粒长大，该处的强度、韧性会比母材低。更应该注意高强钢焊接时，由于合金化的冶金因素引起焊缝金属及热影响区有裂纹的危险。除一般的焊接规程以外，还应该注意一些细节。

11.2.1 焊道布置

对于焊缝构成应注意下列要求：根据板厚和热输入采用多层焊；焊缝构成由坡口面到中间；焊接盖面层时要特别注意（"回火焊道"或相近的盖面焊道构成），如图 11.1 所示。以往大多要求在盖面层的外部焊道上面附加回火焊道，现在在该技术构件上可以用预先设计好的焊道构成来替代这种回火焊道技术。

11.2.2 装配定位用辅助件的焊接及清除

除焊接工艺规程或应用标准另有规定，装配组对时，对于材料厚度不大于12mm的对接焊缝，其根部边缘或根部表面的错边量不得超过较薄材料厚度的25%；厚度大于12mm的材料，不得超过3mm。可能对某些应用和焊接方法，需要更小的公差。（注：应用标准指相关的产品标准）

建议定位焊的最小长度为50mm，但当材料的厚度不足12mm时，定位焊的最小长度应为较厚部件板厚的4倍。

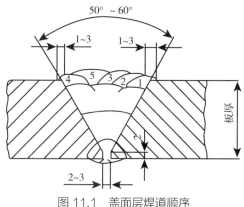

图11.1 盖面层焊道顺序

当材料的厚度大于50mm或屈服强度超过500MPa时，应考虑增加定位焊的尺寸，可能会使用双道技术。当焊接高合金钢时也应重视低强度和韧性焊材的使用。

安装用辅助件应在母材之上约3mm处割掉或刨掉，剩余部分应通过打磨去除。建议随后进行表面裂纹检验。随意把临时使用的焊接件打落是不允许的。

11.2.3 火焰校正

火焰校正对材料性能的影响主要取决于所使用的火焰温度和冷却速度。火焰温度小于700℃不会形成材料的奥氏体化。只要校正温度不超过700℃，就不会对材料的性能造成损害。对于调质细晶粒结构钢，这一结论只适用于在回火温度之上短时加热。

火焰校正温度高于700℃时，可以认为在钢中至少会发生部分奥氏体化。因此含碳和其他合金元素的组织部分会转变成奥氏体。部分奥氏体化还会使铁素体组织中的碳扩散到已经形成的奥氏体区域内。在随后的快速冷却中，在奥氏体组织区域内会出现马氏体，这样可能会产生碳的富集，其结果是可能造成淬硬和韧性的降低。如果随后进行较慢的冷却，会形成混合组织。这就会产生使局部屈服极限降低的危险。同时由于局部碳的富集会造成对韧性的损害，但不会像快速冷却时那样明显。

火焰校正时，随着含碳量的增加，对韧性损害的可能性就会增大。对于含碳量较低的热机械轧制钢这种可能性要比其他钢小。

将整个构件加热到700℃以上是比较危险的。当火焰校正温度超过950℃时即使仅是对构件表面的加热也是应当避免的。

11.2.4 弧疤处理

在工件上焊缝以外部分引弧是不允许的。由于不留意而引起的弧疤（例如，由于焊接电缆的损坏或焊钳的绝缘不好而引起的弧疤）应通过打磨去除并且在这个区域进行裂纹检验。

11.2.5 消除应力退火

在建筑构件领域一般不要求进行消除应力退火。在压力容器制造中应按相应的材料规程确定。如果结构的形式或将要承受的工作载荷要求消除或减小焊接内应力，则应进行消除应力退火。此外利用焊接热量来进行退火是比较有利的。对 S460N 钢应避免进行消除应力退火，因为这样可能会在粗晶区引起脆断。消除应力退火的温度和退火时间根据相应的材料规程来选取。

11.3　高强钢的焊接应用实例

合金结构钢中低合金高强度钢是应用最为广泛的一类，在焊接生产中经常遇到的也是这类钢，掌握这类钢的组织与性能，对分析其焊接性极为重要。

低合金高强度钢的组织和性能与钢的化学成分及热处理状态密切相关。利用钢的连续冷却转变图（CCT 图）可以很方便地了解这种关系。图 11.2 为典型的低合金高强度钢的连续冷却转变图。图中 A 表示奥氏体，B 表示贝氏体，F 表示铁素体，P 表示珠光体。①② 和③ 表示不同冷却速度的曲线。当速度大于①（在曲线 ① 以左）时，组织为马氏体；当速度小于③（在曲线 ③ 以

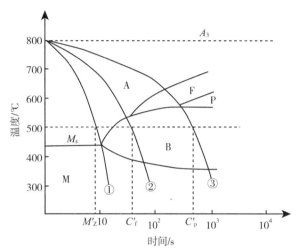

图 11.2　典型的低合金高强钢的 CCT 图

右）时基本上是铁素体加珠光体；介于①③ 之间时，主要为贝氏体。

合金元素含量和晶粒大小（或奥氏体化温度）是影响转变特性的主要因素。在各种元素中，碳的影响最大，含碳量的增加提高了钢的淬硬性，使转变曲线向右移。

当钢中同时存在 Mo、V、Ti、Nb 等合金元素时，C 主要以碳化物形式存在。这里碳是提高材料强度的主要元素。

11.3.1　管线用钢的焊接

11.3.1.1　TMCP 钢的特点

TMCP 钢是 20 世纪 70 年代发展起来的新的高强度结构钢，生产过程采用先进的精炼技术、微合金化技术、热机械处理技术和冷却技术，使这种钢材具有下列特点。

（1）加入的合金元素量少。

（2）通过控制轧制和控制冷却工艺的热变形，引起物理冶金因素的性质变化，晶粒进一步得到细化。

（3）金相组织是以针状铁素体或下贝氏体为主，其晶粒尺寸 6~20μm，无珠光体，共析铁素体和渗碳体都很低。有人把这种钢概括为具有"三超两高"的特点，即具有超细晶粒、超洁净度、超均匀性、高强度和高韧性的特点（图 11.3）。

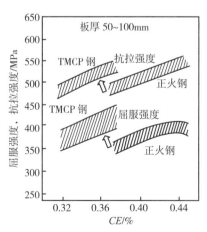

图 11.3　TMCP 钢与正火钢碳当量对比

11.3.1.2 典型钢种焊接举例

我国西气东输工程中的管线用钢已广泛采用国产微合金细晶粒钢 X70，该钢经控轧控冷工艺而具有高的强韧性，还兼备有抗氢致裂纹能力和抗应力腐蚀能力。这里介绍的是用这种钢板卷焊成直径为 ϕ1016mm 的管子，壁厚为 14.6mm，在现场进行管子对接环缝焊接工艺。

X70 钢的化学成分为：w（C）= 0.054%，w（Si）= 0.23%，w（Mn）=1.51%，w（S）= 0.0026%，w（P）= 0.013%，w（Cr）=0.035%，w（Mo）= 0.22%，w（Ni）=0.23%，w（Nb）=0.043%，w（V）= 0.055%，w（Ti）= 0.022%，w（Cu）= 0.11%。

X70 钢的力学性能为：抗拉强度为 625MPa，屈服强度为 497MPa，断后伸长率为 28%，硬度小于 230HV，-20℃冲击吸收能量大于 120J。

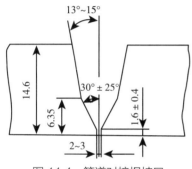

图 11.4　管道对接焊坡口

根据壁厚、材质和现场条件，接头开复合 V 形坡口（图 11.4），根焊用国产 ϕ1.2mm 焊丝 JM-58，用 CO_2 气体保护 STT（表面张力焊接技术）半自动施焊，填充和盖面焊用 ϕ1.0mm 的 JM-68 焊丝，用富 Ar 气体保护全位置自动施焊。

经焊接工艺试验，确定焊前焊接区预热 100℃，层间温度为 60℃，用中频感应或环形火焰加热。焊接参数见表 11.1。用直流反接焊接。

工艺要点：根焊是关键，焊前用内对口器进行对接，用 2~3mm 铁片定位装配间隙，待焊完根焊道后才能撤走内对口器；采用向下立焊技术，允许轻微摆动，保证全位置单面焊双面成形的效果。焊接接头用角向砂轮打磨，STT 焊时对风速敏感，要求风速不大于 2m/s，否则停焊。焊后用钢丝刷清理，不用砂轮。清理后立即进入自动焊，严格控制预热温度和保证层间温度。

焊后进行 100% 射线检测，一次合格率达 98% 以上。评定试验测得焊接接头抗拉强度在 666~678MPa，且断于母材；弯曲 180° 合格；-20℃冲击吸收能量焊缝在 134~137J 之间，热影响区在 173~216J。

表 11.1　输气管道对接环缝自动焊的焊接参数

焊道	焊接电流 I / A	电弧电压 U / V	送丝速度 v_f / (cm · min^{-1})	焊接速度 v_w / (cm · min^{-1})	保护气体 气体配比（体积分数）	流量 Q / (L · min^{-1})
根焊	峰值 350~420 基值 55~77	16~25	300~460	16~25	100%CO_2	15~25
填充	160~240	18~25	700~1200	22~40	75%~90%Ar+25%~10% CO_2	15~25
盖面	150~230	18~24	600~1000	18~35		

11.3.2 含 Ti 的微合金结构钢的焊接

由于焊接制造的低成本要求，迫切需要发展一种对焊接热输入和焊接工艺方法不敏感的钢种。

通过热机械轧制采用微合金元素 Ti、Nb、V 获得的细晶粒结构钢，在一定范围内能很好地实现这一需求。在焊接 HAZ 的热循环下，这些细小的沉淀物如 TiN 能抑制奥氏体晶粒边界的运动，从而限制奥氏体晶粒尺寸长大，因而得到韧性好的小尺寸晶粒的 HAZ 组织。

在大热输入下焊接的 HAZ 中，用钛处理的钢可以达到极佳的 HAZ 韧性。例如，$w(\text{Ti})=0.025\%$、$w(\text{V})=0.06\%$ 的微合金结构钢中，已经研制成功的一种解决途径是加入少量的钛，因为它能形成钛化物以至在焊缝凝固以后的冷却期间，钛和氮结合形成一种细小的氮化钛的长方体，这些沉淀物是稳定的。并且相对强度相当的钢，厚度为 25mm，热输入为 32kJ / mm 的电渣焊，HAZ 中距离熔合线 1mm 处，在 –60℃时具有 27J 的夏比冲击吸收能量，这一韧性水平仅略低于正火钢板的性能。

此外，这一开发工作拥有一个很广泛的应用领域。由于改善结构钢焊接性，增加焊接热输入，改善 HAZ 韧性，提高焊接速度，因而降低了焊接结构制造成本，促使钢铁冶金企业进行技术改造，以适应开发和生产微合金结构钢的要求。

11.3.3 汽车用高强钢的焊接

目前汽车的车身材料主要以钢板为主，通常情况下，车身质量占整车总质量的 30%~ 40%。因此，选择同时具备轻量化与高性能两种特质的高强钢对降低汽车的生产成本，延长其使用寿命，降低油耗和提高碰撞安全性等有着重要的影响。

11.3.3.1 汽车用高强钢强化机制与性能

1. DP 钢

DP 钢的微观组织为铁素体（F）和马氏体（M）。M 弥散分布在 F 基体上，形成具有良好成形性和高强度的 DP 钢。其微观组织主要是通过亚温淬火等方法得到。DP 钢的强度由 M 的含量决定，M 数量越多，DP 钢的强度越高。DP 钢的优点为：屈强比低，具有室温延迟时效性，加工硬化率和断后伸长率都较高。这是由于奥氏体（A）在转变成 M 时体积膨胀，产生了存在于 F 中的高密度非钉扎的位错所致。另外，双相钢的烘烤硬化性能较高，碰撞时能吸收很高的能量，其安全性比普通碳钢高 50%。DP 钢常用于制备形状复杂的高强度结构件。DP 钢是目前所用高强度钢板中最常用的，通常用于车身上的各种防撞梁、加强板、连接板等。

2. TRIP 钢

在深加工变形过程中，随着变形诱发钢中残余奥氏体向马氏体转变而产生的逐渐硬化，变形不再集中于局部，而是扩散至整体达到均匀，这一现象称为相变诱发塑性效应，即 Transformation induced Plasticity Effect，简称 TRIP 效应。在低碳钢中，加入一定量的 Si、Mn 等合金元素，通过相应工艺获得相变诱发效应，实现高的强塑性水平，这种钢称为相变诱发塑性钢，简称 TRIP 钢。TRIP 钢的这种独特的强韧化机制使其具有高的强韧性（强塑积可达 21000MPa·%，强塑积是钢的抗拉强度与总伸长率的乘积，表征强韧性水平的综合性能指标），被公认为是新一代汽车用高强度钢板。

3. TWIP 钢

格拉塞尔等在 1997 年试验研究 Fe-Mn-Si-Al 系 TRIP 钢时发现，当锰含量达到 25 %（质量分数）时，铝含量超过 3%，硅含量在 2%~3% 时，其抗拉强度（R_m）和断后伸长率（A）的乘积在 50GPa·% 以上，是一般高强韧性 TRIP 钢的 2 倍，而合金的高强韧性来自形变过程中孪晶的形成而不是 TRIP 钢中的相变，故命名为孪生诱发塑性钢，简称 TWIP 钢。

11.3.3.2 焊接实例

QP980（淬火延性钢，简称 QP 钢）及 DP980 主要成分见表 11.2。试板尺寸 200mm×100mm，并对对接面进行磨铣，试样表面用砂纸打磨并用丙酮清洗，去除氧化物及油污。激光焊接设备为德国 IPG 公司生产的 IPG Photonics YLS-6000，焊接方向与钢材轧制方向垂直，激光斑点为聚焦斑点，焊接参数见表 11.3，焊接过程无气体保护。QP980 和 DP980 焊接接头的拉伸性能见表 11.4。焊硬度最高为 535HV；焊缝两侧回火区发生软化，QP980 侧硬度降低 30HV，DP980 侧硬度降低 32HV。QP980-DP980 异种激光焊接接头的拉伸断裂发生在 DP980 侧热影响区，因为 DP980 侧软化区硬度最低。接头的抗拉强度约为 DP980 母材的 98.9%，断后伸长率约为 DP980 母材的 70.9%。

表 11.2　QP980 和 DP980 的化学成分（质量分数，%）

材料	Mn	Si	Cr	Al	S	P	Ni	Fe
QP980	2.43	1.82	0.11	< 0.02	< 0.02	< 0.04	—	余量
DP980	2.66	0.31	0.54	< 0.13	< 0.06	—	< 0.08	余量

表 11.3　QP980 与 DP980 激光拼焊焊接工艺参数

激光功率 P / kW	焊接速度 v / (m·min^{-1})	焦距 f / cm	斑点直径 d / mm	偏转角度 θ / (°)
5	5	30	0.6	0

表 11.4　母材与接头力学性能

材料	抗拉强度 R_m / MPa	屈服强度 R_{eH} / MPa	断后伸长率 A / %	断裂位置
QP 母材	1 067	687	26.1	—
DP 母材	1 020	664	16.5	—
焊接接头	1 009	637	11.7	DP980 侧热影响区

11.3.4　船舶用高强钢的焊接

EH40 钢是一种微合金高强船板钢，主要用于制造大、中型远洋船舶和小型船舶的关键部位。由于船板钢本身厚度较大，为提升生产效率往往会采用大热输入的焊接方法。大热输入焊接方法会使粗晶区变宽，使接头性能薄弱的区域扩大，接头有软化和脆化的倾向。因此，需要引入一种低热输入的高效焊接方法来改进船用钢的焊接工艺。采用双丝窄间隙 MAG 焊接技术既可以解决大热输入的问题，还可以解决窄间隙焊接技术常存在侧壁熔合不良的问题。EH40 母材，化学成分见表 11.5。板厚为 84mm。焊机为 CLOOS 503 型 Tandem 双丝焊机，焊丝为神钢 MG5-1T，焊丝直径为 1.2mm。保护气成分为 92%Ar+8%CO_2，焊接过程中的保护气流量为 30L / min。打底与填充试验参数见表 11.6。坡口尺寸示意图如图 11.5 所示。为了保证打底焊背部成形，在坡口背部使用了陶瓷衬垫。接头抗拉强度 529MPa、510MPa、513MPa，均未在焊缝处发生断裂。180° 弯曲试样，试样受拉面未见明显裂纹，说明接头塑性良好。

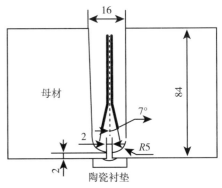

图 11.5　坡口尺寸示意图

表 11.5　EH40 钢化学成分（质量分数，%）

C	Mn	P	S	Si	N	Al_t	Nb、V、Ti	C_{eq}
0.10	1.44	0.010	0.002	0.20	0.005	0.034	微量	0.35

表 11.6　打底与填充试验参数

焊层	送丝速度 v_f / (m · min^{-1})	峰值电压 U / V	基值电流 I / A	脉冲时间 t / ms	焊接速度 v_w / (mm · min^{-1})	脉冲频率 f / Hz	弯曲角度 α / (°)
打底	7	31	60	4.5	150	110	7
填充	10	34	60	2.2	300	220	7

11.3.5　桥梁用高强钢的焊接

母材为 60mm 厚 TMCP 型 Q500qE 桥梁钢板，坡口形式如图 11.6 所示。Q500qE 化学成分见表 11.7，碳当量 C_{eq}=0.44%，焊接冷裂纹敏感系数 P_{cm} 为 0.19。使用自动埋弧焊机进行双面多层多道次 SAW（埋弧焊）焊接，焊前不预热，焊丝和焊剂均为瑞典伊萨（ESAB）公司生产，其中焊丝选用直径为 4.0mm 的 OK Autrod 13.40 药芯焊丝，焊剂为 OK Flux 10.62。焊剂在使用前对其进行 300℃烘干处理，保温时间不少于 60min；焊接热输入为 30kJ / cm 和 50kJ / cm，具体的焊接工艺及焊材的主要

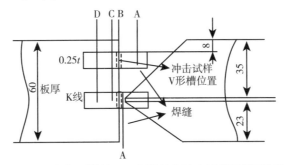

图 11.6　钢板对接坡口及焊接接头冲击试样取样示意图

化学成分见表 11.8 和表 11.9。钢板对接焊试验结果（表 11.10 和表 11.11）表明，焊接接头具有良好的组织与力学性能；焊接接头拉伸断裂位置位于母材，焊缝区的显微硬度值最高，热影响区细晶区的显微硬度值与基体相差不大，焊接接头未出现软化现象。

表 11.7　Q500qE 桥梁钢板化学成分（质量分数，%）

C	Si	Mn	Al	Mo	Nb+Ti	Cr+Ni+Cu	P	S
0.06	0.18	1.49	0.01	0.107	0.062	1.01	≤ 0.01	≤ 0.01

表 11.8　SAW 焊接工艺

热输入 E /（$kJ \cdot cm^{-1}$）	焊接设备	焊接电流 I / A	电弧电压 U / V	焊接速度 v_w /（$cm \cdot min^{-1}$）	层间温度 T /℃
30	ZDS–1000E	650	30	39	76~150
50		780	36	34	77~148

表 11.9　焊材化学成分（质量分数，%）

C	Si	Mn	Cu	Ni	Cr	Mo	Ti	Nb	Al
0.05	0.25	1.44	0.22	0.64	0.22	0.35	0.006	0.02	0.014

表 11.10　试验钢焊接接头冲击性能

热输入 E /（$kJ \cdot cm^{-1}$）	取样部位	焊接接头 -40℃冲击吸收能量 A_{KV} / J（平均值 / 最小值）			
		WMC	FL	FL + 2	FL + 5
30	0.25t	155 / 116	129 / 59	313 / 299	322 / 289
	K 线	157 / 128	122 / 67	317 / 306	318 / 292
50	0.25t	143 / 137	286 / 246	311 / 294	348 / 338
	K 线	141 / 124	118 / 71	254 / 222	294 / 285

表 11.11　试验钢焊接接头显微硬度 HV10

热输入 E /（$kJ \cdot cm^{-1}$）	取样部位	焊缝区	粗晶区	细晶区	基体
30	距离上表面 2mm	244	230	219	218
50		258	243	226	220

11.3.6　矿山机械用高强钢的焊接

Q890 可作为矿山机械用高强钢，其化学成分见表 11.12，碳当量为 0.55，冷裂纹敏感系数为 0.29。Q890 钢的力学性能见表 11.13。其焊接条件为：焊板尺寸为 350mm ×150mm×30mm。焊接设备采用 CLOOS QRH 390-E 型焊接机器人，直流反接，保护气体为 80%Ar+20%CO$_2$，气体流量为 17L / min，试验用焊丝是昆山中冶宝钢焊接材料有限公司生产的牌号为 BHG-5 的实心焊丝，焊丝直径为 ϕ1.2mm，焊丝伸出长度为 10~12mm，焊接方向平行于母材的轧制方向。对接接头，坡口角度为 60°，坡口间隙为 1mm。试验打底焊工艺：电弧电压为 22V，焊接电流为 220A，焊前预热为 100~150℃，焊接速度为 33cm / min。填充焊工艺参数见表 11.14，分别以三种不同的焊接热输入进行试板的焊接。焊接接头力学性能见表 11.15。考虑焊接接头的强度、冲击韧性及焊接效率，焊接热输入控制在 12kJ / cm，可得到比较理想的焊接接头及较高的生产效率。

表 11.12　Q890 化学成分（质量分数，%）

C	Si	Mn	P	S	Cr	Mo	Ni	Nb	V	B	Al	Ti
0.15	0.32	1.67	0.011	0.0016	0.25	0.21	0.34	< 0.1	0.037	0.0012	0.024	0.013

表 11.13　Q890 钢板力学性能

抗拉强度 R_m / MPa	屈服强度 $R_{p0.2}$ / MPa	断后伸长率 A / %	屈强比	-20℃冲击吸收能量 A_{KV} / J
984	949	16	0.96	251

表 11.14　焊接工艺参数

编号	热输入 E / (kJ·cm^{-1})	焊接电流 I / A	电弧电压 U / V	焊接速度 v / (cm·min^{-1})	层间温度 T /℃
1	15	280	29	30.4	110~200
2	12	280	28	39.0	110~200
3	9	260	27	46.8	110~200

表 11.15　不同热输入对焊接接头力学性能的影响

热输入 E / (kJ·cm^{-1})	抗拉强度 R_m / MPa	-20℃冲击吸收能量 A_{KV} / J			断裂位置
		焊缝中心	熔合线	熔合线外 1 mm	
9	1002	53	88	81	焊缝
12	999	43	82	93	焊缝
15	950	67	66	60	焊缝

参考文献

［1］NINA FONSTEIN. Advanced High Strength Sheet Steels-Physical Metallurgy，Design，Processing，and Properties［M］. Springer，2015.

［2］徐祖泽 . 新型微合金钢的焊接及其应用［M］. 北京：清华大学出版社，2013.

［3］中国机械工程学会焊接学会.焊接手册：2卷［M］.北京：机械工业出版社，2007.10.

［4］张燕瑰，邓劲松，魏宪波，等.高强度钢性能及其在车身中的应用［J］.精密成形工程，2013，5（4）：64-68.

［5］马鸣图.先进的高强度钢及其在汽车工业中的应用［J］.钢铁，2004，39（7）：68-72.

［6］李扬，刘汉武，杜云慧，等.汽车用先进高强钢的应用现状和发展方向［J］.材料导报A，2011，25（7）：101-109.

［7］关小军，周家娟，王作成.一种新型汽车用钢—相变诱发塑性钢［J］.特殊钢，2000，21（2）：27-30.

［8］马凤仓，冯伟骏，王利，等.TWIP钢的研究现状［J］.宝钢技术，2008，6：62-66.

［9］邵天巍，薛俊良，万占东，等.QP980-DP980异种先进高强钢激光焊接头微观组织及力学性能［J］.焊接，2019（7）：5-9.

［10］胡奉雅，倪志达，林三宝，等.EH40大热输入钢双丝窄间隙MAG焊接头组织与性能［J］.焊接，2019（9）：39-43，48.

［11］陈焕德，张淑娟，刘东升.桥梁钢板Q500qE焊接粗晶区相变及接头性能［J］.焊接学报，2017，38（7）：123-128.

［12］韩振仙，兰志宇，孙远方，等.热输入对Q890D低合金高强钢焊接性能的影响［J］.焊接，2019（3）：56-59，64.

本章的学习目标及知识要点

1. 学习目标

（1）掌握高强钢的主要应用。

（2）掌握高强焊接主要加工要点。

（3）了解几种典型专门用途高强钢的焊接应用。

2. 知识要点

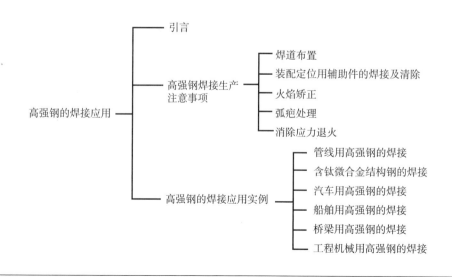

第⑫章

热强钢及其焊接

编写：常凤华　审校：徐林刚

热强钢是指具有高温强度的钢材，常用于热电站、核能动力装置、石油化工容器等高温加工设备。本章从钢材高温蠕变的机理入手，阐述提高钢材蠕变抗力的措施，主要介绍低合金热强钢的成分特点和高温性能，从而充分理解热强钢的焊接性及焊接工艺。

12.1 材料高温下的性能

温度对材料的力学性能影响很大，而且材料的力学性能随温度的变化规律各不相同。如金属材料随着温度的升高，强度极限逐渐降低，断裂方式由穿晶断裂逐渐向沿晶断裂过渡。常温下可以用来强化钢铁材料的手段，如加工硬化、固溶强化及沉淀强化等，随着温度的升高强化效果逐渐消失；对常温下脆性断裂的陶瓷材料，到了高温，借助于外力和热激活的作用，变形的一些障碍得以克服，材料内部质点发生了不可逆的微观位移，陶瓷也变为半塑性材料。时间是影响材料高温力学性能的又一重要因素，在常温下，时间对材料的力学性能几乎没有影响，而在高温时，力学性能就表现出了时间效应，如金属材料的强度极限随承载时间的延长而降低。很多金属材料在高温短时拉伸试验时，塑性变形机制是晶内滑移，最后发生穿晶的韧性断裂，而在应力的长时间作用下，即使应力不超过屈服强度，也会发生晶界滑移，导致沿晶的脆性断裂。在研究高温疲劳时，还必须考虑加载频率、负载波形等的影响。

所谓温度高低，是相对于材料的熔点而言的，一般用"约比温度（T/T_m）"来描述。其中，T 为试验温度，T_m 为材料熔点，都采用热力学温度表示。当 $T/T_m > 0.5$ 时为高温，反之为低温。

高温条件下，金属材料的主要失效形式是蠕变。蠕变是材料在高温下力学行为的一个重要特点。所谓蠕变就是材料在长时间的恒温、恒载荷作用下缓慢地产生塑性变形的现象。由于这种变形而最后导致材料的断裂称为蠕变断裂。

12.1.1 蠕变的一般规律

严格地讲，蠕变可以发生在任何温度。在低温时，蠕变效应不明显，可以不予考虑；当约比温

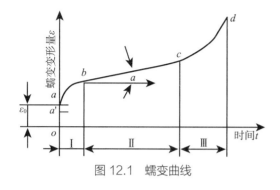

图 12.1　蠕变曲线

度大于 0.3 时，蠕变效应比较显著，此时必须考虑蠕变的影响，如碳钢超过 300℃、合金钢超过 400℃，就必须考虑蠕变效应。

根据的蠕变的速率可以将蠕变过程分为 3 个阶段，用蠕变曲线描述。这里介绍金属材料蠕变曲线如图 12.1 所示。图中 oa 段是施加载荷后，试样产生瞬时应变 ε_0，不属于蠕变，从 a 点开始随时间延长而产生的应变属于蠕变。曲线上任一点的斜率，表示该点的蠕变速率。

第 I 阶段：ab 段，这个阶段蠕变速度随时间的增加而逐渐减少（减速阶段或不稳定阶段）；

第 II 阶段：bc 段，蠕变速度基本不变（等速阶段或稳定阶段）；

第 III 阶段：cd 段，在这个阶段中蠕变加速进行（加速阶段或最后阶段），直至到 d 点断裂。

蠕变曲线随应力的大小和温度的高低而变化，在恒温下改变应力，或在恒定应力下改变温度，蠕变曲线都会发生变化。当减小应力或降低温度时，蠕变第二阶段延长，甚至不出现第三阶段；相反当增加应力或提高温度时，蠕变第二阶段缩短，甚至消失，试样经过减速蠕变后很快进入第三阶段而断裂。

12.1.2　蠕变变形及断裂机理

12.1.2.1　材料的蠕变变形机理

1. 位错滑移蠕变机理

材料的塑性变形主要是由于位错滑移引起的。在一定的载荷作用下，滑移面上的位错运动到一定程度后，位错运动受阻发生塞积，就不能继续滑移，也就是只能产生塑性变形。在常温下如果要继续塑性变形，则必须提高载荷，增大位错滑移的切应力，才能使位错重新增殖和运动。但是，在高温下，由于温度的升高，给原子和空位提供了激活能的作用，使得位错可以克服某些障碍得以运动，继续产生塑性变形。

位错的热激活方式有刃型位错的攀移、螺型位错的交滑移、位错环的分解、割阶位错的非保守运动、亚晶界的位错攀移等。图 12.2 是刃型位错克服障碍的几种模型。由于原子或空位的热激活运

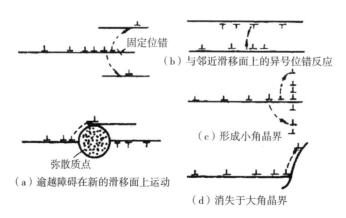

图 12.2　刃型位错攀移克服障碍的模型

动，使得刃型位错得以攀移，攀移后的位错或在新的滑移面上得以滑移，或者与异号位错反应后消失，或者形成亚晶界，或者被大角晶界所吸收。这样被塞积的位错数量减少，对位错源的反作用力减小，位错源就可以重新开动，位错得以增殖和运动，产生蠕变变形。

蠕变的第一阶段：由于蠕变变形逐渐产生变形硬化，使位错源开动的阻力和位错滑动的阻力逐渐增大，致使蠕变速率不断降低，因此形成了减速蠕变阶段。

蠕变的第二阶段：由于变形硬化的不断发展，促进了动态回复的发生，使材料不断软化，当变形硬化和回复软化达到动态平衡时，蠕变速率逐渐成为一常数。因此形成了恒速蠕变阶段。

2. 扩散蠕变机理

在较高的温度下，原子和空位可以发生热激活扩散，在不受外力的情况下，它们的扩散是随机的，在宏观上没有表现。但在外力作用下，晶体内部产生不均匀的应力场，原子和空位在不同的位置具有不同的势能，它们会由高势能位向低势能位进行定向扩散，如图 12.3 所示。在拉应力的作用下晶体 A、B、C、D 晶界上的空位势能发生变化，垂直于拉应力轴的晶界（图 12.3 中 A、B 晶界）处于高势能态，平行于拉应力轴的晶界（图 12.3 中 C、D 晶界）处于低势能态。因此导致空位由势能高的 A、B 晶界向势能低的 C、D 晶界扩散。空位的扩散引起原子向相反的方向扩散，从而引起晶粒沿拉伸轴方向伸长，垂直于拉伸轴方向收缩，致使晶体产生蠕变。

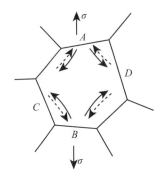

→ 空位扩散方向　--→ 原子扩散方向
图 12.3　扩散蠕变机理示意图

3. 晶界滑动蠕变机理

晶界在外力的作用下，会发生相对滑动变形，在常温下，可以忽略不计，但在高温时，晶界的相对滑动可以引起明显的塑性变形，产生蠕变。对于金属材料和陶瓷材料，晶界的滑动一般是由晶粒的纯弹性畸变和空位的定向扩散引起的。在外力作用下，晶粒发生弹性位移而产生蠕变，但这一作用并不是很大，主要的还是空位的定向扩散。

12.1.2.2 蠕变断裂机理

蠕变断裂有两种情况：一种情况是对于那些不含裂纹的高温机件，在高温长期使用过程中，由于蠕变裂纹相对均匀地在机件内部萌生和扩展，显微结构变化引起的蠕变抗力的降低以及环境损伤导致的断裂；另一种情况是在高温工程机件中原来就存在裂纹或类似裂纹的缺陷，其断裂是由于主裂纹的扩展引起的，这方面的研究开始于 20 世纪 60 年代后期，属于高温断裂力学的范畴。所以，以下主要研究的是蠕变裂纹的萌生、扩展和断裂。

晶间断裂是蠕变断裂的普遍形式，高温低应力情况更是如此，这是因为温度升高，多晶体晶内及晶界强度都随之降低，但后者降低得更快，造成高温下晶界的相对强度较低。通常将晶界和晶内强度相等的温度称为等强温度。

晶界断裂有两种模型：一种是晶界滑动和应力集中模型；另一种是空位聚集模型。第一种模型认为，蠕变温度下，持续的恒载导致位于最大切应力方向的晶界滑动，这种滑动必然在三晶粒交界处形成应力集中，如果这种应力集中不能被滑动晶界前方晶粒的塑性变形或晶界的迁移所松弛，那么应力集中达到晶界的结合强度时，在三晶粒交界处必然发生开裂，形成楔形空洞，如图 12.4 所示。晶界滑动和晶内滑移可能在晶界形成交界，使晶界曲折，曲折的晶界和晶界的夹杂物阻碍了晶界的滑动，引起应力集中，导致空洞形成，如图 12.5 所示。第二种模型认为在垂直拉应力的那些晶界上，当应力水平超过临界值时，通过空位聚集的方式萌生空洞，如图 12.6 所示。空洞核心一旦形成，在应力作用下，空位由晶内和沿晶界继续向空洞处扩散，使空洞长大并相互连接形成裂纹。裂纹形成后，随时间的延长，裂纹不断扩展，达到临界值后，材料发生蠕变断裂。

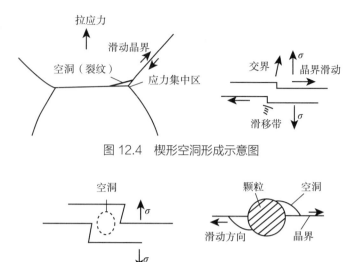

图 12.4　楔形空洞形成示意图

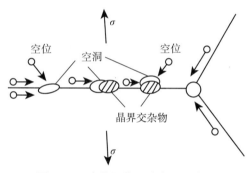

图 12.5　晶界曲折和夹杂物处空洞形成示意图

蠕变断裂究竟以何种方式发生，取决于具体材料、应力水平、温度、加载速度和环境介质等因素。

在较低应力和较高温度下，通过在晶界空位聚集形成空洞和空洞长大的方式发生晶界蠕变断裂，这种断裂是由扩散控制的，低温下由空位扩散导致的这种断裂过程十分缓慢，实际上观察不到这种断裂的发生。

图 12.6　空位聚集形成空洞示意图

高温高应力下，在强烈变形部位将迅速发生回复再结晶，晶界能够通过扩散发生迁移，即使在晶界上形成空洞，空洞也难以继续长大，因空洞的长大主要是靠空位沿晶界不断向空洞处扩散的方式完成的，而晶界的迁移能终止空位沿晶界的扩散，结果蠕变断裂以类似于"颈缩"的方式进行，即试样被拉断。

金属材料蠕变断裂断口的宏观特征：一是在断口附近产生塑性变形，在变形区域附近有很多裂纹，使裂纹机件表面出现龟裂现象；二是由于高温氧化，断口表面往往被一层氧化膜覆盖。其微观特征主要是冰糖状花样的沿晶断裂。

12.1.3　材料的高温性能指标

描述材料的蠕变性能常采用蠕变极限、持久强度、应力松弛稳定性等力学性能指标。

12.1.3.1　蠕变极限

蠕变极限是高温长期载荷作用下材料对变形抗力的指标，它有两种表示方法：一种是在给定的温度和时间条件下，产生一定量的总形变的应力值；另一种是在给定的温度下，产生规定蠕变速度的应力值。

例如：$\sigma_{1/10^5}^{600}=100MPa$，表示在 600℃时，经 100000h 工作或试验后，总伸长率为 1% 时蠕变极限值是 100MPa；$\sigma_{1\times10^{-5}}^{565}=50MPa$，表示在 565℃时，蠕变速度为 $1\times10^{-5}\%/h$ 的蠕变极限值是 50MPa。

各国现行的锅炉设计规程容许蠕变变形量为 1%，当高温元件的工作应力低于蠕变极限时，运行是安全的。

12.1.3.2 持久强度

持久强度是高温长期载荷作用下材料抵抗断裂的能力。其表示方式为：在给定的温度下，经过规定时间断裂的应力值，即为持久强度。

例如：$\sigma_{b/10000}^{500} = 98MPa$，表示在 500℃时，在 98MPa 应力作用下，经 10000h 工作或试验后断裂，则称此材料在 500℃，10000h 的持久强度值为 98MPa。

12.2 影响蠕变性能的主要因素

12.2.1 内在因素

12.2.1.1 化学成分

材料的成分不同，蠕变的热激活能不同。热激活能高的材料，蠕变变形就困难，蠕变极限、持久强度、剩余应力就高。

对于金属材料，如设计耐热的钢及耐热合金时，一般选用熔点高、自扩散激活能大和层错能低的元素及合金。这是因为在一定温度下，熔点越高的金属自扩散激活能越大，因而自扩散越慢；如果熔点相同但晶体结构不同，则自扩散激活能越高，扩散越慢；层错能越低的金属越容易产生扩展位错，使位错难以产生割阶、滑移和攀移。这些都有利于降低蠕变速率。大多面心立方晶格的金属或合金，其高温强度比体心立方晶格的高，这是一个重要原因。

在金属基体中加入合金元素，如果是 Cr、Mo、W、Nb 等形成单相固溶体，除产生固溶强化外，还因为合金元素使层错能降低，容易形成扩展位错，且溶质原子与溶剂原子的结合力较强，增大了扩散激活能，从而提高蠕变极限。如果是形成弥散相的合金元素（如 V、Ti），则由于弥散相能强烈阻碍位错的滑移，提高高温强度，弥散相粒子硬度高、弥散度大、稳定性高，则强化作用好，如果是 P、稀土等增加晶界激活能的元素，则既能阻碍晶界滑动，又能增大晶界裂纹面的表面能，因而对提高蠕变极限，特别是持久强度是很有效的。不同元素对蠕变抗力的影响如图 12.7 所示。

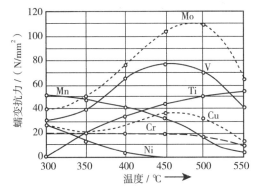

图 12.7　不同元素对蠕变抗力的影响

12.2.1.2 组织结构

对于金属材料，采用不同的热处理工艺，可以改变其组织结构，从而改变热激活运动的难易程度。如珠光体钢，一般采用正火加高温回火工艺，正火温度应较高，以促使碳化物较充分而均匀地溶解在奥氏体中；回火温度应高于使用温度 100~150℃或以上，以提高其在使用温度下的组织稳定性。如奥氏体耐热钢或合金一般进行固溶处理和时效，使之得到适当的晶粒度，并改善强化相的分布状态；有的合金在固溶处理后再进行一次中间处理，使碳化物沿晶界呈断续链状析出，可使持久强度和蠕变极限进一步提高。

12.2.1.3 晶粒尺寸

晶粒尺寸是影响材料力学性能的主要因素之一，从前面章节的介绍可以看到，细化晶粒是唯一可以同时提高材料室温强度、硬度和塑性、韧性的方法，但对于材料的高温力学性能，其影响则并非如此。

对于金属材料，当使用温度低于等强温度时，细化晶粒可以提高钢的强度；当使用温度高于等强温度时，粗化晶粒可以提高钢的蠕变极限和持久强度，但是，晶粒太大会降低钢的高温塑性和韧性。对于耐热钢和合金，随合金成分和工作条件的不同，都存在最佳晶粒尺寸范围。例如，奥氏体耐热钢及镍合金，一般以 2~4 级晶粒度较好，所以进行热处理时应考虑采用适当的加热温度，以满足晶粒度的要求。

12.2.2 外部因素

12.2.2.1 应力

材料的蠕变性能和蠕变速率主要取决于应力水平。高应力下蠕变速率高，低应力下蠕变速率低。

12.2.2.2 温度

蠕变是热激活过程，蠕变激活能和扩散激活能的相对关系，影响着蠕变机制。蠕变激活能和扩散激活能都是温度的减值函数，随着温度的改变，它们也发生相应的变化。

12.2.3 热强钢的强化机制

12.2.3.1 通过减少钢中的有害伴生元素净化晶界

在高温、长时间承受应力时，晶界也参与变形，变形速度越慢，晶界变形的比例越大。这是由于晶界处原子排列不规则，位错和空位多，S、P 等有害杂质易在晶界偏析聚集，造成晶界热强性很低，因此晶界是高温条件下的薄弱环节。热强钢应严格限制杂质元素，净化晶界，同时还应加入 B、Zr 等微量元素减少晶界缺陷，提高晶界强度。

12.2.3.2 通过固溶强化对晶格造成约束

在热强钢中加入 Mo、Mn、W、Cr 等元素实现固溶强化，增强了固溶体原子间结合力和晶格畸变，提高蠕变极限和持久强度。碳钢及其焊接接头在 350℃以上工作时，会出现明显蠕变现象，当加入 0.5%Mo（如 0.5Mo 钢），最高工作温度可达 450℃左右。为防止高温下长期运行时产生石墨化，可加入 Cr 元素，同时也提高了钢的抗氧化性。

加入合金元素 Mo、Cr、Nb 等，除了产生固溶强化外，还因为合金元素使层错能降低，容易形成扩展位错，且溶质原子与溶剂原子的结合力较强，增大了扩散激活能，从而提高蠕变极限。

12.2.3.3 通过弥散强化阻碍位错运动

加入 V、Ti、Nb 等元素，形成高温时稳定且不易聚集长大的碳化物相（V_4C_3、TiC、NbC），析出的碳化物呈细小弥散状、均匀地分布在晶粒的滑移面上，强烈阻碍位错的滑移，提高了高温强度。弥散相硬度高、弥散度大、稳定性高，则强化效果好。

12.2.3.4 通过热处理使晶粒均匀，组织稳定

热强钢组织大多为珠光体，晶粒尺寸太小对高温强度的提高并没有益处，晶粒尺寸太大会降低钢的高温塑性和韧性，所以晶粒尺寸要适中且均匀。

一般采用正火加高温回火处理，正火使碳化物较为充分而均匀地溶解在奥氏体中；回火提高其在使用温度下的组织稳定性。

12.2.3.5 通过改变金属的晶格结构提高热强性

前面在蠕变影响因素中提到，面心立方晶格的金属材料比体心立方晶格更耐热，是晶格强化的结果。

12.3 热强钢材料（EN 10028-2）

12.3.1 对热强钢的要求

根据产品或零部件在运行中的工况条件和制造的加工工艺，对高温下使用的材料要求如下。

（1）具有足够的热强性，包括高温下的持久强度或蠕变极限。

（2）具有足够的抗氧化性和耐腐蚀性。

（3）具有良好的可加工性能，包括冷、热成形性能，热切割性和焊接性等。

12.3.2 热强钢的应用

根据合金成分不同，将其分为非合金抗蠕变钢、低合金抗蠕变钢（热强钢）、高合金抗蠕变钢（耐热钢）。

热强钢能够在较高温度条件下使用，根据其中的化学成分不同，一般可以使用在 350~600℃ 条件下，有的钢种甚至可以超过 600℃。热强钢常用于常规的热电站、核能动力装置、石油精制、加氢裂化设备、合成化工容器、宇航装置以及其他高温加工设备。

12.3.3 热强钢材料标准及成分

EN 10028 是承压设备用钢板的标准，有 7 个系列：

EN 10028-1　一般要求

EN 10028-2　具有规定高温性能的非合金及合金钢

EN 10028-3　正火可焊接细晶粒钢

EN 10028-4　具有特定低温性能的镍合金钢

EN 10028-5　热机械轧制细晶粒钢

EN 10028-6　调质细晶粒钢

EN 10028-7　不锈钢

本章所涉及的热强钢包含在欧洲材料标准 EN 10028-2 中，典型钢种有 16Mo3、13CrMo4-5、10CrMo9-10、X12CrMo5、X10CrMoVNb9-1。

表 12.1 列出的是 EN10028-2：2017 标准中合金热强钢的化学成分，可以看出热强钢的主要合金

表 12.1 热强钢化学成分（熔样分析）ᵃ（节选自 EN 10028-2）

钢组号		质量分数 / %													
钢名	钢号	C	Si	Mn	P max	S max	Al_total	N	Cr	Cuᵇ	Mo	Nb	Ni	Ti max	V	其他
16Mo3	1.5415	0.12~0.20	≤0.35	0.40~0.90	0.025	0.010	ᶜ	≤0.012	≤0.30	≤0.30	0.25~0.35	—	≤0.30	—	—	—
18MnMo4~5	1.5414	≤0.20	≤0.40	0.90~1.50	0.015	0.005	ᶜ	≤0.012	≤0.30	≤0.30	0.45~0.60	—	≤0.30	—	—	—
20MnMoNi4~5	1.6311	0.15~0.23	≤0.40	1.00~1.50	0.020	0.010	ᶜ	≤0.012	≤0.20	≤0.20	0.45~0.60	—	0.40~0.80	—	≤0.02	—
15NiCuMoNb5-6-4	1.6368	≤0.17	0.25~0.50	0.80~1.20	0.025	0.010	≥0.015	≤0.020	≤0.30	0.50~0.80	0.25~0.50	0.015~0.045	1.00~1.30	—	—	—
13CrMo4~5	1.7335	0.08~0.18	≤0.35	0.40~1.00	0.025	0.010	ᶜ	≤0.012	0.70ᵈ~1.15	≤0.30	0.40~0.60	—	—	—	—	—
13CrMoSi5-5	1.7336	≤0.17	0.50~0.80	0.40~0.65	0.015	0.005	ᶜ	≤0.012	1.00~1.50	≤0.30	0.45~0.65	—	≤0.30	—	—	—
10CrMo9-10	1.7380	0.08~0.14ᵉ	≤0.50	0.40~0.80	0.020	0.010	ᶜ	≤0.012	2.00~2.50	≤0.30	0.90~1.10	—	—	—	—	—
12CrMo9-10	1.7375	0.10~0.15	≤0.30	0.30~0.80	0.015	0.010	0.010~0.040	≤0.012	2.00~2.50	≤0.25	0.90~1.10	—	≤0.30	—	—	—
X12CrMo5	1.7362	0.10~0.15	≤0.50	0.30~0.60	0.020	0.005	ᶜ	≤0.012	4.00~6.00	≤0.30	0.45~0.65	—	≤0.30	—	—	—
13CrMoV9-10	1.7703	0.11~0.15	≤0.10	0.30~0.60	0.015	0.005	ᶜ	≤0.012	2.00~2.50	≤0.20	0.90~1.10	≤0.07	≤0.25	0.03	0.25~0.35	B ≤ 0.002 Ca ≤ 0.015
12CrMoV12-10	1.7767	0.10~0.15	≤0.15	0.30~0.60	0.015	0.005	ᶜ	≤0.012	2.75~3.25	≤0.25	0.90~1.10	≤0.07ᶠ	≤0.25	0.03ᶠ	0.20~0.30	B ≤ 0.003ᶠ Ca ≤ 0.015ᶠ
X10CrMoVNb9-1	1.4903	0.08~0.12	≤0.50	0.30~0.60	0.020	0.005	≤0.040ᶜ	0.03~0.07	8.00~9.50	≤0.30	0.85~1.05	0.06~0.10	≤0.30	—	0.18~0.25	—

注：a. 此表格中没有列出的成分不应在不经过买方同意的情况下就添加到钢材之中，铸件完成后除外。炼钢时应该采取相应的措施防止影响力学性能和使用性的成分存在。

b. 铜含量最大值和（或）铜和锡含量总数的最大值，如 Cu+6Sn 的含量不大于 0.33%，可以在咨询和订货时协商一致。如在只说明铜含量最大值的情况下考虑相关钢组别的热成形行为。

c. 铸件的 Al 含量值应该由检验人员在表中给出的数值确定。

d. 如果抗高压氢是很重要的，则应该该值很重要时对 0.80%Cr 含量最大值达成协议。

e. 对于产品厚度大于 150mm 时，则应该在咨询和订货时规定 C 含量最大值为 0.17%。

f. 此钢组别应该添加 Ti+B 或者 Nb+Ca 生产。应该使用下列最低含量值：如果添加 Ti+B，Ti 含量不小于 0.015%，B 含量不小于 0.001%；如果添加 Nb+Ca，Nb 含量不小于 0.015%，Ca 含量不小于 0.005%。

元素为熔点高、自扩散激活能大和层错能低的元素及合金，如 Mo、Mn、Cr、Ni，除此之外，还有些热强钢中加入 Nb、Ti、V；其含碳量比碳钢碳锰钢还要低，P、S 含量与碳钢碳锰钢比要低很多。

12.3.4 热强钢的力学性能

表 12.2~ 表 12.4 列出的热强钢性能是 EN 10028-2 标准中的合金钢材料性能，表 12.2 是室温下的力学性能，表 12.3 和表 12.4 是高温下的力学性能。

表 12.2 热强钢室温力学性能（横向）[a]（选自 EN 10028-2）

钢材组别		通用供货条件[b, c]	产品厚度 t /mm	屈服强度 R_{eH} / MPa min	抗拉强度 R_m /MPa	延伸率 A /% min	冲击功 kV/J min		
钢名	钢号						-20^f /℃	0^f /℃	$+20^f$ /℃
16Mo3	1.5415	+N[c, d]	≤ 16	275	440~590	22	[e]	[e]	31[f]
			16 < t ≤ 40	270					
			40 < t ≤ 60	260					
			60 < t ≤ 100	240	430~560				
			100 < t ≤ 150	220	420~570				
			150 < t ≤ 250	210	410~570				
18MnMo4-5	1.5414	+NT	≤ 60	345	510~650	20	27	34	40
			60 < t ≤ 150	325					
		+QT	150 < t ≤ 250	310	480~620				
13CrMo4-5	1.7335	+NT	≤ 16	300	450~600	19	[e]	[e]	31
			16 < t ≤ 60	290					
			60 < t ≤ 100	270	440~590				
		+NT 或 +QT	100 < t ≤ 150	255	460~580		[e]	[e]	27[f]
		+QT	150 < t ≤ 250	245	420~570				
13CrMoSi5-5	1.7336	+NT	≤ 60	310	510~690	20	[e]	27	34[f]
			60 < t ≤ 100	300	480~660				
		+QT	≤ 60	400	510~690		27	34	40
			60 < t ≤ 100	390	500~680				
			100 < t ≤ 250	380	490~670				
10CrMo9-10	1.7380	+NT	≤ 16	310	480~630	18	[e]	[e]	31[f]
			16 < t ≤ 40	300					
			40 < t ≤ 60	290					
		+NT 或 +QT	60 < t ≤ 100	280	470~620				
		+QT	100 < t ≤ 150	260	460~610	17	[e]	[e]	27[f]
			150 < t ≤ 250	250	450~600				
12CrMo9-10	1.7375	+NT 或 +QT	≤ 250	355	540~690	18	27	40	70

续表

钢材组别		通用供货条件 b, c	产品厚度 t /mm	屈服强度 R_{eH}/MPa min	抗拉强度 R_m/MPa	延伸率 A/% min	冲击功 kV/J min		
钢名	钢号						-20^f /℃	0^f /℃	$+20^f$ /℃
13CrMoV9-10	1.7703	+NT	≤ 60	455	600~780	18	27	34	40
		+NT	60 < t ≤ 150	435					
		+QT	150 < t ≤ 250	435	590~770				
12CrMoV12-10	1.7767	+NT	≤ 60	415	580~760	18	27	34	40
		+NT	60 < t ≤ 150	455	600~780				
		+QT	150 < t ≤ 250	435	590~770				

注：a. 对于大于 250mm 的产品厚度,(除了钢等级 12CrMo9-10 和 15NiCuMoNb5-6-4）性能值应协商。

　　b. +N= 正火条件；+NT= 正火 + 回火状态；+QT= 调质状态。

　　c. 在一定产品厚度使用 +NT 惯用供货条件, 当在 +QT 供货条件下时要求使用更高的强度和冲击功需经过协商。

　　d. 见 EN10028 中 8.2.2。

　　e. 此类别钢材需要按照制造商说明在 +NT 条件下供货。

　　f. 在咨询和订货时协商决定的数值。

表 12.3　热强钢高温下 0.2% 屈服强度 [a]（选自 EN 10028-2）

钢材组别		产品厚度 b, c t/min	0.2% 屈服强度最低值 $R_{p0.2}$/ MPa									
钢名	钢号		50℃	100℃	150℃	200℃	250℃	300℃	350℃	400℃	450℃	500℃
16Mo3	1.5415	≤ 16	273	264	250	233	213	194	175	159	147	141
		16 < t ≤ 40	268	259	245	228	209	190	172	156	145	139
		40 < t ≤ 60	258	250	236	220	202	183	165	150	139	134
		60 < t ≤ 100	238	230	218	203	186	169	153	139	129	123
		100 < t ≤ 150	218	211	200	186	171	155	140	127	118	113
		150 < t ≤ 250	208	202	191	178	163	148	134	121	113	108
18MnMo4-5 [d]	1.5414	≤ 60	330	320	315	310	295	285	265	235	215	—
		60 < t ≤ 150	320	310	305	300	285	275	255	225	205	—
		150 < t ≤ 250	310	300	295	290	275	265	245	220	200	—
13CrMo4-5	1.7335	< 16	294	285	269	252	234	216	200	186	175	164
		16 < t ≤ 60	285	275	260	243	226	209	194	180	169	159
		60 < t ≤ 100	265	256	242	227	210	195	180	168	157	148
		100 < t ≤ 150	250	242	229	214	199	184	170	159	148	139
		150 < t ≤ 250	235	223	215	211	199	184	170	159	148	139
13CrMoSi5-5+NT	1.7336+NT	< 60	299	283	268	255	244	233	223	218	206	—
		60 < t ≤ 100	289	274	260	247	236	225	216	211	199	—
13CrMoSi5-5+QT	1.7336+QT	60 < t ≤ 100	384	364	352	344	339	335	330	322	309	—
		100 < t ≤ 150	375	355	343	335	330	327	322	314	301	—
		150 < t ≤ 250	365	346	334	326	322	318	314	306	293	—

钢材组别		产品厚度 b, c	0.2% 屈服强度最低值 $R_{p0.2}$ / MPa									
钢名	钢号	t/min	50	100	150	200	250	300	350	400	450	500
10CrMo9-10	1.7380	< 16	288	266	254	248	243	236	225	212	197	185
		16 < t ≤ 40	279	257	246	240	235	228	218	205	191	179
		40 < t ≤ 60	270	249	238	232	227	221	211	198	185	173
		60 < t ≤ 100	260	240	230	224	220	213	204	191	178	167
		100 < t ≤ 150	250	237	228	222	219	213	204	191	178	167
		150 < t ≤ 250	240	227	219	213	210	208	292	287	279	—
12CrMo9-10	1.7375	≤ 250	341	323	311	303	298	295	285	273	253	222
13CrMoV9-10 d	1.7703	≤ 60	410	395	380	375	370	365	352	350	340	—
		60 < t ≤ 250	405	390	370	365	360	364	362	360	350	—
12CrMoV12-10 d	1.7767	≤ 60	410	395	380	375	370	365	352	350	340	—
		60 < t ≤ 250	405	390	370	365	360	355	373	364	349	324

注：a. 按照 EN 10314 确定的接近置信限度 98% 的低段位数值（2s）。

　　b. 对于超出最大厚度值的产品厚度，在温度提高时 $R_{p0.2}$ 的值应该协议商定。

　　c. 参见 EN 10028-2 标准中表 3 中给出的供货条件（见表 3 的脚注 c）。

　　d. 不是由 EN 10314 确定的 $R_{p0.2}$ 值。至今为止分散数段的最低值。

表 12.4　热强钢蠕变极限和持久强度（选自 EN 10028-2）

钢材组别		温度 / ℃	1% 塑性变形的蠕变极限 / MPa		持久强度 / MPa		
钢名	钢号		10000h	100000h	10000h	100000h	200000h
16Mo3	1.5415	450	216	167	298	239	217
		460	199	146	273	208	188
		470	182	126	247	178	159
		480	166	107	222	148	130
		490	149	89	196	123	105
		500	132	73	171	101	84
		510	115	59	147	81	69
		520	99	46	125	66	55
		530	84	36	102	53	45
13CrMo4-5	1.7335	450	245	191	370	285	260
		460	228	172	348	251	226
		470	210	152	328	220	195
		480	193	133	304	190	167
		490	173	116	273	163	139
		500	157	96	239	137	115
		510	139	83	209	116	96
		520	122	70	179	94	76
		530	106	57	154	78	62
		540	90	46	129	61	50
		550	76	36	109	49	39
		560	64	30	91	40	32
		570	53	24	76	33	26

续表

钢材组别		温度 / ℃	1% 塑性变形的蠕变极限 / MPa		持久强度 / MPa		
钢名	钢号		10000h	100000h	10000h	100000h	200000h
10CrMo9–10	1.7380	450	240	166	306	221	201
		460	219	155	286	205	186
		470	200	145	264	188	169
		480	180	130	241	170	152
		490	163	116	219	152	136
		500	147	103	196	135	120
		510	132	90	176	118	105
		520	119	78	156	103	91
		530	107	68	138	90	79
		540	94	58	122	78	68
		550	83	49	108	68	58
		560	73	41	96	58	50
		570	65	35	85	51	43
		580	57	30	75	44	37
		590	50	26	68	38	32
		600	44	22	61	34	28
X12CrMo5	1.7362	450	107	—	—	—	—
		460	96				
		470	87		147（475℃）		
		480	83	—	139	—	—
		490	78		123		
		500	80		108		
		510	56		94		
		520	50		81		
		530	44	—	71	—	—
		540	39		61		
		550	35		53		
		560	31		47		
		570	27		41		
		580	24	—	36	—	—
		590	21		32		
		600	18		27		
		610	16				
		620	14	—	—	—	—
		625	13				

钢材组别		温度 / ℃	1% 塑性变形的蠕变极限 / MPa		持久强度 / MPa		
钢名	钢号		10000h	100000h	10000h	100000h	200000h
X10CrMoVNb9-10	1.4903	500	—	—	399	258	246
		510			271	239	227
		520			252	220	208
		530	—	—	234	201	189
		540			216	183	171
		550			199	166	154
		560			182	150	139
		570			166	134	124
		580	—	—	151	120	110
		590			136	106	97
		600			123	94	86
		610			110	83	75
		620			99	73	65
		630	—	—	89	65	57
		640			79	56	49
		650			70	49	42
		660	—	—	62	42	35
		670			55	36	—

按照 ISO / TR 15608，以上的材料属于 4、5、6 组别。

中国材料标准 GB / T 713—2014 是锅炉压力容器用钢板标准，它只包含了碳钢和低合金钢，如 Q345R、18MnMoNbR、15CrMoR、12Cr1MoVR、12Cr2Mo1R。其中的钢种与 EN 10028-2 中钢种并不能一一对应。

12.4　热强钢的焊接

12.4.1　热强钢的焊接性

12.4.1.1　冷裂纹

在焊接结构确定的情况下，钢的冷裂倾向主要受钢的化学成分影响，即淬硬性取决于它的含碳量、合金成分及其含量。热强钢中的主要合金元素 Mo、Mn、V 等都能显著提高钢的淬硬性。当焊接结构拘束度大，且为厚板构件时，在氢的作用下就会导致冷裂纹产生，甚至会有延迟裂纹产生。

降低含碳量可以降低钢的淬硬性，使冷裂敏感性减小，但又会引起钢的蠕变极限降低，因此通常 Cr-Mo 热强钢碳的含量控制在 0.1%~0.2% 范围内。所以热强钢的冷裂纹倾向主要取决于合金元素的含量，随着合金元素总含量升高，冷裂纹倾向增加。

12.4.1.2　再热裂纹（消除应力裂纹）

用热强钢制作的产品很多需要做焊后热处理。再热裂纹的产生取决于钢中的碳化物形成元素的特性、含量以及焊后热处理温度，碳化物形成元素包括 Cr、Mo、V、B、Ti 等，这个敏感温度区间为

500~700℃。通常可以用 PSR 裂纹指数粗略地表征再热裂纹的敏感性：

$$PSR=w（Cr）+w（Cu）+2w（Mo）+10w（V）+7w（Nb）+5w（Ti）-2$$

$PSR \geq 0$，就有可能产生再热裂纹。但在实际结构中，再热裂纹的形成还与焊接参数、接头的拘束应力以及热处理的工艺参数有关。对于某些再热裂纹倾向较高的热强钢，当采用高的热输入焊接方法焊接时，如多丝埋弧焊或带极埋弧焊，即使焊后未作消除应力热处理，在接头高拘束应力作用下也会形成焊缝层间或堆焊层下过热区再热裂纹。

防止再热裂纹的冶金和工艺措施包括：

①控制母材和焊材中的合金成分，在保证钢材热强性的前提下，V、Ti、Nb 等含量在最低容许范围内；

②选用高温塑性优于母材的焊接填充材料；

③适当预热，控制层间温度；

④采用低热输入焊接方法和工艺，以缩小焊接接头过热区的宽度，控制晶粒长大；

⑤选择合理的热处理工艺参数，尽量缩短在敏感温度区间的保温时间；

⑥合理设计接头的形式，降低接头的拘束度。

12.4.1.3 回火脆性（长时脆变）

铬钼钢及其焊接接头在 370~565℃温度区间长期运行过程中会发生渐进的脆变现象，称为回火脆性或长时脆变。含有 Cr、Mn、Ni、Si 的二元或多元合金钢会有回火脆性，$w（Cr）$ 为 2%~3% 的钢脆化倾向最大。这种脆变主要因为钢材中的微量元素，如 S、As、Sb、Sn 沿晶界的扩散偏析。防止脆化的主要措施是控制钢的 Mn、Si 元素和杂质含量。

当钢中成分能满足以下两式时，一般不会有回火脆性发生：

脆化系数 $X=\left[10w（P）+5w（Sb）+4w（Sn）+w（As）\right] \times 10^{-2} \leq 20$

脆化指数 $J=w（Mn+Si）\times w（P+Sn）\times 10^{4} \leq 200$

12.4.2 焊接工艺

12.4.2.1 焊接方法

原则上，凡是经过焊接工艺评定试验证实，所焊接头的性能符合相应产品技术条件要求的任何焊接方法都可用于热强钢的焊接。目前热强钢焊接结构生产中常用的电弧焊方法有焊条电弧焊、埋弧自动焊、熔化极气体保护焊、钨极氩弧焊。

12.4.2.2 焊前准备

焊前准备主要包括切割下料、坡口加工、热切割边缘和坡口面的清理以及材料的预处理工序。

对淬硬倾向大的钢种，热切割和电弧气刨同样会引起母材组织变化，热切割边缘的低塑性淬硬层会成为钢板卷制和冲压过程中的开裂源。为防止火焰切割边缘的开裂，切割前也应采取预热措施，切割后采用机械加工焊接坡口并进行表面磁粉检测，如表 12.5 所示。

表 12.5　防止厚板火焰切割边缘开裂的措施（Cr-Mo 钢）

钢种	厚度范围	割前预热温度	切割边缘割后要求
2.25Cr-Mo~3Cr-Mo	所有厚度范围	150℃以上	机械加工并用磁粉探伤检查表面裂纹
1.25Cr-Mo	15mm 以上	150℃以上	机械加工并用磁粉探伤检查表面裂纹
1.25Cr-0.5Mo	15mm 以下	100℃以上	机械加工并用磁粉探伤检查表面裂纹
0.5Mo	15mm 以上	100℃以上	机械加工并用磁粉探伤检查表面裂纹
0.5Mo	15mm 以下	不预热	机械加工

12.4.2.3 焊前预热及层间温度控制

预热是防止热强钢焊接冷裂纹和再热裂纹的有效措施之一。预热温度应根据钢的合金成分、接头的拘束度来确定。

表 12.6 给出的是热强钢的预热和层间温度限定值。预热温度和层间温度适用于对接焊缝、角焊缝。对于某些特殊结构或应用，如局部角焊缝、接管焊接、工地焊接，可以进行适当的改变，并通过焊接工艺评定试验确定，即便设计规范中没有要求焊接工艺评定也应进行。

选择最小预热温度和层间温度，应依据母材的化学成分、焊件厚度和接头类型、焊接工艺和参数、焊缝中氢等级。最大层间温度应尽量与表 12.6 一致。

在焊接过程中注意缓慢冷却，特别是局部角焊缝可以考虑焊接后是否马上进行焊后热处理（不含 12% 铬钢）。

表 12.6　热强钢预热温度和层间温度限定值

钢种	厚度	最小预热温度和层间温度 / ℃			最大层间温度 / ℃
		D 等级氢 $HD < 5ml / 100g$	C 等级氢 $5ml / 100g < HD < 10ml / 100g$	A 等级氢 $HD > 15ml / 100g$	
0.3Mo	≤ 15	20	20	100	250
	> 15，≤ 30	75	75	100	
	> 30	75	100	不适用	
1Cr0.5Mo	≤ 15	20	100	150	300
1.25Cr0.5Mo	> 15	100	150	不适用	
0.5Cr0.5Mo0.25V	≤ 15	100	150	不适用	300
	> 15	100	200	不适用	
2.25Cr1Mo	≤ 15	75	150	200	350
	> 15	100	200	不适用	—
5Cr0.5Mo 7Cr0.5Mo 9Cr1Mo	全部	150	200	不适用	350
12CrMoV	≤ 8 > 8	150	不适用	不适用	300 450
		200[a]	不适用	不适用	
		350[b]			

注：a. 马氏体法中，预热温度低于马氏体初始 M_s 温度，在焊接过程中转化成马氏体。

　　b. 奥氏体法中，预热温度高于马氏体初始温度，准许对接头进行冷却，至预热温度低于马氏体初始温度，以确保在任何焊后热处理之前已转化成马氏体。

12.4.2.4 焊后热处理温度和保温时间

各国标准中所要求的最低热处理温度有较大的差别，其原因首先与各标准所遵循的设计准则、材料标准、工艺评定准则不同有关，另外应根据设备的运行条件、材料的供货状态、焊接工艺评定试验来选定。表 12.7 为热处理温度提供了参考数据（选自 EN 10028-2）。

表 12.7　EN 10028-2 标准推荐的热处理温度

钢材组别		温度 / ℃		
钢名	钢号	正火	奥氏体化	回火 [b]
16Mo3	1.5415	890~950 [a]	—	[c]
18MnMo4-5	1.5414	890~950		600~640
20MnMoNi4-5	1.6311	—	610~690	610~690
15NiCuMoNb5-6-4	1.6368	880~960		580~680
13CrMo4-5	1.7335	890~950		630~730
13CrMoSi5-5	1.7336	890~950		650~730
10CrMo9-10	1.7380	920~980		650~750
12CrMo9-10	1.7375	920~980		650~750
13CrMoV9-10	1.7703	930~990		675~750
12CrMoV12-10	1.7767	930~1000		675~750

注：a. 正火时当整个横截面达到所需的温度后，不必再保温。
　　b. 回火时当整个横截面达到所需的温度后，应保温一定时间。
　　c. 一般情况下，590℃到650℃的回火是必要的。

焊后进行消除应力热处理时，热处理保温时间过长会使力学性能降低，消除应力温度和最长的保温时间按照如下公式计算（选自 EN 10028-2）。临界时间温度参数 $Pcrit.$ 和消应力温度以及保持时间见表 12.8。

$$P = T_s (20 + \lg t) \cdot 10^{-3}$$

式中：T_s——消应力温度，K；
　　　t——保温时间，h。

表 12.8　$Pcrit.$ 数值和在允许保温时间下的消除应力处理

钢材类别或者钢材组别	$Pcrit.$	$Pcrit.$ 在保持时间 [a] 下满足消除应力的温度 / ℃	
		1h	2h
C 钢，C-Mn 钢	17.3	580	575
16Mo3	17.5	590	585
18MnMo4-5	17.5	590	585

续表

钢材类别或者钢材组别	Pcrit.	Pcrit. 在保持时间 ᵃ 下满足消除应力的温度 / ℃	
		1h	2h
20MnMoNi4-5	17.5	590	585
15NiCuMoNb5-6-4	17.5	590	585
13CrMo4-5	18.5	640	630
13CrMoSi5-5	18.7	650	640
10CrMo9-10	19.2	675	665
12CrMo9-10	19.3	680	670
X12CrMo5	19.5	690	680
13CrMoV9-10	19.4	685	675
12CrMoV12-10	19.4	685	675
X10CrMoVNb9-1	20.5	740	730

注：a. 可以选择成组搭配的消除应力温度和保持时间。

12.4.3 焊接材料

12.4.3.1 焊接材料选择原则

（1）焊接金属的合金成分与强度应与母材相应指标一致或达到产品技术条件提出的最低性能指标。

（2）在焊后需经退火、正火或热成形等热处理或热加工，应选择合金成分或强度级别较高的焊接材料。

（3）选用碱性低氢型焊条和碱性焊剂，是防止焊接接头产生裂纹的主要措施之一，且注意焊材的烘干。

12.4.3.2 热强钢焊条电弧焊用药皮焊条标准（ISO 3580）

标准 ISO 3580 规定了熔敷金属热处理条件下，铁素体、马氏体热强钢和低合金热强钢焊条电弧焊用药皮焊条。此标准有两个分类系列：A 系列是在对熔敷金属屈服强度和冲击功有要求的条件下，按照熔敷金属化学成分对焊条分类；B 系列是按照熔敷金属抗拉强度和化学成分进行分类。按照 ISO 3580：2017 标准的标记举例如下。

ISO 3580 A 系列标记示例：

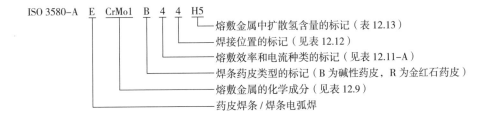

强制部分为：ISO 3580-A E CrMo1 B。

EN 1599 与 ISO 3580-A 一致。

ISO 3580 B 系列标记示例：

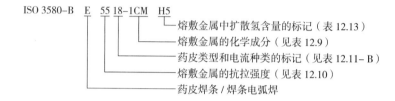

表 12.9　熔敷金属化学成分（选自 ISO 3580）

标记 [a]		质量分数 [b, c] / %								
ISO 3580-A [d]	ISO 3580-B [e]	C	Si	Mn	P	S	Cr	Mo	V	其他元素
Mo	（1M3）	0.10	0.80	0.40~1.50	0.030	0.025	0.2	0.40~0.70	0.03	—
（Mo）	1M3	0.12	0.80	1.00	0.030	0.030	—	0.40~0.65	—	—
MoV		0.03~0.12	0.80	0.40~1.50	0.030	0.025	0.30~0.60	0.80~1.20	0.25~0.60	—
CrMo0.5	（CM）	0.05~0.12	0.80	0.40~1.50	0.030	0.025	0.40~0.65	0.40~0.65	—	—
（CrMo0.5）	CM	0.05~0.12	0.80	0.90	0.030	0.030	0.40~0.65	0.40~0.65	—	—
—	1MC	0.07~0.15	0.30~0.60	0.40~0.70	0.030	0.030	0.40~0.60	1.00~1.25	0.05	—
CrMo1	（1CM）	0.05~0.12	0.80	0.40~1.50	0.030	0.025	0.90~1.40	0.45~0.70	—	—
（CrMo1）	1CM	0.05~0.12	0.80	0.90	0.030	0.030	1.00~1.50	0.40~0.65	e	e
CrMo1L	（1CML）	0.05	0.80	0.40~1.50	0.030	0.025	0.90~1.40	0.45~0.70	—	—
（CrMo1L）	1CML	0.05	1.00	0.90	0.030	0.030	1.00~1.50	0.40~0.65	—	—
CrMoV1	—	0.05~0.15	0.80	0.70~1.50	0.030	0.025	0.90~1.30	0.90~1.30	0.10~0.35	—
CrMo2	（2C1M）	0.05~0.12	0.80	0.40~1.30	0.030	0.025	2.0~2.6	0.90~1.30	—	—
（CrMo2）	2C1M	0.05~0.12	1.00	0.90	0.030	0.030	2.00~2.50	0.90~1.20	—	—
CrMo2L	（2C1ML）	0.05	0.80	0.40~1.30	0.030	0.025	2.0~2.6	0.90~1.30	—	—
（CrMo2L）	2C1ML	0.05	1.00	0.90	0.030	0.030	2.00~2.50	0.90~1.20	—	—
—	2CML	0.05	1.00	0.90	0.030	0.030	1.75~2.25	0.40~0.65	e	e
—	2C1MV	0.05~0.15	0.60	0.40~1.50	0.030	0.030	2.00~2.60	0.90~1.20	0.20~0.40	Nb：0.010~0.050
—	3C1MV	0.05~0.15	0.60	0.40~1.50	0.030	0.030	2.60~3.40	0.90~1.20	0.20~0.40	Nb：0.010~0.050
CrMo5	（5CM）	0.03~0.12	0.80	0.40~1.50	0.025	0.025	4.0~6.0	0.40~0.70	—	—
（CrMo5）	5CM	0.05~0.10	0.90	1.00	0.030	0.030	4.0~6.0	0.45~0.65	—	Ni：0.40 [e]
—	5CML	0.05	0.90	1.00	0.030	0.030	4.0~6.0	0.45~0.65	—	Ni：0.40 [e]
—	7CML	0.05	0.90	1.00	0.030	0.030	6.0~8.0	0.45~0.65	—	Ni：0.40 [e]

续表

标记 [a]		质量分数 [b, c] / %								
ISO 3580-A [d]	ISO 3580-B [e]	C	Si	Mn	P	S	Cr	Mo	V	其他元素
CrMo9	（9C1M）	0.03~0.12	0.60	0.40~1.30	0.025	0.025	8.0~10.0	0.90~1.20	0.15	Ni：1.0
（CrMo9）	9C1M	0.05~0.10	0.90	1.00	0.030	0.030	8.0~10.5	0.85~1.20	—	Ni：0.40 [e]
—	9C1ML	0.05	0.90	1.00	0.030	0.030	8.0~10.5	0.85~1.20	—	Ni：0.40 [e]
CrMo91	（9C1MV）	0.06~0.12	0.60	0.40~1.50	0.025	0.025	8.0~10.5	0.80~1.20	0.15~0.30	Ni：0.40~1.00 Nb：0.03~0.10 N：0.02~0.07
（CrMo91）	9C1MV	0.08~0.13	0.30	1.25	0.01	0.01	8.0~10.5	0.85~1.20	0.15~0.30	Ni：0.8, Mn+Ni=1.4 Cu：0.25 Al：0.04 Nb：0.02~0.10 N：0.02~0.07
（CrMo91）	9C1MV1	0.03~0.12	0.60	0.85~1.80	0.025	0.025	8.0~10.5	0.80~1.20	0.15~0.30	Ni：1.0, Cu：0.25 Al：0.04 Nb：0.02~0.10 N：0.02~0.07
CrMoWV12	—	0.15~0.22	0.80	0.40~1.30	0.025	0.025	10.0~12.0	0.80~1.20	0.20~0.40	Ni：0.8 W：0.40~0.60
Z	G	其他允许成分								

注：a. 括号中的标识［如（CrMo1）或者（1CM）］表示在其他标识体系中的相近，但并非完全相同。准确成分不加括号。

　　b. 表中单个数值为最大值。

　　c. 结果应圆整到 ISO 31-0：1992 附录 B 规则 A 的具体位数。

　　d. 如果无具体指定：$w(Ni) < 0.3\%$，$w(Cu) < 0.3\%$，$w(Nb) < 0.01\%$。

　　e. 所列出的元素无具体数值，如果必要可附加。其他元素的总量应不超过 0.50 %。

表 12.10　熔敷金属力学性能（选自 ISO 3580）

按照以下分类化学成分标记 [a]		屈服强度最低值 [c]	抗拉强度最低值 / MPa	延伸率最低值 [d]	冲击功 / J（+20℃）		熔敷金属热处理		
ISO 3580-A	ISO 3580-B [b]				3 个试样的平均最低值	单个数值最低值 [e]	预热和层间温度 / ℃	温度 [f] / ℃	时间 / min
Mo	（1M3）	355	510	22	47	38	< 200	570~620	60 ± 10
（Mo）	49XX-1M3	390	490	22	—	—	90~110	605~645	60^{+10}_{0} [g]
（Mo）	49YY-1M3	390	490	20	—	—	90~110	605~645	60^{+10}_{0} [g]
MoV	—	355	510	18	47	38	200~300	690~730	60 ± 10
CrMo0.5	（55XX-CM）	355	510	22	47	38	100~200	600~650	60 ± 10
（CrMo0.5）	55XX-CM	460	550	17	—	—	160~190	675~705	60^{+10}_{0} [g]
—	55XX-1MC	460	550	17	—	—	160~190	675~705	60^{+10}_{0} [g]
CrMo1	（55XX-1CM） （5513-1CM）	355	510	20	47	38	150~250	660~700	60 ± 10
（CrMo1）	55XX-1CM	460	550	17	—	—	160~190	675~705	60^{+10}_{0} [g]

续表

按照以下分类化学成分标记 a		屈服强度最低值 c	抗拉强度最低值 / MPa	延伸率最低值 d	冲击功 / J（+20℃）		熔敷金属热处理		
ISO 3580-A	ISO 3580-B b				3个试样的平均最低值	单个数值最低值 e	预热和层间温度 / ℃	试件焊后热处理	
								温度 f / ℃	时间 / min
（CrMo1）	5513-1CM	460	550	14	—	—	160~190	675~705	$60_0^{+10\,g}$
CrMo1L	（52XX-1CML）	355	510	20	47	38	150~250	660~700	60 ± 10
（CrMo1L）	52XX-1CML	390	520	17	—	—	160~190	675~705	$60_0^{+10\,g}$
CrMoV1	—	435	590	15	24	19	200~300	680~730	60 ± 10
CrMo2	（62XX-2C1M）（6213-2C1M）	400	500	18	47	38	200~300	690~750	60 ± 10
（CrMo2）	62XX-2C1M	530	620	15	—	—	160~190	675~705	$60_0^{+10\,g}$
（CrMo2）	6213-2C1M	530	620	12	—	—	160~190	675~705	$60_0^{+10\,g}$
（CrMo2L）	（55XX-2C1M）L	400	500	18	47	38	200~300	690~750	60 ± 10
（CrMo2L）	55XX-2C1ML	460	550	15	—	—	160~190	675~705	$60_0^{+10\,g}$
—	55XX-2CML	460	550	15	—	—	160~190	675~705	$60_0^{+10\,g}$
—	62XX-2C1MV	530	620	15	—	—	180~250	725~755	$120_0^{+10\,g}$
—	62XX-2C2MV	530	620	15	—	—	180~250	725~755	$120_0^{+10\,g}$
—	62XX-3C1MV	530	620	15	—	—	180~250	725~755	$60_0^{+10\,g}$
CrMo5	（55XX-5CM）	400	590	17	47	38	200~300	730~760	60 ± 10
（CrMo5）	55XX-5CM	460	550	17	—	—	175~230	725~755	$60_0^{+10\,g}$
—	55XX-5CML	460	550	17	—	—	175~230	725~755	$60_0^{+10\,g}$
CrMo9	（62XX-9C1M）	435	590	18	34	27	200~300	740~780	120 ± 10
（CrMo9）	55XX-9C1M	460	550	17	—	—	205~260	725~755	$60_0^{+10\,g}$
—	55XX-9C1ML	460	550	17	—	—	205~260	725~755	$60_0^{+10\,g}$
CrMo91	（62XX-9C1M）V	415	585	17	47	38	200~315	745~775	120~180
（CrMo91）	62XX-9C1MV	530	620	15	—	—	200~315	745~775	$120_0^{+10\,g}$
—	62XX-9C2W-MV1	530	620	15	—	—	200~315	725~755	$120_0^{+10\,g}$
CrMoWV12	—	550	690	15	34	27	250~350 h 或 400~500 h	740~780	120 ± 10
Z i	G i	其他							

注：a. 括号中的标识［如（CrMo1）或者（1CM）］表示在其他标识体系中的相近，但并非完全相同。准确成分不加括号。

b. XX 代表药皮类型 15、16 或者 18。YY 代表药皮类型 10、11、19、20 或者 27。

c. 对于屈服强度来说，在屈服发生时将使用 R_{eL}，否则将使用 0.2% 的屈服点强度。

d. 标准长度等于试样直径的 5 倍。

e. 只允许一个单值低于平均最低值。

f. 试验装置应以不高于 200℃ / h，炉冷到 300℃。

g. 炉内加热速度应为 85~275℃ / h，至少保持此温度 1h。

h. 焊后试件立即冷却到 100~120℃，然后至少保持此温度 1h。

i. 化学成分未列出的标上字母 Z 或者 G。化学成分范围未做规定，属于 Z 或 G 类的两种焊条不可互相替换。

表 12.11-A　焊条熔敷效率和电流种类标记（选自 ISO 3580-A）

标记	焊条熔敷效率 /%	电流种类 [a, b]	标记	焊条熔敷效率 /%	电流种类 [a, b]
1	≤ 105	AC 和 DC	3	> 105 和 ≤ 125	AC 和 DC
2	≤ 105	DC	4	> 105 和 ≤ 125	DC

注：a. AC 为交流；DC 为直流。

　　b. 为了说明交流电源的操作性能，试验将在空载电压不大于 65V 下进行。

表 12.11-B　药皮类型和电流种类标记（选自 ISO 3580-B）

标记	药皮类型	焊接位置 [a]	电流种类 [b]
10 [c]	纤维素	全部	DC（+）
11 [c]	纤维素	全部	AC 或 DC（+）
13	金红石	全部 [d]	AC 或 DC（±）
15	碱性	全部 [d]	DC（+）
16	碱性	全部 [d]	AC 或 DC（+）
18	碱性 + 金属粉末	除 PG 外全位置	AC 或 DC（+）
19 [c]	钛铁矿	全部 [d]	AC 或 DC（±）
20 [c]	氧化铁	PA，PB	AC 或 DC（−）
27 [c]	氧化铁 + 铁粉	PA，PB	AC 或 DC（−）

注：a. ISO 6947 中焊接位置的定义，PA 为平焊，PB 为平角焊，PG 为立向下焊。

　　b. AC 为交流；DC 为直流。

　　c. 只用于强制标识 1M3。

　　d. 所有的位置可能包含或不包含立向下焊，具体见制造商产品说明书。

表 12.12　焊接位置标记（选自 ISO 3580）

标记	位置	标记	位置
1	PA, PB, PC, PD, PE, PF, PG	3	PA, PB
2	PA, PB, PC, PD, PE, PF	4	PA, PB, PG

表 12.13　熔敷金属中的扩散氢含量标记（选自 ISO 3580）

标记	100g 焊缝金属扩散氢含量 mL / 100g
H5	5
H10	10
H15	15

12.4.3.3　热强钢气体保护焊用焊丝、焊棒标准（ISO 21952）

ISO 21952 同样分为 A 和 B 两个系列，A 系列与 EN 12070 相同（已被 EN ISO 21952：2013 代替）。

标记示例：ISO 21952-A G CrMo1Si

ISO 21952-A W CrMo1Si

焊丝、焊棒化学成分见表 12.14。

12.4.3.4 热强钢埋弧焊用实心焊丝、药芯焊丝和焊丝－焊剂组合（ISO 24598）

ISO 24598 也同样分为 A 和 B 两个系列，这里只对 A 系列进行举例。

标记示例：ISO 24598-A S S CrMo1

ISO 24598-A S S CrMo1 AB

ISO 24598-A S T CrMo1 AB

埋弧焊实心焊丝化学成分见表 12.15。

12.4.3.5 热强钢气体保护焊用药芯焊丝标准（ISO 17634）

ISO 17634 也同样分为 A 和 B 两个系列，这里只对 A 系列进行举例。

标记示例：

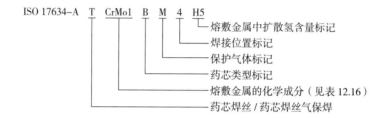

强制标记：ISO 17634-A T CrMo1 B M。

EN 12071 与 ISO 17634-A 一致。

表 12.14 ISO 21952 焊丝和焊棒的化学成分（节选）

成分标记		化学成分质量分数 [a,b] / %								其他元素
ISO 21952-A	ISO 21952-B	C	Si	Mn	P	S	Cr	Mo	V	
MoSi	（1M3）	0.08~0.15	0.50~0.80	0.70~1.30	0.020	0.020	—	0.40~0.60	—	—
（MoSi）	1M3	0.12	0.30~0.70	1.3	0.025	0.025	—	0.40~0.65	—	Ni: 0.20, Cu: 0.35
—	1CM1	0.12	0.20~0.50	0.60~0.90	0.025	0.025	1.00~1.60	0.30~0.65	—	Cu: 0.40
（CrMo1Si）	1CM3	0.12	0.30~0.90	0.80~1.50	0.025	0.025	1.00~1.60	0.40~0.65	—	Cu: 0.40
CrMo2Si	（2CM3）	0.04~0.12	0.50~0.80	0.80~1.20	0.020	0.020	2.30~3.00	0.90~1.20	—	—
（CrMo2Si）	2CM3	0.12	0.30~0.90	0.75~1.50	0.025	0.025	2.10~2.70	0.90~1.20	—	Cu: 0.40
CrMo5Si	（5CM）	0.03~0.10	0.30~0.60	0.30~0.70	0.020	0.020	5.5~6.5	0.50~0.80	—	—
（CrMo5Si）	5CM	0.10	0.50	0.40~0.70	0.025	0.025	4.50~6.00	0.45~0.65	—	Ni: 0.60, Cu: 0.35
CrMo9Si	（9C1M）	0.03~0.10	0.40~0.80	0.40~0.80	0.020	0.020	8.5~10.0	0.80~1.20	—	—
（CrMo9Si）	9C1M	0.10	0.50	0.40~0.70	0.025	0.025	8.00~10.5	0.80~1.20	—	Cu: 0.35

注：a. 如果未做出规定：Ni < 0.3, Cu < 0.3, V < 0.03, Nb < 0.01, Cr < 0.2。

　　b. 表中的单个数值表示为最大值。

表 12.15　ISO 24598 实心焊丝的化学成分（节选）

成分标记		化学成分质量分数（m/m）[a]/%								其他元素[b]
ISO24598-A	ISO24598-B	C	Si	Mn	P	S	Cr	Mo	V	
Mo	（1M3）	0.08~0.15	0.05~0.25	0.80~1.20	0.025	0.025	0.2	0.45~0.65	0.03	Ni：0.3，Nb：0.01
（Mo）	1M3	0.05~0.15	0.20	0.65~1.00	0.025	0.025	—	0.45~0.65	—	—
CrMo1	（1CM）（1CM1）	0.08~0.15	0.05~0.25	0.60~1.00	0.020	0.020	0.90~1.30	0.40~0.65	0.03	Ni：0.3，Cu：0.30 Nb：0.01
（CrMo1）	1CM	0.07~0.15	0.05~0.30	0.45~1.00	0.025	0.025	1.00~1.75	0.45~0.65	—	Cu：0.35
（CrMo1）	1CM1	0.15	0.60	0.30~1.20	0.025	0.025	0.80~1.80	0.40~0.65	—	Cu：0.35
CrMo2	（2C1M）	0.08~0.15	0.05~0.25	0.30~0.70	0.020	0.020	2.2~2.8	0.90~1.15	0.03	Ni：0.3，Cu：0.30 Nb：0.01
（CrMo2）（CrMo2Mn）	2C1M	0.05~0.15	0.05~0.30	0.40~0.80	0.025	0.025	2.25~3.00	0.90~1.10	—	Cu：0.35
（CrMo5）	5CM	0.10	0.05~0.50	0.35~0.70	0.025	0.025	4.50~6.50	0.45~0.70	—	Cu：0.35
（CrMo5）	5CM1	0.15	0.60	0.30~1.20	0.025	0.025	4.50~6.00	0.40~0.65	—	Cu：0.35
CrMo5	（5CM）（5CM1）	0.03~0.10	0.20~0.50	0.40~0.75	0.020	0.020	5.5~6.5	0.50~0.80	0.03	Ni：0.3，Cu：0.30 Nb：0.01
CrMo9	（9C1M）	0.06~0.10	0.30~0.60	0.30~0.70	0.025	0.025	8.5~10.0	0.80~1.20	0.15	Ni：1.0，Cu：0.30 Nb：0.01
（CrMo9）	9C1M	0.10	0.05~0.50	0.30~0.65	0.025	0.025	8.00~10.5	0.80~1.20	—	Cu：0.35
CrMo91	（9C1MV）	0.07~0.15	0.60	0.4~1.5	0.020	0.020	8.00~10.5	0.80~1.20	0.15~0.30	Ni：0.4~1.0 Cu：0.25 Nb：0.03~0.10 N：0.02~0.07

注：a. 表中的单个数值表示为最大值。
　　b. 如果实心焊丝表面镀铜，化学成分应包含表面的铜。

表 12.16　ISO 17634 熔敷金属化学成分

化学成分[a]		化学成分质量分数[b]/%								
ISO 17634-A[c]	ISO 17634-B[d]	C	Mn	Si	P	S	Ni	Cr	Mo	V
Mo	（2M3）	0.07~0.12	0.06~1.30	0.80	0.020	0.020	0.30	0.20	0.40~0.65	0.03
（Mo）	2M3	0.12	1.50	0.80	0.030	0.030	—	—	0.40~0.65	—
MoL	—	0.07	0.60~1.70	0.80	0.020	0.020	0.30	0.20	0.40~0.65	0.03
MoV	—	0.07~0.12	0.40~1.00	0.80	0.020	0.020	0.30	0.30~0.60	0.50~0.80	0.25~0.45
—	CM	0.05~0.12	1.50	0.80	0.030	0.030	—	0.40~0.65	0.40~0.65	—
—	CML	0.05	1.50	0.80	0.030	0.030	—	0.40~0.65	0.40~0.65	—
CrMo1	（1CM）	0.05~0.12	0.40~1.30	0.80	0.020	0.020	0.30	0.90~1.40	0.40~0.65	0.03

续表

化学成分 [a]		化学成分质量分数 [b] / %								
ISO 17634–A [c]	ISO 17634–B [d]	C	Mn	Si	P	S	Ni	Cr	Mo	V
（CrMo1）	1CM	0.05~0.12	1.50	0.80	0.030	0.030	—	1.00~1.50	0.40~0.65	—
CrMo1L	（1CML）	0.05	0.40~1.30	0.80	0.020	0.020	0.30	0.90~1.40	0.40~0.65	0.03
（CrMo1L）	1CML	0.05	1.50	0.80	0.030	0.030	—	1.00~1.50	0.40~0.65	—
—	1CMH	0.10~0.15	0.40~1.30	0.80	0.030	0.030	—	1.00~1.50	0.40~0.65	—
CrMo2	（2C1M）	0.05~0.12	1.50	0.80	0.020	0.020	0.30	2.00~2.50	0.90~1.30	0.03
（CrMo2）	2C1M	0.05~0.12	1.50	0.80	0.030	0.030	—	2.00~2.50	0.90~1.20	—
CrMo2L	（2C1ML）	0.05	0.40~1.30	0.80	0.020	0.020	0.30	2.00~2.50	0.90~1.30	0.03
（CrMo2L）	2C1ML	0.05	1.50	0.80	0.030	0.030	—	2.00~2.50	0.90~1.20	—
—	2C1MH	0.10~0.15	1.50	0.80	0.030	0.030	—	2.00~2.50	0.90~1.20	—
CrMo5	（5CM）	0.03~0.12	0.40~1.30	0.80	0.020	0.025	0.30	4.0~6.0	0.40~0.70	0.03
（CrMo5）	5CM	0.05~0.12	1.50	1.00	0.030	0.030	0.40	4.0~6.0	0.45~0.65	—
—	5CML	0.05	1.50	1.00	0.030	0.030	0.40	4.0~6.0	0.45~0.65	—
—	9C1M [e]	0.05~0.12	1.50	1.00	0.030	0.030	0.40	8.0~10.5	0.85~1.20	—
—	9C1ML [e]	0.05	1.50	1.00	0.030	0.030	0.40	8.0~10.5	0.85~1.20	—
—	9C1MV [f]	0.08~0.13	1.20	0.50	0.020	0.015	1.00	8.0~10.5	0.85~1.20	0.15~0.30
—	9C1MV1 [g]	0.05~0.12	1.25~2.00	0.50	0.020	0.015	1.00	8.0~10.5	0.85~1.20	0.15~0.30
Z	G	其他允许成分								

注：a. 括号中的标记，如（CrMo1）或（1CM）表示与另一种系列相近，但并非完全相同。准确成分不加括号。

b. 表中的单个数值表示最大值。

c. w（Cu）≤ 0.3%；w（Nb）≤ 0.1%。

d. 熔敷金属应按照表中的具体数值进行分析。如果有必要添加，其余成分的总数值应不超过 0.50%。

e. w（Cu）为 0.05%。

f. w（Nb）为 0.02%~0.10%，w（N）为 0.02%~0.07%，w（Cu）≤ 0.25%，w（Al）≤ 0.04%，w（Mn+Ni）=1.4% 最大。

g. w（Nb）为 0.01%~0.08%，w（N）为 0.02%~0.07%，w（Cu）≤ 0.25%，w（Al）≤ 0.04%。

12.4.3.6 我国热强钢焊材标准

GB / T 5118—2012《热强钢焊条》

GB / T 39279—2020《气体保护电弧焊用热强钢实心焊丝》

GB / T 17493—2018《热强钢药芯焊丝》

GB / T 12470—2018《埋弧焊用实心焊丝 药芯焊丝和焊丝 焊剂组合分类要求》

这些标准对焊材的标注方式与相对应的 ISO 标准 B 系列完全一致。

表 12.17 列举了我国的热强钢及对应的焊接材料。

表 12.17　我国热强钢及焊材举例

母材 GB 713—2014	焊条 GB / T 5118—2012	实心焊丝 GB / T 39279—2020	药芯焊丝 GB / T 17493—2018	埋弧焊实心、药芯焊丝焊剂 GB / T 12470—2018
15CrMoR	E5503–1CMV（R302） E5515–1CM（R307）	G55M 1CM （ER55–B2）	T55T5–XC1–1CM T55T1–XM21–1CML	S 55 4 AB –SU1CM2 S 55 4 AB –SU1CM3
12Cr1MoVR	E5540–1CMV（R312） E5515–1CMV（R317）	G55M21 1CM4V （ER55–B2–MnV）	T55T5–XM21–1CML	S 55 4 AB –SU1CMV
12Cr2Mo1R	E6240–2C1M（R402） E6215–2C1M（R407）	G62M 2C1M （ER62–B3）	T62T15–XM13–2C1M	S 62 4 BA –SU1CM3

12.5 热强钢典型钢种的焊接应用

12.5.1 中国的钢材 12Cr1MoV

此种钢材经常被称为珠光体热强钢。其显微组织为：珠光体＋少量铁素体，用于高压、超高压、亚临界电站锅炉过热器、集箱和主蒸汽导管，最高使用温度为580℃。

焊接工艺要点：

焊条 GB / T 5118 E5515–1CMV（热317），焊丝焊剂 GB / T 12470 SU1CMV+BA（H08CrMoV+HJ350）；预热温度不小于 200℃；焊后热处理温度为 710~740℃。

12.5.2 各国都有的钢材 10CrMo9–10

此种钢材经常被称为贝氏体热强钢。其显微组织为：贝氏体＋少量铁素体，用于火电设备、核电设备、石油化工、各种受热面管道和高压容器、加氢裂化设备，一般使用在570℃以下。

焊接工艺要点：

焊条标准 ISO 3580–A E CrMo2 B，GB / T 5118 E6215–2C1M（热407）；预热温度不小于 200℃；焊后热处理温度为 700~740℃（小直径薄壁管可不进行热处理）。

12.5.3 10Cr9Mo1VNb（欧洲的 X10CrMoVNb9–1，美国的 SA213–T91 和 SA335–P91）

此种钢材经常被称为马氏体耐热钢。其显微组织是马氏体，具有高的抗氧化和抗高温蒸汽腐蚀性能，高而稳定的持久塑性和热强性能，使用温度大约为625℃。用于亚临界、超临界锅炉过热器和再热器，热交换器。

焊接工艺要点：

无热裂纹和再热裂纹倾向，氢致裂纹比较明显；焊接方法可用焊条电弧焊、TIG 焊、MAG 焊、埋弧焊；选择低氢的焊接材料，如 TIG 焊焊丝：中国的 GB / T 39279 W 62 I1 9C1MV，美国的 ASME ER90S–B9；预热温度不小于 250℃ ；焊后热处理温度为 750~770℃。

参考文献

［1］王从曾. 材料性能学［M］. 北京：北京工业大学，2001.

［2］中国机械工程学会焊接学会. 焊接手册［M］. 北京. 机械工业出版社，2009.

［3］陈祝年. 焊接工程师手册［M］. 北京. 机械工业出版社，2010.

［4］朴慧国，林刚，吴静雯. 世界钢号手册［M］. 北京. 机械工业出版社，2009.

［5］GSI. SFI–Aktuell［M］. Duisburg: Gesellschaft für Schweißtechnik International mbH，2010.

［6］Flat products made of steels for pressure purposes – Part 2: Non–alloy and alloy steels with specified elevated temperature properties:EN10028–2:2017［S/OL］.［2017–10–31］. https://standards.cencenelec.eu/dyn/www/f?p=CEN:110:0::::FSP_PROJECT,FSP_ORG_ID:41129,734448&cs=197E3918C725D103A56A85003C42875DB.

［7］Metallic materials – Uniaxial creep testing in tension – Method of test:ISO 204:2018［S/OL］.［2018–08］. https://standards.cencenelec.eu/dyn/www/f?p=CEN:110:0::::FSP_PROJECT, FSP_ORG_ID: 41129, 734448&cs = 197E3918C725D103A56A85003C42875DB.

［8］Welding consumables – Covered electrodes for manual metal arc welding of creep–resisting steels – Classification:ISO3580:2017［S/OL］.［2017–4］. https://www.iso.org/standard/68752.html.

［9］Welding consumables – Wire electrodes, wires, rods and deposits for gas shielded arc welding of creep–resisting steels – Classification:ISO21952:2012［S/OL］.［2012–05］. https://www.iso.org/standard/57188.html.

［10］Welding consumables – Solid wire electrodes, tubular cored electrodes and electrode–flux combinations for submerged arc welding of creep–resisting steels – Classification:ISO24598:2019［S/OL］.［2019–04］. https://www.iso.org/standard/73878.html.

［11］Welding consumables – Tubular cored electrodes for gas shielded metal arc welding of creep–resisting steels – Classification ISO17634:2015［S/OL］.［2015–08］. https://www.iso.org/standard/64574.html.

本章的学习目标及知识要点

1. 学习目标

（1）了解高温下的蠕变现象。

（2）知道提高钢材蠕变抗力的措施。

（3）理解 Cr-Mo 热强钢的焊接性。

（4）掌握低合金热强钢的焊接工艺。

（5）了解热强钢焊接材料标准，知道焊材选择原则。

2. 知识要点

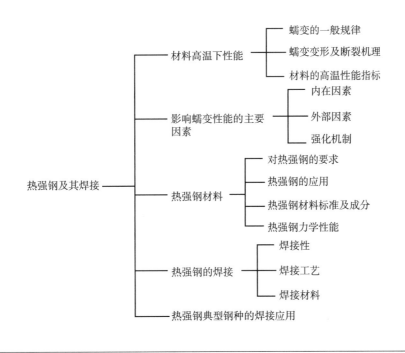

第13章

低温钢及其焊接

编写：徐林刚　审校：常凤华

低温钢是指在低温环境或条件下工作的钢。这类钢不仅要求在低温下有一定的强度，而且有足够的韧性以防止发生脆性断裂。本章以常用的含镍的低温钢为例，按照 EN 10083-4 标准中的技术规定，介绍镍合金化的低温钢冶金成分、力学性能及其焊接，对应了国标中相应技术规定。

13.1 金属材料低温脆性

13.1.1 低温脆性的概念

生产中很多机器和工具受冲击载荷的作用或是在低温下承载，如火箭的发射、飞机的起飞和降落、行驶的汽车通过道路上的凹坑、材料的压力加工（锻造、冲裁、模锻）、寒区的管道等。为了评定材料承受冲击载荷以及耐受低温的能力，揭示材料在不同环境温度冲击载荷下的力学行为，就需要进行相应的力学性能试验。

13.1.1.1 冲击韧性

具有一定尺寸和形状的金属试样，在冲击载荷作用下折断时所吸收的功称为冲击功，以 A_K 表示，单位为焦耳（J）。大多数国家标准规定冲击试验用标准试样分别为夏比（Charpy）U 形缺口试样和夏比 V 形缺口试样，这两种不同缺口的试样所测得的冲击功分别记为 A_{KU} 和 A_{KV}。对于一些脆性材料如铸铁、工具钢或者陶瓷等的冲击功测量时，试样是无缺口的。

冲击功 A_K 虽可以表示材料变脆的倾向，但不能真正反映材料的韧脆程度。由于它对材料成分、内部组织变化十分敏感，而且冲击试验方法简单易行，所以仍被广泛采用，冲击试验主要有以下几方面的用途。

（1）它能反映出原始材料的冶金质量和热加工产品的质量。通过测量 A_K 值和对冲断试样的断口分析，揭示原材料的冶金质量和热加工产品的质量，可以揭示原材料中的气孔、夹杂、偏析、严重分层和夹杂物超标等冶金缺陷，还可检查过热、过烧、回火脆性等锻造或热处理缺陷。

（2）测定材料的韧脆转变温度。

（3）对屈服强度大致相同的材料，根据冲击功的值可以评定材料对大能量冲击破坏的缺口敏感性。

13.1.1.2 低温脆性

冲击实验证明：体心立方金属及合金或某些密排六方晶体金属及合金，尤其是工程上常用的中、低强度结构钢，当实验温度低于某一值 t_k 时，材料由韧性状态变为脆性状态，冲击吸收功明显下降，断裂机理由微孔聚集变为穿晶解理，断口特征由纤维状变为结晶状，这就是低温脆性。

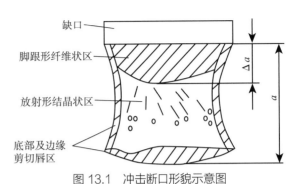

图 13.1　冲击断口形貌示意图

冲击试样被冲断后，其断口形貌如图 13.1 所示，如同拉伸试验一样，冲击断口也有纤维区、放射区（结晶区）和剪切唇区几部分。但在不同试验温度下，三个区之间的相对面积是不同的，温度下降纤维区面积突然减少，结晶区面积突然增大，材料由韧变脆。通常取结晶区面积占整个断口面积 50% 时的温度为转变温度 t_k，称为韧脆转变温度，并记为 50%FATT、t_{50}。

韧脆转变温度反映了温度对韧脆性的影响，是从韧性角度选材的重要依据之一，可用于抗脆断设计。

不同晶格形式在不同温度下韧性的变化，一般情况下，温度升高金属材料的屈服强度下降，但是金属晶体结构不同，其变化趋势各异，如图 13.2 所示。

由图 13.2 可见，体心立方金属的屈服强度具有强烈的温度效应。温度下降，屈服强度急剧升高，Fe 由室温降至 −196℃，屈服强度提高 4 倍。而面心立方金属的温度效应则较小，如 Ni 由室温降至 −196℃，屈服强度只提高 0.4 倍。密排六方金属屈服强度的温度效应与面心立方金属

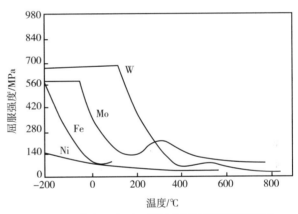

图 13.2　合金元素对不同温度下的屈服强度影响

类似。在体心立方金属中晶格阻力（派纳力）τ_{p-n} 值比面心立方金属高很多，晶格阻力在屈服强度中占有较大比例，而晶格阻力属短程力，对温度十分敏感，因此体心立方金属的屈服强度具有强烈的温度效应，可能是晶格阻力 τ_{p-n} 起主要作用。所以通常说面心立方金属一般没有低温脆性现象，但有试验证明，在 20~42K 的极低温度下，奥氏体钢及铝合金有冷脆性。高强度钢及超高强度钢在很宽温度范围内冲击吸收功均较低，故韧脆转变不明显。

从宏观角度分析，材料低温脆性的产生与其屈服强度 σ_s 和断裂强度 σ_c 随温度的变化有关。因热激活对裂纹扩展的力学条件没有明显作用，因此断裂强度 σ_c 随温度的变化很小。如图 13.3 所示，屈服强度 σ_s 随温度的变化情况与材料的本性有关。具有体心立方或密排六方结构的金属或合金的屈服强度 σ_s 对温度变化十分敏感。温度降低，σ_s 急剧升高，故两线交于一点，该交点对应温度 t_k。温度高于 t_k 时，$\sigma_c > \sigma_s$，材料受载后先屈服再断裂，为韧性断裂；温度低于 t_k 时外加应力首先达到 σ_c，材料表现为脆性断裂。而面心立方结构材料的 σ_s' 随温度的下降变化不大，近似为一水平线（图 13.3

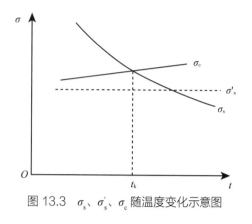

图 13.3 σ_s、σ_s'、σ_c 随温度变化示意图

中的虚线），即使很低的温度仍未与 σ_c 曲线相交，因此材料脆性断裂现象不明显。

微观上，体心立方金属的低温脆性的原因是由于位错在晶体中运动的阻力 σ_i 对温度变化非常敏感。σ_i 在低温下增加，故该类材料在低温下处于脆性状态。面心立方金属因位错宽度比较大，σ_i 对温度变化不敏感，故一般不显示低温脆性。体心立方金属的低温脆性还与迟屈服现象有关，即对材料施加一大于 σ_s 的高速载荷时材料并不立即产生屈服，而需要经过一段孕育期才开始塑性变形。在孕育期间是产生弹性变形，而没有塑性变形消耗能量，故有利于裂纹的扩展，从而表现为脆性破坏。而面心立方结构的材料的迟屈服现象不明显，因此低温脆性也不明显。

13.1.2 影响材料低温脆性的因素

影响材料低温脆性的因素多种多样，材料自身因素有：晶体结构、化学成分及显微组织等；外界因素有：温度、加载速率、试样形状和尺寸等。这里着重介绍材料自身的影响因素（图 13.4）。

体心立方金属及其合金存在低温脆性，面心立方金属及其合金一般不存在低温脆性。体心立方金属的低温脆性可能和迟屈服现象有密切关系。所谓迟屈服是指当用高于材料屈服极限的载荷以高加载速度作用于体心立方结构材料时，瞬间并不屈服，需在该应力保持一定时间后才发生屈服。且温度越低持续时间越长，这就为裂纹的发生和传播造就了有利条件。中、低强度钢的基体是体心立方结构的铁素体，故都有明显低温脆性。

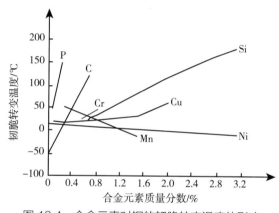

图 13.4 合金元素对钢的韧脆转变温度的影响

间隙溶质元素含量增加，高阶能下降，韧脆转变温度提高。这是由于间隙溶质元素溶入基体金属晶格中，通过与位错的交互作用偏聚于位错线附近形成柯氏气团，既增加了 σ_i，又使 k_y（度量晶界对强化贡献大小的钉扎常数）增加，致使 σ_s 升高，所以钢的脆性增大。

钢中加入置换型溶质元素（Ni、Mn 除外）一般也降低高阶能，提高韧脆转变温度，但这种影响与间隙固溶质原子相比小得多。

置换型溶质元素对钢的韧脆转变温度的影响与 σ_i、k_y、γ_s（单位面积的表面能）的变化有关。Ni 减小低温时的 σ_i、k_y，故韧性提高。另外，Ni 还能增加层错能，促进低温时螺型位错交滑移，使裂纹扩展消耗功增加，故韧性增加。图 13.5 所示为不同 Ni 含量对钢的低温韧性的影响。若置换型溶质元素降低层错能，促进位错扩展形成孪晶，使螺型位错交滑移困难，则钢的韧性下降。

杂质元素 S、P、Pb、Sn、As 等使钢的韧性下降。这是由于它们偏聚于晶界，降低晶界表面能，产生沿晶脆性断裂，同时降低脆断应力所致。

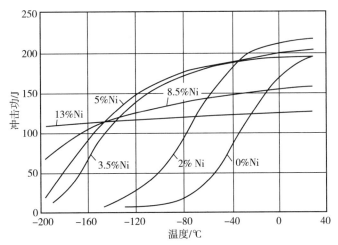

图 13.5　Ni 元素在不同温度条件下对冲击功的影响

材料自身显微组织对低温脆性的影响如下。

（1）晶粒大小。细化晶粒可使材料韧性增加。研究表明，不仅铁素体晶粒大小与韧脆转变温度呈线性关系，而且马氏体板条束宽度、上贝氏体中的铁素体条束宽度、原始奥氏体晶粒尺寸和韧脆转变温度之间也呈线性关系。

细化晶粒提高韧性的原因为：晶界是裂纹扩展的阻力，晶界前塞积的位错数减少，有利于降低应力集中；晶界总面积增加，使晶界上杂质浓度减少，避免产生沿晶脆性断裂。

（2）金相组织。在较低强度水平，强度相同而组织不同的钢，其冲击吸收功和韧脆转变温度以回火索氏体最佳，贝氏体回火组织次之，片状珠光体组织最差。

在马氏体钢中存在稳定残余奥氏体，可以抑制解理断裂，从而显著改善钢的韧性。马氏体钢中的残余奥氏体膜也有类似的作用。

钢中碳化物及夹杂物等第二相对钢的脆性影响程度取决于第二相质点的大小、形状、分布、第二相性质及其基体的结合力等因素。一般第二相尺寸增加，材料的韧性下降，韧脆转化温度升高。第二相的形状对材料韧脆性也有影响，球状第二相材料的韧性较好。

13.1.3 提高低温钢韧性的措施

具有体心立方晶格的材料（如 α–Fe）均会有低温冷脆现象，而面心立方晶格的材料，如 Al、Cu、Ni、奥氏体不锈钢（γ–Fe）都无低温冷脆现象。Ni、Mn 元素可扩大奥氏体相区，若 Ni 含量增大到 20% 以上，可使奥氏体相区扩大到常温。Mn 同 Ni 一样，能使钢的相变温度下降，对降低脆性转变温度是有效的。

13.1.3.1　固溶强化和晶粒细化

低温用钢一般是通过合金元素 Ni、Mn 的固溶强化，加入 V、Al、Nb、Ti 等合金元素形成稳定的氮化物，达到细化晶粒的目的。同时，还应提高 Mn/C 比，降低含碳量，可以得到较低的脆性转变温度。

13.1.3.2 增加钢材中的 Ni 含量

含 Ni 钢与无 Ni 钢相比，具有较小的屈强比（σ_s/σ_b），钢材屈强比越大，表明其塑性变形能力储备越小，易促使脆性断裂。由于 Ni 元素的加入，含 Ni 钢屈强比小于不含 Ni 的钢，使低温韧性显著改善。

13.1.3.3 提高钢材的纯净度

为充分发挥 Ni 在钢中的有利作用，在提高 Ni 含量同时，还要降低含碳量和严格限制 S、P 的含量。

13.1.3.4 热处理方法

通过正火、正火加回火或调质处理细化晶粒、均化组织，获得良好的低温韧性。

13.2 低温钢（EN 10028-4）

13.2.1 低温钢的应用

低温钢主要用于制造生产、运输及储存液化气体的设备，一般指在低温条件下工作的容器、管道和结构等。根据德国钢铁材料规范 SEW 1680，温度不大于 –10℃、冲击功最低值为 27J 的钢称为抗低温钢，而其他标准规定抗低温限定值为 –60℃ 以下，我国一般认为工作温度在 –196~–10℃ 仍具有冲击韧性的钢称为低温压力容器用钢。这些钢最重要的性能要求是抗低温脆性破坏，保证在使用温度下具有足够的低温。典型低温钢的应用温度见表 13.1。

表 13.1　典型低温钢的应用温度

钢种	屈服极限 / (N/mm^2)	冲击功 ISO-V 纵向试验 （℃/J）	丁烷	丙烷	丙烯	CO_2	乙烷	乙烯	甲烷	氧气	氩气	氮气
			\multicolumn{10}{沸点温度 /℃}									
			0	–42	–47	–78	–89	–104	–181	–183	–186	–196
TSTE355	355	–50/27	*	*								
TSTE420	420	–50/27	*	*								
11MnNi53	285	–60/40	*	*	*							
13MnNi63	355	–60/40	*	*	*							
10Ni14	355	–100/40	*	*	*	*	*					
12Ni19	390	–120/40	*	*	*	*	*	*				
X7NiMo6	490	–160/40	*	*	*	*	*	*	*			
X8Ni9	490	–196/40	*	*	*	*	*	*	*	*	*	*

13.2.2 低温钢分类及化学成分

13.2.2.1 按照化学成分分类

低温钢分为无 Ni 钢和有 Ni 钢两类。此两类钢在使用温度条件下均具有足够的 V 形缺口冲击值，满足规定的低温使用要求。

无 Ni 的低温钢，加入提高强度的合金元素和使晶粒细化的微量元素，如 Mn、Al、Ti、Nb、V 等元素，这类国产低温压力容器用钢标准 GB 3531—2014 标准有 16MnDR、09Mn2VDR、09MnNiDR、低温锻件钢 16MnMoD、20MnMoD 等。

含 Ni 的低温钢，按 EN 10028-4：2017 标准规定含镍低温钢及其化学成分见表 13.2，推荐的热处理温度和冷却介质见表 13.3。

表 13.2　化学成分[a]

钢种		质量分数 /%									
钢名	钢号	C	Si	Mn	P	S	Al	Mo	Nb	Ni	V
		max	max		max	max	min	max	max		max
11MnNi5	1.6212	0.14	0.50	0.70~1.50	0.025	0.010	0.020	—	0.05	0.30[b]~0.80	0.05
13MnNi6-3	1.6217	0.16	0.50	0.85~1.70	0.025	0.010	0.020	—	0.05	0.30[b]~0.85	0.05
15NiMn6	1.6228	0.18	0.35	0.80~1.50	0.025	0.010	—	—	—	1.30~1.7	0.05
12Ni14	1.5637	0.15	0.35	0.30~0.80	0.020	0.005	—	—	—	3.25~3.7	0.05
X12Ni5	1.5680	0.15	0.35	0.30~0.80	0.020	0.005	—	—	—	4.75~5.25	0.05
X8Ni9	1.5662	0.10	0.35	0.30~0.80	0.020	0.005	—	0.10	—	8.50~10	0.05
X7Ni9	1.5663	0.10	0.35	0.30~0.80	0.015	0.005	—	0.10	—	8.50~10	0.01

注：a. 此表格中没有列出的成分需经过买方同意才可添加到钢材之中，熔样分析完成之后除外，炼钢时应该采取相应的措施避免影响力学性能和使用性能的成分存在，Cr+Cu+Mo 的成分应该不超过 0.5%。
　　b. 当产品厚度不大于 40mm 时，镍含量最小值的 0.15% 允许低于名义成分。

表 13.3　推荐的热处理温度和冷却介质

钢种		热处理条件[a]	热处理			
钢名	钢号		奥氏体化 /℃	冷却[b]	回火 /℃	冷却[b]
11MnNi5-3	1.6212	+N（+NT）	880~940	a	580~640	a
13MnNi6-3	1.6217	+N（+NT）	880~940	a	580~640	a
15NiMn6	1.6218	+N	850~900	a	—	—
		+NT	850~900	a	600~660	a 或 w
		+QT	850~900	w 或 o	600~660	a 或 w
12Ni14	1.5637	+N	830~880	a	—	—
		+NT	830~880	a	580~640	a 或 w
		+QT	820~870	w 或 o	580~640	a 或 w
X12Ni5	1.5680	+N	800~850	a	—	—
		+NT	880~930+770~830	a	580~660	a 或 w
		+QT	770~830	w 或 o	580~660	a 或 w
X8Ni9 +NT640	1.5662 +NT640	+N 加 +NT	770~830	a	540~600	a 或 w
X8Ni9 +QT640	1.5662 +QT640	+QT	770~830	a	540~600	a 或 w
X8Ni9 +QT680	1.5662 +QT680	+QT[c]	770~830	w 或 o	540~600	a 或 w
X7Ni9	1.5663	+QT[c]	770~830	w 或 o	540~600	a 或 w

注：a. +N：正火处理；+NT：正火 + 淬火；+QT：调质；+NT640 / +QT640 / +QT680：最低抗拉强度为 640MPa 或者 680MPa 的热处理状态。
　　b. a：空冷；o：油冷；w：水冷。
　　c. 见 EN 10028-4：2017 中表 3，注 c。

对应的我国钢种在 GB / T 24510：2017 低温压力容器用镍合金钢板中，牌号标记按镍含量分别为 1.5Ni、3.5Ni、5Ni、9Ni。

13.2.2.2 按照钢的显微组织分类

1. 铁素体型低温钢

铁素体型低温钢的显微组织主要是铁素体，加入少量珠光体。其使用温度在 –100~–40℃，如 16MnDR、09Mn2VDR、3.5%Ni 和 06MnVTi 等，这些是低温容器专用钢，一般是在正火状态下使用。3.5%Ni 钢一般采用 870℃正火和 635℃ 1h 消除应力回火，其最低使用温度达 –100℃，调质处理可提高其强度、改善其韧性和降低其韧脆转变温度，其最低使用温度可降至 –129℃。

2. 低碳马氏体型低温钢

这类钢属于含 Ni 量较高的钢，如 9%Ni 钢，经过淬火的组织为低碳马氏体，正火后的组织除低碳马氏体外，还有一定数量的铁素体和少量奥氏体，具有高的强度和韧性，用于 –196℃低温下。

低碳马氏体型低温钢经冷变形后，须进行 565℃消除应力退火，以提高其低温韧性。

3. 奥氏体型低温钢

这类钢具有很好的低温性能，其中 18–8 型铬、镍奥氏体钢使用最为广泛，25–20 型铬镍奥氏体钢可用于超低温条件。

这种钢的使用温度不能低于马氏体相变温度，否则奥氏体转变为马氏体而韧性下降。

13.2.3 低温钢力学性能

EN 10028–4：2017 含镍低温钢，室温下的力学性能见表 13.4，V 形缺口最低冲击功见表 13.5。

表 13.4 室温下的力学性能

钢种		一般交付条件[a, b]（热处理符号）	产品厚度 t /mm	屈服强度 R_{eH} /MPa 最小值	抗拉强度 R_m /MPa	延伸率 A /% 最小值
钢名	钢号					
11MnNi5–3	1.6212	+N（+NT）	≤ 30	285	420 ~ 530	24
			30 < t ≤ 50	275		
			50 < t ≤ 80	265		
13MnNi6–3	1.6217	+N（+NT）	≤ 30	355	490 ~ 610	22
			30 < t ≤ 50	345		
			50 < t ≤ 80	335		
15NiMn6	1.6228	+N 或 +NT 或 +QT	≤ 30	355	490 ~ 640	22
			30 < t ≤ 50	345		
			50 < t ≤ 80	335		
12Ni14	1.5637	+N 或 +NT 或 +QT	≤ 30	355	490 ~ 640	22
			30 < t ≤ 50	345		
			50 < t ≤ 80	335		
X12Ni5	1.5680	+N 或 +NT 或 +QT	≤ 30	390	530 ~ 710	20
			30 < t ≤ 50	380		

续表

钢种		一般交付条件 [a, b]（热处理符号）	产品厚度 t /mm	屈服强度 R_{eH} /MPa 最小值	抗拉强度 R_m /MPa	延伸率 A /% 最小值
钢名	钢号					
X8Ni9 +NT640 [a]	1.5662 +NT640 [a]	+N 加 +NT	≤ 30	490	640 ~ 840	18
			30 < t ≤ 50	480		
X8Ni9 +QT640 [a]	1.5662 +QT640 [a]	+QT	≤ 30	490	640 ~ 840	18
			30 < t ≤ 125	480		
X8Ni9 +QT680 [a]	1.5662 +QT680 [a]	+QT [c]	≤ 30	585	680 ~ 820	18
			30 < t ≤ 125	575		
X7Ni9	1.5663	+QT [c]	≤ 30	585	680 ~ 820	18
			30 < t ≤ 125	575		

注：a. +N：正火处理；+NT：正火和淬火；+QT：调质；+NT640 / + QT640 / + QT680：最低抗拉强度为 640MPa 或者 680MPa 的热处理状态。

　　b. 温度和冷却条件见 EN 10028-4：2017 中表 A.1。

　　c. 当产品厚度小于 15mm 时，也可以采用 +N 加 +NT 的供货条件。

表 13.5　V 型缺口最低冲击功

钢种 符号标记	热处理条件 [a, b]	产品厚度 /mm	方向	最低冲击功 A_{kv}/J											
				20 /℃	−0 /℃	−20 /℃	−40 /℃	−50 /℃	−60 /℃	−80 /℃	−100 /℃	−120 /℃	−150 /℃	−170 /℃	−196 /℃
11MnNi5-3 13MnNi6-3	+N （+NT）	≤ 80	纵	70	60	55	50	45	40	—	—	—	—	—	—
			横	50	50	45	35[d]	30[d]	27[d]	—	—	—	—	—	—
15NiMn6	+N 或 +NT 或 +QT	≤ 80	纵	65	65	65	60	50	50	40	—	—	—	—	—
			横	50	50	45	40	35[d]	35[d]	27[d]	—	—	—	—	—
12Ni14	+N 或 +NT 或 +QT	≤ 80	纵	65	60	55	55	50	50	45	40[c]	—	—	—	—
			横	50	50	45	35	35	35	30	27[c, d]	—	—	—	—
X12Ni5	+N 或 +NT 或 +QT	≤ 80	纵	70	70	70	65	65	65	60	50	40[c]	—	—	—
			横	60	60	55	45	45	45	40	30[d]	27[c, d]	—	—	—
X8Ni9+NT640 X8Ni9+QT640 [a]	+N 或 +NT 或 +QT	≤ 50	纵	100	100	100	100	100	100	100	90	80	70	60	50
			横	70	70	70	70	70	70	70	60	50	50	45	40
X8Ni9+QT680 [a]	+QT	≤ 50	纵	120	120	120	120	120	120	120	110	100	90	80	70
			横	100	100	100	100	100	100	100	90	80	70	60	50
X7Ni9	+QT	≤ 50	纵	120	120	120	120	120	120	120	120	120	120	110	100
			横	100	100	100	100	100	100	100	100	100	100	90	80

注：a. +N：正火处理 +NT：正火 + 淬火 +QT：调质 +NT640 / +QT640 / +QT680：最低抗拉强度为 640MPa 或者 680MPa 的热处理状态。

　　b. 温度和冷却条件见 EN 10028-4：2017 中表 A.1。

　　c. 此数值可在产品厚度不大于 25mm 温度为 −110℃时使用，或者在 −115℃产品厚度为 25mm < t ≤ 30mm 时使用。

　　d. 40J 的最低冲击功在咨询和订货时协议商定。

13.3 低温钢的焊接性及其工艺要求

13.3.1 低温钢的焊接性

1. 不含 Ni 的低温钢的焊接

这类钢实际上就是前述的热轧正火钢和低碳调质钢。由于含碳量低，硫、磷限制在较低的范围内，其淬硬倾向和冷裂倾向小，室温下焊接不易产生冷裂纹，具有良好的焊接性，焊接关键是保证焊缝和粗晶区的低温韧性。低温时，由于钢材温度降低，材料变脆，对缺陷和应力集中的敏感性较大，易造成产品的低温脆性破坏。对于板厚小于 25mm 时不需要预热。板厚超过 25mm 或接头刚性拘束较大时，应考虑预热，但预热温度不要过高，否则热影响区晶粒长大，预热温度一般在 100~150℃。当板厚大于 16mm，焊后往往要进行消除应力处理。

2. 含 Ni 低温钢的焊接

（1）含 Ni 较低的低温钢。

如 3.5%Ni 钢，虽加入 Ni 提高了淬硬性，但由于含碳量低，冷裂纹倾向并不严重，焊接薄板时可以不预热，只有厚板时才需进行约 100℃ 的预热。

（2）含 Ni 高的低温钢。

对于含 Ni 量较高的低温钢如 X8Ni9，含 Ni 量达 9%，虽然 Ni 元素使钢材的淬透性增大，热影响区是淬火组织马氏体，但由于含碳量很低，所以其冷裂倾向不大。对于低温用 Ni 钢要注意的问题是：

①具有回火脆性倾向；

②磁偏吹现象，9%Ni 钢属于强磁性材料，用直流电焊接时会产生磁偏吹现象；

③当采用镍基焊接材料时，焊缝金属容易产生热裂纹，尤其是弧坑裂纹。因此，应选用抗裂性能好，线膨胀系数与母材相近的焊接材料，在工艺上采取一些措施，如收弧时注意填满弧坑等。

13.3.2 焊接工艺

13.3.2.1 焊接方法

焊接方法可选用焊条电弧焊、埋弧焊、钨极氩弧焊、熔化极气体保护焊。

13.3.2.2 预热及层间温度

低合金低温钢含碳量较低，淬硬性和冷裂倾向小，常温下焊接可不预热，当厚度大于 25mm 时，预热 100~150℃，层间温度应与预热温度相同。典型低温钢最小预热和层间温度见表 13.6。

对于 12Ni19、X8Ni9 钢多层焊的层间温度应控制在小于 100℃，否则焊接热影响区会形成粗晶组织。

9%Ni 钢由于 C、S、P 含量控制很严，产生冷裂纹倾向不大，其热影响区是淬火组织，有可能产生液化裂纹、弧坑裂纹。焊接热输入应采用小的焊接线能量，线能量控制在 7~35kJ/cm，焊接电流不宜过大，操作应采用快速多道焊方法，以减轻焊道过热，通过多层重热作用细化晶粒，防止晶粒粗大、韧性下降。

表 13.6　低温钢最小预热和层间温度

钢种	厚度 /mm	最小预热温度和层间温度 / ℃		最大层间温度 /℃
		D 等级（≤ 5ml / 100g）	C 等级（5ml / 100g < HD ≤ 10ml / 100g）	
3.5Ni	> 10	100ᵃ	150ᵃ	
5.0Ni	> 10	100ᵇ	不应用	250
5.5Ni	> 10	100ᵇ	不应用	250
9.0Ni	> 10	100ᵇ	不应用	250

注：a. 最小预热值指的是普通产品使用相同成分焊接材料时的典型预热温度。
　　b. 所规定的预热水平指的是相似焊接材料或氧 – 乙炔焊情况。

13.3.2.3　焊后热处理

在消除应力热处理时，应控制回火温度和冷却速度，应采取避免回火脆性的措施。

13.4　焊接材料选择

13.4.1　含镍较低的低温钢焊接材料的选择

含镍较低（3.5Ni 以下）的低温钢焊接时，所选焊接材料含镍量应与母材相同或高于母材。当 $w(Ni) > 2.5\%$ 时，通过调质处理，使焊缝具有细化的铁素体组织，韧性才能随 Ni 含量增加而提高。如 3.5%Ni 钢，降低 C、S、P、O 的同时，加入少量 Ti 细化晶粒，添加 Mo 减少回火脆性。

13.4.2　含镍高的低温钢焊接材料的选择

所选用的焊接材料必须使焊缝金属具有母材相近的低温韧性和线膨胀系数，高镍钢如 X8Ni9 钢最好采用 Ni 基、Fe–Ni 基或 Ni–Cr 奥氏体不锈钢焊接材料。

选择 Ni 基和 Fe–Ni 基焊接材料低温韧性好，线膨胀系数与 X8Ni9 相近，屈服强度稍低，成本高；Ni–Cr（Ni 13% ~Ni 16%）奥氏体不锈钢型焊接材料成本低，屈服强度高、低温韧性稍差、线膨胀系数与 X8Ni9 钢有较大差异。

13.4.3　国内低温钢焊接材料的举例

国产焊接低温用钢的焊接材料见表 13.7，如焊接 –45℃级别的 16Mn 低温用钢可用 E5015–G 或 E5016–G 高韧性焊条。

（1）中性熔炼剂配合 Mn–Mo 焊丝。

（2）碱性熔炼焊剂配合含 Ni 焊丝。

（3）碱性非熔炼焊剂配合 C–Mn 焊丝，由焊剂向焊缝渗入微量元素 Ti、B 合金元素，以保证焊缝金属获得很好的低温韧性。

表 13.7 国产低温钢焊接材料

母材 GB/T 24510—2017	焊条 GB/T 5117—2012	实心焊丝 GB/T 8110—2020	药芯焊丝 GB/T 10045—2018	埋弧焊 GB/T 5293—2018
1.5Ni	E5515–N5（W707Ni）	G55P 6 X SN5（ER55–Ni2）	T55 6T15–XM13P–N5（ER55C–Ni2）	S 55P 6 AB –SU26 S 55P 6 GS–SU43
3.5Ni	E5516–N7（W907Ni）	G55P 7H X SN71（ER55–Ni3）	T55 7T5–XM21P–N7	S 55P 7 AB –SUN3M31
9Ni	ENi1008（NiMo19WCr） ENi6620（NiCr20Fe14Mo11WN）			

注：中性熔炼剂配合 Mn–Mo 焊丝；碱性熔炼焊剂配合含 Ni 焊丝；碱性非熔炼焊剂配合 C–Mn 焊丝，由焊剂向焊缝渗入微量元素 Ti、B 合金元素，以保证焊缝金属获得很好的低温韧性。

13.4.4 低温钢的焊接实例

某化工企业生产制造一低温容器，材料为 X7Ni9，调质状态交货。这种材料属于低碳马氏体型低温钢，在 –196℃ 的环境中作为 LNG 或液氮用钢已被各国普遍采用。Ni 含量为 8.5%~9.5%，其主要作用在于细化晶粒，改善低温韧性，降低脆性转变温度。焊接时所遇到的主要问题是低温韧性的降低，易产生（冷、热）裂纹和电弧偏吹。焊条电弧焊时严格控制热输入，一般在 10~30kJ/cm，多层焊时层间温度应不超 100℃，当选用镍基焊条时由于焊缝金属的熔点比母材低 100~150℃，易产生未熔合等缺陷。其焊接质量按客户要求达到船级社认证，所用焊接工艺规程如下。

母材：EN 10028–4 X7Ni9，板厚 20mm

焊接方法：焊条电弧焊

焊接材料：AWSA5.11 ENiCrMo–6 相当于 ISO 14172 ENi6620。烘干温度和时间为 350~400℃，1h

预热温度：70℃

层间温度：70~150℃

施焊位置：平焊

焊道布置：见图 13.6

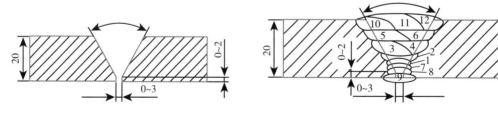

图 13.6 焊道布置

焊接参数：见表 13.8

焊道最大宽度：12mm

接头性能：抗拉强度为 711MPa

冲击韧性在 −196℃时，焊缝金属为 75J，熔合线为 82J，母材为 213J

硬度 HV10，焊缝为 202~223，热影响区为 254~287，母材为 225~245

表 13.8　焊接工艺参数

焊道	工艺方法	焊材规格	电流强度 /A	电弧电压 /V	电流种类 / 极性	焊接速度 /（mm / min）	热输入 /（kJ / mm）
1		ϕ3.2mm	130	21~23		105	1.56~1.7
2		ϕ4.0mm	180	24~27		106	2.44~2.75
3		ϕ4.0mm	180	24~27		264	0.98~1.1
4		ϕ4.0mm	180	24~27		196	1.32~1.49
5		ϕ4.0mm	180	24~27		158	1.64~1.85
6	SMAW	ϕ4.0mm	180	24~27	AC	118	2.2~2.47
7		ϕ4.0mm	130	21~23		165	0.99~1.09
8		ϕ4.0mm	180	24~27		117	2.2~2.5
9		ϕ4.0mm	170	24~27		109	2.24~2.53
10		ϕ4.0mm	175	24~27		157	1.6~1.8
11		ϕ4.0mm	175	24~27		173	1.46~1.64
12		ϕ4.0mm	175	24~27		165	1.53~1.72

参考文献

［1］王从曾 . 材料性能学［M］. 北京：北京工业大学出版社，2001.

［2］束德林 . 金属力学性能［M］. 北京：机械工业出版社，1995.

［3］匡震邦，顾海澄，李中华 . 材料力学行为［M］. 北京：高等教育出版社，1998.

［4］中国焊接学会 . 焊接手册：2 卷［M］.3 版 . 北京：机械工业出版社，2009.

［5］Flat products made of steels for pressure purposes–Part4：Nickel alloy steels with specified low temperature properties：EN 10028：2017［S/OL］.［2017–07］.https：//www.doc88.com/p–9873558888251.html.

［6］中国钢铁工业协会 . 低温压力容器用低合金钢钢板：GB 3531–2014［S］. 北京：中国标准出版社，2014.

本章的学习目标及知识要点

1. 学习目标

（1）掌握影响材料低温脆性的因素及预防措施。

（2）掌握低温钢的主要应用。

（3）掌握低温钢的化学成分及其作用。

（4）掌握低温钢性能及焊接工艺要点。

（5）掌握低温钢焊接材料的选择，了解国内焊接材料。

2. 知识要点

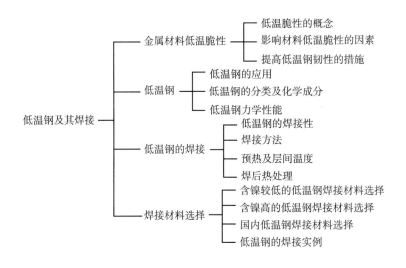

第⑭章

腐　蚀

编写：何珊珊　审校：徐林刚

　　腐蚀是材料与周围环境发生作用而被破坏或变质的现象。在环境条件下使用的材料都存在腐蚀问题，其中金属的腐蚀最为普遍。在焊接产品中腐蚀问题也常常出现。本章主要介绍金属的腐蚀原理、金属腐蚀的形态、金属腐蚀防护的内容；此外，本章还介绍不锈钢的酸洗和钝化处理，为学习不锈钢知识奠定基础。

14.1 金属的腐蚀原理

　　金属受介质的化学及电化学作用而破坏的现象称为腐蚀。例如，金属构件在大气中生锈；钢铁在轧制过程中因高温与空气中的氧作用产生了大量氧化皮。大多数情况下，金属腐蚀后转变为化合物，比如铁腐蚀后转变为铁的化合物，如氧化物、硫化物、盐类等。

　　腐蚀的分类方法很多，常用的分类方法有根据环境分类、根据腐蚀破坏形态分类、根据腐蚀机理分类。金属腐蚀按照腐蚀机理分类分为化学腐蚀、电化学腐蚀及物理腐蚀三种。化学腐蚀是金属表面与周围介质直接发生纯化学作用而引起破坏。氧化剂直接与金属表面的原子相互作用而形成腐蚀产物。如金属在高温条件下发生氧化而引起的腐蚀，金属表面原子与氧化剂发生化学反应。电化学腐蚀是金属表面与离子导电的电介质发生电化学反应而产生的破坏。金属在电解质溶液中（酸、碱、盐溶液）的腐蚀就属于电化学腐蚀。物理腐蚀是金属与环境的相互作用，是单纯的物理溶解，如许多金属在高温熔盐、熔碱及液态金属的腐蚀；如盛放熔融锌的钢容器，铁被液态锌所溶解而腐蚀。在以上几种腐蚀中，电化学腐蚀最为普遍，对金属材料的危害也最严重。下面重点介绍化学腐蚀和电化学腐蚀形成的机理。

14.1.1 化学腐蚀原理

　　金属直接与介质发生纯化学反应而引起的腐蚀损坏称为化学腐蚀。在化学腐蚀过程中不产生电流，而单纯发生化学变化。在常温下，大多数工程金属被一层厚度为 3~10nm 的极薄的氧化膜保护着。化学腐蚀反应的特点是在一定条件下，金属表面原子与非电解质中的氧化剂直接发生氧化还原反应，形成腐蚀产物。

化学腐蚀的基本过程是介质分子在金属表面吸附和分解，金属原子与介质原子化合，反应产物或者挥发掉，或者附着在金属表面成膜，如果是挥发掉或者附着力不强容易去掉，意味着金属逐渐被腐蚀；形成附着力强的氧化膜，会随着时间延长，氧化膜逐渐增厚，使反应速率下降，阻止继续产生化学腐蚀，如钢中含有 Cr 或 Al 元素，形成 Cr_2O_3 或 Al_2O_3 后，由于这类氧化物比较致密，从而起到保护作用。因此，发生化学腐蚀后形成的氧化膜有防护型氧化物和非防护型氧化物。

单纯的化学腐蚀并不常见，只有在特定的一些条件下才会发生。一般金属在干燥气体介质中（如高温氧化、氢腐蚀、硫化等）以及在非电解质溶液中（苯、酒精等）发生的腐蚀就是化学腐蚀。例如，锅炉烟气侧温度在露点以上的腐蚀，化工厂里氯气与铁反应生成氯化铁，以及铁的高温氧化、钢的脱碳与氢脆等。

工业生产领域广泛应用的钢铁材料，在高温条件下，钢与环境中的氧、硫、碳会发生反应导致金属的破坏。在这个反应过程中，钢等金属往往是失去电子而被氧化，所以也称为高温氧化。因此，为了满足在高温条件下的使用要求，避免高温氧化带来金属的破坏问题，可以采取一些措施，使得形成的氧化膜是具有防护型的氧化物。通常采用的措施是合金化方法，在基体金属中加入某些合金元素，可以大大提高其抗高温氧化性能，合金化的主要作用如下。

（1）通过添加合金元素减少氧化膜缺陷浓度，如 Ni 中加入低价合金元素 Li，可以使氧化速度降低。

（2）生成具有良好保护作用的复合氧化膜，如在 Fe 中加入一定量的 Cr，就能生成复合氧化膜，大大提高高温抗氧化性能，研究表明 Fe 中加入一定量的 Cr、Al，对提高高温抗氧化性能非常有效，并且加入 Al 的效果比 Cr 要好。

（3）通过选择性氧化形成保护性优良的氧化膜，如在基体金属中加入与氧的亲和力更大，而且扩散速度更快的合金元素，将会在合金表面发生选择性氧化而生成该合金元素的氧化膜，如 Fe 中加入一定量的 Al，并在极易扩散的高温下加热就可以在钢表面形成致密性强的 Al_2O_3 氧化膜。

（4）增加氧化膜和基体金属结合力，在耐热钢中加入稀土元素后，增强氧化膜和基体金属结合力。

在合金中加入合金元素，通过上述作用，使得金属材料具有高温抗氧化性能，满足高温条件下的使用要求。如生产中使用的耐热钢，主要加入的合金元素除了 Cr 还有 Al 和 Si。虽然 Al 和 Si 的作用比 Cr 强，但加入的 Al 和 Si 对钢铁的力学性能和加工性能不利，而 Cr 能提高钢材常温强度和高温强度。所以 Cr 是耐热钢必不可少的主要合金元素。

14.1.2　电化学腐蚀原理

电化学腐蚀是金属在酸、碱、盐等电介质溶液中由于原电池的作用而引起的腐蚀。原电池的形成具有一定的条件，首先活泼性不同的两种金属，能够构成两极即阴极和阳极。腐蚀电池的阳极上发生氧化反应，阳极金属被氧化，从而导致金属破坏，腐蚀电池阴极上发生某些物质的还原反应。通常有电位的差异就会产生电位差，就能构成电极，电位低为阳极，电位高为阴极。腐蚀反应过程中电子的传递可通过金属从阳极区流向阴极区，因而有电流产生。

图 14.1 所示为腐蚀电池的构成。图 14.1（a）为一般化学原电池构型，金属 Zn 为阳极，金属 Cu

为阴极。图 14.1（b）为金属 Zn 和金属 Cu 直接接触，即阳极 Zn 和阴极 Cu 短路接触。图 14.1（c）为 Cu 作为杂质分布在 Zn 表面。图 14.1（b）和图 14.1（c）都属于腐蚀电池，实际使用的金属不纯，往往是以图 14.1（c）的情况发生腐蚀的。与作为化学电源的原电池相比，腐蚀电池具有如下特点。

（1）腐蚀电池的阳极反应是金属的氧化反应，因此从化学腐蚀过程可知，金属的腐蚀破坏集中在金属的阳极区域，在金属的阴极区域察觉不到腐蚀损失。

（2）腐蚀电池的阴极和阳极是短路的，形成的电流不能对外界做有用功，腐蚀反应过程中化学能转变为无法利用的热能散失到环境中。

（3）从热力学角度看，腐蚀过程中进行的电化学反应，是以最大限度的不可逆方式进行的。

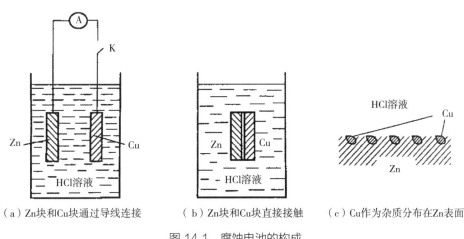

（a）Zn 块和 Cu 块通过导线连接　　（b）Zn 块和 Cu 块直接接触　　（c）Cu 作为杂质分布在 Zn 表面

图 14.1　腐蚀电池的构成

不同的金属具有不同的电极电位，所谓电极电位是指金属在某电解质溶液中与所接触的溶液之间的电位差。金属在不同浓度及不同种类的电解质溶液中都有不同的电极电位，因此目前还无法测出金属与电解质溶液之间的电极电位的绝对值，而只能采用一种电极电位作为标准来和其他电极比较，求出它们的相对值。现在采用的是氢电极，叫作标准氢电极，并假定标准氢电极的电极电位为零，那么某一种金属与标准氢电极之间的电位差就叫作该金属的标准电极电位。所有金属的标准电位都是以氢作为比较（图 14.2），大多数为负，容易失去电子，贵重金属电位为正，不易失去电子。

当低电位的金属与高电位的金属在电解液中相接触时，低电位的金属就会被腐蚀，而且这些金属在电化学次序中彼此相隔越远，电位低的金属被腐蚀损坏就越快。

电化学腐蚀是最普遍的腐蚀损坏现象。例如，具有铁素体和渗碳体两相的钢，其中铁素体的电极电位比渗碳体的低，当钢处于电解液中，铁素体基体将不断被腐

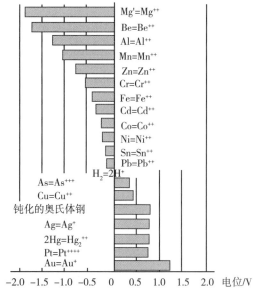

图 14.2　不同金属元素的原电池的电极电位

蚀而下陷。

钢在电介质中由于本身各部分电极电位的差异，在不同区域产生电位差，钢中的阳极区是组织中化学性质较活泼的区域，如晶界、塑性变形区、温度较高的区域等，而晶内、未塑性变形区及温度较低区域等则为阴极区。

金属结构或设备与腐蚀溶液接触时，由于金属和溶液界面在不同位置出现电位差异，从而在金属结构或设备表面会形成腐蚀。腐蚀因素主要从材料和环境两方面考虑，金属材料方面的因素主要有金属材料化学成分不均匀、金属组织结构不均匀、金属结构物理状态不均匀、金属表面状态不均匀及异种金属材料接触；环境方面因素主要有浓差电池（同一金属接触的腐蚀介质浓度不同）和温差电池（浸入腐蚀介质的金属处于不同温度）。

14.2　金属腐蚀的形态

金属的腐蚀形态主要有全面腐蚀和局部腐蚀两大类。全面腐蚀也称为均匀腐蚀。局部腐蚀是指金属表面局部区域的腐蚀破坏比其余表面大得多，从而形成不同的破坏形态。局部腐蚀种类很多，命名方式也各不相同。本部分主要针对不锈钢材料的几种腐蚀形态进行介绍。

14.2.1　全面腐蚀

暴露于含有一种或多种腐蚀介质组成的腐蚀环境中，在整个金属表面进行的腐蚀称为全面腐蚀，也称为均匀腐蚀。均匀腐蚀现象即接触腐蚀介质的金属表面全部产生腐蚀的现象，腐蚀层从金属表面一层一层脱落。对于硝酸等氧化性酸，不锈钢能形成稳定的钝化层，不易产生均匀腐蚀。而对硫酸等还原性酸，只含 Cr 的马氏体钢和铁素体钢不耐腐蚀，而含 Ni 的 Cr-Ni 奥氏体钢则显示了良好的耐腐蚀性。

在含氯离子（Cl⁻）的介质中，Cr-Ni 也很容易发生钝化层破坏而发生腐蚀。如果钢中含 Mo，在各种酸中均有改善耐蚀性的作用。双相不锈钢虽然是两相组织，由于相比例合适，且含足量的 Cr、Mo，其耐蚀性与含 Cr、Mo 数量相当的 Cr-Ni 奥氏体不锈钢相近。马氏体钢不适于在强腐蚀介质中使用。

从技术观点看，全面腐蚀一般不会造成突然事故，其腐蚀速度较易测量，在工程设计中可预先设计腐蚀余量，还可以根据使用寿命，涂敷不同表面层，以防止设备过早腐蚀破坏。

14.2.2　局部腐蚀

局部腐蚀是指腐蚀只集中在金属表面很小的区域，腐蚀速度很高。尽管局部腐蚀的质量损失不大，但局部腐蚀的破坏极其严重。孔蚀、缝隙腐蚀、应力腐蚀、腐蚀疲劳等这类腐蚀往往事先没有明显征兆就瞬间发生，所以腐蚀难以预测和预防，危害极大。局部腐蚀在金属设备腐蚀破坏事故中占很大比例，特别是具有优良耐全面腐蚀性能的不锈钢、铝、钛，局部腐蚀的危害很大。关于不锈钢设备腐蚀破坏事例的分类统计资料很多，对 1965—1973 年 580 例腐蚀破坏事故统计结果为：全面腐蚀占 11.7%，晶间腐蚀占 13.6%，孔蚀和缝隙腐蚀占 28.3%，应力腐蚀开裂占 40.2%，腐蚀疲劳占

6.2%。

14.2.2.1　晶间腐蚀

在晶粒边界附近发生有选择性的腐蚀现象称为晶间腐蚀。一般从金属表面沿晶界深入金属内部，沿晶界脱开（图 14.3），敲击时无金属的声音，钢质变脆。可能在焊缝产生，也可能在熔合线出现。晶间腐蚀多与晶界层的"贫铬"现象有关系。

奥氏体钢处于 450~850℃时，金属晶粒内部过饱和固溶的碳原子会逐步向晶粒边界扩散，与晶粒边界的铬原子结合而形成碳化物（Cr，Fe）$_{23}$C$_6$，并沿晶界沉淀析出。由于铬原子的扩散速率比碳小得多，来不及补充形成碳化物所消耗的铬，使晶粒边界的铬含量低于耐蚀所需铬的极限值［w（Cr）$< 12\%$］。该过程称为"敏化现象"。晶界贫铬而导致金属丧失了耐腐蚀能力，在腐蚀介质中工作一段时间后就会产生晶间腐蚀（图 14.4）。

判断不锈钢产生晶间腐蚀倾向的处理方法称作敏化处理。Cr-Ni 奥氏体不锈钢中，如果在腐蚀介质中工作时，如在 450~850℃的温度范围内工作，会出现沿着晶界析出（Cr，Fe）$_{23}$C$_6$ 碳化物，而使晶界附近的区域产生贫铬区，而出现晶间腐蚀问题。因此可以将其加热到 450~850℃的温度范围长时间加热或缓慢冷却，判断其晶间腐蚀的敏感性，因此，450~850℃的温度范围是奥氏体不锈钢敏化处理温度范围，铁素体不锈钢的敏化处理温度范围在 900℃以上。敏化处理和敏感性的关系通常用 TTS 曲线来表示，如图 14.5 所示。曲线 1 表示开始产生晶间腐蚀，曲线 2 是由于时间充分，晶间腐蚀倾向已不再出现，即晶间腐蚀现象结束线，由此可知，温度越高，通过扩散消除晶间腐蚀倾向需要时间越短。曲线包围的区域是产生晶间腐蚀的温度、时间范围。对奥氏体不锈钢敏化处理后，在金相组织上可以看到沿晶界析出碳化物，存在晶间腐蚀的敏感性。

可以在固溶处理后通过不同的时间和温度的退火实验来确定钢的晶间腐蚀区域（图 14.6）。应避免在晶间腐蚀区域进行热处理，如果发生晶间腐蚀，应该重新固溶处理。晶界贫铬的金属在 650~850℃再次加热称为稳定化处理，由于加热过程促使 Cr 原子的均匀化散，于是贫铬层消失。

高铬铁素体钢也有晶间腐蚀倾向，但与

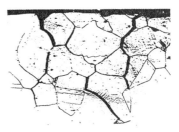

图 14.3　晶间腐蚀

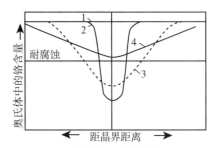

1—母材中 Cr 的平均值；
2—焊接状态下 Cr 的浓度变化；
3—工作一段时间 Cr 的浓度变化；
4—稳定化处理后 Cr 的浓度变化

图 14.4　不同时间铬的碳化物析出时铬浓度的变化

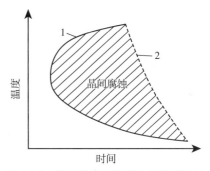

图 14.5　奥氏体不锈钢产生晶间腐蚀的 TTS 曲线

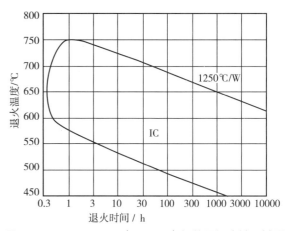

图 14.6　X5CrNi18 9（1.4301）钢的晶间腐蚀区域图

Cr-Ni 奥氏体钢正相反，从高温（Cr17 为 1100~1200℃，Cr25 为 1000~1200℃）急冷下来时就产生了晶间腐蚀倾向；再经 650~850℃加热缓冷以后可消除晶间腐蚀倾向。这是由于碳在铁素体中的溶解度比在奥氏体中小得多，易于沉淀，而且碳在铁素体中的扩散速度也比较大，在从高温急冷过程中实际已等于"敏化"而形成了 $Cr_{23}C_6$，因而在晶界发生贫铬现象。再次在 650~850℃加热，相当于稳定化处理使贫铬层消失。

超低碳不锈钢也会呈现晶界腐蚀倾向的现象，这难以用贫铬理论解释。一般认为是由于 P、Si 等杂质元素沿晶界偏析而导致晶间腐蚀。研究发现，P 在晶间偏析是晶内的 100 倍，Si 则促进磷化物的形成。沿晶界沉淀第二相（如 σ 相、富 Cr 的 α 相）也会增大晶间腐蚀倾向，为此必须开发高纯度不锈钢。

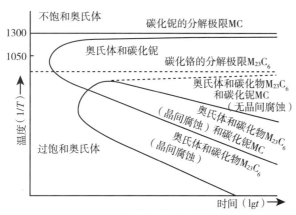

图 14.7 稳定化钢的晶间腐蚀区域

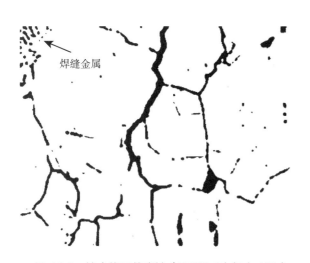

图 14.8 熔合线刀状腐蚀（570℃/空气中 12h）

用 Nb 作为合金元素的钢，在固溶处理时可能形成 Nb 的碳化物，从而减少在以后的退火处理时形成 Cr 的碳化物。含 Nb 的稳定奥氏体钢的晶间腐蚀敏感区如图 14.7 所示。NbC 的分解温度高于 $Cr_{23}C_6$，在较低的温度下退火时，因为 Nb 的扩散速度比 Cr 低很多，所以首先析出 $M_{23}C_6$，这时对晶间腐蚀较敏感；随着退火时间的延长，$M_{23}C_6$ 分解形成 NbC，这时晶间腐蚀敏感减小。

含 Nb 或 Ti 的 18-8Nb 和 18-8Ti 的不锈钢的熔合区也会出现晶间腐蚀，因其形状也称为刀状腐蚀。主要在焊缝的焊趾开裂，沿着焊缝熔合线向板厚方向深入，并慢慢地向母材金属和焊缝金属发展。刀状腐蚀将成为制约焊接结构使用寿命的薄弱环节（图 14.8）。目前普遍认为刀状腐蚀的机理是固溶之后加上敏化，其敏化机理仍然是晶界析出碳化物。紧靠熔合线的金属加热到 1000℃以上高温时，原先（稳定化处理时）析出的碳化钛开始分解，碳和钛都向奥氏体中溶解，在 1300℃以上碳化钛几乎可以完全溶解，金属形成固溶处理状态。如果该处正好处于下一道焊缝热影响区的 800~1000℃区带，冷却过程中经过 450~800℃的敏化温度时会产生晶间腐蚀的倾向。单道焊缝的结构如果焊后经过敏化温度受热，同样要在热影响区的过热段出现晶间腐蚀倾向。由于前次焊缝的过热区段很窄，再次受热而敏化区也就狭窄，故在腐蚀介质作用下形成刀刃切口状的腐蚀。腐蚀区宽度初期不超过 5 个晶粒，逐步扩展到 1.0~1.5mm（一般电弧焊）。

刀状腐蚀只发生在含 Nb 或 Ti 的 18-8Nb 和 18-8Ti 钢的熔合区。其实质也是因 $M_{23}C_6$ 沉淀而形成贫铬层有关。高温过热和中温敏化相继作用，是刀状腐蚀的必要条件，但不含 Ti 或 Nb 的 18-8 钢不应有刀状腐蚀发生。超低碳不锈钢不但不发生敏化区腐蚀，也不会有刀状腐蚀。

固溶处理可以改善耐晶间腐蚀性能。为改善耐晶间腐蚀性能，应适当提高钢中铁素体化元素（Cr、Mo、Nb、Ti、Si 等），同时降低奥氏体化元素（Ni、C、N）。如果奥氏体钢中能存在一定数量的铁素体相，晶间腐蚀倾向可显著减小。含有一定数量的 δ 铁素体的双相不锈钢，在耐晶间腐蚀性能上优于单相奥氏体钢，这与存在均匀弥散分布的铁素体相有关。一般说来，奥氏体化元素多富集于 γ 相中，敏化加热时富 Cr 碳化物最易形成于两相界面的 δ 铁素体一侧，且因 Cr 在 δ 铁素体中扩散快，使 Cr 易均匀化而不致形成贫铬层。

δ 铁素体增多时，由于同 γ 相共存而呈弥散状态，不能形成连续网状晶界，故即使出现局部贫铬，也不致增大晶间腐蚀倾向。Mo 的作用在于使 Cr 的扩散速度增大，因而对耐腐蚀是有益的。

非稳定奥氏体钢还可以通过降低含碳量来减小晶间腐蚀的敏感性，超低碳不锈钢 w（C）< 0.03%，这些钢可以在 400~600℃温度下退火处理 10h 没有也不发生刀状腐蚀。

14.2.2.2 点状腐蚀

点状腐蚀又称孔蚀，是一种从金属表面向内部扩展形成空穴或蚀坑状的局部腐蚀形态。一般直径小而深，虽然点蚀的质量损失很小，却能导致设备腐蚀穿孔泄漏，突发灾害，是一种破坏性和隐患较大的腐蚀形态之一，是化工生产和海洋工程设施中经常遇到的问题。点状腐蚀的产生主要有三个方面原因。第一，多发生于金属表面有钝化膜，且钝化膜不完整或受损部位。第二，多发生于有特殊离子及其介质中，如不锈钢对含有卤素离子介质特别敏感，如因 Cl⁻ 离子的存在而使不锈钢钝化层局部破坏以至形成腐蚀坑（图 14.9），这些阴离子在合金表面不均匀吸附导致膜的不均匀破坏。第三，点蚀发生在某一临界电位以上，该电位称为孔蚀电位。

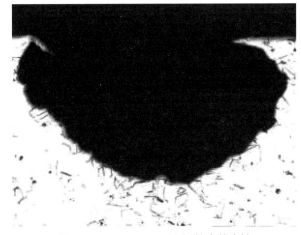

图 14.9 X5CrNi18 10 钢的点状腐蚀

对于点状腐蚀的解释目前说法不一。其中之一认为 Cl⁻ 离子吸附于表面钝化层，环绕 Fe^{2+} 形成络合物，因 Fe^{2+} 向溶液中溶解而造成腐蚀。不锈钢的抗点蚀性并不理想，提高 Cr、Ni、Mo、Si、Cu 的含量有利于改善抗点蚀性能，超低碳对抗点蚀也有利。铁素体 – 奥氏体双相不锈钢具有优异的耐点蚀性，研究表明应归因于含有 Cr 和 Mo。如 18-8Mo 钢就比 18-8 钢耐点蚀性能好。添加 N 也可提高耐点蚀性能；Cr 的有利作用在于形成稳定氧化膜；Mo 的有利作用在于形成 MoO_4^{2-} 离子，吸附于表面活性点而阻止 Cl⁻ 入侵；N 的作用虽还无详尽了解，但已知可与 Mo 协同作用，富集于表面膜中，使表面膜不易破坏。

点蚀较难控制，并常成为应力腐蚀的裂源。焊接材料选择不当，焊缝中心部位会有点蚀产生，其主要原因应归结为 Cr 与 Mo 的偏析。例如，奥氏体钢 Cr22Ni25Mo 中含 Mo 量为 3% ~12%，在钨极氩弧焊时，枝晶晶界 Mo 的含量与其晶轴 Mo 的含量之比（偏析度）达 1.6，Cr 偏析度达 1.25，因而晶轴负偏析部位易于产生点蚀。总之，TIG 自熔焊接所形成的焊缝均易于产生点蚀，甚至采用同质焊丝时其性能仍不如母材。

因此，为提高耐点蚀性能，一方面须减少 Cr、Mo 的偏析；一方面采用 Cr、Mo 含量较母材高的所谓"超合金化"焊接材料。采用高 Ni 焊丝晶轴中 Cr、Mo 的负偏析显著减少。常采用所谓"临界点蚀温度（Critical Pitting Temperature，CPT）"来评价耐点蚀性能。标准有 ISO 11463：2020《金属和合金的腐蚀　点蚀腐蚀评价指南》。点蚀评定方法的国家标准为 GB 18590—2001。

14.2.2.3　缝隙腐蚀

在氯离子环境中，如不锈钢装置中钢板与异物接触的表面间存在间隙时，缝隙中溶液流动将发生迟滞现象，溶液局部氯离子浓化，pH 值随之降低。因此缝隙中不锈钢表面钝化膜就易于吸附氯离子而被局部破坏，也就易于被腐蚀，这种腐蚀现象称为缝隙腐蚀（crevasse corrosion）。可以认为，缝隙腐蚀是和点腐蚀具有共同性质的一种腐蚀现象。因此，能耐点腐蚀的钢都有耐缝隙腐蚀的性能，同样可用点蚀指数来衡量耐缝隙腐蚀倾向。标准有 ISO 18070：2015《金属和合金的腐蚀　用不锈钢制成的扁平试件或管管用带盘式弹簧的缝隙腐蚀模型》。耐缝隙腐蚀实验方法的国家标准是 GB 10127—2002。

图 14.10　X3CrNiMo17 13 3 钢的应力腐蚀

14.2.2.4　应力腐蚀裂纹

在腐蚀介质和表面拉伸应力共同作用下产生的脆性开裂现象称为应力腐蚀，记为 SCC（图 14.10）。发生应力腐蚀的三个基本条件是：敏感材料、特定环境和足够大的拉应力。焊接接头应力腐蚀开裂是焊接中最不易解决的问题之一。例如，在化工设备破坏事故中，不锈钢的 SCC 超过 60%，而应力腐蚀开裂的拉应力，来源于焊接残余应力的超过 30%。焊接拉应力越大，越易发生 SCC。

为防止应力腐蚀开裂，从根本上看，退火消除焊接残余应力最为重要。材质与介质有一定的匹配性，才会发生 SCC。对于焊缝金属，选择焊接材料具有重要意义。从组织上看焊缝中含有一定数量的 δ 相有利于提高氯化物介质中的耐 SCC 性能，但却不利于防止 HEC 型的 SCC，因而在高温水或高压加氢的条件下工作就可能有问题。在氯化物介质中，提高 Ni 含量有利于防止 SCC，Si 能使氧化膜致密，因而也是有利的；如果 SCC 的根源是点蚀坑，则因 Mo 有利于防止点蚀，会提高耐 SCC 性能。超低碳有利于提高抗应力腐蚀开裂性能。

标准 ISO 16540：2015 用四点弯曲法作为测定金属抗应力腐蚀开裂性能的方法。国家标准为 GB/T 15970.8—2005《金属和合金的腐蚀　应力腐蚀试验　第 8 部分：焊接试样的制备和应用》。

14.3　金属的腐蚀防护

在实际工况条件下，我们常常遇到的是一个构件、一台设备或者一套装置系统暴露在环境中或在某种生产工艺过程中的腐蚀，这种腐蚀的发生不仅与材料及环境有关，还受产品的结构及工艺因素的影响，因此，防腐设计不仅包括耐蚀材料的选择、还要在产品结构设计和强度校核中考虑腐蚀控制的要求，以及产品生产过程中采用的加工方法和工艺的影响。由于腐蚀的形式很多，在不同条件下引起的金属腐蚀的原因也各不相同，影响因素非常复杂，因此，针对不同腐蚀破坏问题采取的防腐技术也是多种多样。生产实践中常用的防腐技术主要有合理的材料选择、表面保护技术、电化学保护法、控制环境、合理的防腐结构设计及加工制造和操作运行过程中的腐蚀控制。

14.3.1　合理选材

根据不同介质和使用条件，选择合适的材料。工作介质的情况是选材时首先要分析和考虑的问题，包括介质的性质、浓度、温度和压力，如介质中有活性离子 Cl^-，即使只存在微量也会促进腐蚀。不锈钢在稀硝酸中耐蚀性较好，当浓度大于 80% 时不锈钢因过钝化反应而不耐腐蚀。此外，根据工艺过程、设备用途及结构设计特点来选材，如换热器除了要求材料具有良好的耐腐蚀性，还要求有良好的导热性等特征。因此，材料的选择要考虑其耐蚀性、所要求的物理性能、力学性能、加工性能及经济性几个方面的要求。

14.3.2　表面保护技术

此项技术是用耐蚀性较强的金属或者非金属来覆盖耐蚀性较弱的金属，将基体金属与腐蚀性介质隔离开来以达到减缓腐蚀的目的。通过在金属表面喷、衬、镀、涂上一层耐蚀性较好的金属或非金属物质以及将金属进行磷化、氧化处理，使被保护金属表面与介质机械隔离从而降低金属腐蚀。这样，基体材料和覆层材料组成复合材料，可以充分发挥基体材料和覆层材料的优点，满足耐蚀性，物理、力学和加工性能，以及经济性等多方面要求。

各种金属覆盖层的方法有电镀、喷涂、渗镀、热浸、化学镀、真空镀、金属衬里、双金属复合板等方法。表面覆层保护除了有金属覆层外，还有非金属覆盖层，主要方法有涂漆、塑料涂敷、搪瓷、非金属衬里、灰泥和混凝土覆盖层等。

除上述介绍的采用不同的技术在基体金属表面覆盖金属或者非金属覆盖层外，还可以通过化学转化膜方式实现表面保护作用。将金属部件置于选定的介质条件下，使表层金属和介质中的阴离子反应，生成附着牢固的稳定化合物，这样得到的保护性覆盖层称为化学转化膜。形成化学转化膜的方法有两类：一类是电化学方法，称为阳极氧化；另一类是化学方法，包括化学氧化、磷酸盐处理（磷化）、铬酸盐处理（钝化）及草酸盐处理。

14.3.3 电化学保护

改变材料表面的电化学条件以降低腐蚀或使腐蚀停止的方法称为电化学保护法，分为阴极保护和阳极保护。阴极保护是利用电化学原理，将被保护的金属设备进行外加阴极极化从而降低金属腐蚀或防止腐蚀。阴极保护主要有两种方式：第一，是将被保护金属与电源负极相连，利用外加阴极电流进行阴极极化。其优点是可以调节电流和电压，适应范围广，缺点是需要外部电源。第二，在被保护设备上连接一个电位更低的金属作为阳极，与被保护金属在电解质溶液中形成大电流，从而使设备进行阴极极化，也称牺牲阳极保护法。这种方法优点是不采用外部电源，适用于使用电源困难的场合，施工简单，缺点是适用小电流场合，电流调节困难，阳极消耗大，需要定期更换。

阳极保护是将系统中被保护设备与外加直流电源的正极相连变成阳极，使之阳极极化至一定的电位，获得并维持钝化状态，使阳极氧化过程受阻，从而降低腐蚀速度。因此，金属或设备在所处介质中要有明显的钝化特征，这一体系才具有阳极保护的可能性。

14.3.4 控制环境

可以通过介质处理及添加缓蚀剂的方法来控制环境。介质处理主要是去除介质中促进腐蚀的有害成分，调节介质的酸碱度及介质的湿度等。例如，锅炉用水除氧，加中和剂去除水中的酸，脱除油品中所含的盐分，降低空气湿度，减少冷却水中的氯离子，氯气脱水等。也可以向介质中添加缓蚀剂，即向介质中添加少量能阻止或者减慢金属腐蚀的物质来保护金属。缓蚀剂保护法使用方便，投资少。投入少量缓蚀剂就可取得很好的保护效果，因此应用广泛。但缓蚀剂只适用于封闭和循环系统，开放系统会大量流失。

14.3.5 合理的防腐结构设计

在腐蚀控制的各个环节中，设备的结构设计也十分重要。合理的结构设计不仅可以使材料的耐蚀性能充分发挥出来，而且可以弥补材料内在性能的不足。很多局部腐蚀破坏如缝隙腐蚀、应力腐蚀都是由于结构不合理造成腐蚀发生，因此通过正确合理的结构设计能够经济有效地解决腐蚀问题。设备的结构形式设计时应尽可能简单。复杂结构往往存在许多缝隙、液体滞留部位等，容易引起腐蚀，设计时要避免死角和排液不尽的死区以及液体流通不畅的间隙，因此，结构上应尽量避免缝隙、死角、坑洼、液体停滞、应力集中、局部过热等不均匀因素。设备表面状态应洁净，并均匀平滑。同时还要注意设备密封，避免跑冒滴漏。设计时还要注意避免产生过大的应力，如零件在改变形状或者尺寸时，不要有尖角，应圆滑过渡，减少应力集中，降低应力腐蚀破坏的倾向。

14.3.6 加工制造过程的腐蚀控制

产品制造过程中，由于加工制造方式的原因，存在一些容易引起腐蚀的问题，因此在采取相应的加工制造工艺时，应考虑加工制造方法的影响。例如，焊接是一种局部冶炼过程，焊接会造成晶粒粗化、成分改变、组织不均匀等问题，如焊缝与母材成分相同时，焊缝腐蚀速度一般比母材大得多，焊接热影响区的晶间腐蚀问题，以及焊接缺陷造成的缝隙而引起缝隙腐蚀，焊接还会产生焊接残余应力，加大应力腐蚀倾向，因此当采用焊接工艺进行加工制造时要采取相应的对策避免或降低腐蚀产生。再如，铸造也容易产生一些铸造缺陷而引起腐蚀渗漏。结构的表面质量越好、越光洁，耐蚀性越好。因此，在设备制造过程中要注意防止表面损伤或玷污，不锈钢在加工时避免使用钢丝刷、碳钢夹具等工具，避免表面铁颗粒污染而造成局部腐蚀的发生。

14.4 不锈钢的酸洗和钝化处理

14.4.1 酸洗

对不锈钢全面酸洗钝化，清除各类油污、锈迹、氧化皮、焊斑等污垢，处理后表面变成均匀银白色，大大提高不锈钢抗腐蚀性能，适用于各种型号的不锈钢零件、板材及其设备。此工艺操作简单，使用方便、经济实用，同时添加了高效缓蚀剂、抑雾剂，防止金属出现过腐蚀和氢脆现象、抑制酸雾的产生。特别适用于小型复杂工件，不适合涂膏的情况，优于市场同类产品。

根据不锈钢的材质和氧化皮的严重程度不同，可以用原液或按 1：（1~4）的比例加水稀释后使用；铁素体、马氏体和镍含量低的奥氏体不锈钢（如 420、430、200、201、202、300、301 等）稀释后使用；镍含量较高的奥氏体不锈钢（如 304、321、316、316L 等）用原液浸泡；一般在常温或加热到 50~60℃后使用，浸泡 3~20min 或更长时间（具体时间和温度用户根据自己的试用情况确定），直至表面污垢完全清除，成均匀银白色，形成均匀致密的钝化膜为止，处理完成后取出，用清水冲洗干净，最好再用碱水或石灰水冲洗中和。

14.4.2 钝化处理

金属在某种介质中具有极低的溶解速度的性质称为钝性；相应在介质中能够强烈溶解的性质称为活性。从活性状态向钝性状态的转变称作钝化。对于金属材料一般只有少数几种贵金属在一般使用环境下有很高的热力学稳定性，而工程技术上使用的大多数金属材料，如铁基合金，在使用环境中发生腐蚀是一个自发进行的过程。当其处于活性状态，腐蚀速度很快，转变为钝性状态后，便具有极高的耐蚀性。因此，提高金属材料的钝化性能，使其在使用环境中钝化，是提高抗腐蚀性能的有效措施。

金属在周围环境中发生钝化现象有两种方式。一种称为化学钝化，即钝化现象是因金属与钝化剂的自然作用而产生的。如铬、铝、钛等金属在空气中或很多种含氧的溶液中都易于钝化；如浓 HNO_3、浓 H_2SO_4、$HClO_3$、$K_2Cr_2O_7$、$KMnO_4$ 等氧化剂都可使金属钝化。另一种称为阳极钝化，即某些腐蚀体系在自然腐蚀状态不能钝化，但通入外加阳极极化电流时能够使金属钝化、电位正移、腐蚀速度大大降低。如将 Fe 置于 H_2SO_4 溶液中作为阳极，外加电流使阳极极化，采用一定仪器使铁电位升高一定程度，Fe 就钝化了。这种阳极极化引起的金属钝化现象，叫作阳极钝化或电化学钝化。阳极氧化是由于腐蚀过程中阳极表面形成了保护膜（氧化膜），阻碍了阳极金属与溶液接触和阳极过程的进行。氧化膜阻止金属形成离子进入溶液，降低了阳极表面电荷密度，导致阳极电位升高，从而显著减慢金属的腐蚀。

通过钝化处理可以提高合金的耐蚀性，将某些容易自钝化的金属和钝化性较弱的金属组成固溶体合金时，这种合金的自钝化趋势将显著提高，使金属表面形成钝化膜，提高耐蚀性。铁铬合金在氧化性介质中，铬能使钢的表面很快生成 Cr_2O_3 保护膜，这种膜被破坏会很快修复。因此，铬是不锈钢中的主要合金元素。此外，钼也是不锈钢的主要合金元素，通过添加一定量的钼，使钢表面上形成富钼氧化物膜，这种含有铬、钼元素的氧化膜，具有很高的稳定性，在许多非氧化性强腐蚀介质中不易被溶解，并能有效抑制因氯离子侵入而产生的孔蚀。

图 14.11 所示为钢在酸性溶液中电位 – 电流密度示意图。高合金钢通常在 3~4 点是耐腐蚀的，在这一范围内钢的表面形成钝化层，可防止进一步腐蚀。钝化层非常薄，只有原子的距离，颜色也与我们常在焊道下发现的氧化颜色层（退火色）不完全相同。钝化电流密度值是重要参数之一。因为钢开始是活性的，酸性液体使钢强烈氧化，很快达到钝化而形成钝化层。

Cr 含量会对电位 – 电流密度曲线有影响。Cr 含量增加使钝化电流密度减少，钝化范围增大。Cr 含量不小于 18% 时，钝化可阻止电流密度的增加。计算表明，$0.1mA / cm^2$ 电流密度相当于金属损失重量 $1g / mm^2h$，损失厚度 $1mm / y$。

图 14.12 所示为 X5CrNi18 9（1.4301）钢在硝酸中的耐腐蚀性曲线，钢在 100℃ 以上的 60% 硝酸溶液中，产生 $0.1g / m^2h$ 的腐蚀。因为硝酸是氧化性酸，钢会形成具有抗腐蚀性的钝化层。

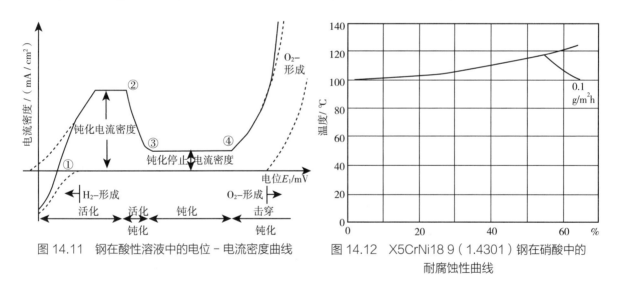

图 14.11　钢在酸性溶液中的电位 – 电流密度曲线　　　图 14.12　X5CrNi18 9（1.4301）钢在硝酸中的
　　　　　　　　　　　　　　　　　　　　　　　　　　　　　　　　耐腐蚀性曲线

镍基合金 NiMo30 在硝酸中不具有抗腐蚀性（图 14.13），因为镍不是钝化元素而不能形成钝化层。但是在盐酸中，镍基合金 NiMo30 比 X5CrNi18 9 钢的抗腐蚀性更好，这不是因为 Ni 比 Fe 电位高，而是其在盐酸中溶解更慢。盐酸是无氧酸，液体的氧化还原电位低于 300mV，因此 X5CrNi18 9 钢不能形成钝化层，不具有抗腐蚀性（图 14.14）。

如果液体的氧化还原电位足以达到钝化电流密度，那么标准的奥氏体钢在钝化范围会表现出极好的抗腐蚀性。如果电位在 200mV 以下，需要特殊的奥氏体钢，比如与铜合金或镍基合金。

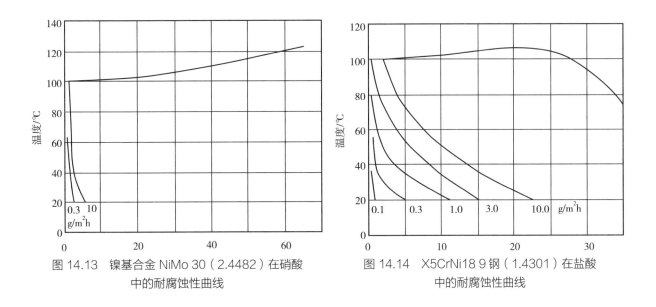

图 14.13　镍基合金 NiMo 30（2.4482）在硝酸
中的耐腐蚀性曲线

图 14.14　X5CrNi18 9 钢（1.4301）在盐酸
中的耐腐蚀性曲线

14.5　腐蚀的检验

腐蚀检验是检测金属或其他材料因与环境发生相互作用而引起的化学或物理 – 化学（或机械 – 化学）损伤过程的材料试验。腐蚀试验是掌握材料与环境所构成的腐蚀体系的特性，了解腐蚀机制，从而对腐蚀过程进行控制的重要手段。

14.5.1　试验目的

（1）给定环境中确定各种防蚀措施的适应性、最佳选择、质量控制途径和预计采取这些措施后构件的服役寿命。

（2）评价材料的耐蚀性能。

（3）确定环境的腐蚀性，研究环境中杂质、添加剂等对腐蚀速度、腐蚀形态的作用。

（4）研究腐蚀产物对环境的污染作用。

（5）在分析构件失效原因时做再现性试验。

（6）研究腐蚀机制。

14.5.2　试验方法分类

材料的耐蚀性能并不是一种可脱离所处环境来研究的特性，而是与环境的成分、温度、辐照、流体的流速等化学、物理、机械等因素密切相关的。因此，在腐蚀试验中必须注意试验体系与实际工作条件尽可能有良好的一致性。为比较材料的耐蚀性能，常需要制订标准试验方法来概括可能的工作条件。然而，由于实际腐蚀体系的复杂性，这种方法只能近似和相对地比较所得结果。按腐蚀试验与实际工作条件接近的程度或试验场合的不同，试验方法可分为实验室试验、现场挂片试验和实物运转试验三类。

14.5.3　点蚀的检验方法

（1）蚀坑的识别和检查，包括目测检查和非破坏性观察。目测或用低倍放大镜观察被腐蚀的金属表面，可确定腐蚀程度和蚀坑的表面位置。建议对腐蚀表面拍照，以便与清除腐蚀产物后的清洁表面作对比。非破坏性观察已经发展到可以不必破坏材料就能观察金属表面的裂纹或蚀坑，如射线照相术、电磁法、声波法、渗液法、复形法。这些方法在定位和辨别蚀坑的形状方面较前面所提到的那些方法虽然效果欠佳，但考虑到它们用于原位测量的优点，因而在现场更实用。

（2）点蚀程度要结合失重和点蚀深度综合考虑。失重仅能提供由于点蚀造成的总的金属损失，不能提供蚀坑密度和深度的情况。点蚀常用的评定方法有：标准图表法、金属穿透法、统计法。可以用金相法、机械法、用测深规或测微计测量法、显微法等测量点蚀深度。

不锈钢点蚀的检验方法参见国家标准 GB／T 17897—2016《金属和合金的腐蚀　不锈钢三氯化铁点腐蚀试验方法》和 GB／T 18590—2001《金属和合金的腐蚀　点蚀评定方法》，以及 ISO 11463：2020《金属和合金的腐蚀　点蚀腐蚀评价指南》。

14.5.4　晶间腐蚀的检验方法

依据不同标准进行的晶间腐蚀也是不同的，国际标准为 ISO 3651-3：2017《不锈钢耐晶间腐蚀性的测定　第 3 部分：低铬铁素体不锈钢的腐蚀试验》。我国奥氏体及铁素体 - 奥氏体（双相）不锈钢晶间腐蚀试验方法参见 GB 4334—2020，是将奥氏体不锈钢在硫酸 - 硫酸铁溶液中煮沸试验后，以腐蚀率评定晶间腐蚀倾向的一种试验方法。不锈钢和 Ni 合金的其他晶间腐蚀方法可查阅相关国标。

参考文献

［1］肖纪美 . 材料的腐蚀及其控制方法［M］. 北京：化学工业出版社，1994.

［2］许淳淳 . 化学工业中的腐蚀与防护［M］. 北京：化学工业出版社，2001.

［3］刘宝俊 . 材料的腐蚀及其控制［M］. 北京：北京航空航天大学出版社，1989.

［4］赵麦群 . 金属腐蚀与防护［M］. 北京：国防工业出版社，2008.

［5］埃里希·福克哈德 . 不锈钢焊接冶金［M］. 栗卓新，朱学军，译 . 北京：化学工业出版社，2004

［6］李宇春 . 现代工业腐蚀与防护［M］. 北京：化学工业出版社，2018.

［7］David E.J.Talbot，James D.R.Talbot. 腐蚀科学与技术［M］.2 版 . 李赫，黄峰，雷浩，张学飞，译 . 北京：机械工业出版社，2018.

［8］龚敏 . 金属腐蚀理论及腐蚀控制［M］. 北京：化学工业出版社，2009.

［9］林玉珍，杨德均 . 腐蚀和腐蚀控制原理［M］. 北京：中国石化出版社，2014.

［10］戴起勋 . 金属材料学［M］. 北京：化学工业出版社，2005.

［11］ZHANG WEI，JIANG LAIZHU，HU JINCHENG，et al. Effect of aging on precipitation and impact energy of 2101 economical duplex stainless steel［J］. Materials Characterization，2009，60：50-55.

［12］BO DENG，YIMING JIANG，JULIANG XU，et al. Application modified electrochemical potentiodynamic reactivation method to detect susceptibility to intergranular corrosion of a newly developed lean duplex stainless steel LDX2101［J］. Corrosion Science，2010，52：969–977.

［13］LI HUA ZHANG，YIMING JIANG，BO DENG，et al. Effect of aging on the corrosion resistance of 2101 lean duplex stainless steel［J］. Materials Characterization，2009，60：1522–1528.

本章的学习目标及知识要点

1. 学习目标

（1）了解金属腐蚀的种类，理解化学腐蚀及电化学腐蚀的原理。

（2）掌握金属腐蚀的形态，重点掌握晶间腐蚀、点状腐蚀及应力腐蚀等几种腐蚀的形成原因和预防措施。

（3）掌握金属腐蚀的防护措施。

（4）掌握不锈钢的酸洗和钝化处理。

（5）了解腐蚀的检验。

2. 知识要点

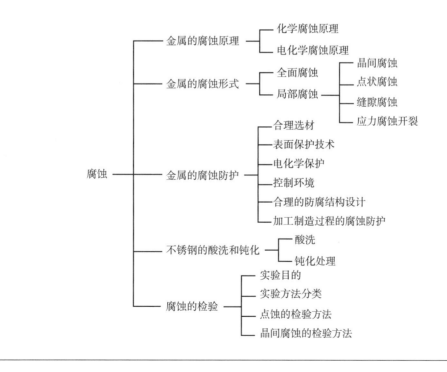

第15章

不锈钢、耐热钢及其焊接

编写：徐林刚　常凤华　审校：钱强

本章以高合金钢材料的冶金基础和成分特点，按欧洲材料标准介绍不锈钢和耐热钢的冶金成分、力学性能及其焊接相关问题，重点讲述了常用奥氏体不锈钢在焊接时焊接材料的选择、焊接工艺措施的制定及注意事项等内容。

15.1 不锈钢概述

15.1.1 不锈钢定义

不锈钢的定义是主加元素铬含量能使钢处于钝化状态，具有不锈特性的钢。按标准 EN 10020：2000《钢的等级定义和划分》和 GB／T 20878—2007《不锈钢和耐热钢　牌号及化学成分》中规定：铬含量至少 10.5%，碳含量最大值为 1.2% 的钢为不锈钢。铬能使钢的表面迅速形成致密的 Cr_2O_3 薄膜，同时钢的电极电位和在氧化性介质中的耐腐蚀性极大地提高。典型的不锈钢合金类型有 Cr、Cr–Ni、Cr–Ni–Mo 等。

不锈钢根据其使用性能按 EN 10088-1：2014 标准可分为耐腐蚀钢、耐热钢和抗蠕变钢。其中耐腐蚀钢是指在大气、水和酸、碱、盐及其溶液等介质中耐整体腐蚀和局部腐蚀性能的钢。不同环境介质条件下的耐腐蚀性是这类钢的主要性能。通常我们所说的不锈钢主要就指这类耐腐蚀钢。耐热钢是指在高于550℃以上温度条件下有很好的抗氧化性（抗氧化不起皮），高温下的抗氧化性是此类钢的主要性能。而抗蠕变钢是指在高于500℃温度长时间工作条件下有较好的抗变形能力，所以热强性能就是此类钢的主要技术指标。而我国把抗蠕变钢和耐热钢的性能往往合并在一起考虑，称之为高合金耐热钢。

不锈钢和耐热钢都属于高合金类钢种，往往具有相同的组织类型和相近的冶金成分。甚至同一个钢种既有一定的耐腐蚀性又能满足使用条件下热强性和抗氧化性的要求，所以这两种钢焊接性及其焊接工艺的要求基本相同。因此不锈钢和耐热钢的焊接材料标准是同样的。

15.1.2 合金元素与铁和碳的相互作用

合金元素对铁的同素异晶转变有很大影响，主要是通过合金元素在 α–Fe 和 γ–Fe 中的固溶度以及对 γ–Fe 存在温度区间的影响表现出来，而这二者又决定了合金元素与铁元素构成的二元合金相图的基本类型。

不锈钢中的合金元素含量较多，总体来讲，各类不锈钢中包含的合金元素有 C、Mn、Ni、N、Si、Cr、Mo、P、V、Ti、Al、Nb 等。合金元素对铁碳二元合金相图中的相区会产生不同影响，其中 Mn、Ni 等元素使 γ 区扩展，与 γ–Fe 形成无限固溶体，与 α–Fe 形成有限固溶体，它们均使 A_3 点降低，A_4 点升高。C、N 元素使 A_3 点降低，A_4 点升高，γ 区扩展，与 α–Fe 和 γ–Fe 均形成有限固溶体。而 Si、Cr、Mo、P、V、Ti、Al 等元素使 A_3 点上升，A_4 点下降，封闭 γ 区，无限扩大 α 区。Nb 缩小 γ 区，但不使 γ 区封闭。

此外，不锈钢中的合金元素与碳元素会发生相互作用。其作用主要有以下几种情况。

（1）非碳化物形成元素 Ni、Si、Al 溶于 α–Fe 或 γ–Fe 中以固溶体形式存在。

（2）碳化物形成元素 Ti、Nb、V、Mo、Cr、Mn 一部分溶于奥氏体和铁素体中，另一部分与碳形成碳化物，Ti、V、Nb 为强碳化物形成元素，Mo、Cr 为中强碳化物形成元素，Mn 为弱碳化物形成元素。

（3）形成间隙化合物 $Cr_{23}C_6$、Cr_2C_3、Mn_3C、Fe_3C 等。

（4）间隙相 VC、TiC、Mo_2C 熔点高，硬度高，很稳定，热处理时不易分解，不易溶于奥氏体中。

（5）合金元素可溶于碳化物中形成多元碳化物，如 Fe_4Mo_2C、$Fe_3W_2C_6$，常以 M_6C、$M_{23}C_6$ 表示。

（6）合金元素溶于渗碳体中即为合金渗碳体，如 $(FeCr)_3C$、$(FeMn)_3C$，常以 $(FeM)_3C$ 表示。

15.1.3 几种主要合金元素对相变的影响

从各元素对不锈钢组织的影响和作用程度来看，基本上有两类元素。一类是形成稳定奥氏体的元素，如 C、Ni、Mn、N 和 Cu 等，其中 Ni、C 和 N 的作用程度较大。另一类是缩小甚至封闭 γ 相区即形成铁素体的元素，如 Cr、Si、Mo、Ti、Nb、V、W 和 Al 等，其中 Cr、Si、Mo 的影响较大。

15.1.3.1 碳元素的影响

碳是钢中的主要元素。在普通不锈钢中，碳不与镍形成碳化物，碳首先和铬形成化合物，然后是铁。铬是一种中强碳化物形成元素，可形成如 $M_{23}C_6$、Cr_7C_3、Cr_3C_2 等碳化物，前两者可能在不锈钢中出现，然而在大多数情况下，形成 $(FeCr)_{23}C_6$ 混合碳化物，即 $M_{23}C_6$。

碳有强烈的奥氏体化作用，在钢中有相当的碳在一定的温度被 γ 相溶解。723℃时，碳在 γ 相中的溶解度是 α 相的 40 倍。因此可认为不锈钢中奥氏体对碳具有很好的溶解性。由于铬元素具有强烈的形成 $M_{23}C_6$ 碳化物倾向，使得碳在奥氏体中活性降低，因此碳在奥氏体中的溶解度大打折扣。由于碳化物可以在很低的含碳量下生成，奥氏体不锈钢中碳的溶解度大大降低。

加入铬和镍可以降低纯铁中碳的溶解度，并且溶解度随着温度的降低进一步降低，直到室温。所以奥氏体铬–镍钢在含碳量低时，也可以析出 $M_{23}C_6$ 碳化物。通常碳在 α 相中的析出速率要比在 γ 相中快。

碳影响 σ 相形成。增加碳含量将使碳化物含量增加，部分铬变为 $M_{23}C_6$ 高铬碳化物。因而基体中铬含量减少，σ 相析出减慢。碳将抑制金属间相的形成，如果碳和钛或铌形成碳化物，这种抑制作用将降低。

15.1.3.2 锰元素的影响

锰元素使 γ 相区扩大，锰含量超过 35% 的钢，室温下可得到奥氏体（图 15.1）。但是这种奥氏体锰钢由于没有特别的抗腐蚀性能而一般不用于腐蚀环境。在对 σ 相形成的影响上，锰不是全部而是部分代替了镍。随着氮的加入，锰可提高氮的溶解度。

然而有一种含 C1.2%、含 Mn12% 的特殊钢（称为"高锰钢"），这种钢通常加热到 950~1000℃ 后水中淬火，得到奥氏体，具有高韧性，但是如果有冷变形，会使不稳定的奥氏体转变为马氏体，因此这种钢可用于耐冲击磨损条件下。

C、Mn、Ni 等合金元素对 γ 相区的影响因相互制约而呈非线性变化，但是影响趋势是相同的（图 15.2）。

15.1.3.3 硅元素的影响

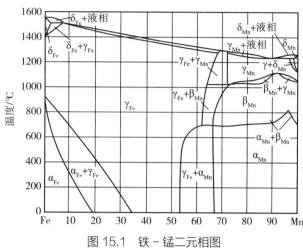

图 15.1 铁－锰二元相图

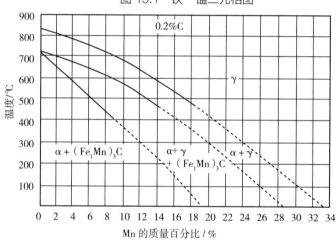

图 15.2 0.2%C 时铁－碳－锰相图

硅元素使 γ 相区缩小，对于 Si 与纯 Fe 的二元合金，Si 含量大于 3% 的合金在加热时不会形成奥氏体（图 15.3），Si 增加会使 A_{c3} 温度提高、A_{c4} 温度降低，直至重合。也就是说，Si 含量大于 3% 的合金在淬火 + 回火时不会再发生组织转变，因为在所有温度下都是铁素体。

Si 含量大于 3% 的低合金钢不能通过正火或调质来调整组织和性能，故不能作为结构用钢。但由于它特殊的磁性而用于变压器、继电器等。

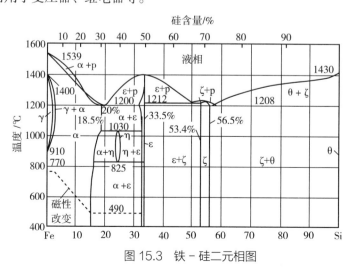

图 15.3 铁－硅二元相图

如果 Si 和 C 同时作为 Fe 的合金元素，对于奥氏体的作用而言两者是相反的，C 会增加奥氏体温度范围，而 Si 则缩小奥氏体温度范围（图 15.4）。

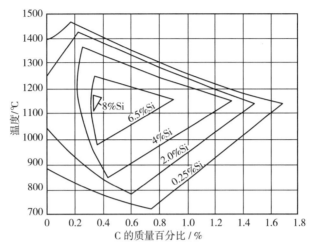

图 15.4 铁－碳－硅相图中的截面图，Si 对 γ 相区的影响

15.1.3.4 铬元素的影响

铬元素对于高合金钢的抗腐蚀性非常重要，铬元素会缩小奥氏体温度范围（图 15.5）。加入铬元素会使 A_{c3} 温度先降低再升高，与 A_{c4} 温度重合。

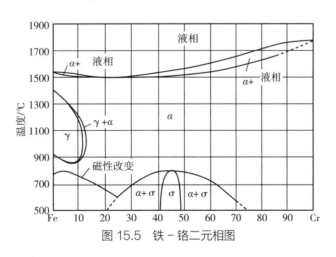

图 15.5 铁－铬二元相图

Cr 是强铁素体形成元素，其含量超过 12% 时，在所有温度下都是铁素体，称为铁素体铬钢。铁素体铬钢不能正火，因为在固态下不发生组织转变。

Cr-Fe 二元相图中还有一种金属间化合物 FeCr，即 σ 相，是低韧性化合物，应避免出现。

就奥氏体温度范围而言，C 和 Cr 的作用方向是相反的（图 15.6）。典型耐热钢 X20CrMoV12 1，它的组织要经过淬火 + 回火得到，因此不应含太多的 Cr 和太少的 C。

强碳化物形成元素包括 Cr、Nb、V、W、Mo、Co、Ta 等（图 15.7），所形成的碳化物 $Cr_{23}C_6$、TiC、NbC 等对于高合金钢的性能有非常重要的影响。

从铁－铬－碳相图（图 15.8）看出，碳化物 $Cr_{23}C_6$ 中可含有 60%~94%Cr、5.5%C，也可溶解少量

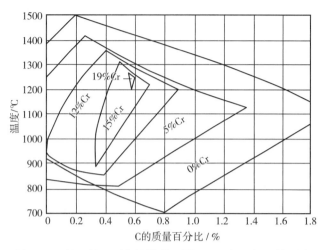

图 15.6 铁－铬－碳相图的截面图，Cr 对 γ 相区的影响

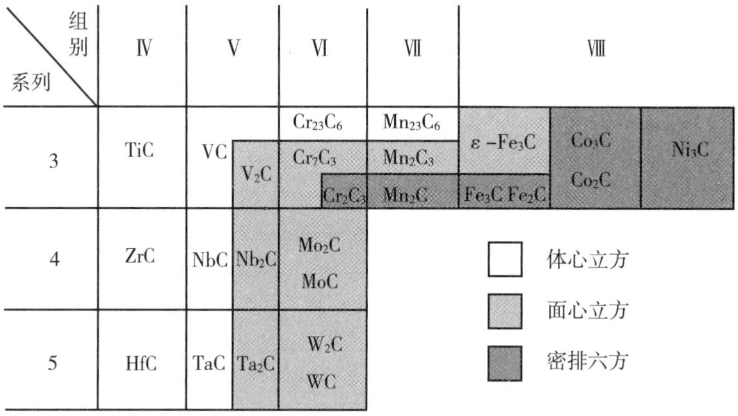

图 15.7 各族元素的碳化物

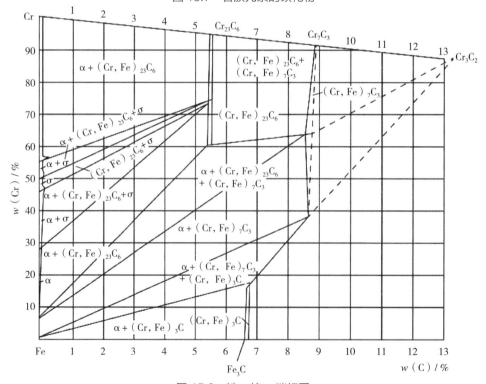

图 15.8 铁－铬－碳相图

的 Fe 和 Mn。$Cr_{23}C_6$ 称为 $M_{23}C_6$（M 表示金属元素）。从图中还可以看出，渗碳体最高能溶解 18%Cr。

图 15.9 表明，含碳量为 0.10% 的钢，根据 Cr 含量的不同，会出现 M_3C、M_7C_3、$M_{23}C_6$。如果钢中再增加 Mo 元素，会产生另外的碳化物，如 Mo_2C、Mo_6C。

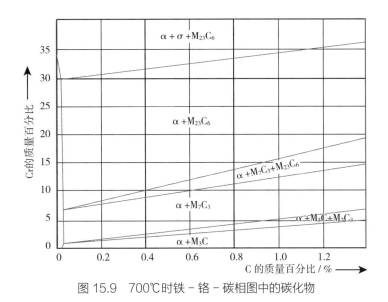

图 15.9　700℃时铁－铬－碳相图中的碳化物

Cr 含量不小于 18% 的钢，会产生较多的 $M_{23}C_6$，在一定条件下会出现晶间腐蚀。Cr 含量大于 30% 的钢，会产生 σ 相，使钢的韧性降低，因此 σ 相一定要避免。

15.1.3.5　镍元素的影响

在高合金钢中镍是非常重要的元素，因为它可以增大奥氏体温度范围，是强奥氏体形成元素（γ 相）。从 Ni-Fe 二元相图（图 15.10）中看，当含 Ni 大于 5%，金属溶液就不再凝固为 δ 铁素体，

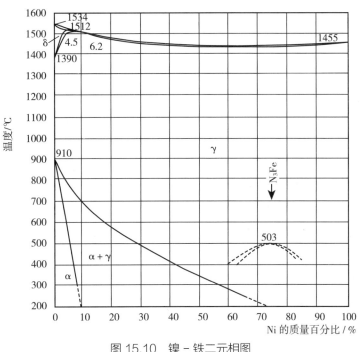

图 15.10　镍－铁二元相图

而是形成 γ 奥氏体。铁素体的形成被限制在一个很小的铁素体相区角上（图 15.10 左上角）。随后再冷却到 1400~1500℃时，铁素体又转变成奥氏体，这个转变是包晶转变。凝固形成的 γ 奥氏体相区很大，有时易形成偏析。含 Ni 达到 100% 才能在室温下得到稳定的奥氏体组织。

　　Ni 是扩大奥氏体相区的元素。随着 Ni 含量的增加，奥氏体向铁素体的转变转移到更低的温度 350~900℃。奥氏体组织很稳定，以至于快速冷却时，在很低的温度下，甚至在室温，都能保持奥氏体组织。奥氏体 Cr-Ni 钢就基于这个原理。因为奥氏体向铁素体转变被完全抑制，所以这种钢无法再硬化。由于奥氏体是无磁性的，所以在磁铁的帮助下，很容易与铁素体钢分开。在 Fe-Ni 系中也无脆性相。

　　工程上有一种 Ni 含量为 36% 的重要的 Ni-Fe 合金，可以通过改变 Ni 含量控制钢的热膨胀程度。

　　Ni 含量 10%~70% 范围内的 α+γ 转变非常慢，因此正常冷却下来仍然得到奥氏体，但奥氏体不稳定，合金在冷加工时会迅速转变成马氏体。

　　Ni 在低合金钢中主要用于改善钢的韧性，含 Ni 3.5%、5%、9% 等含 Ni 钢在低温下具有良好的韧性（图 15.11）。

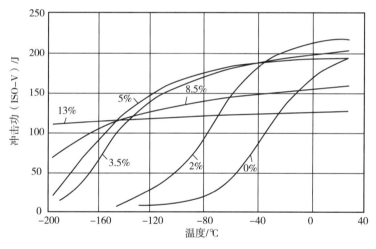

图 15.11　Ni 的含量对缺口韧性的影响

15.1.3.6 氮元素的影响

　　不锈钢中由于合金元素铬的存在，使氮具有良好的溶解度。在电弧焊中，熔滴从空气中吸收氮，尤其弧长较长时。通过此方式可获得 0.1% 或更多的氮。

　　作为奥氏体化元素，氮和碳一样在三元铁 – 铬 – 镍相图中对相转变有较大影响。但是氮比碳在奥氏体铬 – 镍不锈钢中的溶解度高得多，因此氮在奥氏体钢中不易形成脆性的析出相。图 15.12 为氮在 1600℃时在液态铁铬镍合金中的溶解度，可见随着铬含量的增加，氮的溶解度随铬含量的增加而快速增加。在含 Cr21% 和含 Cr25% 的不锈钢中，溶解氮能力很低的 σ 相可以很容易检测出来。如果 σ 相析出，则铬被带走，使基体中贫铬，从而造成氮溶解度降低。

　　氮在奥氏体中的溶解度高，但在铁素体中溶解度低。在 900℃时，氮在铁素体中的溶解度接近 0.01%，随着温度降低，溶解度进一步降低。图 15.13 表示三元 Fe-Cr-N 相图中铬为 18% 和 26% 时氮的浓度曲线。从图中还可以看出氮强烈的奥氏体化作用。如果没有氮，这种合金就凝固成纯铁素体，即使继续冷却，也不会生成奥氏体。然而随着氮含量的增加，组织中除铁素体外，奥氏体的含量也在增加。

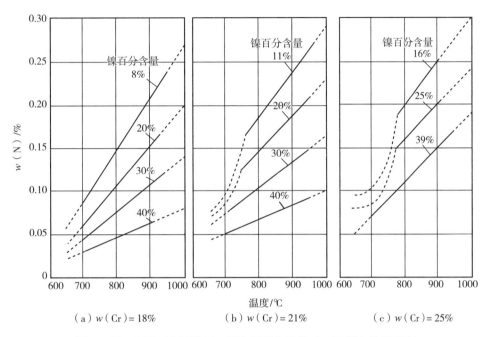

图 15.12　600~1000℃时，氮在低碳奥氏体 Cr-Ni 钢中的溶解度

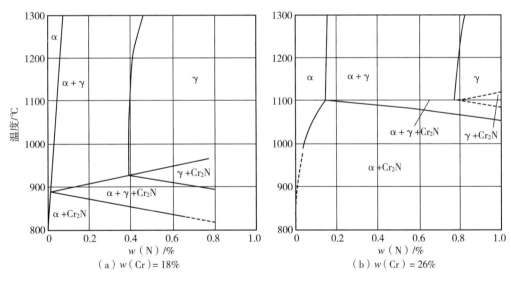

图 15.13　Cr 为 18% 和 26% 时氮的浓度曲线

不锈钢中如果氮的溶解度超出了极限，氮就会以铬氮化合物（Cr_2N）的形式析出。氮可以延缓不能溶解氮的析出相 $M_{23}C_6$ 和含钼的 Fe_2Mo 等的析出时间。但是 M_6C 碳化物能够溶解氮，因此氮可促进 M_6C 的析出。延长退火时间会促进如 M_2N 和 M_6（CN）型的复杂氮化物的形成。

当碳和氮同时存在时，它们的影响是相同的。增加氮含量，可以使 γ 相界扩大。这两种元素都使 Fe-Cr-Ni 系中 σ 相析出曲线向铬含量更高的方向移动。氮对其他金属间相的影响也与碳相似。在 Fe-Cr-Ni 系中，氮能促成不能溶解氮或溶解少量氮的相析出，并且随着氮含量增加，Fe-Cr-Ni 系中 σ 相的析出边界向高铬方向移动。

高合金钢的铁素体或奥氏体凝固转变结果可通过 Fe-Cr-Ni 相图的 72%Fe 截面图来说明（图15.14）。合金系的共晶线切于 E 点，铁素体铬钢如 X8Cr17（图的左侧），在最初凝固时全部变成铁素体，在冷却到室温时也不发生组织转变。抗蠕变奥氏体钢如 X8CrNi16-13（图的右侧），在最初凝固时全部变成奥氏体，在冷却到室温时也不发生组织转变。然而，抗化学腐蚀钢如 X5CrNi18-10，在凝固时大部分是铁素体，在冷却过程中或多或少转变成奥氏体，冷却到室温时那些没有发生转变的剩余的高温铁素体称为 δ - 铁素体。

最初的凝固方式决定了热裂纹倾向，抗化学腐蚀钢特别是相应的焊缝金属凝固时，主要是依靠铁素体来避免产生热裂纹。

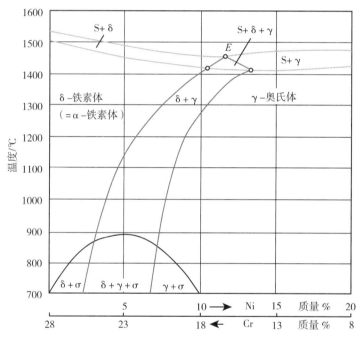

图 15.14　Fe-Cr-Ni 相图的 72%Fe 截面

15.1.4　舍夫勒组织图和德龙组织图

舍夫勒（Schaeffler）组织图（图 15.15）是一种简单适用的方法，用钢中所有能够缩小奥氏体温度范围的合金元素（称为 Cr 当量，$Cr_{eq}=Cr+Mo+1.5Si+0.5Nb$）和所有能够扩大奥氏体温度范围的合金元素（称为 Ni 当量，$Ni_{eq}=Ni+30C+0.5Mn$）来分析图中的某一区域的组织，即通过用合金元素质量百分比来计算和分析焊缝金属及钢中合金元素对显微组织的影响。异种钢焊接时，为了确保焊缝成分合理（保证塑性、韧性和抗裂性），必须正确选择焊接材料和适当控制焊缝熔合比或稀释率。应用舍夫勒组织图可方便地帮助我们分析和预测复杂合金系统的焊缝组织分布。

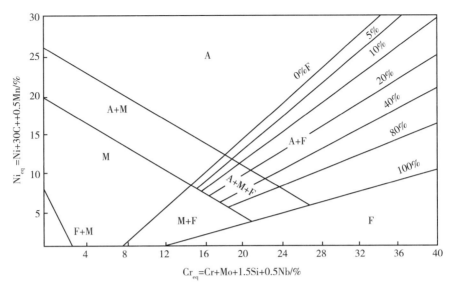

图 15.15　舍夫勒组织图

舍夫勒组织图没有考虑奥氏体形成元素氮的作用，德龙（Delong）组织图是在舍夫勒组织图的基础上改进的，德龙组织图的铬当量和镍当量计算公式为：$Cr_{eq} = Cr + Mo + 1.5Si + 0.5Nb$；$Ni_{eq} = Ni + 30C + 30N + 0.5Mn$。德龙组织图进一步改进了曲线精确度，估算铁素体含量的精确度为 ±2%，图 15.16 为德龙组织图。

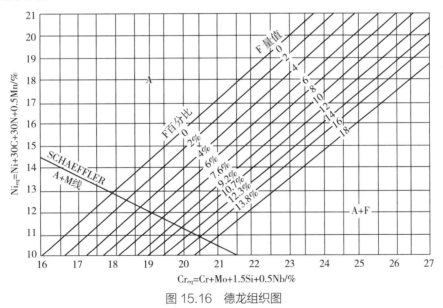

图 15.16　德龙组织图

15.1.5　不锈钢的分类和应用

不锈钢是指主加元素铬，能使钢处于钝化状态，而具有不锈特性的钢。不锈钢的分类方法很多，本部分主要介绍按照组织不同和按照使用性能不同两种分类方法。

15.1.5.1　不锈钢按组织不同分类

按照不锈钢组织的不同，将不锈钢分为：①铁素体不锈钢；②马氏体不锈钢；③奥氏体不锈钢；④奥氏体—铁素体不锈钢；⑤沉淀硬化型不锈钢。不同组织类型的不锈钢在舍夫勒图的位置如图 15.17 所示。

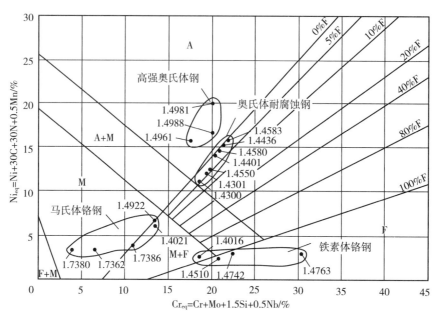

图 15.17 不同组织类型的不锈钢在舍夫勒图中的位置

15.1.5.2 不锈钢按使用性能分类

按 EN 10088-1：2014 标准《不锈钢》目录中，根据使用性能分为耐蚀钢、耐热钢和抗蠕变钢。

（1）耐蚀钢。

欧盟标准中不同领域涉及耐蚀钢的产品形式技术供货条件如下：

EN 10028-7《承压设备用扁平钢制品 第 7 部分：不锈钢》

EN 10088-2《不锈钢 第 2 部分：一般用途耐腐蚀钢薄板 / 板材和带材的交货技术条件》

EN 10088-3《不锈钢 第 3 部分：一般用途耐腐蚀钢半成品、棒材、杆材、线材、型材和光亮产品的交货技术条件》

EN 10088-4《不锈钢 第 4 部分：建筑用耐腐蚀钢薄板 / 板材和带材的交货技术条件》

EN 10088-5《不锈钢 第 5 部分：建筑用棒材、杆材、线材、型材和抛光耐腐蚀钢的技术交付条件》

EN 10151《弹簧用不锈钢钢带 技术交货条件》

EN 10216-5《承压用无缝钢管 技术交货条件 第 5 部分：不锈钢管》

EN 10217-7《压力用途焊接钢管 交货技术条件 第 7 部分：不锈钢管》

EN 10222-5《压力用钢锻件 第 5 部分：马氏体、奥氏体和奥氏体铁素体不锈钢》

EN 10250-4《一般工程用途的敞口钢模锻件 第 4 部分：不锈钢》

EN 10263-5《冷加工和冷挤压钢杆材 棒材和线材 第 5 部分：不锈钢交付技术条件》

EN 10264-4《钢丝和钢丝制品 绳索用钢丝 第 4 部分：不锈钢钢丝》

EN 10269《规定高温和 / 或低温性能的紧固件用钢和镍合金》

EN 10270-3《机械弹簧用钢丝　第 3 部分：不锈钢弹簧钢丝》

EN 10272《承压设备用不锈钢棒材》

EN 10296-2《机械工程和一般工程用焊接圆钢管　交货技术条件　第 2 部分：不锈钢》

EN 10297-2《机械和一般工程用无缝圆钢管　技术交货条件　第 2 部分：不锈钢》

EN 10312《水和其他液体输送用焊接不锈钢管　交货技术条件》

（2）耐热钢。

欧盟标准中不同领域涉及耐热钢的产品形式技术供货条件如下：

EN 10095《耐热钢和镍合金》

EN 10264-4《钢丝和钢丝制品　绳索用钢丝　第 4 部分：不锈钢钢丝》

（3）抗蠕变钢。

欧盟标准中不同领域涉及抗蠕变钢钢的产品形式技术供货条件如下：

EN 10028-7《承压设备用扁平钢制品　第 7 部分：不锈钢》

EN 10216-5《承压用无缝钢管　技术交货条件　第 5 部分：不锈钢管》

EN 10222-5《承压用钢锻件　第 5 部分：马氏体奥氏体和奥氏体铁素体不锈钢》

EN 10269《规定高温和 / 或低温性能的紧固件用钢和镍合金》

EN 10302《镍和镍钴合金的耐蠕变钢》

15.1.5.3 应用

1. 铁素体不锈钢

基体以体心立方晶体结构的铁素体组织（相）为主，有磁性，一般不能通过热处理硬化，冷加工可使其轻微强化的不锈钢。这类钢中 Cr 含量为 13%~30%，不含 Ni，有热加工时晶粒粗大的不可逆性。低铬铁素体不锈钢在耐腐蚀介质中，如盐溶液中有良好的耐蚀性，如国标中的 10Cr17、022Cr18Ti 等，用于建筑内装饰、家庭用具、家用电器、汽车外装材料等。高铬铁素体不锈钢，具有良好的抗高温氧化性，在氧化性的介质中耐腐蚀性好，在硝酸和化肥工业中应用广泛。如国标中的 008Cr27Mo、008Cr30Mo2 等。按 ISO / TR 15608：2017 划分，铁素体不锈钢属于第 7.1 组别。

2. 马氏体不锈钢

基体为马氏体组织，有磁性，通过热处理可调整其力学性能的不锈钢。这类钢中 $w(Cr) \geqslant 13\%$，$w(C)$ 为 0.1%~0.4%，通过淬火或淬火 + 回火后，具有较高的强度、硬度和耐磨性以及良好的耐蚀性。一般用在海水、淡水、水蒸气等弱腐蚀介质中，使用温度小于 580℃，如国标中的 20Cr13、14Cr17Ni2、20Cr17Ni2 等。随着含碳量的增加，加工成型性能变差，但强度提高，主要用于刀具、汽轮机叶片、耐海水腐蚀设备等。按 ISO / TR 15608：2017 划分，马氏体不锈钢属于第 7.2 组别。

3. 奥氏体不锈钢

基体以面心立方晶体结构的奥氏体组织（相）为主，无磁性，主要通过冷加工使其强化（并可能导致一定的磁性）的不锈钢。按主要合金元素可以按如下分类。

（1）18-8 型：属于含少量 δ 铁素体的不锈钢，一定的腐蚀介质下耐腐蚀性好，应用最广泛。一类是超低碳时可用于超低温结构，如国标中的 022Cr19Ni10、06Cr19Ni9 等。另一类是加稳定化元素 Nb、Ti 的用于 700~800℃的不锈钢，耐晶间腐蚀性好，使用于食品、化工、医药、原子能工业等，如国标中的 06Cr18Ni11Ti、07Cr18Ni11Nb，含碳量较高的如 12Cr18Ni9Ti 经冷作强化后可用于建筑装饰材料等。ISO / TR 15608：2017 划分，属于第 8.1 组别。

（2）18-12 型：在 Cr、Ni 不锈钢的基础上，一般加入 2%~3% 的 Mo，这类不锈钢也叫耐酸钢。在有机酸和无机酸中，尤其是在海水和其他各种介质中，作为耐点蚀材料，如各种抗酸设备、染色设备等应用比较广泛，如国标中的 022Cr18Ni12Mo2、06Cr18Ni12Mo2Ti 等，在海水和其他各种介质中，耐腐蚀性好，耐点蚀性能强。Mo 具有耐热性，所以此钢也可以用作热强钢。ISO / TR 15608：2017 划分，属于第 8.1 组别。

（3）25-20 型：属于纯奥氏体不锈钢，具有耐腐蚀性、抗氧化性好的特点，既可以作为不锈钢，也可以作为耐热钢，在高温条件下可用到 1050℃依然保持稳定性的钢，由于 Ni 含量高焊接时热裂纹倾向大。典型钢种如国标中的 06Cr25Ni20 等。ISO / TR 15608：2017 划分，属于第 8.2 组别。

4. 奥氏体 - 铁素体不锈钢

基体中兼有奥氏体和铁素体两相组织（其中较少相的含量一般大于 15%），有磁性，可通过冷加工使其强化的不锈钢。又称双相不锈钢，强度高、韧性好、焊接性良好，应力腐蚀、晶间腐蚀及焊接热裂纹倾向都小于奥氏体不锈钢。如国标中的 022Cr18Ni5Mo3Si2、022Cr25Ni6Mo2N 等，用于氯离子环境，用于炼油、化肥、造纸、石油化工等领域，常用于石油化工行业。按 ISO / TR 15608：2017 划分，奥氏体 - 铁素体双相不锈钢属于第 10 组别。

5. 沉淀强化型不锈钢

沉淀强化不锈钢是在马氏体或奥氏体不锈钢中添加强化性元素，通过热处理的方法获得高强度、高韧性、良好的耐蚀性的一类不锈钢。包括马氏体沉淀强化不锈钢、半奥氏体沉淀强化不锈钢和奥氏体沉淀强化不锈钢。如国标中的 09Cr17Ni7Al、08Cr17Ni7AlTi 等，通常用在耐蚀、耐磨、高强度的结构件中。

15.2 不锈钢化学成分和性能（EN 10088-2）

15.2.1 不锈钢的化学成分

按 EN 10088-2 标准各类不锈钢化学成分见表 15.1~ 表 15.4。

表 15.1 铁素体不锈钢化学成分

钢种	化学成分 [a]/%									
	C	Si	Mn	P	S	N	Cr	Ni	Ti	其他
X2CrNi12	0.03	1.00	1.50	0.040	0.015	0.030	10.50~12.50	0.30~1.00	—	—
X2CrTi12	0.03	1.00	1.00	0.040	0.015	—	10.50~12.50		[6（C+N）]－0.65[c]	—
X6CrNiTi12	0.08	0.70	1.50	0.040	0.015		10.50~12.50	0.50~1.50	0.05~0.35	—
X6Cr13	0.08	1.00	1.00	0.040	0.015[b]		12.00~14.00		—	—

续表

钢种	化学成分 [a]/%									
	C	Si	Mn	P	S	N	Cr	Ni	Ti	其他
X6CrAl13	0.08	1.00	1.00	0.040	0.015[b]	—	12.00~14.00	—	—	Al: 0.10~0.30
X2CrTi17	0.025	0.50	0.50	0.040	0.015	0.015	16.00~18.00	—	0.30~0.60	—
X6Cr17	0.08	1.00	1.00	0.040	0.015	—	16.00~18.00	—	—	—
X3CrTi17	0.05	1.00	1.00	0.040	0.015	—	16.00~18.00	—	[4(C+N)+0.15]~0.80[c]	—

注：a. 均为最大值，除非另外规定。

　　b. 对于条形材、棒材、丝材、型材和光亮产品以及相应的半成品，使用的 S 的最大含量为 0.030 %。使用硫含量的特殊范围值可以改善钢材的特性。针对力学性能 S 含量控制在 0.015% 到 0.030%。对于可焊接性，S 含量控制在 0.008% 到 0.030%。对于抛光性能，推荐使用 S 含量最大值为 0.015%。

　　c. 使用钛或铌或锌增强钢材的稳定性。根据这些合金元素的原子数和碳含量以及氮含量，满足以下等式：

$$Nb（\% 质量分数）\equiv Zr（\% 质量分数）\equiv 7/4 \, Ti（\% 质量分数）$$

表 15.2　马氏体不锈钢化学成分

钢种	化学成分 [a]/%										
	C	Si	Mn	P	S	Cr	Cu	Mo	Nb	Ni	其他
X12Cr13	0.08~0.15	1.00	1.50	0.040	0.015[b]	11.50~13.50				≤ 0.75	
X20Cr13	0.16~0.25	1.00	1.50	0.040	0.015[b]	12.00~14.00					
X17CrNi15-2	0.12~0.22	1.00	1.50	0.040	0.015	15.00~17.00		1.50~2.50			
X3CrNiMo13-4	0.05	0.70	1.50	0.040	0.015[b]	12.00~14.00		0.30~0.70		3.50~4.50	N ≥ 0.020
X4CrNiMo16-5-1	0.06	0.70	1.50	0.040	0.015[b]	15.00~17.00		0.80~1.50		4.00~6.00	N ≥ 0.020
X5CrNiCuNb16-4	0.07	0.70	1.50	0.040	0.015[b]	15.00~17.00	3.00~5.00	≤ 0.60	5C~0.45	3.00~5.00	
X7CrNiAl17-7	0.09	0.70	1.00	0.040	0.015[b]	16.00~18.00				6.50~7.80	Al: 0.70~1.50

注：a. 除另有说明，一般为最大值。

　　b. 特定范围的硫含量可能提供特定性能的改进。为了可加工性，建议并允许将硫含量控制在 0.015% 至 0.030% 之间。为了可焊性，建议并允许将硫含量控制在 0.008%~0.015% 之间。为了抛光性，建议将硫含量控制在 0.015% 以下。

表 15.3　奥氏体不锈钢化学成分

钢种	化学成分 [a]/%										
	C	Si	Mn	P	S	Cr	N	Cu	Mo	Ni	其他
X10CrNi18-8	0.05~0.15	2.00	2.00	0.045	0.015	16.00~19.00	0.10	—	0.80	6.00~9.50	—
X2CrNiN18-7	0.03	1.00	2.00	0.045	0.015	16.50~18.50	0.10~0.20	—		6.00~8.00	—
X2CrNi18-9	0.03	1.00	2.00	0.045	0.015[b]	17.50~19.50	0.10	—		8.00~10.50	—
X2CrNi19-11	0.03	1.00	2.00	0.045	0.015[b]	18.00~20.00	0.10	—		10.00~12.00	—
X2CrNiN18-10	0.03	1.00	2.00	0.045	0.015[b]	17.50~19.50	0.12~0.22	—		8.50~11.50	—
X5CrNi18-10	0.07	1.00	2.00	0.045	0.015[b]	17.50~19.50	0.10	—	—	8.00~10.50	—

钢种	化学成分 [a]/%										
	C	Si	Mn	P	S	Cr	N	Cu	Mo	Ni	其他
X8CrNiSi18-9	0.10	1.00	2.00	0.045	0.15~0.35	17.00~19.00	0.10	1.00	—	8.00~10.00	—
X6CrNiTi18-10	0.08	1.00	2.00	0.045	0.015[b]	17.00~19.00	—	—	—	9.00~12.00	Ti：5C~0.70
X6CrNiNb18-10	0.08	1.00	2.00	0.045	0.015	17.00~19.00	—	—	—	9.00~12.00	Nb：10C~1.00
X4CrNi18-12	0.06	1.00	2.00	0.045	0.015[b]	17.00~19.00	0.10	—	—	11.00~13.00	—
X1CrNi25-21	0.02	0.25	2.00	0.025	0.010	24.00~26.00	0.10	—	0.20	20.00~22.00	—
X2CrNiMo17-12-2	0.03	1.00	2.00	0.045	0.015[b]	16.50~18.50	0.10	—	2.00~2.50	10.00~13.00	—
X1CrNiMoCuN25-25-5	0.02	0.70	2.00	0.030	0.015[b]	24.00~26.00	0.17~0.25	1.00~2.00	4.70~5.70	24.00~27.00	—

注：a. 除另有说明，为最大值。

　　b. 特定范围的硫含量可能提供特定性能的改进。为了可加工性，建议并允许将硫含量控制在0.015%~0.030%。为了焊性，建议并允许将硫含量控制在0.008%~0.015%。为了抛光性，建议将硫含量控制在0.015%以下。

表15.4　奥氏体－铁素体不锈钢的化学成分

钢种		化学成分 [a]/%										
符号标记	数字标记	C	Si	Mn	P	S	Cr	Mo	Ni	N	Cu	W
X2CrNiN23-4	1.4362	0.030	1.00	2.00	0.035	0.015	22.00~24.50	0.10~0.60	3.50~5.50	0.05~0.20	0.10~0.60	—
X2CrNiMoN22-5-3[b]	1.4462[b]	0.030	1.00	2.00	0.035	0.015	21.00~23.00	2.50~3.50	4.50~6.50	0.10~0.22	—	—
X2CrNiMoCuN25-6-3	1.4507	0.030	0.70	2.00	0.035	0.015	24.00~26.00	3.00~4.00	6.00~8.00	0.20~0.30	1.00~2.50	—
X2CrNiMoN25-7-4	1.4410	0.030	1.00	2.00	0.035	0.015	24.00~26.00	3.00~4.50	6.00~8.00	0.24~0.35	—	—
X2CrNiMoCuWN25-7-4	1.4501	0.030	1.00	1.00	0.035	0.015	24.00~26.00	3.00~4.00	6.00~8.00	0.20~0.30	0.50~1.00	0.50~1.00

注：a. 均为最大值，除非另外规定。

　　b. 根据协商，该组别钢材应该按照耐点蚀性当量（$PREN = Cr + 3.3\,Mo + 16\,N$）大于34供货。

15.2.2 不锈钢的物理性能

各类不锈钢与碳素钢的物理性能比较见表15.5。

碳素钢密度稍大于马氏体和铁素体不锈钢，但低于奥氏体不锈钢。电阻则按碳素钢、铁素体钢、奥氏体不锈钢顺序增大。奥氏体钢电阻可达碳素钢的5倍。

奥氏体不锈钢线膨胀系数比碳素钢的约大50%，而马氏体不锈钢和铁素体不锈钢的线膨胀系数大体上和碳素钢的相等。奥氏体的热导率比碳素钢的低，仅为其1/3左右。另两类不锈钢热导率为碳素钢的1/2左右。

表 15.5　不锈钢与碳素钢的物理性能

种类	钢种（日、德）	密度 / g.cm^{-3}	电阻率 / μΩ.cm	磁性	比热容 / $[10^3 J/(kg·K)^{-1}]$（0~100℃）	平均线胀系数 / $10^{-6}℃^{-1}$（0~100℃）	热导率 / $[W/(m·K)^{-1}]$（100℃）	纵向弹性系数 / 10^3MPa
碳素钢		7.86	15	有	0.50	11.4	46.89	205.9
马氏体 不锈钢	SUS401 SUS403SSU SUS402J2 SUS431	7.75	57	有	0.46	9.9	4.91	200.1
铁素体 不锈钢	SUS405 SUS430	7.75 7.70	60	有	0.46	10.4	27.00 26.13	200.1
奥氏体 不锈钢	X12CrNi18 8 X5CrNi18 9 X10CrNiTi18 9 X10CrNiNb18 9 X5CrNiMo18 10	7.93 7.93 7.93 7.98 7.98	72 72 72 73 74	无	0.50	17.3 17.3 16.7 16.7 16.0	16.29 16.29 15.95 15.95 16.29	193.2 193.2 193.2 193.2 193.2

15.2.3 不锈钢的力学性能

按 EN 10088-2 标准各类不锈钢的力学性能见表 15.6~ 表 15.8。各类不锈钢的热加工及热处理工艺见表 15.9。

表 15.6　铁素体钢在室温退火条件下的力学性能和耐晶间腐蚀性能

钢种		产品样式 [a]	厚度 /mm max	0.2% 屈服强度		抗拉强度	断裂后延伸率		抗晶间腐蚀 [d]	
符号标记	数字标记			$R_{p0.2}$/MPa min（纵向）	$R_{p0.2}$/MPa min（横向）	R_m/MPa	A_{80mm} [b] ＜3mm 厚度 /% min（纵向＋横向）	A_{80mm} [c] ≥3mm 厚度 /% min（纵向＋横向）	供货状态	焊接状态
钢等级										
X2CrNi12	1.4003	C	8	280	320	450~650	20		否	否
		H	13.5							
		P	25	250	280		18			
X6Cr13	1.4000	C	8	240	250	400~600	19		否	否
		H	13.5	220	230					
		P	25	250	280					
X6CrAl13	1.4002	C	8	230	250	400~600	17		否	否
		H	13.5	210	230					
		P	25	210	230					
X6Cr17	1.4016	C	8	260	280	430~600	20		是	否
		H	13.5	240	260		18			
		P	25	240	260	430~630	20			

续表

钢种		产品样式[a]	厚度/mm max	0.2% 屈服强度		抗拉强度	断裂后延伸率		抗晶间腐蚀[d]	
符号标记	数字标记			$R_{p0.2}$/MPa min（纵向）	$R_{p0.2}$/MPa min（横向）	R_m/MPa	A_{80mm}[b] < 3mm 厚度/% min（纵向＋横向）	A_{80mm}[c] ≥ 3mm 厚度/% min（纵向＋横向）	供货状态	焊接状态
X3CrTi17	1.4510	C	8	230	240	420~600	23		是	是
		H	13.5							
X2CrNbZr17	1.4590	C	8	230	250	400~550	23		是	是
X6CrNi17-1	1.4017	C	8	330	350	500~750	12		是	是
X2CrAlSiNb18	1.4634	C	8	240	260	430~650	18		是	是
X2CrNbTi20	1.4607	C	8	230	250	430~630	18		是	是
X2CrMoTi17-1	1.4592	C	8	430	450	550~700	20		是	是

注：对于较大的尺寸，可在咨询订购是协商确定。

a. C = 冷轧带；H= 热轧带；P= 热轧板。

b. 该值适用于标距长度 80mm，宽度 20mm 的试件。标距长度 50mm，宽度 12.5mm 的试件也可使用。

c. 该值适用于标距长度 $L_0=5.65\sqrt{S_0}$。

d. 根据 EN ISO 3651-2 进行试验。

表 15.7 淬火状态奥氏体钢室温下的机械性能及抗晶间腐蚀性[a]

钢种		产品样式[b]	厚度/mm max	0.2% 屈服强度 $R_{p0.2}$[c] /MPa min（横向）[d, e]	0.1% 屈服强度 $R_{p1.0}$[c] /MPa min	抗拉强度 R_m/MPa	断裂后延伸率		冲击功（ISO-V） K_{V_2} > 10mm		抗晶间腐蚀[h]	
钢名	钢号						A_{80}[d, f] < 3mm 厚度/% min（横向）	A[d, g] ≥ 3mm 厚度/% min（横向）	/J min（纵向）	/J min（横向）	供货状态下	焊态下[i]
X2CrNiN18-7	1.4318	C	8	350	380	650~850	35	40	—	—	是	是
		H	13.5	330	370							
		P	75	330	370	630~830	45	45	90	60		
X10CrNi18-8	1.4310	C	8	250	280	600~950	40	40	—	—	否	否
X2CrNi18-9	1.4307	C	8	220	250	520~700			—	—	是	是
		H	13.5	200	240		45	45				
		P	75	200	240	500~700			100	60		
X8CrNiS18-9	1.4305	P	76	190	230	500~700	35	35	—	—	否	否
X2CrNiN18-10	1.4311	C	8	290	320	550~750	40	40	—	—	是	是
		H	13.5	270	310							
		P	75	270	310				100	60		
X5CrNi18-10	1.4301	C	8	230	260	540~750	45[j]	45[j]	—	—	是	否[k]
		H	13.5	210	250	520~720			100	60		
		P	75	210	250		45	45				
X6CrNiTi18-10	1.4541	C	8	220	250	520~720	40	40	—	—	是	是
		H	13.5	200	240				100	60		
		P	75	200	240	520~720						

续表

钢种		产品样式 [b]	厚度 /mm max	0.2% 屈服强度 $R_{p0.2}$ [c] /MPa min (横向) [d, e]	0.1% 屈服强度 $R_{p1.0}$ [c] /MPa min (横向) [d, e]	抗拉强度 R_m/MPa	断裂后延伸率		冲击功（ISO-V） $K_{V_2} > 10mm$		抗晶间腐蚀 [h]	
钢名	钢号						A_{80} [d, f] < 3mm 厚度 /% min (横向)	A [d, g] ≥ 3mm 厚度 /% min (横向)	/J min (纵向)	/J min (横向)	供货状态下	焊态下 [i]
X2CrNi19-11	1.4306	C	8	220	250	520~720	45	45	—	—	是	是
		H	13.5	200	240				100	60		
		P	75	200	240	520~720						
X4CrNi18-12	1.4303	C	8	220	250	500~650	45	45	—	—	是	否 [k]
X2CrNiMoN17-11-2	1.4406	C	8	300	330		40	40	—	—	是	是
		H	13.5	280	320	580~780			100	60		
		P	75	280	320							
X2CrNiMoN17-12-2	1.4404	C	8	240	270	530~680	40	40	—	—	是	是
		H	13.5	220	260				100	60		
		P	75	220	260	520~670	45	45				
X5CrNiMoN17-12-2	1.4401	C	8	240	270	530~680	40	40	—	—	是	否 [k]
		H	13.5	220	260				100	60		
		P	75	220	260	520~670	45	45				
X6CrNiMoTi17-11-2	1.4571	C	8	240	270	530~680	40	40	—	—	是	是
		H	13.5	220	260				100	60		
		P	75	220	260	520~670						
X2CrNiMo17-12-3	1.4432	C	8	240	270	550~700	40	40	—	—	是	是
		H	13.5	220	260				100	60		
		P	75	220	260	520~670	45	45				
X2CrNiMo18-14-3	1.4435	C	8	240	270	550~700	40	40	—	—	是	是
		H	13.5	220	260				100	60		
		P	75	220	260	520~670	45	45				
X2CrNiMoN17-13-5	1.4439	C	8	290	320		35	35	—	—	是	是
		H	13.5	270	310	580~780			100	60		
		P	75	270	310		40	40				

对于较大的尺寸，可在咨询订购时协商确定。

注：a. 如果进行热加工并且后续冷处理仍可以获得 EN ISO 3651-2 中规定的产品的机械性能和耐晶间腐蚀性能，则固溶处理可以省略。

　　b. C = 冷轧带；H= 热轧带；P= 热轧板。

　　c. 仅用做指导。

　　d. 如果带极轧制宽度小于 300mm，选取纵向试件，最低值降低如下：

　　　　屈服强度——减 15MPa；

　　　　恒定标距长度的延长率——减 5%；

　　　　比例标距长度的延长率——减 2%。

　　e. 对于连续的热轧产品，可以再咨询订货时商定 $R_{p0.2}$ 的最低值 20MPa 以及 $R_{p1.0}$ 的最低值 10MPa。

　　f. 该值适用于标距长度 80mm，宽度 20mm 的试件。标距长度 50mm，宽度 12.5mm 的试件也可使用。

　　g. 该值适用于标距长度 $L_0=5.56\sqrt{S_0}$。

　　h. 根据 EN ISO 3651-2 进行试验。

　　i. 参见 EN 10088-2 标准中 6.4 注释 2。

　　j. 对于担架矫直材料，最低值为 5% 以下。

　　k. 700℃下敏化处理 15min，之后空气中冷却。

表15.8 不同温度下，0.2%和1%塑性变形的屈服强度最小值（N/mm²）

钢种 符号标记	数字标记	热处理状态	0.2%塑性变形 温度/℃										1%塑性变形 温度/℃									
			100	150	200	250	300	350	400	450	500	550	100	150	200	250	300	350	400	450	500	550
铁素体和马氏体钢																						
X6Cr13	1.4000	退火																				
X6CrA113	1.4002		220	215	210	205	200	195	190	—	—	—	—	—	—	—	—	—	—	—	—	—
X10Cr13	1.4006																					
X12Cr13	1.4006	调质	420	410	400	385	365	335	305	—	—	—	—	—	—	—	—	—	—	—	—	—
X15Cr13	1.4024		420	410	400	385	365	335	305	—	—	—	—	—	—	—	—	—	—	—	—	—
X20Cr13	1.4021		420	410	400	385	365	335	305	—	—	—	—	—	—	—	—	—	—	—	—	—
奥氏体钢																						
X5CrNi18-10	1.4301	淬火	157	142	127	118	110	104	98	95	92	90	191	172	157	145	135	129	125	122	120	120
X5CrNi18-12	1.4303		155	142	127	118	110	104	98	95	92	90	188	172	157	145	135	129	125	122	120	120
X2CrNi19-11	1.4306		147	132	118	108	100	94	89	85	81	80	181	162	147	137	127	121	116	112	109	108
X2CrNiN18-10	1.4311		205	175	157	145	136	130	125	121	119	118	240	210	187	175	167	161	156	152	149	147
X6CrNiTi18-10	1.4541		176	167	157	147	136	130	125	121	119	118	208	196	186	177	167	161	156	152	149	147
X6CrNiNb18-10	1.4550		177	167	157	147	136	130	125	121	119	118	211	196	186	177	167	161	156	152	149	147
X5CrNiMo17-12-2	1.4401	淬火	177	162	147	137	127	120	115	112	110	108	211	191	177	167	156	150	144	141	139	137
X2CrNiMo17-13-2	1.4404		166	152	137	127	118	113	108	103	100	98	199	181	167	157	145	139	135	130	128	127
X2CrNiMoN17-12-2	1.4406		211	185	167	155	145	140	135	131	128	127	246	218	198	183	175	169	164	160	158	157
X6CrNiMoTi17-12-2	1.4571		185	177	167	157	145	140	135	131	129	127	218	206	196	186	175	169	164	160	158	157
X6CrNiMoNb17 12 2	1.4580	—	186	177	167	157	145	140	135	131	129	127	218	206	196	186	175	169	164	160	158	157
X2CrNiMoN17-13-3	1.4429	—	211	185	167	157	145	140	135	131	129	127	246	218	198	183	175	169	164	160	158	157
X2CrNiMo18-14-3	1.4435	淬火	165	150	137	127	119	113	108	103	100	98	200	180	165	153	145	139	135	130	128	127
X3CrNiMo17-13-3	1.4436		177	162	147	137	127	120	115	112	110	108	211	191	177	167	156	150	144	141	139	137
X2CrNiMoN18-15-4	1.4438		172	157	147	137	127	120	115	112	110	108	206	188	177	167	156	148	144	140	138	136
X2CrNiMo17-13-5	1.4439		260	200	185	176	165	155	150	—	—	—	255	230	210	200	190	180	175	—	—	—

表 15.9 热加工及热处理工艺

钢种		热加工		退火		淬火		回火温度 /℃
符号标记	数字标记	温度 /℃	冷却方式	温度 /℃	冷却方式	温度 /℃	冷却方式	
铁素体钢								
X6Cr13 X6CrAl13	1.4000 1.4002	1100~800	—	750~800	炉中，空冷	950~1000	油冷，空冷	650~750
X6Cr17 X6CrTi17 X4CrMoS18	1.4016 1.4510 1.4105			750~850	空冷，水冷	—	—	—
马氏体钢								
X10Cr13 X15Cr13	1.4006 1.4024	1100~800	空冷	750~800	炉中，空冷	950~1000	油冷，空冷	680~780
X20Cr13	1.4021		缓冷	730~780				650~750，600~700
X30Cr13	1.4028							640~740
X38Cr13 X48Cr13 X46CrMoV15	1.4031 1.4034 1.4116					980~1030		100~200
X12CrMoS17	1.4104		空冷	750~850				550~650
X20CrNi17 2	1.4057		缓冷	650~750				620~720
奥氏体钢								
X5CrNi18 10 X5CrNi18 12 X10CrNiS18 9 X2CrNi19 11 X2CrNiN18 10	1.4301 1.4303 1.4305 1.4306 1.4311	1150~750	空冷	—	—	1000~1080	水冷，空冷	—
X6CrNiTi18 10 X6CrNiNb18 10 X5CrNiMo17 12 2 X2CrNiMo17 13 2 X2CrNiMoN17 12 2 X6CrNiMoTi17 12 2 X6CrNiMoNb17 12 2	1.4541 1.4550 1.4401 1.4404 1.4406 1.4571 1.4580					1020~1100		
X2CrNiMoN17 13 3	1.4429					1040~1120		
X2CrNiMo18 14 3 X5CrNiMo17 13 3	1.4435 1.4436					1020~1100		
X2CrNiMo18 16 4 X2CrNiMoN17 13 5	1.4438 1.4439					1040~1120		

15.3 不锈钢的焊接

15.3.1 奥氏体不锈钢的焊接

15.3.1.1 奥氏体不锈钢焊接性

1. 热裂纹

奥氏体不锈钢对焊接热裂纹的敏感性较高，易产生弧坑裂纹、液化裂纹，因奥氏体不锈钢具有低热导率、高电阻率、高线膨胀系数，焊缝从液态到固态的凝固温度区间增大，焊接接头产生拉应力的水平较高。另外奥氏体焊缝产生方向性很强的柱状晶，促使有害杂质的偏析，易形成晶间液态薄膜。

图 15.18 表明了奥氏体焊缝中热裂纹试验的情况，图中裂纹线（HR）以下的焊缝不易产生热裂纹。

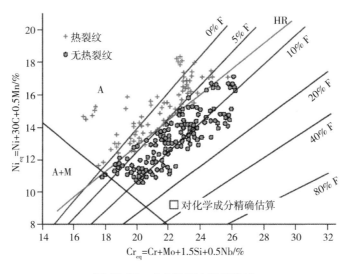

图 15.18　舍夫勒图中的裂纹线

焊缝金属中的金相组织是产生奥氏体不锈钢焊接热裂纹的主要因素，在考虑了氮元素的影响后，也可以用德龙组织图。它起到了对舍夫勒图的补充作用。

2. 晶间腐蚀

晶间腐蚀容易在 3 个部位出现，即焊缝、熔合区、热影响区。晶间腐蚀是碳化铬（$Cr_{23}C_6$）在晶界析出造成的（贫铬理论），在敏化温度区 450~850℃长时间停留，会促使 $Cr_{23}C_6$ 在晶界析出，降低耐蚀性。

3. 析出脆性 σ 相

在奥氏体中存在铁素体时，焊缝在 650~850℃停留时间过长，有可能析出一种脆硬的金属间化合物，降低塑性、韧性和抗晶间腐蚀性能。

15.3.1.2 热裂纹防止措施

（1）限制焊缝中杂质含量，控制焊材中的碳、硫、磷等含量。

（2）借助舍夫勒图，镍含量小于 15% 的奥氏体不锈钢，若在焊缝中 δ 铁素体占 3%~8%，产生双相组织焊缝大大提高抗热裂纹能力。

（3）镍含量大于 15% 的奥氏体不锈钢，焊缝中适当加入 Mn（4%~6%）、Mo、N、V 等均可提高焊缝的抗裂性。

（4）合理的工艺措施（如短弧、低线能量、窄焊道）。

15.3.1.3　晶间腐蚀的防止措施

（1）降低碳含量。

（2）加入稳定化元素 Ti、Nb。

（3）工艺上应采用低的热输入量，避免在 450~850℃ 区间长时间停留或做焊后热处理。

（4）固溶退火。

（5）稳定化处理。

15.3.1.4　奥氏体不锈钢焊接工艺要点

（1）焊接方法可以采用 TIG 焊、MIG 焊、焊条电弧焊等。

（2）不需预热。

（3）控制层间温度，最高 200℃，最好小于 100℃。

（4）快速冷却，尽量减少在 450~850℃ 的停留时间。

（5）工艺上，采用低线能量（小电流、快速焊）。

（6）操作上，采用窄焊道、多道焊、不摆动技术，注意填满弧坑。

（7）正确选用焊接材料，选用低含碳量和含稳定化元素的焊材，含适量铁素体促进元素（Cr、Mo、Si 等）的焊材，限制焊缝中杂质含量。

（8）背面气体保护。

（9）清理时，采用奥氏体不锈钢钢丝刷。

（10）加工场地，材料、工具要清理，与其他材料分开存放。

（11）焊后颜色处理及酸洗。

15.3.2　其他类型不锈钢的焊接

15.3.2.1　铁素体不锈钢的焊接

铁素体不锈钢焊接主要是焊接接头的脆化问题，多种原因可以造成脆化问题。

（1）晶粒粗大：焊接热影响区 900℃ 以上温度就有晶粒长大的倾向，铬含量越高，晶粒长大倾向越严重。

（2）475℃ 脆性：Cr 含量高于 17% 的高铬钢在 450~525℃ 加热会产生 475℃ 脆化。

（3）σ 相的形成：Cr 含量高于 21% 的铁素体不锈钢，在 600~800℃ 长时间加热会形成硬而脆的金属间化合物 σ 相。

（4）高温脆性：加热到 950℃ 以上急冷至室温产生晶间腐蚀，经 750~850℃ 热处理，可恢复其塑性。

铁素体不锈钢焊接要点：

（1）铁素体不锈钢室温韧性差，因此要预热焊接。

（2）采用较小的热输入量焊接，即采用小直径焊条，低焊接电流，窄焊道技术，多层多道，控制层间温度。

（3）焊后热处理要严格控制，热处理目的是细化晶粒、消除晶间腐蚀，防止产生 σ 相和475℃脆性。

15.3.2.2 马氏体不锈钢的焊接

含碳量较高的马氏体不锈钢，空冷条件下淬硬倾向很大。焊缝及焊接热影响区的组织通常为硬而脆的高碳马氏体，含碳量越高，淬硬倾向越大。接头拘束度较大或氢含量较高时，易产生冷裂纹。

为避免裂纹及改善焊接接头力学性能，马氏体不锈钢焊接时应采取预热、后热和焊后立即高温回火等措施。

15.3.2.3 铁素体 – 奥氏体双相不锈钢的焊接

双相不锈钢有良好的焊接性，它既不像铁素体不锈钢因晶粒严重粗化而使接头脆化、塑韧性大幅降低，也不像奥氏体不锈钢对焊接热裂纹比较敏感。

双相不锈钢焊接冷裂纹及热裂纹的敏感性都比较小，因此焊前不需要预热，焊后不需要热处理。为获得合理的相比例及防止脆化相的析出，应选择合理的焊接热输入并严格控制层间温度。

15.4 不锈钢焊接材料（ISO 3581，ISO 14343，ISO 17633）

15.4.1 ISO 3581：2016 不锈钢和耐热钢焊条电弧焊用焊条

ISO 3581：2016 分为 A 系列和 B 系列，A 系列是按照名义化学成分分类，B 系列是按照合金类型分类。

ISO 3581：2016 A 系列焊条标记举例：

ISO 3581–A E 19 12 2 R 3 4，强制部分为 ISO 3581–A E 19 12 2 R。

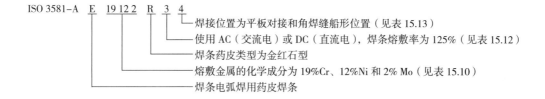

欧洲标准 EN 1600 与 ISO 3581–A 系列完全一致。

ISO 3581：2016 B 系列焊条标记举例：

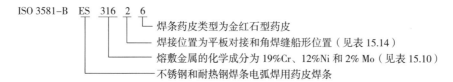

ISO 3581：2016 不锈钢和耐热钢焊条电弧焊用焊条，其熔敷金属的力学性能见表 15.11。

表 15.10 熔敷金属化学成分

分类标记		化学成分 [a, b] / %										
名义成分 [c, d, e] ISO 3581–A	合金类型 [e, f] ISO 3581–B	C	Si	Mn	P	S	Cr	Ni	Mo	Cu	Nb+Ta	N
—	409Nb	0.12	1.00	1.00	0.040	0.030	11.0~14.0	0.60	0.75	0.75	0.50~1.50	—
13	（410）	0.12	1.0	1.5	0.030	0.025	11.0~14.0	0.60	0.75	0.75	—	—
（13）	410	0.12	0.90	1.0	0.04	0.03	11.0~14.0	0.70	0.75	0.75	—	—
13 4	（410NiMo）	0.06	1.0	1.5	0.030	0.025	11.0~14.5	3.0~5.0	0.4~1.0	0.75	—	—
（13 4）	410NiMo	0.06	0.90	1.0	0.04	0.03	11.0~12.5	4.0~5.0	0.4~0.7	0.75	—	—
17	（430）	0.12	1.0	1.5	0.030	0.025	16.0~18.0	0.60	0.75	0.75	—	—
（17）	430	0.10	0.90	1.0	0.04	0.03	15.0~18.0	0.6	0.75	0.75	—	—
—	430Nb	0.10	1.00	1.00	0.030	0.030	15.0~18.0	0.60	0.75	0.75	—	—
19 9	（308）	0.08	1.2	2.0	0.030	0.025	18.0~21.0	9.0~11.0	0.75	0.75	—	—
（19 9）	308	0.08	1.00	0.5~2.5	0.04	0.03	18.0~21.0	9.0~11.0	0.75	0.75	—	—
19 9H	（308H）	0.04~0.08	1.2	2.0	0.03	0.025	18.0~21.0	9.0~11.0	0.75	0.75	—	—
（19 9H）	308H	0.04~0.08	1.00	0.5~2.5	0.04	0.03	18.0~21.0	9.0~11.0	0.75	0.75	—	—
19 9L	（308L）	0.04	1.2	2.0	0.030	0.025	18.0~21.0	9.0~11.0	0.75	0.75	—	—
（19 9L）	308L	0.04	1.00	0.5~2.5	0.04	0.03	18.0~21.0	9.0~12.0	0.75	0.75	—	—
（20 10 3）	308Mo	0.08	1.00	0.5~2.5	0.04	0.03	18.0~21.0	9.0~12.0	2.0~3.0	0.75	—	—
—	308LMo	0.04	1.00	0.5~2.5	0.04	0.03	18.0~21.0	9.0~12.0	2.0~3.0	0.75	—	—
—	349	0.13	1.00	0.5~2.5	0.04	0.03	18.0~21.0	8.0~10.0	0.35~0.65	0.75	0.75~1.2	—
19 9Nb	（347）	0.08	1.2	2.0	0.030	0.025	18.0~21.0	9.0~11.0	0.75	0.75	8 C~1.1	—
（19 9Nb）	347	0.08	1.00	0.5~2.5	0.04	0.03	18.0~21.0	9.0~11.0	0.75	0.75	8 C~1.00	—
—	347L	0.04	1.00	0.5~2.5	0.040	0.030	18.0~21.0	9.0~11.0	0.75	0.75	8 C~1.00	—
19 12 2	（316）	0.08	1.2	2.0	0.030	0.025	17.0~20.0	10.0~13.0	2.0~3.0	0.75	—	—
（19 12 2）	316	0.08	1.00	0.5~2.5	0.04	0.03	17.0~20.0	11.0~14.0	2.0~3.0	0.75	—	—
（19 12 2）	316H	0.04~0.08	1.00	0.5~2.5	0.04	0.03	17.0~20.0	11.0~14.0	2.0~3.0	0.75	—	—
（19 12 3L）	316L	0.04	1.00	0.5~2.5	0.04	0.03	17.0~20.0	11.0~14.0	2.0~3.0	0.75	—	—
19 12 3L	（316L）	0.04	1.2	2.0	0.030	0.025	17.0~20.0	10.0~13.0	2.5~3.0	0.75	—	—
—	316LCu	0.04	1.00	0.5~2.5	0.040	0.030	17.0~20.0	11.0~16.0	1.2~2.75	1.00~2.5	—	—
—	317	0.08	1.00	0.5~2.5	0.04	0.03	18.0~21.0	12.0~14.0	3.0~4.0	0.75	—	—
—	317L	0.04	1.00	0.5~2.5	0.04	0.03	18.0~21.0	12.0~14.0	3.0~4.0	0.75	—	—
19 12 3Nb	（318）	0.08	1.2	2.0	0.030	0.025	17.0~20.0	10.0~13.0	2.5~3.0	0.75	8 C~1.1	—
（19 12 3Nb）	318	0.08	1.00	0.5~2.5	0.030	0.025	17.0~20.0	11.0~14.0	2.0~3.0	0.75	8 C~1.00	—
19 13 4NL	—	0.04	1.2	1.0~5.0	0.030	0.025	17.0~20.0	12.0~15.0	3.0~4.5	0.75	—	0.20
—	320	0.07	0.60	0.5~2.5	0.04	0.03	19.0~21.0	32.0~36.0	2.0~3.0	3.0~4.0	8 C~1.00	—
—	320LR	0.03	0.03	1.5~2.5	0.020	0.015	19.0~21.0	32.0~36.0	2.0~3.0	3.0~4.0	8 C~0.40	—
22 9 3NL	（2209）	0.04	1.2	2.5	0.030	0.025	21.0~24.0	7.5~10.5	2.5~4.0	0.75	—	0.08~0.2
（22 9 3NL）	2209	0.04	1.00	0.5~2.0	0.04	0.03	21.5~23.5	7.5~10.5	2.5~3.5	0.75	—	0.08~0.2
25 7 2NLd	—	0.04	1.2	2.0	0.035	0.025	24.0~28.0	6.0~8.0	1.0~3.0	0.75	—	0.20
25 9 3CuNL	（2593）	0.04	1.2	2.5	0.030	0.025	24.0~27.0	7.5~10.5	2.5~4.0	1.5~3.5	—	0.1~0.25
25 9 4NLd, h	（2593）	0.04	1.2	2.5	0.030	0.025	24.0~27.0	8.0~11.0	2.5~4.5	1.5	—	0.2~0.3
—	2553	0.06	1.0	0.5~1.5	0.04	0.03	24.0~27.0	6.5~8.5	2.9~3.9	1.5~3.5	—	0.1~0.25
25 9 3CuNL	2593	0.04	1.0	0.5~1.5	0.04	0.03	24.0~27.0	8.5~10.5	2.9~3.9	1.5~3.5	—	0.08~0.25
18 15 3L	—	0.04	1.2	1.0~4.0	0.030	0.025	16.5~19.5	14.0~17.0	2.5~3.5	0.75	—	—
18 16 5NLd	—	0.04	1.2	1.0~4.0	0.035	0.025	17.0~20.0	15.5~19.0	2.5~5.0	0.75	—	0.20
20 25 5CuNL	（385）	0.04	1.2	1.0~4.0	0.030	0.025	19.0~22.0	24.0~27.0	4.0~7.0	1.0~2.0	—	0.25
20 16 3MnNLd	—	0.04	1.2	5.0~8.0	0.035	0.025	18.0~21.0	15.5~18.0	2.5~3.5	0.75	—	0.20
25 22 2NL	—	0.04	1.2	1.0~5.0	0.030	0.025	24.0~27.0	20.0~23.0	2.5~3.0	0.75	—	0.20
27 31 4CuL	—	0.04	1.2	2.5	0.030	0.025	26.0~29.0	30.0~33.0	3.0~4.5	0.6~1.5	—	—

续表

分类标记		化学成分 [a, b] /%										
名义成分 [c, d, e] ISO 3581-A	合金类型 [e, f] ISO 3581-B	C	Si	Mn	P	S	Cr	Ni	Mo	Cu	Nb+Ta	N
18 8Mnd	—	0.20	1.2	4.5~7.5	0.035	0.025	17.0~20.0	7.0~10.0	0.75	0.75	—	—
18 9MnMod	（307）	0.04~0.14	1.2	3.0~5.0	0.035	0.025	18.0~21.0	9.0~11.0	0.5~1.5	0.75	—	—
（18 9MnMo）	307	0.04~0.14	1.0	3.30~4.75	0.04	0.03	18.0~21.5	9.0~10.7	0.5~1.5	0.75	—	—
20 10 3	（308Mo）	0.10	1.2	2.5	0.030	0.025	18.0~21.0	9.0~12.0	1.5~3.5	0.75	—	—
23 12L	（309L）	0.04	1.2	2.5	0.030	0.025	22.0~25.0	11.0~14.0	0.75	0.75	—	—
（23 12L）	309L	0.04	1.0	0.5~2.5	0.04	0.03	22.0~25.0	12.0~14.0	0.75	0.75	—	—
（22 12）	309	0.15	1.0	0.5~2.5	0.04	0.03	22.0~25.0	12.0~14.0	0.75	0.75	—	—
23 12Nb	（309Nb）	0.10	1.2	2.5	0.030	0.025	22.0~25.0	11.0~14.0	0.75	0.75	8 C~1.1	—
—	309LNb	0.04	1.0	0.5~2.5	0.040	0.030	22.0~25.0	12.0~14.0	0.75	0.75	0.7~1.00	—
（23 12Nb）	309Nb	0.12	1.0	0.5~2.5	0.04	0.03	22.0~25.0	12.0~14.0	0.75	0.75	0.7~1.00	—
—	309Mo	0.12	1.0	0.5~2.5	0.04	0.03	22.0~25.0	12.0~14.0	2.0~3.0	0.75	—	—
23 12 2L	（309LMo）	0.04	1.2	2.5	0.030	0.025	22.0~25.0	11.0~14.0	2.0~3.0	0.75	—	—
（23 12 2L）	309LMo	0.04	1.0	0.5~2.5	0.04	0.03	22.0~25.0	12.0~14.0	2.0~3.0	0.75	—	—
29 9d	（312）	0.15	1.2	2.5	0.035	0.025	27.0~31.0	9.0~12.0	0.75	0.75	—	—
（29 9）	312	0.15	1.0	0.5~2.5	0.04	0.03	28.0~32.0	8.0~10.5	0.75	0.75	—	—
16 8 2	（16-8-2）	0.08	0.60	2.5	0.030	0.025	14.5~16.5	7.5~9.5	1.5~2.5	0.75	—	—
（16 8 2）	16-8-2	0.10	0.60	0.5~2.5	0.03	0.03	14.5~16.5	7.5~9.5	1.0~2.0	0.75	—	—
25 4	—	0.15	1.2	2.5	0.035	0.025	24.0~27.0	4.0~6.0	0.75	0.75	—	—
—	209 [g]	0.06	1.00	4.0~7.0	0.04	0.03	20.5~24.0	9.5~12.0	1.5~3.0	0.75	—	0.1~0.3
—	219	0.06	1.00	8.0~10.0	0.04	0.03	19.0~21.5	5.5~7.0	0.75	0.75	—	0.1~0.3
—	240	0.06	1.00	4.0~7.0	0.04	0.03	17.0~19.0	4.0~6.0	0.75	0.75	—	0.1~0.3
22 12	（309）	0.15	1.2	2.5	0.030	0.025	20.0~23.0	10.0~13.0	0.75	0.75	—	—
25 20	（310）	0.06~0.20	1.2	1.0~5.0	0.030	0.025	23.0~27.0	18.0~22.0	0.75	0.75	—	—
（25 20）	310	0.06~0.20	0.75	1.0~2.5	0.03	0.03	25.0~28.0	20.0~22.5	0.75	0.75	—	—
25 20H	（310H）	0.35~0.45	1.2	2.5	0.030	0.025	23.0~27.0	18.0~22.0	0.75	0.75	—	—
（25 20H）	310H	0.35~0.45	0.75	1.0~2.5	0.03	0.03	25.0~28.0	20.0~22.5	0.75	0.75	—	—
—	310Nb	0.12	0.75	1.0~2.5	0.03	0.03	25.0~28.0	20.0~22.0	0.75	0.75	0.7~1.00	—
—	310Mo	0.12	0.75	1.0~2.5	0.03	0.03	25.0~28.0	20.0~22.0	2.0~3.0	0.75	—	—
18 36	（330）	0.12	1.2	2.5	0.030	0.025	14.0~18.0	30.0~37.0	0.75	0.75	—	—
（18 36）	330	0.18~0.25	1.00	1.0~2.5	0.04	0.03	14.0~17.0	30.0~37.0	0.75	0.75	—	—
	330H	0.35~0.45	1.00	1.0~2.5	0.04	0.03	14.0~17.0	30.0~37.0	0.75	0.75	—	—
	383	0.03	0.90	0.5~2.5	0.02	0.02	26.5~29.0	30.0~33.0	3.2~4.2	0.6~1.5	—	—
	385	0.03	0.90	1.0~2.5	0.03	0.02	19.5~21.5	24.0~26.0	4.2~5.2	1.2~2.0	—	—
（20 25 5CuNL）	630	0.03	0.75	0.25~0.75	0.04	0.03	16.00~16.75	4.5~5.0	0.75	3.25~4.00	0.15~0.3	—

注：a. 表中单个数值为最大值。

　　b. 结果与 ISO 31-0：1992 中附录 B 规则 A 的数值接近，但不是准确匹配。

　　c. 此表中没有的焊条，要想对其按此系列分类则附加前缀标记 Z。

　　d. P 和 S 的总数不超过 0.050%，除了 25 7 2NL，18 16 5NL，20 16 3MnNL，18 8Mn，18 9MnMo 和 29 9。

　　e. 括号中的标记是指与之接近的。

　　f. 如果在常规分析中出现其他成分，要求进一步分析来确定其含量，铁除外（不超过 0.50%）。

　　g. 钒含量为 0.10%~0.30%。

表 15.11　ISO 3581 对应的熔敷金属力学性能

名义成分 （ISO 3581-A）	合金标记 （ISO 3581-B）	最低屈服强度 $R_{p0.2}$ /MPa	最低抗拉强度 R_m /MPa	最低延伸率 A^a /%	焊后热处理
—	409Nb	—	450	13	760~790℃，2h[b]
13	（410）	250	450	15	840~870℃，2h[c]
（13）	410	—	520	15	730~760℃，1h[d]
13 4	（410NiMo）	500	750	15	580~620℃，2h[e]
（13 4）	410NiMo	—	760	10	595~620℃，1h[e]
17	（430）	300	450	15	760~790℃，2h[c]
（17）	430	—	450	15	760~790℃，2h[b]
—	430Nb	—	450	13	760~790℃，2h[b]
19 9	（308）	350	550	30	—
（19 9）	308	—	550	25	—
19 9 H	（308H）	350	550	30	—
（19 9 H）	308H	—	550	25	—
19 9 L	（308L）	320	510	30	—
（19 9 L）	308L	—	520	25	—
19 9 N L	308LN	210	520—670	30	—
—	308Mo	—	550	25	—
19 9 Nb	（347）	350	550	25	—
（19 9 Nb）	347	—	520	25	—
—	347L	—	510	25	—
19 12 2	（316）	350	550	25	—
（19 12 2）	316	—	520	25	—
—	316H	—	520	25	—
19 12 3 L	（316L）	320	510	25	—
（19 12 3 L）	316L	—	490	25	—
19 12 3 N L	316LN	210	520~670	30	—
19 12 3 Nb	（318）	350	550	25	—
（19 12 3 Nb）	318	—	550	20	—
19 13 4 N L	—	350	550	25	—
—	320	—	550	28	—

续表

名义成分 （ISO 3581-A）	合金标记 （ISO 3581-B）	最低屈服强度 $R_{p0.2}$ /MPa	最低抗拉强度 R_m /MPa	最低延伸率 A^a /%	焊后热处理
—	320LR	—	520	28	—
22 9 3 N L	（2209）	450	550	20	—
（22 9 3 N L）	2209	—	690	15	—
23 7 N L	—	450	570	20	—
25 7 2 N L	—	500	700	15	—
25 9 3 Cu N L	—	550	620	18	—
18 15 3 L	—	300	480	25	—
18 16 5 N L	—	300	480	25	—
20 25 5 Cu N L	—	320	510	25	—
20 16 3 Mn N L	—	320	510	25	—
21 10 N	—	350	550	30	—
25 22 2 N L	—	320	510	25	—
27 31 4 Cu L		240	500	25	—
18 8 Mn	—	350	500	25	—
18 9 Mn Mo	（307）	350	500	25	—
（18 9 Mn Mo）	307	—	590	25	—
20 10 3	—	400	620	20	—
—	309	—	550	25	—
23 12 L	（309L）	320	510	25	—
（23 12 L）	309L	—	520	25	—
23 12 Nb	（309Nb）	350	550	25	—
（23 12 Nb）	309Nb	—	550	25	—
—	309Mo	—	550	25	—
23 12 2 L	（309LMo）	350	550	25	—
（23 12 2 L）	309LMo	—	520	25	—
—	309LNb	—	510	25	—
29 9	（312）	450	650	15	—
（29 9）	312	—	660	15	—
16 8 2	（16-8-2）	320	510	25	—
（16 8 2）	16-8-2	—	520	25	—
25 4	—	400	600	15	—

续表

名义成分 （ISO 3581-A）	合金标记 （ISO 3581-B）	最低屈服强度 $R_{p0.2}$ /MPa	最低抗拉强度 R_m /MPa	最低延伸率 A^a /%	焊后热处理
22 12	—	350	550	25	—
25 20	（310）	350	550	20	—
（25 20）	310	—	550	25	—
25 20 H	（310H）	350	550	10^f	—
（25 20 H）	310H	—	620	8	—
—	310Nb	—	550	23	—
—	310Mo	—	550	28	—
18 36	（330）	350	510	10^f	—
（18 36）	330	—	520	23	—
—	330H	—	620	8	—
—	383	—	520	28	—
—	385	—	520	28	—
—	630	—	930	6	1025~1050℃ ,1h^g

注：熔敷金属的延伸率和韧性低于母材。

a. 标距长度等于试件直径的 5 倍。

b. 以不高于 55℃/h 的速度炉冷到 595℃然后空冷到环境温度。

c. 炉冷到 600℃，然后空冷。

d. 以不高于 110℃/h 的速度炉冷到 315℃然后空冷到环境温度。

e. 空冷。

f. 熔敷金属中具有高含碳量的焊条适合在高温下工作，室温延伸率与此关系很小。

g. 空冷到环境温度，在 610℃到 630℃之间进行沉淀强化处理 4h，然后空冷到环境温度。

表 15.12　熔敷率和电流种类

标记	焊条熔敷率 /%	电流种类^a	标记	焊条熔敷率 /%	电流种类^a
1	≤ 105	AC 和 DC	5	> 125 但≤ 160	AC 和 DC
2	≤ 105	DC	6	> 125 但≤ 160	DC
3	> 105 但≤ 125	AC 和 DC	7	> 160	AC 和 DC
4	> 105 但≤ 125	DC	8	> 160	DC

注：a. 为了说明交流电的操作性能，试验应在空载电压高于 65 伏的条件下进行。

（AC= 交流电；DC= 直流电）。

表 15.13 焊接位置标记（按照名义化学成分分类）

标记	位置
1	PA，PB，PD，PF，PG
2	PA，PB，PD，PF
3	PA，PB
4	PA
5	PA，PB，PG

注：PA——平焊；PB——平角焊；PD——仰角焊；PF——立向上焊；PG——立向下焊。

表 15.14 焊接位置标记（按照合金类型分类）

标记	位置
1	PA，PB，PD，PF
2	PA，PB
4	PA，PB，PD，PF，PG

注：PA——平焊；PB——平角焊；PD——仰角焊；PF——立向上焊；PG——立向下焊。

15.4.2 ISO 14343：2017 不锈钢和耐热钢电弧焊用焊丝、焊棒

A 系列和 B 系列的标注均包含两项：第一部分给出产品 / 工艺的标记；第二部分给出焊丝的化学成分的标记。

1. ISO 14343-A——根据名义成分分类

该标注方法用 G 表示用于熔化极气体保护焊的焊丝，用 W 表示用于钨极氩弧焊的焊丝，用 P 表示用于等离子焊的焊丝，用 S 表示用于埋弧焊的焊丝，用 L 表示用于激光束焊的焊丝，且这些字母放在标注的首位。后面是焊丝化学成分标记（见表 15.15）。如：

ISO 14343-A G 20 10 3

ISO 14343-A S 20 10 3

ISO 14343-A W 20 10 3

EN 12072 与 ISO 14343-A 完全一致。

2. ISO 14343-B——根据合金类型分类

不论哪种焊接方法对于不锈钢和耐热钢焊丝用"SS"符号表示，第一个 S 表示实心焊丝（区别于药皮焊条和药芯焊丝），第二个 S 表示是不锈钢或耐热钢。后面是焊丝化学成分标记（见表 15.15）。如：

ISO 14343-B SS 308Mo

表 15.15　焊丝化学成分（节选）

合金标记分类		化学成分（m/m）/%										
名义成分 ISO 14343–A	合金类型 ISO 14343–B	C	Si	Mn	P	S	Cr	Ni	Mo	Cu	Nb	其他
19 9 L	（308L）	0.03	0.65	1.0~2.5	0.03	0.02	19.0~21.0	9.0~11.0	0.3	0.3	—	—
（19 9 L）	308L	0.03	0.65	1.0~2.5	0.03	0.03	19.5~22.0	9.0~11.0	0.75	0.75	—	—
19 9 L Si	（308LSi）	0.03	0.65~1.2	1.0~2.5	0.03	0.02	19.0~21.0	9.0~11.0	0.3	0.3	—	—
（19 9 L Si）	308LSi	0.03	0.65~1.00	1.0~2.5	0.03	0.03	19.5~22.0	9.0~11.0	0.75	0.75	—	—
19 9 Nb	（347）	0.08	0.65	1.0~2.5	0.03	0.02	19.0~21.0	9.0~11.0	0.3	0.3	—	—
（19 9 Nb）	347	0.08	0.65	1.0~2.5	0.03	0.03	19.0~21.5	9.0~11.0	0.75	0.75	10C~1.0	—
—	347L	0.03	0.65	1.0~2.5	0.03	0.03	19.0~21.5	9.0~11.0	0.75	0.75	10C~1.0	—
—	316	0.08	0.65	1.0~2.5	0.03	0.03	18.0~20.0	11.0~14.0	2.0~3.0	0.75	—	—
19 12 3 L	（316L）	0.03	0.65	1.0~2.5	0.03	0.02	18.0~20.0	11.0~14.0	2.5~3.0	0.3	—	—
（19 12 3 L）	316L	0.03	0.65	1.0~2.5	0.03	0.03	18.0~20.0	11.0~14.0	2.0~3.0	0.75	—	—

15.4.3　ISO 17633：2017 不锈钢和耐热钢金属电弧焊带或不带气体保护用药芯焊丝

ISO 17633–A 按照名义成分分类，用字母"T"表示熔化极电弧焊用管状药芯焊丝，其标记由 5 个部分组成。强制部分包括产品类型、熔敷金属化学成分、焊药类型和保护气体类型等的符号，非强制性部分包括适合的焊接位置等符号。

例如，ISO 17633–A T 19 12 3L R M 3，强制部分：ISO 17633–A T 19 12 3L R M。标记举例：

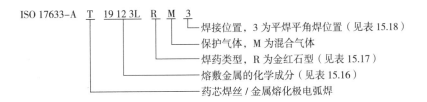

EN 12073 与 ISO 17633–A 完全一致。

ISO 17633–B 按照合金类型分类，字母"TS"表示熔化极电弧焊用管状药芯焊丝或焊棒。首位字母"T"表示管状药芯焊丝或焊棒，用以区别药皮焊条和实心焊丝；第二位字母"S"表示为不锈钢和耐热钢。其由 5 个部分组成。强制部分包括产品类型、熔敷金属化学成分、药芯类型、保护气体类型和焊接位置等符号。

例如，ISO 17633–B TS 316L F M 0 标记举例为：

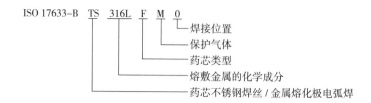

表15.16 化学成分（节选）

按照名义成分分类的成分标记	保护气体	化学成分 /%										
		C	Mn	Si	P	S	Cr	Ni	Mo	Nb	Cu	N
19 9 L	M、C、N	0.04	2.0	1.2	0.030	0.025	18.0~21.0	9.0~11.0	0.3		0.3	
19 9 Nb	M、C、N	0.08	2.0	1.2	0.030	0.025	18.0~21.0	9.0~11.0	0.3	8C~1.1	0.3	
19 12 3 L	M、C、N	0.04	2.0	1.2	0.030	0.025	17.0~20.0	10.0~13.0	2.5~3.0		0.3	
19 12 3 Nb	M、C、N	0.08	2.0	1.2	0.030	0.025	17.0~20.0	10.0~13.0	2.5~3.0	8C~1.1	0.3	
19 13 4 N L	M、C、N	0.04	1.0~5.0	1.2	0.030	0.025	17.0~20.0	12.0~15.0	3.0~4.5		0.3	0.08~0.20
22 9 3 N L	M、C、N	0.04	2.5	1.2	0.030	0.025	21.0~24.0	7.5~10.5	2.5~4.0		0.3	0.08~0.20
20 10 3	M、C、N	0.08	2.5	1.2	0.035	0.025	19.5~22.0	9.0~11.0	2.0~4.0		0.3	
25 20	M、C、N	0.08~0.20	1.0~5.0	1.2	0.030	0.025	23.0~27.0	18.0~22.0	0.3		0.3	

表15.17 焊芯类型符号（按照名义成分分类）

符号	性能	符号	性能
R	金红石，慢凝固熔渣	U	自保护
P	金红石，快速凝固熔渣	Z	其他类型
M	金属粉末		

表15.18 焊接位置符号（按照名义成分分类）

标记	焊接位置 [a]	标记	焊接位置 [a]
1	PA、PB、PC、PD、PE、PF & PG	4	PA
2	PA、PB、PC、PD、PE & PF	5	PA、PB & PG
3	PA & PB		

注：a. PA——平焊；PB——平角焊；PC——横焊；PD——仰角焊；PE——仰焊；PF——立向上焊；PG——立向下焊。

我国不锈钢焊接材料标准 GB / T 983—2012《不锈钢焊条》、GB / T 29713—2013《不锈钢焊丝和焊带》、GB / T 17853—2018《不锈钢药芯焊丝》均与 ISO 标准中的 B 系列是一致的。

15.5 不锈钢焊接过程中的注意事项

15.5.1 焊前准备

不锈钢生产工具应与其他物品隔离，尽可能地远离能够产生污迹的材料，如铅、锌、铜、铜合金或碳钢等。为避免交叉污染，成型加工工具应在使用前进行彻底清洁。应清除工件上所有成型加工时使用的润滑剂。应使用不锈钢专用工具，尤其是砂轮盘和钢丝刷。

焊接使材料升温，会在焊缝金属和周边的区域形成氧化膜。如果焊缝暴露在腐蚀性介质中或有其他影响产生，这些氧化膜也应像药皮焊条、药芯焊丝和埋弧焊产生的焊渣一样被清除。

当加工焊接坡口时，应该采用机械的方式将热切割过程中产生的氧化、淬硬和一般污染清除到足够的深度。剪切加工会产生裂纹，这些同样应在焊接前清除。若剪切边不在焊接熔合面上，应确保剪切或热切割不会对生产操作产生不利影响。

应该避免打钢印，如果确实要采用，应注意这在高载荷区或腐蚀区域能引发危险，客户应该给出钢印位置的说明。射线探伤时打在工件上的标记也应同样对待。需要检测和评定的焊缝，在没有确定合格前，不要涂漆或进行其他处理。

15.5.2 焊接细节

15.5.2.1 焊缝细节

焊接细节应在焊接工艺规程中描述。接头错边的验收标准在 ISO 5817 中给出。对于某些应用（如管道焊接）和焊接工艺，需要更严格的公差。

当使用引弧板和收弧板时，其材料应采用与产品一致的不锈钢，且它们的厚度和接头制备与产品的接头相似。

去除引弧板和收弧板时，应采用对母材和焊缝不产生有害影响的方法，还应进行检验，以证明母材和焊缝金属中没有不可接受的缺陷。如果采用单面焊，为了保持接头的抗腐蚀性，可能需要对根部进行保护以防止空气污染。这种焊缝的根部焊道通常采用 TIG 焊或等离子焊工艺，也可采用脉冲 MIG / MAG 焊工艺。

15.5.2.2 焊接衬垫

永久衬垫应由不锈钢型材制成，且不能用于有可能发生缝隙腐蚀的地方。当没有合适的构件作为衬垫材料时，则应该使用在设计中要求的材料。使用铜作为临时衬垫时应在熔合区加工一个导槽。需注意，这时焊接有夹铜的危险。可以通过在铜衬垫上镀镍或镀铬来降低这种危险。当采用高热输入时，铜衬垫可以用水冷却。衬垫材料必须保持清洁，不得粘有油脂、表面潮湿或有氧化物等。当使用临时或永久衬垫时，应确保易获得全熔透的接头。

当必须对焊缝背面进行防氧化保护时，可根据 ISO 14175 标准选择单一气体或混合气体对焊缝根部充气保护，以防止空气对焊缝的氧化。根部充气时间要足够，充气时间主要取决于气体流量和充气部位的容积。

15.5.2.3 焊接质量要求

焊接接头应没有对结构的使用产生损害的缺陷。验收等级应符合相关的应用标准。若无相关的应用标准，验收等级应符合 ISO 5817。不锈钢的一些特殊质量要求，如外观和抗腐蚀能力应予以考虑，且必须在合同中给出明确规定。

焊接件的变形是由于焊缝金属和邻近的母材在焊接过程中不均匀的膨胀和收缩造成的。对奥氏体不锈钢来说这种现象比非合金钢严重，原因是其膨胀系数比非合金钢大，而热传导能力比非合金钢低。

减小变形的方法有：①减少熔敷金属量；②对称焊接（双面焊）；③减少热输入；④减少焊接层数；⑤分段倒退焊；⑥对焊接部件进行反方向的预变形；⑦使用夹具和机械紧固；⑧采用点焊；⑨良好的散热措施。

15.5.3 焊后处理

不锈钢焊接件的抗腐蚀能力受表面条件的影响显著。焊后清洁度取决于焊缝质量要求并应在设计说明中给出。焊后清洗可采用如下几种不同的工艺进行，单独或组合应用均可。

（1）刷。专用的钢丝刷应由不锈钢丝或其他合适的材料制成。通常情况下，这种方法不能除去附着很强的污迹。应注意，使用机械旋转刷子会在表面造成微小的划痕而破坏表面，从而降低抗腐蚀能力。如果必要，可在刷后进行酸洗。

（2）喷丸处理。这种技术用于清除附着紧密的污迹，并在表面形成残余压应力。推荐用的喷丸材料包括玻璃和不锈钢丸，这些材料必须不含铁和碳素钢杂质。

（3）打磨。应使用专门的不含铁的磨片、带和砂轮。应避免过度打磨，以防损伤表面和减小母材厚度。这种技术应用于清除大面积表面污迹并使焊缝到母材平滑过渡。

（4）酸洗。酸洗是通过化学反应清除表面氧化物或表面膜。使用的酸洗介质的成分与钢的种类，酸洗温度和时间有关。酸洗过程中的所有产物需要小心清除。

（5）电解抛光。这种技术通常用于不稳定的不锈钢，以形成更具抗腐蚀性的光滑表面。

其中，酸洗和电解抛光及后续的自然或人工钝化工艺是提高抗腐蚀性效果最佳的清洗方法。

15.5.4 不锈钢的焊接实例

某压力容器产品环缝对接，材料为 1Cr18Ni9Ti，厚度为 25mm，采用手工 TIG+ 焊条电弧焊工艺方法。

坡口如图 15.19 所示，焊接顺序如图 15.20 所示。先用手工钨极氩弧焊打底焊道，再用焊条电弧焊填充盖面。

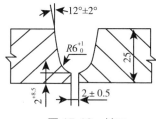

图 15.19 坡口

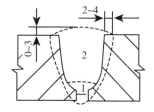

图 15.20 焊接顺序

焊接材料：焊丝 ER347，ϕ2.4mm

焊条 E0-19-10Nb-16（A132），ϕ3.2mm、ϕ4.0mm

焊接参数：钨极氩弧焊直流正接 I=90~100A，U=12~14V

焊条电弧焊直流反接 焊条 ϕ3.2mm I=90~110A，U=21~23V

焊条 ϕ4.0mm I=120~140A，U=22~24V

氩气流量：正面 10~12L / min，背面 8~10L / min

层间温度：≤ 150℃

15.6 耐热钢（EN 10095）

15.6.1 耐热钢概述

15.6.1.1 耐热钢的定义

从广义上说，在高温下使用的钢叫耐热钢，其中高合金耐热钢又称抗氧化不起皮钢，它在高温下能抵抗氧化和其他介质的侵蚀，并有一定的强度，其工作温度可以高达 900~1000℃。其高温下的抗氧化能力即高温稳定性是这类钢的主要性能。

耐热钢一般用于制造动力机械（如内燃机、汽轮机和燃气轮机等）、锅炉及石油化工设备中长期在高温工作的零部件。

钢的抗氧化性能主要是在钢中加入 Cr、Al、Si 等合金元素，高温下与氧形成致密的氧化膜，牢固地结合在钢的表面，以防止钢被介质腐蚀损坏。

15.6.1.2 耐热钢的高温性能

（1）高温抗氧化和耐腐蚀性能，即高温稳定性。

（2）高温力学性能，即高温强度及塑性。

这里所述的耐热钢是以高温稳定性为主，从成分上看属于高合金，因此称为高合金耐热钢。在合金成分上有很多与不锈钢的成分相近，所以这类钢在具有较高抗氧化能力的同时抗腐蚀性能也很好，甚至同样成分的钢种既可以作为耐热钢使用也可以作为耐蚀钢使用。但在某些成分上还是有所不同，如 C、Cr、Si、Al 等，为了强调是在腐蚀条件下还是在高温条件下使用，又分别叫作高合金耐蚀钢和高合金耐热钢。

15.6.1.3 高合金耐热钢的分类

高合金耐热钢一般按金相组织分类，以供货状态的组织分类如下。

（1）马氏体耐热钢。一般在淬火 + 高温回火下使用，其组织为回火马氏体。主要用于汽轮机叶片、蒸汽管道等。

（2）铁素体耐热钢。通常都是高铬的抗氧化钢。

（3）奥氏体耐热钢。是在奥氏体不锈钢的基础上发展起来的。这类钢具有很好的耐热性能，可在 600~800℃范围内工作，若作为抗氧化钢，甚至可耐 1200℃高温。一般用于燃气轮机、航空发动机、工业锅炉的耐高温构件。

15.6.1.4 高合金耐热钢的热强性机理

固溶强化、析出强化及晶格强化，这些强化方式中一种、两种或三种方式共同来提高其热强性，都是通过高合金耐热钢中的合金元素完成，所以化学成分对高合金耐热钢有着重要的影响。

1.固溶强化、析出强化的合金元素影响

在奥氏体耐热钢中，铬提高了钢在氧化环境中的热强性，其作用是通过 γ 固溶体强化，但强化程度低于钼和钒。铬也是碳化物形成元素，因碳化铬的耐热性较低，其强化效果不明显。

　　碳是一种强烈的奥氏体形成元素，碳含量只增加万分之几就可抵消 18-8 型奥氏体中铁素体形成元素的作用。碳和氮共同提高奥氏体钢的热强性。氮的作用在于时效过程中形成氮化物和碳氮化合物相。

　　硅和铝能提高奥氏体钢的抗氧化性。在 18-8 型 Cr-Ni 钢中，硅含量从 0.4% 提高到 2.4%，钢在 980℃下的抗氧化性可提高近 20 倍，但硅会严重恶化稳定型奥氏体钢的焊接性。铝对 Cr-Ni 型奥氏体热强性的强化作用不大。在弥散硬化高合金钢中，增加铝含量可提高室温和高温强度。钛和铌的加入有较大差别。在镍含量较低的奥氏体钢中，钛与碳结合成稳定的碳化物。加入少量的钛，可提高钢的持久强度。铌与碳形成最难熔的碳化物之一（NbC），当铌含量增加到 0.5%~2.0% 时可提高奥氏体耐热钢的热强性，同时也改善钢的持久塑性。但铌可能促使碳含量较低的奥氏体钢形成近焊缝区液化裂纹和焊缝金属的热裂纹。

　　钼提高了奥氏体耐热钢的热强性，其强化作用在于稳定 γ 固溶体和晶界的强化。钼也改善了奥氏体钢的短时塑性和长时塑性。对焊接性产生一定的有利影响。在弥散硬化钢中，钼作为弥散强化元素，作用最强烈。钼的不利影响是降低奥氏体钢的冲击韧度。

　　钨在很多方面相似于钼。钨单独加入时，只是强化了 γ 固溶体，不会使钢的热强性明显提高。不过它与其他元素共同加入奥氏体钢时，可能引起固溶体的弥散硬化。在这种情况下，钨提高了钢的热强性，但降低奥氏体钢的韧性。

　　在 Cr-Ni 型奥氏体钢中，钒提高热强性的作用不大。在氧化性介质中，钒可能降低钢的抗高温氧化性。但在 13%Cr 钢中，V 和 Mo、W、Nb 等元素一样，提高钢的热强性。

　　硼以微量成分加入奥氏体钢时，提高了钢的热强性。例如，在 Cr14Ni18W2Nb 型奥氏体钢中，硼含量从 0.005% 增加到 0.015% 时，钢的 650℃高温持久强度从 118MPa 提高到 176MPa。

　　在高合金铬镍钢中，加入 Cu、Al、Ti、B、Nb、N 等元素可促使钢产生弥散硬化，从而提高钢的热强性。

　　2. 通过合金元素改变金属的晶格结构提高热强性

　　具有面心立方晶格的奥氏体与体心立方晶格铁素体相比，原子排列密度大，结合力强，原子扩散困难，提高了再结晶温度。从各元素对组织的影响和作用程度来看，基本上有两类元素。一类是形成或稳定奥氏体的元素，如 C、Ni、Mn、N 和 Cu 等，其中 C 和 N 的作用程度最大。另一类是缩小甚至封闭 γ 相区即形成铁素体的元素，如 Cr、Si、Mo、Ti、Nb、Ta、V、W 和 Al 等，其中 Nb 的作用程度最小。对于高合金耐热钢通常加入 Ni 合金元素使晶格由体心立方转变为面心立方。

15.6.2 高合金耐热钢

　　一般把合金总质量分数高于 13% 的合金耐热钢称为高合金耐热钢，按交货状态下的组织分为马氏体、铁素体和奥氏体三种，按合金组成分为高铬型铁素体耐热钢和铬镍型奥氏体耐热钢两类，其中铬镍型奥氏体应用最广，典型的合金有 Cr-Ni、Cr-Ni-Ti、Cr-Ni-Mo、Cr-Ni-Nb-N 及 Cr-Ni-Si 等。AL 和 Si 可提高奥氏体耐热钢的抗氧化性，Mo、W、Cu、Ti、N 等能提高奥氏体耐热钢的热强性。

　　按使用性能仅考虑耐热钢的抗氧化性，把最高使用温度作为技术条件使用的钢涉及标准有：

ISO 4955：2016《耐热钢》

EN 10095：1999《耐热钢和镍合金》

按使用性能既考虑耐热钢的高温抗氧化性又保证抗蠕变性能的钢涉及标准有：

EN 10028-7《承压设备用扁平钢制品　第 7 部分：不锈钢》

GB / T 4238《耐热钢钢板和钢带》

EN 10216-5《承压用无缝钢管　技术交货条件　第 5 部分：不锈钢管》

EN 10222-5《承压用钢锻件　第 5 部分：马氏体奥氏体和奥氏体铁素体不锈钢》

15.6.2.1 高合金耐热钢化学成分

本部分介绍耐热钢的化学成分为欧洲标准 EN 10095：1999 中的技术规定，具体成分见表 15.19。

表 15.19　高合金耐热钢的化学成分

序号	牌号[a]	旧牌号	C	Si	Mn max	P max	S max	N	Cr	Ni	其他
											主要元素 / %
铁素体钢											
1	X2CrTi12	(1)	≤ 0.03	≤ 1.00	1.00	0.040	0.015	—	10.5~12.5	—	Ti：6×（C+N）~0.65
2	X6Cr13	2	≤ 0.08	≤ 1.00	1.00	0.040	0.030	—	12.0~14.0	≤ 1.00	
3	X10CrAlSi13	3	≤ 0.12	0.70~1.40	1.00	0.040	0.015	—	12.0~14.0	≤ 1.00	Al：0.70~1.20
4	X6Cr17	4	≤ 0.08	≤ 1.00	1.00	0.040	0.030	—	16.0~18.0	≤ 1.00	
5	X10CrAlSi18	5	≤ 0.12	0.70~1.40	1.00	0.040	0.015	—	17.0~19.0	≤ 1.00	Al：0.70~1.20
6	X10CrAlSi25	6	≤ 0.12	0.70~1.40	1.00	0.040	0.015	—	23.0~26.0	≤ 1.00	Al：1.20~1.70
7	X15CrN26	7	≤ 0.20	≤ 1.00	1.00	0.040	0.030	0.15~0.25	24.0~28.0	≤ 1.00	
8	X12CrTiNb18	—	≤ 0.03	≤ 1.00	1.00	0.040	0.015	—	17.5~18.5		Ti：0.10~0.60　Nb：（3×C+0.30）~1.00[c]
9	X3CrTi17	—	≤ 0.05	≤ 1.00	1.00	0.040	0.015	—	16.0~18.0		Ti：[4×（C+N）+0.15]~0.80[b]
奥氏体钢											
10	X7CrNi18-9	10	0.04~0.10	≤ 1.00	2.00	0.045	0.030	—	17.0~19.0	8.0~11	—
11	X7CrNiTi18-10	11	0.04~0.10	≤ 1.00	2.00	0.045	0.030	—	17.0~19.0	9.0~12.0	Ti：5×C~0.80
12	X7CrNiNb18-10	12	0.04~0.10	≤ 1.00	2.00	0.045	0.030	—	17.0~19.0	9.0~12.0	Nb：10×C~1.20
13	X15CrNiSi20-12	13	≤ 0.20	1.50~2.50	2.00	0.045	0.030	≤ 0.11	19.0~21.0	11.0~13.0	
14	X7CrNiSiNCe21-11	14	0.05~0.10	1.40~2.00	0.08	0.040	0.030	0.14~0.20	20.0~22.0	10.0~12.0	Ce：0.03~0.08
15	X12CrNi23-13	(15)	≤ 0.15	≤ 1.00	2.00	0.045	0.015	≤ 0.11	22.0~24.0	12.0~14.0	
16	X8CrNi25-21	(16)	≤ 0.10	≤ 1.50	2.00	0.045	0.015	≤ 0.11	24.0~26.0	19.0~22.0	
17	X8NiCrAlTi32-21	20	0.05~0.10	≤ 1.00	1.50	0.015	0.015	—	19.0~23.0	30.0~34.0	Al：0.15~0.60　Ti：0.15~0.60　Cu：≤ 0.07
18	X6CrNiSiNCe19-10	—	0.04~0.08	1.00~2.00	1.00	0.045	0.015	0.12~0.20	18.0~20.0	9.0~11.0	Ce：0.03~0.08
19	X6CrNiSiNCe35-25	—	0.04~0.08	1.20~2.00	2.00	0.040	0.015	0.12~0.20	24.0~26.0	34.0~36.0	Ce：0.03~0.08

注：a. ISO 4955：1994 标准的牌号。

　　b. Ti 可以和 Nb 或 Zr 置换（Nb=Zr=Ti7 / 4）。

　　c. Nb+Ta 含量。

15.6.2.2 高合金耐热钢的力学性能

本部分介绍高合金耐热钢的力学性能是欧洲标准 EN 10095：1999 中的技术规定，高合金耐热钢的力学性能常温下并不突出（表 15.20），而主要体现在高温下蠕变极限和持久强度较高，见表 15.21。

表 15.20 耐热钢的常温力学性能

牌号	产品供货状态			力学性能					
	d/mm max	d/mm max	d/mm max	热处理状态	HB/ max	$R_{p0.2}$/MPa min	$R_{p1.0}$/MPa min	R_m/MPa	A/% min
铁素体型									
1 X2CrTi12				+A	—	210	—	380~560	—
2 X6Cr13				+A	197	230	—	400~630	20
3 X10CrAlSi13				+A	192	250	—	450~650	15
4 X6Cr17				+A	197	250	—	430~630	20
5 X10CrAlSi18	$5 \leqslant d \leqslant 25$	$1.5 \leqslant d \leqslant 25$	$5 \leqslant d \leqslant 15$	+A	212	270	—	500~700	15
6 X10CrAlSi25				+A	223	280	—	520~720	10
7 X15CrN26				+A	212	280	—	500~700	15
8 X12CrTiNb18				+A	—	230	—	430~630	18
9 X3CrTi17				+A	—	230	—	420~600	—
奥氏体型									
10 X7CrNi18-9				+AT	192	195	230	500~700	40
11 X7CrNiTi18-10				+AT	215	190	230	500~720	40
12 X7CrNiNb18-10				+AT	192	205	240	510~710	30
13 X15CrNiSi20-12				+AT	223	230	270	550~750	30
14 X7CrNiSiNCe21-11	$5 \leqslant d \leqslant 160$	$1.5 \leqslant d \leqslant 25$	$d \leqslant 100$	+AT	210	310	345	650~850	40
15 X12CrNi23-13				+AT	192	210	250	500~700	35
16 X8CrNi25-21				+AT	192	210	250	500~700	35
17 X8NiCrAlTi32-21				+AT	192	170	210	450~680	30
18 X6CrNiSiNCe19-10				+AT	210	290	330	600~800	40
19 X6CrNiSiNCe35-25				+AT	210	300	340	650~850	40

表 15.21　耐热钢高温力学性能

牌号	热处理状态	持久时间/h	$\sigma_{1.0}$/MPa						σ_m/MPa						最高使用温度/℃
			500	600	700	800	900	1000	500	600	700	800	900	1000	
铁素体型															
X2CrTi 12	退火	1000	80	15	8.5	3.7	1.8	—	160	30	17	7.5	3.6	—	650
		10000	50	10	4.7	2.1	1.0	—	100	20	9.5	4.3	1.9	—	
X6Cr 13	退火	1000	80	15	8.5	3.7	1.8	—	160	30	17	7.5	3.6	—	800
		10000	50	10	4.7	2.1	1.0	—	100	20	9.5	4.3	1.9	—	
X10CrAlSi 13	退火	1000	80	15	8.5	3.7	1.8	—	160	30	17	7.5	3.6	—	750
		10000	50	10	4.7	2.1	1.0	—	100	20	9.5	4.3	1.9	—	
X6Cr 17	退火	1000	80	15	8.5	3.7	1.8	—	160	30	17	7.5	3.6	—	850
		10000	50	10	4.7	2.1	1.0	—	100	20	9.5	4.3	1.9	—	
X10CrAlSi 18	退火	1000	80	15	8.5	3.7	1.8	—	160	30	17	7.5	3.6	—	850
		10000	50	10	4.7	2.1	1.0	—	100	20	9.5	4.3	1.9	—	
X10CrAlSi 25	退火	1000	80	15	8.5	3.7	1.8	—	160	30	17	7.5	3.6	—	1000
		10000	50	10	4.7	2.1	1.0	—	100	20	9.5	4.3	1.9	—	
X15CrN 26	退火	1000	80	15	8.5	3.7	1.8	—	160	30	17	7.5	3.6	—	1150
		10000	50	10	4.7	2.1	1.0	—	100	20	9.5	4.3	1.9	—	
X2CrTiNb 18	退火	1000	80	15	8.5	3.7	1.8	—	160	30	17	7.5	3.6	—	900
		10000	50	10	4.7	2.1	1.0	—	100	20	9.5	4.3	1.9	—	
X3CrTi 17	退火	1000	80	15	8.5	3.7	1.8	—	160	30	17	7.5	3.6	—	900
		10000	50	10	4.7	2.1	1.0	—	100	20	9.5	4.3	1.9	—	
奥氏体型															
X7CrNi 18-9	固溶处理	1000	—	100	45	15	—	—	—	178	83	—	—	—	800
		10000	—	80	30	—	—	—	—	122	48	—	—	—	
X7CrNiTi 18-10	固溶处理	1000	—	110	45	15	—	—	—	200	88	30	—	—	850
		10000	—	85	30	10	—	—	—	142	48	15	—	—	
X7CrNiTi 18-10	固溶处理	1000	—	140	65	25	—	—	—	210	110	—	—	—	850
		10000	—	110	45	—	—	—	—	159	61	—	—	—	
X15CrNiSi 20-12	固溶处理	1000	—	120	50	20	8	—	—	190	75	35	15	—	1000
		10000	—	80	25	10	4	—	—	120	36	18	8.5	—	
X7CrNiSiNCe 21-11	固溶处理	1000	—	170	66	31	15.5	(8)	—	238	105	50	24	(12)	1150
		10000	—	126	45	19	10	(5)	—	157	63	27	13	(7)	
X12CrNi 23-13	固溶处理	1000	—	100	40	18	8	—	—	190	75	35	15	—	1000
		10000	—	70	25	10	5	—	—	120	36	18	8.5	—	
X8CrNi 25-21	固溶处理	1000	—	100	45	18	10	—	—	170	80	35	15	—	1050
		10000	—	90	30	10	4	—	—	130	40	18	8.5	—	
X8NiCrAlTi 32-21	固溶处理	1000	—	130	70	30	13	—	—	200	90	45	20	—	1100
		10000	—	90	40	15	5	—	—	152	68	30	10	—	
X6CrNiSiNCe 19-10	固溶处理	1000	—	147	61	25	9	(2.5)	—	238	105	46	18	(7)	1050
		10000	—	126	42	15	5	(1.7)	—	157	63	25	10	(14)	
X6NiCrSiNCe 35-25	固溶处理	1000	—	150	60	26	12.5	6.5	—	200	84	41	22	12	1170
		10000	—	88	34	15	8	4.5	—	127	56	28	15	8	

15.6.2.3 高合金耐热钢的焊接性

高合金耐热钢与低合金热强钢相比，在焊接性方面有很大不同，各种组织类型的高合金耐热钢焊接问题因其金相组织的不同而异，同一组织类型的高合金耐热钢在合金成分上与高合金耐蚀钢相近，因此在焊接性上的表现与不锈钢相似。如铁素体型耐热钢焊接时，由于不发生同素异构转变导致重结晶区晶粒长大，致使接头韧性降低。马氏体型耐热钢焊接性主要因高的淬硬性而恶化，而弥散硬化型耐热钢的焊接特性与弥散过程中的强化机制有关。奥氏体型耐热钢由于更多的是高铬镍纯奥氏体组织，所以焊接主要问题是热裂纹倾向较高。

15.6.2.4 高合金耐热钢的焊接材料

为了确保接头的使用性能要求，焊缝金属的化学成分应尽量和母材成分相接近。

奥氏体耐热钢采用奥氏体焊接材料，避免焊缝中形成铁素体。

对于简单的 Cr13 型的马氏体耐热钢，焊缝成分调整余地不大，一般都选用与母材金属相同的焊接材料，但必须严格控制 C、S、P、Si 的含量。对于多元合金强化的马氏体耐热钢，由于主要化学元素多为铁素体化元素，如 Mo、W、V 等，为了保证焊缝全部是均一的马氏体组织，必须加入适量的奥氏体化元素进行平衡，如 C、Ni、Mn、N 等元素。但要注意的，增加 C、Mn 会使马氏体开始转变温度明显降低，对防止冷裂纹不利，因此这两种元素含量要控制在最佳范围内。

具体焊接材料的标准见 ISO 3581、ISO 14343、ISO 17633 中的不锈钢部分介绍。耐热钢用焊接材料及焊后热处理见表 15.22。

表 15.22　耐热钢用焊接材料及焊后热处理

钢种		适合的焊接材料			焊后热处理
符号标记	数字标记	焊条缩写名称	焊丝符号标记	焊丝数字标号	
铁素体钢					
X8CrSi7 7	1.4700	—	X8Cr9	1.4716	一般不采用，只有当焊件之间具有较大的界面差别或要求较高的冷变形性能时，在焊后进行 750~800 ℃、保温 30~40min，然后空冷的消除应力退火
X10CrAl7	1.4713	19 9 Nb	X8Cr9，19 9Nb	1.4716，1.4551	
X7CrTi12	1.4720	19 9nC，18 8 Mn 6	19 9L，18 8Mn	1.4316，1.4370	
X10CrAl13	1.4724	22 12，25 4	22 12，25 4	1.4829，1.4820	
X10CrAl18	1.4742	22 12，25 4	22 12，25 4	1.4829，1.4820	
X10CrAl24	1.4762	30，25 4，25 20	X8Cr30，25 4，25 20	1.4773，1.4820，1.4842	
铁素体 – 奥氏体钢					
X20CrNiSi25 4	1.4821	25 4，25 20	25 4，25 20	1.4820，1.4842	没有
奥氏体钢					
X12CrNiTi18 9	1.4878	19 9 Nb，22 12	19 9Nb，22 12	1.4551，1.4829	没有
X15CrNiSi20 12	1.4828	22 12	22 12	1.4829	
X7CrNi23 14	1.4833	25 20	25 20	1.4842	
X12CrNi25 21	1.4845	25 20	25 20	1.4842	
X15CrNiSi25 20	1.4841	25 20	25 20	1.4842	
X12NiCrSi36 16	1.4864	18 36	36 18	1.4863	
X10NiCrAlTi32 20	1.4876	S–NiCr 15 FeNb，S–NiCr 15 FeMn	S–NiCr 20 Nb	1.4806	

15.6.2.5 耐热钢焊接实例

热电站锅炉受热面蛇形管不锈钢焊接工艺，300MW、600MW 锅炉再热器和过热器高温段采用奥氏体不锈钢管对接焊，其工艺如下。

母材：SA213 TP304H，规格为 63×4，51×7

焊接方法：手工钨极氩弧焊

填充材料：ER308H

焊接规范参数：二层二道，三层三道

$I = 90 \sim 120A$，$U = 10 \sim 12V$，氩气流量 $10 \sim 12L / min$，内部充 Ar 气保护，气体流量 $6 \sim 8L / min$

（1）坡口两侧 $10 \sim 15mm$ 范围内打磨干净。

（2）不预热，层间温度 200℃以下，可用喷水或吹压缩空气的办法加快冷却。

（3）小电流，短弧焊。

（4）注意填满弧坑，回拉式收弧。

（5）焊后一般不热处理。

15.7 各国不锈钢牌号对照表及常用焊材选择

表 15.23 所示为各国不锈钢牌号对照表，表 15.24 所示为典型钢种常用焊接材料。

表 15.23　各国不锈钢牌号对照表

GB／T 20878—2007 中序号	统一数字代号	牌号	旧牌号	美国 ASTM A959	日本 JIS G4303 JIS G4311 JIS G4305 等	国际 ISO 15510 ISO 4955	欧洲 EN 10088-1 EN 10095
9	S30110	12Cr17Ni7	1Cr17Ni7	S30100，301	SUS301	X5CrNi17-7	X5CrNi17-7，1.4319
10	S30103	022Cr17Ni7	—	S30103，301L	SUS301L	—	—
11	S30153	022Cr17Ni7N	—	S30153，301LN	—	X2CrNiN18-7	X2CrNiN18-7，1.4318
13	S30210	12Cr18Ni9	1Cr18Ni9	S30200，302	SUS302	X10CrNil8-8	X10CrNil8-8，1.4310
14	S30240	12Cr18Ni9Si3	1Cr18Ni9Si3	S30215，302B	SUS302B	XI 2CrNiSil 8-9-3	—
17	S30408	06Cr19Nil0	0Cr18Ni9	S30400，304	SUS304	X5CrNil8-10	X5CrNil8-10，1.4301
18	S30403	022Cr19Nil0	00Cr19Nil0	S30403，304L	SUS304L	X2CrNil8-9	X2CrNil8-9，1.4307
19	S30409	07Cr19Nil0	—	S30409，304H	SUH304H	X7CrNil8-9	X6CrNil8-10，1.4948
20	S30450	05Cr19Nil0Si2CcN	—	S30415	—	X6CrNiSiNCel9-10	X6CrNiSiNCel9-10，1.4818
23	S30458	06Cr19Nil0N	0Cr19Ni9N	S30451，304N	SUS304N1	X5CrNiN19-9	X5CrNiN19-9，1.4315
24	S30478	06Cr19Ni9NbN	0Cr19Nil0NbN	S30452，XM-21	SUS304N2	—	—
25	S30453	022Cr19Nil0N	00Cr18Ni10N	S30453，304LN	SUS304LN	X2CrNiN18-9	X2CrNiN18-10，1.4311
26	S30510	10Cr18Ni12	1Cr18Ni12	S30500，305	SUS305	X6CrNil8-12	X4CrNi18-12，1.4303

GB/T 20878—2007 中序号	统一数字代号	牌号	旧牌号	美国 ASTM A959	日本 JIS G4303 JIS G4311 JIS G4305 等	国际 ISO 15510 ISO 4955	欧洲 EN 10088-1 EN 10095
32	S30908	06Cr23Ni13	0Cr23Ni13	S30908, 309S	SUS309S	X12CrNi23-13	X12CrNi23-13, 1.4833
35	S31008	06Cr25Ni20	0Cr25Ni20	S31008, 310S	SUS310S	X8CrNi25-21	X8CrNi25-21, 1.4845
36	S31053	022Cr25Ni22Mo2N	—	S31050, 310MoLN	—	XlCrNiMoN25-22-2	X1CrNiMoN25-22-2, 1.4466
37	S31252	015Cr20Nil8Mo6CuN	—	S31254	SUS312L	XlCrNiMoN20-18-7	X1CrNiMoN20-18-7, 1J547
38	S31608	06Cr17Nil2Mo2	0Cr17Ni12Mo2	S31600, 316	SUS316	X5CrNiMol7-12-2	X5CrNiMol7-12-2. 1.4401
39	S31603	022Cr17Nil2Mo2	00Cr17Ni14Mo2	S31603, 316L	SUS316L	X2CrNiMol7-12-2	X2CrNiMol7-12-2, 1.4404
40	S31609	07Cr17Nil2Mo2	1Cr17Ni12Mo2	S31609, 316H			X6CrNiMol7-13-2, 1.4918
41	S31668	06Cr17Nil2Mo2Ti	0Cr18Ni12Mo3Ti	S31635, 316Ti	SUS316Ti	X6CrNiMoTil 7-12-2	X6CrNiMoTil7-12-2- 1.4571
42	S31678	06Cr17Nil2Mo2Nb	—	S31640, 316Nb	—	X6CrNiMoNbl7-12-2	X6CrNiMoNbl7-12-2, 1.4580
43	S31658	06Cr17Nil2Mo2N	0Cr17Ni12Mo2N	S31651, 316N	SUS316N	—	—
44	S31653	022Cr17Nil2Mo2N	00Cr17Ni13Mo2N	S31653, 316LN	SUS316LN	X2CrNiMoN17-12-3	X2CrNiMoN17-11-2, 1.4406
45	S31688	06Cr18Nil2Mo2Cu2	0Crl8Ni12Mo2Cu2	—	SUS316J1	—	—
48	S31782	015Cr21Ni26Mo5Cu2	—	N08904, 904L	SUS890L	X1NiCrMoCu25-20-5	X1NiCrMoCu25-20-5, 1.4539
49	S31708	06Cr19Ni13Mo3	0Cr19Ni13Mo3	S31700, 317	SUS317	—	—
50	S31703	022Cr19Ni13Mo3	00Cr19Ni13Mo3	S31703, 317L	SUS317L	X2CrNiMo19-14-4	X2CrNiMol8-15-4, 1.4438
53	S31723	022Cr19Ni16Mo5N	—	S31726, 317LMN	—	X2CrNiMoN18-15-5	X2CrNiMoN17-13-5, 1.4439
54	S31753	022Cr19Ni13Mo4N	—	S31753, 317LN	SUS317LN	X2CrNiMoN18-12-4	X2CrNiMoN18-12-4, 1.4434
55	S32168	06Cr18Ni11Ti	0Crl8Ni10Ti	S32100, 321	SUS321	X6CrNiTI18-10	X6CrNiTil8-10, 1.4541
56	S32169	07Cr19Ni11Ti	1Cr18Ni11Ti	S32109, 321H	SUH321H	X7CrNiTil8-10	X7CrNiTil8-10, 1.4940
58	S32652	015Cr24Ni22Mo8Mn3CuN	—	S32654	—	X1CrNiMoCuN24-22-8	X1CrNiMoCuN24-22-8, 1.4652
61	S34553	022Cr24Ni17Mo5Mn6NbN	—	S34565	—	X2CrNiMnMoN25-18-6-5	X2CrNiMnMoN25-18-6-5, 1.4565
62	S34778	06Cr18NiUNb	0Cr18Ni11Nb	S34700, 347	SUS347	X6CrNiNbl8-10	X6CrNiNbl8-10, 1.4550
63	S34779	07Cr18NillNb	1Cr19Ni11Nb	S34709, 347H	SUS347H	X7CrNiNbl8-10	X7CrNiNbl8-10.1.4912

续表

GB/T 20878—2007中序号	统一数字代号	牌号	旧牌号	美国 ASTM A959	日本 JIS G4303 JIS G4311 JIS G4305 等	国际 ISO 15510 ISO 4955	欧洲 EN 10088-1 EN 10095
64	S30859	08Cr21Ni11Si2CeN	—	S30815	—	—	—
65	S38926	015Cr20Ni25Mo7CuN	—	N08926	—	—	X1NiCrMoCu25-20-7, 1.4529

表 15.24　典型钢种常用焊接材料

钢种 母材 GB/T 4237—2015	焊条 GB/T 983—2012	实心焊丝 GB/T 29713—2013	药芯焊丝 GB/T 17853—2018	埋弧焊实心、药芯焊丝焊剂 GB/T 17854—2018
06Cr19Ni9	E308-16（A102） E308-17（A102A） E308-15（A107）	S308（H06Cr21Ni10）	TS308	S F308 AB-S308
06Cr18Ni11Ti	E347-16（A132） E347-15（A137）	S347（H06Cr20Ni10Nb）	TS347L	S F347 AB-S347
022Cr18Ni12Mo2	E316L-16（A022、A022L）	S316L（H03Cr19Ni12Mo2）	TS316L	S F316L AF-S316L
06Cr23Ni13	E309-16（A302、A301） E309-15（A307）	S309（H12Cr24Ni13）	TS309	S F309 AB-S309
06Cr25Ni20	E310-16（A402） E310-15（A407）	S310（H08Cr26Ni21）	TS310	S F310 AF-S310
022Cr25Ni6Mo2N	E309L-16（A062） ERNiCrMo-0（Ni307）	H03Cr21Ni21 或镍基焊丝		

参考文献

［1］陈祝年.焊接工程师手册［M］.北京：机械工业出版社，2009.

［2］中国焊接学会.焊接手册：2卷［M］.3版.北京：机械工业出版社，2009.

［3］机械工程学会焊接分会编.袖珍世界钢号手册［M］.北京：机械工业出版社，2009.

［4］Welding consumables-Covered electrodes for manual metal arc welding of stainless and heat-resisting steels-Classification Abstract ISO 3581:2016 [S/OL]. [2016-07]. https://www.iso.org/standard/64569.html.

［5］Welding consumables-Wire electrodes, strip electrodes, wires and rods for arc welding of stainless and heat resisting steels-Classification:ISO 14343:2017[S/OL].[2017-03]. https://www.iso.org/standard/67727.html.

［6］Welding consumables-Tubular cored electrodes and rods for gas shielded and non-gas shielded metal arc welding of stainless and heat-resisting steels-Classification: ISO 17633:2017[S/OL]. [2017-03].https://www.iso.org/standard/67727.html.

［7］Heat resisting steels and nickel alloys: BS EN 10095: 1999[S]. [1999-08-15]. https://www.en-standard.eu/bs-en-10095-1999-heat-resisting-steels-and-nickel-alloys/.

［8］GSI. SFI-Aktuell [M]. Duisburg: Gesellschaft für Schweißtechnik International mbH, 2010.

本章的学习目标及知识要点

1.学习目标

（1）掌握不锈钢的标记、主要成分。

（2）掌握不锈钢的物理性能，并了解各类不锈钢的主要应用。

（3）掌握奥氏体不锈钢焊接性、焊接工艺要点及焊材选择，并掌握不锈钢焊接材料及标记。

（4）掌握耐热钢的标记、化学成分、焊接性及焊接工艺要点。

（5）了解国内外常用不锈钢材料。

2.知识要点

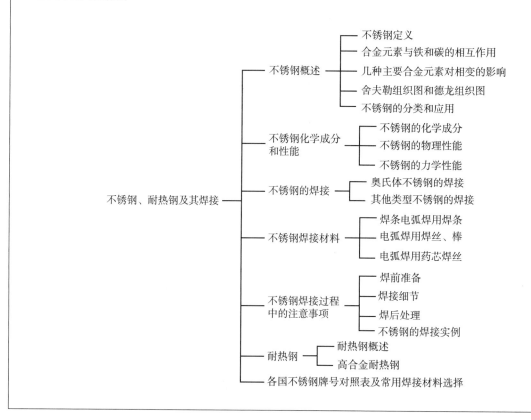

第16章

材料的磨损与保护

编写：钱强　审校：徐林刚　俞韶华

本章介绍磨损的定义、分类、影响因素和腐蚀的分类及特点，就用于防止磨损和腐蚀破坏的堆焊和热喷涂技术所用材料进行系统介绍，主要包括堆焊和热喷涂材料的合金类型、常用堆焊和热喷涂材料的性能、堆焊和热喷涂材料标准及如何正确选材，并简要介绍涂装涂层和热浸镀涂层基本概念及工程应用。

16.1　金属表面的磨损

16.1.1　物体表面的摩擦

摩擦发生在两个相对运动固体物体的表面之间，是两个相互接触的物体在外力作用下发生相对运动或具有相对运动的趋势时，在接触表面之间产生的运动阻力，即摩擦力，这种现象称为摩擦。

摩擦是自然界中普遍存在的现象，人类从原始社会就知道"摩擦生热"。摩擦既有害，又有益。有害方面体现在可造成大量能量损耗，影响机器零部件的精度、寿命，破坏机器正常运行；有益方面如车辆等的制动、驱动等都是利用摩擦实现的。摩擦按照摩擦副的运动状态可分为静摩擦和动摩擦；按照摩擦副的运动形式可分为滑动摩擦和滚动摩擦；按照摩擦副表面的润滑状态可分为纯净摩擦、干摩擦、流体摩擦、边界摩擦和混合摩擦。

物体在相对运动产生摩擦时，受力的作用产生变形，受热的作用产生表面温度急剧升高，从而摩擦表面会产生一系列变化，这一变化包括表面几何形状、表面组织结构变化以及表面膜的变化。

16.1.2　磨损的定义及磨损的复杂性

磨损是伴随摩擦而产生的，但与摩擦相比，磨损是一个十分复杂的过程。磨损是机械零件失效的三种主要原因（磨损、腐蚀、疲劳）之一。德国标准 DIN 50320 中把磨损的定义描述为：磨损是两个物体由于机械的原因，即与另一固体、液体或气体的配对件发生接触和相对运动，而造成表面材料不断损失的过程。但从整体来看，业内普遍认为直到目前关于磨损尚缺乏统一的名称和定义，在有关磨损的著作中对磨损定义和概念的论述是不完全相同的，磨损的机理还不十分清楚，在文献

· 337 ·

中出现的名称不下几十个，也没有一条简明的定量定律。

现在业内通常的分类方法是按磨损机制划分，主要包括：磨粒（料）磨损、黏着磨损、疲劳磨损和腐蚀（或称摩擦化学）磨损。正确的分类方法应当把形式与本质区分开来，即把磨损失效的形貌特征与造成这种特征的磨损机制区别开来，明确形式—机制—条件三者的关系。一般情况下，条件改变了，势必造成不同的磨损机制，从而引起磨损形式的变化。

有关磨损还有以下几点需要加以说明。

（1）磨损并不仅仅局限于机械作用，由于伴同化学作用而产生的腐蚀磨损，由于界面放电作用而引起物质转移的电火花磨损，以及由于伴同热效应而造成的热磨损等现象都在磨损的范围之内。

（2）定义强调磨损是相对运动所产生的现象，因而橡胶表面老化、材料腐蚀等非相对运动中的现象不属于磨损研究的范畴。

（3）磨损发生在摩擦接触表面材料上，其他非界面材料的损失或破坏，不包括在磨损范围之内。

（4）磨损是转移和脱落的现象，转移和脱落都是磨损；在表面材料转移过程中，对两个表面磨损的称呼应有所区别，损失材料的一方应是遭到磨损，承受材料的一方称为负磨损。

各种机械零件磨损造成的能源和材料的消耗是十分惊人的，在全球面临资源、能源与环境严峻挑战的今天，研究摩擦与磨损对于节能、节材、环保以及支撑和保障高新技术的发展具有重要的现实意义。

对大多数机器来说，磨损比摩擦显得更为重要，实际上人们对磨损的理解远远不如摩擦。对机器磨损情况的预测能力也是十分差的。磨损研究的对象虽然只是材料表面的破坏失效问题，但要把这个薄层内的问题研究清楚是非常困难的。它涉及固体力学、润滑力学、表面物理、表面化学、冶金学、材料学、机械学等学科，而影响因素则包括载荷、速度、温度、润滑剂类型及特性、环境介质、结构设计、接触面粗糙度、材料类型、组织结构及性能等。

16.1.3 磨损的分类及影响因素

本章仅针对焊接工程师通常遇见的构件可能会发生的磨损现象加以介绍，磨损的种类、定义、具体分类等可以简单归纳在表 16.1 中。

16.1.4 典型实例

16.1.4.1 磨料磨损

犁铧是农业机械中一种典型的易损件，主要用于耕翻土地。根据土壤类型的不同，犁铧的失效形式主要是变形、断裂和正常磨损，有时出现一定的腐蚀磨损。

球磨机磨球是有色冶金、矿山、建材、电力、化肥等行业消耗量最大的易磨损件之一。磨球在工作中主要受到反复冲击和物料的研磨作用。磨球的失效形式主要有三种：正常磨损、碎裂和失圆。磨球的材质常分为两类，一类是各种成分的钢锻轧球；另一类是铸（钢）铁球。

颚式破碎机齿板是矿山、建材等行业破碎岩石时的一种主要易磨损零件，齿板的使用寿命与破碎物料的种类不同有关，如破碎硬度低的石灰石，一副齿板可用半年以上，而破碎硬度高的石英石，

表16.1　磨损的种类、定义、分类及介绍

种类	定义	具体分类	介绍
黏着磨损	又称金属间磨损：是指金属与金属之间相对运动时，由于两接触面凹凸不平，引起表面金属变形，局部高温焊合而撕裂式转移结合到另一表面的一种表面破坏形式。如轴、轴承、刀具、模具、制动轮、阀门密封面。影响因素：金属互溶性的影响；金属显微组织的影响；载荷及滑动速度的影响；环境气氛的影响	氧化磨损	氧化磨损表面呈匀细磨痕，磨屑细小，磨损速度小，故又称轻微磨损。如滚动轴承间，缸套－活塞环间的正常磨损
		金属性磨损	磨损表面形成细而浅的犁痕式破坏，磨屑为较大的碎片或颗粒，因而磨损速度大，又叫严重磨损。如内燃机的铝活塞壁与缸体表面、重载蜗轮副的蜗杆表面的磨损
		撕脱和咬死	撕脱表面出现宽而深的犁痕式破坏，最严重时使相对运动停止，称"咬死"。如在高压闸阀关闭时，由于应力太大使配合表面产生焊合，使用时就易出现撕脱。而不锈钢螺栓与螺母扭紧过程中常常发生"咬死"
磨料磨损	当硬质颗粒或表面粗糙物体（一般称为磨料如岩石、矿石、砂子、硬金属屑或颗粒，砂布、砂轮等）在压力的作用下，对金属表面进行显微切削，即产生了磨料磨损。影响因素：①磨料特性（磨料硬度和尺寸）；②材料机械性能（材料硬度，断裂韧性）；③材料微观组织；④工况和环境（载荷、速度、磨损距离、环境温度、温度和介质等）	低应力擦伤式磨料磨损	低应力擦伤式磨料磨损时作用应力小于磨料的压溃强度，材料表面产生微小切削痕。如犁铧、运输槽板的表面磨损
		高应力碾碎式磨料磨损	高应力碾碎式磨料磨损时磨料与金属表面接触处的最大压力大于磨料的压溃强度，一般金属材料被拉伤，韧性材料产生塑性变形或疲劳，而脆性材料则发生碎裂或剥落。如球磨机衬板与钢球，轧碎机滚筒等零件的表面磨损
		凿削式磨料磨损	当磨料对材料表面产生高应力碰撞时则产生凿削式磨料磨损，工件表面被凿削下大颗粒的金属，出现较深的沟槽。如挖掘机斗齿，破碎机锤头等零件的表面破坏
冲击磨损	金属受外来物体的冲击作用而引起的磨损称冲击磨损，通常和磨料磨损同时出现。冲击按金属表面所受应力的大小及造成损坏的情况分为三类：①轻度冲击：动能被吸收，金属表面的弹性变形可恢复；②中度冲击：除弹性变形外，发生部分塑性变形；③严重冲击：金属破裂或变形		
冲蚀磨损	冲蚀磨损是指材料受到小而松散的流动粒子冲击时表面出现破坏的一类磨损现象。其定义可以描述为固体表面同含有固体粒子的流体接触做相对运动，其表面材料所发生的损耗。携带固体粒子的流体可以是高速气流，也可以是液流。前者产生喷砂型冲蚀，后者则称为泥浆型冲蚀。根据颗粒及其携带介质的不同，冲蚀磨损又分为固体颗粒冲蚀磨损、流体冲蚀磨损、液滴冲蚀和气蚀等		
疲劳磨损	疲劳磨损的最普遍形式是出现在呈滚动接触的摩擦副零件表面上，如滚动轴承、齿轮、车轮、轧辊等，其典型特征为点蚀及剥落。这种形式的磨损也常称为接触疲劳，因为它也是在循环载荷作用下产生的表面失效形式，其过程同样包括裂纹的萌生、扩展及最后断裂，与整体疲劳断裂有很多相似之处，可以算作材料疲劳断裂的一种特殊形式。影响因素有：材料纯度的影响；材料微观组织的影响；材料的硬度的影响；表面粗糙度的影响；润滑油及环境的影响		
微动磨损	机械零件配合较紧的部位在载荷和一定频率振动条件下，使零件表面产生微小滑动而引起的磨损。它是磨料磨损和氧化磨损的结合，如紧配合轴颈、铆接接头处的磨损		
热疲劳	由于承受反复的加热和冷却作用，使金属产生裂纹，造成金属破坏的现象称为热疲劳。如热轧辊、热锻模、压铸模、装料机料斗等（可归为疲劳磨损，由于堆焊用于解决承受热疲劳作用的部件占相当比重，这里将其单独列出）		

一副齿板只能使用几天。齿板破碎不同物料的磨损机理也不同，如果磨料硬度小于材料硬度，齿板主要发生应力疲劳破坏；如磨料硬度大于材料硬度，磨损机理可能是应变疲劳、磨粒切削或是脆性断裂。

用于采掘矿石、剥离岩石、港口建设、兴修水坝、筑路工程等领域的挖掘机斗齿是消耗量很大的易磨损件，斗齿工作时经常受到冲击、高应力滑动磨损，单臂梁还会受到弯曲作用，其工作条件比颚式破碎机齿板更恶劣，磨损机理主要是磨粒切削，其次是冲击变形和犁沟变形。

16.1.4.2 黏着磨损

刀具的黏着磨损是黏着磨损机制的一个最典型的代表。在切削加工过程中，由于接触面上的压力高、滑动速度大以及被切削材料发生的剧烈塑性变形，结果使刀具表面产生极高的温度，可达1000℃以上。在这种苛刻条件下，黏着磨损成为刀具磨损的主要形式，刀尖上积屑瘤的形成是被切削材料向刀具表面黏着转移的明显例证。为了减少刀具的黏着磨损，除了合理选用各种切削参数，提高刀具材料的耐热性及高温下的塑性变形抗力也是很重要的。

气缸套与活塞环之间是一个典型的容易发生黏着磨损的摩擦副。常用各种含石墨的灰口铸铁制造活塞环是因为它们的抗黏着性和耐磨性较好。对二冲程发动机，活塞环材料强度要求比四冲程发动机要高，故采用高强度铸铁，其中石墨呈蠕虫状，同时加入 Mo 和 Cu，用以抑制游离铁素体的析出，从而使基体得到强化。

凸轮挺杆的黏着磨损主要的磨损形式可能有三种：点蚀、胶合和光面磨损。胶合是其中一种很典型的失效形式，其特征是两个表面局部焊合在一起，然后焊合点被撕开而形成磨损破坏，即发生咬死和撕脱。这种损伤特别容易在相对滑动速度大而润滑条件不好的情况下发生，在设计时要全面考虑接触应力和滑动速度的作用。试验表明，工件接触表面温度超过 200℃就容易发生黏着磨损。

齿轮的磨损机制以接触疲劳和黏着磨损为主。在相对速度较高时，如果润滑油中不加添加剂，齿轮的允许转矩是由黏着作用引起的"胶合负荷极限"所决定。在相对速度很低时，齿轮是在混合润滑条件下工作的，磨损机制主要是黏着和磨料磨损，这时存在一个临界速度，在这个速度下，允许的载荷特别低。渗碳淬火等热处理工艺对提高齿轮寿命有很好的效果。

16.1.4.3 冲蚀磨损

由于泥沙冲蚀磨损与汽蚀的联合作用，水轮机叶片的破坏往往呈现大面积的鱼鳞坑，坑的周围界线明显，在凹坑边缘有塑性变形挤出的堆积物，有的沙粒压入材料表面。实践表明，我国多泥沙河流上的水电站都先后发生了水轮机叶片的严重破坏。黄河流域最大含沙量可达 $530kg/m^3$，因此黄河上的水轮机都在严重的泥沙冲蚀条件下运行，如刘家峡水电站经过一个汛期运行，导水叶片立面间隙被冲蚀成锯齿状大缺口，水轮机叶片及下环发现大面积鱼鳞坑，上下抗磨板被磨穿；三门峡水电站的水轮机为轴流桨式，运行 8000h 后，叶片背面母材呈蜂窝状，并有密集坑，深约 20mm，叶片与转子室间隙扩大到 40~50mm，运行 20000h 后，机组效率下降 11%。

风扇式磨煤机是一种先进的制备煤粉的设备，风扇磨煤机打击板会发生严重的冲蚀磨损。由于我国电厂使用煤种繁多，有烟煤和贫煤，煤中经常含有相当数量高硬度的 SiO_2 或 Al_2O_3 颗粒，这些硬粒子对打击板造成了严重的冲蚀磨损，从而使其寿命仅有 300~600h，致使材料消耗大，检修量增大，制粉效率降低。

16.1.4.4 疲劳磨损

钢轨的剥离与擦伤是典型的疲劳磨损现象。剥离的前兆是在钢轨表面出现鱼鳞状裂纹，不同强度的钢轨抗剥离损伤的能力有明显的差别，强度越高，抗剥离能力越强，表明这是典型的应力疲劳磨损机制。当然车轮的表面剥离损伤同样存在。擦伤一般是在机车启动时，或在大坡道爬坡时车轮发生空转，或在承重大，速度高，坡度大的区段抱闸行驶时引起的钢轨踏面上的损伤。在擦伤部位，由于轮轨摩擦产生大量热，使表面温度达到相变温度以上并急速冷却，而形成或部分形成马氏体层，其厚度可达 0.5mm 左右，严重擦伤时，会在擦伤区出现很多裂纹，表面有明显的马氏体层剥落特征。

从疲劳磨损机制的角度看，凸轮挺杆的主要磨损失效形式是点蚀与擦伤。金相组织属于共晶型组织的冷激铸铁作为凸轮挺杆材料已得到广泛的应用，共晶型包括初生的珠光体和共晶的莱氏体，由于表面激冷，珠光体与渗碳体生长成为柱状晶。这种材料产生点蚀的特征为：在正交剪应力作用下，裂纹从次表面或从表面萌生，倾斜或水平扩展。铸件中不可避免存在着的缺陷，如疏松、气孔、夹杂物以及树枝状结晶等总要暴露在加工表面上，这些缺陷在循环应力作用下就很容易成为裂纹源，最后发展成点蚀坑。在擦伤表面及其截面上，有显著的塑性流动，在擦伤表面及磨屑中，可以普遍地观察到鳞片状剥层，在磨屑上可以观察到疲劳条纹特征，在磨屑分析中发现相当数量的球状磨屑，它是在磨损过程中出现疲劳过程的有力证据。所有这些特征都表明，凸轮挺杆擦伤的主导机制是以剥层形式出现的应变疲劳磨损。

16.1.5　磨损的实际发生

实际上，前述各种磨损形式很少单独出现，它们可能同时起作用或交替作用。反映了由于黏着作用、摩擦氧化、磨料磨损和表面疲劳等不同作用机理形成松脱磨屑的顺序过程。一般说来，只有磨料磨损和表面疲劳才能直接产生磨屑。黏着磨损通常只能使摩擦副之间发生材料转移，这些转移的颗粒在表面疲劳磨损或磨粒磨损作用下才能脱落下来。这些脱落下来的颗粒本身也能起磨料磨损的作用。由黏着磨损引起材料转移的颗粒，在受到磨料磨损或表面疲劳作用成为磨屑从摩擦负荷表面上脱落下之前，往往由于摩擦作用先发生氧化。如果此时形成一些硬度很高的氧化物颗粒，如氧化铝、氧化镁或氧化锡等，则会进一步增加磨损。因此，在实际的摩擦副磨损过程中，磨损通常不是以单一形式出现，而是以一两种为主的多种磨损形式同时出现。例如，齿轮传动就同时存在疲劳磨损、黏着磨损和磨粒磨损；滚动轴承也是疲劳磨损和磨粒磨损同时存在。此外，抗磨损能力在很大程度上取决于作用的条件。这些都使得实际机械零件的磨损过程非常复杂，给实际零件的磨损控制和磨损预测带来巨大的困难。

16.1.6　摩擦磨损测试

目前摩擦磨损测试技术有了很大的提高，可采用各种先进的表面测试分析技术，使用各种类型的磨损试验机，模拟不同工况条件，应用数理统计理论与工程实际相结合的研究方法，对摩擦磨损机理进行分析。

16.1.6.1　摩擦磨损试验

目前在摩擦学领域，根据试验条件和任务将摩擦磨损试验分为使用试验和实验室试验。

使用试验即在实际运转条件下的试验，它的目的是对实际使用中的机器进行监测和对新开发的机器设备或某一部分零件的耐磨性进行实机试验。实际使用试验是早期进行磨损试验的主要方法，其数据真实性或可靠性较好，但费用高、周期长。

实验室试验是在实验室内利用已标准化的通用摩擦磨损试验机进行试验。实验室试验被摩擦学界广泛应用，它包括试样试验和台架试验。其中，试样试验是在一定工况条件下，用尺寸较小，结构简单的试样在通用或专用摩擦磨损试验机上进行试验。台架试验是在实验室试验的基础上，根据所选定的参数设计实际的零件和相应的专门试验台架，并在模拟使用条件下进行试验。

影响摩擦磨损的因素较多也很复杂，温度、速度、压力、表面性质、时间、周围环境、润滑方式等都对摩擦磨损有很大的影响，而且对不同的摩擦磨损类型影响的规律也不同。

16.1.6.2 摩擦磨损试验机

根据不同的试验目的和要求，摩擦磨损试验机可分为磨料磨损试验机，快速磨损试验机，高温或低温、高速或低速、定速磨损试验机，真空磨损试验机，冲蚀磨损试验机，腐蚀磨损试验机，微动磨损试验机，气蚀试验装置等。也可按试验机摩擦副的接触形式和运动方式分类和按摩擦副的功用分类。

16.1.6.3 常用摩擦磨损试验机

实验室常用的国产试样磨损试验机主要有 ML-10 销盘式磨料磨损试验机、MM-200 型磨损试验机、MLS-23 型湿砂橡胶轮磨损试验机、MHK-500 型环块式摩擦磨损试验机等。可以按照 GB / T 12444—2006 和 GB / T 3960—2016 进行金属和塑料材料的滑动摩擦磨损试验。

16.2 金属表面的腐蚀

金属与其所处的环境之间由于发生化学或电化学等作用而引起的变质和破坏称为金属腐蚀，其中也包括化学、力学因素交互作用造成的变质和破坏。

16.2.1 根据腐蚀机理分类

16.2.1.1 化学腐蚀

化学腐蚀是指金属表面与环境（非电解质）直接发生化学作用而引起的破坏。其主要特点是非电解质中的氧化剂直接与金属表面的原子相互作用而形成腐蚀产物。原子之间的传递是在金属与氧化剂中直接进行的，因而没有电流产生。金属在干燥的气体介质和不导电的液体介质（如酒精、石油）中发生的腐蚀都属于化学腐蚀。

16.2.1.2 电化学腐蚀

电化学腐蚀是指金属表面在电解质（溶液）中，因发生电化学作用而发生的破坏。具有一般电化学反应特征，其反应历程可分为两个相对独立，并且可以同时进行的过程——阴极反应和阳极反应。在腐蚀进行过程中有腐蚀电流产生，金属在大气、海水、土壤及电解液中的腐蚀等都属于电化学腐蚀。

16.2.1.3 物理腐蚀

物理腐蚀是指金属由于单纯的物理溶解作用所引起的破坏。其特点是没有化学反应产生，仅仅是物理溶解过程。

16.2.2 根据腐蚀破坏形式分类

16.2.2.1 全面腐蚀

全面腐蚀是指腐蚀作用以大体相同的速度在整个金属表面同时进行。当金属发生全面腐蚀时，腐蚀作用（比较）均匀地分布在整个金属表面上，其结果是金属因腐蚀在大面积范围内全面减薄。但这类腐蚀相对来讲其危害性没有局部腐蚀那样严重。

16.2.2.2 局部腐蚀

局部腐蚀是指腐蚀作用仅发生在金属的某一局部区域，其他部分基本没有发生腐蚀，或金属某一部位的腐蚀速度比其他部位的腐蚀速度快得多，呈局部破坏状态。这类腐蚀发生在特定区域，具有隐蔽性，更难预测，造成的损害比全面腐蚀更大。

腐蚀失效事故统计表明，全面腐蚀占 17.8%，局部腐蚀占 82.2%，应力腐蚀在局部腐蚀中占相当比重。局部腐蚀又可分为：孔蚀（点腐蚀）、电偶腐蚀、缝隙腐蚀、晶间腐蚀、选择性腐蚀、应力腐蚀、磨损腐蚀、腐蚀疲劳等。

16.2.3 根据腐蚀环境分类

表 16.2 为根据腐蚀环境划分腐蚀的种类。

表 16.2　根据腐蚀环境划分腐蚀的种类

种类	简介
大气腐蚀	金属在大气以及任何潮湿气体中的腐蚀，这是最普遍的腐蚀类型。因为绝大多数金属结构都是在大气条件下使用的。大气腐蚀是金属处于表面薄层金属电解液下的腐蚀过程。薄层电解液被氧饱和，使大气腐蚀的电化学过程中氧化反应易于进行。另外，由于阳极钝化和金属离子的水化过程困难而造成阳极氧化。大气腐蚀的速度受到多种因素的影响，但主要与大气的组成、温度相关。一般工业区大气中的腐蚀速度最快
电解质溶液中的腐蚀	天然水和大部分水溶液（如酸、碱、盐水溶液）对金属结构的腐蚀。这一类腐蚀也是极为普通的腐蚀类型，如发生在石油工业和化学工业中的大部分腐蚀，都属电解质溶液中的腐蚀
海水腐蚀	舰船和海洋设施在海水中发生的腐蚀。海水含盐量高，且几乎含有地壳中所有自然状态存在的元素，成分极其复杂，属于腐蚀性电解质。海水中含有较高浓度的氯离子和其他卤素离子，能阻止和破坏金属的钝化，使阳极过程容易进行。另外，海水流速、海洋生物等也常常是影响海水腐蚀的因素
土壤腐蚀	埋没在地下的金属结构的腐蚀。影响土壤腐蚀的主要因素是土壤性质（包括孔隙度、含水量、电阻率、酸度及含盐量等）、电流是否存在及其大小、腐蚀微生物的种类等。地下金属管道和地下电缆的腐蚀都属于土壤腐蚀
熔盐腐蚀	金属与熔融盐类接触时所发生的腐蚀。例如，热处理的熔盐加热炉中的盐炉电极和被处理的金属所发生的腐蚀

16.3　金属的保护及失效的控制

断裂、磨损和腐蚀是造成金属材料及其制品失效和破坏的最重要的原因和形式。不同种类的钢材（金属及合金）生产和使用也是为防止这些失效破坏，满足使用条件，其中一些钢材具备抗磨损及腐蚀特性。

材料磨损的控制通常从设计的角度和表面技术的角度两个方面来实现。其中从设计的角度来控制磨损又与磨损的种类相关，比如磨料磨损的控制通常要考虑材料及润滑方式的合理选择、许用载荷的合理确定、设计加工角度的控制等方面；黏着磨损的控制除考虑材料及润滑方式的合理选择和许用载荷的合理确定外，还要考虑正确的许用表面温度；而冲蚀磨损的控制需要考虑材料的正确选择、零件形状的正确设计、环境温度和介质的控制、流体流动速度的控制等因素。从表面技术的角度来控制各种磨损失效通常可根据磨损种类的不同合理地采用以下若干方法：表面机械加工（硬化）、热喷涂技术、堆焊技术、渗碳（氮）技术、表面淬火、化学和物理气相沉积、电镀和化学镀层及深冷处理等。防止磨损和腐蚀是表面工程技术功能的体现，防止磨损和腐蚀的方法很多，本部分仅从材料的角度介绍如何使用堆焊技术和热喷涂技术来防止磨损和腐蚀等失效破坏。

16.4　堆焊材料

16.4.1　堆焊合金类型

堆焊合金可以根据它们的使用性能、合金系统、焊态组织等划分为不同的类型。根据堆焊合金的外形可将其分为丝状和带状堆焊合金、铸条状堆焊合金、粉粒状堆焊合金及块状堆焊合金。

根据合金的成分和焊态组织区分不同，堆焊合金可以归纳为铁基、镍基、钴基、铜基、含硬质相的复合堆焊合金等几种类型（表 16.3）。铁基堆焊合金价格便宜，堆焊金属的性能变化范围广、韧性和耐磨性综合指标高，能满足不同的使用要求，所以它的应用十分广泛，品种也多。镍基和钴基堆焊合金的价格较高，但由于它们的耐高温和耐腐蚀性能好，所以在高温磨损、高温腐蚀的场合下应用较广。铜基合金的耐腐蚀性好，并具有减摩特性，因此也常用于耐金属间摩擦磨损条件下使用的零件，及在各种腐蚀介质中工作零件的堆焊。含碳化物等硬质相的复合堆焊合金，虽然价格也较高，但由于具有优异的抗磨料磨损性能，故在抗严重磨料磨损的工件堆焊中占有重要地位。喷焊用自熔性合金是喷焊（喷涂 + 重熔）时使用，严格来讲不属于堆焊材料，但为便于汇总和学习，本书归纳于此，具体性能在热喷涂的材料部分介绍。

表 16.3　常用堆焊合金的类型

序号	堆焊合金类型	分类
1	铁基堆焊合金	（1）珠光体类堆焊金属； （2）马氏体类堆焊金属（普通马氏体钢、高速钢、工具钢、高铬马氏体不锈钢）； （3）奥氏体类堆焊金属（高锰奥氏体钢、铬锰奥氏体钢、铬镍奥氏体钢）； （4）合金铸铁类堆焊金属（马氏体合金铸铁、奥氏体合金铸铁、高铬合金铸铁）
2	镍基堆焊合金	镍铬硼硅型、镍铬钼钨型、镍铜型、镍铬钨硅型、镍铬铝型等
3	钴基堆焊合金	
4	铜基堆焊合金	纯铜、青铜、白铜、黄铜
5	复合堆焊合金	由铁基、镍基、铜基、钴基合金与碳化钨（铸造碳化钨或烧结碳化钨）组成的复合堆焊合金
6	喷焊用自熔性合金	镍基、钴基、铁基及含碳化钨自熔性合金

16.4.2 常用堆焊合金性能

16.4.2.1 铁基堆焊合金

1. 合金钢类堆焊合金（铁基珠光体、马氏体、奥氏体类堆焊合金）

铁基堆焊合金中珠光体类堆焊合金、马氏体类堆焊合金、奥氏体类堆焊合金称为合金钢类堆焊合金，堆焊层的基体组织的类型与堆焊合金元素含量、含碳量和冷却速度有关。含碳量较低时，以铁素体为基体的低碳钢，由于硬度太低，通常不作为堆焊合金。当含碳量增加到 0.8% 时，焊后堆焊层组织以珠光体为主，硬度较高、韧性较好，称为珠光体堆焊合金。加入少量合金元素后，堆焊层中的奥氏体在 480℃ 以下转变成马氏体，强度和硬度都很高，耐磨性好，称为马氏体堆焊合金。随着合金元素含量的增加，残余奥氏体在堆焊层中的比例上升，当稳定奥氏体的合金元素含量很高时，奥氏体完全不发生转变，称为奥氏体堆焊合金。每一种材料对某项具体的磨损因素可能表现出更好的耐磨性或更好的经济性，也可能具有同时抗两种以上的磨损性能。碳是铁基堆焊合金中最重要的合金元素。Cr、Mo、W、Mn、V、Ni、Ti、B 等也能作为合金元素。合金元素不但影响堆焊层中硬化相的形成，而且对基体组织的性能也有影响。合金元素 Cr、Mo、W、V 可以使堆焊层有较好的高温强度，并能在 480~650℃ 时发生二次硬化效应。铬还能使堆焊合金具有较好的抗氧化性能，在 1090℃ 时，含 25%Cr 就能提供很好的保护作用。

1）珠光体钢类堆焊合金

含碳量通常在 0.5% 以下，合金元素以 Mn、Cr、Mo、Si 为主（总量一般在 0.5% 以下），焊态自然冷却为珠光体，硬度为 20~38HRC，当合金元素含量偏高或冷速过快，会产生部分马氏体。焊接性、力学性能优良，抗裂性及抗冲击性好，但耐磨性一般。用于恢复尺寸、磨损较轻的场合及作为过渡层堆焊。

2）马氏体钢类堆焊合金

这里介绍普通马氏体钢类、合金工具钢类和高铬马氏体不锈钢类堆焊合金。

（1）普通马氏体钢类堆焊合金。一般含碳量在 0.1%~1.0%（有的可达 1.5%），合金元素总量一般为 5%~12%。通常加入 Mo、Mn、Ni 增加淬硬性，加入 Cr、Mo、W、V 形成耐磨碳化物，加入 Mn、Si 改善焊接性，硬度为 25~65HRC。具体可分为低碳、中碳、高碳马氏体钢堆焊合金，其相关特性见表 16.4。

表 16.4　普通马氏体钢类堆焊合金分类及特点

堆焊金属	含碳量 /%	硬度 HRC	组织	焊前预热 /℃	性能	应用范围
低碳马氏体钢	< 0.3	25~50	低碳马氏体+珠光体	—	抗裂性较好；硬度适中，有一定的耐磨性；延性好，能承受中度冲击；线膨胀系数小，开裂和变形倾向较小	主要用于金属间磨损零件的修复或用作过渡层堆焊材料
中碳马氏体钢	0.3~0.6	38~55	片状马氏体+少量低碳马氏体	250~350	有良好的抗压强度和较好的耐磨性和中等抗冲击能力	适用于抗中等冲击磨料磨损零部件的堆焊
高碳马氏体钢	0.6~1	60	片状马氏体+残余奥氏体	350~400	有好的抗磨料磨损性能，耐冲击能力较差	适用于堆焊不受或受轻度冲击载荷的低应力材料磨损的零部件

（2）合金工具钢类堆焊合金。主要合金元素为 W、Mo、Cr、V。其中高速钢中 C 含量为 0.7%~1.0%，如 W18Cr4V（D307）、W9Cr4V2、W6Mo5Cr4V2 等，堆焊后用作刀具时应做高速钢常规热处理。做耐磨合金时可焊态使用，硬度可达 62HRC。组织中（Fe、W）$_6$C 呈骨架状，硬度 1480~2290HM，VC 呈小块状、硬度 2300~2900HM，是硬化和耐磨的主要原因，有良好的高应力磨料磨损耐磨性，大约为 Mn13 的 8 倍，硬度约为 60HRC 的类似堆焊合金大量应用于辊压机堆焊抗裂性提高。

热工具钢堆焊合金。用于热锻模、热轧辊等，除高温硬度外还要求较高强度和韧性、耐热疲劳性，故障率低。w（C）=0.25%~0.55%、硬度不小于 48HRC，典型合金如 4Cr2W8（D337、药芯焊丝 YD337-1）等，2.5Cr3MoMnV 堆焊合金经 560℃回火 6h 弥散析出硬化，硬度升至 42~45HRC 并可保持到 600℃，用于钢锭初轧开坯轧辊堆焊，热疲劳及耐磨性均优良。

冷工具钢堆焊合金。用于冷冲模及切削刀具，要求常温高硬度耐金属间磨损，如 4W9Cr4V（D322、D327）硬度不小于 55HRC、W7Cr4Mo3V2（D317）硬度为 58~62HRC，可用于高炉料钟堆焊；Cr8Mo1（D600）用于冷冲修边模；5Cr6Mo2Mn2（药芯焊丝 YD397-1）用于冷轧辊、冷锻模堆焊。

（3）高铬马氏体（钢）堆焊合金。一般 Cr 含量为 12%~17%，C 含量为 0.1%~1.5%，属于半马氏体或马氏体钢类，含碳量增加，如 2Cr13、3Cr13 则主要是马氏体组织，并伴有碳化物析出。可加入 W、Mo、Ni、V 等，含碳量也可有较大变化。耐蚀、耐热、抗氧化及热强性均较好、耐金属间磨损性能优良。含碳量大于 1% 的高铬钢堆焊合金（Cr12V）属莱氏体钢，其组织为莱氏体 + 残余奥氏体，耐磨性高但脆性大。这类钢合金成分改变会引起组织、性能较大变化，其硬度范围为 35~62HRC。Cr ≥ 13% 硬度下降，通常堆焊时需要预热，预热温度一般为 300~550℃。2Cr13Ni 硬度约为 55HRC，高应力磨料磨损耐磨性大致为 Mn13 的 7 倍。

3）奥氏体钢堆焊合金

包括高锰钢、高铬锰钢耐磨堆焊合金和铬镍奥氏体耐蚀耐热钢。

高锰钢含 Mn 量约 13%，C 含量为 0.7%~1.2%，硬度为 200HBW 左右，组织为奥氏体，1100℃ 淬火后为不稳定的纯奥氏体，冷作硬化倾向大。当受到强烈打（冲）击后，硬度升至 400~500HBW 而获得良好的耐磨性。C 和 Mn 的含量过高或过低均不好，可加入 2% 左右的 Cr，因固溶强化及 Cr 的碳化物使耐磨性提高约 40%。稀土及碳化物元素变质处理可细化晶粒、提高耐磨性。Mn18Cr2、Mn20Cr2 称为超高锰钢，耐磨性较 Mn13Cr2 提高但铸造性更差，对铸造工艺要求更严，否则工作可靠性降低。

高铬锰钢 Mn 含量为 12%~17%、Cr 约含 15%，冷作硬化倾向与高锰钢相似，但铬优先结合碳阻止晶间形成锰碳化合物厚膜，防止脆化及开裂，同时具有较好的抗氧化性、耐蚀性、耐金属间磨损性，工作温度较 Mn13 高，但不耐晶间腐蚀，适于水轮机耐蚀堆焊、中温高压阀门堆焊。高铬锰钢与高锰钢都适于冲击及高应力作用下的磨料磨损工况工作，但耐磨性并不是很高。

铬镍奥氏体钢堆焊合金是以 18-8 奥氏体不锈钢为成分基础，可加入 Mn、V、Si、Mn、W 等元素提高性能。突出特点是有很强的耐蚀、耐热、抗高温氧化性。为提高堆焊合金高温抗金属间磨损耐磨性，加入较多硅，固溶强化提高硬度。如 Cr18Ni8Si7Mn2，硬度不小于 37HRC，可用于低于 600℃的高压阀门堆焊，缺点是脆性较大；Cr18Ni8Si5Mn（D547）脆性降低，但硬度也降低，使用温度低于 570℃；加入 Mo、Nb、W、V 的 D547Mo，硬度不低于 37HRC，高温析出碳化物及金属间化合物且未脆化，抗裂性较好，可用于低于 600℃ 的高压阀门。Cr20Ni10Mn6 冷作硬化显著，耐高应力及冲击磨料磨损，抗气蚀能力强，用于水轮机叶片堆焊，并可作为碳钢上堆焊高锰钢的过渡层；Cr29Ni9 合金铁素体较多，不仅耐蚀、耐热性好，且冷作硬化显著、耐气蚀性强，可用于耐蚀堆焊、水轮机过流部件堆焊、热挤压及热冲压工具堆焊。

2. 合金铸铁类堆焊合金

合金铸铁类堆焊合金包括马氏体合金铸铁、奥氏体合金铸铁和高铬合金铸铁三大类。高铬合金铸铁堆焊层的基体组织是奥氏体或马氏体，而大多数马氏体和奥氏体合金铸铁堆焊层的基体组织是莱氏体碳化物。它们都含有大量的合金碳化物，因而耐磨粒磨损性能很高。

马氏体合金铸铁堆焊合金组织中多含有（M、Fe）$_3$C，硬度在 1000HV 左右，还有硬度为 1200~1400HV 的碳化物 MC，基体为马氏体 + 残余奥氏体，堆焊层硬度为 50~60HRC。马氏体合金铸铁含碳量为 2%~4%，一般加入合金含量 15%~20% 以下的 W、Cr、Mo、Mn、Ni 等合金元素。具有很好的抗磨料磨损能力，合金元素的加入改善了其耐热、耐腐蚀和抗氧化能力，但其抗冲击性较差，堆焊工艺性不好，一般需预热 300~400℃。

高铬合金铸铁堆焊合金含碳量为 1.5%~6%，铬含量为 22%~32%，并适当加入 Ni、Si、Mn、Mo、B、Co 等合金元素，是合金铸铁类中应用广、效果好的材料。堆焊基体组织是残余奥氏体 + 共晶碳化物，并分布有硬质相（如 Cr$_7$C$_3$）。具有很高的抗低应力磨料磨损和一定的耐热、耐腐蚀能力，但堆焊裂纹倾向大，一般需要 400~500℃ 预热。常用于球磨机衬板、犁铧、推土机铲刃，还用于高炉料钟料斗、排气机叶片等。

16.4.2.2 镍基堆焊合金

在各类堆焊合金中，镍基合金的抗金属 - 金属间摩擦磨损性能最好，并且具有很高的耐热性、抗氧化性、耐腐蚀性。此外，镍基合金易于熔化，有较好的工艺性能，所以尽管价格比较高，仍应用广泛。根据其强化相的不同，镍基堆焊合金又分为含硼化物合金、含碳化物合金和含金属间化合物合金三大类。

（1）Ni-Cr-B-Si 合金，即科尔蒙合金（Colomony），在堆焊合金中应用最广。它的成分为：C 含量不大于 1.0%，Cr 含量为 8%~18%，B 含量为 2%~5%，Si 含量为 2%~5%，其余为 Ni。如 Cr10Si4B2、Cr16Si5B4 等，通常其组织由奥氏体、硼化物和碳化钨组成。

这种堆焊合金硬度高（50~60HRC），在 600~700℃ 高温下仍能保持较高的硬度；在 950℃ 以下具有良好的抗氧化性和很好的耐腐蚀性。但由于硼易生成低熔点共晶物，故其耐高温性能不如钴基合金。

（2）Ni-Cr-Mo-W 合金，即哈斯特莱伊合金（Hastelloy），有很多种。堆焊合金一般采用哈氏 C 型合金，成分为：C 含量小于 0.1%，Cr 含量小于 17%，Mo 含量小于 17%，W 含量约为 4.5%，Fe 含量约为 5%，其余为 Ni。堆焊组织主要是奥氏体 + 金属间化合物。加入 Mo、W、Fe 后热强性和耐腐蚀性明显提高，另外，其抗热疲劳性好，裂纹倾向比较小。此合金与含碳量相近的钴基合金性能接近，或可替代钴基合金以降低成本。主要用于耐强腐蚀、耐高温的金属 - 金属之间摩擦磨损部件堆焊，如热冲模、热挤压模、热剪叶片、高炉料钟密封面等堆焊。

（3）Ni-Cu 堆焊合金，即蒙乃尔合金（Monel），一般 Ni 含量为 70%，Cu 含量为 30% 左右。硬度较低，有很高的耐腐蚀性能，主要用于耐腐蚀零件堆焊。

16.4.2.3 钴基堆焊合金

钴基合金又称为"司太立"（Stellite）合金，以钴为基本成分，加入 Cr、W、C 等元素，主要成分为：C 含量为 0.7%~3.0%，Cr 含量为 25%~33%，W 含量为 3%~25%，其余为 Co。Co 可增加合金的抗蚀性并形成韧性较好的固溶体基体，Cr 能使合金具有高的抗氧化性，W 增加合金的高温性能，以具有高温抗蠕变能力。较高的碳含量可以有利于碳化物（Cr_7C_3）和碳化钨的形成。钴基合金堆焊层的基体组织是奥氏体 + 共晶组织。含碳量低时，堆焊层由呈树枝状晶的 Co-Cr-W 固溶体（奥氏体）初晶和固溶体与 Cr-W 复合碳化物的共晶体组成。随着含碳量的增加，奥氏体数量减少，共晶体增多。改变碳和钨的含量可改变堆焊合金的硬度和韧性。

含 C、W 较低的钴基合金，主要用于受冲击、高温腐蚀、磨料磨损的零件堆焊，如高温高压阀门、热锻模等。含 C、W 较高的钴基合金，硬度高、耐磨性好，但抗冲击性能低，且不易加工，主要用于受冲击较小，但承受强烈的磨粒磨损、高温及腐蚀介质下工作的零件。

钴基合金中加入钨可大幅度提高其抗高温蠕变性能，650~700℃仍具有较高的硬度，特别适用于在高温耐磨条件下的各类磨损。在各类堆焊合金中，钴基合金的综合性能最好，有很高的红硬性，抗磨料磨损、抗腐蚀、抗冲击、抗热疲劳、抗氧化和抗金属间磨损性能都很好，但其缺点是价格比较高。这类合金容易形成冷裂纹或结晶裂纹，在电弧焊和气焊时应进行 200~500℃预热，对于含碳较多的合金需选择较高的预热温度。

16.4.2.4 铜基堆焊合金

铜基合金包括纯铜、黄铜、青铜、白铜。铜基合金具有较好的耐蚀性，受核辐射不会变成放射性材料，耐气蚀及金属间磨损性较好，但易受硫化物及氨盐腐蚀，硬度低，不耐磨料磨损。铝青铜强度高，耐大气、海水腐蚀，耐金属间磨损性能优异，硬度较高，可以和较软的铜合金作摩擦副，主要用于轴承、齿轮、蜗轮、船舶螺旋桨等耐磨、耐蚀、耐气蚀零件的堆焊。这种焊丝含铝的量为 5%~15%，大多还含铁 3%~5%。锡青铜强度高、塑性好、耐冲击、减摩性好，常用于堆焊轴承、蜗轮、耐蚀零件。这种焊丝含锡的量为 4%~11%、含磷的量为 0.05%~0.35%，焊条中含锡的量为 12% 或含有 Sn6Ni3。铜磷青铜粉末 F422 标记为 Cu-Sn10-P0.3，用于等离子弧堆焊轴、轴承。纯铜焊条 T107 主要用于堆焊耐海水腐蚀零件，也可采用纯铜焊丝 MIG 焊或 TIG 焊。黄铜堆焊轴承、耐蚀表面，氧乙炔焰可减少锌蒸发烧损。白铜耐蚀耐热，在海水、苛性碱、有机酸中很稳定，适于堆焊海水管道、冷凝器等。

16.4.2.5 复合堆焊合金

堆焊用碳化钨一般为铸造碳化钨和以镍或钴为基的烧结碳化钨。碳化钨堆焊合金是复合堆焊合金中应用最广的，其合金层是由胎体材料和嵌在其中的碳化钨颗粒组成的，胎体材料可由铁基、镍基、钴基和铜基合金构成。堆焊合金平均成分是钨含量为 45% 以上、碳含量 1.5%~2%。碳化钨由 WC 和 W_2C 组成（一般含碳量为 3.5%~4.4%，含钨量为 95%~96%），有很高的硬度和熔点。含碳量为 3.8% 的碳化钨硬度达 2500HV，熔点接近 2600℃。

碳化钨堆焊合金具有非常好的抗磨料磨损性、很好的耐热性、良好的耐腐蚀性和抗低度冲击性。为了充分发挥碳化钨的耐磨性，应尽量保持碳化钨颗粒的形状，避免其熔化。高频加热和氧－乙炔火焰加热不易使碳化钨熔化，堆焊层耐磨性较好。但是在电弧堆焊时，会使原始碳化钨颗粒大部分熔化，熔敷金属中重新析出硬度仅 1200HV 左右的含钨复合碳化钨，导致耐磨性下降。这类合金脆性大，容易产生裂纹，对结构复杂的零件应进行预热。

16.4.3　堆焊材料的选择

堆焊材料选择的基本原则是在满足工件使用要求的前提下，考虑合理的经济性。选择堆焊合金，首先要考虑工件的工作环境，或称工况条件，如磨损的类型（磨料磨损、金属间磨损、冲蚀等）、受冲击力的大小、工作温度、工作介质等。

耐磨堆焊是堆焊的主要应用场合。一般说来，随着堆焊金属中碳化物或其他硬质相含量的增加，耐磨料磨损性能加大，耐冲击能力下降。当只要求最大抗磨料磨损能力时，应选用碳化钨堆焊金属，而且氧乙炔焰堆焊和 TIG 堆焊能得到耐磨性最好的堆焊层。合金铸铁的耐磨性比碳化钨差些，但因其价格较低，应用也较普遍，如推土机、高炉料钟的磨损面堆焊。此外，由于合金铸铁堆焊层的耐热性比碳化钨堆焊层好，在要求抗热磨损的场合，如热炼焦炉和铁矿烧结炉滑道也常用合金铸铁堆焊。

在伴有冲击的磨料磨损条件下，根据冲击载荷递增的顺序可分别选用合金铸铁、马氏体和奥氏体高锰钢。特别是对耐腐蚀性和耐热性要求不高时，廉价的马氏体钢用得最普遍，因为它的硬度变化范围大（22~64HRC），能满足不同的冲击要求。高锰钢虽然耐冲击，但在同时存在磨料磨损的工况下，必须经受一段时间的冲击变形后才能建立起冷作硬化层，所以常在高锰钢工件表面堆焊高铬铸铁作初期保护层。

在要求既耐磨料磨损又耐冲击，还必须具有一定的耐热性时，可用含铬 5% 的马氏体钢。如果要求更高的耐热性和热强度，则选用马氏体不锈钢，也可用 18-8 不锈钢。

在腐蚀介质条件下，常选用不锈钢和铜基合金，有时也用镍基合金。当同时兼有腐蚀和磨损时，推荐用钴基或镍基堆焊合金。在耐磨性和高温强度都有要求的场合，则选用钴基堆焊合金。尤以含 Laves 相的钴基合金最合适。而对于既耐磨又需抗氧化，或者在热腐蚀条件下工作时，推荐用钴基堆焊合金或者含金属间化合物、碳化物等硬化相的镍基堆焊合金。

在实际工作中，一般可参照以下几个步骤选择堆焊材料：

①分析工况条件，确定满足堆焊要求的合金类型及材料合金系；

②在确定的合金系统中，参照手册、指南初选几个堆焊材料；

③分析待选材料和基体材料的相容性（包括热应力和裂纹等），初定堆焊材料形状及制定堆焊工艺；

④进行样品堆焊，堆焊后的工件要在模拟工作条件下经受运行试验；

⑤综合考虑使用寿命和成本，最后选定堆焊合金。

选择堆焊方法制定堆焊工艺时必须全面考虑熔敷速度、熔敷效率、稀释率和总的费用（包括消费品的费用和工艺过程的费用）；对有经验的堆焊工作者，有时可省去样品堆焊等工序。

表 16.5 中列举了不同工况条件下，典型工件对应堆焊合金类型及材料合金系，可在实际工作中参考使用。堆焊材料合金系选定后，就比较容易通过各类手册选定或通过样品堆焊确定最终堆焊材料。应注意的是，需要处理好使用要求与堆焊合金性能之间的关系，选择堆焊合金时应充分收集相关数据，考虑按一定的条件做一些模拟试验，同时还必须和工作时的实际情况（包括使用寿命的现场考核结果等）尽可能有相应的关系。

表 16.5 不同工况条件下堆焊材料的选择

工作条件			典型工件	堆焊合金类型	堆焊材料合金系
黏着磨损	常温		轴类、车轮 齿轮 冲模剪刃 轴瓦、低压阀密封面	低碳低合金钢（珠光体钢） 中碳低合金钢（马氏体钢） 中碳中合金钢（马氏体钢） 铜基合金	1Mn3Si，2Mn4Si 4Cr2Mo，4Cr9Mo3V 5CrW9Mo2V，1Cr12V Al8Mn2，Sn8P0.3
	中温		阀门密封面	高铬钢	1Cr13
	高温		热锻模 热剪刃、热拔伸模 — 热轧辊 阀门密封面 —	中碳低合金钢（马氏体钢） 中碳中合金钢（马氏体钢） 钴基合金 中碳中合金钢 铬镍合金钢（奥氏体钢） 镍基合金、钴基合金	5CrMnMo 3Cr2W8 Co30W5，Co30W8 3Cr2W8 Cr18Ni8Si5Mn，Cr18Ni12Si4Mo4 NiCrFe，Co30W5，Co30W8
黏着磨损 + 磨粒磨损			压路机链轮 排污阀	低碳低合金钢 高碳低合金钢（马氏体钢）	1Mn3Si，2Cr15Mo 7Mn2Cr3Si，5Cr2Mo2
磨粒磨损	常温	高应力	推土机板 铲斗齿	中碳中合金钢（马氏体钢） 合金铸钢	5Cr3Mo，7CrMn2Si Cr4Mo4，Cr28Ni4Si
		低应力	混凝土搅拌机 螺旋输送机 水轮机叶片	合金铸钢 碳化钨 中碳中合金钢（马氏体钢）	Cr27，W9B W45MnSi4 4Cr9Mo3V
	高温		高炉装料设备	高铬合金铸铁	Cr27，Cr28Ni4Si
磨粒磨损 + 冲击磨损			颚式破碎机	中碳中合金钢（马氏体钢）	7Mn2Cr3Si，5Cr2Mo2
			挖掘机斗齿	高锰钢（奥氏体钢）	Mn13，Mn13Mo2
冲击磨损	常温		铁路道岔、履带板	高锰钢（奥氏体钢）	Mn13，Mn13Mo2
	高温		热剪机	高锰钢（奥氏体钢）	Mn13，Mn13Mo2
耐腐蚀	低温	海水	船舶螺旋桨	铜基合金	Al8Mn2，Sn8P0.3
	中温	水	锅炉、压力容器	铬镍奥氏体钢	0Cr23Ni13
	高温	耐腐蚀	内燃机排气阀	钴基合金、镍基合金	Co30W8，Co30W12
		抗氧化	炉子零件	镍基合金	Cr23Ni13
气蚀	常温		水轮机叶片	铬镍奥氏体钢 钴基合金	Cr18Ni8Si5 Cr30W5

16.4.4 堆焊材料标准

16.4.4.1 DIN 8555 简介

在 DIN 8555 标准中给出了实际中经常使用的堆焊焊接材料，其中包括碳钢及合金钢（软、硬合金，钴、碳化物，镍及铜基合金）堆焊材料，但其中不包括焊剂及带极材料。图 16.1 列出了该标准中的一些重要内容。

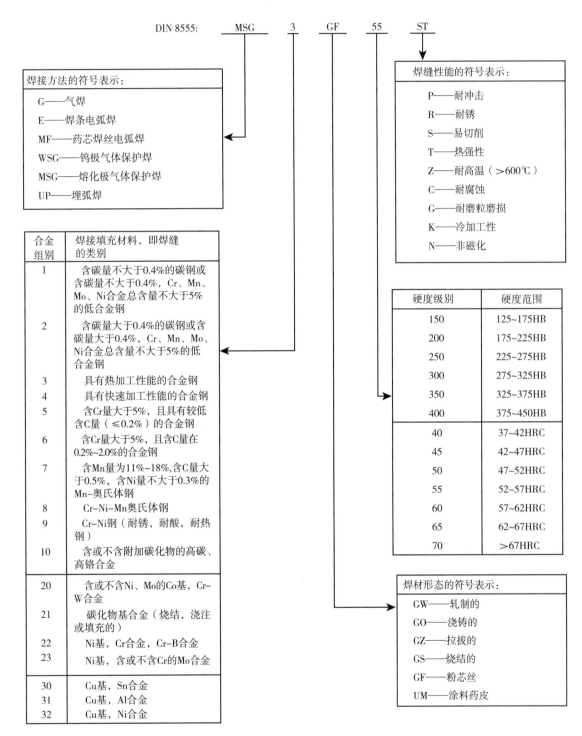

图 16.1　DIN 8555 标准标记解析

焊缝金属标记方法举例如下。

气焊焊丝：焊丝 DIN 8555-G1-250

表示：气焊（G），合金组别（1），硬度 225~275HB（250）；

　　焊条：焊条 DIN 8555-E9-UM-200-CZ

　　表示：焊条电弧焊（E），合金组别（9），药皮焊条（UM），焊缝硬度 175~225HB（200），耐腐蚀（C）及耐热（Z）；

　　药芯焊丝：药芯焊丝 DIN 8555-FM7-250-KP

　　表示：药芯焊丝焊（MF），合金组别（7），焊缝硬度 225~275HB（250），冷加工性（K）及耐冲击（P）；

　　焊丝 - 保护气体匹配：焊缝 DIN 8555-MSG2-GZ-M23-400

　　表示：熔化极气体保护焊（MSG），合金组别（2），拔制焊丝（GZ），保护气体 M23，焊缝硬度 375~450HB（400）；

　　焊丝 - 焊剂匹配：焊缝 DIN 8555-UP 1-GZ-FCS167-250

　　表示：埋弧焊（UP），合金组别（1），实心焊丝（GZ），焊剂 FCS167（DIN 32522），焊缝硬度 225~275HB（250）。

16.4.4.2　GB 984—2001 简介

　　焊条型号标记方法示例：

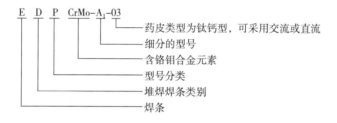

```
E  D  P  CrMo-A₁-03
            │  │  └── 药皮类型为钛钙型，可采用交流或直流
            │  └───── 细分的型号
            └──────── 含铬钼合金元素
      │ │              型号分类
      │ └────────────── 堆焊焊条类别
      └───────────────── 焊条
```

　　（1）焊条以字母"E"表示，为型号第一字；

　　（2）型号第二字表示焊条类别，堆焊焊条以字母"D"表示；

　　（3）型号中第三字至倒数第三字表示焊条特点，用字母或化学元素符号表示堆焊焊条的型号分类（表 16.6）；

表 16.6　GB 984—2001 熔敷金属化学成分分类

型号分类	熔敷金属化学成分分类	型号分类	熔敷金属化学成分分类
EDP×× — ××	普通低中合金钢	EDD×× — ××	高速钢
EDR×× — ××	热强合金钢	EDZ×× — ××	合金铸铁
EDCr×× — ××	高铬钢	EDZ Cr×× — ××	高铬铸铁
EDMn×× — ××	高锰钢	EDCoCr×× — ××	钴基合金
EDCr Mn×× — ××	高铬锰钢	EDW×× — ××	碳化钨
EDCr Ni×× — ××	高铬镍钢	EDT×× — ××	特殊型

　　（4）型号中最后二数字表示药皮类型和焊接电源，用短画线"-"与前面符号分开（表 16.7）；

表 16.7　GB 984—2001 药皮类型和焊接电流种类

型号	药皮类型	焊接电源
ED×× — 00	特殊型	交流或直流
ED×× — 03	钛钙型	
ED×× — 15	低氢钠型	直流
ED×× — 16	低氢钾型	交流或直流
ED×× — 08	石墨型	

（5）型号标记方法中第五个符号代表型号的细分：在同一基本型号内有几个分型时，可用字母 A、B、C……标记，如果再细分可加注下角数字 1、2、3……如 A_1、A_2、A_3 等。并用短画线 "–" 与前面符号分开。具体可参见原标准。

16.4.4.3　常用堆焊填充材料标准

DIN 8555：德国标准《熔化焊堆焊用焊材　焊条、填充棒、丝极标记及技术交货条件》

DIN 1733：德国标准《铜及铜合金堆焊材料》

DIN 1736：德国标准《镍及镍合金堆焊材料》

DIN 1732：德国标准《铝及铝合金堆焊材料》

GB/T 984—2001：中国标准《堆焊焊条》

16.5　热喷涂材料

16.5.1　热喷涂材料的分类

关于喷涂材料各国相应的分类及材料标准不尽相同，可按喷涂材料的形式分为粉末、丝材、棒材、柔性丝，见表 16.8；也可按成分分为金属、非金属、陶瓷、碳化物、自熔合金、复合粉、塑料、非晶体等；也有根据应用目的不同可以分为耐磨损材料、耐腐蚀材料、耐高温材料、隔热热障材料等；按涂层的功能的不同又可分为黏结底层喷涂材料和工作层喷涂材料。

16.5.2　常用热喷涂材料性能

16.5.2.1　典型热喷涂（焊）粉末

1. 自黏性喷涂粉末

使用自黏性喷涂粉末进行火焰喷涂时，由于喷涂粉末自身熔点高，或粉末在喷涂火焰中飞行发生放热反应而使粒子的温度提高，涂层的结合强度得以提高，这种作用称为自黏结效应，具有这类效应的喷涂材料称为自黏性喷涂材料。

表16.8 喷涂材料的按形式不同分类

热喷涂材料	粉末材料	纯金属粉	锡、铅、锌、铝、铜、镍、钨、钼、钛（Sn、Pb、Zn、Al、Cu、Ni、W、Mo、Ti）等
		合金粉	镍基合金（Ni-Cr、Ni-Cu）、钴基合金（CoCrW）、MCrAlY合金（镍铬铝钇NiCrAlY、钴铬铝钇CoCrAlY、铁铬铝钇FeCrAlY）、低碳钢、高碳钢、不锈钢、钛合金、铜合金、铝合金、锡合金、Triballoy合金等
		自熔性合金粉	镍基（NiCrBSi、NiBSi）、钴基（CoCrWB、CoCrWBNi）、铁基（FeNiCrBSi）、铜基自熔合金
		陶瓷、金属陶瓷粉	金属氧化物（氧化铝系：Al_2O_3、Al_2O_3–MgO、Al_2O_3–SiO_2；氧化钛系：TiO_2；氧化锆系：ZrO_2、ZrO_2–SiO_2、CaO–ZrO_2、MgO–ZrO_2；氧化铬系：Cr_2O_3；其他氧化物：BeO、SiO_2、MgO_2）金属碳化物及硼、氮、硅化物：WC、W_2C、TiC、Cr_3C_2、$Cr_{23}C_6$、B_4C、SiC
		包覆粉	镍包铝、铝包镍、金属及合金、陶瓷、有机材料等包覆粉
		复合粉	金属+合金、金属+自熔合金、WC或WC-Co+金属及合金、WC或WC-Co+自熔合金+包覆粉、氧化物+金属及合金、氧化物+包覆粉、氧化物+氧化物、碳化物+自熔剂合金、WC+Co
		塑料粉	热塑性粉末：聚乙烯、聚四氟乙烯、尼龙、聚苯硫醚 热固性粉末：环氧树脂、酚醛树脂 改性塑料粉末：为改善物化、力学性能及颜色等，塑料粉中混入填料，如加MoS_2、WS_2 Al粉、Cu粉、石墨粉等材料于尼龙中改善润滑性，加石英粉提高硬度和耐热性，加云母粉提高绝缘性和耐绝缘性，加石棉粉提高耐热性，加氟塑料提高耐腐蚀等性能，加颜料增加美观
	线型材料	丝材 — 纯金属丝材	锌、铝、铜、镍、钼（Zn、Al、Cu、Ni、Mo）等
		丝材 — 合金丝材	Zn–Al、Pb–Sn、Cu合金、巴氏合金、Ni合金、碳钢、合金钢、不锈钢、耐热钢等
		丝材 — 复合丝材	金属包金属（铝包镍、镍包合金）、金属包陶瓷（金属包碳化物、氧化物等）
		丝材 — 粉芯丝材	7Cr13、低碳马氏体、NiFe-Al、Zn-Al-Mg-Re等
		棒材 — 陶瓷棒材	（1）氧化物：氧化铝（Al_2O_3）、二氧化钛（TiO_2）、三氧化二铬（Cr_2O_3） （2）复合氧化物：氧化铝·氧化镁（Al_2O_3·MgO）、氧化铝·氧化硅（Al_2O_3·SiO_2）
		柔性丝	塑料包覆（塑料包金属、陶瓷等）

自黏性喷涂材料分为两类。一类是以 Ni–Al 和 NiCr–Al 复合粉末为代表的自黏性粉末在喷涂火焰中飞行被加热到一定温度时，粉末组分之间发生化学反应，生成金属间化合物，并伴随着大量热量的放出，这样粒子的温度提高，在与基体表面或已喷涂的涂层表面碰撞时有利于提高界面接触温度，甚至实现微观上的局部冶金结合（或称微观焊接），结合强度得到提高。这类材料还有 Al 与 Co、Cr、Mo、Nb、Ta、W 以及 Si 与 Co、Cr、Mo、Nb、Ta、W、Ti 等之中的一种或几种金属制成的复合粉末，也具有自黏接效应。另一类，以难熔金属 W、Mo、Ta 等为代表，这些材料喷涂到熔点较低的钢铁材料表面时，由于喷涂粉末自身熔点高，基体表面或已喷涂的涂层表面局部熔化，从而实现局部冶金结合，提高结合强度。

自黏接材料除自身用来制备工作涂层外，常用作结合强度较低的工作涂层与基体之间的过渡结合涂层，有时称为"打底"层，保证工作涂层在使用过程中避免剥离。尤其是面层为陶瓷脆性材料，基体为金属材料时，一般在制备喷涂陶瓷工作涂层之前都要喷涂自黏接过渡层来提高陶瓷工作层的结合强度。常用的"打底"层喷涂材料为钼、镍铬复合材料及镍合金材料等，其中最常用的为镍包铝（或铝包镍），它不仅能增加表面层的结合，同时还在喷涂时能产生化学反应，生成金属间化合物

（Ni₃Al 等）的自黏接成分，形成的底层无孔隙，并且属于冶金结合，可以保护金属基体，防止气体渗透侵蚀。

2. 氧化物陶瓷材料

陶瓷材料具有硬度高、熔点高、热稳定性及化学性能好的特点，用作涂层可有效地提高基体材料的耐磨损、耐高温、抗高温氧化、耐热冲击、耐腐蚀等性能。根据成分分类，主要有氧化铝系、氧化锆系、氧化钛，以及氧化铬、莫来石、尖晶陶瓷等。

Al_2O_3、TiO_2、Cr_2O_3、ZrO_2 等氧化物为最常用的一类陶瓷喷涂材料。其中，Al_2O_3、TiO_2、Cr_2O_3 都具有抗磨损功能，Al_2O_3 广泛用于隔热和绝缘涂层。作隔热涂层时，常用镍铬合金或镍包铝涂层作为过渡层，以保护提高其抗氧化和耐腐蚀能力。Al_2O_3 还可用于耐滑动磨损涂层，但不能耐冲击载荷。为改善氧化铝的综合性能，常将其与 TiO_2、Cr_2O_3 或 SiO_2 混合使用。Cr_2O_3 具有既耐高温又耐磨的涂层材料，但被加热温度不能超过 2000℃，否则会极度蒸发。Cr_2O_3 耐腐蚀性和化学稳定性都不错，既可在碱性介质又可在酸性介质中使用。

ZrO_2 具有较高的耐热和绝热性，其高温稳定性在所有材料中最好，主要用作热障涂层。ZrO_2 低温时能抗各种还原剂，如熔融金属、硅酸盐、熔融玻璃，除浓硫酸和氢氟酸外各种酸等都不与其发生作用。如基体不是抗高温氧化材料，可使用镍铬合金或镍包铝为过渡层，反之，如在高温下使用，ZrO_2 喷涂常用 W 作过渡层。

纯 ZrO_2 在加热过程中随温度的升高，将发生从单斜晶→四方晶→立方晶的晶格转变。单斜晶向四方晶体转变时伴随着体积收缩，而冷却时发生马氏体转变型的逆向相变，产生体积膨胀，将引起热应力，导致开裂。因此，对于实际使用的 ZrO_2，为使其晶体结构稳定在立方晶，在加热冷却过程中，晶格类型不再发生变化，需要在其中加入一定量的 Y_2O_3、MgO、CaO 等。这种 ZrO_2 被称为稳定化 ZrO_2。

以氧化物为主的热喷涂陶瓷涂层应用领域十分广泛，包括利用其耐腐蚀性能的石油化工、金属冶金等化学与冶金领域，利用其耐磨损性能的机械、输送领域，利用其耐热与热障性能的航天航空发动机领域。作为功能材料涂层，也有利用电气绝缘、磁屏蔽、固体电解质、红外辐射等性能的应用。

陶瓷材料一般熔点较高，为了能够完全熔化而制备其涂层，一般需要较高温度的热源。因此，常用等离子喷涂制备这些材料的涂层。而用于喷涂金属材料的燃烧火焰由于温度低，难以完全熔化，制备的涂层的粒子间结合较弱，一般不适于喷涂陶瓷涂层。

3. 金属陶瓷粉末

碳化物也称金属陶瓷材料，如 WC、TiC、VC、Cr_3C_2 等，其熔点高、硬度高。常温下 TiC 硬度最高，但随温度升高硬度极速下降。WC 常温下具有相当高的硬度，随温度升至 1000℃下降也较少。碳化物由于高温稳定性差，一般用金属做黏合剂制成金属陶瓷粉末进行喷涂，最常用的有 WC–Co 系和 Cr_3C_2–NiCr 系。

WC–Co 系中，Co 的含量为 12% ~18%。在 500℃以下具有优良的耐磨损性能，为应用最广的耐磨材料。在高温火焰下，部分 WC 将会发生脱碳分解，提高粒子的速度、降低焰流温度可有效抑制分解的发生。常用的 WC–Co 粉末的制造方法有：铸造粉碎法、烧结粉碎法、聚合造粒法与包覆法。粉末的制造方法影响其结构，从而对涂层性能产生重要影响；除了粉末结构，对涂层性能产生重要影响的粉末因素还有其中的碳化物颗粒的尺寸。

Cr_3C_2–NiCr 系中，NiCr 合金含量一般为 25％，在 900℃以下，具有优良的耐冲蚀、耐磨损性能。

4. 高温合金粉末

高温合金是为了满足高温使用要求而开发的一类合金，一般以 Ni、Fe、Co 元素形成的面心立方体 γ 相为基体，加入其他强化合金元素，如 Cr、Al、Ti、Zr、W、Mo、Nb 等。这些强化元素主要以三种方式对高温合金进行强化：一是固溶强化，将合金元素加入基体金属中形成单相奥氏体达到强化目的；二是第二相析出强化，靠在基体上析出弥散的碳化物或金属间化合物来强化；三是晶界强化。高温合金按照其基体成分的不同分为三类：镍基高温合金、铁基高温合金和钴基高温合金。

MCrAlY 为目前最为常用的热喷涂高温合金材料，其中 M 表示基体元素，为 Fe、Ni、Co 三种金属元素的一种或两种。根据其基体元素的不同主要有以下几类：① FeCrAlY，适宜在增碳环境下工作，表现出优良的抗硫化性能，价格较低，塑性好，但其组织为铁素体，与一般高温合金工件的基体合金组织不匹配，因此一般不能在镍基与钴基合金工件表面使用；② NiCrAlY，一般延性和抗氧化性较好，但抗硫化性能较差，在航空发动机中应用较好；③ CoCrAlY，具有较高的抗硫化能力，但抗氧化性和延性较低，适宜在舰艇、地面工业燃气轮机环境中工作；④ NiCoCrAlY 及 CoNiCrAlY，这类合金兼有 NiCrAlY 及 CoCrAlY 的优点，综合性能较好。

MCrAlY 涂层的抗氧化和抗腐蚀作用，是基于在涂层表面形成致密的 Cr_2O_3 或 Al_2O_3 氧化膜，这些氧化膜作为氧的扩散屏障层，阻止基体或结合层进一步氧化或腐蚀。

5. 自熔（剂）合金

自熔合金粉末具有熔点较低的特点，一般喷涂后，需要对涂层进行加热重熔，这个过程称为喷焊。

自熔合金是含有一定量的 B、Si 元素的镍基、铁基、钴基或铜合金，为了提高涂层性能，除了 B、Si 外，还含有 Cr 和 C 等元素。B、Si 的加入使涂层形成后能够重新加热至 1000℃以上的高温达到熔融状态，与基体产生牢固的冶金结合的同时，消除涂层内的孔隙，而充分发挥喷涂材料所具备的优良性能。B、Si 元素的作用包括：①作为强还原剂，保护 Ni、Fe、Co 等元素避免氧化，同时，还原这些元素的氧化物，形成的硼硅酸盐熔点低、密度小、黏度小，易于浮在涂层表面，防止涂层氧化；②降低熔点，增加固 – 液温度区间，提高液态金属的流动性；③降低表面张力，减少润湿角，增加润湿性能。此外，B 和 Si 还具有强化作用，B 通过与 Ni、Cr 形成化合物实现弥散强化，而 Si 则通过固溶达到强化。

自熔合金按基本成分可分为镍基、钴基、铁基、铜基和碳化钨型自熔合金粉末。镍基自熔合金应用最广，具有熔点低（950~1150℃），成渣性好，固 – 液相温度范围宽、对多种基体材料润湿能力强，喷焊性能好。如用于轧机输送辊、泵塞、泵套、曲轴、阀门阀杆等使用温度不高的耐磨、耐蚀零部件的表面喷焊。钴基自熔合金具有极好的耐热、耐腐蚀、抗磨损、抗氧化能力，温度达 800℃仍能保持较高的硬度，具有高达 1080℃的抗氧化能力，常用于高温高压柱塞、内燃机排气阀、飞机发动机零部件等的表面强化。铁基自熔合金与以上两种相比优点是价格低，但其喷焊工艺性和涂层性能远不如镍基、钴基自熔合金，主要用于农业机械、矿山机械、建筑机械的行业。铜基自熔合金所形成的涂层力学性能好，容易加工，耐腐蚀，摩擦系数低，常用于各种轴瓦、轴承、机床导轨的表面强化。碳化钨型自熔合金是在镍基、钴基、铁基自熔合金中加入20%~80%的碳化钨形成的复合类自熔合金，其涂层具有致密、超硬、耐磨料磨损的特点，常用于严重磨损的零部件，如粉碎机部件、油井工具接头、离心机叶片等。

这类自熔剂合金，通过涂层的重熔有效地消除孔隙，可与基体形成牢固的结合，成为应用广泛的涂层材料。涂层的重熔可以使用火焰加热，或用高频感应加热，或在真空炉中加热来进行。应该注意的是因为加热温度超过1000℃，所以不可避免地要产生变形及基体组织的变化。

16.5.2.2 典型热喷涂丝材

1. 锌、铝及其合金丝

锌为银灰色金属，熔点为419℃，具有较好的耐大气腐蚀性能，在海水中的腐蚀速度也很慢，但为保证防腐效果，原材料要求锌含量在99.995%以上，含铁量在0.001%以下。作为线材纯度至少含锌99.9%以上，含铜0.05%以下，为了防止喷涂中断线，要求拉伸强度大于147MPa，伸长率大于40%。纯度越高，喷涂粒子越细小，喷涂表面越致密。

锌在干燥大气中基本不氧化，在潮湿气氛或有二氧化碳存在时，将在表面形成碱基碳酸亚锌、氧化亚锌、氢氧化亚锌。这些化合物将形成防腐膜，其防腐性能取决于膜的致密性与其耐久性。另外，锌比铁的电化学电位低，与铁接触时具有牺牲阳极保护作用。但在二氧化硫等氧化物存在的大气气氛中，不具备耐腐蚀性能。锌在常温下，pH为6~12的水中具有有效的防腐作用，中性水中耐腐蚀性比铝稍差些，在酸性或强碱环境中耐腐蚀性很差。水温达到60℃以上时，腐蚀显著加剧，因此，只有水温低于50℃时，才能有效防腐。

锌及锌合金是作为钢铁基体防腐蚀常用的涂层材料。在钢铁构件上，只要喷涂0.2mm厚的锌层，就可在大气、淡水、海水中保持较长的时间（甚至几十年）不发生锈蚀，目前锌及锌合金丝材被广泛应用于喷涂大型桥梁、塔架、钢窗、电视台天线、水闸门及各种容器等。锌中加入铝可提高涂层的耐腐蚀性能，若铝含量为30%，则锌铝合金涂层的耐蚀性最佳。

铝是略带蓝色的银白色的轻金属，熔点为660℃。它与氧的亲和力较强，易形成致密而坚固的氧化膜。铝丝的纯度一般要求在99.7%以上，考虑到粒子的细化与送丝的均匀性，应使用硬质的铝丝。铝用作防腐蚀喷涂层时，作用与锌相似。但与锌相比，铝在大气中可形成致密的氧化铝保护膜，防止腐蚀的发生。同时，与铁相比，电化学电位低，具有电化学保护效应，在亚硫酸含量较高的大气中或海洋性气氛中，耐腐蚀性比锌优越。另外，在60℃以上的温水中也具有防腐效果。但是不耐强酸或强碱的腐蚀，在有卤素离子存在的情况下易发生孔蚀。此外，在铝及铝合金中加入稀土元素不仅可以提高涂层的结合强度，而且能够降低涂层的孔隙率。铝的耐腐蚀性受其中杂质的影响显著，主要的杂质元素包括Si、Fe、Cu等。

铝在高温作用下（500℃以上），能在铁基体上扩散，与铁发生作用形成抗高温氧化的Fe_3Al，从而提高了钢材的耐热性，因此铝还可以用作耐热喷涂层。目前铝及铝合金喷涂层已广泛应用于储水容器、硫黄气体包围中的钢铁结构件、食品储存器、烟道、石油储罐、燃烧室、船体和闸门等。

热喷涂常用的锌铝合金主要是铝含量为 5%~25% 的锌铝二元合金。锌铝合金的电位接近锌，因此，对于钢铁结构具有电化学保护作用。盐水喷雾试验表面锌铝合金涂层的耐蚀性优于锌或铝涂层。但由于锌铝合金的延性较差，拉拔加工困难，各国使用的锌铝合金喷涂丝的含铝量一般控制在 16% 以下。

2. 碳钢和不锈钢丝

碳素钢丝一般用于喷涂机械零部件的耐磨涂层以及磨损件的修复等。不锈钢种类较多，各自都有独特的性能，根据其组织分为马氏体不锈钢、奥氏体不锈钢与铁素体不锈钢三大类。另外，还有奥氏体铁素体双相不锈钢与沉淀强化不锈钢。

马氏体不锈钢又称 Cr13 不锈钢，激冷淬火转变成马氏体而硬化。马氏体不锈钢一般用于制备要求高硬度的表面，根据其碳含量的多少又分为 0Cr13、1Cr13、2Cr13、3Cr13、4Cr13 等，碳含量高，形成碳化物时将消耗基体中的铬，当铬含量低于 12% 时，已不能发生钝化现象，不具有耐腐蚀性能，相变时体积发生约 4% 的体积膨胀，在采用马氏体不锈钢喷涂和堆焊时需要注意缓冷。

奥氏体不锈钢中，Cr18%-Ni8% 为最基本的一种，常温下为奥氏体组织，常称为 18-8 不锈钢（又称 SUS304）。耐腐蚀性与耐热性优越，易于加工，但线胀系数较大，喷涂时需要注意。18-8 系不锈钢在常温下能耐一般的酸与碱，但不耐盐酸、氟酸、稀硫酸、硫酸盐溶液、氯气等。不锈钢在 500~800℃，特别是在 600~700℃加热时，将发生碳化物在晶界的析出，从而引起晶界腐蚀。因此，根据需要可选择将含碳量降至 0.03% 以下的超低碳不锈钢（SUS304L），加入了比与铬元素的亲和力更强的 Ti、Nb、Ta 等的防晶界腐蚀的不锈钢（如 SUS321 或 347）。不锈钢铬含量高，不仅耐腐蚀性优越，而且，抗高温氧化与耐热性能也优越，因此，实际上常用作耐热涂层。

3. 铜与铜合金（丝）

铜与铜合金耐腐蚀性优越，电导率与热导率高，易于加工成形。作为喷涂材料，常用作电气相关的元件、美术工艺品或需要钎焊的表面的钎料。

4. 镍与镍合金（丝）

镍在空气中加热,500℃以下基本不氧化，即使加热到 1000℃，氧化程度也不严重，但长期加热，氧化物沿晶界生长，将导致脆化。因为镍具有一定的硬度，且耐腐蚀性优越，镍丝一般用于制备防冲蚀、泵柱塞轴或装饰涂层。镍铬合金耐氧化性、耐腐蚀性优越，代表性的材料为 Ni80-Cr20，主要用于制备耐热涂层。

5. 钼与钼合金（丝）

钼是一种难熔金属，熔点高（2620℃）。再结晶温度约为 900℃，高温强度高，加工性能良好，为耐热涂层材料，也是能耐热盐酸的唯一的金属材料。镍钼合金（含钼 20%~30%）称为耐盐酸合金。其主要缺点为易氧化，其氧化物（MoO_3）熔点低（约 780℃），且具有挥发性，因此，高于熔点时会被急剧氧化消耗。钼与氢不发生反应，因而在氢气保护或真空条件下可用作高温涂层。钼的摩擦系数很低，适用于喷涂活塞环和摩擦片等。

喷涂钼丝时，表面熔融的钼能溶入金属基体，甚至可以在切割光滑的工件表面上形成冶金结合，结合层厚度约为 1μm，所以也常用作打底层材料。喷涂用钼丝常用于机床导轨喷钢的打底层。钼能与碳钢、不锈钢、铸铁、镍及镍合金、镁及镁合金、铝及铝合金等形成牢固的结合。喷涂用钼丝纯度一般在 99.9% 以上，线材直径为 2.0mm 或 2.3mm。

16.5.3　热喷涂材料的选择

（1）热喷涂涂层材料的选择应满足涂层性能要求，涂层性能依据被喷涂部件的使用要求而定。比如部件要求在耐磨场合下使用，常选用自熔合金和陶瓷（金属）材料，或两者的结合。碳化钨镍基自熔合金通常在不要求耐高温而仅要求耐磨场合使用。碳化钨涂层一般使用温度不超过 480℃，超过此温度则优选碳化钛、碳化铬或陶瓷材料。高碳钢、马氏体不锈钢、钼镍铬合金等通常用于滑动摩擦场合涂层。大气条件下防腐，常选用锌、铝及其合金，奥氏体不锈钢、铝青铜等材料。尽可能使用与工件材料热膨胀系数相接近的喷涂材料。使用打底过渡层时，在考虑工作层的同时也要考虑过渡层的耐环境能力。

（2）材料的选择应与工艺方法的选择相适应。不同的喷涂方法所适用的喷涂材料范围并不一样。例如，某些高熔点合金或陶瓷的喷涂需要用较高温度的火焰或较高能量密度的能源；某些需要防止合金元素氧化、烧蚀的重要涂层需要在低真空或有保护气氛的环境下才能获得；大面积构筑物的防护性 Zn、Al 及其合金的喷涂采用电弧喷涂方法具有较高的喷涂效率和经济性；一些塑料的喷涂应选用特殊设计的喷枪并在较低温度的火焰下进行。总而言之，要求高性能的重要涂层必须使用满足要求的喷涂材料及与之适应的喷涂方法和喷涂设备，而使用一般材料即可符合要求的涂层则应以获得最大经济效益为准则。

（3）复合材料的选择。当单一材料涂层不能满足工件的使用要求时，可考虑使用复合涂层，以达到与基体材料的牢固结合，并发挥不同涂层之间的协同效应。如使用高耐磨和耐高温氧化性能的涂层（如 Al_2O_3、ZrO_2、ZrO_2-Y_2O_3 等）时，为了解决陶瓷与基体金属物理或化学的不相容性，克服两者不能结合或结合力不强的弊病，可在涂层表层与基体间引入一层或多层中间层，如第一层（底层）可以是 Ni-Cr、Ni / Al、Mo、W、NiCrAlY 等，第一层至陶瓷表层间还可加入两层至数层成分含量不同的梯度过渡层，其成分由以底层为主表层为辅过渡到以表层为主、底层为辅。

（4）满足涂层性能要求的同时兼顾工艺性和经济性。例如，钴基合金性能优越，但国内资源比较缺乏，应少用，我国镍资源比较丰富，可考虑多用些镍基合金，但镍基合金价格比较昂贵，因而在满足使用要求的情况下尽量采用铁基合金，但应注意，铁基合金的工艺性较差，施工时应确保质量。

16.5.4　热喷涂材料国际（ISO）标准

ISO 14232：2017《热喷涂　粉末》

ISO 2063：2017《热喷涂　锌、铝及其合金》

ISO / DIS 14919：2012《热喷涂　熔喷和电弧喷镀线材　杆材和软线　分类　技术支持条件》

ISO 14920：2012《热喷涂　自熔合金的喷涂和熔化》

16.6 其他表面涂覆层

表面工程技术包括表面改性、表面处理和表面涂覆（涂镀层技术）技术。涂镀层技术包含电化学沉积（俗称电镀）、有机涂层（俗称油漆）、无机涂层（搪瓷、陶瓷涂层、金属涂层）、热浸镀覆层、涂装涂层和防锈技术等。这里介绍涂装涂层和热浸镀覆层。

16.6.1 涂装涂层

16.6.1.1 涂装工艺技术

被涂物表面生成有机涂膜的工程称为涂装。进行涂装的目的是为了使涂膜产生化学保护作用（防腐蚀）、物理力学效果（耐磨或增大摩擦系数）、视觉效果（装饰或标志）以及其他功能（防污、防静电等）。实现这些目的的过程称为涂装工艺。广义地讲，涂装工艺不仅包括涂覆和干燥，还包括被涂物的表面前处理。涂装工艺方法简介如下。

（1）刷涂及工具。刷涂（brush coating）是一种古老的涂敷方法，油漆刷按制作材料可分为硬毛刷和软毛刷两种。硬毛刷是用猪鬃制成，软毛刷常用狼毫、獾毛、羊毛等制作，国外也有用植物和人造纤维制作。磁漆、调和漆和底漆适宜于用扁形或歪脖形的硬毛刷来涂刷，软毛扁形刷或歪脖刷则宜于涂树脂清漆，大漆或桐油的黏度更大，需要用特制的刷子，一般用人的头发或马尾制作而成。

（2）喷涂。喷涂（air spray）是一种广泛使用的涂装方法，工具主要是喷枪。喷枪的种类很多，一般有吸入式和重力式两类，此外还有压送式。喷枪性能的好坏，最重要的是看喷出的涂料的雾化微粒的细度，以及覆盖面的大小与形状。

（3）高压无气喷涂及设备。高压无气喷涂（airless spray）是利用压缩空气驱动高压泵，使涂料增压到约 15MPa，然后通过一个特殊的喷嘴喷出，当在高压下的涂料离开喷嘴到达大气中时，立即剧烈膨胀，雾化成极细小的漆粒喷到工件上。它的优点是涂料飞散少，涂装室沾污少，喷出量大，效率高，能够涂装高黏度漆料，能耗小，易于移动。缺点是难以得到平整光滑、装饰性很好的涂膜表面。目前又发展出了混气高压无气喷涂装置，既保持了原高压无气的优点，又能得到优良的表面状态。

（4）电泳涂装。电泳涂装（electro-deposition）是在电泳槽内盛满水性涂料，把被涂物作为一个电极，当涂料在水中分散为微粒子时，由于加有直流电压的作用，涂料微粒即被异性电荷吸引而沉积在被涂物表面形成涂膜。这是一种环保、节能型的涂装方法。电泳涂装是电泳、电解、电沉积和电渗析等反应同时进行的过程。电泳涂装可分为阳极电泳和阴极电泳两类。现在应用最广泛的是被涂物为阳极的阳极电泳，而目前发展得很迅速的是阴极电泳。

（5）静电喷涂。静电喷涂（electrostatic spraying）是 Ransberg 首先发展起来的一种自动化涂装工艺。它借助于高压电场的作用，使喷枪喷出的漆雾带电，并雾化得更细，然后通过静电引力而沉积在带相反电荷的工件表面上形成涂膜。一般空气喷涂方法涂料的利用率仅有 30%~50%，而静电喷涂时涂料飞散极少，涂料利用率可达 80%~90%。静电喷涂主要采用机械化、自动化操作，劳动效率高，涂膜质量较好，劳动卫生条件得到了较大的改善。随着科技的飞速发展，用机器人来进行喷涂或采用静电喷涂方面已有很大发展。

涂膜的干燥固化：涂料在物体表面干燥固化后，形成牢牢附着在基体上的涂膜，方能发挥其保护等作用。涂膜的干燥固化分为表面干燥（触干或表干）和完全干燥（实干）两个阶段。涂膜的干燥方式大致分为自然干燥和强制干燥。自然干燥是指被涂物置于大气中自然干燥的方法；强制干燥是指把被涂装物放进烘烤炉进行加热干燥的方法。

16.6.1.2　有机涂层涂料简介

涂料（又称油漆）是指在流动状态下能涂敷在物体表面，扩展成薄薄的一层，且干燥固化后能给予物体以保护和美观的物质。我国古代用来保护金属和木材等曾使用桐油、大漆等。现代涂料的概念是在 20 世纪 20 年代合成了硝基纤维素并出现喷漆后形成的，随着高分子科学技术与石油化学工业的飞速发展，到 20 世纪 60 年代初开始进入以合成树脂为主要原料的现代涂料工业的时代。涂料主要以液体形式存在，从 20 世纪 70 年代初开始出现了固体粉末形式的粉末涂料。

一般来讲，涂料是由主要成分（漆料 + 颜料）、副成分（溶剂，即稀料）和助剂组成，涂料的相关构成及简介见表 16.9。常用涂料及其优缺点见表 16.10。

表 16.9　涂料的相关构成及简介

涂料构成			简介
涂料	主要成分	漆料	通常当涂料为液体状态时，能分散或悬浮固体颜料的介质部分可称为漆料。它可以是油、天然树脂或合成树脂等，也可以是纤维素和橡胶的衍生物等高分子物质。涂料中的高分子材料大多是分子量在 3000~6000 范围内的预聚体。这些预聚物在涂装后，主要靠催化剂或加热而形成更大分子量的涂层
		颜料	颜料是指涂料中分散或悬浮的全部固体材料。它可以是给予涂料以各种颜色的不透明和不溶性的固体粉末，也可以是为增强涂膜的物理、化学或机械性能所使用的不溶性固体粉末。这里纯粹起着色作用的称为着色颜料，如酞菁蓝、镉黄、铬绿等 颜料有无机物和有机物两大类。起减少金属锈蚀作用的称为防锈颜料，如铁红、红丹、碱式碳酸铅、碱式铬酸锌和锌粉等。另外，还有一些在涂料中主要起降低成本作用的固体颜料，称为体质颜料，又称填料，如白垩土、滑石粉等
	副成分	溶剂——稀料	为了改善涂料的施工性能，还必须加入稀释剂，即所谓的稀料。它包括水和非水稀释剂两种。非水稀释剂，即各种有机溶剂，主要有二甲苯、正丁醇、环己酮、醋酸乙酯等
	助剂	添加剂	有机涂料中往往还要加入各种添加剂，或称助剂，以改善涂料的各种性能。有加速氧化固化型涂膜干燥的催干剂（即干料，如环烷酸钴、环烷酸锰的混合物）；有增加涂膜柔韧性的增塑剂（如邻苯二甲酸二丁酯 DBP；邻苯二甲酸二辛酯 DOP）；有双组分反应型涂料中的固化剂（如环氧涂料中的胺加成物）；还有能赋予涂料、涂膜以各种特殊性能的防结皮剂、流平剂、防沉降剂、防腐剂、紫外线吸收剂等

表 16.10　涂料的种类与优缺点

类型	优点	缺点
油脂涂料	耐候性良好，可内用与外用，涂刷性能好，价廉	干燥慢，机械性能不理想，水膨胀性大，不能打磨抛光
天然树脂涂料	干燥快，短油的坚硬易打磨，长油的柔韧性、耐候性好	短油的耐候性差，长油的不能打磨抛光
酚醛树脂涂料	干燥快，涂膜坚硬，耐水，耐化学腐蚀，能绝缘	颜色易泛黄变深，故很少制成白色漆，涂膜较脆
沥青涂料	耐水，耐酸，耐碱，绝缘，价廉	颜色深，无浅色白色漆，对日光不稳定，耐溶剂性差
醇酸树脂涂料	涂膜光亮，施工性能好，耐候性优良，附着力较好	涂膜较软，耐碱性、耐水性差
氨基树脂涂料	硬度高，光泽亮，不泛黄，耐热、耐碱，附着力良好，涂膜丰满	须加温固化，烘烤过度涂膜发脆，不适用于木质物面
硝基纤维素涂料	干燥迅速，耐油，坚韧耐磨，耐候性良好	易燃，清漆不耐紫外线，不能在 60℃ 以上使用，固体组分低，施工层次多
纤维素涂料	耐候性好，色浅，个别品种耐碱、耐热	附着力较差，耐潮性差，价格高
过氯乙烯树脂涂料	耐候性好，耐化学腐蚀，耐水，耐油，耐燃	附着力差，打磨抛光性较差，不耐 70℃ 以上温度，固体分低
乙烯树脂涂料	柔韧性优良，色浅，耐化学腐蚀性优良	固体分低，高温时易碳化，清漆不耐晒
丙烯酸树脂涂料	涂膜色浅，耐热、耐候性优良，耐化学药品	耐溶剂性差，固体分量低
聚酯树脂涂料	固体分高，柔韧性好，耐热，耐磨，耐化学药品	不饱和聚酯干性不易掌握，对金属附着力差，施工方法复杂
环氧树脂涂料	附着力强，耐碱，耐油，涂膜坚韧，绝缘性良好，耐化学腐蚀性能优异	室外暴晒易粉化，保光性差，色泽较深，涂膜外观较差
聚氨酯涂料	耐磨性强，耐水，耐溶剂，耐油，耐化学腐蚀，绝缘性良好	喷涂时遇潮易起泡，户外涂膜易泛黄，但脂肪族聚氨酯例外
有机硅涂料	耐高温，耐大气，耐老化，不变色，绝缘性优良	耐汽油性差，个别品种涂膜较脆，附着力较差
氯化橡胶涂料	耐酸碱腐蚀，耐水，耐磨	易变色，清漆不耐晒，施工性能不大好

16.6.2　热浸镀覆层

16.6.2.1　热浸镀技术简介

热浸镀（hot dip）简称热镀，是将被镀金属材料浸于熔点较低的其他液态金属或合金中进行镀层的方法。此法的基本特征是在基体金属与镀层金属之间有合金层。因此，热镀层是由合金层和镀层金属构成的复合镀层。被镀金属材料一般为钢、铸铁及不锈钢等。用于热镀的低熔点金属有锌、铝、锡、铅及锌铝合金等。

热浸镀工艺可简单地概括为三个过程，即钢材表面的前处理、热浸镀和后处理。前处理是将钢材表面的油污、氧化膜等物清除干净，使之形成一个适于镀层的新鲜表面。热浸镀是将钢材的表面浸于熔融的金属中，在其表面上形成一层厚度均匀并与基体结合牢固的金属镀层。后处理包括化学钝化处理、机械平整及涂油等工序。

热浸镀工艺按其前处理方式的不同，分为熔剂法和氢还原法两大类。

1. 熔剂法

熔剂法多用于钢丝及钢结构件的镀层，熔剂法热浸镀的工艺流程如下。

备镀钢材（板、丝、管及结构件）→脱脂→水洗→酸洗→水洗→熔剂处理→浸镀→后处理→成品

在其浸镀之前，先在经净化钢表面上涂一层熔剂，在浸镀时，此熔剂层受热挥发和分解，使新鲜的钢表面与熔融金属直接接触，发生反应和扩散而形成镀层。

在熔剂法中，又有湿法和干法之分。湿法是较早使用的方法，它是将净化了的钢材涂水熔剂后，直接浸入熔融金属中进行热镀，但需在熔融金属表面覆盖一层熔融熔剂。干法是在浸涂水熔剂后烘干，除去熔剂层中的水分，然后再浸镀。由于干法工艺简单，镀层质量好，目前大多数热镀锌生产采用干法，而湿法已逐渐淘汰。

2. 氢还原法

氢还原法可实现高生产效率的连续热镀，多用于镀钢带，少量用于镀钢丝和钢管，是现代连续热镀钢带采用的最普遍的一种工艺。其中典型的 Sendzimir 法可概述为，钢带先通过氧化炉，被火焰直接加热并烧去其表面的轧制油，同时表面被氧化并形成氧化铁薄膜，之后再进入还原炉，在此被辐射加热器间接加热至再结晶退火温度，这样表面上的氧化膜被通入炉内的含氢保护气体还原成纯铁，然后，在隔绝空气条件下冷却到一定温度后进入锌液中浸镀。

16.6.2.2 常用热浸镀覆层及性能

1. 热镀锌镀层

热镀锌早在 1742 年出现于法国，约在 1836 年开始工业生产。热镀锌是价廉、耐大气腐蚀性良好的钢的防护镀层。由于锌的电化学特性，其对钢基体具有牺牲性保护作用，因而被大量用于钢材的保护镀层。

2. 热镀铝镀层

热镀铝的发展较晚，在 20 世纪 30 年代出现于美国。到 20 世纪 50 年代，随着汽车工业的发展而被用作其排气系统用材，从而获得较快的发展。镀铝层不仅其抗大气腐蚀性优异（尤其对工业大气和海洋大气），其铁铝合金层还具有良好的耐热性。目前，其应用领域正不断扩大。

3. 热镀锌铝合金镀层

20 世纪 70 年代后开发出热镀锌铝合金镀层，其耐蚀性优于单一的镀锌层，并取得较快的发展。其中，已商品化的有 55%Al 合金镀层（商品名为 Galvalume）和 Zn-5%Al-Re 合金镀层（商品名为 Gfalfan），它们将逐渐取代现有传统镀锌层。

表 16.11 汇总了常用热浸镀覆层及性能。

16.6.2.3 热浸镀层的选择

热浸镀层如 Zn、Al、Pb、Sn 及其合金等均为熔点较低的金属或其合金，这些镀层已大量用于钢材表面防护。在对钢材进行防护设计时，热浸镀层的选用主要依据几个方面，即使用介质的腐蚀性、镀层金属或合金对钢基体的防护性、镀层对钢材使用性能的影响、镀层的表观特性及镀层金属和生产工艺的经济性等。

表 16.11　常用热浸镀覆层及性能

	性能		
	耐腐蚀性、耐热性等特性	力学、加工性能	焊接性
热镀锌	（1）耐大气腐蚀性。具有良好的对钢基体电化学保护作用；一般大气条件下，镀锌层表面腐蚀物碱性碳酸锌有机械隔离作用，延长锌层寿命。工业气氛（通常含有硫化物）中，锌层腐蚀较快 （2）耐水介质腐蚀。锌层寿命取决于水的 pH，pH 值为 6~12 的常温水中耐腐蚀性较好。酸性和强碱中发生急剧腐蚀。锌层在水温 60℃时腐蚀严重。水中杂质的性质和浓度会影响锌的抗腐蚀能力，在 60℃ 水中通入空气及水中含碳酸和硝酸较多时，会使锌、铁极性反转，即锌为阴极 （3）在土壤中腐蚀性。在土壤中与其含水量、溶氧量、pH 及所含盐类性质和浓度相关，一般在无机质氧化性土壤中镀层 $600g/m^2$ 镀锌层寿命在 10 年以上	镀锌钢板在使用时大都需要进行加工变形，因此要求其具有良好的深冲性和足够的机械强度 钢管热镀锌后的力学性能通常发生少许下降，其下降程度与镀锌工艺有关。另外，钢管经热镀锌后，可消除钢管成型时的内应力及焊接时焊缝处的热应力，从而可改善其切削加工性	镀锌钢板具有良好的焊接性，可以点焊或缝焊。点焊时可获得与碳钢板相近的焊接强度，即使进行连续点焊，如果焊接条件适当，也能得到满意的结果。通常，焊接电流应比低碳钢板增大 10%~15%。由于铜电极易与锌反应，而容易烧损
热镀铝	（1）耐腐蚀性。耐大气尤其含有 SO_2、NO_2 及 CO_2 工业气氛以及各种水介质中性能优异，对硫化物的耐蚀性优异 （2）耐热性。镀铝钢材在 450℃以下可长期保持光泽外观，500℃以上表面变为灰色 Fe-Al 合金，700℃下使用 Fe-Al 层变厚并形成 Al_2O_3 保护膜，但当表面层中 Al 含量低于 8% 时急剧氧化 （3）对光和热的反射性。具有与纯铝板相近的对光和热的反射性，可用于建筑物顶板、炉子内衬等	镀铝钢材的加工性受其合金层厚度的制约。纯铝镀层因镀层过厚（低碳钢一般 20~30μm），不能加工变形。铝硅镀层合金层较薄（一般 4~6μm），可满足一般加工要求	镀铝钢材的熔化焊焊接性较差。焊接时易形成铁铝合金，强度下降。电阻焊通过工艺优化可进行有效焊接。熔化焊时可先将镀层去掉，再用气焊、焊条（用低氢型）电弧焊等焊接，焊后需热喷铝
热镀锌铝合金	（1）耐腐蚀性。Zn-55Al 合金镀层钢板在大气、土壤、水介质、海洋环境等条件下，耐蚀性优于镀锌钢板 （2）耐热性及对光和热的反射性。Zn-55Al 合金镀层钢板可在 350℃以下使用且无外观变化，高于 350℃表面变灰暗，400℃以下与镀铝板接近。另外，其具有良好的对光和热的反射性	商品级或全硬级 Zn-55Al 合金镀层钢板具有与镀锌板相近的力学性能，由于其合金层很薄，加工性好，可以辊压成型	Zn-55Al 合金镀层钢板具有良好的焊接性，通常可点焊和弧焊，点焊与镀锌板点焊相同

1. 使用介质的腐蚀性

钢材在使用时会受到介质的作用而发生腐蚀。不同的大气的类型会有不同考虑，通常工业大气（含有较多 SO_2、CO_2、NO_2 等）、海洋大气（含有较多盐分）、潮湿大气、干旱环境的腐蚀性的排序从高到低。重腐蚀性的大气条件下，通常用纯铝或以铝为主的锌–铝合金镀层，而对于腐蚀性较强的大气条件，应选用镀锌或以锌为主的锌–铝合金镀层。另外，热浸镀层也用于化学药品和食品包装，此种介质多选热镀铅–锡镀层和热镀锡镀层。在高温的腐蚀介质中，特别是含有无机硫化物或有机硫化物的高温介质中使用时，选用热浸镀纯铝或铝–硅合金镀层是最适宜的。

2. 热浸镀层对钢材的防护性

镀层对钢基体的保护作用的好坏取决于其腐蚀产物的特性（致密性、附着性和稳定性）和镀层自身对钢基体的电化学特性。如果镀层在该介质中形成的腐蚀产物的化学稳定性好，致密性高且与镀层的附着牢固，则其对基体的防护性优异，可阻挡腐蚀介质的渗透。此外，在介质中某镀层与金属基体构成微电池时的电极电位特性对其防护性也起重要作用。一般情况下，应选择其镀层的电位比钢基体更低（但电位差不宜过大）的金属，即镀层成为阳极，从而在其腐蚀过程中，可对钢基体产生牺牲性保护作用。

3. 镀层对钢材使用性能的影响

镀层钢板和钢丝在选择镀层时，除考虑镀层的耐蚀性外，还必须考虑在其之后的成形加工、焊接及涂装过程中可能对镀层的破坏。比如，由于汽车运行的环境复杂，汽车面板除受腐蚀和振动外，还受路况条件的影响，经多年的实际应用和材料开发的进步，迄今认为用作汽车面板的最合适材料为无间隙原子钢（IF 钢）合金化镀锌钢板。

4. 镀层的表观特性

一般情况下，热镀锌层及锌合金镀层（如 Zn-5%Al 镀层）的光泽性强，但在空气中存放 1~2 年后就会失去光泽，变成暗灰色外观。镀铝层的光泽性比镀锌层稍差，但其耐久性强，能较长时间保持其光泽的外观。镀层的颜色也是其表观特征之一。通常失去光泽后镀锌层及锌合金层呈浅灰色，而镀铝层及铝合金层呈银灰色，镀铅层呈暗灰色。对于热浸镀层的特征之一是镀层结晶花纹，其中热镀锌层的结晶花纹尤为明显。

5. 镀层金属及热镀工艺的经济性

要综合分析确定采用的镀层及实施工艺。一方面，镀层金属或合金在价格上是有差异的。另一方面，热镀工艺上要考虑热能的消耗（热镀温度）、镀层金属的氧化及成渣的损失、工艺过程的复杂性、设备的投资、三废的治理等。

16.6.2.4 热浸镀的应用

1. 镀锌钢材的用途

镀锌钢材包括镀锌钢板（带）、镀锌钢丝、镀锌钢管、镀锌钢结构件，其应用范围十分广泛，几乎遍及国民经济各个部门。以镀锌钢结构件为例，其主要用于：①广播电视塔及拉线桅杆等；②邮电通信用各种铁塔、微波塔等；③长距离输电铁塔；④各种用途的钢结构架（防雷、照明及广告宣传牌）等；⑤各种建筑用钢结构件；⑥交通设施用钢结构件（护栏、主柱及连接件标志杆、标志牌）等；⑦公路及铁路的桥梁等。

2. 镀铝钢材的用途

镀铝钢材的用途很广。镀铝钢板被大量用作汽车的排气管和消音器，建筑尤其大型建筑物的屋顶板及侧墙。镀铝钢丝有望用作钢芯铝绞线的芯线而取代镀锌钢丝。镀铝钢管已大量用于电厂锅炉、蒸气管道、热交换器、石油加工业等设备上。镀铝的钢结构件已用于输电铁塔、高速公路护栏、灯杆等。

3. Zn-Al 合金镀层钢板的用途

1）55%Al-Zn 镀层钢板的用途

55%Al-Zn 镀层钢板具有好的耐蚀性（仅次于镀铝钢板）和一定的耐热性，其表面呈小结晶花纹，且生产上的浸镀温度低于镀铝钢板，因而其用途十分广泛。其主要用途如下。

（1）建筑行业。大型建筑物的屋顶板和侧壁、瓦垅板、落水槽、落水管、中央空调通风管道、吊顶结构件等。

（2）家用电器和器具。面包烤箱、微波炉、冷藏器、洗衣机、电冰箱、空调器、煤气灶具、垃圾筒、壁炉等。

（3）商业用具。售货机、空气加热器、商用冰柜、燃烧器部件等。

（4）汽车工业。汽车底板、油过滤器、风挡板、排气管及消音器等。

（5）农业。动物食槽、烟草烘干器、暖房结构件、粮食筒仓、地坑顶盖及其附件等。

总之，55%Al–Zn镀层钢板可用于大量代替镀锌钢板和部分镀铝钢板。

2）Zn–5%Al–Re镀层钢板的主要用途

由于Zn–5%Al–Re镀层钢板的耐蚀性明显优于传统镀锌钢板，且其生产工艺与热镀锌相同（其浸镀温度比镀锌约低20℃），因此，其主要用途是取代现有镀锌钢板，即凡用镀锌钢板制作的产品均可用此种新镀层产品代替，从而延长其使用寿命，取得更好的社会效益。

参考文献

［1］王振廷，孟君晟.摩擦磨损与耐磨材料［M］.哈尔滨：哈尔滨工业大学出版社，2013.

［2］李金桂.现代表面工程设计手册［M］.北京：国防工业出版社，2000.

［3］徐滨士，刘世参.中国材料工程大典：16卷，17卷［M］.北京：化学工业出版社，2006.

［4］史耀武.中国材料工程大典：23卷［M］.北京：化学工业出版社，2006.

［5］王娟.表面堆焊与热喷涂技术［M］.北京：化学工业出版社，2004.

［6］吴子健.现代热喷涂技术［M］.北京：机械工业出版社，2018.

［7］张忠礼.钢结构热喷涂防腐蚀技术［M］.北京：化学工业出版社，2004.

［8］中国机械工程学会焊接学会.焊接手册：1册［M］.北京：机械工业出版社，2015.

［9］GSI.SFI–Aktuell［M］.Duisburg: Gesellschaft für Schweiβtechnik International mbH，2010.

［10］Schweiβzusätze zum Auftragschweiβen Schweiβendrähte, Schweiβstäde, Drahtelektroden, Stabelektroden Bezeichnung Technische Lieferbedingungen:DIN8555:1983［S/OL］.https://www.din.de/en/meta/search/61764！search？_csrf=ff4ca22c–672c–4d5f–a4d5–f8cc13988ad9&query=8555.

本章的学习目标及知识要点

1. 学习目标

（1）了解摩擦与磨损的不同及磨损实际发生的复杂性。

（2）掌握磨损的定义、分类和影响因素以及典型磨损事例。

（3）了解摩擦磨损的测试方法。

（4）理解金属腐蚀的分类与特点。

（5）掌握堆焊材料的合金类型及常用堆焊材料的性能。

（6）了解堆焊材料标准，能正确选择堆焊材料。

（7）掌握热喷涂材料的分类及常用热喷涂材料的性能。

（8）了解热喷涂材料标准并能正确选材。

（9）了解涂装涂层及热浸镀涂层及应用。

2. 知识要点

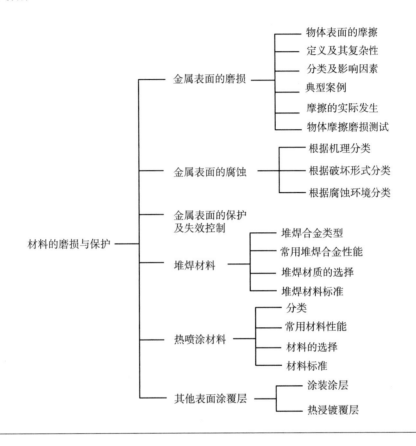

第17章

铸钢、铸铁及其焊接

编写：陈玉华　审校：徐林刚

本章主要学习铸钢和铸铁等铸造材料的分类、成分、物理化学性能特点、焊接性和焊接工艺要点，以及典型工程应用案例。

17.1 铸造材料分类

铸造是指将熔化后的金属液浇入铸型中，待冷却、凝固后获得具有一定形状和性能铸件的成型方法。铸造具有对铸件形状和尺寸的适应性强、对材料的适应性强、铸件成本低等优点，因此成为毛坯生产最主要的方法之一。但由于铸造工艺环节多，易产生多种铸造缺陷，且一般铸件的晶粒粗，力学性能不如锻件，因此铸件一般不适宜制作受力复杂和受力大的重要零件，而主要用于受力不大或受简单静载荷（特别适合于受压应力）的零件，如箱体、床身、支架、机座等。

铸造材料按相关的材质可以分为铸铁、铸钢和铸造有色合金。铸铁是主要由铁、碳和硅组成的合金的总称。在这些合金中，含碳量超过在共晶温度时能保留在奥氏体固溶体中的量。铸钢是在凝固过程中不经历共晶转变的用于生产铸件的铁基合金的总称。铸造有色合金，多指铜、铝、锌等有色金属。铸铁的含碳量高，抗拉强度很小，抗压强度与钢材差不多，耐磨，成本低。铸钢的含碳量低，综合力学性能优于铸铁，耐磨性不如铸铁，但抗拉强度比铸铁好得多。

铸铁和铸钢统称为铁 – 碳铸造材料，按石墨的状态和碳的存在形式可对铁 – 碳铸造材料按照如图 17.1 所示进行分类。

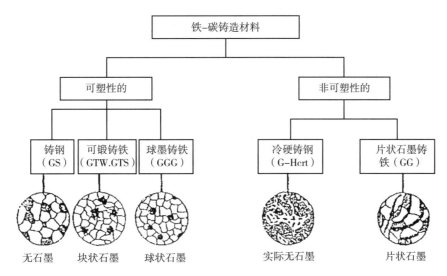

图 17.1 铁－碳铸造材料分类

17.2 铸钢及其熔炼

17.2.1 铸钢的熔炼及铸钢件的特点

铸钢的熔炼一般采用平炉、电弧炉和感应炉等。铸钢件的特点有：力学性能要远远优于铸铁；具有许多特殊的性能，如耐磨、耐热、耐蚀等；有良好的焊接性能，有利于铸件组合及修补；尺寸形状与成品接近，节约原料，机械加工简化；铸件各部分结构可设计均匀，能抵抗变形。

17.2.2 铸钢的种类和性能

按照我国铸造材料的分类，铸钢分为碳素铸钢、低合金铸钢和特种铸钢三类。

（1）碳素铸钢。以碳为主要合金元素并含有少量其他元素的铸钢。一般工程用碳素铸钢的钢号与化学成分见标准 GB / T 11352—2009。含碳量的质量比小于 0.2% 的为铸造低碳钢，含碳量的质量比为 0.2%~0.5% 的为铸造中碳钢，含碳量的质量比大于 0.5% 的为铸造高碳钢。

（2）低合金铸钢。含有锰、铬、铜等合金元素的铸钢。一般工程与结构用低合金铸钢的化学成分与力学性能见标准 GB / T 14408—1993。低合金铸钢的合金元素总量一般小于 5%，具有较大的冲击韧性，并能通过热处理获得更好的力学性能。铸造低合金钢比碳钢具有较好的使用性能，能减小零件质量，提高使用寿命。

（3）特种铸钢。这种铸钢是为适应特殊需要而炼制的合金铸钢，品种繁多，通常含有一种或多种的高含量合金元素，以获得某种特殊性能。

国际上，铸钢的分类和标示方法和国内不同。在 EN 10293：2015 标准中，规定了一般工程用铸钢的钢号与化学成分，该标准中将铸钢按化学成分分为非合金铸钢、合金铸钢和高合金铸钢。按 DIN 1681：1985 一般应用目的的铸钢其力学性能和磁性如表 17.1 所示。其中，GS–38 和 GS–45

铸钢，按熔样分析在结构焊接的部位上，含碳量均不允许超过 0.25%。工件上的位置，要在订货时指出。

表 17.1 各种铸钢的力学性能和磁性

铸钢种类		屈服极限①/（N/mm²）最低	抗拉强度/（N/mm²）最低	延伸率/%最低	断面收缩率②/%最低	冲击功（ISO-V 试样）		下列场强度时磁感应		
						< 30mm	> 30mm	25A/cm	50A/cm	100A/cm
填写名称	材料号					平均值③		最低		
GS-38	1.0420	200	380	25	40	35	35	1.45	1.60	1.75
GS-45	1.0446	230	450	22	31	27	27	1.40	1.55	1.70
GS-52	1.0552	260	520	18	25	27	22	1.35	1.55	1.70
GS-60	1.0558	300	600	15	21	27	20	1.30	1.50	1.65

注：①如没有明显的屈服极限时，可用 0.2% 的屈服极限。
②试值对验收无关紧要。
③由各三个单独数值确定。

各种铸钢不能无限制地适应不同的焊接方法，因为钢在焊接时和焊接后的性能，不仅与材料有关，而且与零件的尺寸、形状以及生产和焊接条件有关。注意到这些条件时，GS-38、GS-45 和 GS-52 都具有良好的焊接适应性。而 GS-38 焊接时不必预热，GS-45 和 GS-52 则要预热，GS-60 只有采取特殊的措施时，才可焊接。

按 DIN 17182：1992 标准低合金铸钢的标记、化学成分和力学性能如表 17.2、表 17.3 所示。

表 17.2 低合金铸钢化学成分（%）

名称		C	Si ≤	Mn	P ≤	S ≤	Cr ≤	Mo	Ni	其他
符号标记	数字标记									
GS-16Mn5	1.1131	0.15~0.20	0.60	1.00~1.50	0.020	0.015	0.30	≤ 0.15	≤ 0.40	—
GS-20Mn5	1.1120	0.17~0.23								
GS-8Mn7	1.5015	0.06~0.10	0.60	1.50~1.80	0.020	0.015	0.20	—	—	Nb ≤ 0.05 V ≤ 0.10 N ≤ 0.02
GS-8MnMo7-4	1.5450	0.06~0.10	0.60	1.50~1.80	0.020	0.015	0.20	0.30~0.40	—	Nb ≤ 0.05 V ≤ 0.10 N ≤ 0.02
GS-13MnNi6-4	1.6221	0.08~0.15	0.60	1.00~1.70	0.020	0.010	0.30	≤ 0.20	0.80~1.20	Nb ≤ 0.05 V ≤ 0.10 N ≤ 0.02

表 17.3　低合金铸钢力学性能

标记 符号	标记 数字	热处理	厚度 /mm	R_{eH}/MPa min	R_m/MPa	A_5/% min	Av/J min
GS-16Mn5	1.1131	正火	-50	260	430~600	25	65
			50~100	230	430~600	25	45
GS-20Mn5	1.1120	正火	-50	300	500~650	22	55
			50~100	280	500~650	22	40
			100~160	260	480~630	20	35
			160	240	450~600		
GS-20Mn5	1.1120	淬火 + 回火	-50	360	500~650	24	70
			50~100	300	500~650	24	50
			100~160	280	500~650	22	40
GS-8Mn7	1.5015	淬火 + 回火	-60	350	500~650	22	80
GS-8MnMo7-4	1.5450	淬火 + 回火	-300	350	500~650	22	80
GS-13MnNi6-4	1.6221	淬火 + 回火	-500	300	460~610	22	80
			-200	340	480~630	20	80

按 EN 10213-2、EN 10213-3、EN 10213-4 标准用于承压目的铸钢的标记、化学成分和力学性能见表 17.4 和表 17.5。

表 17.4　承压目的铸钢化学成分（质量分数，%）

标记 名称	标记 数字标记	C	Si max	Mn	P	S	Cr	Mo	Ni
G17Mn5	1.1131	0.15~0.20	0.60	1.00~1.60	0.020	0.020[①]	—	—	—
G20Mn5	1.6220	0.17~0.23	0.60	1.00~1.60	0.020	0.020[①]	—	—	0.80 max
G18Mn5	1.5422	0.15~0.20	0.60	0.80~1.20	0.020	0.020	—	0.45~0.80	—
G9Ni10	1.5636	0.06~0.12	0.60	0.50~0.80	0.020	0.015	—	—	2.00~3.00
G17NiCrMo13-6	1.6781	0.15~0.19	0.60	0.55~0.80	0.015	0.015	1.30~1.80	0.45~0.60	3.00~3.50
G9Ni14	1.5638	0.06~0.12	0.60	0.50~0.80	0.020	0.015	—	—	3.00~4.00
GX3CrNi13-4	1.6982	0.05 max	1.00	1.00 max	0.035	0.015	12.00~13.50	0.70 max	3.50~5.00

注：①对于轧制厚度小于 28mm 的铸钢，允许 S 含量为 0.030%。

表 17.5 承压目的铸钢力学性能

标记		热处理 /℃			厚度 /mm max	室温下的抗拉试验			冲击试验	
名称	数字标记	标记①	淬火	回火		$R_{p0.2}$/MPa min	R_m /MPa	A/% min	A_{KV}/J min	温度 /℃
G17Mn5	1.1131	+QT	890~980	600~700	50	240	450~600	24	27	−40
G20Mn5	1.6220	+N	900~980		30	300	480~620	20	27	−30
		+QT	900~940	610~660	100	300	500~650	22	27	−40
G18Mn5	1.5422	+QT	920~980	650~730	100	240	440~790	23	27	−45
G9Ni10	1.5636	+QT	830~890	600~650	35	280	480~630	24	27	−70
G17NiCrMo13−6	1.6781	+QT	890~930	600~640	200	600	750~900	15	27	−80
G9Ni14	1.5638	+QT	820~900	590~640	35	380	500~650	20	27	−90
GX3CrNi13−4	1.6982	+QT	1000~1050	670~690 + 590~620	300	500	700~900	15	27	−120

注：① +QT：在水中淬火，除 GX3CrNi13-4（在空气中淬火）外；+N= 正火。

17.3 铸钢的焊接性及焊接工艺

17.3.1 铸钢的焊接性分析

铸钢的熔点高，冷却时收缩量大，这是它的固有特性，对焊接质量有很大影响。铸钢焊接时出现的问题，与组织成分相同的热轧钢比较接近。通常含碳量在 0.3% 以下，如果杂质少、没有偏析现象，铸钢的焊接性较好；如果含碳量在 0.3% 以上，或含有的硫、磷杂质较多，就容易在焊接处出现硬化、裂纹等缺陷。其中裂纹是最应注意的缺陷，通常分为热裂纹和冷裂纹两种。

17.3.1.1 热裂纹

铸钢的热裂纹一般发生在焊道最后凝固的中心处，当使用大电流快速焊时很容易产生热裂纹。

17.3.1.2 冷裂纹

冷裂纹有两种情况。一种是发生在焊道层下的叫焊道下裂纹；另一种是发生在焊道上面或前端的叫作焊趾裂纹。焊道下裂纹一般来说是由于铸钢中碳当量高、焊接热影响区淬硬以及焊接金属中氢含量较多造成的。焊趾裂纹的原因主要是焊道在冷却凝固时，受到焊道下面有缺陷地方的大的应力的作用，再加上这时母材正在硬化、不易变形而产生的。

17.3.2 铸钢的焊接工艺特点

17.3.2.1 碳素铸钢

碳素铸钢的焊接性基本上与热轧钢相近，不同的是铸钢一般为厚壁件，焊接性比相同成分的热轧钢差一些。一般来说，参照表 17.6 所列条件进行焊接可以获得较好的效果。

表 17.6 碳素铸钢的焊接

含碳量 /%	使用焊条	预热	可焊性
< 0.3	普通钛铁矿型	不需预热	极好
0.35~0.45	低氢型焊条	40~100℃	良好
0.45~0.80	低氢型焊条	100~260℃	不好

应注意的是：在冬季气温较低时焊接厚壁的铸钢件，即使含碳量低，如不进行 40~100℃ 的预热，也会产生裂纹。

17.3.2.2 低合金铸钢

低合金铸钢的焊接填充材料、预热温度、焊后热处理温度见表 17.7。

表 17.7 低合金铸钢的焊接

标记		热处理	填充材料	预热温度 /℃	焊后热处理 /℃
符号	数字				
GS–16Mn5	1.1131	正火	E38 2 B		600~640
GS–20Mn5	1.1120	正火	E38 4 B		600~640
GS–20Mn5	1.1120	淬火 + 回火			
GS–8Mn7	1.5015	淬火 + 回火	E42 4 B T	100~250	
GS–8MnMo7–4	1.5450	淬火 + 回火	E46 4 B T		—
GS–13MnNi6–4	1.6221	淬火 + 回火	E50 4 B T		
		淬火 + 回火			

17.3.2.3 特种铸钢

铸造不锈钢焊接填充材料、预热温度、焊后热处理温度见表 17.8。

表 17.8 铸造不锈钢的焊接

钢组		药皮焊条 标记	填充金属 焊棒和焊丝		预热温度 /℃	焊后热处理
标记	数字标记		标记	数字标记		
铁素体（马氏体）钢组						
G–X 8 CrNi 13	1.4008	13	X 8 Cr 14	1.4009	150~250	冷却到 100℃ 然后回火，或者淬火 + 回火
G–X 20 Cr 14	1.4027	13	X 8 Cr 14	1.4009	200~400	
G–X 22 CrNi 17	1.4059	18 17 1	X 8 Cr 18 X 20 CrMo 17 1	1.4015 1.4115	300~400	
G–X 5 CrNi 13 4	1.4313	13 4	X 3 CrNi 13 4	1.4351	100~200	

续表

钢组		药皮焊条标记	填充金属 焊棒和焊丝		预热温度 /℃	焊后热处理
标记	数字标记		标记	数字标记		
奥氏体钢组						
G-X 6 CrNi 18 9	1.4308	19 9 19 9nC 19 9Nb	X 5 CrNi 19 9 X 2 CrNi 19 9 X 5 CrNiNb 19 9	1.4302 1.4316 1.4551	较低热输入	如果高热输入量则淬火
G-X 5 CrNiNb 18 9	1.4552	19 9Nb	X 5 CrNiNb 19 9	1.4551	较低热输入	淬火不需要
G-X 6 CrNiMo 18 10	1.4408	19 12 3 19 12 3n C 19 12 3N b	X 5 CrNiMo 19 11 X 2 CrNiMo 19 12 X 5 CrNiMoNb 19 12	1.4403 1.4430 1.4576	较低热输入	如果高热输入量则淬火
G-X 5 CrNiMoNb 18 10	1.4581	19 12 3N b	X 5 CrNiMoNb 19 12	1.4576	较低热输入	淬火不需要
G-X 3 CrNiMoN 17 13 5	1.4439	19 17 5n C	X 2 CrNiMo 18 16 5	1.4440	较低热输入	

按 EN 10213-2、EN 10213-3、EN 10213-4 标准用于承压目的铸钢的焊接工艺要点见表 17.9。

表 17.9　按 EN 10213-2、EN 10213-3、EN 10213-4 标准用于承压目的铸钢的焊接

标记		预热温度 /℃①	最大层间温度 /℃	焊后热处理 /℃	
名称	数字标记				
GP240GR	1.0621	20~150	350	无须热处理	参考性信息
GP240GH	1.0619				
GP280GH	1.0625				
G17Mn5	1.1131				
G20Mn5	1.6220				
G18Mn5	1.5422	20~200	350	≥ 650	
G20Mo5	1.5419	20~200	350	≥ 650	
G17CrMo5-5	1.7357	150~250	350	≥ 650	
G17CrMo9-10	1.7379	150~250	350	≥ 680	
G12CrMoV5-2	1.7720	200~300	400	≥ 680	
G17CrMoV5-10	1.7706	200~300	400	≥ 680	
G9Ni10	1.5636	20~150	350	≥ 570	
G17NiCrMo13-6	1.6781	20~200	350	≥ 580	
G9Ni14	1.5638	20~200	300	≥ 560	
GX15CrMo5	1.7365	150~250	350	≥ 650	
GX8CrNi12	1.4107	100~200	350	与正常回火温度相同	
GX4CrNi13-4	1.4317	100~200	300	与正常回火温度相同	
GX3CrNi13-4	1.6982	20~200	⑦	⑦	
GX23CrMoV12-1	1.4931	20~450	450	≥ 680℃ 再冷却到 80~130℃	
GX4CrNiMo16-5-1	1.4405	不预热	200	与正常回火温度相同	

续表

标记		预热温度 /℃①	最大层间 温度 /℃	焊后热处理 /℃		
名称	数字标记					
				最小焊缝	最大焊缝⑧	
GX2CrNi19-11	1.4309			无须热处理	无须热处理⑨	
GX5CrNi19-10	1.4308			②	+AT⑤⑩	
GX5CrNiNb19-11	1.4552	不预热	⑦	无须热处理　但③		规范性 信息
GX2CrNiMo19-11-2	1.4409			无须热处理	无须热处理	
GX5CrNiMo19-11-2	1.4408			②	+AT⑤⑩	
GX5CrNiMoNb19-11-2	1.4581			无须热处理　但③		
GX2NiCrMo28-20-2	1.4458	20~100	150	无须热处理但④	+AT⑤	
GX2NiCrMoN22-5-3	1.4470	20~100	250	+AT⑤⑥	+AT⑥	
GX2CrNiMoCuN25-6-3-3	1.4517	20~100	250	+AT⑤⑥	+AT⑥	
GX2CrNiMoN26-7-4	1.4469	20~100	250	+AT⑤⑥	+AT⑥	

注：① 预热温度与铸件的几何尺寸和厚度以及环境温度有关。
② 这些钢材不适用于焊缝需要焊后热处理的抗腐蚀应用。
③ 为了提高抗腐蚀性，钢种 GX5CrNiNb19-11 需要在 600 ~ 650℃之间进行一种特殊的稳定性热处理；GX2CrNiMo19-11-2 需要在 550 ~ 600℃之间进行一种特殊的稳定性热处理。
④ 对于微小的焊缝将按照腐蚀条件协商进行特殊处理。
⑤ 所有提到的钢种均进行 +AT 处理（固熔淬火）。对于小而薄的铸件通常进行液体淬火或者空气淬火。
⑥ 所有提到的钢种均进行 +AT 处理（固熔退火）。对于小而薄的铸件进行空气淬火。为了改善钢种的抗腐蚀性和复杂形状的抗裂纹性，在高温下固熔退火后，铸件应该在进行水中淬火之前先冷却到 1040 ~ 1010℃。
⑦ 除非协议商定，否则按照制造商说明。
⑧ 最大焊缝厚度一般不应超过最小壁厚的 0.7 倍。
⑨ 在低温下使用，需要进行 +AT（固熔淬火）。
⑩ 在高温下使用，+AT（固熔退火）应被代替。

17.3.3 铸钢焊接的工程应用——舵叶焊接工艺

舵叶结构材料采用 DH36、EH36 等高强度船用钢，最大板厚为 50mm，两承座材料为铸钢件。由于舵叶采用了焊接结构，且厚度大，结构复杂，易产生应力和变形，施工过程中要严格按照高强度钢施工要求和本工艺要求进行。

17.3.3.1 舵叶主要装焊程序

（1）左侧外板上胎架，且安装两承座。

（2）焊接外板对接缝后，安装水平、垂直隔板，并焊接隔板间、隔板与外板的角接缝。

（3）焊接隔板与铸钢件的对接缝。

（4）按要求装焊好塞焊用的垫板。

（5）按顺序要求安装右侧外板，进行外板对接缝、塞焊缝、与铸钢件的焊接。

（6）下胎架，翻身，焊接左侧外部焊缝。

（7）对所有焊接缝进行清渣、去飞溅、打磨光顺，并检查焊缝质量。

17.3.3.2 焊接工艺要求

（1）凡是板厚差大于 3mm 的对接缝，需按要求进行削斜，开好坡口，典型节点如图 17.2 所示。

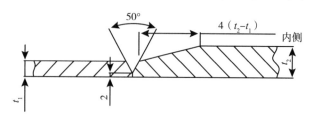

图 17.2 坡口形式

（2）凡是铸钢件对接的焊缝，必须按图纸要求开好坡口，清理待焊区，进行全焊透焊接。

（3）与铸钢件焊接，板厚大于或等于 30mm 以上结构焊接，焊接前必须预热，焊后必须保温缓冷处理。预热温度控制在 100~150℃，预热宽度为焊缝两侧各板厚的两倍（不超过 100mm）。

（4）所有焊缝焊接前需做好待焊区域（两侧各 20mm）清理工作，去除水分、油污、氧化物、锈等物质。

17.3.3.3 焊接材料的选用

焊条电弧焊：TL–508（或 CJ507），ϕ4 焊条（3Y 级）。

焊丝：50EH36 材料之间的焊接采用 TWE–711Ni，ϕ1.2 药芯焊丝（4Y 级），其他采用 TWE–711，ϕ1.2 药芯焊丝（3Y 级）。

17.3.3.4 焊接施工中的注意事项

（1）左侧外板上胎架，且安装两承座。

（2）施焊前需详细弄懂分段图和本工艺，能正确使用焊接材料。

（3）尽量采用双数焊工对称作业。

（4）施焊中要采用合理的焊接顺序，可减少焊接变形，总的原则为：从中央到两端，从里向外逐步对称施焊，先焊外板的对接缝，再焊构件的立角缝，后焊构件与外板的角接缝。

（5）严格按要求预热和保温，严禁采用大电流、大线能量施焊。

（6）舵叶外板的外侧焊缝，需打磨光滑。

17.4 铸铁概述（EN 1562，EN 1563）

从铁碳合金相图知道，含碳量大于 2.11% 的铁碳合金称为铸铁。虽然铸铁的强度、塑性和韧性较差，不能进行锻造，但它却具有优良的铸造性、减摩性、切削加工性等一系列的性能特点，加上它的生产设备和工艺简单、价格低，因此广泛应用于机械制造、石油、化工、冶金、矿山、交通运输、国防工业等部门。近年来，由于稀土镁球墨铸铁的发展，更进一步打破了钢与铸铁的使用界限，不少过去使用碳钢和合金钢制造的重要零件，如曲轴、连杆、齿轮等，如今已可采用球墨铸铁来制造，"以铁代钢""以铸代锻"。这不仅为国家节约了大量的优质钢材，而且还大大减少了机械加工的工时，降低了产品的成本。

17.4.1 铸铁的冶金特点

硅对 Fe-C 铸造材料金相组织形成的影响如图 17.3 所示。

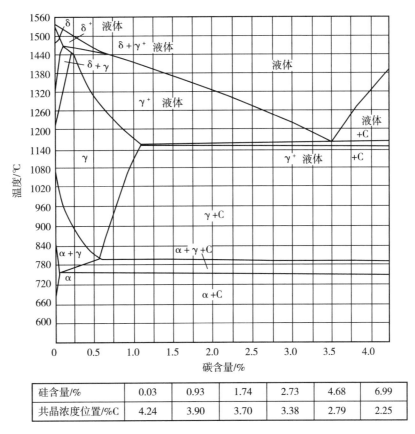

硅含量/%	0.03	0.93	1.74	2.73	4.68	6.99
共晶浓度位置/%C	4.24	3.90	3.70	3.38	2.79	2.25

图 17.3 硅对铸铁组织形成的影响

马威尔描绘的铸铁组织平衡图如图 17.4 所示。不同铸件壁厚与抗拉强度之间的关系如图 17.5 所示，用于求出抗拉强度与铸件壁厚之间的不同值。

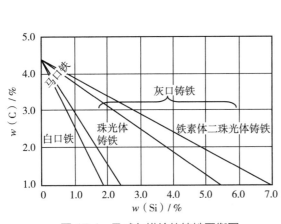

图 17.4 马威尔描绘的铸铁平衡图

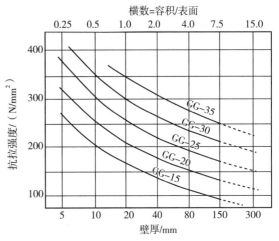

图 17.5 铸件壁厚与抗拉强度之间的关系

17.4.2 铸铁的种类和性能

铸铁按碳的存在状态（化合物或游离石墨）及石墨的存在形式（片状、球状、团絮状等）分为灰口铸铁、球墨铸铁、可锻铸铁、白口铸铁和蠕墨铸铁五大类，其中以灰口铸铁和球墨铸铁应用最广。

17.4.2.1 灰口铸铁（HT）

灰口铸铁中碳以片状石墨形态存在，分布于不同的基体上，断口呈灰色，因此称为灰口铸铁。

其主要成分及含量（质量比）为：C 为 2.7%~3.5%，Si 为 1%~2.7%，Mn 为 0.5%~1.2%，P 小于 0.3%，S 小于 0.15%。

性能：由于基体中的石墨呈片层状分布，与基体结合力弱，因此灰口铸铁的强度低、硬度低，塑性几乎为零。但灰口铸铁具有优良的耐磨性和切削加工性，抗压强度高，收缩率低、流动性好，可以铸造复杂形状的机械零件。

17.4.2.2 球墨铸铁（QT）

用球化剂对液态铸铁在浇铸前进行球化处理，使得铸铁基体中的石墨呈球状，因此称为球墨铸铁。

其主要成分及含量（质量比）为：C 为 3%~4%，Si 为 2%~3%，Mn 为 0.4%~1.0%，P 小于 0.1%，S 不大于 0.04% 及少量球化元素（如稀土镁合金）。

性能：由于球状石墨对基体的割裂作用较小，大大降低了应力集中，所以球墨铸铁具有较高的强度和韧性，而且能通过热处理来改善力学性能。

按 DIN 1693 标准球墨铸铁的特性见表 17.10，对应的德国标准见表 17.11。

表 17.10 DIN 1693 球墨铸铁的特性

材料标记		抗拉强度 R_m（最低）/（N/mm²）	0.2% 屈服点（最低）/（N/mm²）	延伸率 A_5（最低）/%
标记	数字标记			
EN-GJS-350-22-LT	EN-JS1015	350	220	22
EN-GJS-350-22-RT	EN-JS1014	350	220	22
EN-GJS-350-22	EN-JS1010	350	220	22
EN-GJS-400-18-LT	EN-JS1025	400	240	18
EN-GJS-400-18-RT	EN-JS1024	400	250	18
EN-GJS-400-18	EN-JS1020	400	250	18
EN-GJS-400-15	EN-JS1030	400	250	15
EN-GJS-450-10	EN-JS1040	450	310	10
EN-GJS-500-7	EN-JS1050	500	320	7
EN-GJS-600-3	EN-JS1060	600	370	3
EN-GJS-700-2	EN-JS1070	700	420	2
EN-GJS-800-2	EN-JS1080	800	480	2
EN-GJS-900-2	EN-JS1090	900	600	2

表 17.11　球墨铸铁的德国标准

DIN1693-1 或 DIN1693-2		EN 1563：2018	
代号	名称	代号	名称
分离式浇铸试件			
GGG-35.3	0.7033	EN-GJS-350-22LT	EN-JS1015
—	—	EN-GJS-350-22-RT	EN-JS1014
—	—	EN-GJS-350-22	EN-JS1010
GGG-40.3	0.7043	EN-GJS-400-18-LT	EN-JS1025
—	—	EN-GJS-400-18-RT	EN-JS1024
—	—	EN-GJS-400-18	EN-JS1020
GGG-40	0.7040	EN-GJS-400-15	EN-JS1030
—	—	EN-GJS-450-10	EN-JS1040
GGG-50	0.7050	EN-GJS-500-7	EN-JS1050
GGG-60	0.7060	EN-GJS-600-3	EN-JS1060
GGG-70	0.7070	EN-GJS-700-2	EN-JS1070
GGG-80	0.7080	EN-GJS-800-2	EN-JS1080
—	—	EN-GJS-900-2	EN-JS1090
一体式浇铸试件			
—	—	EN-GJS-350-22U-LT	EN-JS1019
—	—	EN-GJS-350-22U-RT	EN-JS1029
—	—	EN-GJS-350-22U	EN-JS1032
GGG-40.3	0.7043	EN-GJS-400-18U-LT	EN-JS1049
—	—	EN-GJS-400-18U-RT	EN-JS1059
—	—	EN-GJS-400-18U	EN-JS1062
GGG-40	0.7040	EN-GJS-400-15U	EN-JS1072
—	—	EN-GJS-450-10U	EN-JS1032
GGG-50	0.7050	EN-GJS-500-7U	EN-JS1082
GGG-60	0.7060	EN-GJS-600-3U	EN-JS1092
GGG-70	0.7070	EN-GJS-700-2U	EN-JS1102
—	—	EN-GJS-800-2U	EN-JS1112
—	—	EN-GJS-900-2U	EN-JS1122

17.4.2.3 白口铸铁（BT）

白口铸铁中的碳几乎全部以渗碳体（Fe_3C）状态存在，断口呈白色，称为白口铸铁。

常用白口铸铁的主要化学成分及含量为：C 含量为 2.1%~3.8%，Si 含量不大于 1.2%，有时添加 Cr、Mo、W 等合金元素提高其力学性能。

性能：白口铸铁由于存在渗碳体，硬而脆，不易进行机械加工。

用途：应用较少，主要用于轧辊。

17.4.2.4 可锻铸铁（KT）

可锻铸铁又称展性铸铁，是白口铸铁毛坯经 900~1000℃长时间（几十小时）退火，使渗碳体在固态下分解，形成团絮状石墨，得到强度和塑性都比一般灰口铸铁高的可锻铸铁。

性能：可锻铸铁组织性能均匀，耐磨损，有良好的塑性和韧性。用于制造形状复杂、能承受强动载荷的零件。

脱碳退火的可锻铸铁（GTW）的特性按 EN 1562：2019 标准，见表 17.12。

表 17.12 脱碳退火的可锻铸铁（GTW）的特性

材料标记		名义试件尺寸 D /mm	抗拉强度 R_m（最低）/（N/mm²）	延伸率 $A_{3.4}$（最低）/%	0.2% 屈服强度 $R_{p0.2}$（最低）/（N/mm²）	布氏硬度 HB（最高）
标记	数字标记					
EN–GJMW–350–4	EN–JM1010	6	270	10	—	230
		9	310	5	—	
		12	350	4	—	
		15	360	3	—	
EN–GJMW–360–12	EN–JM1020	6	280	16	—	200
		9	320	15	170	
		12	360	12	190	
		15	370	7	200	
EN–GJMW–400–5	EN–JM1030	6	300	12	—	220
		9	360	8	200	
		12	400	5	220	
		15	420	4	230	
EN–GJMW–450–7	EN–JM1040	6	330	12	—	220
		9	400	10	230	
		12	450	7	260	
		15	480	4	280	
EN–GJMW–550–4	EN–JM1050	6	—	—	—	250
		9	490	5	310	
		12	550	4	340	
		15	570	3	350	

非脱碳退火的可锻铸铁（GTS）的特性见表 17.13。

表 17.13 非脱碳退火的可锻铸铁（GTS）的特性

材料标记		名义试件尺寸 D/mm	抗拉强度 R_m（最低）/（N/mm²）	延伸率 $A_{3.4}$（最低）/%	0.2% 屈服强度 $R_{p0.2}$（最低）/（N/mm²）	布氏硬度 HB
标记	数字标记					
EN-GJMB-300-6	EN-JM1110	12 或 15	300	6	—	150 最高
EN-GJMB-350-10	EN-JM1130	12 或 15	350	10	200	150 最高
EN-GJMB-450-6	EN-JM1140	12 或 15	450	6	270	150~200
EN-GJMB-500-5	EN-JM1150	12 或 15	500	5	300	165~215
EN-GJMB-550-4	EN-JM1160	12 或 15	550	4	340	180~230
EN-GJMB-600-3	EN-JM1170	12 或 15	600	3	390	195~245
EN-GJMB-650-2	EN-JM1180	12 或 15	650	2	430	210~260
EN-GJMB-700-2	EN-JM1190	12 或 15	700	2	530	240~290
EN-GJMB-800-1	EN-JM1200	12 或 15	800	1	600	270~320

17.4.2.5 蠕墨铸铁（RT）

蠕墨铸铁中石墨形似蠕虫，故称蠕墨铸铁。蠕墨铸铁的显微组织由蠕虫状石墨和基体组成。蠕墨铸铁有三种类型：铁素体蠕墨铸铁；铁素体 + 珠光体蠕墨铸铁；珠光体蠕墨铸铁。力学性能介于基体组织相同的灰口铸铁与球墨铸铁之间。

常用蠕铁的抗拉强度为 300~500MPa，延伸率为 1%~6%。与片状石墨相比，蠕虫状石墨较短而厚，头部较圆，对基体的切割作用减小，应力集中减小，故蠕墨铸铁的抗拉强度、塑性、疲劳强度等均优于灰口铸铁，而接近铁素体基体的球墨铸铁。此外，蠕墨铸铁的导热性、铸造性、可切削加工性均优于球墨铸铁，而与灰口铸铁相近。

17.5 铸铁的焊接性及焊接工艺（ISO 1071）

17.5.1 灰口铸铁的焊接性

灰口铸铁含碳量高，而且碳成片状石墨形态分布，硫、磷杂质高，在快速冷却条件下，焊缝结晶时间短，石墨化过程不充分，致使熔合区和焊缝中碳以 Fe_3C 状态存在，形成白口及淬硬组织。此外，灰口铸铁强度低，塑性极低，焊接过程冷却速度快、焊件受热不均而形成较大的焊接应力，使灰口铸铁焊接时对冷裂纹和热裂纹的敏感性较大。因此，灰口铸铁焊接时的主要问题有：一是焊接接头易出现白口及淬硬组织；二是焊接接头易出现裂纹。

17.5.2 灰口铸铁的焊接工艺

灰口铸铁的焊接分电弧热焊、电弧冷焊。热焊比较适用于同质焊缝的熔化焊，冷焊较适合于异质焊缝的熔化焊。

17.5.2.1 同质（铸铁型）焊缝的熔化焊

（1）电弧热焊。热焊法是指焊前采用加热炉或氧-乙炔焰将工件整体或局部位置预热到600~700℃（暗红色），然后进行焊接，焊后在炉中缓冷。灰口铸铁预热到600~700℃时，不仅有效地减少了接头上的温差，而且铸铁由常温无塑性改变为有一定塑性，再加上焊后缓慢冷却，故接头应力状态大为改善。由于工件受热均匀，焊后冷却缓慢，故石墨化过程进行得比较充分，接头可以完全避免白口及淬硬组织的产生，从而有效地防止了裂纹的产生。

目前采用的电弧热焊焊条有两种：一种是采用铸铁芯加石墨型药皮（Z248）；另一种是采用低碳钢芯加石墨型药皮（Z208）。两种焊条均能满足上述要求。

同质焊缝焊接时，为保持预热温度利于石墨化，必须根据焊条直径选择大电流进行连续焊。主要用于中等厚度（大于10mm）以上工件缺陷的焊补。

（2）电弧冷焊。电弧冷焊的特点是焊前对补焊件不需预热。所以电弧冷焊有很多优点，焊工劳动条件好，成本低，效率高，对大型铸件或不能预热的已加工面比较适合。因此冷焊是一个发展方向。

同质焊缝电弧冷焊要解决的主要问题是防止焊接接头出现白口。在冷焊条件下，防止白口的方法有：一是进一步提高焊缝石墨化元素的含量；二是提高热输入量，如采用大直径焊条、大电流连续焊工艺，以减慢焊接接头的冷速。这种工艺也有助于消除或减少热影响区出现的马氏体组织。

同质冷焊铸铁焊条有Z248、Z208焊条。焊接时应采用大直径焊条、大电流连续焊工艺。

17.5.2.2 异质焊缝的电弧冷焊

铸铁电弧冷焊虽然是一个发展方向，但铸铁型焊缝电弧冷焊仍存在很多局限性：如焊缝强度低、塑性差，易出现白口；工艺要求采用大电流连续焊，用于薄壁件缺陷的焊补有一定困难。为了解决铸铁型焊缝存在的问题而发展了一些新的异质材料：如镍基焊条、铜基焊条、高钒焊条及强氧化性焊条等。

（1）镍基焊条。这类焊条有Z308（纯镍焊芯）、Z408（镍铁焊芯）、Z508（镍铜焊芯），药皮都是石墨型的，焊缝金属都是有色金属。镍基焊条冷焊铸铁可以使近缝区的白口层较薄且断续，利于切削加工，可用于重要加工面的焊补。

（2）铜基焊条。铜与碳不生成碳化物，也不溶于碳；铜的塑性很好，强度不低于灰铁且铜是石墨化元素，在铸铁焊接时铜基焊缝对防止焊缝发生裂纹及防止焊接接头发生剥离性裂纹起着有利的作用。

铜基焊条的形式很多，有铜芯铁粉焊条（Z607），铜包钢芯和铜芯铁皮焊条（Z612），低碳钢焊条（结507、结506）外缠铜皮。焊接时采用小电流，浅熔深，高速度（焊条不摆动），用短段断续焊，以防止母材过多熔入焊缝及半熔化区，使白口层增厚。每焊10~30mm后，立即锤击焊缝，松弛应力，避免裂纹，并可提高焊缝的致密性。

（3）钢基焊条。在焊缝金属为钢的电弧焊方面，我国目前有Z100、Z112Fe、Z116三种专用焊条。此外也可用CO_2保护焊焊补铸铁缺陷。

异质焊缝的电弧冷焊工艺要点可用四句话来表达：准备工作要做好，焊接电流适当小，短段断续分散焊，焊后立即小锤敲。

焊前准备：清除工件及缺陷上的油污等，去除缺陷并制成适当的坡口，以备焊接。

采用合适的小电流焊接：其目的是减少焊缝中的碳、硫、磷等有害物质；减小热输入量，不仅可减少焊接应力，也可减小热影响区宽度，使白口层变薄。

采用短段、断续分散焊及焊后锤击：焊缝越长，焊缝所承受的拉应力越大，故采用短段焊有利于降低焊缝应力状态，减小焊缝发生裂纹的可能性。焊后立即用小锤快速锤击处于高温且塑性较高的焊缝，以松弛焊补区的应力，防止裂纹的发生。

17.5.3　球墨铸铁的焊接性

对于球墨铸铁，焊接时存在的问题和灰口铸铁类似，主要问题是白口、淬硬组织与焊接裂纹。但由于球墨铸铁的化学成分、力学性能与灰口铸铁不同，因此焊接性有其自身的特点。

（1）焊接接头白口化倾向及淬硬倾向比灰口铸铁大。由于球墨铸铁中镁、钇、铈、钙等球化剂的存在，阻碍了石墨化作用，并增大焊接区过冷倾向，同时这些元素还提高了奥氏体的稳定性，使得球墨铸铁焊缝和熔合区更容易形成白口和淬硬组织。

（2）焊缝组织、性能与母材匹配困难。由于球墨铸铁的强度和塑性等力学性能较好，故对焊接接头的力学性能要求也较高。在熔化焊条件下，难以实现焊接接头与母材组织性能相匹配，因此焊接难度大。

17.5.4　球墨铸铁的焊接工艺

球墨铸铁的焊接用同类填充材料焊接实例（热焊法）见表 17.14。球墨铸铁的焊接用异类填充材料焊接实例（冷焊法）见表 17.15。

表 17.14　球墨铸铁的焊接（热焊法）

L= 空气冷却	O= 炉内冷却 奥氏体 马氏体 （Ni+Fe）	弯曲角 = 变形能力的参考值		铁素体 莱氏体		珠光体 GGG 在 铁素体基体中

预热 /℃	添加材料	焊道数	母材	再处理	组织	特征
—	GGG	1	GGG 和 GGG	—	莱氏体 珠光体	形成裂纹
400~600	GGG	4	GGG 和 GGG	—	莱氏体	无裂纹，弯曲角为 0°
400~600	GGG	4	GGG 和 GGG	900℃ / L	珠光体+C	无裂纹，弯曲角为 0°
400~600	GGG	4	GGG 和 GGG	900℃ / O+700℃ / L	铁素体+C	无裂纹，弯曲角为 20° ~50°

表 17.15　球墨铸铁的焊接（冷焊法）

预热/℃	添加材料	焊道数	母材	再处理	组织	特征
—	60/40 Ni/Fe	任意	GGG 和 GGG	—	奥氏体　马氏体 马氏体　莱氏体	裂纹危险 弯曲角为 0°
> 100	60/40 Ni/Fe	任意	GGG 和 GGG	—	奥氏体 莱氏体 马氏体	没有裂纹形成 弯曲角为 0°
> 100	60/40 Ni/Fe	任意	GGG 和 GGG	900℃/O+700℃/L	奥氏体 马氏体	弯曲角为 20°

根据 ISO 1071：2015 焊接非合金和低合金铸造材料的填充材料见表 17.16～表 17.19。

表 17.16　ISO 1071 焊接填充材料的使用说明

型号	主要应用于	型号	主要应用于
FeC-1	GG	NiFe-1	GG，GGG，GTS
FeC-2	GG	NiFe-2	在 GGG，GTS 上多层焊接
FeC-G	GGG，GTS	NiCu	GG，GGG，GTS 填充层
Fe-1	GTW	CuAl-1	在 GG，GGG 上堆焊
Fe-2	在 GG，GGG 上堆焊	CuAl-2	在 GG，GGG 上堆焊
Ni	GG，GGG，GTS	CuSn	在 GG，GGG 上堆焊

表 17.17　与母材金属同种焊缝金属的填充材料

标记	微观组织	产品形式 [a]
FeC-1[b]	片状石墨	E，R
FeC-2[c]	片状石墨	E，T
FeC-3	片状石墨	E，T
FeC-4	片状石墨	R
FeC-5	片状石墨	R
FeC-GF	铁素体 + 球状石墨	E，T
FeC-GP1	珠光体 + 球状石墨	R
FeC-GP2	珠光体 + 球状石墨	E，T

注：a. E 为焊条，R 为铸棒，T 为药芯焊丝。
　　b. 铸铁芯药皮焊条。
　　c. 不锈钢芯药皮焊条。

表 17.18　药皮焊条和药芯焊丝中同种填充棒和同种熔敷金属的化学成分要求

标记	产品形式	质量分数 a, b, c/%									
		C	Si	Mn	P	S	Fe	Ni d	Cu e	备注	其他总量
FeC-1	E, R	3.0~3.6	2.0~3.5	0.8	0.5	0.1	余量	—	—	Al: 3.0	1.0
FeC-2	E, T	3.0~3.6	2.0~3.5	0.8	0.5	0.1	余量	—	—	Al: 3.0	1.0
FeC-3	E, T	2.5~5.0	2.5~9.5	1.0	0.20	0.04	余量	—	—	—	1.0
FeC-4	R	3.2~3.5	2.7~3.0	0.60~0.75	0.50~0.75	0.10	余量	—	—	—	1.0
FeC-5	R	3.2~3.5	2.0~2.5	0.50~0.70	0.20~0.40	0.10	余量	1.2~1.6	—	Mo: 0.25~0.45	1.0
FeC-GF	E, T	3.0~4.0	2.0~3.7	0.6	0.05	0.015	余量	1.5	—	Mg: 0.02~0.10 Ce: 0.20	1.0
FeC-GP1	R	3.2~4.0	3.2~3.8	0.10~0.40	0.05	0.015	余量	0.50	—	Mg: 0.04~0.10 Ce: 0.20	1.0
FeC-GP2	E, T	2.5~3.5	1.5~3.0	1.0	0.05	0.015	余量	2.5	1.0	Mg: 0.02~0.10 Ce: 0.20	1.0
Z	R, E, T	其他允许成分									

注：a. 表中单个数值为最大质量分数。
　　b. 结果应圆整到与 ISO 31-0：1992 附录 B 规则 A 中具体数位相同。
　　c. 焊缝金属、金属芯或填充金属应根据此表中所列出元素的具体数值进行分析。如果存在其他元素，则应进行分析，以便确定其他元素总含量不超出此表中最后一栏"其他总量"的数值规定。
　　d. 镍含量包括附带的钴。
　　e. 铜含量包括附带的银。

表 17.19　药皮焊条和药芯焊丝中异种填充棒和异种熔敷金属的化学成分

标记	产品形式	质量分数 a, b, c, d/%									
		C	Si	Mn	P	S	Fe	Ni e	Cu f	备注	其他总量
Fe-1	E, S, T	2.0	1.5	0.5~1.5	0.04	0.04	余量	—	—	—	1.0
St	E, S, T	2.0	1.0	1.0	0.04	0.04	余量	—	0.35	—	1.0
Fe-2	E, T	0.2	1.5	0.3~1.5	0.04	0.04	余量	—	—	Nb+V: 5.0~10.0	1.0
Ni-Cl	E	2.0	4.0	2.5	—	0.03	8.0	85 最低值	2.5	Al: 1.0	1.0
	S	1.0	0.75	2.5	—	0.03	4.0	90 最低值	4.0		1.0
Ni-Cl-A	E	2.0	4.0	2.5	—	0.03	8.0	85 最低值	2.5	Al: 1.0~3.0	1.0
NiFe-1	E, S, T	2.0	4.0	2.5	0.03	0.03	余量	45~75	4.0	Al: 1.0	1.0
NiFe-2	E, S, T	2.0	4.0	1.0~5.0	0.03	0.03	余量	45~60	2.5	Al: 1.0 碳化物生成元素: 3.0	1.0
NiFe-Cl	E	2.0	4.0	2.5	—	0.04	余量	40~60	2.5	Al: 1.0	1.0
NiFeT3-Cl	T	2.0	1.0	3.0~5.0	—	0.03	余量	45~60	2.5	Al: 1.0	1.0
NiFe-Cl-A	E	2.0	4.0	2.5	—	0.03	余量	45~60	2.5	Al: 1.0~3.0	1.0

续表

标记	产品形式	质量分数[a, b, c, d]/%									
		C	Si	Mn	P	S	Fe	Ni[e]	Cu[f]	备注	其他总量
NiFeMn-Cl	E	2.0	1.0	10~14	—	0.03	余量	35~45	2.5	Al：1.0	1.0
	S	0.50	1.0	10~14	—	0.03	余量	35~45	2.5	Al：1.0	1.0
NiCu	E，S	1.7	1.0	2.5	—	0.04	5.0	50~75	余量	—	1.0
NiCu-A	E，S	0.35~0.55	0.75	2.3	—	0.025	3.0~6.0	50~60	35~45	—	1.0
NiCu-B	E，S	0.35~0.55	0.75	2.3	—	0.025	3.0~6.0	60~70	25~35	—	1.0
Z	E，S，T	其他允许成分									

注：a. 表中单个数值为最大质量分数，除了附加说明外。

　　b. 结果应圆整到与 ISO 31-0：1992 附录 B 规则 A 中具体数位相同。

　　c. 焊缝金属、金属芯或填充金属应根据此表中所列出元素的具体数值进行分析。如果存在其他元素，则应进行分析，以便确定其他元素总含量不超出此表中最后一栏"其他总量"的数值规定。

　　d. 此表中不包括青铜填充金属，但其对于铸铁钎焊十分有效。颜色标志与铸铁不同。

　　e. 镍含量包括附带的钴。

　　f. 铜含量包括附带的银和铜药皮。

我国的铸铁焊条、焊丝标准见 GB / T 10044—2006。

17.5.5 铸铁焊接修复的工程应用

17.5.5.1 灰口铸铁镗床拖板的焊接修复实例

某型移动镗床在使用中，因发生意外撞击事故将灰口铸铁镗床拖板严重损坏，拖板出现大面积放射状裂纹，裂纹分布范围达 550mm×2200mm，裂纹最长达 2100mm，深度达 30mm，移动轨面严重变形，裂缝两侧错位达 5mm。拖板材料为灰口铸铁 HT150（HT15-33），从恢复机床精度考虑，采用了镍基焊条电弧冷焊工艺。

灰口铸铁镗床拖板的焊接修复工艺要点如下。

（1）为防止裂纹的进一步扩展，在每条裂纹尖端钻止裂孔，直径为 ϕ12mm。

（2）采用千斤顶和自制矫正胎具，以移动轨面为基准，恢复轨面平面，并将拖板裂缝两侧顶压平齐、合口，检查拖板外形尺寸、形位公差。

（3）用丙酮清洗裂缝两侧及其周围 50mm 范围内的油污、杂物。

（4）采用碳弧气刨和角向磨光机清除裂纹，并制备焊接坡口，露出金属光泽，对坡口表面进行检查。

（5）采用焊条电弧焊焊接方法。焊前不预热，控制层间温度小于 60℃。

（6）拖板裂纹焊接修复选用 EZNiFe-1（Z408）ϕ4mm 焊条，轨面裂纹焊接修复选用 EZNi-1（Z308）ϕ3.2mm 焊条。

（7）采用多层多道焊，焊接操作时不摆动，每次焊接 10~30mm，焊后用小锤锤击焊缝。

（8）在拖板处于机械固定状态下，先进行侧面坡口的焊接，焊后磨平焊缝，并采用补强板螺钉连接后焊接固定。然后再进行拖板正面放射状裂纹的逐条焊接修复，焊接到坡口深度的 1/2。此时距离裂纹中心部位 300mm 范围内的裂纹不用焊接。

（9）去除千斤顶和自制矫正胎具等辅助器材，并检查轨面精度。采用切削加工去中心部位 ϕ 330mm 的铸铁金属，形成通孔。另外加工材质为 Q235 的镶块法兰，板厚为 30mm。

（10）拖板正面装配镶块法兰，将工件翻身，并完成反面焊缝的焊接。然后再将工件翻身，并完成拖板正面坡口的焊接，将焊缝表面打磨平整。焊后进行表面裂纹检查。

采用以上焊接工艺完成了灰口铸铁镗床拖板的焊接修复，实际使用效果良好。

17.5.5.2　球墨铸铁水泥生料磨磨盘的焊接修复实例

某型立式水泥生料磨是从国外进口的水泥生产设备，在长期使用中生料磨磨盘边缘开裂，造成停产。磨盘材质为球墨铸铁，磨盘直径为 ϕ 3200mm，重量达 31t，裂纹长度长达 3600mm，深度 180mm，边缘已裂通，裂缝最宽处达 40mm，并有大量的杂物。

修复时采用了镍基焊条电弧冷焊工艺，球墨铸铁水泥生料磨磨盘的焊接修复工艺要点如下。

（1）在裂纹的扩展方向钻制直径为 ϕ 12mm 的止裂孔。用压缩空气和高压水枪反复清理裂缝区的矿石、杂物。

（2）采用氧－乙炔火焰加热，利用自制门型夹具和齿轮泵，尽可能使裂缝区复位、定位，恢复零件外观尺寸。

（3）采用碳弧气刨沿裂缝制备外侧焊接坡口，坡口角度为 70°，平均深度为 65mm；制备内侧焊接坡口，坡口角度为 40°，平均深度为 35mm。并用角向磨光机清除碳弧气刨层 3mm，清除坡口周围 30mm 范围内的锈蚀层，露出金属光泽。

（4）外侧焊接坡口内每边栽丝两排，呈交错排列，间距为 20mm，螺丝直径 ϕ 10mm，深度 15mm，高出坡口平面 3mm。准备材质为 Q235、尺寸为 150mm×10mm（宽度×厚度）的钢板镶条若干件。

（5）采用焊条电弧焊接方法。焊接修复选用 EZNiFe-1（Z408）ϕ 3.2mm 焊条，经 200℃ 高温烘干 1h；选用 E5015（J507）ϕ 3.2mm 焊条，经 350℃ 高温烘干 2h。焊前预热，预热温度 $T \geqslant 50℃$，并控制层间温度。

（6）栽丝完成后，用 EZNiFr-1（Z408）焊条，在外侧焊接坡口内焊接 3 层过渡层，每道焊缝长度不超过 100mm，焊接操作时不摆动。

（7）采用多层多道焊，焊缝交错搭接，分块跳焊，每焊一道立即锤击焊缝。外侧坡口焊接到坡口深度的 1/3，然后完成内侧坡口的焊接。

（8）随后在外侧坡口内立式装配、焊接 Q235 钢板镶条，焊接材料为 E5010（J507）焊条，以降低修复成本、减少焊接填充量，完成外侧坡口的焊接，并将焊缝表面打磨平整。

（9）焊后进表面裂纹检查。采用以上焊接工艺完成了球墨铸铁水泥生料磨磨盘的焊接修复，探伤检验合格，使用运行平稳，满足了实际生产要求。

参考文献

［1］副岛一雄，仁熊贤次.铸钢铸铁焊接要点［M］.张锐，译.哈尔滨：黑龙江人民出版社，1980.

［2］李亚江.焊接冶金学：材料焊接性［M］.北京：机械工业出版社，2020.

［3］周振丰.焊接冶金学：金属焊接性［M］.北京：机械工业出版社，1995.

本章的学习目标及知识要点

1. 学习目标

（1）了解铸造材料的分类、铸钢件的特点、铸铁的冶金特点。

（2）理解并掌握铸钢的焊接性及焊接工艺特点、铸铁的焊接性及焊接工艺。

（3）应用所学知识实现铸铁件的焊接修复。

2. 知识要点

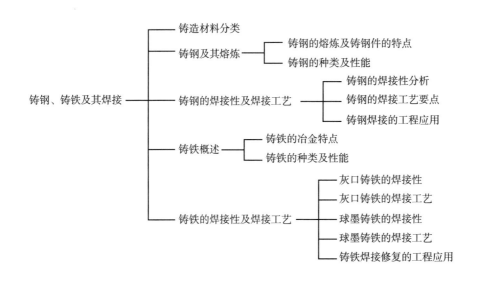

第18章

铜、铜合金及其焊接

编写：闫久春　审校：徐林刚

本章主要以紫铜、黄铜、青铜及白铜四种铜及铜合金为主，结合熔化困难、焊接热裂纹、焊接气孔等熔化焊焊接性问题，重点介绍气焊、氩弧焊、埋弧焊等焊接工艺和铜焊丝、黄铜焊丝、青铜焊丝等焊接材料的选用原则，结合表面氧化膜、母材软化、应力开裂等钎焊问题，介绍铜-锌、铜-磷-银、银-铜钎料钎焊工艺及应注意的问题。

18.1 铜及铜合金冶金基础及分类（EN 1173，EN 1412）

18.1.1 概述

铜是人类发现和使用最早的金属之一。

铜具有面心立方结构，其密度是铝的3倍，导电率和导热率是铝的1.5倍。紫铜以其优良的导电性、导热性、延展性，以及在某些介质中良好的抗腐蚀性能，成为电子、化工、船舶、能源动力、交通等工业领域中高效导热和换热管道、导电、抗腐蚀部件的优选材料。

铜的火法冶炼，所选用的原料是由硫化铜矿石经选矿得到的铜精矿。一般流程包括：电炉熔炼、转炉吹炼、反射炉精炼、电解精炼，如图18.1所示。

铜的电炉熔炼是一个连续不间断的过程。沉淀分离出含铜很低的渣，

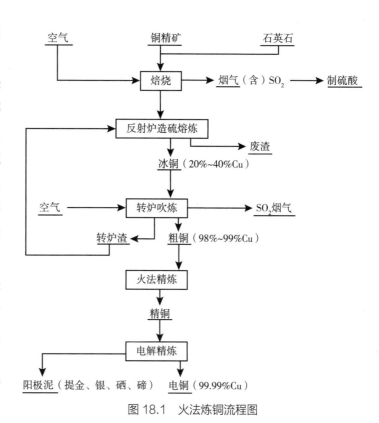

图 18.1　火法炼铜流程图

冰铜品位在 45% ~ 50%，烟气中 SO₂ 含量为 2.6% 左右，热的冰铜输运到转炉进行吹炼。转炉吹入空气和氧气，氧浓度为 23% ~ 27%，炉温为 1150 ~ 2250℃。转炉吹炼分造渣和造铜两个阶段，造渣阶段要加入 SiO₂ 去除铁，造铜阶段主要是脱硫过程，吹炼过程中为了控制炉温及增加产量，适时加入冷冰铜等铜料，转炉吹炼得到含铜为 99.1% 的转炉产品——粗铜，输运到精炼炉。在精炼炉中，经氧化和还原过程，产出阳极铜，进入电解精炼。铜电解过程，采用的介质是硫酸，进行低电流密度电解，采用蒸发结晶进行电解液净化，生产出硫酸铜、连续脱砷锑、冷冻结晶硫酸镍，电解精铜冶炼完成。经过滤后的阳极泥，送金银生产系统进行金、银、硒等元素提取。

18.1.2 铜及铜合金分类

铜及铜合金的种类是根据化学成分来进行区分的，由于其表面颜色上区别很大，一般根据表面颜色来命名更方便，因此，铜及铜合金主要分为紫铜、黄铜、青铜和白铜，实质上对应的是纯铜、铜锌、铜铝和铜镍合金。

在铜中通常可以添加 10 多种合金元素，以提高其抗蚀性、强度，改善其加工性能。加入的元素多数是以形成固溶体为主，并在加热及冷却过程中不发生同素异构转变。Zn、Sn、Ni、Al 和 Si 等与铜固溶形成了不同种类的铜合金，具有完全不同的使用性能；还可少量添加 Mn、P、Pb、Fe、Cr 和 Be 等微量元素，起到焊缝脱氧、细化晶粒和强化作用。

18.1.3 铜及铜合金标准

18.1.3.1 欧洲标准 EN 1173：2008 的材料标记

1. 铜及铜合金的符号标记

铜材料标记按 ISO 1190-1 标记体系要求组成，此标记按 EN 1173 有主要符号和（或）一个附加标记，与钢材料类似。纯铜的主要符号见表 18.1，铜合金的主要符号标记有：CuZn37（黄铜）、CuBe2（铍青铜）等。

表 18.1 纯铜的主要符号标记含义及与中国名称的对比

DIN 标记	EN 标记	Cu 含量 /%	O 含量 /%	P 含量 /%	中国名称
E1-Cu 58	Cu-ETP	≥ 99.90	0.005~0.040	—	脱氧铜，电工用纯铜
SW-Cu	Cu-DLP	≥ 99.90	—	0.005~0.014	低磷脱氧铜
SF-Cu	Cu-DHP	≥ 99.90	—	0.015~0.040	高磷脱氧铜

铜材料有关材料数字编号系统按 EN 1412 进行。

2. 按 EN 1173 材料状态的标记

铜及铜合金的材料状态标记时在主要符号后面进行附加标记，表 18.2 给出了几种铜材料状态标记的含义，这里的标记字母代表各自的性能和给出的最低数值以 "%" 或 "N / mm²" 表示。

表 18.2　材料状态标记的含义

标记	材料状态	标记	材料状态
Cu–ETP–D	拉伸状态脱氧铜	Cu Zn37–G020	晶粒度为 20
Cu Zn37–H150	硬度为 150HV	Cu Be2–R1200	抗拉强度为 1200MPa
Cu–OF A007	延伸率为 7%	Cu Zn30–Y460	0.2% 的屈服点为 460MPa

3. 按 EN 1412：2016 材料数字编号标记

按 EN 1412 材料数字编号标记的举例见表 18.3。材料数字编号的组成中，第一位标记 C 表示铜材；第二位表示材料种类，例如，W 为塑性材料，F 为填充材料，C 为铸造材料，S 为废料；后面的连续的三位数表示具体铜材的编号；最后一位字母表示合金组别，例如，A/B 为纯 Cu，G 为 Cu–Al 合金，H 为 Cu–Ni 合金，L/M 为 Cu–Zn 合金。

表 18.3　按材料数字编号标记的举例

标记编号	材料数字编号	标记编号	材料数字编号
Cu–DHP	CW024A	Cu Ni 25	CW350H
Cu–DLP	CW023A	Cu Zn 37	CW508Z
Cu–ETP	CW004A		

18.1.3.2　国际标准 ISO / TR 15608–3：2017 的材料标记

依据铜及铜合金的焊接性，按照 ISO / TR 15608–3：2017 标准的分类见表 18.4。

表 18.4　铜及铜合金的分类

类　别	组　别	铜及铜合金的种类
31		Ag ≤ 6%，Fe ≤ 3% 的铜
32		铜 – 锌合金
	32.1	二元铜 – 锌合金
	32.2	多元铜 – 锌合金
33		铜 – 锡合金
34		铜 – 镍合金
35		铜 – 铝合金
36		铜 – 镍 – 锌合金
37		31 至 36 类组以外的，合金含量低的铜合金（其他元素含量低于 5%）
38		31 至 36 类组以外的其他铜合金（其他元素含量等于或高于 5%）

18.1.3.3 常用的欧洲标准和国际标准

常用铜及铜合金的标准见表 18.5~ 表 18.7。

表 18.5　铜及铜合金的一般应用标准

标准	标准名称
DIN 1787	《铜　半成品》
ISO 197–1	《铜及铜合金　名词及定义　第 1 部分：材料》
ISO 197–2	《铜及铜合金　名词及定义　第 2 部分：未加工品（精炼型材）》
ISO 197–3	《铜及铜合金　名词及定义　第 3 部分：加工产品》
ISO 197–4	《铜及铜合金　名词及定义　第 4 部分：铸件》
ISO 431	《精炼铜型材》
EN 1652	《铜及铜合金　一般用途的板材、薄板材、带材和圆形材》
EN 12449	《铜及铜合金　一般用途的无缝圆管》
pr EN 14640	《焊接材料　铜及铜合金熔焊用实心焊丝和焊棒　分类》

表 18.6　不同行业所选用的铜及铜合金标准

标准	标准名称	应用行业
EN 1654	《铜及铜合金　弹簧和连接器用带材》	电机工程
EN 1758	《铜及铜合金　引线框架用带材》	
EN 13599	《铜及铜合金　电气用铜板材、薄板材和带材》	
EN 13600	《铜及铜合金　电气用无缝铜管》	
EN 1172	《铜及铜合金　建筑用薄板和带材》	建筑工业
EN 1057	《铜及铜合金　卫生及热力用无缝圆形铜水管和铜气管》	

表 18.7　设备结构所选的铜及铜合金标准

标准	标准名称
EN 1653	《铜及铜合金　锅炉、压力容器和储水热水器用的板材、薄板材和圆形材》
EN 12451	《铜及铜合金　热交换器用无缝圆管》

18.1.3.4 国家标准 GB / T 5231—2001

紫铜中 w（Cu）$\geqslant$ 99.5%，可分为纯铜和无氧铜。纯铜有 T_1（Cu 含量为 99.95 %），T_2（Cu 含量为 99.90%），T_3（Cu 含量为 99.70 %），T_4（Cu 含量为 99.50 %），无氧铜有 TU_1（Cu 含量为 99.97 %），TU_2（Cu 含量为 99.95 %），TUP（Cu 含量为 99.50 %），TUMn（Cu 含量为 99.60 %）。

铜合金中黄铜为 Cu–Zn 合金，如 H62、H59；青铜为 Cu–M（除 Zn、Ni 以外），如 QAl 9–2、

QBe2.5、QSnP10-1；白铜为 Cu-Ni，如 B10、B30。

18.2　铜及铜合金的物理、化学、力学性能（EN 12449）

本部分以紫铜、黄铜、青铜及白铜为主，分别介绍铜及铜合金的物理、化学及力学性能。

18.2.1　紫铜

以其表面颜色命名，实际为纯铜。纯铜具有极好的导电性、导热性，良好的常温和低温塑性，以及对大气、海水和某些化学药品的耐腐蚀性，因而在工业中广泛用于制造电工器件、电线、电缆和热交换器等。纯铜根据含氧量的不同分为工业纯铜、无氧铜和磷脱氧铜。在纯铜中常见的杂质元素有 O、S、Pb、Bi、As、P 等，少量的杂质元素若能完全固熔于铜中，对铜的塑性变形性能影响不大。当杂质元素含量超过其在铜中的溶解度时，将显著降低铜的各种性能，如 Bi、Pb、O、S 与 Cu 形成的低熔点共晶组织分布在晶界上，增加了材料的脆性和焊接热裂纹的敏感性。用于制造焊接结构的铜材要求其含铅量小于 0.03%，含铋量小于 0.003%，含氧量和硫量应分别小于 0.03% 和 0.01%。P 虽然也可能与 Cu 形成脆性化合物，但当其含量不超过它在室温铜中的最大溶解度 0.4% 时，可作为一种良好的脱氧剂。

紫铜在退火状态（软态）下具有很好的塑性，但强度低。经冷加工变形后（硬态），强度可提高一倍，但塑性降低若干倍。加工硬化的紫铜经 550~600℃退火后，可使塑性完全恢复。焊接结构件一般采用软态紫铜。

18.2.2　黄铜

普通黄铜是铜和锌的二元合金，表面呈淡黄色。黄铜具有比紫铜高得多的强度、硬度和耐蚀能力，并具有一定的塑性，能很好地承受热压和冷压加工。黄铜经常被用于制作冷凝器、散热器、蒸气管等船舶零件以及轴承、衬套、垫圈、销钉等机械零件。

为了改善普通黄铜的力学性能、耐蚀性能和工艺性能，在铜锌合金中加入少量的 Sn、Mn、Pb、Si、Al、Ni、Fe 等元素就成为特殊的黄铜，如锡黄铜、铅黄铜等。根据工艺性能、力学性能和用途的不同，黄铜可分为压力加工用的黄铜和铸造用黄铜两大类。含锌量小于 39% 时，为单相 α 相组织（锌在铜中的固溶体），因而黄铜同时具有较高的强度和塑性，当含锌量为 39%~46% 时，为 α + β′ 组织，β′ 相是以电子化合物为基的脆性固溶体，难以承受冷加工。

18.2.3　青铜

凡不以 Zn、Ni 为主要组成元素，而以 Sn、Al、Si、Be 等元素为主要组成成分的铜合金称为青铜。常用的青铜有锡青铜、铝青铜、硅青铜、铍青铜。为了获得某些特殊性能，青铜中还加入少量的其他元素，如 Zn、P、Ti 等。

青铜中所加入的合金元素含量与黄铜一样均控制在铜的溶解度范围内，所获得的合金基体上是单相组织。青铜具有较高的力学性能、耐蚀性能、铸造性能，并具有一定的塑性。除铍青铜外，其他青铜的导热性能比紫铜和黄铜降低几倍至几十倍，且具有较窄的结晶温度区间，大大改善了焊接性。

18.2.4 白铜

白铜是含镍量低于 50% 的铜镍合金。加入 Mn、Fe、Zn 等元素的白铜分别称为锰白铜、铁白铜、锌白铜。按照白铜的性能与应用范围，白铜又可分为结构铜镍合金与电工铜镍合金。

铜镍合金的力学性能、耐蚀性能较好，在海水、有机酸和各种盐溶液中具有较高的化学稳定性以及优良的冷、热加工性，广泛用于化工、精密机械、海洋工程中。电工用白铜具有极高的电阻、非常小的电阻温度系数，是重要的电工材料。在焊接结构中使用的白铜多是含镍量为 10%、20%、30% 的铜镍合金。由于镍与铜无限固溶，白铜具有单一的 α 相组织，塑性好，冷、热加工性能好。白铜不仅具有较好的综合力学性能，而且由于其导热性能接近于碳钢而使得其焊接性较好。

按 EN 1652-1997 / AC：2003、EN 12449：2016 标准常用铜及铜合金的化学成分、力学性能见表 18.8~ 表 18.10。

表 18.8　紫铜的化学成分

| 材料标记 | | 成分（m/m）/% | | | | | | 其他成分[①] | | 密度 /（g/cm³） 近似值 |
符号	数字	元素	Cu	Bi	O	P	Pb	总计	不包括	
Cu–ETP	CW004A	min max	99.90 —	— 0.0005	— 0.040	— —	— 0.005	— 0.03	Ag，O	8.9
Cu–ERTP	CW006A	min max	99.90 —	— —	— 0.010	— —	— —	— 0.05	Ag，Ni，O	8.9
Cu–OF	CW008A	min max	99.90 —	— 0.0005	— —	— —	— 0.005	— 0.03	Ag	8.9
Cu–DLP	CW023A	min max	99.90 —	— 0.0005	— —	0.005 0.013	— 0.005	— 0.03	Ag，Ni，P	8.9
Cu–DHP	CW024A	min max	99.90 —	— —	— —	0.015 0.040	— —	— —	—	8.9

注：①其他成分的总量（除了铜）为 Ag、As、Bi、Cd、Co、Cr、Fe、Mn、Ni、O、P、Pb、S、Sb、Se、Si、Sn、Te 和 Zn 的总和，排除任何单独的指出的成分。

表 18.9　铜合金的化学成分

符号	数字	元素	Cu	Al	As	Be	C	Co	Fe	Mn	Ni	P	Pb	S	Si	Sn	Zn	其他总量	密度①/(g/cm³)近似值
CuBe2	CW101C	min	残留	—	—	1.8	—	–	—	—	—	—	—	—	—	—	—	—	8.3
		max	—	—	—	2.1	—	0.3	0.2	—	0.3	—	—	—	—	—	—	0.5	
CuNi2Be	CW110C	min	残留	—	—	0.2	—	—	—	—	1.4	—	—	—	—	—	—	—	8.8
		max	—	—	—	0.6	—	0.3	0.2	—	2.2	—	—	—	—	—	—	0.5	
CuAl8Fe3	CW303G	min	残留	6.5	—	—	—	—	1.5	—	1.0	—	—	—	—	—	—	—	7.7
		max	—	8.5	—	—	—	—	3.5	1.0	1.0	—	0.05	—	0.2	0.1	0.5	0.2	
CuNi25	CW350H	min	残留	—	—	—	—	—	—	—	24.0	—	—	—	—	—	—	—	8.9
		max	—	—	—	—	0.05	0.1	0.3	0.5	26.0	—	0.02	0.05	—	0.03	0.5	0.1	
CuNi30Mn1Fe	CW354H	min	残留	—	—	—	—	—	0.4	0.5	30.0	—	—	—	—	—	—	—	8.9
		max	—	—	—	—	0.05	0.12	1.0	1.5	32.0	0.02	0.02	0.05	—	0.05	0.5	0.2	
CuNi10Zn27	CW401J	min	61.0	—	—	—	—	—	—	—	9.0	—	—	—	—	—	残留	—	8.6
		max	64.0	—	—	—	—	—	0.3	0.5	11.0	—	0.05	—	—	—	—	0.2	
CuSn4	CW450K	min	残留	—	—	—	—	—	—	—	—	0.01	—	—	—	3.5	—	—	8.9
		max	—	—	—	—	—	—	0.1	—	0.2	0.4	0.02	—	—	4.5	0.2	0.2	
CuSn3Zn9	CW454K	min	残留	—	—	—	—	—	—	—	—	—	—	—	—	1.5	7.5	—	8.8
		max	—	—	—	—	—	—	0.1	—	0.2	0.2	0.1	—	—	3.5	10.0	0.2	
CuZn5	CW500L	min	94.0	—	—	—	—	—	—	—	—	—	—	—	—	—	残留	—	8.9
		max	96.0	0.02	—	—	—	—	0.05	—	0.3	—	0.05	—	—	0.1	—	0.1	
CuZn10	CW501L	min	89.0	—	—	—	—	—	—	—	—	—	—	—	—	—	残留	—	8.8
		max	91.0	0.02	—	—	—	—	0.05	—	0.3	—	0.05	—	—	0.1	—	0.1	
CuZn20	CW503L	min	79.0	—	—	—	—	—	—	—	—	—	—	—	—	—	残留	—	8.7
		max	81.0	0.02	—	—	—	—	0.05	—	0.3	—	0.05	—	—	0.1	—	0.1	
CuZn30	CW505L	min	69.0	—	—	—	—	—	—	—	—	—	—	—	—	—	残留	—	8.5
		max	71.0	0.02	—	—	—	—	0.05	—	0.3	—	0.05	—	—	0.1	—	0.1	
CuZn40	CW509L	min	59.5	—	—	—	—	—	—	—	—	—	—	—	—	—	残留	—	8.4
		max	61.5	0.05	—	—	—	—	0.2	—	0.3	—	0.3	—	—	0.2	—	0.2	
CuZn35Pb1	CW600N	min	62.5	—	—	—	—	—	—	—	—	—	0.8	—	—	—	残留	—	8.5
		max	64.0	0.05	—	—	—	—	0.1	—	0.3	—	1.6	—	—	0.1	—	0.1	
CuZn20Al2As	CW702R	min	76.0	1.8	0.02	—	—	—	—	—	—	—	—	—	—	—	残留	—	8.4
		max	79.0	2.3	0.06	—	—	—	0.07	0.1	0.1	0.01	0.05	—	—	—	—	0.3	

注：①仅作为参考信息。

表18.10　铜及铜合金的力学性能

材料 符号	数字	材料条件	名义厚度 /mm 从	到并且包括	抗拉强度 R_m /(N/mm²) min	max	0.2% 屈服强度 $R_{p0.2}$ /(N/mm²)	延伸率 A_{50mm} 厚度达并包括 2.5mm /% min	A 厚度超过 2.5mm /% min	硬度 HV min	max	晶粒大小 /mm min	max
Cu–ETP	CW004A	R200	超过5		200	250	(max100)	—	42	—	—	—	—
Cu–FRTP	CW006A	H040			—	—	—	—	—	40	65	—	—
Cu–OF	CW008A	R220	0.2	5	220	260	(max160)	33	42	—	—	—	—
Cu–DLP	CW023A	H040	0.2	5	—	—	—	—	—	40	65	—	—
Cu–DHP	CW024A	R240	0.2	15	240	260	(max180)	8	15	—	—	—	—
		H065			—	—	—	—	—	65	95	—	—
		R290	0.2	15	260	360	(max250)	4	6	—	—	—	—
		H090			—	—	—	—	—	90	110	—	—
		R360	0.2	2	360	—	(max320)	2	—	—	—	—	—
		H110			—	—	—	—	—	110	—	—	—
CuBe2	CW101C	R410	1	15	410	—	(max250)	20	20	—	—	—	—
		H090			—	—	—	—	—	90	150	—	—
		R1130	1	15	1130	—	(min90)	3	3	—	—	—	—
		H340			—	—	—	—	—	340	410	—	—
		R580	1	15	580	—	(min510)	8	8	—	—	—	—
		H180			—	—	—	—	—	180	250	—	—
		R1200	1	15	1200	—	(min980)	2	2	—	—	—	—
		H360			—	—	—	—	—	360	420	—	—
CuCo2Be	CW104C	R480	1	15	480	—	(min370)	2	2	—	—	—	—
CuNi2Be	CW110C	H140			—	—	—	—	—	140	180	—	—
		R650	1	15	650	—	(min500)	8	8	—	—	—	—
		H200			—	—	—	—	—	200	280	—	—
		R750	1	15	750	—	(min650)	5	5	—	—	—	—
		H210			—	—	—	—	—	210	290	—	—
CuNi2Si	CW111C	R260	1	10	260	—	(min60)	28	—	—	—	—	—
		H070			—	—	—	—	—	70	100	—	—
		R490	1	10	490	—	(min340)	11	—	—	—	—	—
		H140			—	—	—	—	—	140	190	—	—
		R450	0.6	3	450	—	(min360)	2	—	—	—	—	—
		H130			—	—	—	—	—	130	180	—	—
		R640	0.6	3	640	—	(min590)	8	—	—	—	—	—
		H170			—	—	—	—	—	170	220	—	—

注：括号内的数字不是此标准的强制要求，仅作为参考信息使用。

18.3 铜及铜合金的熔化焊接（ISO 17777，ISO 24373）

18.3.1 铜及铜合金焊接性

　　铜及铜合金因其具有独特的物理特性，除了白铜以外，其焊接性也完全不同于钢。常用铜及铜合金的焊接性见表 18.11。

表 18.11　常用的铜及铜合金的焊接性

合金型号	举例	焊接			应用范围
		气焊	TIG	MIG	
无氧 脱氧 铜	SE–Cu SW–Cu SF–Cu	o o o	+ + +	+ + +	容器制造，管道制造，加热装置
铜－铝 （铝青铜）	CuAl9Ni3Fe2 CuAl11Ni6Fe5 CuAl5As	－ － －	+ + +	+ + +	除尘设备
铜－镍	CuNiFe1Mn CuNi30Mn1Fe	－ －	+ +	+ +	热交换器，海水管道
铜－锌 （黄铜）	CuZn2Al2 CuZn35Ni2 CuZn37	－ － +	+ + +	o o o	热交换器，乐器
铜－锡 锡青铜	CuSn6 CuSn8	o o	+ +	+ +	滚动轴水盒，容器（膜）
铜－镍－锌 （新银）	CuNi12Zn24 CuNi18Zn20	o o	+ +	－ －	设备与管道

注：+ 为很好焊接；o 为有条件下焊接；－ 为不适宜焊接。

18.3.1.1 熔化困难

　　焊接紫铜时，当采用的焊接工艺参数与同厚度低碳钢的一样时，则母材就很难熔化，这是因为紫铜的导热率很高。铜的导热率比普通碳钢大 7~11 倍（表 18.12），厚度越大，散热越严重，也越难达到熔化温度。采用能量密度低的焊接热源进行焊接时，如氧－乙炔火焰、焊条电弧焊，需要进行高温预热。采用氩弧焊接，必须采用强规范才可以熔化母材，否则，同样需要进行高温预热后才能进行焊接。由于铜熔化时，其表面张力比铁小 1/3，流动性比铁大 1~1.5 倍，因此，若采用大电流的强规范焊接，焊缝成形难以控制。

　　采用气体保护电弧焊焊接高导热的紫铜及铝青铜时，在电流相同的情况下，若要实现不预热焊接，必须在保护气体中添加能使电弧产生高能的气体，如氦气或氮气。氦氩混合气体保护电弧所产生的热输入量约比氩气产生的热输入量高 1/3。采用氩氮混合气体保护焊接时，焊接气孔是难以克服的一个问题。

表 18.12 铜与铁的物理性能参数

金属	导热系数 / [W/(m·K)]		线胀系数（20~100℃）/（$10^{-6}K^{-1}$）	收缩率 / %
	20℃	1000℃		
Cu	293.6	326.6	16.4	4.7
Fe	54.8	29.3	14.2	2.0

18.3.1.2 焊接热裂纹

铜及铜合金中存在 O、S、P、Pb、Bi 等杂质元素，焊接时铜能与它们分别生成熔点为 270℃ 的（Cu+Bi）、熔点为 326℃ 的（Cu+Pb）、熔点为 1064℃ 的（Cu+Cu_2O）、熔点为 1067℃ 的（Cu+Cu_2S）等多种低熔点共晶，它们在结晶过程中分布在晶间或晶界处，使铜或铜合金具有明显的热脆性。在这些杂质中，氧的危害性最大。它不但在冶炼时以杂质的形式存在于铜内，在以后的轧制加工过程和焊接过程中，都会以 Cu_2O 的形式溶入焊缝金属中。Cu_2O 可溶于液态的铜，但不溶于固态的铜，就会生成熔点略低于铜的低熔点共晶物，导致焊接热裂纹产生。

当焊缝含 0.2% 以上的 Cu_2O（含氧量约为 0.02%）或含 Pb 超过 0.03%、含 Bi 超过 0.005% 就会出现热裂纹。此外，铜和很多铜合金在加热过程中无同素异构转变，铜焊缝中也生成大量的柱状晶；同时铜和铜合金的膨胀系数及收缩率较大，增加了焊接接头的应力，更增大了接头的热裂倾向。

18.3.1.3 焊接气孔

焊接铜及铜合金时，气孔出现的倾向比低碳钢要大得多。所形成的气孔几乎分布在焊缝的各个部位。铜焊缝中的气孔主要也是由溶解的氢直接引起的扩散性气孔，由于铜的凝固时间短，使得气孔倾向大大加剧。氢在铜中的溶解度虽也和在钢中一样，当铜处在液–固态转变时有一突变，并随温度升降而增减，但在电弧作用下的高温熔池中，氢在铜中的过饱和程度比钢大若干倍，这样，形成扩散性气孔的倾向大。

为了减少或消除铜焊缝中的气孔，可以采用减少氢和氧的来源，或采用预热来延长溶池存在时间的办法，使气体易于逸出。采用含铝、钛等强脱氧剂的焊丝（它们同时又是脱氮、脱氢的强烈元素），会获得良好的效果。

脱氧铜、铝青铜、锡青铜的气孔敏感性较小。

18.3.1.4 焊缝金属蒸发

金属锌的沸点仅为 904℃，在高温时非常容易蒸发。黄铜中含有大量的锌（11%~40%），焊接时锌的蒸发和烧损是必须要考虑的问题之一。一般地，黄铜气焊时锌的蒸发量达 25%，焊条电弧焊时达 40%。如果采用真空电子束熔焊，锌的蒸发会污染真空室。焊缝中锌含量的减少，会引起焊接接头力学性能的下降和耐腐蚀性能降低，还非常容易产生气孔。在焊接黄铜时可加入硅防止锌的蒸发、氧化，降低烟雾，提高熔池金属的流动性。

锌蒸发时会被氧化成白色烟雾状的氧化锌，妨碍焊接操作人员对熔池的观察和操作，且对人体有害，焊接时要求有良好的通风条件。

18.3.1.5 接头性能损失

铜及铜合金在熔焊过程中，由于晶粒严重长大，杂质和合金元素的掺入，还有合金元素的氧化、蒸发等，使接头性能发生很大的变化。大多数铜及铜合金在焊接过程中，一般不发生固态相变，焊缝得到的是一次结晶的粗大柱状晶。而铜合金焊缝金属的晶粒长大，使接头的力学性能降低。热影响区晶粒变粗、各种脆性的易熔共晶出现于晶界，使接头的塑性和韧性显著下降。例如，纯铜焊条电弧焊或埋弧焊时，接头的延伸率仅为母材的 20%~50%。

铜中任何元素的掺入都会使其导电率下降，焊接过程中杂质和合金元素的熔入，会不同程度地使接头导电性能变坏。

铜合金的耐蚀性能是依靠 Zn、Sn、Mn、Ni、Al 等元素的合金化而获得的。熔焊过程中这些元素的蒸发和氧化、烧损都会不同程度地使接头耐蚀性下降。焊接应力的存在则使对应力腐蚀敏感的高锌黄铜、铝青铜、镍锰青铜的焊接头在腐蚀环境中过早地破坏。

18.3.2 焊接材料

18.3.2.1 ISO 17777：2016 铜及铜合金熔焊时用焊条标记举例

焊条标记和熔敷金属化学成分用于焊条电弧焊的焊条（E），铜基合金 Cu 6100（CuAl8Fe3）熔敷金属的化学成分限定范围参照表 18.13，标记为：

ISO 17777–E Cu 6100 或 ISO 17777–E Cu 6100（CuAl8Fe3）

为了减少焊缝中的气孔，焊条均采用低氢型药皮。为了向焊接熔池过渡，获得良好的焊缝金属及力学性能，可在焊条的涂料中添加硅铁、锰铁、钛铁、铝铁和铝铜等金属粉。铜合金焊条的物理性能及应用举例见表 18.14。

表 18.13　铜及铜合金焊条熔敷金属的化学成分

合金标记		化学成分（质量分数）[①]/%												
数字标记	成分标记	Cu	Al	Fe	Mn	Ni 含 Co	P	Pb	Si	Sn	Zn	As	Ti	S	其他
低合金铜														
Cu 1892	Cu	其余	0.10	0.20	0.10	—	—	0.01	0.10	—	—	—	—	—	0.50
Cu 1893	CuMn2	≥ 95	—	1.0	1.0~3.0	0.3	0.10	0.01	0.8	1.0	—	0.05	—	—	0.5

续表

合金标记		化学成分（质量分数）[①]/%													
数字标记	成分标记	Cu	Al	Fe	Mn	Ni 含 Co	P	Pb	Si	Sn	Zn	As	Ti	S	其他
铜－锡															
Cu 5180	CuSn5P	其余	0.01	0.25	—	—	0.05~0.35	0.02	—	4.0~6.0	—	—	—	—	0.50
Cu 5410	CuSn13	其余	0.1	0.2	1.0	—	0.10	0.02	—	11.0~13.0	0.1	—	—	—	0.2
Cu 5210	CuSn8P	其余	0.01	0.25	—	—	0.05~0.35	0.02	—	7.0~9.0	—	—	—	—	0.50
铜－铝															
Cu 6100	CuAl8Fe3	其余	6.5~9.5	0.5~5.0	—	—	—	0.02	1.5	—	—	—	—	—	0.50
Cu 6325	CuAl9Ni2Fe	其余	6.5~8.5	1.5~2.5	1.5~3.0	1.8~3.0	—	0.02	0.7	—	—	—	—	—	0.5
Cu 6240	CuAl10Fe4	其余	9.5~11.5	2.5~5.0	—	—	—	0.02	1.5	—	—	—	—	—	0.50
铜－镁															
Cu 6338	CuMn13Al7Fe3Ni2	其余	6.0~8.5	2.0~4.0	11.0~14.0	1.5~3.0	—	0.02	1.5	—	—	—	—	—	0.50
铜－镍															
Cu 7061	CuNi10Mn	其余	—	2.5	2.5	9.0~11.0	0.020	0.02	0.5	—	—	—	0.5	0.015	0.50
Cu 7158	CuNi39Mn2FeTi	其余	—	0.40~0.75	1.00~2.50	29.0~33.0	0.020	0.02	0.50	—	—	—	0.50	0.015	0.50
Cu 7158A	CuNi30Mn1Fe2Ti	其余	—	2.5	2.5	29.0~33.0	0.020	0.02	0.5	—	—	—	0.5	0.015	0.50
铜－硅															
Cu 6511	CuSi2Mn	≥ 93	—	—	3.0	—	0.30	0.02	1.0~2.0	—	—	—	—	—	0.50
Cu 6560	CuSi3Mn	≥ 92	—	—	3.0	—	0.30	0.02	2.5~4.0	—	—	—	—	—	0.50
Cu 6561	CuSi3	其余	0.01	0.50	1.5	—	—	0.02	2.4~4.0	1.5	—	—	—	—	0.50

注：①除铜外所有显示元素的单一值为最大值。

表 18.14　铜合金焊条的物理性能及应用举例

化学 / 编号	物理性能				基础材料应用举例（锻造合金铸件）
	熔点范围 /℃	密度 / (g / cm³)	20℃时电导率 κ / (mS / m)	20℃时导热系数 λ / (W / m·K)	
Cu 1893	1000~1050	8.9	15~20	120~145	无氧铜
Cu 5180	910~1040	8.7	7	75	铜 – 锡合金及铜 – 锡 – 锌 – 铅合金
Cu 5410	825~990	8.6	3~5	40~50	铜 – 锡合金及锡含量大于 8% 的铜 – 锡 – 锌 – 铅合金（单位质量）
Cu 6100	1020~1050	7.7	6	70	铜 – 铝合金及铜 – 锌合金，铁素体 – 珠光体钢的堆焊
Cu 6327	1030~1050	7.5	5	30~50	铜 – 铝合金
Cu 6338	940~980	7.4	3	30	含有镁和镍的铜 – 铝 – 锡合金
Cu 6561	970~1025	8.5	3~4	38	主要用于焊接铜硅合金及常用于易受腐蚀的表面
Cu 7061	1100~1145	8.9	4~5	45	铜 – 镍 – 合金 CuNi10FeMn
Cu 7158	1180~1240	8.9	3	30	铜 – 镍 – 合金 CuNi19Fe1Mn 及 CuNi30Mn1Fe

18.3.2.2　ISO 24373：2008 铜及铜合金熔焊时用焊接材料

ISO 24373：2008 铜及铜合金熔焊时用的实心焊丝和棒的化学成分见表 18.15。

表 18.15　实心焊丝和棒的化学成分

合金标记		化学成分（质量分数）[a,b]/%													
数字标记	成分标记	Cu	Al	Fe	Mn	Ni 含 Co	P	Pb	Si	Sn	Zn	As	C	Ti	S	其他总计
低合金铜																
Cu 1897	CuAg1	最小 99.5% 含 Ag	0.01	0.05	0.2	0.3	0.01 ~ 0.05	0.01	0.1	—	—	0.05	—	—	—	0.2% Ag：0.8~ 1.2
Cu 1898	CuSn1	最小 98.0	0.01	—	0.50	—	0.15	0.02	0.5	1.0	—	—	—	—	—	0.50
铜 – 硅（硅铜）																
Cu 6511	CuSi2Mn1	其余	0.01	0.1	0.5 ~ 1.5	—	0.02	0.02	1.5 ~ 2.0	0.1 ~ 0.3	0.2	—	—	—	—	0.5
Cu 6560	CuSi3Mn1	其余	0.02	0.5	0.5 ~ 1.5	—	0.05	0.02	2.8 ~ 4.0		0.2	0.4	—	—	—	0.5
铜 – 锌（黄铜）																
Cu 4641	CuZn40SnSi	58.0 ~ 62.0	0.01	0.2	0.3	—	—	0.03	0.1 ~ 0.5	1.0	平衡	—	—	—	—	0.2

续表

数字标记	成分标记	Cu	Al	Fe	Mn	Ni 含 Co	P	Pb	Si	Sn	Zn	As	C	Ti	S	其他总计
合金标记		化学成分（质量分数）^{a,b}/%														
铜－锌（黄铜）																
Cu 4700	CuZn40Sn	57.0~61.0	0.01^c	c	c	—	—	0.05^c	c	0.25~1.00	平衡	—	—	—	—	0.5^c
Cu 4701	CuZn40SnSiMn	58.5~61.5	0.01	0.25	0.05~0.25	—	0.02	—	0.15~0.4	0.2~0.5	平衡	—	—	—	—	0.2
Cu 6800	CuZn40Ni	56.0~60.0	0.01^c	0.25~1.20	0.01~1.20	0.01~0.50	0.2~0.8	—	0.05^c	0.04~1.1	平衡	—	—	—	—	0.5^c
Cu 7730	CuZn40Ni10	46.0~50.0	0.01^c	—	—	9.0~11.0	0.25	0.05^c	—	0.04~0.25	平衡	—	—	—	—	0.5^c
铜－铝（铝铜）																
Cu 6061	CuAl5Ni2Mn	其余	4.5~5.5	0.5	0.1~1.0	1.0~2.5	—	0.02	0.1	—	0.2	—	—	—	—	0.5
Cu 6100	CuAl7	其余	6.0~8.5	c	0.5	c	—	0.02	0.2	c	0.2	—	—	—	—	0.4^c
Cu 6240	CuAl11Fe3	其余	10.0~11.5	2.0~4.5	—	—	—	0.02	0.1	—	0.1	—	—	—	—	0.5
Cu 6325	CuAl8Fe4Mn2Ni2	其余	7.0~9.0	1.8~5.0	0.5~3.0	0.5~3.0	—	0.02	0.1	—	0.1	—	—	—	—	0.4
铜－镁																
Cu 6338	CuMn13Al8Fe3Ni2	其余	7.0~8.5	2.0~4.0	11.0~14.0	1.5~3.0	—	0.02	0.1	—	0.15	—	—	—	—	0.5
铜－镍																
Cu 7061	CuNi10	其余	—	0.5~2.0	0.5~1.5	9.0~11.0	0.02	0.02	0.2	—	—	—	0.05	0.1~0.5	0.02	0.4
Cu 7158	CuNi30Mn1FeTi	其余	—	0.4~0.7	0.5~1.5	29.0~32.0	0.02	0.02	0.25	—	—	—	0.04	0.2~0.5	0.01	0.5

注：a. 应分析此表所列具体数值的元素。但是，如果在常规分析过程中发现存在其他元素，则应进行进一步分析，以确定其他元素的总和不超过给定的最大水平。

　　b. 所列出的单一值为最大值，除非另有说明。

　　c. 表中未列出的材料可以用 Cu Z 标记。制造商规定的化学符号可以在括号中添加。

　　一个用于熔化焊的实心焊丝（S）含有的化学成分符合表 18.15 中合金标记 Cu 6560（CuSi3Mn1）的范围，应标记为：

实心焊丝 ISO 24373–S Cu 6560 或实心焊丝 ISO 24373–S Cu 6560（CuSi3Mn1）

18.3.2.3　我国铜及铜合金的焊接材料选择

我国常用铜及铜合金焊丝的成分和性能见表 18.16。在焊丝中加入 Si、Mn、P、Ti 和 Al 等元素，是为了加强脱氧，降低焊缝中的气孔，其中 Ti 和 Al 除脱氧外，还能细化焊缝晶粒，提高焊缝金属的塑性、韧性。Si 在焊接黄铜时可防止 Zn 的蒸发、氧化，降低烟雾，提高熔池金属的流动性；Sn 可提高熔池金属的流动性和焊缝金属的耐腐蚀性。

对于紫铜，材料本身不含脱氧元素，一般选择含有 Si、P 或 Ti 脱氧剂的无氧铜焊丝，如 HS201、ECu、ERCuSi 等，它们具有较高的导电率和与母材颜色相同的特点。

对于白铜，为了防止气孔裂纹的产生，即使焊接刚性较小的薄板，也要求采用加填白铜焊丝来控制熔池的脱氧反应。

表 18.16　铜及铜合金焊丝的成分和性能

牌号	名称	主要化学成分 / %	熔点 /℃	接头抗拉强度 / MPa	主要用途
HSCu201（SCu-2）	特制紫铜焊丝	Sn 为 1.1，Si 为 0.4，Mn 为 0.4，其余为 Cu	1050	≥ 196	紫铜氩弧焊、气焊和 CJ301 配用、埋弧焊和 HJ431 或 HJ150 配用
HSCu202（SCu-1）	低磷铜焊丝	P 为 0.3，其余为 Cu	1060	≥ 196	紫铜气焊及碳弧焊配合气剂使用
HSCu220（SCuZn-2）	锡黄铜焊丝	Cu 5.9，Sn 为 1，其余为 Zn	886	—	黄铜的气焊、惰性气体保护焊、钎焊铜及铜合金配合气剂
HSCu221（SCuZn-3）	锡黄铜焊丝	Cu 为 60，Sn 为 1，Si 为 0.3，其余为 Zn	890	≥ 333	黄铜气焊、碳弧焊、钎焊、白铜、钢、灰口铸铁、镶嵌硬质合金刀具等配合气剂
HSCu222（SCuZn-4）	铁黄铜焊丝	Cu 58，Sn 为 0.9，Si 为 0.1，Fe 为 0.8，其余为 Zn	860	≥ 333	黄铜气焊、碳弧焊、钎焊、白铜、钢、灰口铸铁、镶嵌硬质合金刀具等配合气剂
HSCu224（SCuZn-5）	硅黄铜焊丝	Cu 为 62，Si 为 0.5，其余为 Zn	905	≥ 330	黄铜气焊、碳弧焊、钎焊、白铜、钢、灰口铸铁、镶嵌硬质合金刀具等。焊时必须使用铜气焊熔剂
非国标牌号（SCuAl）	铝青铜焊丝	Al 为 7~9，Mn 为 ≤ 2，其余为 Cu	—	—	铝青铜的 TIG 焊、MIG 焊或用于手工电弧焊的焊芯
非国标牌号（SCuSi）	硅青铜焊丝	Si 为 2.75~3.5，Mn 为 1.0~1.5，其余为 Cu	—	—	硅青铜及黄铜的 TIG 焊、MIG 焊
非国标牌号（SCuSn）	锡青铜焊丝	Sn 为 7~9，P 为 0.15~0.35，其余为 Cu	—	—	锡青铜的 TIG 焊或手工电弧焊用焊芯

对于黄铜，为了抑制由于锌的蒸发烧损对气氛造成污染和电弧燃烧稳定性造成的不利影响，填充金属不应含锌。引弧后使电弧偏向填充金属而不是偏向母材，这有利于减少母材中锌的烧损和烟雾。对于普通黄铜的焊接，采用无氧铜加脱氧剂的锡青铜焊丝，如 SCuSn；对于高强度黄铜的焊接，采用青铜加脱氧剂的硅青铜焊丝或铝青铜焊丝，如 SCuAl、SCuSi、RCuSi 等。

对于青铜，材料本身所含合金元素就具有较强的脱氧能力，焊丝成分只需补充氧化烧损部分，即选用合金元素含量略高于母材的焊丝，如硅青铜焊丝 SCuSi、RCuSi；铝青铜焊丝 SCuAl；锡青铜焊丝 SCuSn、RCuSn 等。

铜焊接通用的焊剂标准中主要由硼酸盐、卤化物或它们的混合物组成，如表 18.17 所示。工业用硼砂的熔点为 743℃，焊接时熔化成液体，迅速与熔池中的氧化锌、氧化铜等反应，生成熔点低、密度小的硼酸复合盐（熔渣）浮在熔池表面。卤化物则对熔池中的氧化物（Al_2O_3）起物理溶解作用，是一种活性很强的去膜剂，同时还起到调节焊剂的熔点、流动性及脱渣性的作用，有很好的去膜效果。

表 18.17　铜和铜合金焊接用焊剂

	化学成分 / %						熔点 / ℃	应用范围
	$Na_2B_4O_7$	H_3BO_3	NaF	NaCl	KCl	其他		
CJ301	17.5	77.5	—	—	—	AlPO 45	650	铜和铜合金气焊、钎焊
CJ401	—	—	7.5~9	27~30	49.5~52	LiAl 13.5~15	560	青铜气焊

用气体焊剂气焊黄铜效果好，其主要成分是含硼酸甲酯 66%~75%、甲醇（CH_3OH）25%~34% 的混合液，在 100kPa 压力下，其沸点为 54℃左右，焊接时能保证蒸馏分离物成分不变。当乙炔通过盛有这种饱和蒸气的容器时，把此蒸气带入焊炬，与氧混合燃烧后发生反应：

$$2（CH_3）_3BO_3 + 9O_2 \rightarrow B_2O_3 + 6CO_2 + 9H_2O$$

在火焰内形成的硼酐 B_2O_3 蒸气凝聚到基体金属及焊丝上，与金属氧化物发生反应产生硼酸盐，以薄膜的形式浮在熔池表面，有效地防止了锌的蒸发，保护熔池金属不继续发生氧化反应。

HJ431、HJ260、HJ150、HJ250 是埋弧焊常用的焊剂，其中 HJ260、HJ150 的氧化性小，与普通紫铜焊丝配合使用，焊成的接头塑性高，延伸率可达 38%~45%，接头导电性能也较高。HJ431 氧化性强，容易向焊缝过渡 Si、Mn 等元素，使接头的导电性、耐腐蚀性下降。

18.3.3 焊接工艺

铜及其合金熔化焊接的工艺方法除气焊、碳弧焊、焊条电弧焊、氩弧焊和埋弧焊外，还有等离子弧焊和电子束焊。对焊接热源的要求是功率大、能量密度高，热效率越高，能量越集中越有利。不同厚度的材料对不同焊接方法有其适应性，如薄板焊接以钨极氩弧焊、焊条电弧焊和气焊为好，中厚板以 MIG 焊和电子束焊较合理，厚板则建议采用埋弧焊和 MIG 焊。对于 $\delta < 4mm$ 的紫铜可以

在不预热的条件下进行焊接。

根据母材厚度和焊接方法的不同，制备相应的坡口。对不同厚度（厚度差超过 3mm）的紫铜板对接焊时，厚度大的一端必须按规定削薄。采用单面焊接接头，特别是开坡口的单面焊接接头又要求背面成形时，必须在背面上加成形垫板，以保证焊缝成形良好。一般情况下，铜及铜合金工件不宜采用立焊和仰焊。

18.3.3.1　气焊

氧 – 乙炔气焊比较适合焊接薄铜片、铜件的修补或不重要结构的焊接。

为了减少焊接内应力，应采取预热措施，对薄板及小尺寸工件，预热温度为 400~500℃，厚大工件预热温度为 600~700℃。焊接长焊缝时，焊前必须留有适合的收缩余量，并要先点固后焊接，焊接时应采用分段退焊法，以减少变形。对受力或较重要的铜焊件，必须采取焊后锤击接头和热处理工艺措施。薄铜件焊后要立即对焊缝两侧的热影响区进行锤击。5mm 以上的中厚板，需要加热至 500~600℃后进行锤击。锤击后将焊件加热至 500~600℃，然后在水中急冷，可提高接头的塑性和韧性。黄铜应在焊后尽快在 500℃左右退火。

18.3.3.2　氩弧焊

TIG 焊是铜和铜合金的主要焊接方法之一，适合中薄板和小件的焊接和补焊；MIG 焊适合厚板的焊接，在生产中已得到应用。

TIG 焊主要采用直流正接，一般采用左焊法。铍青铜、铝青铜采用交流 TIG 焊，有利于清除表面氧化膜。硅青铜的流动性差，是唯一可以利用手工 TIG 焊采用立焊和仰焊的铜合金。

MIG 焊对由氧引起的焊缝气孔和强度降低很敏感，用该方法焊接脱氧铜，能获得无气孔、强度较高的焊缝。在焊接脱氧元素不足的铜时，焊缝的气孔较多，且强度较低。

MIG 焊接铜时，采用直流反极性、大电流、高焊速。采用大电流、高焊速可提高电弧的稳定性，避免硅青铜、磷青铜的热脆性和近缝区晶粒长大。对于硅青铜和铍青铜，根据其脆性及高强度的特点，焊后应进行消除应力和 500℃保温 3h 的时效硬化处理。

对于厚度超过 6mm 的紫铜，必须采用焊前预热工艺，进行（TIG / MIG）氩弧焊接，才能实现熔化成形，并避免产生热裂纹。一般预热温度应高于 400℃。

18.3.3.3　埋弧焊

埋弧焊焊接铜及铜合金时，厚度小于 20mm 的工件可以在不开坡口的条件下焊接，特别适合中厚板的长焊缝焊接。紫铜、青铜埋弧焊的焊接性能较好，黄铜的焊接性尚可。

紫铜埋弧焊时可不预热，但为保证焊接质量，对于厚度大于 20mm 的焊件最好采用局部预热（200~400℃）。过高的预热温度会引起热影响区晶粒长大，形成气孔、夹杂等缺陷，降低焊接接头力学性能。预热温度的高低与板厚、接头形式、焊接工艺参数有关。

紫铜的导热系数大、热容量大，应选择大的焊接电流，高的焊接电压（一般为 34~40V）。黄铜埋弧焊时，应选用较小的焊接电流（约比紫铜的焊接电流小 15%~20%）和较低的焊接电压，以减小锌的蒸发烧损。

18.3.3.4 电子束焊接

电子束的能量密度和穿透能力比等离子弧强，利用它对铜及铜合金作穿透性焊接有很大的优势。电子束焊接时一般不加填焊丝，冷却快、晶粒细、热影响区很小，在真空下焊接可完全避免接头的氧化。焊缝的力学性能与热物理性能均可达到与母材相等的程度。

电子束焊接含锌、锡、磷等低熔点元素的黄铜和青铜时，这些元素的蒸发会造成焊缝合金元素的损失。此时应避免电子束直接长时间聚焦在焊缝处，使电子束聚焦在高于工件表面的位置，或采用摆动电子束的办法。

电子束焊接厚大铜件时，会出现因电子束冲击发生熔化金属的飞溅问题，导致焊缝成形变坏。此时可采用散射电子束修饰焊缝的办法加以改善。

18.4　铜及铜合金的钎焊

18.4.1　铜及铜合金钎焊特性

铜及绝大部分铜合金都有优良的钎焊性，无论是硬钎焊或是软钎焊都较容易实现。对各类铜及铜合金钎焊性的估计及其相应的钎焊条件进行归纳总结，见表 18.18。

表 18.18　铜及铜合金的钎焊

材料	牌号	钎焊性	说明
纯铜	全部	极好	可用松香或其他无腐蚀性钎剂钎焊
黄铜	含铝黄铜	困难	用特殊钎剂，钎焊时间要短
	其他黄铜	优良	宜于用活性松香或弱腐蚀性钎剂钎焊
锡青铜	含磷	良好	钎焊时间要短，钎焊前要消除应力
	其他	优良	宜于用活性松香或弱腐蚀性钎剂钎焊
铝青铜	全部	困难	在腐蚀性很强的特殊钎剂下钎焊或预先在表面镀铜
硅青铜	全部	良好	需配用腐蚀性钎剂，焊前必须清洗
白铜	全部	优良	宜于用弱腐蚀性钎剂钎焊，钎焊前要消除应力

18.4.1.1 表面氧化膜

大多数铜合金氧化膜容易清除，只有部分含铝的铜合金，由于表面形成 Al_2O_3 膜较难去除，需要使用带腐蚀性的特殊活性钎剂清除，给钎焊带来一些困难。此外含铝的黄铜、锡青铜具有高温脆性，需要较严格控制钎焊温度和加热温度。

铝青铜硬钎焊时应采用银基钎料，采用 BAg40CuZnSnNi 钎焊 QAl10-4-4 铝青铜时，因钎焊温度（650℃）与母材回火温度相当，母材性能不会因钎焊而下降。采用 BAg40CuZnSnNi 钎焊 QAl1-9-2 铝青铜时，钎焊温度超过母材的回火温度（400℃），对处于淬火 – 回火状态的母材来说，钎焊后强度将明显下降。合理的办法是将 QAl1-9-2 铝青铜在淬火状态下钎焊，采用快速加热、短时间保温，然后进行回火。为了去除表面的氧化膜，应在普通钎剂中（如 FB102）加入 10% ~20% 硅氟酸钠，或在 FB102 钎剂中加入 10% ~20% 的铝钎剂（如 FB201）。炉中钎焊应在保护气氛中进行，并施加钎剂。为了使钎焊容易进行，可在表面电镀 0.013mm 厚的铜层。锌白铜硬钎焊时应使用银钎料，如 BAg56CuZnSn、BAg50CuZnSnNi、BAg40CuZnSnNi、BAg50CuZnCd、BAg40CuZnCdNi 等，钎剂使用 FB102 和 FB103，也可以考虑使用铜银磷钎料。

18.4.1.2 铬青铜固溶时效软化

铬青铜的钎焊不应在其固溶 – 时效状态下进行，而应在固溶处理状态下钎焊，然后进行时效。即使如此，母材性能仍有所下降，含 w（Cr）= 0.8% 的铬青铜经固溶 – 时效处理后的强度为 528MPa，但经 599~649℃、649~699℃、699~749℃、749~799℃ 和 799~859℃ 等温度钎焊再经时效处理的强度已分别降到 456MPa、405MPa、303MPa、300MPa、310MPa，钎焊加热时间均为 1min。由此可见，钎焊温度越高，强度下降越多。因此，应采用熔点最低的银钎料，如 BAg40CuZnCdNi，以快速加热法钎焊。

18.4.1.3 磷青铜应力开裂

镉青铜和锡青铜的钎焊工艺与紫铜和黄铜相似，在保护气氛中钎焊时没有氢脆和锌挥发的问题。但含磷的锡青铜有应力开裂的倾向，磷青铜零件在钎焊前应去除应力。

18.4.1.4 硅青铜晶间渗入倾向

硅青铜钎焊时有应力开裂和钎料晶间渗入的倾向。钎焊前必须去除其内应力，钎焊温度应低于 760℃，可采用熔化温度较低的银钎料，如 BAg65CuZn、BAg50CuZnCd、BAg45CuZnCd、BAg56CuZnSn、BAg50CuZnSnNi 和 BAg40CuZnSnNi 等。加热温度越低越好，钎剂采用 FB103 和 FB102。

锌白铜钎焊时也有钎料向母材晶间渗入的倾向。钎焊前，应去除内应力，钎焊温度应尽可能低。由于母材导热性差，容易造成局部过热，应缓慢而均匀地加热。钎剂量要充分，以免被焊处氧化。硬钎焊锰白铜时尽量选用银钎料，避免采用铜银磷钎料，因为磷与镍会形成脆性化合物相，使接头变脆。

18.4.2 硬钎焊

18.4.2.1 钎焊材料

我国目前生产并得到了广泛应用的铜及铜合金钎焊用钎料的标准为 GB / T 10046 银基钎料、GB / T 6418 铜基钎料，其牌号见表 18.19。

（1）铜 – 锌钎料。这类钎料的熔点较高，耐腐蚀性较差，且对过热敏感，锌元素的蒸发又容易引起气孔的产生。一般只用于熔点较高的纯铜、铜 – 钢、铜 – 镍等一些不重要的钎焊接头上。使用时必须有钎剂配合。近年来国内研制成功的 Cu-Zn-Mn 钎料的熔点比铜锌钎料低约 100℃，各项性能均优于后者，这些钎料一般要求使用钎剂。

（2）铜 – 磷钎料及铜 – 磷 – 银钎料。铜磷钎料由于工艺性能好，价格低，在钎焊铜和铜合金方面得到了广泛的应用。磷在钎料中起两个作用：一个是显著降低铜的熔点；另外，在空气中钎焊时，磷有自钎剂的作用。当含 w（P）=8.4% 时，铜与磷形成熔化温度为 714℃ 的低熔共晶，其组织由 $Cu+Cu_3P$ 组成，Cu_3P 为脆性相，随着焊磷量的增加，Cu_3P 增多，超过共晶成分的铜磷合金由于太脆而无实用价值。

表 18.19　铜及铜合金钎焊用钎料

钎料系列	牌号	化学成分（质量分数）/%	熔化温度 /℃		力学性能		推荐间隙	用途
			固相线	液相线	σ_b / MPa	δ/%		
银基钎料	HL302	Ag25Cu40Zn	745	775	360	—	0.05~0.25	钎焊铜与各种铜合金，铜与钢，铜与不锈钢
	HL303	Ag 45Cu34 Zn	660	725	390	—	0.05~0.25	
	HL304	Ag50 Cu34 Zn	690	775	350	—	0.05~0.25	
	HL306	Ag65 Cu20 Zn	685	720	390	—	0.05~0.25	
	HL322	Ag 39~41Cu 24~26 Sn2.5~3.3Ni1.1~1.7Zn	630	640	400	—	0.05~0.25	
铜磷钎料	HL201	P7~9Cu	710	800	480	—	0.02~0.15	用于电机仪表工业中钎焊铜及铜合金
	HL202	P5~7Cu	710	890	450	—	0.02~0.15	
	HL204	P4~6Cu	640	815	510	—	0.02~0.15	钎焊铜与铜合金
	HL208	P5~7.5Cu	650	800	—	—	0.02~0.15	用于空调器\电机中铜及铜合金
铜锌钎料	HL101	Cu34~38 Zn	800	823	30	0~3	0.07~0.25	钎焊纯铜\黄铜
	HL102	Cu46~50 Zn	860	870	210	3	0.07~0.25	钎焊 H62 黄铜不受力件
	HL103	Cu52~56 Zn	885	888	260	5	0.07~0.25	钎焊铜\青铜不受冲击件
	HL104	Cu60~63Sn0.05~0.3	850	875	400	> 20	0.07~0.25	钎焊铜\白铜

为了进一步降低铜磷合金的熔化温度，改进其韧性，可加银。Cu-P-Ag 三元系合金形成低熔共晶，其成分为 w（Ag）= 17.9%、w（Cu）= 30.4%、w（Cu_3P）= 51.7%、w（P）=7.2% 的三元共晶点为 646℃。

为了节约银，可以在铜磷钎料中加锡，以达到降低熔化温度的目的。在 Cu-6P 合金中加入 1% Sn，其液相线明显下降。继续提高含锡量，液相线基本上可以直线下降，当含锡量提高到 6% 时，液相线降低到 677℃。为了进一步降低铜磷钎料的熔化温度，可以在铜磷合金中加入锡和镍，此时钎料的液相线可以降低到低于 650℃，同银铜锌镉钎料的熔化特性很接近。这种钎料由于组织中含有大量脆性相，无法进行加工，只能用快速凝固法制成箔状钎料使用。

用铜磷和铜磷银钎料钎焊紫铜时不需要使用钎剂，因钎料中的磷在钎焊过程中能还原氧化铜：

$$5CuO + 2P = Cu + P_2O_5$$

还原产物 P_2O_5 与氧化铜形成复合化合物，在钎焊温度下呈液态覆盖在母材表面，防止铜氧化。

用铜磷和铜磷银钎料钎焊的铜接头的力学性能见表 18.20。用铜磷和铜磷银钎料钎焊的铜接头的强度与银钎料钎焊的相仿，但接头韧性较差。

（3）银-铜钎料。此类钎料的适用性最广。对所有铜及铜合金，以及绝大多数铜与异种金属接头的钎焊都适用。银基钎料具有适中的熔点，能大幅降低钎焊温度，使工件的变形及接头内应力减小，工艺性优良，耐腐蚀性和综合力学性能好。

表 18.20　铜磷、铜磷银钎料钎焊的铜接头的力学性能

钎料	抗拉强度 / MPa	抗剪强度 / MPa	弯曲角 /(°)	冲击韧性 / (J / cm^2)
BCu93P	186	132	25	6
BCu92PSb	233	138	90	7
BCu80PAg	255	154	120	23
BCu890PAg	242	140	120	21

（4）非晶态钎料。非晶态钎料是一种新型的钎焊材料，其合金内部的原子排列基本上保留了液态金属的结构状态，即长程无序、近程有序，这种结构特点使其具有许多优异的性能。铜基非晶态钎料成分均匀，箔带柔韧可以制成所需形状，且熔点低、流动性好，可以代替银基钎料用于铜和铜合金的钎焊。铜基非晶态钎料中加入 P、Sn、Ni 等元素，不但降低了钎料熔点而且增加了流动性、强度和成形性。通过对比铜基非晶态钎料和传统银基钎料的润湿性可以看出，铜基非晶态钎料 750℃时在纯铜上有较大面积的铺展。这主要是由于非晶态钎料组织保持了液相状态，成分均匀，界面能低的缘故。

可以采用非晶态铜基钎料钎焊紫铜。钎料化学成分及物理性能见表 18.21，母材为紫铜。

表 18.21　非晶态箔带钎料的化学成分及物理性能

化学成分 / %				液相线 /℃	固相线 /℃
Cu	Ni	Sn	P		
73.6	9.6	9.7	7.0	640	597

18.4.2.2　钎剂

钎焊铜及铜合金用的钎剂 JB / T 6045—2017 见表 18.22，钎剂分为两大类。一类是以硼酸盐和氟硼酸盐为主（钎剂 101~103），能有效地清除表面氧化膜，并有很好的浸润及流动性，配合银基钎料或铜磷钎料使用可获得良好的效果，适用于各种铜合金工件。另一类是以氯化物 – 氟化物为主的高活性钎剂（如钎剂 105、钎剂 205），是专门供铝青铜、铝黄铜及其他含铝的铜合金钎焊用的，此类钎剂腐蚀性极强，要求焊后对接头进行严格的刷洗，以防残渣对工件的腐蚀。钎剂的形式有粉状、膏状和液状，绝大多数钎剂吸湿性很强，给粉状钎剂的制备和保存带来很多麻烦，目前已越来越多地使用膏状和液状钎剂。

表 18.22　铜及铜合金钎焊用钎剂

牌号	名称	成分 / %	用途
QJ101	银钎剂	KBF$_4$68~71，H$_3$BO$_3$30~31	在 550~850℃钎焊各种铜及铜合金，铜与钢及铜与不锈钢
QJ102	银钎剂	B$_2$O$_3$33~37，KBF$_4$21~25，KF40~44	在 600~850℃钎焊各种铜及铜合金，铜与钢及铜与不锈钢
QJ103	特制银钎剂	KBF$_4$ > 95	在 550~750℃钎焊各种铜及铜合金
QJ105	低温银钎剂	ZnCl$_2$13~16，NH$_4$Cl4.5~5.5，CdCl$_2$29~3，1LiCl24~26，KCl24~26	在 450~600℃钎焊铜及铜合金，尤其适合钎焊含铝铜合金
QJ205	铝黄铜钎剂	ZrCl$_2$48~52，NH$_4$Cl14~16，CdCl$_2$29~31，NaF4~6	在 300~400℃内钎焊铝黄铜 / 铝青铜，以及铜与铝等异种接头

18.4.2.3 钎焊工艺

铜及铜合金可根据工件的形状、尺寸及数量选择采用烙铁、浸沾、火焰、感应、电阻和炉中等加热方法进行钎焊。各种方法的加热速度和加热时间不同，必须同时合理地选择相适应的钎料、钎剂和保护气氛。原则上说，主要采用快速加热法，原因是：①某些钎料在熔化时有熔析现象，加热熔化速度快，熔析现象不严重；②钎剂的活性作用时间有限，加热速度慢可能使钎剂在钎焊完成前就失效；③缓慢加热使钎焊金属表面氧化严重，妨碍钎料铺展；④缓慢加热将延长熔融钎料与母材的作用时间，形成界面金属间化合物，使接头性能恶化。

选用局部加热的火焰钎焊必须考虑预防工件的变形问题。电阻、感应加热因不同的铜合金的导电率、导热率相差较大而必须考虑功率的调整，并尽量选用导电率、导热率低的钎料。这两种方法最合理是用于铜与导电率较低的金属的异种接头钎焊。对具有热脆性或熔化钎料作用下容易发生自裂的铜合金和接头必须在钎焊前进行清除应力处理，并尽量缩短钎焊时间，尽量不采用快速加热法。炉中钎焊黄铜和铝青铜时，为避免锌的烧损及铝向银钎料扩散，最好在工件表面预先镀上铜层或镍层。在还原性气氛中钎焊铜及铜合金时，要注意"氢病"的危险。只有无氧铜才能在氢气中钎焊。钢与铜及铜合金钎焊一般采用铜－磷－锡焊膏的硬钎焊和氧－乙炔火焰钎焊等方法，其特点是无镉、无银，但接头常出现气孔、夹渣、未焊透、侵蚀等焊接缺陷，使接头性能严重下降。为防止制品腐蚀，焊后对钎剂要进行及时清洗。

采用火焰钎焊紫铜件，一般选用铜银磷钎料。该钎料价格低，工艺性能好，钎焊接头具有较好的抗腐蚀性。钎焊时热源采用中性焰，钎剂选用QJ-102，焊前应仔细清理工件表面氧化物、油脂等脏物。焊时需预热，根据试件厚度、大小，预热温度、时间有所不同。钎缝区温度应控制在650~800℃。焊后间隔一段时间后，当温度降至200℃以下时，用温水、毛刷清理熔渣以防腐蚀。钎焊接头外观成形美观，表面无裂纹、气孔未熔合，接头抗拉强度达到母材的80%。

采用BAg40CuZnCdNi和BAg45CuZnCd钎焊锰黄铜时，需配合FB102和FB103钎剂使用。其他银基钎料、铜磷和铜磷银钎料钎焊时采用FB102钎剂。炉中钎焊应在保护气氛下进行，并采用FB104钎剂。

18.4.3 软钎焊

铜及铜合金的软钎焊一般采用的是锡基钎料（国家标准GB/T 3131），它与铜及铜合金有极好的润湿性。焊接方法非常简单，而且容易实现自动化焊接，主要应用于电子领域，特别是现代印刷线路板和微电子组装技术领域。

采用锡基钎料钎焊时，活性元素锡容易和铜反应而扩散到铜中，在铜表面形成金属间化合物Cu_6Sn_5。如果在较高温度下长时间加热，会发生金属间化合物的增厚，使得接头的强度降低，脆性增加。

锡基钎料具有极好的工艺性，但其固相线温度较低，使接头的工作温度受限制。对于工作温度超过150℃的铜接头可选用锡－锑钎料［w（Sn）95%+w（Sb）5%］和锡－银钎料（焊料605）、镉－银钎料（焊料503）。这些钎料都有较好的工艺性能，接头的强度和耐腐蚀性都比较高。

与锡基钎料钎料配用的软钎焊钎剂有如下两类。

（1）有机钎剂。此钎剂采用活性松香酒精溶液，焊后不必清除钎剂残渣。

（2）弱腐蚀性钎剂。此钎剂使用 $ZnCl_2$-NH_4Cl 水溶液、$ZnCl_2$-HCl 溶液或 $ZnCl_2$-$SnCl_2$-HCl 水溶液均可获得满意的结果。

软钎焊加热的方式很多，如盐浴加热、红外加热、电阻加热和激光加热等。而激光加热目前还不普遍，这种高能量、小直径的光束，会被接头光亮的金属表面反射掉大部分，所以激光与接头的耦合是一个重要问题，钎剂常用作耦合介质。只要组装合适，激光钎焊是一种非常好的钎焊方法。

18.5 典型产品焊接实例

18.5.1 紫铜母线的焊接

紫铜母线主要是指在电解工程中用于传导大电流的初级导线，一般厚度在 10mm 以上，母线截面有 300mm×16mm、200mm×12mm、200mm×16mm、200mm×28mm，单根母线长短不等。紫铜母线牌号一般为 T_1，其化学成分见表 18.23。

表 18.23　紫铜母线 T_1 化学成分

名称	代号	化学成分 / %							
		Cu	P	Mn	Bi	Pb	S	P	O
紫铜	T_1	99.95	—	—	0.002	0.005	0.005	0.001	0.02

焊接工艺要点如下。

（1）焊接方法的选择。对于大截面尺寸的紫铜母线，可选用的焊接方法有碳弧焊、钨极氩弧焊、埋弧焊等。碳弧焊的预热温度必须保证在 750℃，焊缝成形一般，同时由于焊接时存在 Cu_2O 蒸气和焊缝金属渗碳等缺陷，一般很少采用。埋弧焊的预热温度可降低到 500℃ 以下，可以采用较大的焊接热输入，有利于母材与填充金属的熔合，熔池保护效果好，焊接质量比较稳定，但是焊接工艺及设备比较复杂。钨极氩弧焊虽然热输入小，但是操作简单、方便快捷。

（2）焊接材料。紫铜材料的焊接填充材料，一种为母材，取自于母材；另一种为 Hs201 合金焊丝，有棒状和盘装焊丝两种，可用于钨极氩弧焊、熔化极氩弧焊和埋弧焊，其化学成分见表 18.24。氩弧焊用焊剂一般可选 CJ301 气剂或粉，埋弧焊一般选择 HJ431。

表 18.24　Hs201 的化学成分（质量分数，%）

元素	Si	Mn	Sn	Cu
成分	0.3	0.3	1.0	余量

（3）钨极氩弧焊接工艺。焊接件的坡口采用单面 V 形，坡口角度为 55°，钝边 1mm，焊接间隙为 4~5mm。预热温度为 500℃，采用焦炭炉持续加热，焊缝两边用石棉被包裹，各 400mm。焊接坡口上均匀地撒上气剂 301。为便于观察熔池及填充焊丝，焊枪与工件夹角以 75°~85° 为宜，焊丝与工件间夹角为 10°~20°。为减少氧化，采用左焊法，焊接速度应快。电弧长度保持恒定，弧长一般控制在 2~4mm。当填充或盖面时，焊丝应做轻微横向摆动。层间焊接温度应该保持在 300~600℃，不宜过长时间停留。

焊后应采取水润法快速冷却，锤击减少应力。冷却后，用钢丝刷清理熔渣，采用酸洗法清除焊缝区、热影响区氧化层。

（4）埋弧焊接工艺。采用 4mm 厚的钢板做垫板，长度要比焊接件长 200~300mm，在板上撒满 30mm 厚的 HJ431 焊剂，焊接件在焊剂上组对，间隙小于 1mm。必须采用焊前预热措施。试验表明，如果焊前焊接件不采用预热，焊缝会高低不平，不光滑，有气孔。预热 500℃，焊缝表面光滑美观。预热方法采用氧－乙炔火焰加热。预热到设定温度时，即开始进行焊接，焊接电流为 700~800A，电弧电压为 40~45V，焊接速度为 0.55m / min，层间温度控制为 500℃。

18.5.2 低温储槽黄铜与不锈钢的钎焊

在液氧、液氮、液氩等液体低温储槽设备的制造生产中，H62 黄铜与不锈钢 0Cr19Ni9 管接头的钎焊，可以采用火焰钎焊方法实现。选用对母材润湿性较好的 BAg45CuZn 钎料和 QJ102 钎剂。必须认真清理被焊工件和钎料表面的油污和氧化物，减小钎料对母材的表面张力，改善其润湿作用。并采用专用工装夹具进行组装定位，确保间隙均匀和同心度，接头形式如图 18.2 所示。采用氧－乙炔为热源，接头间隙控制在 0.15~0.3mm 之间，钎焊温度为 750~850℃。

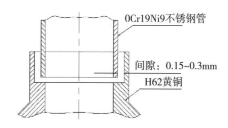

图 18.2 BAg45CuZn 钎料钎剂钎焊接头形式图

还可以采用银基钎料 HLAgCu40-35，在真空炉内进行钎焊。被焊工件去除表面油污后，装配成图 18.3 所示焊接接头形式，钎料涂抹成形如图中 A 所示，再用小刀将多余钎料（图中 B）刮掉，最后放入炉中加热冷却。焊后检验合格无渗漏。

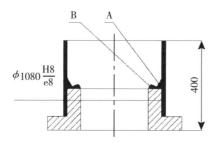

图 18.3 HLAgCu40-35 钎料真空
钎焊装配示意图

参考文献

［1］季杰，马学智.铜及铜合金的焊接［J］.焊接技术，1999（2）：13-15.

［2］周振丰.金属熔焊原理及工艺：下册［M］.北京：机械工业出版社，1981.

［3］陈伯蠡.金属焊接性基础［M］.北京：机械工业出版社，1982.

［4］周振丰.焊接冶金学：金属焊接性［M］.北京：机械工业出版社，1993.

［5］中国机械工业工程学会焊接学会.焊接手册：材料的焊接［M］.北京：机械工业出版社，2001.

［6］陈祝年.焊接工程师手册［M］.北京：机械工业出版社，2002.

［7］WEGRZYN J. Welding with coated electrodes of thick copper and steel-copper parts［J］. Welding International. 1993，7（3）：2-5.

［8］闫久春，崔西会，李庆芬.预热对紫铜厚板 TIG 焊接工艺性的影响［J］.焊接，2005（9）：58-61.

［9］闫久春，李庆芬，于汉臣，等.紫铜厚板焊接研究现状及展望［J］.中国焊接产业，2006（2）：18-20.

［10］KUWANA T. KOKAWA H, HONDA A. Effects of nitrogen and titanium on mechanical properties and annealed structure of copper weld metal by Ar-N$_2$ gas metal arc welding［J］. Yosetsu Gakkai Ronbunshu / Quarterly Journal of the Japan Welding Society. 1986，4（4）：753-758.

［11］Kuwana T, Kokawa H, Honda A. Effects of nitrogen and titanium on blow hole formation and microstructure in copper weld metal by Ar-N$_2$ gas metal arc welding. Yosetsu Gakkai Ronbunshu / Quarterly Journal of the Japan Welding Society. 1986，4（4）：759-758.

［12］梅福欣.Le Y P. 混合气体保护电弧焊接紫铜［J］.华南工学院学报，1987，15（1）：101-105.

［13］DAWSON R J. Selection of shielding gases for the gas shielded arc welding of copper and its alloys［J］. Welding in the World，1973，11（3-4）：50-55.

［14］LITTLITON J, LAMMAS J, JORDAN M F. Nitrogen porosity in gas shielded arc welding of copper［J］. Welding Journal，1974，53（12）：561-565.

［15］LITTLITON J, JORDAN M F. Steam porosity formation in tungsten inert gas arc welding of copper［J］. Metals Technology，1975，2（6）：268-278.

［16］SIEWART T A, VIGLIOTTI. Mechanical properties of electron beam welds in thick copper［J］. Advances in Cryogenic Engineering，1990，36（pt B）：1185-1192.

［17］JOHNSON L D. Some observations on the electron beam welding of copper［J］. Welding Journal，1970，49（2）：55-60.

［18］刘方军，王世卿.大厚度紫铜电子束焊接的研究［J］.中国机械工程，1997，7（3）：101-102.

［19］申有才.大截面紫铜母线钨极氩弧焊焊接工艺［J］.化工建设工程，2001，23（4）：25-26，34.

本章的学习目标及知识要点

1. 学习目标

（1）了解欧洲标准（EN 1173）、国家标准（GB／T 5231—2001）的材料标记及材料分类。

（2）了解铜及铜合金物理、化学及力学性能。

（3）在理解铜及铜合金熔化焊接性问题的基础上，掌握铜及铜合金焊接工艺特点及焊接材料选择原则。

（4）在理解铜及铜合金钎焊性问题基础上，掌握铜及铜合金焊接工艺特点及焊接材料选择原则。

2. 知识要点

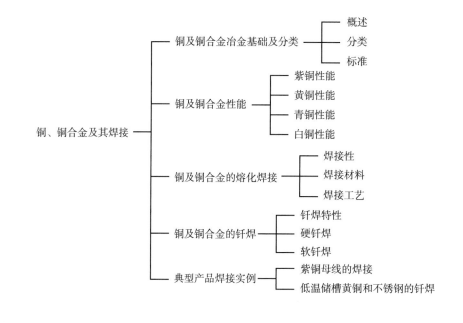

第19章

镍、镍合金及其焊接

编写：闫久春 审校：徐林刚

本章主要以工业纯镍、Ni-Fe、Ni-Cu、Ni-Cr-Fe、Ni-Mo-Cr-Fe、Fe-Ni-Cr、高温时效硬化 Ni 合金为主，结合焊接性问题，重点介绍焊条电弧焊、TIG / MIG 氩弧焊、埋弧焊等焊接工艺方法要点及接头质量控制措施和焊接材料的选用原则，以及同种和异种金属焊接工艺要点及焊丝的选用原则。

19.1 镍及镍合金冶金基础及分类（ISO 9722）

19.1.1 概述

镍的化学符号为 Ni，原子序数为 28，是一种银白色金属。镍在固态时具有面心立方结构，无同素异构转变，化学活泼性低，具有优良的耐腐蚀性能和耐高温性能。镍合金在 200~1090℃内能耐各种腐蚀介质的侵蚀，同时保持良好的高温和低温力学性能。

镍及镍合金的应用非常广泛，如采用镍与铁作合金来制造特殊钢（如不锈钢），此用途占镍用量的 50% 以上；为使金属材料防腐经常采用电镀方法在表面电镀纯镍，在强腐蚀和高温环境中广泛应用镍合金。

根据含镍的矿石中铜镍状态的不同，可分为硫化矿和氧化矿，镍的冶炼方法相应有硫化矿冶炼法和氧化矿冶炼法。由于硫化镍矿资源品质好，工艺技术成熟，目前约 60% 的镍产量来源于硫化镍矿。镍精矿或混合精矿通常用火法冶炼，产出中间产品高冰镍，使铜和镍以硫化物的形态富集，然后精炼提纯得到金属镍。硫化镍矿冶炼镍的工艺流程如图 19.1 所示。而采用氧化矿电炉法冶炼流程为：氧化矿→回转窑→电炉→ Ni-Fe →精炼→精 Ni-Fe。

19.1.2 镍及镍合金的分类

镍及镍合金的焊接性，按照 ISO / TR 15608：2017 标准分类见表 19.1。

Ni 与一些元素（如 Cu、Cr 等）固溶性较好，如 Ni 和 Cu 可以完全固溶，Cr 在 Ni 中固溶范围为 35%~40%，Mo 在 Ni 中固溶范围约为 20%。Al、Cr、Cu、Fe、Mo、Ti、W 和 V 可以镍合金固溶强化，Mo 和 W 可以改善其高温强度，Cu、Cr、Mo 等可以显著提高其耐蚀性能，因此，在 Ni 中添加其他元素可以得到不同使用性能的镍合金。

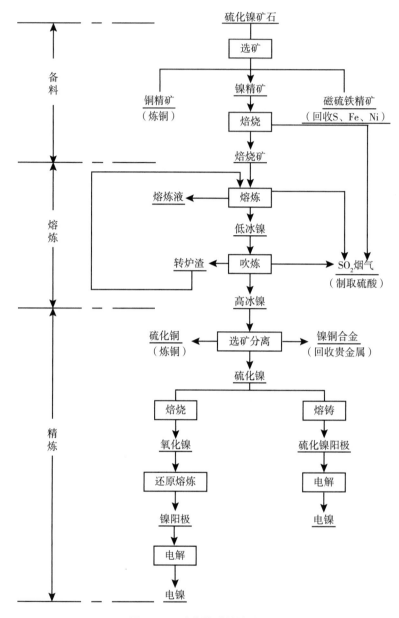

图 19.1　硫化镍矿炼镍流程

表 19.1　镍及镍合金的分类

类别	镍及镍合金的种类
41	纯镍
42	镍－铜合金（Ni-Cu），w（Ni）$\geqslant$ 45%；w（Cu）$\geqslant$ 10%
43	镍－铬合金（Ni-Cr-Fe-Mo），w（Ni）$\geqslant$ 40%
44	镍－钼合金（Ni-Mo），w（Ni）$\geqslant$ 45%；w（Mo）$\leqslant$ 32%
45	镍－铁－铬合金（Ni-Fe-Cr），w（Ni）$\geqslant$ 31%
46	镍－铬－钴合金（Ni-Cr-Co），w（Ni）$\geqslant$ 45%；w（Co）$\geqslant$ 10%
47	镍－铁－铬－铜合金（Ni-Fe-Cr-Cu），w（Ni）$\geqslant$ 45%
48	镍－铁－钴合金（Ni-Fe-Co-Cr-Mo-Cu），31% $\leqslant$ w（Ni）$\leqslant$ 45%；w（Fe）$\geqslant$ 20%

从化学成分上看，镍合金可以分为：Ni-Fe 合金、Ni-Cu 合金［又称蒙乃尔（Monel）合金］、Ni-Cr、Ni-Cr-Fe 合金［又称因科镍（Inconel）合金］、Ni-Mo-Cr-Fe 合金［又称哈斯特洛伊（Hastelloy）合金］。

在镍合金中添加 Al、Ti 和 Nb 等微量元素，通过控制过饱和固溶体产生的第二相的沉淀，主要是以化合物 Ni_3Al 为基础的 γ 相，这样，得到了一类沉淀强化镍合金。在此类合金中，Al 对镍合金主要起硬化作用，但由于 γ 相对 Ti 和 Nb 具有较高的固溶度，Ti 和 Nb 的加入会对 Al 的硬化有所缓解，而且 Nb 还可以降低时效速度。

19.1.3　镍及镍合金的标准

国际标准（ISO）和德国标准（DIN）的标记对照见表 19.2 和表 19.3，标准 ISO、DIN 和国家标准（GB）的标记及名称对比举例见表 19.4。

表 19.2　国际标准 ISO 9722：1992 和德国标准（DIN）的标记对照

合金标记		DIN 标记	材料标号	名称标记
数字标记	化学标记			
NW2200	Ni99.0	Ni99.2	2.4066	Nickel 200
NW3021	NiCo20Cr15Mo5Al4Ti	NiCo20Cr15MoAlTi	2.4634	Alloy 105
NW7263	NiCo20Cr20Mo5Ti2Al	NiCo20Cr20MoTi	2.4650	Alloy C-263
NW7001	NiCr20Co13Mo4Ti3Al	NiCr19Co14Mo4Ti	2.4654	Heat resistant
NW7090	NiCr20Co18Ti3	NiCr20Co18Ti	2.4632	Alloy 90
NW7750	NiCr15Fe7Ti2Al	NiCr16Fe7TiNb	2.4694	Alloy 750
NW6600	NiCr15Fe8	NiCr15Fe	2.4816	Alloy 600
NW6002	NiCr21Fe18Mo9	NiCr22Fe18Mo	2.4665	Alloy X
NW6690	NiCr29Fe8	NiCr29Fe	2.4642	Alloy 690
NW6625	NiCr22Mo9Nb	NiCr22Mo9Nb	2.4856	Alloy 625
NW6621	NiCr20Ti	NiCr20Ti	2.4951	Alloy 75
NW7080	NiCr20Ti2Al	NiCr20TiAl	2.4631	Alloy 80A
NW4400	NiCu30	NiCu30Fe	2.4360	Alloy 400
NW4402	NiCu30-LC	LC-NiCu30Fe	2.4361	Alloy 402
NW5500	NiCu30Al3Ti	NiCu30Al	2.4375	Alloy K-500
NW8825	NiFe30Cr21Mo3	NiCr21Mo	2.4858	Alloy 825
NW0276	NiMo16Cr15Fe6W4	NiMo16Cr15W	2.4819	Alloy C-276
NW0665	NiMo28	NiMo28	2.4617	Alloy B-2
NW8028	FeNi31Cr27Mo4Cu1	X1NiCrMoCu 31-27-4	1.4563	Alloy 28
NW8800	FeNi32Cr21AlTi	X10NiCrAlTi 32-20	1.4876	Alloy 800
NW8020	FeNi35Cr20Cu4Mo2	NiCr20CuMo	2.4660	Alloy 20

表 19.3　新增镍合金国际标准 ISO 9722：1997 和德国标准（DIN）的标记对照

合金标记		DIN 标记	材料标号	名称标记
数字标记	化学标记			
NW0629	NiMo28Fe4Co2Cr	NiMo29Cr	2.4600	Krupp–VDM Alloy B–4
NW0675	NiMo29Cr2Fe2W2	NiMo30Cr	2.4703	Haynes Alloy B–3
NW6025	NiCr25Fe9Al2	NiCr25Fe9AlYC	2.4633	Krupp–VDM Alloy 602 CA
NW6200	NiCr23Mo16Cu2	NiCr23Mo16Cu	2.4675	Haynes C–2000
NW6230	NiCr22W14Mo2	NiCr22W14Mo	2.4738	Haynes Alloy 230
NW6626	NiCr22Mo9Nb4–LC	NiCr22Mo9Nb	2.4856	INCO Alloy 725
NW6686	NiCr21Mo16W4	NiCr21Mo16W	2.4606	INCO Alloy 686
NW6920	NiCr22Fe19Mo9W2			Haynes Alloy H
NW8120	FeNi37Cr25NbN			Haynes Alloy 120

表 19.4　ISO、DIN、GB 标准及名称对比举例

ISO 9722：1992		DIN 17742	GB / T 5235	美国名称	中国名称
数字标记	化学标记	NiCu30Fe	NCu40-2-1	蒙乃尔合金（Monel）	40-2-1
NW4400	NiCu30			或 400 合金	镍铜合金

19.2　镍及镍合金的物理、力学性能

与奥氏体不锈钢类似，多数镍合金的组织也是奥氏体，而且固态没有相变。镍及镍合金的基本物理性能和常规力学性能见表 19.5。

表 19.5　镍合金的物理和力学性能

合金牌号	密度 /（kg/m³）	熔化区间 /℃	热膨胀系数（21~93℃） /［μm/（m·℃）］	导热率 /［W/（m·K）］	电阻率 /（μΩ·cm）	拉伸弹性模量 / MPa	拉伸强度 / MPa	屈服强度 / MPa
200	8885	1435~1446	13.3	70	9.5	204	469	172
201	8885	1435~1446	13.3	79	7.6	207	379	138
400	8830	1298~1348	13.9	20	51.0	179	552	276
R–405	8830	1298~1348	13.9	20	51.0	179	552	241

续表

合金牌号	密度/（kg/m³）	熔化区间/℃	热膨胀系数（21~93℃）/［μm/（m·℃）］	导热率/［W/（m·K）］	电阻率/（μΩ·cm）	拉伸弹性模量/MPa	拉伸强度/MPa	屈服强度/MPa
600	8415	1354~1412	13.3	14	103.0	207	621	276
601	8055	1301~1367	13.7	12	120.5	206	738	338
625	8442	1287~1348	12.8	9	129.0	207	896	483
X	8221	1260~1354	13.9	8	118.3	197	786	359
G	8304	1260~1343	13.5	13	—	192	710	386
B	9245	1301~1368	10.1	11	134.8	179	834	393
C-176	8941	1265~1343	11.3	11	129.5	205	834	400
718	8193	1260~1336	13.0	11	124.9	205	1310[①]	1103[①]
X-750	8248	1393~1426	12.6	11	121.5	214	1172[①]	758[①]
800	7944	1357~1385	14.2	11	98.9	196	621	276
825	8138	1371~1398	14.0	10	112.7	193	621	276

注：① 热处理状态。

19.2.1 工业纯镍

镍的熔点为 1453℃，密度为 8.8g/cm³，在空气中加热至 800℃也不氧化，抗腐蚀性强。

纯镍含镍量为 99.0%~99.8%，为面心立方晶格，屈服强度为 100MPa，抗拉强度为 400MPa，延伸率为 40%，经冷轧、拔后，延伸率仅为 1%~2%。纯 Ni 的冷变形性、焊接性、抗腐蚀性好。镍 200 和镍 201 都是工业上纯的锻造镍。主要用于食品加工设备、处理苛性碱的设备、化学品装运容器、电气与电子部件、航空与导弹元件和耐海水腐蚀设备等。

19.2.2 Ni-Fe 合金

镍与铁能形成固溶体合金，可以通过镍含量调节其热膨胀系数，故多用于物理学材料。如 Ni36% 的钢为不胀钢，其 20~100℃ 的热膨胀系数平均值小于 1.3×10^{-6}/℃，可用作液化气罐和管道的薄膜拧罐材料。含镍量 22% 的合金，在室温时为铁素体（体心立方的 α 结构），含镍量更高时为奥氏体（面心立方的 γ 结构）。

19.2.3 Ni-Cu 合金

Ni-Cu 合金即蒙乃尔（Monel）合金，兼备 Cu 和 Ni 的耐腐蚀特性，在还原性介质中耐腐蚀性能比 Ni 强，在氧化性介质中耐腐蚀性能比 Cu 强。在大气中具有极高的耐蚀性，对卤素、中性水溶液、一定浓度和温度的苛性碱溶液，以及中等温度的稀盐酸、稀硫酸、磷酸等一般都是耐腐蚀的，尤其耐氢氟酸腐蚀，但对浓硫酸、浓硝酸、某些硫酸盐和氯化物等氧化性盐都是不耐蚀的。

400 合金，也称蒙乃尔 400，NiCu30［w（Cu）≤ 42%］，按组织分为固溶强化、时效强化和弥散强化合金。其具有优良的综合力学性能，在液氢温度下也没有塑脆性转变现象。R-405 合金也称蒙乃尔 R-405，这两种蒙乃尔合金主要用于制造各种换热设备、锅炉给水加热器、石油和化工用管线、容器、塔、槽、反应釜、弹性元件，以及泵、阀、轴等。

19.2.4 Ni-Cr-Fe 合金

Ni-Cr-Fe 合金即因科镍合金，镍与铬在很大的浓度范围内形成 γ 固溶体合金。抗腐蚀性和高温氧化性好，电阻率大。如 600 合金也称因科镍 600，化学成分标记为 NiCr15Fe8，Ni 与 Cr 的比例为 Ni80% 和 Cr20%。它有良好的耐蚀、耐热和抗氧化能力且易加工、焊接，在室温和低温的力学性能和铬镍奥氏体不锈钢相近，具有良好的强度与塑、韧性的配合，而高温力学性能显著优于含镍量低的一般奥氏体不锈钢。因科镍 690（NiCr29Fe8）是在 600 合金的基础上降碳、增铬而发展起来的，改善了抗应力腐蚀性能，由于合金的含铬量高，故在氧化性酸介质中具有良好的耐蚀性。因科镍 601 合金耐高温腐蚀性能，特别是抗高温氧化的性能优异，最高使用温度可达 1260℃，在氧化性酸介质中耐蚀性较好，同时具有较好的抗硫化性能。

19.2.5 Ni-Mo-Cr-Fe 合金

Ni-Mo-Cr-Fe 是 Ni-Cr-Fe 中添加 Mo 的合金，Ni-Mo-Cr-Fe 合金 B 也称哈斯特洛伊（Hastelloy）B，如哈斯特洛伊 C-276 合金（NiCr16Mo16Fe7）。在 Ni-Cr-Fe 合金中加 Mo，可以改善耐蚀性。耐一般介质腐蚀性能较纯镍稍低，但耐孔蚀和缝隙腐蚀性能优于纯镍。哈斯特洛伊 B-2 主要是为了防止哈斯特洛伊 B 合金晶间腐蚀和刀口腐蚀进一步发展起来的。

19.2.6 Fe-Ni-Cr（铁镍）合金

铁镍合金的化学成分与奥氏体不锈钢相近，w（Ni）≥ 20%，具有良好的力学性能和抗氧化性能，以及良好的高温稳定性，在耐腐蚀性方面突出的特点是耐应力腐蚀和高温腐蚀性能非常好，主要用于制造耐应力腐蚀、高温腐蚀的设备和部件。如合金 800（又称因科镍 800）（FeNi32Cr21AlTi）和合金 825（FeNi30Cr21Mo）抗氧化性介质腐蚀，高温下抗渗碳性良好，主要用于热交换器、蒸汽发生管等。

19.2.7 高温时效硬化 Ni 合金

Ni-Cr-Fe-M 高温时效强化镍合金，是 Ni-Cr-Fe 添加 Ti、Al、Nb 的合金，晶内和晶界析出 Ni3M，使得合金强化，塑性和韧性下降，常用作燃气轮机和喷气式发动机的材料。

19.3 镍及镍合金的焊接性、工艺方法和焊接材料（ISO 18274，ISO 14172）

19.3.1 焊接性分析

（1）镍合金具有较好的焊接性，添加少量的 Mn、Nb、Al、Ti 对镍基合金的焊接没有不利影响。

（2）镍合金具有较高的热裂纹敏感性，热裂纹分为凝固裂纹、液化裂纹和再热裂纹。镍合金对 S、P、Pb、Zr、B 和 Bi 等杂质元素敏感，这些元素不溶于 Ni，在焊缝凝固时形成低熔点共晶体，可能产生热裂纹，Ni、Ni-Cu 尤其对 S 敏感，加热到 400℃ 以上时，就会形成 NiS，渗入晶界，导致热裂纹。液化裂纹多出现在紧靠熔合线的热影响区中，有的还出现在多层焊的前层焊缝中。再热裂纹既可能发生在热影响区中，也可能发生在焊缝中。

（3）由于液态镍合金的流动性差，在无填充材料焊接时，容易形成气孔（N_2、CO、O_2），但对氢气不敏感；有填充材料时，填丝中的 Ti、Al 或 Nb 则形成无害的氮化物、碳化物、氧化物，可以防止气孔的产生。

（4）含 Ni 量低的镍合金（如 30%~40%）焊接时易产生裂纹，原因是 Ni 含量低，其他元素多，使合金高温力学性能下降。

（5）采用高热输入焊接镍基合金时，会造成热影响区晶粒粗大，还可能产生过度的偏析、碳化物的沉淀析出（沉淀强化合金）或者其他有害的冶金现象，引起热裂纹或降低耐蚀性。

（6）对于大多数镍合金，焊接对耐蚀性能并没有多大影响。通常选择填充材料的化学成分与母材相近，使焊缝金属在大多数环境下的耐蚀性能与母材相当。

19.3.2 焊接材料

（1）在大多数情况下，填充材料的化学成分应与母材相近。

（2）填充材料的 Ni 含量应大于 50%，否则容易产生热裂纹。

（3）希望填充材料中含有 Ti、Al、Nb，可以防止气孔，同时 Ti 有细化晶粒的作用。

19.3.2.1 ISO 18274：2010 镍及镍合金熔化焊用焊丝

镍及镍合金熔化焊用实心焊丝、带极和焊棒的分类标准、化学成分见表 19.6。大多数时效热处理硬化合金的焊接填充材料尚没有标准，只要求这些合金含有 Ti、Al 或 Nb，并且适于焊接。

标记举例：金属熔化极气体保护电弧焊用实心焊丝（S），化学成分满足表 19.6 中合金标记 6625（NiCr22Mo9Nb）的要求，其命名为：

实心焊丝 EN ISO 18274-S Ni 6625 或实心焊丝 EN ISO 18274-S Ni 6625（NiCr22Mo9Nb）

19.3.2.2 ISO 14172：2015 镍及镍合金的焊条

镍及镍合金的焊条 ISO 14172：2015 熔敷金属的化学成分和力学性能分别见表 19.7 和表 19.8。

表 19.6　实心焊丝、带极和焊棒的化学成分

数字标记	化学符号标记	C	Mn	Fe	Si	Cu	Ni c	Co c	Al	Ti	Cr	Nb d	Mo	W	其他 e、f
镍															
Ni 2061	NiTi3	0.15	1.0	1.0	0.7	0.2	≥92.0	—	1.5	2.0~3.5	—	—	—	—	—
镍－铜															
Ni 4060	NiCu30Mn3Ti	0.15	2.0~4.0	2.5	1.2	28.0~32.0	≥62.0	—	1.2	1.5~3.0	—	—	—	—	—
Ni 4061	NiCu30Mn3Nb	0.15	4.0	2.5	1.25	28.0~32.0	≥60.0	—	1.0	1.0	—	3.0	—	—	—
镍－铬															
Ni 6072	NiCr44Ti	0.01~0.10	0.20	0.50	0.20	0.50	≥52.0	—	—	0.3~1.0	42.0~46.0	—	—	—	—
Ni 6076	NiCr20	0.08~0.25	1.0	2.00	0.30	0.50	≥75.0	—	0.4	0.5	19.0~21.0	—	—	—	—
Ni 6082	NiCr20Mn3Nb	0.10	2.5~3.5	3.0	0.5	0.5	≥67.0	—	—	0.7	18.0~22.0	2.0~3.0	—	—	—
镍－铬－铁															
Ni 6025	NiCr25Fe10AlY	0.15~0.25	0.5	8.0~11.0	0.5	0.1	≥59.0	—	1.8~2.4	0.1~0.2	24.0~26.0	—	—	—	Y 0.05~0.12; Zr 0.01~0.10
Ni 6052	NiCr30Fe9	0.04	1.0	7.0~11.0	0.5	0.3	≥54.0	—	1.1	1.0	28.0~31.5	0.10	0.5	—	Al+Ti ≤ 1.5
Ni 6062	NiCr15Fe8Nb	0.08	1.0	6.0~10.0	0.3	0.5	≥70.0	—	—	—	14.0~17.0	1.5~3.0	—	—	—
Ni 6601	NiCr23Fe15Al	0.10	1.0	20.0	0.5	1.0	58.0~63.0	—	1.0~1.7	—	21.0~25.0	—	—	—	—
Ni 6701	NiCr36Fe7Nb	0.35~0.50	0.5~2.0	7.0	0.5~2.0	—	42.0~48.0	—	—	—	33.0~39.0	0.8~1.8	—	—	—
Ni 6704	NiCr25FeAl3YC	0.15~0.25	0.5	8.0~11.0	0.5	0.1	≥55.0	—	1.8~2.8	0.1~0.2	24.0~26.0	—	—	—	Y 0.05~0.12; Zr 0.01~0.10
Ni 7069	NiCr15Fe7Nb	0.08	1.0	5.0~9.0	0.50	0.50	≥70.0	—	0.4~1.0	2.0~2.7	14.0~17.0	0.70~1.20	—	—	—

合金标记

化学成分含量（m/m） a、b/%

续表

合金标记		化学成分含量（m/m）[a,b]/%													
数字标记	化学符号标记	C	Mn	Fe	Si	Cu	Ni[c]	Co[c]	Al	Ti	Cr	Nb[d]	Mo	W	其他[e,f]
镍－铬－铁															
Ni 8025	NiFe30Cr29Mo	0.02	1.0~3.0	30.0	0.5	1.5~3.0	35.0~40.0	—	0.2	1.0	27.0~31.0	—	2.5~4.5	—	—
镍－钼															
Ni 1001	NiMo28Fe	0.08	1.0	4.0~7.0	1.0	0.5	≥55.0	2.5	—	—	1.0	—	26.0~30.0	1.0	V0.20~0.40
Ni 1004	NiMo25Cr5Fe5	0.12	1.0	4.0~7.0	1.0	0.5	≥62.0	2.5	—	—	4.0~6.0	—	23.0~26.0	1.0	V0.60
Ni 1009	NiMo20WCu	0.1	1.0	5.0	0.5	0.3~1.3	≥65.0	—	1.0	—	—	—	19.0~22.0	2.0~4.0	—
Ni 1062	NiMo24Cr8Fe6	0.01	0.5	5.0~7.0	0.1	0.4	≥62.0	—	0.1~0.4	—	7.0~8.0	—	23.0~25.0	—	—
Ni 1069	NiMo28Fe4Cr	0.01	1.0	2.0~5.0	0.05	0.01	≥65.0	1.0	0.5	—	0.5~1.5	—	26.0~30.0	—	—
镍－铬－钼															
Ni 6012	NiCr22Mo9	0.05	1.0	3.0	0.5	0.5	≥58.0	—	0.4	0.4	20.0~23.0	1.5	8.0~10.0	—	—
Ni 6022	NiCr21Mo13Fe4W3	0.01	0.5	2.0~6.0	0.1	0.5	≥49.0	2.5	—	—	20.0~22.5	—	12.5~14.5	2.5~3.5	V 0.3

注：a. 除已经标记为最小值的所有元素的单个数值均为最大值。（最小值）

b. 结果应圆整到与 ISO 31-0：1992 附录 B 规则 A 中的具体数位相同。

c. 除具体说明外，高达 1% 含量的 Ni 应为 Co。对于某一操作需要较低含量的 Co，应符合同双方协议商定。

d. 高达 20% 的 Nb 应为 Ta。

e. 无具体说明的元素总量应不超过 0.5%。

f. 除具体说明，P 最高含量 0.020%，S 最高含量 0.015%。由制造商生产的化学标记可以在括号中添加出。

表中没有列出的填充材料应标记为 Ni Z。

表 19.7　镍及镍合金的焊条熔敷金属的化学成分

合金标记 数字标记	符号标记	类别	C	Mn	Fe	Si	Cu	Ni[b]	Co	Al	Ti	Cr	Nb[c]	Mo	V	W	标注[d, e]
Ni 2061	NiTi3	镍	0.10	0.7	0.7	1.2	0.2	≥92.0	—	1.0	1.0~4.0	—	—	—	—	—	—
Ni 4060	NiCu30Mn3Ti	镍－铜	0.15	4.0	2.5	1.5	27.0~34.0	≥62.0	—	1.0	1.0	—	—	—	—	—	—
Ni 4061	NiCu27Mn3NbTi	镍－铜	0.15	4.0	2.5	1.3	24.0~31.0	≥62.0	—	1.0	1.5	—	3.0	—	—	—	—
Ni 6082	NiCr20Mn3Nb	镍－铬	0.10	2.0~6.0	4.0	0.8	0.5	≥63.0	—	—	0.5	18.0~22.0	1.5~3.0	2.0	—	—	—
Ni 6172	NiCr50Nb	镍－铬	0.10	1.5	1.0	1.0	0.25	≥41.0	—	—	—	48.0~52.0	1.0~2.5	—	—	—	0.02P 0.02S
Ni 6231	NiCr22W14Mo	镍－铬	0.05~0.10	0.3~1.0	3.0	0.3~0.7	0.5	≥45.0	5.0	0.5	0.1	20.0~24.0	—	1.0~3.0	—	13.0~15.0	—
Ni 6025	NiCr25Fe10AlY	镍－铬－铁	0.10~0.25	0.5	8.0~11.0	0.8	—	≥55.0	—	1.5~2.2	0.3	24.0~26.0	—	—	—	—	0.15Y
Ni 6045	NiCr27Fe23Si	镍－铬－铁	0.05~0.20	2.5	21.0~0.250	2.5~3.0	0.30	≥38.0	1.0	0.30	—	26.0~29.0	—	—	—	—	0.04P 0.03Y
Ni 6062	NiCr15Fe8Nb	镍－铬－铁	0.08	3.5	11.0	0.8	0.5	≥62.0	—	—	—	13.0~17.0	0.5~4.0	—	—	—	—
Ni 6093	NiCr15Fe8NbMo	镍－铬－铁	0.20	1.0~5.0	12.0	1.0	0.5	≥60.0	—	—	—	13.0~17.0	1.0~3.5	1.0~3.5	—	—	—
Ni 1001	NiMo28Fe5	镍－钼	0.07	1.0	4.0~7.0	1.0	0.5	≥55.0	2.5	—	—	1.0	—	26.0~30.0	0.6	1.0	—
Ni 1004	NiMo25Cr3Fe5	镍－钼	0.12	1.0	4.0~7.0	1.0	0.5	≥60.0	2.5	—	—	2.5~5.5	—	23.0~27.0	0.6	1.0	—

续表

合金标记		化学成分（质量分数）ᵃ/%														
数字标记	符号标记	C	Mn	Fe	Si	Cu	Niᵇ	Co	Al	Ti	Cr	Nbᶜ	Mo	V	W	标注ᵈ·ᵉ
							镍-钼									
Ni 1009	NiMo20WCu	0.10	1.5	7.0	0.8	0.3~1.3	≥62.0	—	—	—	—	—	18.0~22.0	—	2.0~4.0	—
Ni 1062	NiMo24Cr8Fe6	0.02	1.0	4.0~7.0	0.7	—	≥60.0	—	—	—	6.0~9.0	—	22.0~26.0	—	—	—
Ni 1069	NiMo28Fe4Cr	0.02	1.0	2.0~5.0	0.7	—	≥65.0	1.0	0.5	—	0.5~1.5	—	26.0~30.0	—	—	—
							镍-铬-钼									
Ni 6002	NiCr22Fe18Mo	0.05~0.15	1.0	17.0~20.0	1.0	0.5	≥45.0	0.5~2.5	—	—	20.0~23.0	—	8.0~10.0	—	0.2~1.0	—
Ni 6007	NiCr22Fe20Mo6Cu2Nb2Mn	0.05	1.0~2.0	18.0~21.0	1.0	1.5~2.5	≥37.0	2.5	—	—	21.0~23.5	1.75~2.50	5.5~7.5	—	1.0	0.04P 0.03S
Ni 6012	NiCr22Mo9	0.03	1.0	3.5	0.7	0.5	≥58.0	—	0.4	0.4	20.0~23.0	1.5	8.5~10.5	—	—	—
Ni 6024	NiCr26Mo14	0.02	0.5	1.5	0.2	0.5	≥55.0	—	—	—	25.0~27.0	—	13.5~15.0	—	—	—
Ni 6030	NiCr29Mo5Fe15W2	0.03	1.5	13.0~17.0	1.0	1.0~2.4	≥36.0	5.0	—	—	28.0~31.5	0.3~1.5	4.0~6.0	—	1.5~4.0	—
Ni 6059	NiCr23Mo16	0.02	1.0	1.5	0.2	—	≥56.0	—	—	—	22.0~24.0	—	15.0~16.5	—	—	—
Ni 6200	NiCr23Mo16Cu2	0.02	1.0	3.0	0.2	1.3~1.9	≥45.0	2.0	—	—	20.0~24.0	—	15.0~17.0	—	—	—
							镍-铬-钴-钼									
Ni 6117	NiCr22Co12Mo	0.05~0.15	3.0	5.0	1.0	0.5	≥45.0	9.0~15.0	1.5	0.6	20.0~26.0	1.0	8.0~10.0	—	—	—

注：a. 除镍以外的所有元素的单一值都是最大值。显示的两个值表示范围的最小和最大限制。
b. 除非另有规定，钴含量最多为镍含量的 1%。对于某些应用，可以要求较低的钴含量，并且应该在合同签约时达成约一致。
c. 钽含量至多为铌含量的 20%。
d. 未指定元素的总和不得超过 0.5%，不包括钴和钽。
e. 磷最大为 0.020%，硫最大为 0.015%，除非另有说明。

表 19.8　熔敷金属的最小拉伸性能

数字符号	最小 0.2% 屈服强度 /MPa	最小拉伸强度 /MPa	最小延伸率 $5d^a$/ %
镍			
Ni 2061	200	410	18
镍－铜			
Ni 4060；Ni 4061	200	480	27
镍－铬			
Ni 6082	360	600	22
Ni 6172	550	760	暂无
Ni 6231	350	620	18
镍－铬－铁			
Ni 6025	400	650	15
Ni 6045	240	620	18
Ni 6062	360	550	27
Ni 6093	360	650	18
镍－钼			
Ni 1001	400	690	22
Ni 1008	360	650	22
Ni 1062	360	550	18
Ni 1069	360	550	20
镍－铬－钼			
Ni 6002	380	650	18
Ni 6007	暂无	620	18
Ni 6012	410	650	22
Ni 6024	350	690	22
Ni 6030	350	585	22
Ni 6059	350	690	22
Ni 6200；Ni 6275	400	690	22
Ni6205；Ni 6452	350	690	22
镍－铬－钴－钼			
Ni 6117	400	620	22

注：a. 从标距长度确定的伸长率等于标距直径的 5 倍，5d。

19.3.2.3　DIN 1736 焊接材料一览表

表 19.9 涉及的填充材料的选择按 DIN 1736 标准为焊条（EL）、焊丝或焊棒（SG）。

表 19.9　DIN 1736 焊接材料一览表

母材 A	母材 B				
	LC-Ni99.6 LC-Ni99	NiCu30Fe LC-NiCu30Fe	NiCr15Fe LC-NiCr15Fe	NiMo28	NiMo16Cr16Ti
LC-Ni99.6 LC-Ni99	SG-NiTi4 EL-NiTi3				
NiCu30Fe LC-NiCu30Fe	SG-NiTi4 / EL-NiTi3 SG-NiCu32Ti / EL-NiCu30Mn	SG-NiCu32Ti EL-NiCu30Mn			
NiCr15Fe LC-NiCr15Fe	SG-NiCr20Nb SG-NiTi4 / EL-NiTi3	SG-NiTi4 EL-NiTi3	SG-NiCr20Nb EL-NiCr16FeMn		
NiMo28	SG-NiTi4 / EL-NiTi3 SG-NiMo27 / EL-NiMo29	SG-NiTi4 EL-NiTi3	SG-NiMo27 / EL-NiMo29	SG-NiMo27 EL-NiMo29	
NiMo16Cr16Ti	SG-NiTi4 / EL-NiTi3 SG-NiMo16Cr16Ti / EL-NiMo15Cr15Ti	SG-NiTi4 EL-NiTi3	SG-NiCr20Nb SG-NiMo16Cr16Ti / EL-NiMo15Cr15Ti	SG-NiMo27 / EL-NiMo29 SG-NiMo16Cr16Ti / EL-NiMo15Cr15Ti	SG-NiMo16Cr16Ti / EL-NiMo15Cr15Ti
18 8 CrNi-Stahl	SG-NiTi4 / EL-NiTi3 EL-NiCr16FeMn	SG-NiTi4 EL-NiTi3 SG-NiCu32Ti EL-NiCu30Mn	SG-NiCr20Nb EL-NiCr16FeMn	SG-NiCr20Nb EL-NiCr16FeMn SG-NiMo27 / EL-NiMo29	SG-NiCr20Nb EL-NiCr16FeMn SG-NiMo16Cr16Ti / EL-NiMo15Cr15Ti
非合金钢	SG-NiCr15FeTi EL-NiCr16FeMn	SG-NiTi4 EL-NiTi3 SG-NiCu32Ti EL-NiCu30Mn	SG-NiCr20Nb EL-NiCr16FeMn	SG-NiCr20Nb EL-NiCr16FeMn SG-NiMo27 / EL-NiMo29	SG-NiCr20Nb EL-NiCr16FeMn SG-NiMo16Cr16Ti

19.3.3 焊接方法

19.3.3.1 焊条电弧焊

当焊接部位可达性差，其他焊接方法难以实现时可采用焊条电弧焊，厚板打底焊时也可使用。焊接纯镍或固溶强化镍合金，要求焊条的焊缝熔敷金属化学成分与母材相似，药皮中通常添加 Ti、Mn 和 Nb 作为脱氧剂。镍基合金的焊条分为五类，即工业纯镍、Ni-Cu、Ni-Cr-Fe、Ni-Mo 和 Ni-Cr-Mo。

镍合金焊接工艺与不锈钢焊缝的焊接工艺相似，由于镍基合金的熔深更浅以及液态焊缝金属流动性差，在焊接过程中必须严格控制焊接参数的变化。镍基合金焊条电弧焊一般采用直流反接，尽量采用平焊位置，焊接过程中始终保持短弧。当焊接位置必须是立焊或仰焊时，应采用小的焊接电流和细的焊条，电弧应更短，以便能很好地控制熔化的焊接金属。液态镍基合金的流动性差，为防止产生未熔合、气孔等缺陷，一般要求在焊接过程中要适当摆动焊条，断弧时要稍微降低电弧高度并增大焊速以减小熔池尺寸，这样可以避免火口裂纹。

19.3.3.2　TIG焊

钨极惰性气体保护焊已广泛用于镍合金的焊接，焊接过程及接头性能稳定，特别适用于3mm以下的薄板、小截面、接头不能进行背面焊的封底焊以及焊后不允许有残留渣的结构件。

保护气体推荐使用氩气、氦气或二者混合气体。在氩气中加入少量的氢气（约5%）适用于单道焊接，在纯镍焊接时有助于避免气孔，同时增加了电弧的热量，而且容易获得表面光滑的焊缝。不填丝焊接薄的镍合金，使用氦气保护有以下特点：氦气导热率大，向熔池热输入也比较大；有助于清除或减少焊缝中的气孔；焊接速度比使用氩气时提高40%。用长弧焊接，电弧电压高，提高了热能，适用于高速焊接。当焊接电流低于60A时，氦弧不稳定，因此，用小电流焊接薄板时应当用氩气保护或另附高频电源焊接。

镍合金焊丝成分大多与母材相当，但焊丝中一般加入一些合金元素，以补偿某些元素的烧损以及控制焊接气孔和热裂纹。

手工焊和自动焊都采用直流，在焊接过程中焊丝加热端必须处于保护气体中，以避免末端氧化和由此造成的焊缝的污染，焊丝应在熔池的前端进入熔池，以避免接触钨极。保护气体的流量在薄板焊接时大约为4L/min，厚板焊接时，流量增至14L/min。

19.3.3.3　MIG焊

MIG焊多用于厚度3mm以上的工件，可用来焊接固溶强化的镍基合金，很少用来焊接沉淀强化的镍合金，生产效率较高。一般采用实心焊丝，药芯焊丝对某些镍合金也有应用。MIG焊使用氩气或氩气和氦气的混合气体作为保护气体，熔滴过渡形式不同，最佳的保护气体也不同，气体流量范围为12~47L/min，具体流量大小取决于接头形式、焊接位置、气体喷嘴大小以及是否使用尾气保护。MIG焊丝与TIG焊使用的焊丝相同，焊丝直径取决于过渡形式和母材厚度。MIG焊均推荐采用直流恒压电源，焊枪垂直于焊缝沿焊缝中心线移动施焊效果最佳。需要开坡口焊接时，为保证背面成形良好，常用TIG打底，MIG填充和盖面。

19.3.3.4　埋弧焊

用于厚板的自动化焊接，熔敷效率高，焊缝表面平滑，可以用来焊接某些固溶强化的镍合金。由于焊接热输入高、冷却速度慢，使焊缝延性降低，并且由于焊剂反应引起成分的变化使耐腐蚀性能下降。

埋弧焊使用的焊丝与TIG焊和MIG焊相同，由于通过焊剂添加部分合金，因此焊缝化学成分稍有不同，允许使用更大的电流和更粗的焊丝。还必须正确选用与合金母材和焊丝相匹配的焊剂，常用的焊剂有Inco Flux4、Inco Flux5、Inco Flux6等。

V形坡口或者V形加垫板的单面焊焊接接头适用于厚度25mm以下的板材焊接；U形坡口和双U形坡口适用于厚度为20mm或更厚的板材。埋弧焊可以采用直流正接或者直流反接，对于开坡口接头优先选择直流反接，以获得较平的焊缝和较深的熔深；直流正接常用于表面堆焊，以获得较高的熔敷效率和浅熔深。多层焊时应特别注意层间的夹杂问题，焊道的形状以稍平略凹为好。

19.3.3.5 钎焊

镍合金具有良好的钎焊性，既可以采用硬钎焊，也可以采用软钎焊进行焊接，但一般采用硬钎焊。

银基钎料钎焊接头可以达到母材退火状态的强度，但超过 150℃时强度急剧下降，银钎料的使用温度上限一般不超过 200℃。常用的银基钎料都是 Ag-Cu 或 Ag-Cu-Zn 合金，配用的钎剂多数是氟化物与硼酸的混合物。对于大部分镍合金，采用银基钎料钎焊时，处于高应力状态的情况下，具有裂纹倾向。采用高温退火的合金就可能产生这种应力裂纹，特别是沉淀强化合金。这种裂纹几乎是在钎焊操作过程中瞬间出现，熔融钎料流入这些裂缝中可以完全将其填满。

镍基钎料提高了接头在 1100℃时高温的强度与抗氧化性，但塑性有所降低，接头强度接近母材的强度。某些镍基钎料可以在 980℃下连续使用以及在 1200℃下短期使用。镍基钎料主要成分是 Ni 或 Ni-Cr，添加 Si、B、Mn 或这些元素的组合，使其熔化区间低于母材。含氟钎剂可以代替保护气氛直接进行钎焊，钎焊后应去除残留钎剂，钎焊间隙为 0.015~0.15mm。钎焊在有较强还原性气氛的炉中进行，也可在约 0.1Pa 的真空中进行。有时抽真空后，再充以干燥的 Ar。常用的镍基钎料的化学成分见表 19.10。

表 19.10　镍基钎料的化学成分

牌号	化学成分（质量分数）/%									参考值		
	Ni	Cr	B	Si	Fe	C	P	W	其他元素总量	固相线 /℃	液相线 /℃	钎焊温度 /℃
BNi82CrSiB		6.0~8.0	2.75~3.50	4.0~5.0	2.5~3.5	0.06		—		970	1000	1010~1175
BNi68CrWB		9.5~10.5	2.20~2.80	3.0~4.0	2.0~3.0	0.30~0.50		11.5~12.5		970	1095	1150~1205
BNi92SiB	余量		2.75~3.50	4.0~5.0	0.5		0.02		0.50		1040	
BNi93SiB		—	1.50~2.20	3.0~4.0	1.5	0.06		—		980	1065	1010~1175
BNi71CrSi		18.5~19.5	0.03	9.75~10.5	—	—		—		1080	1135	1150~1205

对纯 Ni 进行真空钎焊，采用 BNi-2 和 40% BNi-5 的镍基组合钎料，BNi-2 和 BNi-5 钎料的成分及其熔化温度见表 19.11。结果表明，纯 Ni 钎缝主要由 γ-Ni 固溶体和金属间化合物组成，钎缝中的化合物包括 Cr-B、Ni-Si 和 Ni-B 三大类。

表 19.11 BNi-2 和 BNi-5 钎料的成分及其熔化温度

钎料类别	化学成分（质量分数）/%					熔点 /℃	
	Cr	B	Si	Fe	Ni	固相线	液相线
BNi-2	7	3.1	4.5	3.0	余量	971	999
BNi-5	19	—	10	—	余量	1073	1135

铜基钎料能钎焊多数的镍基合金，钎焊温度在 860~1150℃。铜基钎料的接头使用的最高工作温度，连续使用时约为 200℃，短期使用时约为 480℃。常用的铜基钎料是商业纯铜和含氧 0.04% 的铜。钎焊间隙从轻微压合到 0.05mm，通常采用炉内加热的方法，加热可以用电、气、油炉等。通常，铜基钎料钎焊镍基合金不需要钎焊后处理，沉淀强化镍基合金铜钎焊接头需要时效处理，在高温使用的铜钎焊接头必须去除接头残存的钎剂和熔渣。

19.3.4 镍合金焊接接头质量控制措施

镍合金焊接中的主要问题有：高温裂纹敏感性高，易产生气孔，焊缝金属熔深浅、熔合不良。

（1）热裂纹。Ni 与 S、P 形成的共晶物的熔点特别低（Ni-Ni2S2 为 645℃，Ni-Ni3P 为 880℃），容易导致热裂纹，而且多为火口裂纹和焊道表面裂纹。可以采取的预防措施为：①热输入低；②预热 / 层间温度要低；③进行火口处理（填满弧坑）；④注意坡口清理。

（2）应变时效裂纹。析出强化型合金焊后往往要进行"固溶 + 时效"的处理，其目的是消除残余应力以及实现析出硬化。这种固溶处理加热时，由于 γ 相［NI$_3$Al 或 Ni$_3$（Al，Ti）］析出的温度区间内，因延性降低而可能产生所谓的"应变时效裂纹"。可采取的措施有：① 提高热处理的加热速度；②减少杂质元素；③焊接过程中尽量防止产生应力集中；④注意坡口清理。

（3）气孔。焊接区有油、漆、氧化物时，不但易产生热裂纹，而且易产生气孔。保护气体的流量、纯度也与气孔有关。

（4）熔深浅、熔合不良。由于镍及镍基合金熔焊与钢相比具有导热性差、黏性强，熔深较浅，焊缝较高，易形成道间和层间熔合不良，而且不能通过增大电流来增加熔深。为保证熔透，应选用较大的坡口角度和较小的钝边。同时焊接时尽量采用摆动焊，摆动至两边稍停顿使其熔合良好；也可以采用热丝 TIG 焊来改善熔深浅和熔合不良的问题。

19.3.5 同种金属的焊接

（1）纯镍的焊接最常用是 TIG 焊，也使用焊条电弧焊。焊接材料中含有 Ti、Al，有利于减少气孔、细化晶粒，控制材料中的杂质，有利于防止热裂纹。

（2）蒙乃尔 Ni-Cu 合金的焊接常用 TIG、MIG 和焊条电弧焊，焊材中含有 Ti、Al、Nb 等，可以抗气孔、抗裂；但是，熔敷金属中 Al、Ti 含量高时，600~800℃区间延性大幅度降低，所以预热及层间温度要低。另外，为恢复其高温延性，应减少 Al、Ti 的量而用 Nb 取代。因此选择焊接材料时要充分注意。

（3）因科镍 Ni-Cr、Ni-Cr-Fe 合金的焊接常用 TIG、MIG 和焊条电弧焊，也采用激光焊接。这类合金既用作高温材料，也用作耐蚀材料。焊接时易出现火口裂纹，厚板焊接时易出现显微裂纹。因此，与其他镍合金一样，要控制热输入和层间温度。

（4）因科镍 Fe-Ni-Cr 合金焊接性差，具有较大的焊接热裂纹倾向，必须更严格地限制有害杂质，焊接时正面和背面都要加强保护，以避免氧化烧损，可以采用 TIG 焊打底，焊条电弧焊盖面的工艺。作为焊接材料，已开发出同种合金的产品，但主要仍是使用因科镍合金。

（5）哈斯特洛伊 Ni-Mo、Ni-Cr-Mo 合金的焊接一般采用 TIG 焊，焊接材料可用同种合金，这类合金的抗热裂纹能力较好。哈斯特洛伊 B 合金一旦经过焊接，再在盐酸、硫酸中使用，在焊缝处易出现刀口腐蚀，在热影响区易出现晶间腐蚀，这是由于经过 $1200\sim1300\,^\circ\mathrm{C}$ 高温敏化区和 $600\sim900\,^\circ\mathrm{C}$ 中温敏化区后，产生了晶间腐蚀。

19.3.6 异种金属的焊接、堆焊及复合板的焊接

19.3.6.1 异种金属的焊接

异种金属的焊接主要有以下两种：镍合金/镍合金；镍合金/不锈钢、碳钢、低合金钢、铝合金、铜等。上述情况下，常选用因科镍为焊接材料。在通常的熔深下，因科镍熔敷金属组织为稳定的面心立方结构，焊接性较好。尤其是镍合金中碳的固溶度低，碳迁移困难，即便长时间处于高温，也很难增碳；因科镍的热膨胀系数介于奥氏体不锈钢和碳钢之间，对反复加热的适应性强，故对于高温及冷热反复施加的载荷作用下，采用因科镍焊接材料在焊接低合金钢时可省去后热。

钢（或不锈钢）与镍及镍合金焊接可以采用焊条电弧焊、埋弧焊和氩弧焊等方法，要严格清理坡口及焊接材料，采用小的热输入，控制熔合比，防止金属过热。

焊接气孔和热裂纹问题分析如下。

（1）气孔。由于镍-铁合金的凝固温度区间较窄，气体来不及逸出，残留在焊缝中易形成气孔。此外，氧在液态镍中的溶解度大于液态铁中的溶解度，而氧在固态镍中的溶解度却比固态铁中的小，因此，焊缝中含镍量大时，气孔的倾向较大，随着焊缝中镍含量进一步提高到 60%~90% 时，气孔的形成倾向又有所降低，这是由于焊缝金属中熔入不锈钢量减少，碳含量相应减少，形成一氧化碳气孔的倾向就降低了。当焊缝中含有 Mn、Ti、Al 等脱氧元素时，可以减少气孔。

（2）热裂纹。Ni 与 S、P 等形成低熔点共晶体，导致产生结晶裂纹，在铁-镍焊缝金属中镍的质量分数控制在 30% 以上，可以保证焊接接头的性能。在单相奥氏体焊缝中，镍含量增加时，晶粒显著长大，也促进了裂纹的产生。焊接时采用无氧焊剂可以减少裂纹倾向，焊缝中含有变质剂、脱氧脱硫剂时，裂纹倾向减少，所以不锈钢与镍及镍基合金焊接时，抗裂性能优于碳钢与镍及镍基合金的焊接。

用手工钨极氩弧焊焊接不锈钢 1Cr18Ni9Ti 与镍基合金 Cr20Ni80 时，提高管状焊丝中钼的含量对焊缝合金化可以提高抗裂性能。用实心焊丝对不锈钢与镍基合金进行气体保护焊，可选用 Ar、He 或 Ar+He 混合气体。为了消除焊缝金属中的气孔，可以用 95%Ar+5%H$_2$ 混合气体。采用脉冲激光焊对蒙乃尔合金与 AISI 316 不锈钢薄板进行焊接，用 YAG 激光器，以因科镍为填充材料可以防止产生热裂纹。也可以采用爆炸焊的方法来制备因科镍和碳钢的复合板。

铝与镍能够形成一系列的脆性金属间化合物，此外，在镍的表面会形成黑色氧化膜，阻碍了铝

对镍的润湿。所以熔化焊很难获得良好的焊接接头。镍与铝的焊接，可以进行扩散焊。

镍与铜常用氩弧焊、电子束焊、真空扩散焊和钎焊等方法进行焊接。采用不加填充材料的 TIG 焊，组织均匀，焊缝成形良好，具有优良的强度、塑性和韧性，也可以用铜与镍或其合金作为填充材料。由于镍与铜的塑性相近，又无限互溶，能形成无限连续固溶体，因而适于压力焊。

19.3.6.2　堆焊

镍合金很容易在碳钢、低合金钢和其他合金上进行堆焊来提高耐腐蚀性。堆焊的关键点是控制母材的稀释率，以防止降低镍合金堆焊金属的耐蚀性。

（1）埋弧堆焊。焊接时，镍合金使用直流正接以减少稀释率，同时焊丝接正极可以改善电弧的稳定性。焊丝摆动是埋弧堆焊有效的方法，可使焊道更平滑、稀释率更低。摆动宽度以及焊接电流、焊接电压和焊接速度都会影响稀释率。

（2）MIG 堆焊。熔化极气体保护电弧焊采用喷射过渡可以在钢上堆焊镍基合金，堆焊通常采用自动焊，同时摆动焊丝。保护气体通常只有氩气，当使用摆动时，必须有尾气保护。

（3）焊条电弧堆焊。应该严格控制稀释率，稀释率过大，可能增加堆焊层的热裂纹敏感性或降低耐蚀性。

（4）带极堆焊。分为电弧堆焊和电渣堆焊。电渣堆焊稀释率更低，焊道搭接处更平滑，这是由于电渣堆焊过程与电弧堆焊过程的特性不同所致。带的厚度为 0.45mm、0.5mm、0.6mm，宽度可达 150mm。

19.3.6.3　复合板的焊接

复合板由两种材料组成，基层材料一般是碳素钢或低合金钢，作为强度材料使用；复层材料是不锈钢、镍或镍基合金、钛材等，作为耐蚀材料使用。焊接顺序为先焊基层，再焊过渡层，最后焊复层；定位焊焊在基层面内。过渡层、复层的焊接采用多层焊，小电流、浅熔深，这样有效控制了基层对复层堆焊熔敷金属的稀释作用，保证了复层作为耐蚀材料使用的目的。

19.4　典型产品焊接实例

某公司制造了一台环化塔预热器，其属于第一类压力容器，结构如图 19.2 所示。管箱筒体材料

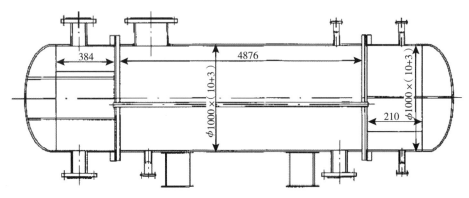

图 19.2　环化塔预热器简图

是哈斯特洛伊 C-276 / 304 复合钢板；壳程筒体材料是蒙乃尔 400 / 304 复合钢板，规格为 DN 1000 ×（3+10）mm；管板是哈斯特洛伊 C-276 / 蒙乃尔 400 复合板（8+52）；换热管是哈斯特洛伊 C-276，$\phi 19 \times 2$。复合板的基层和复层在物理性能、化学成分上存在较大差异，焊接接头不但要保证力学性能，而且还要保证耐蚀性能，应对基层、复层分别进行焊接，焊接材料、焊接工艺等分别按基层、复层来选择。

19.4.1 坡口设计

复合钢板焊接对坡口的基本要求是：若先焊接基层，则不能熔化复层，否则合金元素进入钢部分的焊缝金属中，形成的脆化组织会导致基层焊缝形成裂纹；若先焊接复层，则不能熔化基层使铁元素熔入复层，否则将稀释高合金焊缝金属，降低耐蚀性能。采用图 19.3 所示的台阶式坡口，可以避免基层金属焊到复层上，保证复层金属的耐蚀性和基层金属的力学性能。

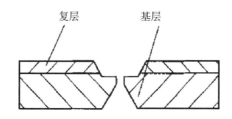

图 19.3 对接接头的台阶式坡口

19.4.2 焊接方法和焊接材料

这种台阶式坡口使复合钢板的焊接分成了明显的三步，即基层焊接、过渡层焊接和复层焊接。基层是不锈钢的常规焊接；过渡层是镍基合金在不锈钢上的堆焊；复层是镍基合金本身的焊接。

基层不锈钢的焊接采取钨极氩弧焊打底，焊条电弧焊填充和盖面，分别采用焊丝 ER308 和焊条 A102。过渡层和复层的堆焊选择钨极氩弧焊，哈斯特洛伊 C-276 / 304 复合钢板的过渡层和复层选用 ERNiCrMo-4；蒙乃尔 400 / 304 复合钢板的过渡层和复层分别选用 ERNiCrMo-3 和 ERNiCu-7。为了抵消合金铁稀释，过渡层焊接应选择合金含量高的高匹配焊材。

19.4.3 焊接工艺参数

堆焊过渡层或复层时应严格限制焊接线能量，采用小直径焊丝、小电流多层多道不摆动快速焊。大电流将会使镍基合金的熔敷金属被基层成分稀释引起堆焊层开裂和耐蚀性下降。一般情况下，堆焊三层熔敷金属可以达到焊丝的化学成分，若控制焊接电流堆焊两层即可达到。钨极氩弧焊的线能量不应超过 8kJ / cm，层间温度不应超过 93℃。焊接工艺参数见表 19.12。

这种焊接技术实现了复合钢板的使用特点，即复层耐蚀性和基层强度的统一，使环化塔预热器的焊接质量更加可靠。

表 19.12 焊接工艺参数

焊接方法	钨极氩弧焊		电弧电压 U / V	堆焊首层	11
焊丝牌号	ERNiCrMo-4 ERNiCrMo-3 ERNiCu-7			其后各层	12
焊丝规格 / mm	2.4		焊接速度 v / (mm · min^{-1})	100~150	
电流种类和极性	直流正接		钨极直径 / mm	3.0	
焊接电流 I / A	堆焊首层	110~120	喷嘴直径 d / mm	18	
	其后各层	130~140	喷嘴氩气流量 Q / (L · mm^{-1})	10	

参考文献

[1] 中国机械工程学会焊接学会. 焊接手册 [M]. 3版. 北京: 机械工业出版社, 2007.

[2] 陈祝年. 焊接工程手册 [M]. 北京: 机械工业出版社, 2002.

[3] 姚彩艳, 张贤林. Incoloy Alloy 825 铁镍基合金的焊接工艺研究 [J]. 工艺与新技术, 2002, 6 (31): 19-20.

[4] SINDO KOU. 焊接冶金学 [M]. 闫久春, 杨建国, 张广军, 译. 北京: 高等教育出版社, 2012.

[5] HONGA J K, PARKB J H. Microstructures and mechanical properties of Inconel 718 welds by CO_2 laser welding [J]. Journal of Materials Processing Technology, 2008, 201: 515-520.

[6] 陈洁, 于治水, 苏钰. 钎焊工艺参数对纯 Ni 真空钎焊钎缝组织的影响 [J]. 焊接, 2011, 3: 14-17.

[7] 宋建岭, 林三宝, 杨春利, 等. 镍基合金 / 不锈钢 TIG 熔 - 钎焊工艺的研究 [J]. 焊接, 2008 (5): 37-40.

[8] 史春元, 于启湛. 异种金属的焊接 [M]. 北京: 机械工业出版社, 2012.

[9] 董丽虹, 徐滨士, 朱胜, 等. 等离子弧堆焊镍基复合粉末涂层材料 [J]. 焊接学报, 2005, 1 (26): 37-40.

[10] 马艳波, 邢卓. 镍基合金复合钢板的焊接 [J]. 电焊机, 2007, 7 (37): 18-20, 44.

本章的学习目标及知识要点

1. 学习目标

（1）了解国际标准 ISO 9722：1992 的材料标记及材料分类。

（2）了解镍及镍合金物理、化学及力学性能。

（3）在理解镍及镍合金焊接性问题的基础上，掌握镍及镍合金焊接工艺特点及焊接材料选择原则。

（4）掌握同种和异种金属焊接工艺要点及焊接材料选择原则。

2. 知识要点

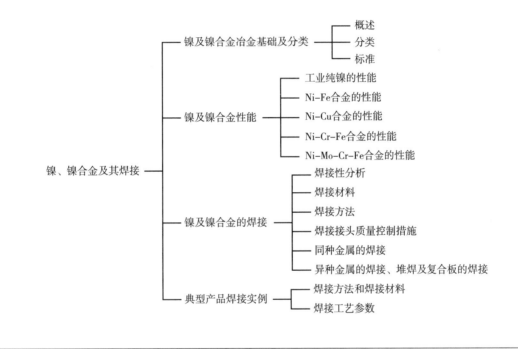

第 **20** 章

铝、铝合金及其焊接

编写：徐林刚　审校：张岩

铝及铝合金由于密度小、耐腐蚀性好、低温下没有脆性转变现象等特点，被广泛应用在工业及日常生活中的各个领域。本章从铝及铝合金的工业生产、冶金基础、材料标准化等方面，重点介绍铝及铝合金焊接时产生的气孔、热裂纹、未熔合和接头软化等问题的原因，从而解决在铝及铝合金的焊接方法、焊接材料的选择，焊接工艺措施的制定等方面应该注意的问题。

20.1 铝及铝合金概述（EN 573-1）

铝元素在地壳中的含量仅次于氧和硅，居第三位，是地壳中含量最丰富的金属元素之一。铝通常以化合状态存在，已知含铝的矿物有 250 多种，其中最常见的是铝硅酸盐类，如长石、云母、高岭石、铝土矿、明矾石等。铝是一种轻金属，纯净的铝是银白色的，为面心立方晶体结构，具有良好的延展性、导电性、导热性、耐热性和耐核辐射性，是国民经济发展的重要基础原材料。纯铝较软，在 300℃ 左右失去抗拉强度。铝在空气中易与氧气化合，在表面生成一种致密的氧化物薄膜（Al_2O_3），所以通常略显银灰色。

铝中添加合金元素的主要目的是提高在不同环境条件下的强度，并保持能满足使用要求的塑性、韧性与抗腐蚀性。

铝及铝合金被广泛地应用于家电、建筑、轻工、储罐、汽车、兵器、航空、航天等各领域。自 20 世纪 60 年代开始，铝合金结构用于轨道车辆制造业。目前，法、德、日等国高速客车已几乎全部用铝合金制造，我国的铝合金轨道车辆制造也已形成大批量生产规模。

20.1.1 铝的生产

20.1.1.1 氧化铝（Al_2O_3）的生产过程

生产铝合金的主要原材料为矾土矿（铝矾土 $Al_2O_3 \cdot 2H_2O$），使用焙烧原理冶金分离。目前工业生产氧化铝的方法有拜耳法、碱石灰烧结法和拜耳-烧结联合法三种。拜耳法由于其流程简单，能耗低，已成为当前氧化铝生产中最主要的一种方法，其产量约占全球氧化铝生产总量的 95%。下面主要介绍拜耳法。

在搅拌器中加入矾土矿及苛性钠溶液并搅拌，高温容器中提取氢氧化铝，经悬挂冷却将固体残渣（红渣）分离，氢氧化铝的沉淀物从过饱和的铝酸盐溶液中结晶析出，过滤出氢氧化合物，然后加热干燥氢氧化合物，使氢氧化铝脱水形成氧化铝，如图 20.1 所示。

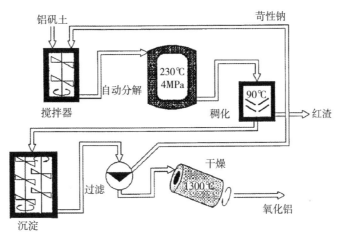

图 20.1　焙烧原理

生产过程的原理是利用了 $Al_2O_3-Na_2O-H_2O$ 的物理和化学性质，在一定温度的苛性钠溶液中溶解氢氧化铝以及铝酸盐溶液过饱和的亚稳定性。在过去几十年，焙烧过程已得到优化升级，生产率得到显著提高，能量消耗相对降低，如酸处理提取工艺也得到发展，但这些工艺技术还没有应用到生产过程中。

20.1.1.2　熔盐电解法制造铝的生产过程

早期曾采用 Na 作用于复式盐（$AlCl_3 \cdot NaCl$）析出铝的方式提炼铝，但价格昂贵。

目前，世界上多用电解法熔融氧化铝方法大量制取铝。使用熔盐电解法将铝从氧原子中分离，每千克铝能量消耗约为 $14kW \cdot h$。因为 Al_2O_3 很难熔化，电解氧化铝要加入冰晶石（$AlF_3 \cdot 3NaF$），通电后冰晶石先熔化，Al_2O_3 溶解在其中并承受电解，此过程需要 1000℃ 的高温和 20000A 电流。由 Hall 和 Héroult 发现的基本原理，氧化铝在熔化的冰晶石（Na_3AlF_6）中溶解并承受电解。

氧化铝的化学分解按照 $Al_2O_3 \rightarrow 2Al + \dfrac{3}{2}O_2$ 进行，温度控制在 950~980℃ 之间。

由碳阳极、碳阴极组成电解层，阴极处于铝沉淀的位置，由带碳炉衬的耐火炉以及可提供电流的混合钢碳组成炉底座，如图 20.2 所示。此工艺已取得了长足的发展，扩大了电解层面积并提高了电流强度，提高了铝冶金的经济效益，降低能源消耗。

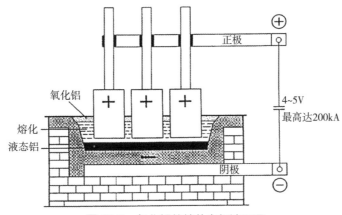

图 20.2　氧化铝的熔盐电解法原理

电解铝称为原生铝，通常纯度可达 99.5%、99.7% 和 99.85%，主要伴随成分是硅和铁。4t 矾土可生产近 2t 的氧化铝，这些氧化铝又可生产出近 1t 的原生铝。

铝的总需求量中有相当一部分是再生铝合金，通过加工废弃铝合金或者材料的再循环，仅 5% 的能源可用于原生铝的生产。

20.1.1.3 精炼高纯度铝

为了生产纯度更高的铝（纯度为 99.99% 的铝），可以通过电化学方式，使用三层精炼法制得，它包括原生铝的三层叠加熔化层，电解液和精炼铝。采用电解或区域熔化工艺方法的精炼电解铝纯度会稍高。

20.1.2 铝及铝合金的物理及化学性能

铝与铁的性能对比见表 20.1。

表 20.1　铝与铁的性能对比

性能	Al	Fe
原子质量	26.98	55.84
晶格	cfc	cbc
密度 / (g / cm^3)	2.70	7.87
E-模数 / MPa	67×10^3	210×10^3
膨胀系数 / (1 / K)	24×10^{-6}	12×10^{-6}
0.2% 屈服极限 / MPa	≈ 10	≈ 100
抗拉强度 / MPa	≈ 50	≈ 200
比热 / [J / (kg·K)]	≈ 890	≈ 460
溶解热 / (J / g)	≈ 390	≈ 272
熔点 / ℃	660	1536
导热率 / (W / m·K)	235	75
导电率 / [m / (Ω·mm²)]	38	≈ 10
氧化物	Al_2O_3	$FeO / Fe_2O_3 / Fe_3O_4$
氧化物的熔点 / ℃	2050	1400 / 1455 / 1600

铝的熔点虽然较低，但熔解热和热容量很大，因而，铝及铝合金结晶凝固过程中放出大量的热，有利于提高铸造性；结晶后具有面心立方晶格，无同素异构转变，具有良好的压力加工能力；氯离子和碱离子能破坏（盐、碱溶液容器）铝表面氧化膜，与硝酸作用较弱，但与盐酸、硫酸作用较强；铝合金具有很高的比强度。

20.1.3 铝合金分类

铝及铝合金的分类方法，按实际使用的不同有多种分类方法。

20.1.3.1 按材料的基本加工方法分类

可以分为铸造铝合金和变形铝合金两大类。这是最常见也是最基本的分类。如图 20.3 所示。

变形铝合金：图 20.3 中 D 点以左的部分。该类铝合金加热至固溶线 FD 以上时能形成单相 α 固溶体，塑性好，适于压力加工成形。它包括非热处理强化的变形铝合金和可热处理强化的变形铝合金。非热处理强化的变形铝合金即相图中 F 点以左的部分，

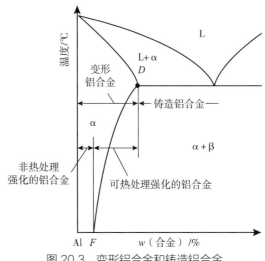

图 20.3 变形铝合金和铸造铝合金

组织为单相固溶体，且其溶解度不随温度而变化，无法进行热处理强化；可热处理强化的变形铝合金即相图中 F 和 D 之间的变形铝合金，固溶体的溶解度随着温度而显著变化，可进行热处理强化。

铸造铝合金：相图中 D 点以右的部分，有共晶铝合金、亚共晶铝合金和过共晶铝合金之分。

20.1.3.2 按材料的性能分类

在实际使用中，使用人员往往关心的不是材料的合金体系，而是材料的用途和基本特性。

变形铝合金按照用途可划分为：纯铝、防锈铝、硬铝、超硬铝、特殊铝。这是早期国标当中铝及铝合金牌号表示方法所采用的分类方法。此外，变形铝合金还可以按材料的热处理特性分为：热处理强化铝合金和非热处理强化铝合金。

常用的合金成分类型如图 20.4 所示。变形铝合金与铸造铝合金之间有所区别，铸锭经轧制或挤压制造成半成品，如片、板状或型材，产品在不同的环境温度下加工容易变形。

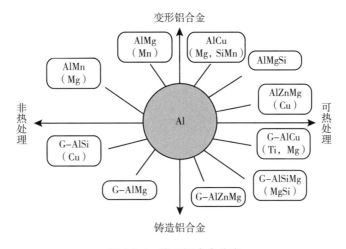

图 20.4 常见铝合金分类

根据铝及铝合金的焊接性，ISO / TR 15608-2 把变形铝合金分为 21 组（纯铝）、22 组（非热处理强化铝合金）、23 组（热处理强化铝合金），铸造铝合金分为 24 组、25 组和 26 组。

20.1.4 铝及铝合金的标记

20.1.4.1 按国际统一美国铝业协会标准铝及铝合金合金四位数字标记

1000 系列：纯铝 w（Al）≥ 99.0%

2000 系列：主要合金成分为 Cu

3000 系列：主要合金成分为 Mn

4000 系列：主要合金成分为 Si

5000 系列：主要合金成分为 Mg

6000 系列：主要合金成分为 Mg-Si

7000 系列：主要合金成分为 Zn

8000 系列：主要合金成分为其他成分

在上述合金当中，属于防锈铝的有 Al-Mg（5000 系列）及 Al-Mn（3000 系列）系列铝合金，属于硬铝的有 Al-Cu-Mg 及 Al-Cu-Mn（2000 系列）系合金，Al-Zn-Mg-Cu（7000 系列）系为超硬铝，Al-Mg-Si-Cu（6000 系列）及 Al-Cu-Mg-Fe-Ni 系合金为锻铝。

Al-Cu-Mg-Fe-Ni 及 Al-Cu-Mn 系合金与 Al-Cu-Mg 系中的 2A06、2A02 合金有较好的耐热性，所以也称为耐热铝合金。

20.1.4.2 按 EN 573-1：2004 标准铝及铝合金的标记

铝及铝合金材料按 EN 573 标准规定用数字或符号标记方法表示为：

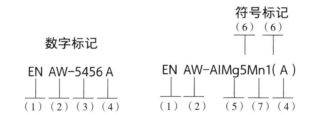

数字标记和符号标记中各位数字代表的含义为：

（1）——标准类别

（2）——基本金属 + 供货状态

（3）——第一位数字：主要的合金成分；第二位数字：调整的合金成分

（4）——调整

（5）——主要的合金成分

（6）——名义含量

（7）——添加的合金成分

铝合金材料的状态代号规定。

非热处理强化铝合金材料基础状态代号标记为：

F——制造状态

O——退火状态

H——加工硬化状态

H1x ——只是加工硬化，无附加的热处理状态

H2x ——加工硬化和部分退火，较好的变形特性状态

H3x ——加工硬化，稳定化处理状态

H4x ——加工硬化，烤漆状态

可热处理强化铝合金材料基础状态代号标记为：

T1——高温下快速冷却，自然时效

T2——高温下快速冷却，冷加工，自然时效

T3——固溶处理，冷加工，自然时效

T4——固溶处理，自然时效

T5——高温下快速冷却，人工时效

T6——固溶处理，人工时效

T7——固溶处理，稳定化处理

T8——固溶处理，冷加工和人工时效

T9——固溶处理，人工时效，冷加工

Tx51——在 Tx 回火条件下通过拉伸减少内应力

Tx52——在 Tx 回火条件下通过压缩减少内应力

W——固溶处理（不稳定回火）

20.1.4.3 我国 GB 16474—2011 变形铝合金牌号表示方法

（1）国际四位数字体系牌号直接引用。

（2）未命名为国际四位数字体系牌号的变形铝及铝合金，采用四位字符牌号。四位字符牌号的第一、第三、第四位为阿拉伯数字，第二位为英文大写字母。牌号的第一位数字表示铝及铝合金的组别，第二位字母表示原始纯铝或铝合金的改型情况，最后两位数字用以标识同一组中不同的铝合金或表示铝的纯度。

我国《变形铝及铝合金状态代号》（GB / T 16475—2008）标准中规定了主要的基础状态代号及细分状态代号。基础状态代号用一个英文大写字母表示，细分状态代号用一位或多位阿拉伯数字或英文大写字母来表示影响产品特性的基本处理或特殊处理。其说明见表 20.2 和表 20.3。

表 20.2　基础状态代号、名称及说明与应用

代号	名称	说明与应用
F	制造状态	适用于在成型过程中，对于加工硬化和热处理条件无特殊要求的产品，该状态产品的力学性能不做规定
O	退火状态	适用于经完全退火获得最低强度的产品状态
H	加工硬化状态	通过加工硬化提高强度的产品，产品有加工硬化后可经过（也可不经过）使强度有所降低的附加热处理，H 代号后面必须跟有两位或三位阿拉伯数字： H 后面的第 1 位数字表示获得该状态的基本工艺，用数字 1~4 表示； H 后面的第 2 位数字表示产品的最终加工硬化程度，用数字 1~9 来表示； H 后面的第 3 位数字或字母，表示影响产品特性，但产品特性仍接近其两位数字状态（HU2、H116、H321 状态除外）的特殊处理

续表

代号	名称	说明与应用
W	固溶热处理状态	一种不稳定状态，仅适用于经固溶热处理后，室温下自然时效的合金，该状态代号合金仅表示产品处于自然时效状态
T	热处理状态（不同于 F、O、H 状态）	适用于热处理后，经过（或不经过）加工硬化达到稳定状态的产品，T 代号后面必须跟有一位或多位阿拉伯数字

表 20.3　Tx 细分状态代号说明与应用

状态代号	代号释义
T1	高温成型 + 自然时效 适用于高温成型后冷却、自然时效，不再进行冷加工（或影响力学性能极限的矫平、矫直）的产品
T2	高温成型 + 冷加工 + 自然时效 适用于高温成型后冷却，进行冷加工（或影响力学性能极限的矫平、矫直）以提高强度，然后自然时效的产品
T3	固溶热处理 + 冷加工 + 自然时效 适用于固溶热处理后，进行冷加工（或影响力学性能极限的矫平、矫直）以提高强度，然后自然时效的产品
T4	固溶热处理 + 自然时效 适用于固溶热处理后，不再进行冷加工（或影响力学性能极限的矫直、矫平），然后自然时效的产品
T5	高温成型 + 人工时效 适用于高温成型后冷却，不经冷加工（或影响力学性能极限的矫直、矫平），然后进行人工时效的产品
T6	固溶热处理 + 人工时效 适用于固溶热处理后，不再进行冷加工（或影响力学性能极限的矫直、矫平），然后人工时效的产品
T7	固溶热处理 + 过时效 适用于固溶热处理后，进行过时效至稳定化状态，为获取除力学性能外的其他某些重要特性，在人工时效时，强度在时效曲线上越过了最高峰点的产品
T8[a]	固溶热处理 + 冷加工 + 人工时效 适用于固溶热处理后，经冷加工（或影响力学性能极限的矫直、矫平）以提高强度，然后人工时效的产品
T9	固溶热处理 + 人工时效 + 冷加工 适用于固溶热处理后，人工时效，然后进行冷加工（或影响力学性能极限的矫直、矫平）以提高强度的产品
T10	高温成型 + 冷加工 + 人工时效 适用于高温成型后冷却，经冷加工（或影响力学性能极限的矫直、矫平）以提高强度，然后进行人工时效的产品

注：a. 某些 6000 系或 7000 系的合金，无论是炉内固溶热处理，还是高温成型后急冷以保留可溶性组分在固溶体中，均能达到相同的固溶热处理效果，这些合金的 T3、T4、T6、T7、T8 和 T9 状态可采用上述两种处理方法中的任一种，但应保证产品的力学性能和其他性能（如抗腐蚀性能）。

20.1.5　铝及铝合金的强化机理

对于铝合金常采用热处理以及加工硬化等方式进行强化，不同系列的铝合金由于成分的差异决定了强化方式的不同。例如，3000 系列、4000 系列、5000 系列主要采用固溶处理以及加工硬化的方式强化，属于非热处理强化铝合金，而 2000 系列、6000 系列、7000 系列可以通过固溶、时效等热处理手段进行强化，属于热处理强化铝合金。下面介绍这两种强化方式的机理。

20.1.5.1　非热处理强化

非热处理强化铝合金，主要通过强化固溶体提高强度，也可以通过第二相、加工硬化等方式都可以提高强度。

增加合金元素（如晶格中的外来铜原子）能够提高硬度、抗拉强度和屈服强度，降低延伸率和断面收缩率。Fe、Ni、Ti、Mn 和 Cr 元素以及 Cr 元素的化合物主要形成固溶度较低的第二相元素，增加这些金属间化合物的体积分数也会使强度和硬度提高。

加工（应变）硬化是由于位错而形成的，位错密度提高了变形阻力，强度或硬度也得到增加。非热处理强化铝合金的强化如图 20.5 所示。

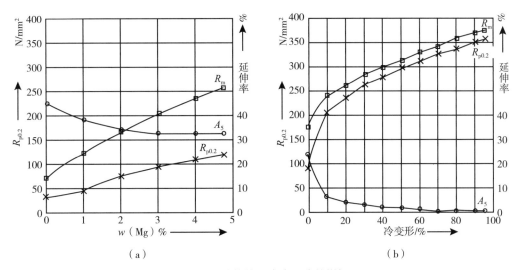

图 20.5　非热处理合金强度的增加

值得注意的是，呈弥散析出的第二相晶粒细化也可以提高强度，由添加物 Mn 或 Cr 所形成的复合相，在加热锻造铝合金时由于其固态析出沉淀，延迟或抑制了再结晶的过程并阻止了晶粒的增长，轧制对晶粒细化也起到辅助作用。退火是为了总体或部分地降低材料硬度，通过整体再结晶退火会达到软化状态，在同等的抗拉强度下可以得到较好的变形特性，部分再结晶可以部分地降低强度。非热处理合金强度增加 / 降低如图 20.6 所示。

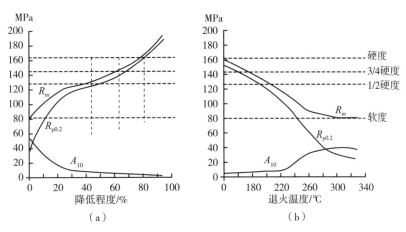

图 20.6　非热处理合金强度增加 / 降低

20.1.5.2 **热处理强化**

热处理强化铝合金（如铝铜合金）的性能主要通过固溶退火→淬火→时效工艺过程实现。先固溶退火使附加合金元素的固溶体得到增强，该固溶体对硬化是有效的，然后将添加了合金成分的固溶体快速冷却，使其达到过饱和状态，最后在室温或者升温时发生时效。$Al-Al_2Cu$ 系列热处理时效强化的原理如图 20.7 所示。

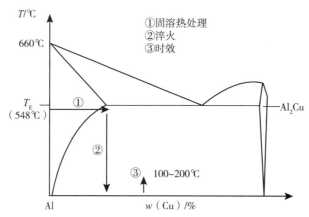

图 20.7　$Al-Al_2Cu$ 系列热处理时效强化的原理

在 Al-Cu 系列中，下述类型的析出沉淀由铜的浓度、淬火速度和时效条件所确定。溶质从过饱和固溶体中析出如图 20.8 所示。晶格中共格相连的原子和相之间具有相关性，造成原子间的不同距离相关联内应力（弹性应变）；晶格和部分共格原子之间的相关性受到限制，非共格原子结构与 Al 基体晶格存在区别。析出的原子和脱溶的固溶体都阻碍了位错的发生，从而增加抵抗变形能力、提高强度，同时，这种机械阻力值也由合金体系所决定。

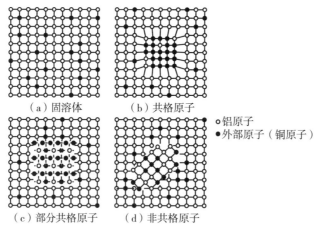

（a）固溶体　　（b）共格原子

○铝原子
●外部原子（铜原子）

（c）部分共格原子　　（d）非共格原子

图 20.8　铜原子析出类型

Al-Cu 合金时效强化的过程如图 20.9 所示。

（1）GP Ⅰ富集区（以其发现者 Guinier 和 Preston 命名）为铜原子在单原子层的富集，析出积聚物与母相共格相连。

（2）GP Ⅱ有序化的富集区为单原子铝层和铜层，可以导致面心晶格的扭曲，析出积聚物与合金晶格之间也是有相关联性的。

GP Ⅰ富集区和 GP Ⅱ有序化的富集区的细微分布，有效地阻碍位错运动，可以在一定程度上提高强度。

（3）θ′相为片状，作为面心结构的金属间化合物 Al_2Cu 的非平衡中间（过渡）相，与 Al 晶格形成部分共格，与 α 固溶体非共格其晶粒较为粗大。

（4）θ 相为稳定的面心平衡相 Al_2Cu。

铜含量约 4% 的铝合金在淬火到室温后的几分钟之内形成 GP Ⅰ富集区，在大约 160℃条件下退火数小时可以形成 GP Ⅱ有序化的富集区，在更高的温度下退火可以同时形成上述两种组织。

为了说明沉淀的过程，需要高浓度的空穴，以便溶质原子在低温条件下发生扩散和加速固溶体脱溶。产生此现象的先决条件为高浓度空穴在固溶处理温度下被快速冷却呈过饱和状态。随着时效时间的延长，晶粒的尺寸和平均距离得到增长，使位错克服障碍质点的机理发生改变，引起强度的降低，产生过时效。

热处理可以使经冷变形和热变形的材料得到强化，这种强化与合金成分有很重要的关系，热机械处理使强度可以得到进一步提高。铝合金由于时效行为受到影响，使内应力降低，尺寸精确度得到提高。强化的效果取决于温度和时间，如图 20.10 所示为沉淀强化时温度和时间对硬度的影响。

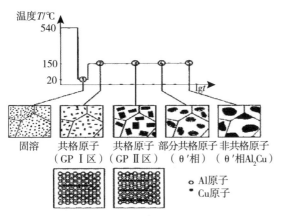

图 20.9　Al-Cu 合金时效强化的过程

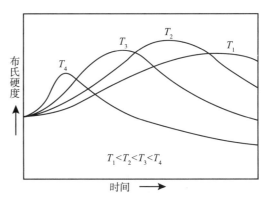

图 20.10　取决于温度和时间的沉淀强化

Al-Cu 系列合金的时效过程可归纳为：

SS（过饱和固溶体）→ GP 区（溶质原子偏聚）→ θ′（共格）→ θ（非共格）

GP 区末期与 θ 相初期抗拉强度达到最高值，到 θ 相时，强度下降，形成过时效。

20.2　铝合金的化学成分（EN 573-3）

EN 573-3：2019 标准中部分铝合金的化学成分，1000 系列 -Al 见表 20.4、5000 系列 -Al Mg 见表 20.5、6000 系列 -Al MgSi 见表 20.6。

我国的变形铝合金的化学成分及力学性能标准为 GB/T 3190—2020《变形铝及铝合金化学成分》，GB/T 3880.2—2012《一般工业用铝及铝合金板、带材　第 2 部分：力学性能》。

表 20.4 纯铝-1000系列-Al 化学成分（%）

数字标记	化学符号	Si	Fe	Cu	Mn	Mg	Cr	Ni	Zn	Ti	Ga	V	备注	其他[a] 每个	其他[a] 总量[b]	铝 min
EN AW-1199	EN AW-Al 99.99	0.006	0.006	0.006	0.002	0.006	—	—	0.006	0.002	0.005	0.005	—	0.002	—	99.99[c]
EN AW-1098	EN AW-Al 99.98	0.010	0.006	0.003	—	—	—	—	0.015	0.003	—	—	—	0.003	—	99.98[c]
EN AW-1198	EN AW-Al 99.98（A）	0.010	0.006	0.006	0.006	—	—	—	0.010	0.006	0.006	—	—	0.003	—	99.98[c]
EN AW-1090	EN AW-Al 99.90	0.07	0.07	0.02	0.01	0.01	—	—	0.03	0.01	0.03	0.05	—	0.01	—	99.90[c]
EN AW-1085	EN AW-Al 99.85	0.10	0.12	0.003	—	0.02	—	—	0.03	0.02	0.03	0.05	—	0.01	—	99.85[c]
EN AW-1080A	EN AW-Al 99.8（A）	0.15	0.15	0.03	0.02	0.02	—	—	0.06	0.02	0.03	—	d	0.02	—	99.80[c]
EN AW-1070A	EN AW-Al 99.7	0.20	0.25	0.03	0.03	0.03	—	—	0.07	0.03	—	—	—	0.03	—	99.70[c]
EN AW-1370	EN AW-EAl 99.7	0.10	0.25	0.02	0.01	0.02	0.01	—	0.04	—	0.03	—	0.02B,	0.02	0.10	99.70[c]
EN AW-1060	EN AW-Al 99.6	0.25	0.35	0.05	0.03	0.03	—	—	0.05	0.03	—	0.05	0.02V+Ti	0.03	—	99.60[c]
EN AW-1050A	EN AW-Al 99.5	0.25	0.40	0.05	0.05	0.05	—	—	0.07	0.05	—	—	—	0.03	—	99.50[c]

注：a. "其他"为此表中已列出但是对其限值未作规定的成分以及未列入此表的合金元素。制造商可以对注册或者规定中未作说明的微量元素进行熔样分析。但是，对这些分析并不作要求，也不算在"其他"中。在制造商或者购买商进行的分析中，"其他"元素超过"单个"的限定值或者几个"其他"的总计超过"总量"的限定值，则材料就认定为不均匀。

b. 0.010%或个别更高的"其他"的总量在计算加法前保留到小数点后第二位。

c. 不是由精炼工艺制成的纯铝中铝含量与100.00%是有区别的，0.010%或个别更高的"其他"金属元素的总量在计算加法前保留到小数点后第二位。

d. 最大值为0.0003的Be仅用于焊接焊条、焊棒和填充丝。

表 20.5 铝合金-5000系列-AlMg 化学成分（%）

数字标记	符号标记	Si	Fe	Cu	Mn	Mg	Cr	Ni	Zn	Ti	Ga	V	备注	其他[a] 每个	其他[a] 总量[b]	铝 min
EN AW-5005	EN AW-AlMg1（B）	0.30	0.70	0.20	0.20	0.50~1.1	0.10	—	0.25	—	—	—	—	0.05	0.15	余量
EN AW-5305	EN AW-Al99.85Mg1	0.08	0.08	—	0.03	0.7~1.1	—	—	0.05	0.02	—	—	—	0.02	—	余量
EN AW-5010	EN AW-AlMg0.5Mn	0.40	0.70	0.25	0.10~0.30	0.20~0.6	0.15	—	0.30	0.10	—	—	0.20~0.6Mn+Cr[c]	0.05	0.15	余量
EN AW-5018	EN AW-AlMg3Mn0.4	0.25	0.40	0.10	0.20~0.6	2.6~3.6	0.30	—	0.20	0.15	—	—	—	0.05	0.15	余量
EN AW-5019	EN AW-AlMg5	0.40	0.50	0.10	0.10~0.6	4.5~5.6	0.20	—	0.20	0.20	—	—	0.10~0.6Mn+Cr	0.05	0.15	余量
EN AW-5119A	EN AW-AlMg5（B）	0.25	0.40	0.05	0.20~0.6	4.5~5.6	0.30	—	0.20	0.15	—	—	0.20~0.6Mn+Cr[c]	0.05	0.15	余量
EN AW-5042	EN AW-AlMg3.5Mn	0.20	0.35	0.15	0.20~0.50	3.0~4.0	0.10	—	0.25	0.10	—	—	—	0.05	0.15	余量
EN AW-5049	EN AW-AlMg2Mn0.8	0.40	0.50	0.10	0.50~1.1	1.6~2.5	0.30	—	0.20	0.10	—	—	—	0.05	0.15	余量
EN AW-5249	EN AW-AlMg2Mn0.8Zr	0.25	0.40	0.05	0.50~1.1	1.6~2.5	0.30	—	0.20	0.15	—	—	0.10~0.20Zr[c]	0.05	0.15	余量
EN AW-5050A	EN AW-AlMg1.5（D）	0.40	0.7	0.20	0.30	1.1~1.8	0.10	—	0.25	—	—	—	—	0.05	0.15	余量
EN AW-5052	EN AW-AlMg2.5	0.25	0.40	0.10	0.10	2.2~2.8	0.15~0.35	—	0.10	—	—	—	—	0.05	0.15	余量

续表

合金标记 数字标记	符号标记	Si	Fe	Cu	Mn	Mg	Cr	Ni	Zn	Ti	Ga	V	备注	其他[a] 每个	总量[b]	铝 min
EN AW-5154B	EN AW-AlMg3.5Mn0.3	0.35	0.45	0.05	0.15~0.45	3.2~3.8	0.10	0.01	0.15	0.15	—	—	—	0.05	0.15	余量
EN AW-5354	EN AW-AlMg2.5MnZr	0.25	0.40	0.05	0.50~1.0	2.4~3.0	0.05~0.20	—	0.25	0.15	—	—	0.10~0.20Zr	0.05	0.15	余量
EN AW-5454	EN AW-AlMg3Mn	0.25	0.40	0.10	0.50~1.0	2.4~3.0	0.05~0.20	—	0.25	0.20	—	—	—	0.05	0.15	余量
EN AW-5554	EN AW-AlMg3Mn（A）	0.25	0.40	0.10	0.50~1.0	2.4~3.0	0.05~0.20	—	0.25	0.05~0.20	—	—	c	0.05	0.15	余量
EN AW-5654	EN AW-AlMg3.5Cr	0.45Si+Fe		0.05	0.01	3.1~3.9	0.15~0.35	—	0.20	0.05~0.15	—	—	c	0.05	0.15	余量
EN AW-5356A	EN AW-AlMg5Cr（B）	0.25	0.40	0.10	0.05~0.20	4.5~5.5	0.05~0.20	—	0.10	0.06~0.20	—	—	d	0.05	0.15	余量
EN AW-5556A	EN AW-AlMg5Mn	0.25	0.40	0.10	0.6~1.0	5.0~5.5	0.05~0.20	—	0.20	0.05~0.20	—	—	c	0.05	0.15	余量
EN AW-5556B	EN AW-AlMg5Mn（A）	0.25	0.40	0.10	0.6~1.0	5.0~5.5	0.05~0.20	—	0.20	0.05~0.20	—	—	d	0.05	0.15	余量
EN AW-5082	EN AW-AlMg4.5	0.20	0.35	0.15	0.15	4.0~5.0	0.15	—	0.25	0.10	—	—	—	0.05	0.15	余量
EN AW-5182	EN AW-AlMg4.5Mn0.4	0.20	0.35	0.15	0.20~0.50	4.0~5.0	0.10	—	0.25	0.10	—	—	—	0.05	0.15	余量
EN AW-5083	EN AW-AlMg4.5Mn0.7	0.40	0.40	0.10	0.40~1.0	4.0~4.9	0.05~0.25	—	0.25	0.15	—	—	—	0.05	0.15	余量
EN AW-5183	EN AW-AlMg4.5Mn0.7（A）	0.40	0.40	0.10	0.50~1.0	4.3~5.2	0.05~0.25	—	0.25	0.15	—	—	c	0.05	0.15	余量
EN AW-5183（A）	EN AW-AlMg4.5Mn0.7（C）	0.40	0.40	0.10	0.50~1.0	4.3~5.2	0.05~0.25	—	0.25	0.15	—	—	d	0.05	0.15	余量
EN AW-5087	EN AW-AlMg4.5MnZr 没有A	0.25	0.40	0.05	0.7~1.1	4.5~5.2	0.05~0.25	—	0.25	0.15	—	—	0.10~0.20Zr c	0.05	0.15	余量
EN AW-5187	EN AW-AlMg4.5MnZr（A）	0.25	0.40	0.05	0.7~1.1	4.5~5.2	0.05~0.25	—	0.25	0.15	—	—	0.10~0.20Zr d	0.05	0.15	余量

注：a. "其他"为此表中已列出但是对其限值未作规定的成分以及未列入此表列入此表的成分合金元素。制造商可以对注册或者规定中未作说明的微量元素进行熔样分析。但是，对这些分析并不作要求，也不计算在"其他"中。在制造商或者购买商进行的分析中，"其他"金属元素的总量在计算法前保留到小数点后第一位。"单个"的分析或者量或者几个"其他"的总计超过"总量"的限定值，则材料被认定为不均匀。

b. 最大值为 0.010% 或个别更高的"其他"金属元素的总量在计算法前保留到小数点后第二位。

c. 最大值为 0.0003 的 Be 仅用于焊接焊条、焊棒和填充丝。

d. 最大值为 0.0005% 的 Be 用于焊接焊条、焊棒和填充丝。

表 20.6　铝合金 -6000 系列 -Al MgSi 化学成分（%）

合金标记 数字标记	符号标记	Si	Fe	Cu	Mn	Mg	Cr	Ni	Zn	Ti	Ga	V	备注	其他[a] 每个	总量[b]	铝 min
EN AW-6101	EN AW-AlMgSi	0.30~0.7	0.50	0.10	0.03	0.35~0.8	0.03	—	0.10	—	—	—	0.06B	0.03	0.10	余量
EN AW-6101A	EN AW-AlMgSi（A）	0.30~0.7	0.40	0.05	—	0.40~0.9	—	—	—	—	—	—	—	0.03	0.10	余量
EN AW-6101B	EN AW-A 1MgSi（B）	0.30~0.6	0.10~0.30	0.05	0.05	0.35~0.6	—	—	0.10	—	—	—	—	0.03	0.10	余量
EN AW-6201	EN AW-A 1Mg0.7Si	0.50~0.9	0.50	0.10	0.03	0.6~0.9	0.03	—	0.10	—	—	—	0.06B	0.03	0.10	余量
EN AW-6401	EN AW-A 199.9MgSi	0.35~0.7	0.04	0.05~0.20	0.03	0.35~0.7	—	—	0.04	0.01	—	—	—	0.01	—	余量

续表

| 合金标记 | | Si | Fe | Cu | Mn | Mg | Cr | Ni | Zn | Ti | Ga | V | 备注 | 其他 | | 铝 |
数字标记	符号标记													每个	总量[b]	min
EN AW-6003	EN AW-AlMg1Si0.8	0.35~1.0	0.6	0.10	0.8	0.8~1.5	0.35	—	0.20	0.10	—	—	—	0.05	0.15	余量
EN AW-6005	EN AW-AlSiMg	0.6~0.9	0.35	0.10	0.10	0.40~0.6	0.10	—	0.10	0.10	—	—	—	0.05	0.15	余量
EN AW-6005A	EN AW-AlSiMg（A）	0.50~0.9	0.35	0.30	0.50	0.40~0.7	0.30	—	0.20	0.10	—	—	0.12~0.50Mn+Cr	0.05	0.15	余量
EN AW-6005B	EN AW-AlSiMg（B）	0.45~0.8	0.30	0.10	0.10	0.40~0.8	0.10	—	0.10	0.10	—	—	—	0.05	0.15	余量
EN AW-6106	EN AW-AlMgSiMn	0.30~0.6	0.35	0.25	0.05~0.20	0.40~0.8	0.20	—	0.10	—	—	—	—	0.05	0.10	余量
EN AW-6008	EN AW-AlSiMgV	0.50~0.9	0.35	0.30	0.30	0.40~0.7	0.30	—	0.20	0.10	—	0.05~0.20	—	0.05	0.15	余量
EN AW-6011	EN AW-AlMg0.9Si0.8Cu	0.6~1.2	1.0	0.40~0.9	0.8	0.6~1.2	0.30	0.20	1.5	0.20	—	—	—	0.05	0.15	余量
EN AW-6012	EN AW-AlMgSiPb	0.6~1.4	0.50	0.10	0.40~1.0	0.6~1.2	0.30	—	0.30	0.20	—	—	0.7Bi0.40~2.0Pb	0.05	0.15	余量
ENAW-6013	ENAW-AlMg1Si0.8CuMn	0.6~1.0	0.50	0.6~1.1	0.20~0.8	0.6~1.2	0.10	—	0.25	0.10	—	—	—	0.05	0.15	余量
EN AW-6015	EN AW-AlMg1Si0.3Cu	0.20~0.40	0.10~0.30	0.10~0.25	0.10	0.8~1.1	0.10	—	0.10	0.10	—	—	—	0.05	0.15	余量
EN AW-6016	EN AW-AlSi1.2Mg0.4	1.0~1.5	0.50	0.20	0.20	0.25~0.6	0.10	—	0.20	0.15	—	—	—	0.05	0.15	余量
EN AW-6018	EN AW-AlMg1SiPbMn	0.50~1.2	0.7	0.15~0.40	0.30~0.8	0.6~1.2	0.10	—	0.30	0.20	—	—	c	0.05	0.15	余量
EN AW-6351	EN AW-AlSiMg0.5Mn	0.7~1.3	0.50	0.10	0.40~0.8	0.40~0.8	—	—	0.20	0.20	—	—	—	0.05	0.15	余量
EN AW-6351A	EN AW-AlSiMg0.5Mn（A）	0.7~1.3	0.50	0.10	0.40~0.8	0.40~0.8	—	—	0.20	0.20	—	—	e	0.05	0.15	余量
EN AW-6951	EN AW-AlMgSi0.3Cu	0.20~0.50	0.8	0.15~0.40	0.10	0.40~0.8	—	—	0.20	—	—	—	—	0.05	0.15	余量
EN AW-6056	EN AW-AlSi1MgCuMn	0.7~1.3	0.50	0.50~1.1	0.40~1.0	0.6~1.2	0.25	—	0.10~0.7	d	—	—	d	0.05	0.15	余量
EN AW-6060	EN AW-Al MgSi	0.30~0.6	0.10~0.30	0.10	0.10	0.35~0.6	0.05	—	0.15	0.10	—	—	—	0.05	0.15	余量
EN AW-6061A	EN AW-Al Mg1SiCu（A）	0.40~0.8	0.7	0.15~0.40	0.15	0.8~1.2	0.04~0.35	—	0.25	0.15	—	—	e	0.05	0.15	余量
EN AW-6261	EN AW-Al Mg1SiCuMn	0.40~0.7	0.40	0.15~0.40	0.20~0.35	0.7~1.0	0.10	—	0.20	0.10	—	—	—	0.05	0.15	余量
EN AW-6262	EN AW-Al Mg1SiPb	0.40~0.8	0.7	0.15~0.40	0.15	0.8~1.2	0.04~0.14	—	0.25	0.15	—	—	f	0.05	0.15	余量
EN AW-6063	EN AW-Al Mg0.7Si	0.20~0.6	0.35	0.10	0.10	0.45~0.9	0.10	—	0.10	0.10	—	—	—	0.05	0.15	余量
EN AW-6063A	EN AW-Al Mg0.7Si（A）	0.30~0.6	0.15~0.35	0.10	0.15	0.6~0.9	0.05	—	0.15	0.10	—	—	—	0.05	0.15	余量
EN AW-6463	EN AW-Al Mg0.7Si（B）	0.20~0.6	0.15	0.20	0.05	0.45~0.9	—	—	0.05	—	—	—	—	0.05	0.15	余量
EN AW-6181	EN AW-AlSiMg0.8	0.8~1.2	0.45	0.10	0.15	0.6~1.0	0.10	—	0.20	0.10	—	—	—	0.05	0.15	余量
EN AW-6082	EN AW-AlSi1MgMn	0.7~1.3	0.50	0.10	0.40~1.0	0.6~1.2	0.25	—	0.20	0.10	—	—	—	0.05	0.15	余量
EN AW-6082A	EN AW-AlSi1MgMn（A）	0.7~1.3	0.50	0.10	0.40~1.0	0.6~1.2	0.25	—	0.20	0.10	—	—	e	0.05	0.15	余量

注：a. "其他"为此表中已列出但是对其限值未作规定的金属元素。制造商可以对注册或者规定中未作说明的微量元素进行熔样分析。但是，对这些分析并不作要求，也不算在"其他"中。在制造商或者购买商进行的分析中，"其他"元素超过"单个"的限制量或者几个"其他"的总计超过"总量"的限定量，则材料被认定为不均匀。

b. 0.010%或个别更高的"其他"金属元素在计算总量的加法前保留到小数点后第二位。

c. 0.40~0.7Bi；0.40~1.2Pb。

d. Zr+Ti 最大值 0.20。

e. Pb 最大值 0.003。

f. 0.40~0.7Bi；0.40~0.7Pb。

20.3　铝及铝合金的焊接性

焊接时，接头质量从冶金因素应考虑到材料必须适用于焊接，无裂纹倾向，具有足够的强度、塑性变形能力和耐腐蚀性，对母材进行阳极氧化处理时应无颜色变化。焊接时可能产生气孔和夹渣，但必须满足相应的缺陷检验合格标准要求。从热传导因素要考虑到板厚、接头形式，由于铝导热率高（是钢的 5 倍），焊接时必须采用能量集中、功率大的热源。与钢相比，铝材料的焊接有如下不利因素。

（1）容易与氧结合形成氧化膜或杂质，焊接时易形成气孔、夹渣等缺陷。

（2）导热性和热膨胀性较高，易引起很大的收缩应力。

（3）铝合金有较大的熔化温度范围，易产生热裂纹。

（4）氢在液相中的溶解度较高，在凝固时溶解度迅速下降，易产生氢气孔。

（5）铝材熔化时无颜色变化，操作者对温度控制较困难。

20.3.1　铝及铝合金的焊接裂纹倾向

根据铝及铝合金焊接裂纹的产生机理和位置，分为凝固裂纹和液化裂纹两种不同类型的裂纹。

凝固裂纹：产生在熔化区，是由于材料化学成分对凝固性能的影响而导致。

液化裂纹：产生在热影响区，是由于低熔点共晶物和低熔点的化合物液化，同时在热应力的作用下而产生。

铝及铝合金有三种不同的凝固方式，如图 20.11 所示。图 20.11（a）为纯铝，无明显的结晶温度间隔，凝固后铝晶格结合紧密，但容易形成气孔；图 20.11（b）为少量共晶体，结晶温度间隔明显，虽然质量坚固但结合性差，有热裂纹倾向；图 20.11（c）为有大量的共晶体，没有明显的温度间隔，固态的铝晶体在共晶体中游动，没有裂纹倾向，但是容易形成晶界收缩产生变形。

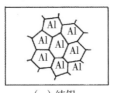
（a）纯铝

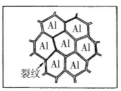
（b）少量共晶体

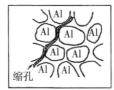
（c）有大量的共晶体

图 20.11　铝及铝合金凝固方式

裂纹敏感性受到填充金属的影响，与焊缝合金质量分数的关系如图 20.12 所示。与母材相匹配的焊接材料可以降低热裂纹敏感性，如图 20.13 所示。焊接性和焊缝强度受到填充金属影响，并且裂纹敏感性与强度往往是矛盾的。

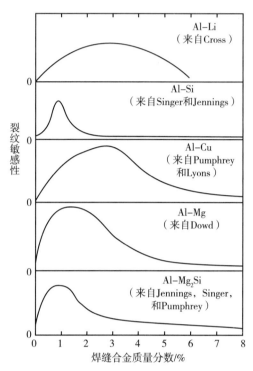

图 20.12　裂纹敏感性与焊缝合金质量分数的关系

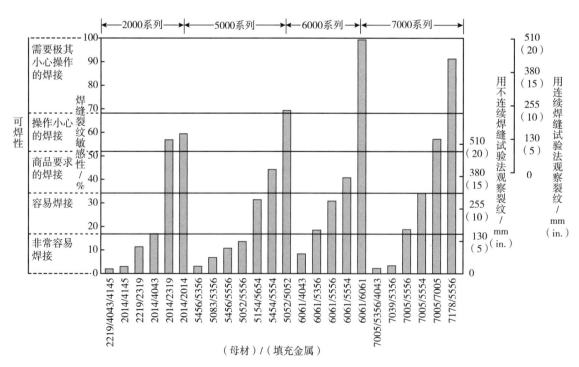

图 20.13　母材的裂纹敏感性受到填充金属影响

20.3.2 焊缝气孔

气孔的形成原因是铝材料焊接时的凝固行为，由熔化物凝固之前气体不能逸出造成，这些气体可能来自保护气体或熔池搅拌带入的气体。冶金气孔主要由于固液相之间转化过快，在凝固时易形成气孔。铝合金在凝固区由于残留熔化物流动时受到枝晶晶体的阻碍，也会发生这种现象。

熔融状态焊接金属所溶解的氢是形成气孔的主要原因。焊接金属与吸附水分中的氧原子有极强的结合性，使氢在熔融时被分解出来，随着温度的改变，氢的溶解度下降，凝固点某种程度上发生下降，形成气孔。为限制氢溶入母材金属和焊材金属，焊接之前对焊件应该脱脂去油和除氧化膜，在焊接时使用纯度较高的保护气体，严格限制含水量，使用前需进行干燥处理。

20.3.3 阳极氧化行为

晶粒尺寸不同和合金成分偏析都可以导致阳极氧化的颜色偏差。受焊材和焊接热输入的影响，如果对焊接接头的装饰外观有所要求，应采用合理的防止措施。对 AlMgSi 类型铝合金，在热影响区应避免过多的 Mg_2Si 析出，采用合适的热输入，焊材 S–AlSi5 用含镁的焊丝代替，控制焊材中偏低的合金成分和微量元素。阳极氧化层的保护效应不会通过氧化颜色的不同而有所削弱。

20.4 铝及铝合金的焊接材料（ISO 18273）

20.4.1 铝及铝合金焊丝选择原则

铝及铝合金焊丝的选择应考虑以下因素，但最终的选择应取决于实用性及其影响因素的评定。

（1）与母材化学成分相容性。

（2）保证接头力学性能要求，包括热影响区和焊缝金属。

（3）产品焊后要求，如表面阳极氧化处理和装饰最后处理。

（4）满足接头抗腐蚀能力。

（5）最佳的焊接适合性。

EN ISO 18273：2015 标准规定的铝及铝合金实心焊丝见表 20.7。

EN ISO 18273 标准规定的铝及铝合金实心焊丝名称示例如下：

EN ISO 18273 S Al 4043 或者　EN ISO 18273 S Al 4043（AlSi5）

表 20.7　实芯焊丝和焊棒的化学成分标记

| 合金符号 | | 化学成分（m/m）[a]/% | | | | | | | | | | | | | |
数字符号	化学符号	Si	Fe	Cu	Mn	Mg	Cr	Zn	Ga.V	Ti	Zr	Al min	Be	其他单个元素	其他元素总量
纯铝															
Al 1070	Al99.7	0.20	0.25	0.04	0.03	0.03	—	0.04	V 0.05	0.03	—	99.70	0.0003	0.03	—
Al 1080A	Al99.8（A）	0.15	0.15	0.03	0.02	0.02	—	0.06	Ga 0.03	0.02	—	99.80	0.0003	0.02	—
Al 1188	Al99.88	0.06	0.06	0.005	0.01	0.01	—	0.03	Ga 0.03 V 0.05	0.01	—	99.88	0.0003	0.01	—
Al 1100	Al99.0Cu	Si + Fe 0.95		0.05~0.20	0.05	—	—	0.10	—	—	—	99.00	0.0003	0.05	0.15
Al 1200	Al99.0	Si + Fe 1.00		0.05	0.05	—	—	0.10	—	0.05	—	99.00	0.0003	0.05	0.15
Al 1450	Al99.5Ti	0.25	0.40	0.05	0.05	0.05	—	0.07	—	0.10~0.20	—	99.50	0.0003	0.03	—
铝铜合金															
Al 2319	AlCu6MnZrTi	0.20	0.30	5.8~6.8	0.20~0.40	0.02	—	0.10	V 0.05~0.15	0.10~0.20	0.10~0.25	余量	0.0003	0.05	0.15
铝锰合金															
Al 3103	AlMn 1	0.50	0.7	0.10	0.9~1.5	0.30	0.10	0.20	—	Ti + Zr 0.10		余量	0.0003	0.05	0.15
铝硅合金															
Al 4009	AlSi5Cu1Mg	4.5~5.5	0.20	1.0~1.5	0.10	0.45~0.6	—	0.10	—	0.20	—	余量	0.0003	0.05	0.15
Al 4010	AlSi7Mg	6.5~7.5	0.20	0.20	0.10	0.30~0.45	—	0.10	—	0.20	—	余量	0.0003	0.05	0.15
Al 4011	AlSi7Mg0.5Ti	6.5~7.5	0.20	0.20	0.10	0.45~0.7	—	0.10	—	0.04~0.20	—	余量	0.04~0.07	0.05	0.15
Al 4018	AlSi7Mg	6.5~7.5	0.20	0.05	0.10	0.50~0.8	—	0.10	—	0.20	—	余量	0.0003	0.05	0.15
Al 4020[d]	AlSi3Mn1	2.5~3.5	0.20	0.03	0.8~1.2	0.01	0.01	—	—	0.005	0.01	余量	0.0003	0.02	0.10
Al 4043	AlSi5	4.5~6.0	0.8	0.30	0.05	0.05	—	0.10	—	0.20	—	余量	0.0003	0.05	0.15
Al 4043A	AlSi5（A）	4.5~6.0	0.6	0.30	0.15	0.20	—	0.10	—	0.15	—	余量	0.0003	0.05	0.15
Al 4046	AlSi10Mg	9.0~11.0	0.50	0.03	0.40	0.20~0.50	—	0.10	—	0.15	—	余量	0.0003	0.05	0.15
Al 4047	AlSi12	11.0~13.0	0.8	0.30	0.15	0.10	—	0.20	—	—	—	余量	0.0003	0.05	0.15
Al 4047A	AlSi12（A）	11.0~13.0	0.6	0.30	0.15	0.10	—	0.20	—	0.15	—	余量	0.0003	0.05	0.15
Al 4145	AlSi10Cu4	9.3~10.7	0.8	3.3~4.7	0.15	0.15	0.15	0.20	—	—	—	余量	0.0003	0.05	0.15

续表

| 合金符号 | | 化学成分（m/m）ᵃ/% | | | | | | | | | | | | | |
数字符号	化学符号	Si	Fe	Cu	Mn	Mg	Cr	Zn	Ga.V	Ti	Zr	Al min	Be	其他单个元素	其他元素总量
Al 4643	AlSi4Mg	3.6~4.6	0.8	0.10	0.05	0.10~0.30	—	0.10	—	0.15	—	余量	0.0003	0.05	0.15
Al 4943	AlSi5Mg	5.0~6.0	0.40	0.10	0.05	0.10~0.50	—	0.10	—	0.15	—	余量	0.0003	0.05	0.15
铝镁合金															
Al 5249	AlMg2Mn0.8Zr	0.25	0.40	0.05	0.50~1.1	1.6~2.5	0.30	0.20	—	0.15	0.10~0.20	余量	0.0003	0.05	0.15
Al 5554	AlMg2.7Mn	0.25	0.40	0.10	0.50~1.0	2.4~3.0	0.05~0.20	0.25	—	0.05~0.20	—	余量	0.0003	0.05	0.15
Al 5654	AlMg3.5Ti（A）	Si + Fe 0.45		0.05	0.01	3.1~3.9	0.15~0.35	0.20	—	0.05~0.15	—	余量	0.0003	0.05	0.15
Al 5654A	AlMg3.5Ti	Si + Fe 0.45		0.05	0.01	3.1~3.9	0.15~0.35	0.20	—	0.05~0.15	—	余量	0.0005	0.05	0.15
Al 5754ᵇ	AlMg3	0.40	0.40	0.10	0.50	2.6~3.6	0.30	0.20	—	0.15	—	余量	0.0003	0.05	0.15
Al 5356	AlMg5Cr（A）	0.25	0.40	0.10	0.05~0.20	4.5~5.5	0.05~0.20	0.10	—	0.06~0.20	—	余量	0.0003	0.05	0.15
Al 5356A	AlMg5Cr（A）	0.25	0.40	0.10	0.05~0.20	4.5~5.5	0.05~0.20	0.10	—	0.06~0.20	—	余量	0.0005	0.05	0.15
Al 5556	AlMg5Mn1Ti（A）	0.25	0.40	0.10	0.50~1.0	4.7~5.5	0.05~0.20	0.25	—	0.05~0.20	—	余量	0.0003	0.05	0.15
Al 5556C	AlMg5Mn1Ti	0.25	0.40	0.10	0.50~1.0	4.7~5.5	0.05~0.20	0.25	—	0.05~0.20	—	余量	0.0005	0.05	0.15
Al 5556A	AlMg5Mn（A）	0.25	0.40	0.10	0.6~1.0	5.0~5.5	0.05~0.20	0.20	—	0.05~0.20	—	余量	0.0003	0.05	0.15
Al 5556B	AlMg5Mn1	0.25	0.40	0.10	0.6~1.0	5.0~5.5	0.05~0.20	0.20	—	0.05~0.20	—	余量	0.0005	0.05	0.15
Al 5183	AlMg4.5Mn0.7（A）	0.40	0.40	0.10	0.50~1.0	4.3~5.2	0.05~0.25	0.25	—	0.15	—	余量	0.0003	0.05	0.15
Al 5183A	AlMg4.5Mn0.7	0.40	0.40	0.10	0.50~1.0	4.3~5.2	0.05~0.25	0.25	—	0.15	—	余量	0.0005	0.05	0.15
Al 5087	AlMg4.5MnZr（A）	0.25	0.40	0.05	0.7~1.1	4.5~5.2	0.05~0.25	0.25	—	0.15	0.10~0.20	余量	0.0003	0.05	0.15
Al 5187	AlMg4.5MnZr	0.25	0.40	0.05	0.7~1.1	4.5~5.2	0.05~0.25	0.25	—	0.15	0.10~0.20	余量	0.0003	0.05	0.15

Zr　其他允许成分

注：a. 表中单个数值为最大值，Al 除外。

b. 合金 Al 5754 总数（Mn+Cr）也限制在 0.10~0.6。

c. 本表中没有列出化学成分的材料应作相似标记，前面加上字母 Z。化学成分的范围没有规定，因此，同属于 Z 类别的两种焊丝可能无法相互替换。

d. 合金 Al 4020，w（B）%（最大值）=0.005%。

20.4.2 推荐选用的铝及铝合金焊丝

根据美国铝业公司推荐的焊丝选择方法，表20.8给出了EN AW–5083（EN AW–AlMg4.5Mn0.7）和EN–AW–6082（EN AW–AlSi1MgMn）根据接头性能要求选择的焊接材料。

表20.8 填充材料的选择

母材金属	焊丝	填充金属性能				
		W^a	S^a	D^a	C^a	M^a
EN AW–5083	S–AlMg4.5Mn	A^b	A	B^b	A	A
	S–AlMg5	A	—	B	A	A
	S–AlMg5Mn	A	A	B	A	A
EN AW–6082	S–AlSi5	A	C^b	B	A	—
	S–AlMg4.5Mn	B	A	A	C	B
	S–Al Mg5	C	B	A	B	B
	S–AlMg3Mn	C	B	A	B	B
	S–AlMg5Mn	B	A	A	C	B
	S–AlMg3.5	C	B	A	B	B

注：a. W——焊接性；S——强度；D——延展性；C——耐腐蚀性；M——阳极氧化后颜色匹配。
　　b. A——最好；B——一般；C——差。

我国的铝及铝合金焊丝标准为GB/T 10858—2008，是采用ISO 18273：2004标准考虑到我国焊丝的实际应用情况修改的，不同版本的标准焊丝型号对照表见表20.9。

表20.9 焊丝型号对照表

序号	类别	焊丝型号	化学成分代号	GB/T 10858—1989	AWS A5.10：1999
1	铝	SAl 1070	Al 99.7	SAl–2	
2		SAl 1080A	Al 99.8（A）		
3		SAl 1188	Al 99.88		ER1188
4		SAl 1100	Al 99.0Cu		ER1100
5		SAl 1200	Al 99.0	SAl–1	
6		SAl 1450	Al 99.5Ti	SAl–3	
7	铝铜	SAl 2319	AlCu6MnZrTi	SAlCu	ER2319
8	铝锰	SAl 3103	AlMn1	SAlMn	

序号	类别	焊丝型号	化学成分代号	GB / T 10858–1989	AWS A5.10–1999
9	铝硅	SAl 4009	AlSi5CulMg		ER4009
10		SAl 4010	AlSi7Mg		ER4010
11		SAl 4011	AlSi7Mg0. 5Ti		R4011
12		SAl 4018	AlSi7Mg		
13		SAl 4043	AlSi5	SAlSi–1	ER4043
14		SAl 4043A	AlSi5（A）		
15		SAl 4046	AlSi10Mg		
16		SAl 4047	AlSil2	SAlSi–2	ER4047
17		SAl 4047A	AlSil2（A）		
18		SAl 4145	AlSi10Cu4		ER4145
19		SAl 4643	AlSi4Mg		ER4643
20	铝镁	SAl 5249	AlMg2Mn0. 8Zr		
21		SAl 5554	AlMg2. 7Mn	SAlMg–1	ER5554
22		SAl 5654	AlMg3. 5Ti	SAlMg–2	ER5654
23		SAl 5654A	AlMg3. 5Ti	SAlMg–2	
24		SAl 5754	AlMg3		
25		SAl 5356	AlMg5Cr（A）		ER5356
26		SAl 5356A	AlMg5Cr（A）		
27		SAl 5556	AlMg5MnlTi	SAlMg–5	ER5556
28		SAl 5556C	AlMg5MnlTi	SAlMg–5	
29		SAl 5556A	AlMg5Mn		
30		SAl 5556B	AlMg5Mn		
31		SAl 5183	AlMg4. 5Mn0.7（A）	SAlMg–3	ER5183
32		SAl 5183A	AlM&4. 5Mn0.7（A）	SAlMg–3	
33		SAl 5087	AlMg4. 5MnZr		
34		SAl 5187	AlMg4. 5MnZr		

20.4.3 铝及铝合金焊丝的储存、包装和使用注意事项

（1）运输及储存要求：能有效保证焊丝避免损坏及潮湿。

（2）标记要求：焊丝盘上标牌应包括商标、制造厂或供货单位、符号、制造号码或批号、直径、

重量、包装日期；每盘焊丝应附合格证，内容包括制造厂名、规格、焊丝名称及型号、批号、检验印记。

（3）存放要求：18℃以上，相对湿度不超过60%，室内应保持清洁，不得存放有害介质。

（4）使用前检查：①查看包装，不能错用焊丝；②检查焊丝是否受潮；③检查焊丝表面是否有油脂或脏物等；④盘状焊丝是否均匀缠绕。

20.4.4 铝及铝合金熔化焊时惰性保护气体的选用（ISO 14175）

铝及铝合金惰性气体保护焊过程中，保护气体不参与电弧和熔池的化学反应，提供了电弧稳定燃烧的条件，防止空气进入焊接区，保护高温金属、避免焊缝金属氧化、变脆，气孔的产生和TIG焊时钨极的烧损。

20.4.4.1 氩 – 氦混合气体

氩 – 氦混合气体组成为70%的氩气和30%的氦气。使用氩氦混合气体的优势在于它综合了两种保护气体的优点，既氩气的能使电弧稳定、能形成射流过渡、保护效果好，氦气的热输入量大、气孔倾向小。推荐用于铝合金的焊接，如果用于大厚度铝合金板材的焊接，可增加氦气的含量。

20.4.4.2 氩 – 氦 – 氮混合气体

氩、氦、氮混合气体组成为0.015%的氮气、30%的氦气，其余为氩气。加入微量的氮气可以增加焊接热输入量，减小预热温度，改善焊缝成型。铝合金焊接时的保护气体从最初的纯氩气（Ar）、氩 – 氦（Ar、He）混合气体，发展到在氩气中或在氩 – 氦混合气体中加入微量氮气（150~200ppm）或一氧化氮气体（300ppm）。

20.5 铝及铝合金的焊接方法

用于铝及铝合金焊接结构的焊接方法主要有钨极氩弧焊（TIG）、熔化极惰性气体保护焊（MIG）、等离子弧焊（PLW）、钎焊、常规摩擦焊、搅拌摩擦焊（FSW）及电阻焊等。目前，在铝及铝合金焊接生产中，钨极氩弧焊、熔化极惰性气体保护焊、搅拌摩擦焊是应用较多的焊接方法。

20.5.1 TIG 焊工艺方法

TIG焊适用于薄板，变形小、气孔率低、质量好，用于要求严格的产品。

选用交流TIG焊，背面加气体保护措施。交流TIG焊负半波可去除氧化膜，正半波可减少钨极过热。

TIG焊工艺方法常见缺陷为气孔，产生的原因是由于Ar纯度低、焊丝 / 坡口不洁、保护效果不好、焊接参数不合适、钨极伸出长、电弧太长或电弧不稳等。

影响电弧热量分布及熔透情况如图20.14所示。

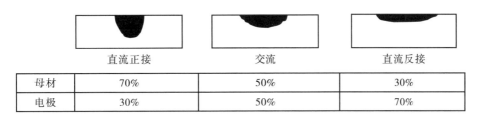

	直流正接	交流	直流反接
母材	70%	50%	30%
电极	30%	50%	70%

图 20.14　TIG 焊的热量分布与熔深

20.5.2　MIG 焊工艺方法

MIG 焊熔滴过渡有短路过渡、射流过渡和亚射流过渡三种形式。短路过渡电弧短，需采用小电流、细丝（$\phi 0.8mm$、$\phi 1.0mm$）施焊，发出爆破声音，浅熔深，多用于薄壁（1~2mm）零件的角接或对接接头。射流过渡电弧较长，呈现窄而深的指状熔深，焊缝两侧面焊透不良，易出现气孔和裂纹等缺陷。亚射流过渡电弧稍长，发出轻微爆破声音，可得到盆底状焊缝截面熔深，力学性能优于短路浅熔深和射流过渡指状熔深，MIG 焊推荐采用亚射流熔滴过渡形式。

焊后质量与焊接设备功能有一定关系，目前轨道车辆制造业多选用脉冲 MIG 焊机。为提高效率和降低气孔倾向选用 Ar+He 气体，要控制好送丝速度、焊枪倾角、焊接速度、喷嘴高度，送丝软管用聚四氟乙烯或尼龙软管。铝合金 MIG 焊对接接头典型焊接参数见表 20.10。

表 20.10　铝合金 MIG 焊对接接头焊接参数（Alchel 和瑞士 A1 AG 提供）

板厚 /mm	坡口 形式	坡口角度 /（°）	间隙 /mm	钝边厚度 /mm	焊丝直径 /mm	送丝速度 /（m/min）	电流 /A	电弧电压 /V	焊道数
2	I	—	0	2	0.8	5.0	110	20	1
4	I	—	0	4	1.2	3.1	170	22	1
5	I	—	0	5	1.6	4.3	200	25	1
5	Y	70	0	1.5	1.6	5.6	160	22	1
6	I	—	0	6	1.6	7.1	230	26	1
6	Y	70	0	1.5	1.6	6.0	170	22	1
8	Y	70	0	1.5	1.6	1.L. 6.8	220	26	2
—						2.L. 6.8	220	26	—
10	Y	60	0	2.0	1.6	1.L. 6.2	220	26	3
—						2.L. 6.0	200	24	—
—						G. 7.2	230	26	—
12	Y	60	0	1.5	1.2	1.L. 13.7	240	26	3
—						2.L. 12.2	220	26	—
—						G. 15.6	250	28	—

注：1.L.——1 道；2.L.——2 道；G.背面焊道；焊丝：与母材相同；保护气体：氩。

MIG 焊弧光较强，要做好紫外线照射和飞溅烧伤的防护。同时，产生金属粉尘较大，应良好通风，携带过滤式面罩或口罩以防止焊接烟尘吸入体内。

20.5.3 易于钎焊工艺方法的铝及铝合金

Mg 含量不大于 1% 或 Si 含量不大于 5% 时易采用钎焊；若 Mg、Si 含量增加，对钎剂的润湿性变差。

常采用钎焊的非热处理铝合金有：1000、3000、5005、5050 系列。5000 系列高 Mn 合金难以钎焊，因为这些合金的润湿性不好。

用于钎焊的可热处理铝合金中，6000 系列最易于钎焊，2000 系列、7001、7075 及 7178 合金因其熔点低于钎料，还不能钎焊。

20.5.4 搅拌摩擦焊工艺方法

搅拌摩擦焊的工作原理是旋转的搅拌头将摩擦热传给接合区，使其呈熔融状态，同时，沿接缝行进形成焊接接头。此焊接属于固相连接，硬铝、压铸件或合成材料等难焊的材料均可焊接；接合区不产生柱状晶等组织，由于塑性流动而细化晶粒，力学性能优良，特别是疲劳性能好。

20.6 铝及铝合金焊接工艺要点

20.6.1 焊前清理

焊接前，母材及焊接区必须清理，可采用化学清理或机械清理方法。化学清理采用先碱、后酸、最后水洗方法清理；机械清理采用弓弧锉刀、电（风）动铣刀、钢丝轮等工具清理。

推荐的化学清理步骤为：5%~10% NaOH 水溶液（约 70℃）浸泡 30~60s →清水冲洗→ 15% HNO$_3$ 水溶液（常温）浸泡 2min →清水冲洗→温水冲洗干净→干燥处理。

机械清理注意事项：建议使用弓弧锉刀、专用铣刀和砂轮。不可使用普通锉刀、三砂（砂纸、砂布、砂轮）清理。

焊丝必须是规则绕盘，真空包装，光亮处理的焊丝。不主张采用卷（散）装，绕盘前自行清理，避免焊丝表面的污染。

20.6.2 预热、层间温度的控制

1. 预热

铝材焊前预热的目的为：①消除焊前铝材表面的湿度，如在工地焊接时；②避免在较低温度下开始焊接的不规范性；③使大厚度铝材焊接时的温度差获得热平衡；④避免焊接较厚部分冷却产生的影响。

为防止对焊接过程中的有害影响，预热温度尽可能低些，持续时间应尽可能短。过高的预热温度和较长的持续时间会影响冷作硬化或热处理强化铝合金（意味着球化退火或过时效）的力学性能，还会通过晶粒生长或非共格稳定相的析出改变热影响区内的冶金结构。

较长时间预热时，加热气体中的氧气不要过多，避免焊缝边缘氧化膜过厚。特别要考虑到预热

温度和时间对热处理强化铝合金、变形强化的铝合金和 Mg 含量较高铝合金材料性能的影响。在某些情况下，为避免预热，可用氩－氦混合气体替代单一氩气。

2. 层间温度

控制层间温度的因素包括：①预防由于过热而降低力学性能；②减小热影响区内软化区范围；③减小热影响区内由于过时效而引起的稳定相形成并与基础相的脱离。

控制层间温度同时，还应尽量减少焊接层道数，以减小接头软化倾向。

预热温度和层间温度按 ISO 17671-4 标准不应超过表 20.11 最高推荐值。

表 20.11　预热温度和层间温度的最高推荐值

母材	预热温度（最大）/℃	中间焊层温度（最大）/℃
非热处理强化合金 1000 3000 5000 AlSi 铸件 AlMg 铸件	120[a]	120[a]
热处理强化铝合金 6000 AlSi 铸件 AlSi 铸件	120[a]	100
7000	100[a]	80

注：表中温度是按规定的。它可按相应的合同改变为另一个在焊接工艺检测中确定的值。
　　在 $w(Mg) > 3.5\%$ 的合金组 22.4（5000）和合金组 23.2（7000），在某些生产环境下会出现一些相析出，这些相的析出增加膜腐蚀和应力腐蚀敏感性。
　　a. 延长的加热会对冷作硬化合金和可热处理强化合金的过时效部分球化退火产生影响。

参考文献

［1］金相图谱编写组．变形铝合金金相图谱［M］．北京：冶金工业出版社，1975.

［2］潘复生，张丁非．铝合金及其应用［M］．北京：化学工业出版社，2006，1：1-55.

［3］张宝昌．有色金属及其热处理［M］．西安：西北工业大学出版社，1992：10-16.

［4］刘宗昌，任慧平，宋义泉．金属固态相变教程［M］．北京：冶金工业出版社，2003，9.

［5］田争．有色金属材料国内外牌号手册［M］．北京：中国标准出版社，2006，10.

本章的学习目标及知识要点

1. 学习目标

（1）掌握铝的生产工艺、性能、种类、标记及强化机理。

（2）掌握铝及铝合金的焊接性、焊接工艺要点。

（3）掌握铝及铝合金的焊接材料及如何选择焊接材料。

（4）掌握铝及铝合金常用的熔化焊工艺方法。

2. 知识要点

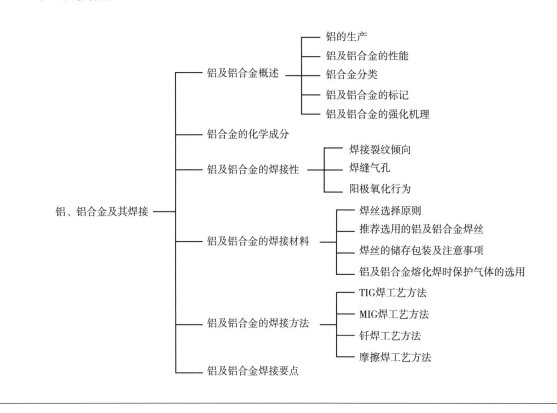

第**21**章

其他有色金属合金及其焊接

编写：司晓庆　审校：闫久春

钛、钨、锆等有色金属及其合金在航空航天、国防、化工等领域应用广泛，实现其高质量焊接对于指导相关产品的加工生产具有重要指导意义。本章从有色金属基本性质、种类、焊接性及常用焊接方法与注意事项等方面并结合实际焊接实例，介绍有色金属及其合金焊接技术的研究现状。

21.1 钛及钛合金

钛及钛合金具有优良的耐腐蚀性，高的比强度及较好的耐热性和加工性，因此广泛应用于航空、航天、化工、冶金等各个领域，用于制造飞机、火箭、导弹、宇宙飞船、化工机械及仪器仪表等。

由于空间飞行器在减轻重量及提高结构效率方面的特殊要求，航空和宇航工业一向是钛合金应用的主要领域。由于钛合金的性能特点，它首先在航空发动机上得到重要应用，代替铝合金、部分不锈钢和高强钢制作压气机的主要构件，如压气机转子叶片、盘、静子叶片和机匣等。军用飞机的钛合金用量也比较大。国产战机歼 –31 钛合金使用量达到整个机身重量的 25%，歼 –20 战机机身重量的 20% 材料使用钛合金。

21.1.1 钛的基本性质

纯净的钛是银白色金属，具有银灰色光泽。钛属难熔金属，密度为 $4.5\mathrm{g}/\mathrm{cm}^3$，只相当于钢的 57%，属轻金属。钛的熔点较高，导电性差，导热率和线膨胀系数均较低，钛的导热率只有铁的 1/4，铜的 1/7。钛无磁性，在很强的磁场下也不会被磁化。

钛具有两种同素异晶体，即室温时的密排六方结构（α 钛）和高温下的体心立方结构（β 钛）。合金化可以改变相稳定存在的温度范围，可使 α 相和 β 相在室温存在。剩余 β 相的含量随稳定 β 相元素含量的增加而增加。钛在 882℃进行同素异构转变，在 882℃以下为密排六方晶格结构，在 882℃以上为体心立方晶格结构。钛的同素异构转变温度随加入合金元素的种类及含量的不同而变化。

钛同时兼有强度高和质地轻的优点。高纯钛具有良好的塑性，但杂质含量超过一定量时，就变得硬而脆。工业纯钛在冷变形过程中，没有明显的屈服点，其屈服强度与抗拉强度接近，屈强比

（$\sigma_{0.2}$ / σ_b）较高，在冷变形加工中有产生裂纹的倾向。钛的弹性模量小，约为铁的 54%，成形加工回弹量大，冷成形困难。

21.1.2 钛及钛合金的种类和性能

21.1.2.1 工业纯钛

工业纯钛的熔点高（1668℃）、比强度大，并具有很高的化学活性。当钛暴露在空气中时，即会在表面形成一层致密而稳定的氧化膜，由于该层膜的保护作用，使钛在硝酸、稀硫酸、稀盐酸、磷酸、氯盐溶液及各种浓度的碱液中具有优良的耐蚀性。工业纯钛中含有微量的杂质，这些杂质促使钛强化。根据杂质含量的不同，工业纯钛可分为 TA0、TA1、TA2、TA3 等牌号，TA0 的纯度最高，TA3 最低。

21.1.2.2 钛合金分类

随着钛中加入合金元素的种类和含量的不同，其室温下的组织可分为 α 钛合金、β 钛合金、α+β 钛合金（还包括含有少量 β 相的近 α 合金）三种。

1. α 钛合金

TA4~TA8 都属于 α 钛合金。α 钛合金中的主要合金元素是铝，铝可溶入钛中形成 α 固溶体，从而提高再结晶温度。其耐热性能及力学性能也有所提高，另外，铝还能扩大氢在钛中的溶解度，减少形成氢脆敏感性的作用。但铝的加入量不宜过多，否则出现 Ti3Al 相引起脆性，铝含量一般不应超过 7%。α 钛合金中还可以添加 V、Mo、Nb 及 Fe、Cr、Mn 等合金元素，通过固溶强化改善钛合金抗蠕变性与机械加工性能。

α 钛合金具有高温强度高、韧性好、抗氧化能力强、焊接性能优良、组织稳定等特点，但加工性能较 β 及 α+β 型钛合金差。α 钛合金不能进行热处理强化，因而只有中等的室温强度。

2. α+β 型钛合金

这类合金牌号为 TC，后面跟合金序号，如 TC3、TC4。α+β 型钛合金有较好的综合力学性能，强度高，可热处理强化，热压力加工性好，在中等温度下耐热性也比较好，但组织不够稳定。α+β 型钛合金既加入 α 稳定元素又加入 β 稳定元素，使 α 和 β 同时强化。β 稳定元素加入量约为 4%~6%，主要是为了获得足够数量的 β 相，以改善合金的成形塑性和赋予合金以热处理强化的能力。α+β 钛合金的性能主要由 β 相稳定元素来决定。元素对 β 相的固溶强化和稳定能力越强，对性能改善就越明显。在钛合金中用量最大并且性能数据最为齐全的是 Ti6Al4V（TC4）合金。

3. 近 α 型钛合金

β 相中原子扩散快，易于发生蠕变。为了提高蠕变抗力，在 α+β 合金中，必须降低 β 相的含量，因而发展出近 α 型钛合金。这类钛合金中所含 β 稳定元素一般小于 2%，其平衡组织为 α 相加少量 β 相，如 Ti–8Al–1Mo–1V 即为近 α 钛合金。

4. β 型钛合金

含 β 稳定元素（包括 Fe、Cr、Cu、Nb、Mo、Zr 等）较多（＞17%）的合金称为 β 钛合金，典型的 β 钛合金牌号如 TB2。目前工业上应用的 β 合金在平衡状态下均为 α+β 两相组织，但空冷时，可将高温的 β 相保持到室温，得到全 β 组织。此类合金有良好的变形加工性能。经淬火时效后，可得到很高的室温强度，但高温组织不稳定，耐热性差，焊接性也不好。近年来，研发了生物相容性良好的 Ti-Nb 系、Ti-Mo 系、Ti-Zr 系和 Ti-Ta 系等新型 β 钛合金，在生物医药领域具有广阔的应用前景。

21.1.3　钛及钛合金的焊接性分析

21.1.3.1　间隙杂质引起的接头力学性能变化

常温下，钛及钛合金能与氧生成致密的氧化膜而保持高的稳定性和耐腐蚀性。但在高温下，钛及钛合金吸收氧、氮及氢的能力很强，对焊接接头力学性能产生较大的影响。氮、氧和碳元素都能够提高 $\alpha+\beta/\beta$ 相变温度，扩大 α 相区，属 α 稳定元素。氮和氧在相当宽的浓度范围内与钛形成间隙固溶体，提高钛的强度，降低塑性。

常温下钛表面钝化层（氧化膜）的致密性极强，使得钛非常稳定。但在温度升高过程中，对氢、氧和氮的吸收能力不断加强。钛在大气中，250℃时开始吸收氢，400℃时开始吸收氧，600℃时开始吸收氮。焊接时，如果采用焊接铝及其合金的气体保护焊焊枪，所形成的气保护层只能保护熔池，对已凝固而尚处于高温状态的焊缝及热影响区则无保护作用，焊缝及热影响区吸收空气中的氮及氧而导致塑性下降，使接头脆化。

在钛合金的焊接中，必须使用氩气保护或者置于真空环境中焊接，以防大气污染。以上的限制意味着普通乙炔焊、金属电弧焊等焊接方法不适合钛合金。另外，钛与所有普通结构金属形成脆性复合物，因此，钛和其他金属间的熔化焊缝通常不能令人满意，必须选用其他焊接手段以保证焊接接头性能。

21.1.3.2　焊接裂纹

由于钛及钛合金中硫、磷和碳等杂质很少，晶界上低熔点共晶不易形成，结晶温度区间窄，加之焊接凝固时收缩量小，因此出现焊接热裂纹的可能性较小。但如果母材和焊丝质量不合格，杂质含量超标，则有可能出现热裂纹。

当焊缝含氧量和含氮量较高时，接头将出现脆化，在较大的焊接应力作用下，则会出现冷裂纹，并增大对缺口的敏感性。同时，焊接热影响区易形成延迟裂纹，这主要是由氢引起的。焊接时由于熔池和低温区母材中氢向热影响区扩散，引起热影响区氢的集聚，加上不利的应力状态，而导致裂纹。随着增加合金中稳定 β 的共析元素（Mn、Cr、Fe 等），则开裂的倾向性也增加。

21.1.3.3　气孔

焊缝中的气孔是焊接钛合金时最为普遍的缺陷。一般认为，氢气是引起钛合金焊缝气孔的主要因素，也是由于氢的溶解度在焊缝凝固过程中下降造成的。人们发现，双相 α+β 钛合金的焊缝，较之单相 β 钛合金焊缝形成气孔的倾向性更大。增加多层焊焊道的数量，则使气孔数量增加。气孔将使钛合金接头的静载强度和疲劳强度降低。消除气孔的主要方法有：①焊前打磨；②被焊坡口和填充焊丝在酸溶液中（3%~5%HF、30%~35%HNO$_3$，其余为水）进行光亮处理；③焊前涂敷氟化物为基的活性焊剂，将大大减少钛合金焊接时的气孔；④利用专门装置保护被焊零件和焊接熔池，使

其不与空气相互作用。

为了减少焊缝中的气孔，需要对焊接区及其附近进行保护，可以采用零件的整体保护、局部保护及喷流保护等多种保护方法。焊接高强度钛合金，使用具有整体保护和局部保护的密闭箱比较合适。其中，对全部零件进行整体保护的密闭箱最好，这种保护最为可靠，可以避免保护遭到偶然破坏。

21.1.3.4 焊接热影响区的组织转变和晶粒长大

当加热至高于 $\alpha \rightarrow \beta$ 转变的临界温度时，钛晶粒长大的倾向也会引起焊接困难。在靠近熔合线的热影响区内，晶粒长大使焊接接头的强度和塑性降低。钛合金焊缝和近缝区的金属粗大结晶组织，对热处理强化造成极大困难。

钛合金焊接时发生在热影响区的组织转变，基本上类似于基体金属淬火时组织转变的过程。根据合金化元素含量和热处理规范不同，钛合金能形成的亚稳定性相为：α'、α''、w 和 β。这些相能显著地改变近缝区金属的性能。

无论具有 α 稳定剂或 β 稳定剂低合金化合物，高温淬火时都产生 $\beta \rightarrow \alpha'$ 的马氏体转变。这个转变伴随着相当大的弹性畸变。在含有 β 稳定剂的合金中，α' 相是合金化元素在 α 钛中的过饱和固溶体。在含有 α 稳定剂的合金中，α' 相按马氏体机理形成，而不存在 α 的过饱和固溶体。α' 相也同 α 钛一样具有六方晶格结构。

钛合金加热到高于 $\alpha \rightarrow \beta$ 转变的临界温度时，晶粒开始长大的瞬间，是以晶界突跳式位移的方式进行的。随着晶粒尺寸的增加，晶粒长大的速度减慢。但是随着温度的提高，晶粒长大的速度又重新加快。钛合金焊接时热影响区中 β 晶粒的长大，首先取决于最高加热温度，在此温度下的停留时间和近缝区的冷却速度。在靠近熔合线的热影响区内，晶粒长大使得接头的强度降低。

21.1.3.5 焊接接头冷却时形成脆性相及焊后热处理

焊接时发生在热影响区的组织转变类似于基体金属淬火时组织转变的过程。根据合金化元素含量和热处理规范的不同，钛合金能形成的亚稳定相为：α'、α''、w 和 β。由于这些相能显著地改变近缝区金属的性能，因此选择避免在近缝区的最终组织中产生脆性和不稳定相的焊接规范是焊接钛合金的重要前提。高强度钛合金的焊接，在焊接热循环作用下相和组织转产的特征，常常导致焊缝金属的脆化。

另外，在焊接后为了清除残余应力以及稳定焊接接头的组织和性能，改善性能，防止脆化，焊后需进行适当的热处理。α 和近 α 合金都有良好的焊接性，前者为单相 α 组织，无相变；后者 β 相含量较少。这类合金焊后主要进行消除应力退火。$\alpha + \beta$ 合金焊后进行的热处理，不仅仅是为了消除应力，更主要的是为了改善合金的性能和稳定组织。

21.1.4 钛及钛合金的焊接要点

21.1.4.1 焊接材料

钛及钛合金的焊接一般可以选择与基体成分相同的钛丝。常用的焊丝牌号有 TA1、TA2、TA3、TA4、TA5、TA6 和 TC3 等，这些焊丝均以真空退火状态供应。

21.1.4.2　焊接方法

在选择钛及其合金的焊接方法时，可根据焊接区和接头冷却时保护措施的可靠性。钛的导热性和热容量低，这对可靠地保护焊缝及消除近缝区的过热造成一定的困难。因此，保证焊缝金属在高温下的停留时间最短和具有最大冷却速度的焊接方法，是焊接钛合金的最理想的方法。

选择钛合金的焊接方法时，在考虑钛合金的物理 – 化学性能和冶金学特点的同时，还要根据零件不同厚度（小、中和大厚度）的工艺特性来确定。钛及钛合金焊接方法如下。

1. 钨极氩弧焊

钨极氩弧焊是焊接钛合金中最为常用的焊接方法。这种焊接方法主要用于 10mm 以下钛板的焊接。手工钨极氩弧焊可用于钛管焊接或补焊；对于 0.5~2mm 薄板，可以采用脉冲钨极氩弧焊，脉冲频率对钛合金晶粒形态与尺寸影响显著，可以细化晶粒，增强接头耐腐蚀性；采用钨极氩弧焊焊接钛合金时要注意调节热输入，避免热输入量过大导致焊缝组织粗大，变形严重。近几年，国内开始研究活性剂钨极氩弧焊（A–TIG），焊前通过在焊件表面涂敷活化剂（一般含氟化物），可以抑制电弧，增大电流密度从而显著增加熔深，同时降低焊接热输入，减小焊缝晶粒尺寸，并有助于消除气孔。

2. 熔化极气体保护焊

熔化极气体保护焊比惰性气体保护焊效率高，常用于厚板的焊接。焊接宜用直流电（焊丝为正极）。为避免焊炬摆动扰乱保护区的气流造成污染及扩大热影响区，采用直线行进方式焊接。为减少气泡，焊接速度要慢。另外，也需使用杂质少的焊丝并注意焊接作业环境。

3. 等离子焊

一般的等离子焊，使用氩气中添加 5%~7% 氢气的混合气体来提高电弧的收缩性。但在焊接钛及钛合金时，为了避免产生钛的氢化物，使用纯氩或氩与氦的混合气体，且不能混入氢气。等离子焊在用小孔法进行单焊道焊接时，一道能焊接 10mm 的厚板，而用微弧等离子焊机可焊非常薄的薄板，适用的板厚范围很广，而且可以实现单面焊双面成形。

4. 电子束焊

电子束焊是在高真空中焊接，可完全防止大气的污染。因电子束直径小，能量密度极高，故焊接宽度窄，深宽比大，可进行深熔池焊接，用 I 形坡口就可一道焊接厚板。焊接接头角变形很小，焊缝热影响区小。但有时会限制工件的尺寸和形状，因此部分真空方式的电子束焊的研究还在进行中。

5. 激光焊

激光焊焊接质量与电子束的焊接质量相类似，焊缝宽度窄、接头热影响区小。使用激光器焊接的费用只有电子束机焊接费用的 1 / 20。激光焊对于钛及钛合金的薄板及精密零件的焊接具有更广泛的应用前景。单激光焊的穿透力不如电子束强，对于大厚度板，电子束焊接更具有优越性。激光焊在焊接钛及钛合金薄板时的缺点是易产生飞溅，且存在光致等离子体控制等方面的工艺问题。采用激光复合焊接技术可以有效抑制缺陷，提高接头质量。

6. 电阻焊

钛合金电阻焊类似于不锈钢的点焊和缝焊，可得到令人满意的焊接效果。厚度在 1.5mm 以下的板材，使用常规设备在焊机调整范围内均可获得良好接头。进行夹层电阻焊时需要根据母材性能选择合适的中间层。

7. 扩散焊

近年来，扩散焊作为焊接钛及钛合金的方法引起了人们的兴趣。在扩散焊接中，表面必须是实际上的光学平面；为了不影响合金的性能，扩散必须在足够低的温度下进行，因而扩散得很慢。液态扩散焊依靠在界面上形成不稳定的液体膜，能降低匹配的精度要求，也加速了扩散过程。在进行液相扩散焊时，应沿钛表面之间的界面放置一层其他金属。

8. 摩擦焊

工业摩擦焊接适用于焊接工业纯钛及钛合金，通常焊接质量极好，但需要焊后机械加工，以消除焊缝以外的熔敷金属物。

9. 爆炸焊

爆炸焊是一种生产钛与其他不同金属合格焊缝的新手段。它的工艺方法是：将钛复材置于离母材的距离可控的位置上，然后将一层均匀的爆炸物撒在复材面上并引爆。爆炸结果是将复材粘接到母材上，在冲击点形成熔融金属喷射，这种喷射作用是清除两种金属的表面污染，喷射后的清洁表面，可使得瞬间高压下产生分子接触，于是得到了真正的冶金结合。

10. 闪光对焊

闪光对焊对工业纯钛和钛合金能产生良好的焊接效果。通常在锻压和晶粒细化作用下。这种焊接结构比熔化焊更均匀。然而，焊接条件必须严格控制，而且所用焊机必须具备快速镦焊与熔化特性。

11. 潜弧焊

熔化极潜弧焊接法，能单道焊接中等厚度（到10mm）的金属。用这种方法焊接，要提高焊接电流强度，强制电弧低于被焊对接处的平面。焊缝过宽、近缝区尺寸大以及焊缝化学成分变化复杂是此种焊接方法的不足之处。

12. 钎焊

钎焊是钛及钛合金与其他金属最简单可靠的连接方法，也可用于钛及钛合金的微型复杂件的连接。钎料是钎焊必不可少的材料。钛及钛合金一般用硬钎料（液相线高于450℃）进行钎焊，其中，银基、铝基和钛基应用比较普遍。由于钛的高温活性强，钎焊一般在真空或氩气保护下进行。钛合金钎焊接头界面组织与成分调控对于改善接头质量，抑制裂纹扩展，提高力学性能具有重要意义。

钛/钢钎焊能得到脆性较小的钎焊接头，同时工艺过程易于控制，可满足钛/钢接头的密封性能要求，适用于焊接尺寸较小的微电子领域。

13. 搅拌摩擦焊

搅拌摩擦焊是一种新型固相焊接技术，具有焊接热输入低、焊接应力小、变形小和接头质量高等优点。搅拌摩擦焊在成功用于铝合金的焊接后，研究者已开始致力于其在钛合金焊接中的应用，并取得了可喜的进展，将成为生产实际中可用的方法之一。钛合金搅拌摩擦焊接头具有使用寿命长、综合性能好以及成本低等优点，已成为未来钛合金装备的重要发展趋势。但是，由于搅拌摩擦焊需在较高的温度、较大的顶锻力和前进力条件下进行，对搅拌摩擦焊工具的高温耐磨性、焊接设备的承载能力提出了挑战。因此，在满足钛合金搅拌摩擦接头性能的前提下，尽可能地提高搅拌工具的寿命是未来发展的趋势。在常规搅拌摩擦焊基础上开发出无针搅拌摩擦点焊（FSSW）、搅拌摩擦钎焊（FSB）和超声辅助搅拌摩擦焊（UAFSW）等新焊接方法，可以进一步提升钛/铝异种金属焊接质量。

21.1.5　钛及钛合金的焊接标准

当前，钛及钛合金焊接现行国家标准为：GB/T 13149—2009《钛及钛合金复合钢板焊接技术要求》；GB/T 26057—2010《钛及钛合金焊接管》；GB/T 30562—2014《钛及钛合金焊丝》；GB/T 35365—2017《潜水器用钛合金焊丝》；GB/T 35361—2017《潜水器钛合金对接焊缝超声波检测及质量分级》；GB/T 36234—2018《钛及钛合金、锆及锆合金熔化焊焊工技能评定》；GB/T 37901—2019《高温钛合金激光焊接技术要求》；GB/T 40801—2021《钛、锆及其合金的焊接工艺评定试验》。

21.2　钨及钨合金

钨是一种银白色金属，熔点极高，是现行金属中最难熔化的。钨的线膨胀系数很小，故受热胀冷缩导致的变形也小。钨的导电性、导热性优良，蒸气压低，耐蚀性强。钨的最大不足是低温脆性（脆性转变温度区间为240~250℃，常温下呈脆性状态，不能进行任何冷操作）和高温易氧化，限制了其应用。

21.2.1　钨及钨合金的分类

21.2.1.1　钨钼合金

含钨和钼两种元素的合金，它包括以钼为基的钼钨合金和以钨为基的钨钼合金系列。该种合金能以任何比例形成，在所有温度下均为完全固溶体合金。

21.2.1.2　铌钨合金

以铌为基加入一定量的钨和其他元素而形成的铌合金。钨和铌形成无限固溶体。钨是铌的有效强化元素，但随着钨添加量的增加，合金的塑性－脆性转变温度将上升，晶粒也显著长大。因此，要得到高强度的铌钨合金，须适当地控制钨的添加量，同时还须适量加入细化晶粒、降低塑性－脆性转变温度的元素，如锆和铪等。

21.2.2　钨及钨合金的焊接性

由于其高熔点及高温易氧化的特点，必须使用高能量束焊接方法，并在真空或保护气氛下焊接。TIG 焊及常规熔焊方法都是被否定的。影响钨及钨合金焊接性的主要因素包括气体杂质的污染，以及由焊接热循环造成的晶粒长大及沉淀硬化（固溶、沉淀和过时效）。所谓的气体杂质指间隙杂质氮、氧、碳，并以饱和固溶体和少量第二相晶界夹杂物（氧化物、氮化物、碳化物）形式存在。

21.2.3 钨及钨合金的焊接工艺

焊前处理：对减少间隙杂质的影响至关重要，可以用机械和化学方法进行清理。

预热：由于其塑－脆转变温度高，焊前必须预热到塑－脆转变温度以上（700~750℃）。但 W–25Re、W–26Re 的塑－脆转变温度低，焊前可不预热。

焊后退火：可消除焊接应力，减少沉淀硬化的不利影响。退火温度略低于其再结晶温度。

电子束焊是该类材料的主要焊接方法。真空扩散焊、热等静压扩散焊、瞬时液相扩散与真空钎焊也可用于钨及钨合金的连接。

（1）真空扩散焊：扩散焊技术具有低的连接温度和高的接头使用温度，是一种非常有效的钨/钢连接技术。但钨的线膨胀系数小于一般金属材料，直接扩散焊接钨与钢时，焊接应力较大且界面处极易形成硬脆金属间化合物和金属碳化物。通过添加 Ti / Ni、Ag / Cu 或 Co / Ni 等中间层，可以减少或避免连续脆性金属间化合物的生成，减小界面残余应力，实现钨/钨合金与钢的高质量冶金结合。

（2）真空钎焊：采用 Ti、Zr、Ni / Nb、Cu / Mn 等活性元素可在真空环境中钎焊钨/钨合金与钢，但界面处易形成脆性中间相。

21.3 锆及锆合金

锆在周期表中位于Ⅳ族副族元素，它在难熔金属中熔点最低（1852℃），且有优良的核性能，紧密压制的纯锆被用于制造核反应堆的铀燃料棒外套。锆及锆合金的另一突出优点是优良的耐酸、碱和其他液体介质的腐蚀能力，使其在化工、农药设备中广为应用。总结起来主要性能有：①锆是高活性元素，在焊接高温下会与众多金属和化合物起反应，微量杂质可导致其严重脆化；②锆可以通过加 Sn、Fe、Ni、Cr、Nb 等元素进行强化；③锆的核性能、耐蚀性和吸气性都十分优良。

21.3.1 锆及锆合金的分类

作为工程用的锆材主要形式是：原生锆，如海绵锆和晶条锆；锆及其合金加工材，如铸锭、锻件、管件、棒材、板材、带材、箔材、丝材以及各种型材；锆复合材，如锆－铝、锆－钢、锆－镍；粉体材料等。锆及锆合金材料又分为核用和非核用两大类。常用的锆合金牌号包括 TZM、Zr4、M5、N18 等。

21.3.2 锆及锆合金的焊接性

焊前必须清理。由于锆的高活性，在高温下易与多种元素及化合物起反应，故焊前清理是任何焊接方法成功的必要条件。一般可分为机械清理、化学脱脂和化学清洗三步。引起接头脆化的间隙杂质氧、氮、氢的体积分数应分别限制在低于 0.16%、0.027%、0.0066% 的水平，因此保护良好的真空电子束焊、充干燥惰性气体工作室内的 TIG 焊和激光焊接都是可取的。

为避免氧化和晶粒长大，应尽量缩短高温停留时间，为此可采用水冷铜垫等激冷措施。锆及锆合金有足够的延展性和塑性，快速冷却不会使接头产生冷裂纹。焊接时产生的缺陷主要是气孔，这与其吸气性强不无关系。除严格清理和有效保护以外，可采取加大焊接电流、降低焊接速度等措施。

21.3.3　焊接方法的选择

采用真空钎焊、TIG 焊、真空电子束焊和激光焊有可能达到锆及锆合金的焊接要求。利用银、银 – 铟和锆 – 铍 5% 等钎料可以获得具有一定强度的接头，但接头抗高温水腐蚀性能差，韧性低；采用 TIG 焊接锆与锆合金时，熔合区会形成 $ZrFe_2$、$ZrFe_3$ 和 $ZrFe_4$ 等脆性金属间化合物，接头强度较低。

利用真空电子束焊接锆时，熔化区金属间化合物含量大幅降低，接头质量显著提升，但真空电子束焊接时焊缝内合金元素易蒸发，导致锆合金耐腐蚀性能下降。

21.3.4　锆及锆合金的焊接标准

目前，锆合金焊接现行国家标准包括：GB / T 36234—2018《钛及钛合金、锆及锆合金熔化焊焊工技能评定》；GB / T 40801—2021《钛、锆及其合金的焊接工艺评定试验》。

21.4　镁及镁合金

镁为 ⅡA 族元素，2 价，在室温的大气中呈银白色，晶体结构为密排六方。镁的化学活性很强，极易与氧生成 MgO 薄膜，但 MgO 不致密，很难阻止金属的进一步氧化，而且镁的标准电位在金属材料中是最低的，因此极易造成材料的腐蚀。

纯镁的工程应用很少，主要以多元合金形式应用。固溶强化和沉淀强化是镁合金常规的主要强化手段。一般有工业意义的元素与镁形成二元合金时可以分为三类：①完全固溶类，如 Mg-Cd；②包晶反应类，如 Mg-In、Mg-Mn、Mg-Ti 等；③共晶反应类，如 Mg-Ag、Mg-Al、Mg-Zn 等。共晶反应型元素是主要强化元素。合金元素对镁合金力学性能的影响大致也可以分为三类：①可同时提高合金强度与塑性的元素，如 Al、Zn、Ca、Ag 等；②主要提高强度而对塑性影响很小的元素，如 Cd、Tl、Li；③提高强度而降低塑性的元素，如 Sn、Pb、Bi 等。

21.4.1　镁合金的分类

镁合金的分类方法很多，但总的来说，不外乎根据镁中所含的主要元素（化学成分）、成形工艺（或产品形式）和是否含锆三个原则来分类。按合金成分分类：镁合金可分为含铝和不含铝镁合金两大类。因多数不含铝镁合金都添加锆以细化晶粒组织（Mg-Mn 合金除外），因此，工业镁合金系列又可分为含锆镁合金和不含锆镁合金两大类。按合金元素分类，镁合金分为：Mg-Al 系，如 AZ、AM、AS 与 AE 系列；Mg-Zn 系，如 ZK61；Mg-Li 系，如 LA141、LA91、LAZ933 等；Mg-RE（稀土元素）系，包括 Mg-Y、Mg-Nd 等系列。此外，近年来还有研究通过添加 Ca、Sr、Bi 及 Sb 等元素开发高强、高韧、耐热性强的新型镁合金。

21.4.2 镁及镁合金的焊接性

粗晶：镁的熔点仅为 651℃，导热快，焊接时要用大功率热源，所以焊缝及热影响区金属易产生过热和晶粒长大。

热应力：镁及镁合金的线膨胀系数为钢的两倍，所以焊接时产生较大的热应力，增加产生裂纹的倾向和加大焊件变形。

热裂纹：镁合金和一些合金元素如 Cu、Al 形成低熔点共晶，所以热裂纹倾向较大。

21.4.3 镁合金的焊接方法

一般来说，钨极惰性气体保护电弧焊（GTAW / TIG）和熔化极惰性气体保护电弧焊（GMAW / MIG）是镁合金常用的焊接方法。此外镁合金还可以采用电阻点焊（RSW）、摩擦焊（FW）、搅拌摩擦焊（FSW）、激光焊（LBW）、电子束焊（EBW）等工艺进行焊接。大多数情况下，镁合金件可采用熔化焊进行焊接。

电阻点焊具有生产效率高、操作简便、易于实现自动化等优点，但由于镁与铁不仅在电阻率、导热率、熔点等热物理性能差异很大，而且更为重要的是两者之间几乎不能互溶且不存在镁–钢金属间化合物，因此纯镁与钢进行直接电阻点焊十分困难。合金元素含量较高的镁合金与钢进行电阻点焊时，合金元素可与钢形成界面冶金结合，但界面反应的不均匀性会限制接头强度。采用 Al / Cu / Ni 箔作为中间层可以实现镁合金瞬时液相扩散连接，有效防止镁合金合金元素蒸发烧损。焊接镁合金时，控制金属间化合物的生长与分布，合理调控界面组织结构，是确保接头质量的关键。

21.5 锰及锰合金

锰合金是由 Mn、Si、Fe 及少量碳和其他元素组成的合金。锰具有脱氧、脱硫及调节作用，还能增加钢材的强度、韧性、可淬性，在钢铁以及不锈钢制造过程中的应用非常广泛，此类用量占到了锰需求的 85%~90%。锰铁总消耗量为钢产量的 0.8%~0.9%。

21.5.1 锰合金的分类

其分类有硅锰和锰铁，锰铁又分为高碳锰铁（含碳量 7%~7.5%）、中碳锰铁（含碳量 1%~1.5%）、低碳锰铁（含碳量 0.2%~0.7%）。锰钢具有良好的加工硬化性能，强度高、硬度大、耐磨性好，在冶金、矿山机械、建材及军工等工业领域中得到广泛应用。

21.5.2 锰合金焊接性与焊接方法

高锰钢以奥氏体为主，热裂敏感性非常高，焊接性较差。热影响区碳化物的析出是高锰钢焊接中最主要的问题，严重影响接头力学性能；此外，高锰钢线膨胀系数大，接头内应力大。

目前，主要采用钨极氩弧焊（TIG）、熔化极气体保护焊（MIG 与 MAG）、激光焊接与埋弧焊等熔焊方法焊接锰钢。电阻点焊、真空电子束焊接也可用于锰钢焊接。采用电弧焊方法焊接锰钢时一般选择相对较低的热输入以避免热影响区晶粒粗大，减少碳化物析出，避免产生热裂纹。

21.6　钽及钽合金

金属钽的化学活性强、熔点高，其性能对间隙杂质含量十分敏感，导热率低、耐烧蚀性强，可以用于制备高膛压火炮身管等武器装备。

通常的熔铸方法不能生产纯度高的金属钽及其合金锭坯，真空高温烧结的粉末冶金方法和电子束炉（EB）、真空自耗电弧炉（VAR）真空熔炼法是制备高纯钽及其合金的理想方法。金属钽除具有特殊的耐腐蚀性能外，还具有良好的强度、抗冲击韧性、塑性和优良的加工性能以及与人体良好的亲和性。

21.6.1　钽合金的分类

常用金属钽及钽基合金的牌号、特点和应用见表 21.1。

表 21.1　常用金属钽及钽基合金的牌号、特点和应用

类别		国内代号	国外近似牌号
金属钽	钽粉	FTa-1、FTa-2	—
	钽条	Ta-1、Ta-2	—
	钽锭	Ta1	R05200(ASTM)
		Ta2	R05400(ASTM)
钽基合金		Ta-10W	R05255(ASTM)
		Ta-2.5W	R05252(ASTM)
		Ta-40Nb	R05240(ASTM)
		Ta-8W-2Hf	T-111
		Ta-10W-2.5Hf-0.01C	T-222
		Ta-7W-3Re	GE-473
		Ta-8W-1Re-1Hf-0.025C	ASTAR-811C
		Ta-12W-1Re-0.7Hf-0.5C	ASTAR-1211C
		Ta-15W-1Re-0.7Hf-0.025C	ASTAR-1511C
		Ta-14W-1Re-0.7Hf-0.025C	NASVF-100
		Ta-16W-1Re-0.7Hf-0.025C	NASVF-200
		Ta-14W-1Re-0.7Hf-0.015C-0.015N	NASVF-300

21.6.2 钽合金的焊接性及焊接方法

由于钽的熔点极高，在高温下极易氧化，形成固溶体、金属间化合物，导致强度、硬度增大，塑性、韧性下降，易出现晶粒粗大，形成气孔及裂纹，对焊接造成极大的困难；钽的导热率高，焊接需要的能耗偏大，钽的焊接必须选择合适的焊接热输入以保证焊缝质量。

真空电子束焊接和钨极惰性气体保护焊接工艺，可制取塑性 – 脆性转变温度低的焊件。还可采用激光焊接、高频感应钎焊与扩散焊等方法焊接钽/钽合金。钽可与不锈钢、钛合金、镍合金和碳钢焊接，制备复合构件。用高能率成形（爆炸法）可使钢和钽复合成双金属，是制造大型耐蚀设备内衬的有效方法。

电子束焊接具有热面积小，输入热量精确可控，焊接精度高，重复性好，真空保护效果好等优点，在难熔金属的焊接领域具有突出的优势。一般地，利用真空电子束焊接钽合金与钢时常采用偏束焊接，偏不锈钢焊接能够有效增加不锈钢熔化量，降低钽的熔化量以减少或避免界面处形成连续脆性金属间化合物，从而改善接头质量。

采用激光焊接钽合金时应注意调节激光功率、离焦量和焊接速度，以实现合理的焊接热输入，获得高质量接头。利用 Ni–Cr–Zr–Fe–B–Si 钎料高频感应钎焊钽与不锈钢时，可减少或避免 Fe_2Ta 脆性金属间化合物的生长，显著改善接头力学性能。

21.7 锌及锌合金

纯锌的化学性质活泼，在常温的空气中，表面会生成一层薄而致密的碱式碳酸锌膜，可阻止进一步氧化。锌合金熔点低，流动性好，易熔焊、钎焊和塑性加工，在大气中耐腐蚀，残、废料便于回收和重熔；但蠕变强度低，易发生自然时效引起尺寸变化。

21.7.1 锌合金的分类

铸造用锌合金按铸造方法分，可分为压铸合金和重力铸造合金两大类。目前，国际上用作铸件的标准系列有两大类：①ZA 系列锌合金，一般用于重力铸件；②ZAMAK 合金，发展要先于 ZA 系列合金，主要用于压力铸造。

形成锌合金的主要添加元素有 Al、Cu、Mg，少数锌合金中还加入 Ti、Mn、Zr 和稀土元素等。铝在锌中的溶解度随温度变化，锌中加入 0.02%Al，可减少锌的氧化，提高铸锭的表面品质；加入 0.1%Al 可抑制 $FeZn_7$ 脆性化合物的形成，同时减轻锌对铁型模具的浸蚀。

锌中加铜能提高锌的硬度、抗拉强度和冲击韧度，但降低流动性和塑性。少量铜能加速偏析转变，促使体积变化。含铜量较多的合金，在降温时体积收缩明显。镁与锌形成硬而脆的化合物，微量的镁就能对锌的力学性能产生重大的影响。当含镁量大于 0.005% 时，能显著提高锌板冷轧后的抗拉强度。

有害杂质元素有：① Pb、Cd、Sn。它们在合金中固熔度极低，吸附于晶界，构成众多的电极电位差，形成较大的微腐蚀电池，能使合金晶界结合松弛、粗化，令锌合金的晶间腐蚀变得十分敏感，在温、湿环境中加速了本身的晶间腐蚀，降低力学性能。②Fe。铁与铝发生反应形成 Al_5Fe_2 金属间化合物，造成铝元素的损耗并形成浮渣；在压铸件中形成硬质点，影响后加工和抛光；增加合金的脆性。

21.7.2 锌合金的焊接性与焊接方法

锌的熔、沸点都很低，锌合金熔焊过程中的蒸发问题也比较严重，而且容易发生熔池烧穿，焊缝及热影响区晶粒粗化，导致焊接接头的力学性能降低。锌基合金易被氧化，生成致密的氧化膜，焊前须去膜处理，焊接过程中应使用保护气体。由于锌基合金的线膨胀系数大，所以焊接时变形量大、容易产生内应力，在拘束条件下容易产生裂纹等缺陷。

当前，多采用钨极氩弧焊（TIG）、熔化极气体保护焊（MIG）等熔焊与钎焊、冷压焊等方法焊接锌／锌基合金。采用 TIG、MIG 焊接锌／锌基合金时，由于 Zn 蒸发严重，需要严格控制焊接热输入。TIG 焊接接头比 MIG 焊接接头的熔合区和热影响区窄，晶粒更细小，在硬度和耐磨损等力学性能方面更佳。

相比于熔焊，钎焊温度较低，锌合金母材不熔化，从而有效改善锌元素蒸发问题。但是真空钎焊锌合金时锌易挥发，通常用保护性气氛钎焊锌合金，同时要加入钎剂去除氧化膜。高频感应钎焊锌基合金，是利用感应加热，具有速度快、局部加热均匀等特点，是一种较有发展前景的锌基合金焊接方法。

21.8 钛合金焊接实例

21.8.1 TB8 钛合金的焊接

TB8（Ti–15Mo–3Al–2.7Nb–0.2Si）钛合金是美国 Timet 公司根据美国国家航空航天飞机计划对抗氧化的金属基复合材料基体的需求，于 1989 年研制成功的一种新型亚稳定 β 型钛合金。TB8 钛合金具有优良的冷热加工性能和冷成型性能，强度、塑性综合性能优良，高温性能和抗氧化性能优良。

21.8.1.1 材质

本实例采用的 TB8 钛合金的厚度是 1.5mm，化学成分见表 21.2。

表 21.2　TB8 化学成分（质量分数，%）

Mo	Al	Nb	Si	Fe	C	O	N	H	Ti
15.13	2.83	2.89	0.18	0.08	0.03	0.12	0.011	0.008	余量

21.8.1.2 焊接工艺要点

本试验采用电子束和钨极氩弧焊两种焊接方法。电子束焊接在 ZD150–15A 型电子束焊机（真空度为 10~2Pa）上进行。焊接电压为 140kV 保持不变，改变束流，焊接速度为 1m／min，焊接规范参数见表 21.3。氩弧焊采用直流正接，钨极直径为 2.4mm，焊接过程中焊枪、拖罩及板材背面的氩气流量固定为 10L / min，焊接速度为 12.6m / h。焊接规范参数见表 21.4。

表 21.3　电子束焊接规范

单位：mA

编号	聚焦电流	焊接电流	编号	聚焦电流	焊接电流
EB-1	345	12.2	EB-3	356	18.4
EB-2	353	14.1			

表 21.4　自动氩弧焊焊接规范

编号	焊接电压 /V	焊接电流 /A	编号	焊接电压 /V	焊接电流 /A
TIG-1	7.8	85	TIG-3	9.0	95
TIG-2	8.4	90			

焊前进行除油和清洗，焊后进行 X 射线检测。对没有缺陷的试件进行热处理。焊后分别采用单时效处理与双时效处理，在真空炉中进行。单时效处理规范如下：500℃ / 8h；540℃ / 2h，540℃ / 4h，540℃ / 6h，540℃ / 8h，540℃ / 10h；560℃ / 2h，560℃ / 4h，560℃ / 6h，560℃ / 8h，560℃ / 10h；590℃ / 4h。双时效处理规范如下：500℃ / 8h 后分别加 580℃ / 30min，600℃ / 30min 和 620℃ / 30min；500℃ / 10h 后加 620℃ / 30min，500℃ / 16h 后加 620℃ / 30min。

21.8.1.3　焊接接头组织

两种焊接接头的显微组织如图 21.1 所示。

（a）电子束焊

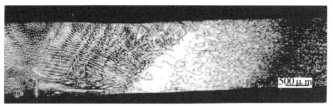

（b）氩弧焊

图 21.1　电子束焊及氩弧焊焊接接头组织

从图 21.1 中可以看出，氩弧焊焊缝及热影响区明显比电子束宽，组织也比较粗大，主要是由于氩弧焊焊接热源没有电子束焊接热源集中。

参考文献

[1] 王巍，王金刚，陈鑫 . TC11 材料氩弧焊补焊工艺研究 [J]. 汽轮机技术，2021，63（2）：154-156.

[2] 张林，刘宁，朱协彬，等 . 纯钛（TA2）管焊接技术研究 [J]. 2019，34（4）：44-49.

[3] 黄九龄，孔谅，王敏，等 . 钛及钛合金薄板的焊接 [J]. 焊接技术，2018，47（11）：1-5.

[4] 高福洋，廖志谦，李文亚 . 钛及钛合金焊接方法与研究现状 [J]. 航空制造技术，2012，419（23-24）：86-90.

[5] 郭顺 . 钛 / 铜电子束接头组织性能及错位复熔调控机理研究 [D]. 南京：南京理工大学材料科学与工程学院，2019.

[6] 李兴宇 . 工业纯钛激光焊接工艺及缺陷抑制研究 [D]. 上海：上海交通大学材料科学与工程学院，2020.

[7] 任柯旭，马恒波，李丹，等 . 钛与不锈钢的 Nb 层电阻点焊 [J]. 材料热处理学报，2019，40（8）：181-186.

[8] 霍东 . 表面纳米化 TC4 钛合金低温扩散连接工艺及机理研究 [D]. 哈尔滨：哈尔滨工业大学材料科学与工程学院，2019.

[9] 刘迎彬，尹楚藩，安文同，等 . 钛 / 铝多层复合板爆炸焊接研究 [J]. 2021，50（11）：128-136.

[10] 田晓东，王小苗，丁旭，等 . 钛 / 铝复合板爆炸焊接技术研究进展 [J]. 2020，37（6）：34-40.

[11] 刘夫，李士凯，蒋鹏，等 . 钛 / 钢异种金属焊接技术的研究进展 [J]. 2020，35（2）：67-74.

[12] 饶文姬，王志英，魏守征 . 钛 / 铝异种轻金属熔钎焊研究进展 [J]. 热加工工艺，2019，48（21）：17-25.

[13] 刘正涛，李忠盛，陈大军，等 . 钛 / 铝异种金属搅拌摩擦焊技术研究现状 [J]. 兵器装备工程学报，2021.

[14] 周冉辉，高福洋，刘向前，等 . 钛及钛合金搅拌摩擦焊接技术综述 [J]. 材料开发与应用，2018，4：127-136.

[15] 王猛 . 钨和 316L 奥氏体不锈钢连接工艺研究 [D]. 合肥：合肥工业大学材料科学与工程学院，2018.

[16] 杨宗辉，沈以赴，初雅杰，等 . 钴 / 镍复合中间层真空扩散连接钨与钢 [J]. 焊接学报，2020，41（3）：54-58.

[17] 代野，李忠盛，戴明辉，等 . 钨铜合金与铜扩散连接界面结构及性能研究 [J]. 兵器装备工程学报，2020，41（10）：170-173.

[18] 蔡青山，段欣昀，朱文谭，等 . Ti / Ni 复合中间层扩散连接钨与钢接头的断裂行为 [J]. 中国有色金属学报，2021，31（7）：1727-1736.

[19] 刘书华 . 基于不同中间层钨与钢的钎焊特性研究 [D]. 长沙：中南大学粉末冶金研究院，2014.

[20] 郭双全，冯云彪，燕青芝，等 . 偏滤器中钨与异种材料的连接技术研究进展 [J]. 焊接技术，39（9）：3-7.

[21] 蒋蔚翔，潘厚宏，喻应华 . 锆合金与不锈钢的连接技术 [J]. 新技术新工艺，2006（2）：37-40.

[22] 徐荣正，国旭明，柏冬梅，等 . AZ31 镁合金与钢异种金属的焊接技术 [J]. 电焊机，2017，47（3）：63-66.

[23] 张泽群，张凯平，檀财旺，等 . 镁 / 钛异种合金焊接的研究现状与展望 [J]. 焊接，2017（11）：21-27.

[24] 刘奋军，李增生，王憨鹰，等 . Mg / Al 异种金属焊接研究现状及发展方向 [J]. 机械强度，2014，36（5）：819-823.

[25] 廖宗喜 . 高锰钢的焊接性研究 [J]. 科技与创新，2015（18）：104-104.

[26] 郭伟，蔡艳，华学明 . LNG 用低温高锰钢及其焊接技术发展 [J]. 电焊机，2020，50（11）：7-11.

[27] 李硕硕 . 中锰汽车钢热成形组织、力学性能及焊接性研究 [D]. 北京：北京科技大学材料科学与工程学院，2021.

[28] 钟奎，彭蝶，沈芸，等 . 高锰钢与铸铁的焊接技术研究 [J]. 机车车辆工艺，2020（1）：15-16.

[29] 赵宇星 . 钽与因瓦合金电子束焊接接头组织及工艺研究 [D]. 哈尔滨：哈尔滨工业大学材料科学与工程，2014.

[30] 姜泽东，赵汉宇 . 钽薄板脉冲激光焊接工艺研究 [J]. 应用激光，2021，41（2）：257-260.

[31] 王妮君 . 钽 Ta1 与 0Cr18Ni9 不锈钢的钎焊研究 [D]. 西安：西安理工大学材料科学与工程学院，2015.

[32] 郭清超 . 锌基合金的焊接工艺研究 [D]. 天津：河北工业大学材料科学与工程学院，2015.

[33] 陈立博，刘秀忠 . 焊剂在 ZA 合金 TIG 焊接过程中作用机理初探 [J]. 山东冶金，2006，28（1）：51-53.

[34] 徐维普，吴毅雄，刘秀忠，等 . 锌铝合金的钎焊研究 [J]. 机械工程材料，2004，28（7）：31-34.

[35] 何鹏，贾进国，余泽兴，等 . 高频感应钎焊的研究分析 [J] . 机电工程技术，2003，32（1）：23-25.

本章的学习目标及知识要点

1. 学习目标

（1）了解常用有色金属及其合金的种类、基本物理 / 化学性能。

（2）了解有色金属合金及其合金的焊接性，常用焊接方法。

（3）掌握有色金属及其合金焊接工艺要点与注意事项。

（4）在理解常用焊接手段对有色金属焊接质量影响机制的基础上，明晰适用焊接方法选择与工艺优化原则。

2. 知识要点

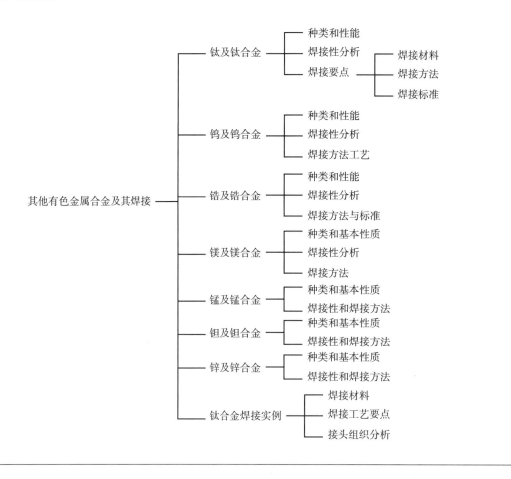

第②②章

异种金属的焊接

编写：李淳　审校：常凤华

本章介绍异种金属焊接的分类，重点讲解异种金属焊接的主要困难与焊接性。介绍利用舍夫勒图、德龙图与 WRC 图选择焊材的方法，举例分析异种钢的焊接特点，并简要介绍多类异种金属的焊接方法与特点。本章旨在帮助读者了解异种金属焊接的特点与难点，为异种金属焊接的工艺选择提供依据。

22.1 基本原理

22.1.1 异种金属焊接的分类

从材料上可分为：①异种有色金属的焊接；②有色金属与黑色金属的焊接；③异种黑色金属的焊接。

其中，异种黑色金属焊接包括铁与钢的焊接和异种钢焊接，异种钢焊接又包括金相组织类型相同但化学成分不同的钢和不同金相组织类型的钢。不同金相组织类型的钢一般包括以下组合：①珠光体钢与奥氏体钢组合；②珠光体钢与铁素体钢组合；③奥氏体钢与铁素体钢组合；④奥氏体钢与马氏体钢组合；⑤铁素体钢与马氏体钢组合。

从接头形式上来看，可分为：①两种不同母材金属的接头；②母材金属相同而填充金属不同的接头；③复合板焊接和堆焊。

22.1.2 异种金属焊接的主要困难

异种金属焊接时，无论从焊接机理和操作技术上都比同种金属复杂得多，这是因为异种金属的物理性能、化学性能及化学成分等有显著差异。异种金属焊接时的主要困难如下。

（1）异种金属的熔点差异。常用金属材料的物理性能见表 22.1。异种金属的熔点相差越大，越难进行焊接。这是因为熔点低的金属达到熔化状态时，熔点高的金属仍呈固体状态，这时已经熔化的金属容易深入过热区的晶界，使过热区的力学性能降低；当熔点高的金属熔化时，就会造成熔点低的金属流失，合金元素烧损或蒸发，使焊接接头难以愈合。

表 22.1 常用金属材料物理性能

金属名称	熔点 /℃	热导率 /（$W \cdot m^{-1} \cdot K^{-1}$）	线胀系数 /（$10^{-6} \cdot ℃^{-1}$）
Fe	1537	66.7	11.76
Cu	1083	359.2	16.6
Al	660	206.9	23.8
Ti	1677	13.8	8.2
Zr	1852	21.9	5.05
Mg	650	144.6	25.8
Nb	2497	48.1	7.5
V	1857	26.9	8.3
Zn	420	103.8	29.7

（2）异种金属的线膨胀系数差异。异种金属的线膨胀系数相差越大，越难进行焊接。线膨胀系数大的金属热膨胀率大，冷却时收缩也大，在熔池结晶时会产生很大的残余应力。由于焊缝两侧金属承受的应力状态不同，所以易使焊缝及热影响区产生裂纹，甚至导致焊缝与母材金属剥离。

（3）异种金属的导热率和比热差异。异种金属的导热率和比热相差越大，越难进行焊接。金属的导热率和比热容差异会使焊缝的结晶条件变化，降低焊接接头的质量。因此，应选用热能功率密度高的热源进行焊接，焊接时热源的位置要偏向导热性能好的母材金属一侧。

（4）异种金属的电磁性能差异。异种金属的电磁性相差越大，越难进行焊接。因为金属电磁性相差越大，焊接电弧越不稳定，焊缝成形变坏。例如，20 钢与纯铜的焊接过程中，将电子束指向纯铜母材金属时，会出现电子束向钢母材金属一侧移动的现象，这是由于两种母材金属存在磁性差异造成的。

（5）异种金属的氧化性差异。异种金属焊接时如果存在氧化性强的组元，会使焊接难度增大。例如，用熔焊方法焊接铜与铝时，熔池中极易形成铜和铝的氧化物（CuO、Cu_2O 和 Al_2O_3），冷却结晶时，存在于晶界的氧化物能使晶间结合力降低，CuO 和 Cu_2O 均能与铜形成低熔点的共晶体（$Cu+CuO$ 和 $Cu+Cu_2O$），使焊缝产生夹杂和裂纹，铜与铝形成的 $CuAl_2$ 和 Cu_9Al_4 脆性化合物，能显著降低焊缝的强度和塑性，因此，采用熔焊方法焊接铜与铝相当困难。

（6）异种金属的相溶性差异。异种金属之间能否进行焊接，取决于这两种金属在焊接条件下，它们合金元素之间的相互作用。当两种金属元素之间不但在液态而且在固态下都互相溶解，能形成一种新相——固溶体，那么这两种金属元素之间便具有了冶金学上的"相溶性"，原则上是可以焊接的。合金元素之间相溶条件包括：①两者晶格类型相同（如同为体心立方晶格）；②原子大小相近（原于半径相差不大）；③元素周期表中位置相邻（电化学性质相差小）。若同时能满足这些条件，则能无限制地溶解，所形成的固溶体称无限固溶体。如果只是部分地满足上述条件，则只能有限地溶解，这样的固溶体称有限固溶体。当有限固溶体的溶质金属量超过了溶解度，就可能出现两种情况：①在该固溶体中析出另一种固溶体，从而形成两相混合物；②在该固溶体中析出金属间化合物。金属间化合物的性质硬而脆，常称脆性相，它不能用于连接金属，焊接时不希望出现这种组织。如果在固溶体焊缝中出现了金属间化合物，则接头的塑性和韧性下降。影响程度决定于它的类型、数量、形态及分布。焊缝中金属间化合物越多，且在晶界上呈网状分布，则接头的性能就越差。应设法避免或控制金属间化合物的形成，由于金属间化合物的形成一般需要一定的孕育时间，而且和温度有关，若能采用在较低的温度下焊接或加热时间很短，就有可能不产生金属间化合物。所以大多数异种金属的组合，选用固态焊接方法比用熔化焊焊接方法更易实现。两金属在液态、固态都不相溶解，又不形成金属间化合物，则在液态时便会按比重分层，冷却时各自独立结晶，这类金属组合是不能直接焊接的。需要对这种金属焊接时，只能寻找与这两者都只有相溶性的第三种金属作中间层（过渡层）进行焊接。常见金属元素固态下的相互作用特性见表 22.2。

（7）异种金属焊接的强度差异。异种金属焊接时，焊缝和两种母材金属不易达到相等强度，这是由于焊接时熔点低的金属元素容易烧损、蒸发，从而导致焊缝的化学成分发生变化，力学性能降低。尤其是焊接异种有色金属，这种现象更为明显。

22.1.3 异种金属焊接性

异种金属的焊接性主要是指不同化学成分、不同组织性能的两种或两种以上金属，在限定的施工条件下焊接成符合设计要求的构件，并满足使用环境的要求。由于不同金属的化学成分、物理特性、化学性能差别较大，异种金属的焊接要比同种金属的焊接复杂得多。异种金属的焊接除了必须考虑异种金属本身的固有性质和它们之间可能发生的相互作用之外，还必须结合焊接方法进行分析判断，从而为正确选择焊接方法、制定焊接工艺提供依据。

熔焊、压焊、钎焊三大类焊接方法都可以用来焊接异种材料，其中熔焊在实际工业生产中应用最广，因此重点介绍异种金属熔焊的焊接性。熔焊的焊接性主要是指：①焊接区是否会形成对力学性能及化学性能等有较大影响的不良组织和金属间化合物；②能否防止产生焊接裂纹及其他缺陷；③是否会由于熔池混合不良形成溶质元素的宏观偏析及熔合区脆性相；④在焊后热处理和使用中熔合区发生不利的组织变化等。一般来讲，可以根据合金相图进行分析，焊接性好的异种金属组合才有可能在合适的熔焊工艺下获得高质量的接头。电弧焊是应用最多的异种金属熔焊方法，特别在异种钢焊接中应用最多；而对于异种有色金属及异种稀有金属的焊接，优先选择等离子弧焊。电子束焊接异种金属的主要特点是热源密度集中、温度高、焊缝窄而深、热影响区小，可用于制造异种钢真空设备薄壁构件。激光焊接也是一种高能束的焊接方法，许多异种金属接头采用激光焊，能获得令人满意的焊接接头。

可以利用合金相图分析异种金属的焊接性和它们之间可能发生的相互作用。在合金相图中，若金属互为无限固溶（如 Ni-Cu 等）或有限固溶（如 Cu-Ag 等），则这些异种金属组合的焊接性通常比较好，容易适应各种焊接方法。受焊金属互不固溶，其结合表面不能形成新的冶金结合，直接施焊时就不能形成牢固的接头，焊接性就差。受焊金属相互间能形成化合物时，它们之间不能产生晶

表 22.2 常见金属元素固态下相互作用特性

金属元素	温度/℃ 熔点	温度/℃ 晶格转变	晶格类型	原子半径 /10⁻¹⁰ m	晶格常数 /10⁻¹⁰ m	固溶程度 无限	固溶程度 有限	形成化合物的元素	形成共晶的元素	无相互作用的元素
Fe	1536	910	体心立方 / 面心立方	1.27	2.860 / 3.668	α–V, α–Cr, γ–Mn, γ–Co, γ–Ni	Cu, Au, Al, C, Si, Ti, Zr, Nb, Ta	Ti, Zr, V, Nb, Cr, Mo, W, Co, Ni, Al, C, Si	C	Mg, Ag, Pb
Al	660	—	面心立方	1.43	4.0496	—	Ti, Zr, Nb, Mn, Cu, Ni, Mg, V, Fe, Ag, Au, Si, W, Mo, Cr, Ta, Ge, Pt, Pd	Ti, Zr, Nb, Mn, Cu, Ni, Mg, V, Fe, Ag, Au, Si, W, Mo, Cr, Ta, Pt, Pd, C	Sn	Pb
Cu	1083	—	面心立方	1.28	3.6147	Mn, Ni, Pd, Pt	Ti, Zr, Nb, Mn, Cu, Ni, Mg, V, Fe, Ag, Au, Si, W, Mo, Cr, Ta, Ge	Mg, Ti, Zr, Mn, Ni, Al, Si		Ta, Mo, W, Pb
Ti	1668	882	密排六方	1.47	a=3.5236 c=4.6788	α–Zr, β–V, β–Nb, β–Ta, β–Cr, β–Mn	Mg, V, Zr, Nb, Pd, Fe, Mn, Cu, Ni, Fe, Ag, Au, Si, W, Mo, Cr, Co, Ta, Ge, C	Mg, Zr, Mn, Ni, Pd, Pt, Au, Al, Si, Ge	—	—
Nb	2468	—	体心立方	1.43	3.3010	Ti, Mo, Zr, W, Ta	Mg, Cr, Mn, Ti, Fe, Co, Ni, C, Zr, Pd, Pt, Cu, Al, Si	Ti, Zr, Ta, Mn, Fe, Co, Ni, Al, Si, C, Pd, Au	—	—
V	1919	—	体心立方	1.36	3.0288	Ti, Nb, Mo, Cr, Fe, W, Ta	Mn, Cu, Ni, Al, C, Si, Zr, Au, Ge	Cu, Ni, Ag, Au, Al, Si, Ge, Pb, Pt	—	Ag, Hg

内结合，且脆性化合物呈层状分布，则两种材料不能实现可靠连接。只有当它们所形成的化合物呈微粒状分布于合金晶粒间，还形成一定量的固溶体或共晶体时，则这种组合具有一定的焊接性。由于受焊异种金属形成机械混合物的种类比较复杂，其焊接性优劣程度有较大差别，若其两组元或两种具有一定溶解度的固溶体形成共晶，或包晶产物是固溶体，那么这种组合的焊接性就好；若其共晶或共析中一相是化合物，或包晶产物是化合物，那么焊接性就差。

金属各自固有的化学和物理性能，以及它们在这些性质上的差异对焊接性有很大的影响，当异种材料的熔化温度、线膨胀系数、导热率和比电阻等存在较大差异时，就会给焊接造成一定的困难。线膨胀系数相差较大，会造成接头较大的焊接残余应力和变形，易使焊缝及热影响区产生裂纹。异种材料电磁性相差较大，则使焊接电弧不稳定，焊缝成形不好甚至不可焊接。两种材料的晶格类型、晶格参数、原子半径、原子外层电子结构等化学性能差异小，也就是通常所说的"冶金学相容性"好，则在液态和固态时具有互溶性，这两种材料在焊接过程中一般不产生金属间化合物（脆性相），但受焊接时的外界影响较大。例如，Ni–Cu 间能互为无限固溶，从合金相图判断其焊接性应当是优良的，当采用电子束焊接时，由于 Ni 的剩磁性和外部磁效应会引起电子束的波动，导致焊接过程控制和焊缝成形困难。

22.1.4　基本概念

异种钢焊接接头的突出问题是化学成分不均匀性及由此引起的组织不均匀性和界面组织的不稳定，以及力学性能的复杂性等。

熔合比（又称稀释率或混合比）为母材熔化的重量与焊缝金属的重量的比值，用百分数表示。即：

$$熔合比 = \frac{母材熔化的重量}{焊缝金属的重量} \times 100\%$$

如图 22.1 所示，熔合比计算如下：

堆焊　熔合比 $= [G/(Z+G)] \times 100\%$

对接焊　母材 1 的熔合比 $= [G_1/(Z+G_1+G_2)] \times 100\%$

母材 2 的熔合比 $= [G_2/(Z+G_1+G_2)] \times 100\%$

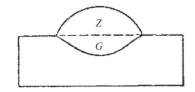 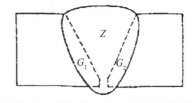

堆焊时，母材定为 G，焊接填充材料定为 Z　　对接焊时，母材定为 G_1 和 G_2，填充材料部分定为 Z

图 22.1　熔合比计算示意图

异种钢熔化焊主要考虑的是焊缝金属的成分和性能，焊缝金属的成分取决于填充金属的成分、母材的组成及熔合比。通常以熔敷焊接材料的化学成分作为焊缝金属基本成分，将熔入的母材引起焊缝中合金元素所占比例的降低或增高视为稀释。稀释的程度取决于母材金属熔合比，即母材金属在焊缝金属中所占的百分比。母材金属熔合比高，稀释的程度大；反之，稀释的程度小。

异种钢焊接时，焊接工艺参数的选择应以减少母材金属的熔化和提高焊缝的堆积量为主要原则。焊接工艺参数对熔合比有直接影响。一般来说，焊接线能量越大，母材熔入焊缝越多。为了减少焊缝金属的稀释率，一般采用小电流和高焊接速度进行焊接。焊接方法不同时，熔合比也不同，如表22.3 所示。

表 22.3　不同焊接方法的熔合比

焊接方法	熔合比 / %	焊接方法	熔合比 / %
碱性焊条电弧焊	20~30	埋弧焊	30~60
酸性焊条电弧焊	15~25	带极埋弧焊	10~20
熔化极气体保护焊	20~30	钨极氩弧焊	10~100

22.2 异种钢焊接

22.2.1 用舍夫勒图选择焊材

舍夫勒组织图表征不锈钢焊缝金属的化学组成（不计氮元素）与相组织的定量关系图。异种钢焊接经常会按照舍夫勒组织图选择焊接填充材料。

22.2.1.1 熔合比对焊缝成分的影响

焊缝金属化学成分平均含量计算公式为：

$$C_W = D_A C_A + D_B C_B + (1 - D_{A+B}) C_F$$

式中：C_W——某合金元素在焊缝金属中的平均质量分数，%；

$\quad\quad D_A$——母材 A 引起的稀释率（以小数表示）；

$\quad\quad D_B$——母材 B 引起的稀释率（以小数表示）；

$\quad\quad D_{A+B}$——母材 A 和 B 引起的总稀释率（以小数表示）；

$\quad\quad C_A$——某合金元素在母材 A 中的质量分数，%；

$\quad\quad C_B$——某合金元素在母材 B 中的质量分数，%；

$\quad\quad C_F$——某合金元素在熔敷金属 F 中的质量分数，%。

举例：低合金钢与不锈钢焊接，成分见表 22.4，用镍 – 铬合金作填充金属进行惰性气体保护电弧焊，各自化学成分见表 22.4。假设总稀释率为 35%，其中低合金钢的质量分数为 15%，不锈钢的质量分数为 20%，则 Cr、Ni 和 Mo 在焊缝中的平均含量为：

$$w (Cr) = (0.15 \times 2.5 + 0.2 \times 17 + 0.65 \times 20) \div 100 = 16.8\%$$

$$w (Ni) = (0.2 \times 12 + 0.65 \times 72) \div 100 = 49.2\%$$

$$w (Mo) = (0.15 \times 1 + 0.2 \times 2.5) \div 100 = 0.65\%$$

表 22.4　母材与填充金属的化学成分

元素	名义质量分数 / %		
	低合金钢	不锈钢	填充金属
Cr	2.5	17	20
Ni	—	12	72
Mo	1	2.5	—
Fe	9.5	63	3

22.2.1.2　焊接材料对接头组织的影响

以 Q235 钢和 1Cr18Ni9 钢焊接为例进行说明，图 22.2 表示焊缝金属中两种母材的熔合比各为 20%，填充金属占焊缝金属的 60%。

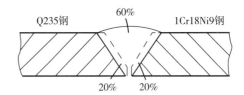

图 22.2　Q235 钢与 1Cr18Ni9 钢的熔合比

先根据两种母材及选用填充金属的化学成分，分别计算出他们的铬当量和镍当量，然后在舍夫勒组织图上标出相应的 a、b、c、d、e 各点（表 22.5，图 22.3），即可确定出焊缝的组织状态。

表 22.5　Q235 钢、1Cr18Ni9 钢及填充金属的铬镍当量

材料名称	C	Mn	Si	Cr	Ni	铬当量	镍当量	图上位置
Q235 钢	0.18	0.44	0.35	—	—	0.53	5.62	b
1Cr18Ni9 钢	0.07	1.36	0.66	17.8	8.65	18.79	11.42	a
18–8 型（A102）	0.07	1.22	0.46	19.2	8.5	19.87	11.15	c
25–13 型（A307）	0.11	1.32	0.48	24.8	12.8	25.52	16.76	d
25–20 型（A407）	0.18	1.4	0.54	26.2	18.8	27.01	24.9	e

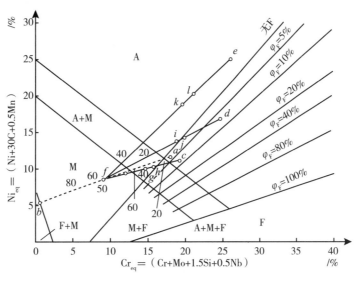

图 22.3　舍夫勒组织图

不用填充金属（如 TIG 焊）焊接 Q235 钢（图 22.3 中 b 点）与 1Cr18Ni9 钢（图 22.3 中 a 点）时，接头熔化面积相等，因而焊缝的铬镍当量应为图中 f 点，焊缝组织为马氏体。

采用 18-8 型焊条（图中 c 点）焊接 Q235 钢与 1Cr18Ni9 钢时，焊缝由两种母材的焊条金属混合而成，若母材的熔合比发生变化，则焊缝的铬镍当量将沿着 fc 线变化。当母材熔合比为 40%（两种母材各占 20%）时，当量成分相当于图中 g 点；当熔合比为 30% 时，当量成分相当于图中 h 点，g 点和 h 点均处于 A+M 区，所以焊缝组织为奥氏体 + 马氏体。

采用 25-13 型焊条（图中 d 点）焊接 Q235 钢与 1Cr18Ni9 钢时，焊缝的铬镍当量将沿着 f-d 线变化，当母材的熔合比为 40% 时，焊缝为 i 点，组织为单相奥氏体；熔合比为 30% 时，焊缝为 j 点，组织为奥氏体 + 少量铁素体（< 5%）。

采用 25-20 型焊条（图中 e 点）焊接 Q235 钢与 1Cr18Ni9 钢时，母材熔合比为 40% 和 30% 对应的焊缝位置时 k 点和 l 点，其组织为单相奥氏体，熔合比高达 70% 仍保证焊缝不出现马氏体，但这时焊缝对热裂纹比较敏感。

综合分析，焊接 Q235 钢与 1Cr18Ni9 钢时，不加填充金属焊缝会出现马氏体，采用 18-8 型焊条（与 1Cr18Ni9 铬镍当量相近）焊接，焊缝也会出现马氏体，容易产生冷裂纹。要想获得奥氏体 + 少量铁素体双相组织，必须控制到极小的熔合比，这在工艺上很难实现。用 25-13 型焊条（比 1Cr18Ni9 铬镍当量高）焊接，熔合比在 40% 以下，焊缝获得单相奥氏体，热裂纹倾向大，熔合比控制在 30% 以下母材对焊缝的稀释小，能够得到具有较高抗裂性能的奥氏体 + 少量铁素体双相组织的焊缝，但熔合比过小，焊缝组织中的铁素体可能偏多，易产生脆化。因此多层焊时，除第一层外，后几层焊条中铬、镍含量可以少一些。

22.2.2　碳迁移

当珠光体钢和奥氏体钢焊接时，由于珠光体钢的含碳量较高，而且合金元素较少，而奥氏体钢却相反，因此在珠光体钢一侧熔合区两边形成了碳的浓度差。在高温加热过程中，珠光体钢与奥氏体钢界面附近发生碳的迁移。一部分碳将通过界面由珠光体一侧迁移到奥氏体一侧，在珠光体一侧形成脱碳层，同时在奥氏体一侧形成增碳层。这个结果造成两侧力学性能相差很大，当接头受力时，该处可能会引起应力集中，它对接头的常温和高温瞬时力学性能影响不大，但会降低接头 10%~20% 左右的高温持久强度。为了防止碳迁移，可以在珠光体一侧增加碳化物形成元素（如 Cr、Mo、V、Ti 和 W 等）或在奥氏体焊缝中减少这些元素；在珠光体钢侧预先堆焊含强碳化物形成元素或镍基合金的隔离层；提高奥氏体焊缝中的镍含量，利用镍的石墨化作用阻碍形成碳化物；减少焊缝及热影响区的高温停留时间等。

22.2.3　热疲劳

这类问题易出现在热膨胀系数差异较大的异种金属焊接中，如奥氏体不锈钢的热膨胀系数比低碳钢高约 1.5 倍，在奥氏体不锈钢焊接接头区域进行高温加热，就会在接头内产生较大的热应力，特别是当受到温度的急剧变化即热冲击或受到温度的反复变化即热疲劳时，接头易发生失效。

22.2.4 德龙组织图

舍夫勒组织图没有考虑奥氏体形成元素 N 的作用，因此估算铁素体含量的精确度为 ±4%，德龙（Delong）组织图是在舍夫勒组织图的基础上改进的，加入了奥氏体形成元素 N 的作用，更适合于含氮和控氮不锈钢以及气体保护焊的焊接组织评定。

德龙组织图的铬和镍当量计算公式为：$Cr_{eq} = Cr\% + Mo\% + 1.5Si\% + 0.5Nb\%$；$Ni_{eq} = Ni\% + 30C\% + 30N\% + 0.5Mn\%$。德龙组织图进一步改进了曲线精确度，考虑了 N 的作用，估算铁素体含量的精确度为 ±2%。图 22.4 所示即为德龙组织图，主要用于焊接材料的 δ 铁素体含量的计算。

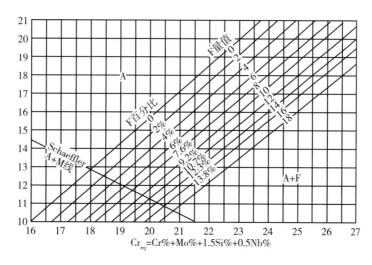

图 22.4 德龙组织图

22.2.5 WRC 图

另外，不锈钢的组织图还有 WRC（1992）图，如图 22.5 所示，以铁素体序数（FN）表示铁素体含量。该图已把铁素体序数（FN）扩大到 100FN，主要适用于双相不锈钢（铁素体与奥氏体各占 50% 左右）。

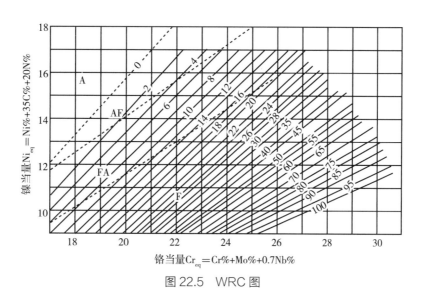

图 22.5 WRC 图

22.2.6 异种钢的焊接举例

22.2.6.1 相同金相组织类型的异种钢焊接

对于组织比较接近的异种钢接头，焊接材料的选择原则是：要求焊缝金属化学性能、耐热性能及其他性能不低于母材中性能要求较低一侧的指标。

预热温度和层间温度按照碳当量较高一侧母材的要求确定。

热处理一般按照合金含量较高侧母材确定，两者热处理温度范围不同，应根据热处理温度范围高的下限和热处理温度范围低的上限来确定，如果热处理温度范围高的下限高于热处理温度低的上限，且温度相差太大，应考虑堆焊过渡层。

例1：S235+S355（碳钢）

厚度：30mm

焊材：ISO 2560–A E 38 3 B

预热温度：100~150℃

层间温度：≤ 200℃

例2：S690QL + S355（调质细晶钢 + 碳钢）

厚度：20mm

焊材：ISO 2560–A E 42 3 B

预热温度：100~150℃

层间温度：220~250℃

例3：13CrMo4–5+10CrMo9–10（热强钢）

厚度：15mm

焊材：ISO 3580–A E CrMo1 B

预热温度：≥ 200℃

层间温度：≤ 300℃

焊后热处理温度：690~710℃

22.2.6.2 不同金相组织类型的异种钢焊接

通常所说的异种钢焊接指的是非合金钢或低合金钢与奥氏体不锈钢之间的连接，即"黑"+"白"。"黑"指的是珠光体钢（非合金钢或低合金钢），"白"指的是奥氏体不锈钢。

异种钢接头存在的问题包括如下四个方面。

（1）焊缝金属的稀释。选择焊材时可以根据舍夫勒组织图，按照熔合比来估算，以获得纯奥氏体或奥氏体加少量铁素体组织的焊缝成分。

（2）过渡区马氏体组织。在珠光体钢侧熔合区铬、镍含量远低于焊缝中心的平均值，按照舍夫勒组织图估算这一区域是硬度很高的马氏体或奥氏体 + 马氏体组织。

（3）碳迁移形成扩散层。在焊接、热处理或使用过程中长时间处于高温时，在珠光体和奥氏体钢界面附近产生碳迁移，在珠光体钢侧形成脱碳层发生软化，奥氏体钢侧形成增碳层发生硬化，降低接头承载能力。

（4）接头残余应力。因珠光体（铁素体）钢与奥氏体钢的线膨胀系数不同，焊后冷却时收缩量的差异，必然导致接头产生残余应力。

22.2.6.3 不同金相组织类型的异种钢焊接应力组别

（1）应力组别Ⅰ。这种应力应理解为接头在300℃以下的温度下工作，并且只承受机械负荷。

化工容器设备制造中的支柱地脚或架子属于此类应力组别。接头不接触腐蚀介质，受这种应力的接头不必经过热处理，如图22.6所示。

对接头设计来说，重要的是要有足够的韧性，并达到不锈钢的屈服极限值。为了满足这些条件，选择焊接填充材料是非常重要的。要根据焊接方法与熔合比，使用舍夫勒组织图选择奥氏体焊接材料，使焊缝金属达到奥氏体或奥氏体＋少量铁素体组织。此外，还必须注意，焊接填充材料必须经过相应的认可。对于图22.6中

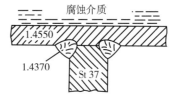

图22.6 Ⅰ组应力的黑色－白色金属接头

要焊接的材料（碳钢与X6CrNiNb18-10），一般用奥氏体填充材料18 8Mn6 或 23 12L（1.4370 或1.4332）。

对于热输入，既要注意母材要求，还要注意焊接填充材料的要求。一方面，对黑色金属一侧，注意淬硬倾向较大的材料，需要预热；另一方面，由于焊接金属热裂纹的敏感性，要限制最大的层间温度。

（2）应力组别Ⅱ。该组别的接头，除了承受机械应力之外，还承受腐蚀应力。属于这种应力组别的，主要是复合板的焊接或堆焊，如图22.7所示。

堆焊时，选择焊接填充材料必须考虑对不同形式的腐蚀（如晶间腐蚀、点状腐蚀和应力裂纹腐蚀）有足够的抵抗能力，并考虑工艺方法及熔合比，往往要求采用多层焊。基于此要求，要相应选择合金含量高的焊接填充材料及应用低熔合比的焊接工艺方法。

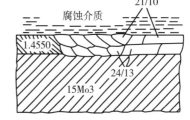

图22.7 Ⅱ组应力的黑色－白色金属接头

焊接复合板时，焊接坡口、焊接顺序和焊接材料选择是非常重要的。

如图22.8所示，过渡层应选用混合比较小的焊接方法。焊接顺序要先焊基层，再焊过渡层，最后焊复层。

（3）应力组别Ⅲ。该组别的接头，除了承受机械或腐蚀负荷外，还有较高或较低的工作温度。那些需要热处理的接头，或者受交变温度作用的接头，都属于该应力组别。这种应力级别主要出现在化学工业与电站工业中，如图22.9所示。

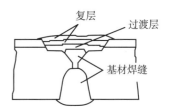

图22.8 复合板焊接顺序

这种接头的问题，主要是碳会在异种钢间扩散，在接头处产生增、脱碳层，接头会产生马氏体组织，因材料有不同的热膨胀系数，会在交界处引起明显的附加应力，这一问题在低温时依然存在。

为了解决以上问题，必须采用镍基填充材料，原因是镍基材料能够阻止碳向奥氏体扩散，降低晶间腐蚀的倾向，减小马氏体带的宽度，而且镍基材料的热膨胀系数介于奥氏体钢与珠光体（铁素体）钢之间，从而缓解由于温度变化形成的热应力。

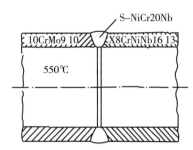

图 22.9　Ⅲ组应力的黑色 – 白色金属接头

采用镍基填充材料时，必须特别注意清洁度，严格控制层间温度，防止热裂纹的形成。

例如：发电站锅炉中过热器和再热器管的接头，在 600℃ 左右的高温下工作，甚至受交变温度的影响，同时受到载荷和腐蚀的共同作用，工艺上需选用熔合比较低的焊接方法，选择镍基填充材料，采用合适的焊接参数来焊接：

母材：13CrMo4–5+X5CrNi18–8（15CrMo+SA213TP304H）

规格：$\phi 63 \times 4mm$

焊接方法：手工氩弧焊

填充材料：S–NiCr20Nb（ERNiCr–3），$\phi 2.5mm$

工艺要求：采用小电流、低的层间温度、大的坡口角度，防止热裂纹

22.3 异种金属焊接工艺的选择

异种金属焊接在航空航天、能源、汽车等多个领域有着广泛的应用，目前已有包括电弧焊、激光焊、电子束焊、钎焊、熔钎焊、扩散焊与搅拌摩擦焊等多种适用于异种金属焊接的方法，在遇到具体工程问题时，需根据实际需求来选择合适的焊接方法与工艺。

对于熔化焊接，为了防止或减少焊缝中金属间化合物的生成，往往需要减小热输入以减小液相停留时间，或向接头内添加抑制脆性金属间化合物生成的元素；也可以在接头内添加中间过渡层来提升异种金属熔化焊接接头的连接质量。

熔钎焊可以有效地降低焊缝的热输入，从而避免焊缝中脆性金属间化合物的过度生长。该方法是对低熔点的金属采用熔化焊而对高熔点的金属则利用钎焊。该方法要求熔化的钎料应与高熔点的金属有良好的浸润与扩散性能，并保证焊接温度控制在所需的范围内。

搅拌摩擦焊是一种固相连接方法，适用于铝合金等多种材料的焊接。该方法是通过轴肩与搅拌头的高速旋转使被焊金属产生塑性变形，从而发生扩散与再结晶而达到冶金结合的一种焊接技术。搅拌摩擦焊接技术已被应用于不同牌号铝合金、铝合金与钢、铝和镁、铝和钛等多种异种金属的焊接。

钎焊技术适用于形状复杂的异种金属接头的连接，钎料可以预先放置于待连接母材之间，对于钎料不易提前放置的接头结构，可以开设钎料预置槽，钎料熔化后可以通过毛细作用进入钎缝，实现异种金属的连接。在选择钎料时，应考虑到钎料与两侧母材的相容性，避免连续脆性金属间化合物的生成。

对于需要实现大面积连接的异种金属，扩散焊接是一种适合的焊接方法，这种方法在较高的温度下通过被焊材料间的扩散实现两者的连接。为保证被焊材料间的充分扩散，扩散焊接温度往往需要达到母材熔点的 70% 左右，对于异种金属的扩散焊接，扩散焊接温度往往选择熔点较低金属熔点的 70%。

22.4　异种金属焊接的典型应用

22.4.1　高合金钢与低碳钢焊接

当焊接高合金钢与低碳钢时，建议首先在高合金钢一侧采用与母材金属成分相近的焊条堆焊一层过渡层，然后在堆焊层上用与另一个金属成分相近的焊条堆焊另一层过渡层。目的是将高合金钢堆焊层的成分稀释，使随后焊接时所产生的淬硬层组织处于第二层过渡层上。在完成上述两层堆焊后，加工成适当坡口，然后用接近母材的焊条进行对接焊。焊接过程中断或收尾时，必须填满弧坑，以免产生弧坑裂纹。焊后还要防止焊缝受到冷却硬化。

22.4.2　奥氏体不锈钢和马氏体不锈钢焊接

焊前要对马氏体钢进行预热，焊接时，适当增大焊接电流或减小焊接速度。焊接过程中，焊条可做横向摆动，适当加宽焊道。焊材可选择奥氏体不锈钢或马氏体不锈钢，焊后缓冷，当焊件冷却到 150~250℃时，进行适当的高温回火。

22.4.3　奥氏体不锈钢和铁素体不锈钢焊接

采用焊条电弧焊焊接奥氏体钢与铁素体钢时，既可采用高铬焊条，也可采用铬镍奥氏体焊条。如果焊缝金属是奥氏体－铁素体双相组织时，其抗裂性好，常温下塑性很高。接头工作在 500℃以下时，建议选用奥氏体或奥氏体－铁素体焊条，可降低焊前预热温度；接头工作在 500℃以上时，建议采用高铬焊条。对淬硬倾向比较大的铁素体不锈钢与奥氏体不锈钢焊接时，建议进行焊前预热。焊后热处理可降低残余应力，使焊接接头组织均匀化，提高塑性和耐蚀性。TIG、MIG 时，可采用奥氏体焊丝或因科镍焊丝，焊前一般不需预热，焊后不用热处理。

22.4.4　奥氏体不锈钢和双相不锈钢焊接

奥氏体不锈钢和双相不锈钢焊接的工艺要点如下。

（1）正确选用焊接材料，尽量选用含碳量较低和含稳定元素的焊材，以免 C 与 Cr 形成化合物引起晶格处贫 Cr，从而提高焊缝抗晶间腐蚀的能力。

（2）选择含有适量铁素体促进元素的奥氏体不锈钢焊材，可获得奥氏体＋少量铁索体双相组织焊缝，以提高奥氏体不锈钢的耐晶间腐蚀能力和抗热裂纹能力。

（3）采用窄焊道焊接技术，尽量采用不摆动或少量摆动的焊接，并在保证熔合良好的条件下，尽量采用较小的焊接电流、较低的电弧电压和较快的焊接速度即较小的焊接热输入施焊。

（4）焊前不预热，由于它们具有较好的塑性，因此焊前不必预热。多层焊时要避免层间温度过高，一般应冷却到100℃以下再焊下一层，否则接头冷却速度慢，促使析出铬的碳化物等不利影响。在焊接刚度极大的情况下，有时为了避免裂纹的产生，也可以进行焊前预热。

（5）为防止接头过热，焊接电流应比焊接低碳钢时小10%~20%。采用短弧快速焊，直线运动，减少起弧、收弧次数，尽量避免重复加热，强制冷却焊缝。焊接过程必须将焊件保持在较低的层间温度，必要时可采用强制冷却措施控制层间温度和焊后温度，尽量减少焊缝在450~850℃温度范围内的停留时间。

（6）要保证焊件表面完好无损。焊件表面损伤是产生腐蚀的根源，焊接时应避免焊件碰撞损伤和在焊件表面进行引弧，造成局部烧伤等。

（7）焊后热处理。奥氏体不锈钢和双相不锈钢焊接后，焊接接头产生了脆化或要进一步提高其耐蚀能力时，可根据需要选择固溶处理、稳定化处理和消除应力处理。

（8）焊后清理。不锈钢焊后，焊缝必须进行酸洗、钝化处理。酸洗的目的是去除焊缝及热影响区表面的氧化层；钝化的目的是使酸洗的表面重新形成一层无色致密的氧化膜，起到耐蚀作用。

22.4.5 铜合金与低碳钢焊接

钢与铜及铜合金焊接存在的问题主要有以下三个方面。

（1）焊缝易产生热裂纹。主要原因是低熔点共晶物的存在及其在晶界偏析所致（铁–铜合金的结晶温度区间为300~400℃，还容易形成$Cu+Cu_2O$、$Fe+FeS$、$Ni+Ni_3S_2$等多种低熔点共晶），同时铜与钢线膨胀系数较大（铜的线胀系数比钢的大40%左右），焊接过程中会产生较大的焊接应力，促进裂纹开裂。

（2）热影响区产生铜的渗透裂纹。液态铜或铜合金对钢的近缝区晶界有较强的渗透作用，在拉应力作用下易形成渗透裂纹。为防止渗透裂纹产生，可考虑选用小的线能量及合适的填充材料（含Al、Si、Mn、Ti、V、Mo、Ni等元素），有效降低渗透裂纹倾向。

（3）焊接接头力学性能降低。由于钢与铜合金的种类不同，焊接接头的组织与性能也不同。焊接方法可选择焊条电弧焊、埋弧焊、电子束焊、闪光对焊、电阻对焊及真空扩散焊等。

22.4.6 镍合金与低碳钢焊接

钢与镍及镍合金异种金属焊接结构在石油、化工、核工业及航空航天工业生产中应用广泛。

钢与镍焊接时，出现的问题主要是焊缝易出现裂纹和气孔。在高温下，镍很容易夺氧形成NiO，在结晶时容易形成气孔。焊缝金属中含有Mn、Ti、Al等元素有脱氧作用，含Cr、Mn有利于防止气孔。钢与镍焊接产生的裂纹主要是热裂纹，这与镍的低熔点共晶物有关，焊缝中O、S、P、Pb等杂质会增大热裂倾向。为提高抗裂性，一般可考虑选择含有Mo、Mn、Cr、Al、Ti及Nb等元素的焊材，这些合金元素过渡到焊缝中，可以起到脱氧、脱硫、细化晶粒的作用，减小热裂纹及气孔倾向。钢与镍及镍合金的焊接可采用焊条电弧焊、埋弧焊、惰性气体保护焊等熔焊方法。

22.4.7　不锈钢与铜合金的焊接

不锈钢与铜及铜合金的焊接性与碳钢比较有一定的有利因素，其焊接工艺也与碳钢相差不多，故容易进行焊接。不锈钢与铜及铜合金的焊接，还应注意以下问题：焊接时，若采用奥氏体不锈钢作为填充金属材料，很容易出现热裂纹，当用蒙乃尔合金作为填充金属材料时，可以减少铜的有害作用，使热裂纹倾向降低，虽然如此，但晶间还会有少量的低熔点共晶铜，焊接接头仍存在热裂纹倾向；采用某些铜合金（如铝青铜）和纯铜作为填充金属材料时，热裂纹倾向较小，但在不锈钢一侧，热影响区中仍可能产生渗透裂纹，所以只有在对接头力学性能要求不高时，才可以采用这类填充金属材料。

22.4.8　钢与铝／铝合金的焊接

Al 与 Fe 的二元相图比较复杂，根据 Al 的含量和温度，可以形成固溶体和共晶体，以及 FeAl、$FeAl_2$、$FeAl_3$、Fe_2Al_7、Fe_3Al 和 Fe_2Al_5 等金属间化合物。这些金属间化合物对接头的力学性能有明显的影响。此外，Al 还能与钢中的 Mn、Cr、Ni 等元素形成有限固溶体和金属间化合物，与钢中的 C 形成化合物等。这些化合物使焊接接头强度和硬度提高，使接头的塑性和韧性下降。

（1）熔焊特点。铝及其合金与钢的物理性能的差异很大，如它们的熔点相差 800~1000℃，导热率相差 2~13 倍，故很难均匀加热。两者的线膨胀系数相差 1.4~2 倍，焊接接头容易产生残余热应力，并且不能用热处理的方法消除。另外，铝及其合金加热时在表面迅速形成稳定氧化膜（Al_2O_3）也会造成熔合困难。钢与铝的焊接，多采用 MIG 钎焊的方法，也可采用钨极氩弧焊（实际上也是熔焊 - 钎焊的方法，钢表面可考虑镀 3~5μm 的 Zn、Ag 过渡层），也可采用电子束焊接（可考虑用 Ag 作为中间过渡层）。

（2）压焊特点。钢与铝的焊接，也可采用摩擦焊、超声波焊、扩散焊和冷压焊等焊接方法焊接，可得到良好的接头，但是焊件的尺寸受到一定的限制。

22.4.9　铜与铝／铝合金的焊接

铜与铝及铝合金的焊接主要存在以下问题。

（1）铝、铜易被氧化。铜和铝室温条件下就易发生氧化，在焊接条件下，氧化十分激烈，生成高熔点的氧化物。而铜与铝导热率大，散热快，焊缝易产生未熔合问题。

（2）铜与铝的焊接接头脆性大，易产生裂纹。熔焊时，靠近铜材一侧的焊缝金属，易形成 $CuO + Cu_2O$ 共晶体，分布于晶界附近，焊缝变脆，易形成裂纹。

（3）焊缝易产生气孔。两种金属导热率大，散热快，焊缝结晶快，焊接熔池中熔解的气体来不及溢出，产生气孔。

焊接铜与铝及铝合金，可考虑采用钨极氩弧焊、埋弧焊及电子束焊等熔焊方法，也可考虑采用压焊方法，如闪光对焊、摩擦焊、冷压焊及真空扩散焊的焊接方法。

22.4.10 镍与铜的焊接

铜与镍及镍合金的焊接特点如下。

（1）铜与镍的原子半径、晶格类型、密度及比热容等物理参数相近，易形成固溶体，不易形成金属间化合物，有利于焊接。

（2）铜的化学活性比镍强得多，焊接时易被氧化，影响晶间结合，有可能产生气孔和裂纹。而铜和镍的导热率、线膨胀系数和电阻率差异较大，不利于焊接。

（3）焊接时，铜和镍的两侧都有可能生成低熔点共晶物，促使热裂纹的产生，而造成接头开裂。

焊接铜与镍及镍合金时，常选用的焊接方法有氩弧焊和扩散焊。

参考文献

［1］机械工程手册编辑委员会.机械工程手册：43篇［M］.北京：机械工业出版社，1982.

［2］何康生.异种金属的焊接［M］.北京：机械工业出版社，1986.

［3］中国机械工程学会焊接学会.焊接手册：2卷［M］.3版.北京：机械工业出版社，2007.10.

［4］刘中青.异种金属焊接技术指南［M］.北京：机械工业出版社，1997.

［5］李亚江，王娟，刘鹏.异种难焊材料的焊接及应用［M］.北京：化学工业出版社，2003.12.

［6］福克哈德.不锈钢焊接冶金［M］.栗卓新，朱学军，译.北京：化学工业出版社，2004.4.

［7］史耀武.焊接技术手册：下［M］.北京：化学工业出版社，2009.6.

［8］陈世修，秦宗琼.奥氏体不锈钢中铁素体含量计算［J］.阀门，2005（1）：20–25.

［9］闫锡忠，任晓光，安才.焊工技师［M］.北京：冶金工业出版社，2016.1.

［10］辽宁省安全科学研究院组.特种设备基础知识［M］.沈阳：辽宁大学出版社，2017.4.

［11］张应立，周玉华.常用金属材料焊接技术手册［M］.北京：金盾出版社，2015.1.

［12］于江林.石油化工－过程装备与控制［M］.哈尔滨：哈尔滨工程大学出版社，2008.5.

［13］芮树祥.电焊工：高级［M］.北京：中国劳动社会保障出版社，2004.04.

［14］翟封祥.材料成型工艺基础［M］.哈尔滨：哈尔滨工业大学出版社，2018.02

本章的学习目标及知识要点

1.学习目标

（1）掌握异种金属焊接的特点与难点。

（2）了解异种钢焊材选择的方法。

（3）了解钢／铜、钢／铝、钢／镍等异种金属焊接的方法与特点。

2. 知识要点

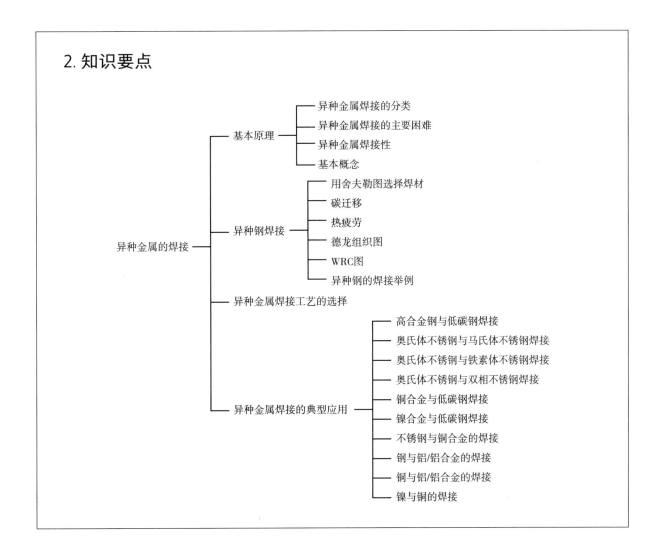

—— 第 23 章 ——

材料和焊接接头的检验

编写：邓义刚　审校：吕适强

金属材料和焊接接头的金属性能和安全性，可以通过相关破坏性试验来确定和验证，并通过材料特征值来描述。材料特征值是材料购买者、材料加工者、材料制造者及结构设计师、质量检验者的工作基础。本章针对相关破坏性试验作介绍，重点介绍拉伸、弯曲、硬度、冲击等力学试验的目的和方法及相关特征值，另外也介绍疲劳、蠕变、腐蚀等其他破坏性试验的目的和方式。

23.1 拉伸试验（ISO 6892，ISO 4136，ISO 5178）

23.1.1 概述

拉伸试验因其能够提供结构强度计算中的材料特征值以及材料的变形能力而在材料的破坏性检验中起着非常重要的作用。

由于拉伸试验的结果影响到工作试验及工艺评定等一系列结果，因此必须保证试验的可重复性。基于此，就要综合考虑所选用的试验机的种类、试件的形状、拉伸试验的具体实施等影响因素，就要利用相关标准对此加以规范。

23.1.2 拉伸试验相关标准

ISO 6892-1：2019《金属材料　拉伸试验　第 1 部分：室温试验方法》

ISO 4136：2012《金属材料焊接的破坏性试验　横向拉伸试验》

ISO 5178：2019《金属材料焊缝破坏性试验　熔融焊接头的焊缝金属纵向拉伸试验》

23.1.3 拉伸试验的试样

试样的形式如图 23.1~ 图 23.3 所示。

1. 圆形横截面试样

机械加工横截面为圆形的拉伸试样（图 23.1）。

· 494 ·

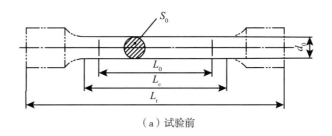

（a）试验前

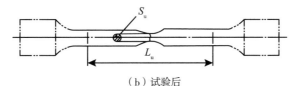

（b）试验后

d_0—试样平行长度段原始直径　　　　L_u—断后标距
L_0—原始标距　　　　　　　　　　　S_0—平行长度的原始横截面积
L_c—平行长度　　　　　　　　　　　S_u—断后最小横截面积
L_t—试样总长度

图 23.1　圆形横截面拉伸试样

注：试样头部形状仅为示意。

2. 矩形截面拉伸试样

机械加工横截面为矩形的拉伸试样（图 23.2）。

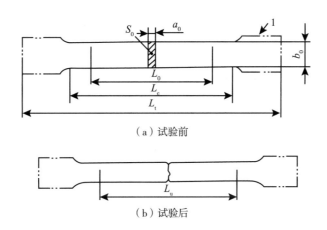

（a）试验前

（b）试验后

a_0—板试样原始厚度或管壁原始厚度　　L_t—试样总长度
b_0—板试样平行长度的原始宽度　　　　L_u—断后标距
L_0—原始标距　　　　　　　　　　　　S_0—平行长度的原始横截面积
L_c—平行长度　　　　　　　　　　　　1—夹持头部

图 23.2　矩形横截面拉伸试样

注：试样头部形状仅为示意。

3. 圆管管段试样

横截面为环形的拉伸试样（图 23.3）。

拉伸试样原始截面可以为圆形、矩形、环形、多边形或其他形状。其中矩形横截面试样，其宽

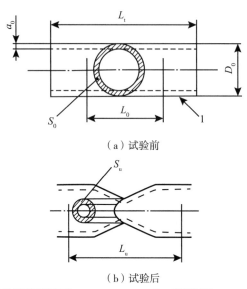

（a）试验前

（b）试验后

a_0—管试样管壁原始厚度　　　　　　　L_u—断后标距
D_0—管试样原始管外径　　　　　　　　S_0—平行长度的原始横截面积
L_0—原始标距　　　　　　　　　　　　S_u—断后最小横截面积
L_t—试样总长度　　　　　　　　　　　1—夹持头部

图 23.3　圆管管段试样拉伸试样

厚比建议不超过 8∶1。试验一般采用比例试样，其原始标距与横截面积之间比例关系为 $L_0 = k\sqrt{S_0}$，而非比例试样其原始标距与横截面积无关。k 为比例系数，一般取 5.65。原始标距 L_0 与平行长度的原始横截面积 S_0 的关系为 $L_0 = 5.65 \times \sqrt{S_0}$，此时原始标距 L_0 应不小于 15mm。如果横截面太小，无法满足原始标距 L_0 最小要求时，k 可取 11.3 或采用非比例试样。

试样加工时，平行长度和夹持头部间应以过渡弧连接，其最小半径应为：圆形横截面试样大于等于 $0.75d_0$；其他试样大于等于 12mm。一般机械加工圆形横截面试样平行长度的直径不应小于 3mm。平行长度 L_c 至少应为：圆形横截面试样为 $L_0 + d_0/2$；其他试样为 $L_0 + 1.5\sqrt{S_0}$。

焊缝的拉伸试验通过抗拉强度、断裂位置和断裂方式来确定焊缝的强度及变形能力。进行拉伸试验时，应将焊缝的余高加工平，尽可能使焊缝、热影响区及未受影响的母材承受相同的载荷。ISO 4136 和 ISO 5178 对焊缝的拉伸试样的形状予以规定，其中 ISO 5178 是确定焊缝金属拉伸强度，如图 23.4~图 23.8 所示。一般对于直径小于 18mm 的小径管可采用全管拉伸。

23.1.4　拉伸试验的实施

先对拉伸试样进行标距的标记，间隔 5mm 或 10mm 做分格标记，用游标卡尺对拉伸试样进行横截面尺寸的测量，然后将拉伸试样夹持在万能试验机（图 23.9）上，以适合的速率缓慢且均匀施加轴向力 F 来拉伸夹持的试样，同时观察测量拉力和试样在外力作用下的变形过程，直至试样断裂为止，并通过试验机自动记录装置可绘出试样在拉伸过程中的伸长和负荷之间的关系曲线，也就是应力–应变图（图 23.10），以此来表示拉伸试验过程。

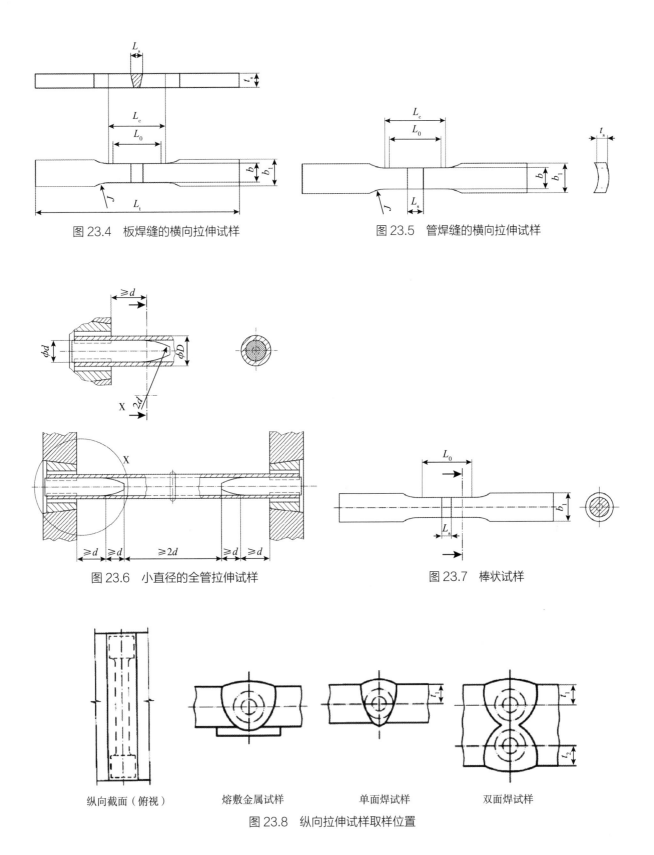

图 23.4　板焊缝的横向拉伸试样

图 23.5　管焊缝的横向拉伸试样

图 23.6　小直径的全管拉伸试样

图 23.7　棒状试样

纵向截面（俯视）　　　熔敷金属试样　　　单面焊试样　　　双面焊试样

图 23.8　纵向拉伸试样取样位置

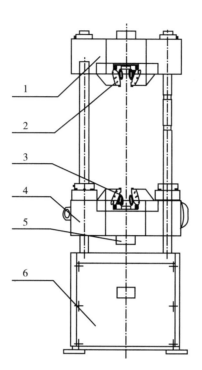

1—上横梁；2—上钳口；3—下钳口；4—下横梁；5—压盘；6—底座

图 23.9 拉伸试验机示意图

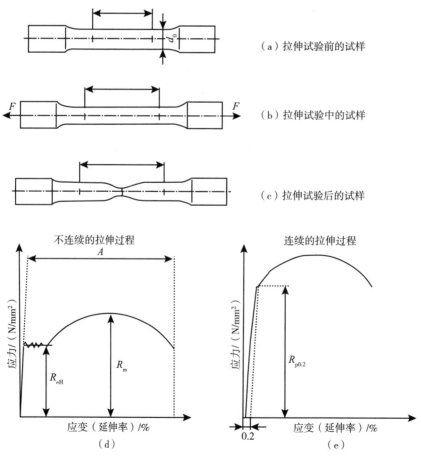

（a）拉伸试验前的试样

（b）拉伸试验中的试样

（c）拉伸试验后的试样

图 23.10 应力－应变图

23.1.5　拉伸试验的材料特征值

1. 屈服强度

材料具有一个弹性变形范围和一个塑性变形范围。当载荷较小时，卸载载荷后该材料会恢复到它的原始尺寸。从某一应力值起，开始出现弹性变形附加塑性变形，这个应力便是屈服强度。

屈服强度是应力，即随着试件不断伸长，其拉力保持不变或开始下降时的应力。如果拉力出现明显下降，就可定义两种屈服强度，即上屈服强度 R_{eH} 和下屈服强度 R_{eL}，国际单位为 MPa 或 N/mm^2。

影响上屈服强度的主要因素有：试样的形状、拉伸应力和变形的速度。因此在 ISO 6892-1 中限制了应力增加的速度，以防止这种影响。

2. 屈服点

许多材料在拉伸试验中都显示出一个从弹性范围到塑性范围的连续过程。在这种情况下，测不出屈服强度，而只能测得材料的屈服点。当拉伸试样出现 0.2% 永久延伸率时，则此时得到的强度值便是 $R_{p0.2}$。

3. 抗拉强度

抗拉强度 R_m 是材料抵抗外部载荷的内部阻抗，是最大拉力 F_m 与起始截面积 S_0 的比值。

4. 延伸率

延伸率 A 是衡量材料塑性变形能力的一种方式。塑性变形是指材料在载荷作用下，在断裂前发生的不可逆永久变形。延伸率由断裂后的测量长度与起始测量长度的差决定。延伸率在很大程度上取决于试样长度与厚度的比值。

5. 断面收缩率

断面收缩率 Z 是衡量材料塑性变形能力的另一种方式，它是断裂处的局部变形，由起始截面积与断裂处最小截面积的差决定。断面收缩率不受试件长度的影响，因此能更可靠地反映材料的塑性变形能力。

23.2　弯曲试验（ISO 7438，ISO 5173）

23.2.1　概述

通过材料的机械 - 工艺检验可以检查金属材料承受一定变形的能力，或检查相似使用条件下能承受作用力的能力。弯曲试验是其中最常用的一种方法，同时也是检验焊接接头变形能力的最简单、最经济的方法。

23.2.2　弯曲试验相关标准

ISO 7438：2016《金属材料　弯曲试验》

ISO 5173：2009 / Amd 1：2011《金属材料焊缝的破坏性试验　弯曲试验》

23.2.3 弯曲试验的试样

　　ISO 5173 标准中规定了几种试样的形式：横向面背弯曲试样、横向侧弯试样和纵向面背弯曲试样（图 23.11）。

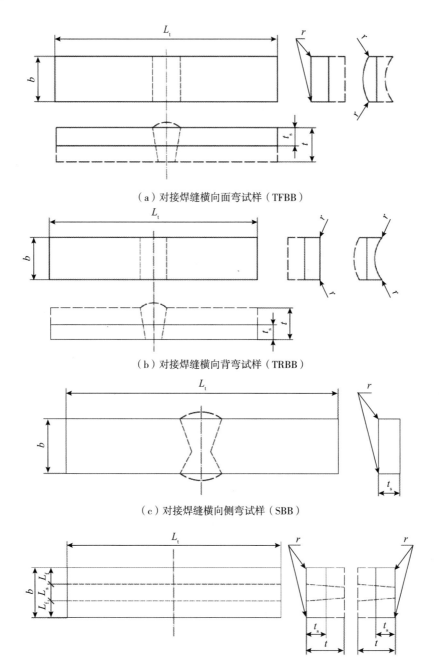

（a）对接焊缝横向面弯试样（TFBB）

（b）对接焊缝横向背弯试样（TRBB）

（c）对接焊缝横向侧弯试样（SBB）

（d）对接焊缝纵向弯曲试样（LFBB 和 LRBB）

图 23.11　对接焊缝的弯曲试样

23.2.4 弯曲试验的实施

弯曲试验用来检验对接焊缝的变形能力。将试件放在辊轴上，弯头（或内辊）下压，使试件发生弯曲，以达到要求的弯曲角度，如图23.12~图23.15所示。延伸率大于等于20%的母材，弯头（或内辊）的直径应为试样厚度的4倍；而延伸率低于20%的母材，弯头（或内辊）的直径可按下列公式确定：

$$d = (100 \times t_s) / A - t_s$$

式中：d——弯头（或内辊）的直径，mm；

t_s——弯曲试样的厚度，mm；

A——材料规程要求的最低延伸率，%。

焊接接头的焊制情况对接头所能达到的弯曲角影响很大。因此，如果焊接接头没有达到预期的弯曲角，很可能是气孔、夹渣、未熔合、咬边等缺陷的影响造成的。除此之外，弯曲角还取决于以下几个因素。

（1）试件的形状及表面加工状态。如试件的尺寸、试件的表面粗糙度、焊缝金属与母材的抗拉强度之比等。

（2）试验方法及实施。如焊缝的摆放位置、辊轴的跨距、压轴的直径、变形速度等。

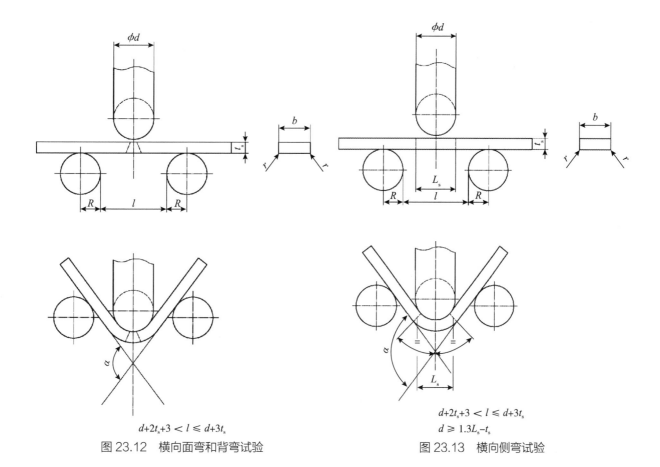

$d+2t_s+3 < l \leqslant d+3t_s$

图 23.12　横向面弯和背弯试验

$d+2t_s+3 < l \leqslant d+3t_s$

$d \geqslant 1.3L_s - t_s$

图 23.13　横向侧弯试验

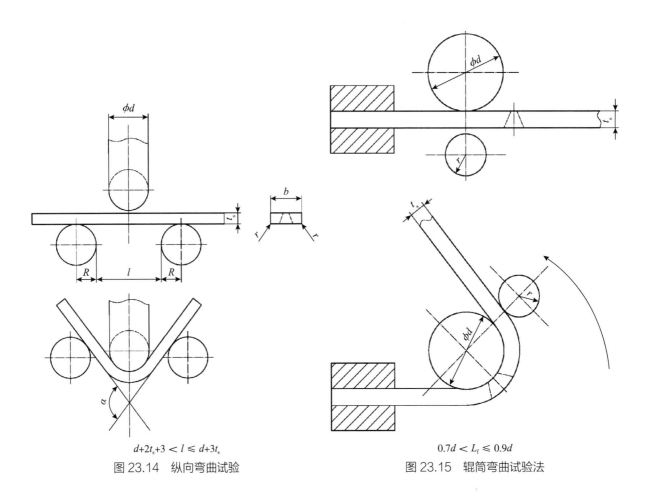

$d+2t_s+3 < l \leqslant d+3t_s$

图 23.14 纵向弯曲试验

$0.7d < L_f \leqslant 0.9d$

图 23.15 辊筒弯曲试验法

23.2.5 弯曲试验的材料特征值

可利用测量段 $2B_N$（图 23.16）来测量弯曲变形。侧弯能发现整个焊缝厚度上很细小的缺陷，如层间未熔合和坡口未熔合。当产品厚度大于 10mm 的时候一般采用侧弯。纵向弯曲主要是用来确定不同材质的对接焊缝在焊缝轴向上的变形能力。横向弯曲是在焊缝的两侧加载，这时弯曲变形可由延长了的测量段与原始的测量段的百分比来确定。

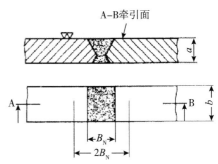

图 23.16 利用测量段 $2B_N$ 测量弯曲变形

23.3 硬度试验（ISO 6506，ISO 6507，ISO 6508，ISO 9015）

23.3.1 概述

硬度是材料抵抗局部塑性变形的能力。硬度试验是利用压头在被测表面留下的清晰压痕来评定结果。利用试验压力和压痕面积计算硬度的方法为布氏硬度试验和维氏硬度试验；在一定试验压力下，利用压痕深度计算硬度的是洛氏硬度试验。

23.3.2 硬度试验相关标准

ISO 6506-1：2014《金属材料　布氏硬度试验　第 1 部分：试验方法》

ISO 6507-1：2018《金属材料　维氏硬度试验　第 1 部分：试验方法》

ISO 6508-1：2016《金属材料　洛氏硬度试验　第 1 部分：试验方法》

ISO 9015-1：2001《金属材料焊缝的破坏性试验　硬度试验　第 1 部分：弧焊接头的硬度试验》

23.3.3 硬度试验类型

23.3.3.1 布氏硬度试验

布氏硬度试验是用一定直径的淬火钢球或硬质合金球（压头），在一定的试验压力下，作用一定的时间压入被测试样表面，然后测量出现的压痕直径来计算硬度的方法。布氏硬度用 HB 表示，是根据试验压力 F 和压痕直径 d 来计算获得。例如，450HBW 1 / 30 / 20 表示压头是直径为 1mm 的硬质合金球，试验压力为 30 千克力（294N），作用时间为 20s，此时的布氏硬度值为 450；250HBS 5 / 750 表示压头是直径为 5mm 的淬火钢球，试验压力为 750 千克力（7355N），作用时间为 10~15s，此时的布氏硬度值为 250。

布氏硬度试验一般在室温进行，对于温度要求严格的试验，温度为（23±5）℃。实验时，将试样放置在样品台中央，顺时针平稳转动手轮，使样品台上升，试样与压头接触，直至手轮与螺母产生相对滑动（打滑），停止转动手轮。此时按"开始"键，试验开始自动进行，依次自动完成以下过程：试验力加载，试验力完全加上后开始按设定的保持时间倒计时并保持该试验力，时间到后立即开始卸载，完成卸载后恢复初始状态。逆时针转动手轮，样品台下降，取下试样，用读数显微镜测量试样表面的压痕直径，并取下试样，按相关表格确定硬度值。在整个试验期间，硬度计不应受到影响试验结果的冲击和振动。

布氏硬度试验适合检验布氏硬度在 450HB 以内的金属材料，尤其适合检验组织中硬度差别较大的材料，如铸铁，可以得到比较理想的平均值。

23.3.3.2 洛氏硬度试验

与布氏硬度试验和维氏硬度试验不同，洛氏硬度试验是利用压痕的深度来计算硬度的方法。洛氏硬度用 HR 表示。常用的洛氏硬度试验方法是 HRC，它的压头是尖角为 120° 的金刚石锥体。洛氏硬度试验优于布氏和维氏方法的地方在于可实现全自动检测，耗时短。并且布氏和维氏对试样表面状况要求较高，需要精磨，而洛氏要求较低，只需露出金属光泽即可。

洛氏硬度试验一般在室温进行。对于温度要求严格的试验，温度可控制在（23±5）℃。

以常用的 HR-150 型洛氏硬度计为例说明洛氏硬度的试验过程。

（1）将试样放在洛氏硬度计的载物台上，选好测试位置，顺时针旋转手轮，加初试验力，使压头与试样紧密接触，直到小指针对准表盘上的小红点为止。

（2）将表盘上大指针对零（HRB、HRC 对 B-C；HRA 对零）。

（3）轻轻推动手柄加主试验力，在大指针停止转动 3~4s 后拉回手柄，卸除主试验力，此时大指针回转若干格后停止，从表盘上读出大指针所指示的硬度值（HRA、HRC 读外圈黑数字，HRB 读内圈红数字），并记录下来。

（4）逆时针旋转手轮，使压头与试样分开，调换试样位置再次测量，共需测量 4 次，取后 3 次测量结果作为试样的洛氏硬度值。

23.3.3.3　维氏硬度试验

维氏硬度用 HV 表示。维氏硬度试验的压头是一个夹角为 136°的四棱锥，由金刚石制成。这种试验方法与布氏硬度试验相似，但维氏硬度试验与布氏硬度试验比较具有明显的优点：由于压头硬度很高，既可用来检验软的材料，也可用来检验较硬的材料；由于压痕较小，因而也可以用来检验薄板及表面层。维氏硬度试验的视觉误差要比布氏小得多。但是，在检验组织中硬度差别较大的材料时，由于它的压痕较小，因而得出结果可能误差较大。由于维氏硬度只用一种标尺，材料的硬度可以直接通过维氏硬度值比较大小。维氏硬度的缺点是对试样表面要求高，压痕对角线长度 d 的测定较麻烦，工作效率不如洛氏硬度高，不适用于大批测试。

各类硬度试验情况见表 23.1。

表 23.1　各类硬度试验

试验方法	布氏	维氏	洛氏
应用范围	软材料，厚表层	所有材料，薄表层	硬材料
缩写标记	HB	HV	HRC
试验标准	ISO 6506-1	ISO 6507-1	ISO 6508-1
压头	淬硬钢球 F　D	金刚石锥体 F　136°	金刚石锥体 F　120°
试验压力	通过钢球直径和材料种类进行确定	可从 0.1N 到 1kN 之间进行选择	通过子试验力 F_0 和主试验力 F_1 进行确定
硬度值的测定	测量 d_1 和 d_2，求取其平均值	测量 e_1 和 e_2，求取其平均值	F_0=98N　测量基准　具有弹性部分的压痕深度　F_0=98N　F=1471N=F_1+F_0
标记举例	试验力持续时间在 10~15s 内 120HB　5/250 布氏硬度值 钢球直径（mm） 试验压力特征值	试验力持续时间在 10~15s 内 180HV　5 维氏硬度值　试验压力	45　HRC 洛氏硬度值　压头形状（圆锥体）

23.3.4 焊接接头的硬度试验

焊接接头的硬度试验一般按照维氏硬度试验进行，试验压力为 49N 或 98N（HV5 或 HV10），试验压力的选择主要根据被测材料决定。根据标准 ISO 9015-1，焊接接头的硬度试验可根据要求压出排成一列或特定位置的几组压痕（图 23.17~ 图 23.19 中列举了几种压痕情况，有排成一列的，也有排成特定位置的），由此来评定焊接接头。如果压痕是排成一列的，在试验报告中要注明压痕列的位置。由于焊接接头中热影响区是比较重要的位置，因此在 ISO 9015 中推荐，在测得最高硬度的压痕附近，应补充两个压痕，以确认此区域的硬度是否有偏差。

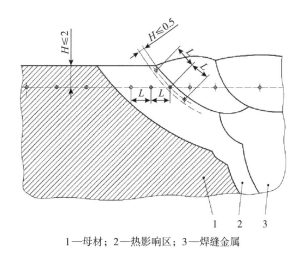

1—母材；2—热影响区；3—焊缝金属

图 23.17　钢（奥氏体钢以外）对接接头的压痕位置

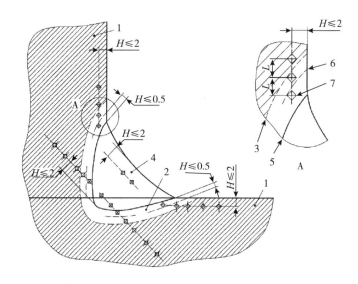

1—母材；2—热影响区；3—热影响区靠近母材边缘；4—焊缝金属；5—熔合线；
6—热影响区靠近熔合线侧；7—第一个检测点位置

图 23.18　钢（奥氏体钢以外）角接接头的压痕位置

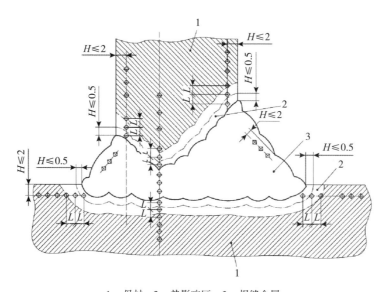

1—母材；2—热影响区；3—焊缝金属

图 23.19　钢（奥氏体钢以外）T 形对接接头的压痕位置

硬度试验的结果可在一定程度上反映材料焊接工艺情况。比如在焊接过程中，在热影响区出现了较多的马氏体，那么这个区域就会变得很硬，因而常常会出现裂纹。这样，焊接裂纹、最高硬度和马氏体含量之间就存在着一定的关系。根据研究，对非合金钢来说，其最高硬度超过 400HV 时，裂纹倾向就很大。

23.4 缺口冲击试验（ISO 148-1，ISO 9016）

23.4.1 概述

缺口冲击试验用来衡量材料在有缺口时的变形行为，即衡量材料在外加冲击载荷作用下断裂时消耗能量的大小的特性。它通过在一定试验条件下确定出材料的冲击功来检验材料的产品质量、性能的均匀性及热处理状况。

通过缺口冲击试验可以找出试件断裂的临界条件，作为衡量材料的脆性断裂倾向，以及时效脆性、回火脆性的依据，材料焊接后性能的改变也可以通过对焊缝及热影响区的缺口冲击试验来说明。金属材料在承受冲击载荷时的韧性可通过缺口冲击试验求取。韧性钢具有较大的可变形性，相反，其脆性较小。

23.4.2 缺口冲击试验相关标准

ISO 148-1：2016《金属材料　夏比摆锤式冲击试验　第 1 部分：试验方法》

ISO 9016：2012《金属材料焊缝的破坏性试验　冲击试验　试样位置、缺口方向和检验》

23.4.3　缺口冲击试验的试样

试样的形式可参见表 23.2。在缺口处不允许有肉眼可见的平行于缺口中心线的划痕，因为这种划痕对试验的结果影响很大，能够大大降低试件的冲击功。

在 ISO 148-1 中规定，缺口冲击试验的试样厚度为 10mm，当材料的厚度小于 10mm 时，也可采用 7.5mm、5mm、2.5mm 的试样，缺口的形式为 U 形和 V 形，如图 23.20 所示。图 23.21 和图 23.22 描述了试验温度及试样缺口的尖锐程度对试验结果的影响。在此可以发现，ISO-V 型试样与 DVM 型

表 23.2　不同标准冲击试样的尺寸

试样种类	示意图	尺寸（未开缺口情况下）		
		高度 / mm	宽度 / mm	长度 / mm
ISO-V		10	10	55
DVMK		8	6	44
DVM		10	10	55
DVMF		10	8	55

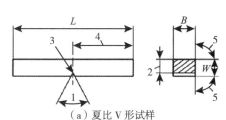

（a）夏比 V 形试样
1—缺口角度 45°；2—缺口底部高度 8mm；
3—缺口根部半径 0.25mm；4—缺口对称面与端部距离 27.5mm；
5—试样纵向面间夹角 90°

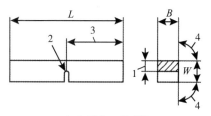

（b）夏比 U 形试样
1—缺口底部高度 5mm；2—缺口根部半径 1mm；
3—缺口对称面与端部距离 27.5mm；
4—试样纵向面间夹角 90°

图 23.20　夏比缺口冲击试样

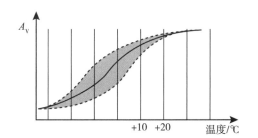

图 23.21　试验温度的影响（普通结构钢温度对冲击功影响）

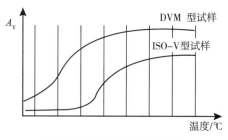

图 23.22　试样形状的影响

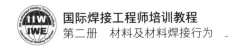

试样不能互相比较换算，ISO-V 型试样的冲击值要比 DVM 型试样的冲击值低很多，因此认为采用 ISO-V 型试样作缺口冲击试验比较严格。

23.4.4 缺口冲击试验的实施

缺口冲击试验是将靠在两个止推座上的试样，用摆锤的锤刃沿缺口对称面打击试样缺口的背面，将试样冲断或弯曲，从而越过止推座，通过测量摆锤所消耗的能量来确定试件的冲击功（图 23.23）。室温冲击试验应在 10~35℃进行。对试验温度要求严格的试验应在（20±2）℃进行。试验中每组材料应做 3 个试样，取 3 个试样冲击吸收能量的平均值。试验时应注意安全，禁止非试验人员进入摆锤摆动危险区，操作时应按操作规程进行。

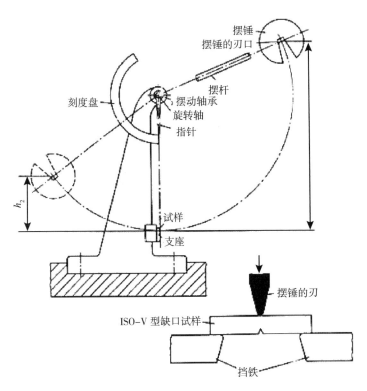

图 23.23　冲击试验原理

焊接件的缺口冲击试验用来说明焊接工艺过程对材料韧性的影响。通过母材的冲击功与工作试件或工艺评定测出的热影响区的冲击功加以比较，来验证焊接工艺对材料的影响。表 23.3、表 23.4 和图 23.24 中列出了焊接件的冲击试验中几种取样的位置及表示方式。试样的截取要使试样的纵轴方向横跨焊缝。试样应尽量在接近试件的表面处截取。

表 23.3　缺口表面平行于焊缝上表面（S- 位置）

符号	取样位置图 焊缝中心	符号	取样位置图 熔合线 / 区
VWS *a* / *b*		VHS *a* / *b* 压力焊缝 VHS *a* / *b* 熔化焊缝	

表 23.4　缺口表面垂直于焊缝上表面（T- 位置）

符号	取样位置图 焊缝中心	符号	取样位置图 熔合线 / 区
VWT 0 / *b* VWT *a* / *b*		VHT 0 / *b* VHT *a* / *b*	
VWT 0 / *b* VWT *a* / *b*		VHT *a* / *b* VHT *a* / *b*	

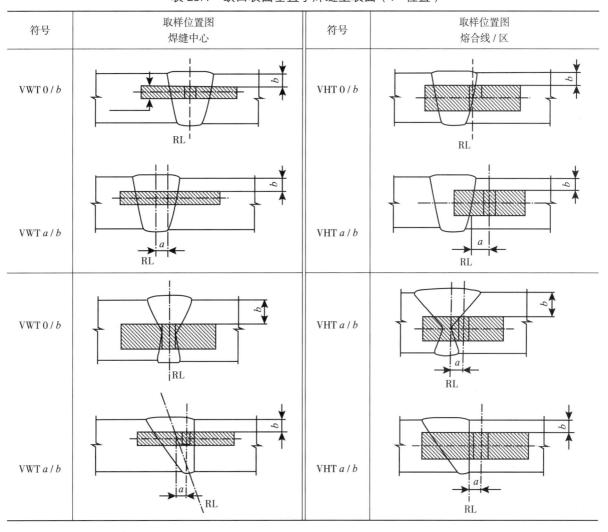

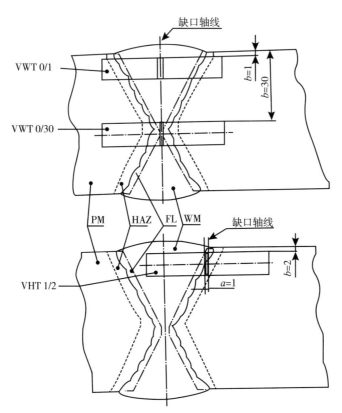

PM—母材；HAZ—热影响区；FL—熔合线；WM—焊缝金属

图 23.24　典型符号举例

ISO 9016 符号表示：

RL——参考线；

U——夏比 U 形缺口；

V——夏比 V 形缺口；

W——缺口开在焊缝金属内，基准线为试样表面的焊缝中心线；

H——缺口开在热影响区内，基准线为熔合线或熔合区（缺口应包括热影响区）；

S——缺口表面平行于焊缝上表面；

T——缺口表面垂直于焊缝上表面；

a——缺口中心线至基准线的距离（如果 a 位于焊缝的中心线上，那么应标注为 a=0）；

b——试件上表面至焊缝上表面的距离（如果 b 位于焊缝的上表面，那么应标注为 b=0）。

23.4.5 缺口冲击试验所提供的材料特征值

23.4.5.1 冲击功

冲击功是指缺口冲击试验所消耗的功，单位为焦耳（J）。

23.4.5.2 冲击韧性

冲击韧性 A_K 是指冲击功除以被检试件的截面积，单位为 J / cm^2。冲击韧性已不再使用。

23.4.5.3 断面外观

观察断面的外观对了解材料很重要。根据美国 ASTM–A370 标准规定，应确定剪断面与总断面的百分比，并将粗糙的或纤维状断面与结晶状断面区分开。

23.5 疲劳试验（ISO 1143）

金属材料在受到交变应力或重复循环应力时，往往在工作应力小于屈服强度的情况下突然断裂，这种现象称为疲劳。疲劳断裂是金属零件或构件在交变应力或重复循环应力长期作用下，由于累积损伤而引起的断裂现象。

23.5.1 旋转弯曲疲劳试验

金属材料疲劳性能测定，通常是采用旋转弯曲疲劳试验。其优点是比较简单，成本低。其测定结果经大量试验已积累了许多与材料的静强度、抗压疲劳极限和扭转疲劳极限有关的数据，因而得到广泛应用。

旋转弯曲疲劳试验是对圆柱形的试样施加横向负荷使之弯曲，并使其绕试样的中心轴线旋转。具体试验方法是将试样两端装入两个芯轴并旋紧，使试样与两个芯轴组成一个承受弯曲的整体梁，然后由高速电机带动，在套筒中高速旋转，于是试样横截面上任一点的弯曲正应力，皆为对称循环交变应力，试样每旋转一周，应力就完成一次循环，如图 23.25 所示。试验速度范围应为 $900{\sim}1000\text{r}/\text{min}$，且同批次试验的试验速度应相同，不得采用引起试样共振的试验速度。试验一直进行到试样失效或达到规定循环次数时终止，原则上中间不得中断，循环周次数可由计数器读出。试样失效标准为肉眼所见疲劳裂纹或完全断裂。如试样失效发生在最大应力部位以外或断口有明显缺陷或中途停止试验发生异常数据，则试验结果无效。

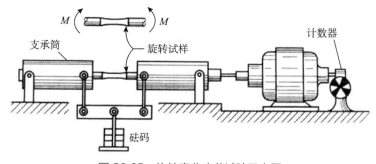

图 23.25　旋转弯曲疲劳试验示意图

旋转弯曲疲劳试验的试样机械加工时，试样表面产生的残余应力和形变强化应尽可能小，表面质量应均匀一致。试样精加工前进行热处理时，应防止变形或表面层变质，且不允许对试样进行矫直。对屈强比较低的中、低碳钢应采用漏斗形试样，试样工作部分的表面粗糙度 Ra 应达到 $0.1\mu\text{m}$，如图 23.26 所示。

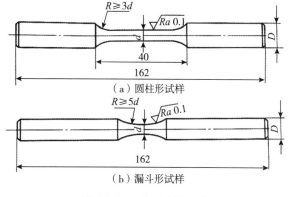

（a）圆柱形试样

（b）漏斗形试样

图 23.26　疲劳试样尺寸

23.5.2 测定 S-N 曲线

金属承受的循环应力和断裂循环周次之间的关系通常用疲劳曲线（S-N 曲线）来描述。S-N 曲线是疲劳应力与疲劳寿命的关系曲线，它是确定疲劳极限，建立疲劳应力判据的基础。试验标准有：

ISO 1143：2021《金属材料　旋转棒弯曲疲劳试验》

GB / T 4337—2015《金属材料　疲劳试验　旋转弯曲方法》

测定 S-N 曲线时，通常至少取 4~5 级应力水平。用升降法测得的条件疲劳极限作为 S-N 曲线的低应力水平点；其他 3~4 级较高应力水平下的试验，则采用成组试验法，每组试样数量的分配，取决于试验数据的分散度和所要求的置信度，并随应力水平的降低而逐渐增加，通常一组需 5 个试样。

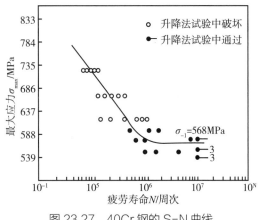

图 23.27　40Cr 钢的 S-N 曲线

S-N 曲线的绘制，目前一般采用逐点描迹法、直线拟合法两种。其中逐点描迹法是以最大应力 σ_{max} 或加载系数 K 为纵坐标，对数疲劳寿命 $\lg N$ 为横坐标，将各数据点画在坐标纸上，然后用曲线尺光滑地把各个点连接起来。这种作图法能真实地反映试验结果，是绘制 S-N 曲线较常采用的方法。图 23.27 是采用逐点描迹法绘出的 S-N 曲线。

23.6 蠕变试验（ISO 204）

金属材料在一定的温度和应力作用下，随时间发生缓慢而连续的塑性变形的现象，称为蠕变。蠕变现象的产生由 3 个方面的因素构成：温度、应力和时间。温度越高、应力越大、作用时间越长，金属蠕变现象越明显。而高精度的蠕变试验是为金属材料提供准确可靠的蠕变性能指标的重要手段。

23.6.1 拉伸蠕变试验

蠕变试验是测定材料在给定温度和应力下抗蠕变变形能力的一种试验方法，应用最广泛的是拉伸蠕变试验。在规定的温度下，把一组试样分别置于不同的恒应力下进行试验，测定试样随时间的轴向伸长，以所得的数据在单对数或双对数坐标上绘制出应力（稳态蠕变速率或应力）– 蠕变总伸长率关系曲线。用内插法或外推法求蠕变极限。试验标准有：

ISO 204：2018《金属材料　无间断轴向拉伸蠕变试验　试验方法》

GB / T 2039—2012《金属材料　单轴拉伸蠕变试验方法》

蠕变试验的时间，根据零件在高温下的使用寿命而定。蠕变试验温度一般为 300~1000℃，试验时间不超过 10000h，一般每个应力下试验时间为 3000~5000h。对在高温下长期运行的锅炉、汽轮机等材料，有时要求提供 10 万 ~20 万小时的性能试验数据。

测定金属材料蠕变极限，是采用试验装置，将试样夹持安装后，用电炉给试样加温，在升温过程中，在试样上施加一个拉紧力，目的是使试样各连接部位保持稳定，施加的初始力为试验力的10% 且应力应大于 10MPa，待炉温升到规定温度后再加主负荷，加主负荷时要平稳无冲击，加负荷前，要调整好试样两边引伸计的初始读数，主负荷加上后应立即记下变形值，以后每隔一定时间记录一次。如试样偏心，则读数值取其平均值。只要求得到第二阶段蠕变速率时，应根据曲线情况待第二阶段延续 500~1000h，试验总时间为 3000h 左右，即可结束试验。关炉之前卸去全部负荷，记下卸负荷后千分表读数，这个值表示试样的残余变形。

23.6.2　蠕变极限的确定

在进行金属蠕变试验时，在同一温度下要用四个以上的不同应力进行蠕变试验，每个应力水平做三个数据，在单对数或双对数坐标上用作图法或最小二乘法绘制出应力（蠕变伸长率或应力）–稳态蠕变速率关系曲线，用内插法或外推法求出蠕变极限。

23.7　腐蚀试验

23.7.1　腐蚀形式及后果

腐蚀是材料在环境介质的化学或电化学作用下所发生的变质和破坏，其中也包括在化学 / 力学或化学 / 生物学因素共同作用下所造成的破坏。这些反应大多是电化学的，如钢的锈蚀和铜合金的铜绿。

腐蚀形式中包括：①全面腐蚀（为均匀腐蚀），是金属暴露于含有一种或多种腐蚀介质组成的腐蚀环境中，在整个金属表面受到的均匀侵蚀；②孔洞腐蚀，是以垂直表面（部分在表面下）掏空的形式形成的深深的侵蚀（剥蚀），它能在很短的时间内在管道中的容器内造成裂口；③晶间腐蚀（晶粒衰变），是沿着晶界进行的一种腐蚀形式，能使晶粒失去它们之间的联系。如图 23.28 所示。

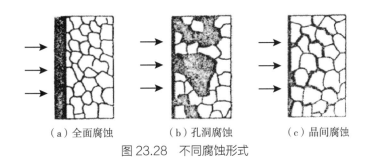

（a）全面腐蚀　　　（b）孔洞腐蚀　　　（c）晶间腐蚀

图 23.28　不同腐蚀形式

在大多数情况下，腐蚀的后果是导致材料损失，包括：①横截面减弱，因此在载荷作用下出现有较大应变的高应力或者发生断裂；②表面受到损伤，因此对于承受动载部件，其持久强度受到严重损害。

材料的耐蚀性（腐蚀稳定性）是决定系统和部件工作寿命的质量保证参数之一。作为腐蚀试验的实际任务，在大多数情况下即是测定某种材料在特定条件下的耐蚀性，其试验结果应能给出该种材料在操作条件下所表现出的腐蚀行为方面的信息。

23.7.2 晶间腐蚀试验方法

腐蚀试验方法很多，晶间腐蚀试验是其中一种。其利用金属材料在特定的腐蚀介质中发生晶间腐蚀而导致材料性能降低。不锈钢、铝及铝合金、镍合金都会发生晶间腐蚀，而其他合金虽然也在某种程度上出现晶间腐蚀，但很少发生与此相关的破坏。这里主要介绍评定晶间腐蚀倾向的化学浸泡方法。

1. 不锈钢和镍基合金的晶间腐蚀试验方法

奥氏体不锈钢、铁素体不锈钢以及某些含铬或铬和钼的镍基合金是广泛用于苛刻腐蚀环境的结构材料。这些材料在一定条件下会发生敏化，造成晶间腐蚀。关于这些合金的晶间腐蚀试验方法，许多国家均已标准化，如美国就有 ASTM A262（用于可锻和铸造奥氏体不锈钢）、ASTM G28（用于 Ni-Cr 和 Ni-Cr-Mo 合金）和 ASTM A763（用于铁素体不锈钢）及 ISO 3651-1、ISO 3651-2。表 23.5 给出了 ASTM A262 及 ISO 3651-1、ISO 3651-2 的主要技术条件，并与国标 GB / T 4334 相比较，其中主要试

表 23.5 奥氏体不锈钢晶间腐蚀试验方法

试验方法	标准编号	溶液组成	加热状态	时间 / h	适用范围	评价方法
硫酸 – 硫酸铁法	ASTM A262：2015 方法 B	236ml H_2SO_4+400ml 蒸馏水 +25g[Fe_2(SO_4)$_3$ · xH$_2$O]	沸腾	120	碳化铬	质量损失 / 腐蚀速率
	GB / T 4334—2020 方法 B	236ml H_2SO_4+400ml 蒸馏水 +25g[Fe_2(SO_4)$_3$ · xH$_2$O]	沸腾	120	碳化铬	质量损失 / 腐蚀速率
沸腾硝酸法	ISO 3651-1：1998	（65±0.2）% HNO_3	沸腾	48×5	碳化铬和 σ 相	质量损失 / 腐蚀速率
	ASTM A262：2015 方法 C	（65±0.2）% HNO_3	沸腾	48×5	碳化铬和 σ 相	质量损失 / 腐蚀速率
	GB / T 4334—2020 方法 C	（65±0.2）% HNO_3	沸腾	48×5	碳化铬和 σ 相	质量损失 / 腐蚀速率
硫酸 – 硫酸铜 – 铜屑法	ISO 3651-2：1998 方法 A	100ml H_2SO_4+100g（$CuSO_4$ · 5H$_2$O）+700ml 蒸馏水 + 蒸馏水稀释到 1000ml+ 铜屑	沸腾	20	碳化铬	弯曲以后检查裂纹
	ASTM A262：2015 方法 E	100ml H_2SO_4+100g（$CuSO_4$ · 5H$_2$O）+700ml 蒸馏水 + 蒸馏水稀释到 1000ml+ 铜屑	沸腾	15	碳化铬	弯曲以后检查裂纹
	GB / T 4334—2020 方法 E	100ml H_2SO_4+100g（$CuSO_4$ · 5H$_2$O）+700ml 蒸馏水 + 蒸馏水稀释到 1000ml+ 铜屑	沸腾	20	碳化铬	弯曲以后检查裂纹
	ISO 3651-2：1998 方法 B	250ml H_2SO_4+750ml 蒸馏水 +110g（$CuSO_4$ · 5H$_2$O）+ 铜屑	沸腾	20	铸造 316 和 316L 不锈钢中的碳化铬	质量损失 / 腐蚀速率
	ASTM A262：2015 方法 F	400ml 蒸馏水 +236ml H_2SO_4+72g（$CuSO_4$ · 5H$_2$O）+ 铜屑	沸腾	120	铸造 316 和 316L 不锈钢中的碳化铬	质量损失 / 腐蚀速率
	GB / T 4334—2020 方法 F	250ml H_2SO_4+750ml 蒸馏水 +110g（$CuSO_4$ · 5H$_2$O）+ 铜屑	沸腾	20	铸造 316 和 316L 不锈钢中的碳化铬	质量损失 / 腐蚀速率

验方法包括硫酸－硫酸铁法试验、沸腾硝酸法试验、硫酸－硫酸铜溶液试验。硫酸－硫酸铜溶液试验是应用最早的晶间腐蚀试验方法，于 1926 年首次使用，1955 年又在以 $CuSO_4$ 为钝化剂和 H_2SO_4 为腐蚀剂的双试剂基础上，在溶液中添加铜屑，由于不锈钢与铜屑直接接触，其电位迅速下降，进入发生晶间腐蚀的电位区间。加入铜屑的硫酸－硫酸铜试验条件更为严苛，试验灵敏度提高，并大大缩短了试验时间。这种方法能够比较迅速地检测晶间腐蚀敏感性，试验条件稳定而且易于控制，目前已被许多国家采用。

2. 铝合金的晶间腐蚀试验方法

镁含量 3% 以上的应变硬化 5000 系列铝合金，在某些加工条件下或经历 175℃ 左右的高温后，会产生晶间腐蚀敏感性。这是由于 Mg_2Al_3 相会在晶界连续析出，而 Mg_2Al_3 相是阳极相，在大多数腐蚀环境中都会优先腐蚀。ASTM G67 标准规定了一种定量评定上述合金晶间腐蚀敏感性的方法，是将试样浸泡在 30℃ 的浓 HNO_3 中 24h，然后根据单位面积的质量损失评定晶间腐蚀敏感性。ASTM G110 标准规定了通过在氯化钠和过氧化氢溶液中浸泡评价可热处理铝合金耐晶间腐蚀性能的标准试验方法。

23.8　其他破坏性试验

23.8.1　皮氏落锤试验

皮氏落锤试验是一种检验材料对裂纹脆性扩展的抵抗能力的试验。它对评定焊缝的脆性断裂倾向起着非常重要的作用。在所有的试验条件中，只有试验温度是改变的。目前美国材料及检验学会试验标准为 ASTM E208。

皮氏落锤试验是将钢或焊缝（焊道中有裂纹）加工出人工缺口，然后把缺口向下放在砧座上。在不同温度下以一定重量的落锤冲击至弯曲，锤头重量、支座的跨距及试验的终止挠度，将根据试验材料的屈服强度和板厚来选定。要求试验的落能应足够大，以确保使试件达到规定的弯曲量。试验装置的结构及试样形状如图 23.29 和图 23.30 所示。

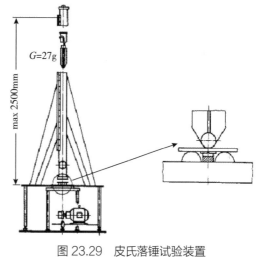

图 23.29　皮氏落锤试验装置

对于落锤试验的焊缝分两步焊制，分别由两端向中间堆焊，以便使弧坑位于焊缝中央。堆焊时需要使用带孔的铜罩。在焊第二条焊道前应确保第一条焊道已经冷却。焊缝金属的硬度要求至少达到 350HV10，以确保在后面的试验中出现脆性断裂。

在一定温度下，一个试样开裂，而当试验温度提高 5K 时，另外两个由同种材料制成的试样却不开裂，这个"一定温度"称为无塑性转变温度，简称

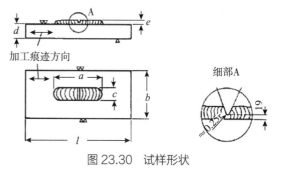

图 23.30　试样形状

NDT（nil-ductility transition）温度。NDT 温度是临界温度，把这个温度定为裂纹扩展到试样边缘的最高温度，也就是当温度低于 NDT 温度时，材料断裂时没有延展性，属于脆性断裂。

当皮氏落锤试验是为了证明材料的 NDT 温度低于规定的温度时，应在此规定温度下检验两个试样，而这两个试样是不允许开裂的。当皮氏落锤试验是为了得出材料准确的 NDT 温度时，则至少需要 3 个试样，一般需要 6~8 个试样，直至找出 NDT 温度。而实际需要试样数量的多少，还要看是否大概了解此材料 NDT 温度的温度范围。这种试验有时是很困难的，尤其是检验焊缝及热影响区时。

23.8.2 裂纹尖端张开位移（CTOD）试验

裂纹尖端张开位移（crack tip opening displacement，CTOD）试验是一种评价材料和焊接接头抗断裂性能的有效方法。指裂纹体受张开型载荷后原始裂纹尖端处两表面所张开的相对距离，其量纲为长度，常用的单位是 mm 或 in。工业发达国家已在制造业中广泛应用 CTOD 试验作为焊接接头的评定方法，尤其对板厚超过 50mm 的焊接接头，按规范必须做 CTOD 试验，以评价焊接接头抗开裂性能的优劣，近年来国内也呈现了这一趋势。

在 CTOD 试验中，把要测试的材料或焊接接头做成带有预制裂纹的试样，加上外力后，可以测定裂纹尖端张开位移 CTOD 值。CTOD 值的大小反映了受试材料或焊接接头的抗开裂能力（韧性）的高低。CTOD 值越大，表示裂纹尖端处材料的抗开裂性能越好，即韧性越好；反之，CTOD 值越小，表示裂纹尖端处材料的抗开裂性能越差，即韧性越差。

试样厚度 B 应优先采用被测材料的原始厚度。试样的原始裂纹长度，必须在 $0.45W$~$0.55W$ 范围内（W 为试样宽度）。试样的加工缺口应在图 23.31 中规定的范围内，缺口根部半径小于等于 0.8mm。试样长度应大于等于 $4.6W$，宽度与厚度之比 W/B 在 1~4 范围内。必须通过疲劳的方法对试样预制疲劳裂纹，其长度应大于等于原始裂纹长度的 5%，且大于等于 1.3mm。采用多试样法时，至少应准备 6 个试样；采用单试样法时，按三个试样准备为宜。

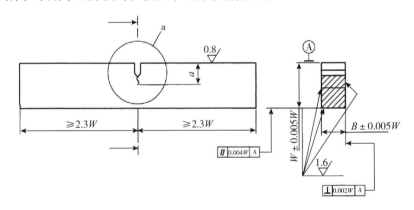

图 23.31　CTOD 弯曲试样的尺寸比例和公差

说明：

a. ISO 12135：2016 中图 6~图 8 和 5.4.2.3。

注 1：可以采用整体刀口或附加刀口固定引伸计（如 ISO 12135-2016 中图 8 和图 9）。

注 2：初始引发缺口和疲劳裂纹的形状如 ISO 12135-2016 中图 6。

注 3：$1.0 \leq W/B \leq 4.0$（推荐 $W/B=2.0$）。

注 4：$0.45 \leq a/W \leq 0.70$。为确定 K_{IC}（平面应变断裂韧度）时，$0.45 \leq a/W \leq 0.55$。

引发裂纹缺口尖端的纵切面（A 面）与试样左右两端面保持等间距且距离之差在 $0.005W$ 以内。

试验可采用各种形式的材料试验机，CTOD 试验装置如图 23.32 所示。弯曲试样受力后，裂纹嘴不断张启，通过引伸计输出裂纹张嘴位移信号 V，最终将信号放大输入到 X–Y 函数记录仪，绘出试样加载的 F–V 曲线，并根据曲线和相应云计算公式来确定相应的 CTOD 特征值。

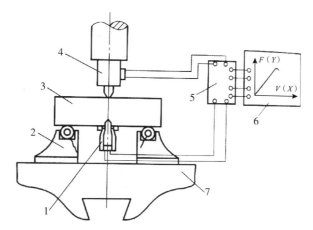

1—夹式引伸计；2—弯曲试样支座；3—弯曲试样；4—压力传感器；
5—动态应变仪；6—X-Y 函数记录仪；7—试验机工作台

图 23.32　CTOD 试验装置示意图

目前，使用较多的 CTOD 试验标准，如 ISO 12135 可用来测金属材料 CTOD 特征值和 CTOD 阻力曲线，美国 CTOD 试验标准为 ASTM E1 290，我国标准为 GB / T 21143 等。

23.8.3　焊缝扩散氢测定

熔化焊焊接过程中，液态熔池金属会吸收部分氢气，这些氢气一部分会在熔池凝固前逸出，另一部分被封闭在凝固的焊缝金属中。在钢焊缝中，氢一般是呈原子或离子形态，由于其直径较小，可在晶格中扩散，被称为扩散氢，其占焊缝金属中氢含量的 80%~90%。由于氢的存在，在焊接残余应力作用下，易在焊缝中引发冷裂纹的产生，因此氢对焊缝危害较大。各国制订了扩散氢的测量方法，如 ISO 3690、国标 GB / T 3965 等。

目前，扩散氢的测定方法主要有液体置换法（含水银法、甘油法、乙醇法）、热导法（含载气热提取法、集氢法）等。其中载气热提取法是将试样加热到较高温度（最高至 400℃）持续进行扩散氢的收集，可快速测定扩散氢；集氢法是将试样加热到中等温度（一般加热到 45~150℃）收集扩散氢，这两种方法通常是采用气相色谱技术对收集的气体进行分析，以确定扩散氢的含量。表 23.6 是给定温度下收集扩散氢最短时间。

表 23.6　给定温度下收集扩散氢最短时间

最短收集时间 / h	给定温度 / ℃	最短收集时间 / h	给定温度 / ℃
0.35	400 ± 3	8	140 ± 3
0.4	390 ± 3	10	125 ± 3
0.5	360 ± 3	12	120 ± 3
1	285 ± 3	14	115 ± 3
2	225 ± 3	15	110 ± 3
3	195 ± 3	18	100 ± 3
4	175 ± 3	36	70 ± 3
5	160 ± 3	64	50 ± 3
6	150 ± 3	72	45 ± 3

参考文献

［1］王学武.金属力学性能［M］.北京：机械工业出版社，2010.

［2］Metallic materials－ －Tensile testing－ Part 1: Method of test at room temperature：ISO 6892–1:2016［S/OL］.［2021–12–14］. https://www.iso.org/standard/61856.html.

［3］Destructive tests on welds in metallic materials–Transverse tensile test：ISO 4136:2012［S/OL］.［2021–12–14］. https://www.iso.org/standard/62317.html.

［4］Destructive tests on welds in metallic materials – Longitudinal tensile test on weld metal in fusion welded joints.：ISO 5178:2019［S/OL］.［2021–12–14］. https://www.iso.org/standard/75738.html.

［5］Destructive tests on welds in metallic materials–Bend tests：ISO 5173:2009/AMD 1:2011［S/OL］.［2021–12–14］. https://www.iso.org/standard/59428.html .

［6］Destructive tests on welds in metallic materials–Hardness testing –Part 1: Hardness test on arc welded joints：ISO 9015–1:2001［S/OL］.［2021–12–14］.https://www.iso.org/standard/32821.html.

［7］Metallic materials–Charpy pendulum impact test–Part 1: Test method：ISO 148–1:2016［S/OL］.［2021–12–14］. https://www.iso.org/standard/63802.html.

［8］Destructive tests on welds in metallic materials–Impact tests–Test specimen location, notch orientation and examination.：ISO 9016:2012［S/OL］.［2021–12–14］. https://www.iso.org/standard/62318.html.

［9］李久青，杜翠薇.腐蚀试验方法及监测技术［M］.北京：中国石化出版社，2011.

［10］Metallic materials– Unified method of test for the determination of quasistatic fracture toughness：ISO12135:2016［S/OL］.［2021–12–14］.https://www.iso.org/standard/60891.html.

［11］Welding and allied processes–Determination of hydrogen content in arc weld metal：ISO3690:2018［S/OL］.［2021–12–14］. https://www.iso.org/standard/72150.html.

本章的学习目标及知识要点

1. 学习目标

（1）掌握拉伸试验的目的、实施、特征值及试样的分类。

（2）掌握弯曲试验的目的、实施、特征值及试样的分类。

（3）掌握硬度试验的目的、分类、特征值及焊接接头硬度试验的实施。

（4）掌握冲击试验的目的、分类、实施、特征值及焊缝冲击表述方式。

（5）理解疲劳试验和蠕变试验的目的和方法。

（6）理解腐蚀的形式和晶间腐蚀试验的方法。

（7）了解其他破坏性试验方法。

2. 知识要点

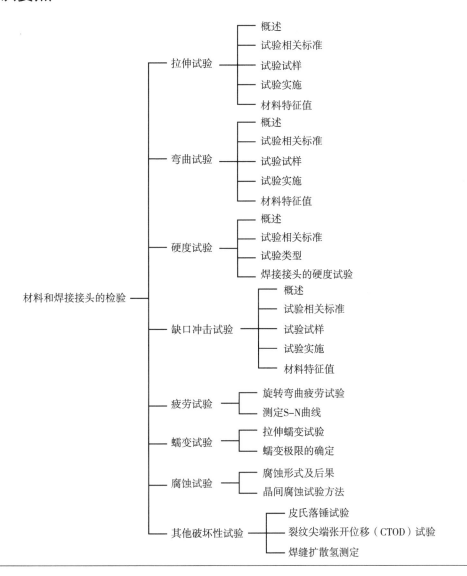

第24章

材料及其焊接接头的金相检验

编写：黄春平 审校：常凤华 吕适强

焊接金相检验是以焊接金属学为理论基础，密切联系焊接工艺条件进行分析，研究焊接接头的组织变化，研究焊接缺陷和接头性能与焊接方法之间的关系，是保证和提高焊接接头质量的一门试验学科。本章主要涉及焊接金相试样的制备、微观组织检验和相关标准规范三个方面的基础知识。

24.1 金相试件的准备

焊接金相试样的制取，从金相分析的角度认为，应当服从金相分析的特点，要满足金相分析试样的要求。但是，焊接金相分析的目的是要研究焊接工艺与金相组织的关系，所以焊接金相试样还是要照顾到焊接接头特点、焊接工艺特点来制取。

24.1.1 焊接金相试样的取样原则

随着焊接技术的发展，新的焊接方法和焊接工艺不断涌现，焊接接头的形式变化日趋复杂，焊接接头的尺寸大小也相差悬殊。此外，由于焊接工艺条件的变化，对焊接接头组织变化影响很大，焊接金相试样的切取部位就要考虑这些影响因素，应当根据焊接方法的特殊性，确定焊接金相取样的部位、数量和大小。焊接热循环、焊后热处理是影响焊接接头组织变化的主要热过程，焊接金相分析时，要明确接头各部位在焊接热过程中的组织特征。

焊接金相试样大小，主要是从金相检验的方便与目的性考虑。取样首要是完整，全面掌握焊接组织与焊接缺陷，分析焊接接头全部组织区域。检查焊接裂纹样，必须尽量暴露焊接裂纹。已经发现焊接裂纹的部位，在裂纹区首尾都要取样。对于事故分析取样，在发生破裂区和未发生破裂区都要取焊道金相试样，来对比破裂区的焊接接头的组织和性能与尚未破裂区域焊接接头组织和性能的变化。

不论是焊接结构上取样，还是在焊接试板上取样，都要在取样手段上认真考究。焊接接头的金相试样切取过程，不能使接头有任何变形、发热，不能使接头内部的缺陷扩展、失真。必须保持金相在试样或焊接结构中的原始形态，这是焊接接头金相取样的重要原则，是使分析结果准确、可靠的重要条件。

焊接金相试样的数量，要根据具体情况而定，既要求数量上充分，又要求用最少的试样取得更多的结果。对焊接金相试样的形状，没有统一要求，它与一般金相试样不同。为了磨制的方便，推荐的尺寸大小是 10mm×10mm 的方形，或直径为 φ10mm 的圆柱形。大多数焊接接头，由于板厚、接头形式不同，焊接试样形式五花八门。焊接接头试样一般应包括焊缝、焊接热影响区、母材三个部分。不管是焊缝的纵截面样还是焊缝的横截面样，都应能很好地暴露出焊缝及热影响区。

截取的焊接金相试样也要考虑分析手段的特点，如在扫描电镜上进行金相断口分析时，应注意断口的保护，试样便于放置与观察，为试样检查和分析的方便提供可能。

24.1.2 焊接金相样的制样方法

大型产品及焊接结构的事故分析取样，多采用气割或机械加工方法切下大块样。取下的试样还要去除不必要的部分，之后进行试样的平整、镶嵌、磨光、抛光、浸蚀等一系列加工。图 24.1 为金相试样的制备步骤的示意图。

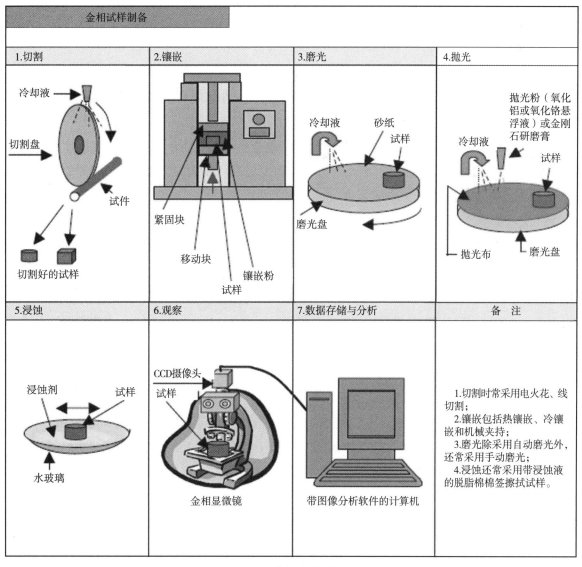

图 24.1　金相试样制备步骤

24.1.2.1 焊接金相试样初步加工

小型试样加工室应当有砂轮机、砂轮切片机、大小虎钳、手锤、手锯、各种锉刀、大小型号钢字头、电刻笔等工具，条件允许时还需配一台电火花线切割机。

低碳钢或低碳合金钢焊接结构解剖时多用气割，再经机械加工切成焊接接头试样，用手锯切去不必要的部分，经砂轮机修磨即可粗磨。对不锈钢、镍基高温合金、硬质合金应用砂轮切片机进一步分割成小试样再进行粗磨。有色金属及碳钢焊接接头可用手锯在虎钳上切取试样。

从结构上、产品上或试板上切取下的金相试样还要进行形状和尺寸的修整。焊接件焊道形状、接头断面的大小很复杂，既要便于金相分析，又要保持试样储存的分析内容，所以，焊接金相试样的大小、形状、尺寸很难有严格的规范。为了显示、观察研究的方便，提高工作效率，切取下粗糙的试样要进行加工修整，比如切去过长的部分，打掉毛边、飞刺、尖角，尽量有一个规则的形状，以便于装夹、拿放，及进一步加工抛磨。

24.1.2.2 特殊焊接试样的夹持及镶嵌

如果焊接试样中尚有相当一部分焊接件及焊接产品的形状特殊，或者是很小、很薄的焊道，取金相试样不太困难，这时就需采取机械夹持和镶嵌的方法。

对于小型的焊接接头金相分析时，因为试样太小，如电子束焊焊接的异种钢锯片或不锈钢、高温合金的微激光焊，试样厚度只有1mm，焊缝宽度又很窄，小试样横截面磨制非常困难，故可用试样夹子把多个试样夹持在一起，同时磨制，既提高工作效率又便于加工；还有些圆柱形小试样，由于横截面面积小，在磨制时易造成观察面倒角，导致在显微镜下不处于一个焦距平面内，影响观察，也可以采用机械夹持的方法进行试样制备。但是这种大量、小试样集体夹持制样及观察分析时都要编好号码，弄清位置严防混样。

对于某些焊接试样的夹持，可能产生变形或不利于加工处理，本身形状也不易于夹持的，则需要镶嵌起来。采用镶嵌的方法可满足高效自动化要求，根据磨抛机夹持头尺寸要求，制备镶嵌样品，可一次同时实现多个样品的磨抛要求，获得质量良好的磨抛表面。根据工作温度的不同将镶嵌分为热压镶嵌和冷镶嵌两种。

热镶嵌常用的镶嵌材料是酚醛树脂。金相镶嵌机工作时，在130~150℃的温度和适当压力下，酚醛树脂熔融固化，完成样品的镶嵌。低熔点合金的镶嵌温度可低些。对于不能承受镶嵌温度影响的样品，则可采用树脂冷镶嵌的方法，通常以环氧树脂为主。

当然，热压镶嵌法也有缺点，如软金属及合金（铅、锡、轴承合金）不宜用热压镶嵌；对于具有淬火马氏体组织的试样，虽然热压嵌镶法加热温度低，但仍会因加热而改变其组织而不宜采用；热压嵌镶不能完全避免试样边缘在磨光和抛光时的倒角出现，故作表层检验时仍不理想。

冷镶嵌法适用于不允许加热的试样、较软或熔点低的金属、形状复杂的试样、多孔洞的试样等，或在没有镶嵌设备的情况下应用。实践证明采用环氧树脂较好，常用配方为：环氧树脂90g，乙二胺10g，还可以加入少量增塑剂（邻苯二甲酸二丁酯）。按以上配比搅拌均匀，注入事先准备好的金属圈内，圈内先将试样放置妥当，2~3h后即可凝固脱模。冷镶嵌除用环氧树脂外，还常用自凝牙托粉＋牙托水、亚克力粉、水晶胶等。

24.1.2.3 试样的磨光

磨光过程是试样制备最重要的阶段，除使试样表面平整外，主要是使组织损伤减少到最低程度，甚至毫无损伤。对于手工制样来说，先用砂轮机或粗砂纸磨平试样表面，然后用 6~8 级的金相砂纸磨光。磨光时施加的压力大小要合适，用力不宜过大，时间也不宜过长，以免试样表面氧化产生新的损伤层，给抛光带来困难。磨样时要注意，换下一道砂纸的时候将试样旋转 90°，同样的砂纸只朝一个方向磨，直到将在上一道砂纸上磨出的磨痕磨光为止。每换一次砂纸都必须将试样清洗干净，不允许把上道工序的残留磨料带到下道工序中，经过这样磨光的试样，肉眼观察非常光滑，置于显微镜下观察，只呈现出一个方向的细磨痕。对于机械磨制来说，可以采用水砂纸机械磨光，水砂纸按粗细分为 200~2000 号，把水砂纸贴在磨光盘上，按顺序逐盘磨光。磨制时不断加水冷却，每更换一道砂纸，样品需用水清洗干净，不允许把上道工序的残留磨料带到下道工序中，并且转换磨制方向，与前道磨痕垂直，把上道工序的磨痕去除。

24.1.2.4 试样的抛光

常用的抛光方法主要有机械抛光、电解抛光和化学抛光。

1. 机械抛光

机械抛光是靠抛光微粉的磨削和滚压作用，把金相试样抛光成光滑的镜面。抛光时抛光微粉嵌入抛光织物的间隙内，相当于磨光砂纸的切削作用。机械抛光所使用的设备主要是抛光机，抛光机由电动机带动抛光盘构成，结构比较简单。良好的抛光机不允许有能感觉到的径向和轴向跳动，使用时抛光盘应平稳、噪声小。

抛光时常用的磨料有氧化铬、氧化铝、氧化铁和氧化镁，将抛光磨料制成水悬浮液后使用。现在比较常用的抛光磨料是金刚石研磨膏，它的特点是抛光效率高，抛光后表面质量好。抛光织物对金相试样的抛光具有重要的作用，依靠织物与磨面间的摩擦使磨面光亮。在抛光过程中，织物的纤维间隙能储存和支承抛光粉，从而产生磨削的作用。一般常用的粗糙抛光织物用帆布，细抛和精抛织物用海军呢、丝绒和丝绸等。

2. 电解抛光

电解抛光采用电化学溶解作用，使试样达到抛光的目的。电解抛光速度快，一般试样经过 0 号或 00 号砂纸磨光后即可进行电解抛光。经电解抛光的金相试样能显示材料的真实组织，尤其是硬度较低的金属或单相合金，对于容易加工变形的合金，如奥氏体不锈钢、高锰钢等采用电解抛光更为合适。但不适用于偏析严重的金属材料、铸铁以及夹杂物检验的试样。

电解抛光是靠电化学的作用使试样达到抛光的目的，用不锈钢作为阴极，被抛光的试样作为阳极，容器中盛放电解液，当接通电流后，试样的金属离子在溶液中发生溶解，在一定电解的条件下，试样表面微凸部分的溶解比凹陷处快，从而逐渐使试样表面由粗糙变得平坦光亮。常用的电解抛光液和规范见表 24.1。

3. 化学抛光

化学抛光是将样品直接侵入某种合适的抛光液中，搅动几秒到几分钟，除去表面的不平整度，形成无变形的表面。化学抛光液大都含有硝酸、硫酸、铬酸或双氧水等氧化剂，由于化学抛光具有一定的局限性，在实践中应用不多。

抛光之后，将试样用清水洗净，滴上几滴酒精，然后用吹风机吹干。

表 24.1　常用的电解抛光液和规范

抛光液名称	成分	规范	用途
高氯酸－乙醇水溶液	乙醇 800ml；水 140ml；高氯酸（$w=60\%$）60ml	30~60V；15~60s	碳钢、合金钢
高氯酸－乙醇溶液	乙醇 800ml；高氯酸（$w=60\%$）200ml	35~80V；15~60s	不锈钢、耐热钢
磷酸水溶液	水 300ml；磷酸 700ml	1.5~2V；5~15s	铜及铜合金
磷酸－乙醇水溶液	水 200ml；乙醇 380ml；磷酸 400ml	25~30V；4~6s	铝、镁、银合金

24.1.2.5 试样的浸蚀

在某些合金中，由于各相组成物的硬度差别较大，或由于各相本身色泽显著不同，在显微镜下能分辨出它们的组织。但大部分的显微组织均需经过不同方法的浸蚀，才能显示出各种组织来，常用的金属组织浸蚀法有化学浸蚀和电解浸蚀法等。

1. 化学浸蚀法

化学浸蚀法是利用化学试剂的溶液，借助于化学或电化学作用显示金属的组织。纯金属及单相合金的浸蚀纯粹是一个化学溶解过程，磨面表层的原子被溶入浸蚀剂中，在溶解过程中由于晶粒与晶粒之间的溶解度的不同，组织就被显示出来。常用金相化学浸蚀剂见表 24.2。

2. 电解浸蚀法

化学浸蚀法虽然有不少强烈作用的浸蚀剂，但对于某些具有极高化学稳定性的合金，仍难清晰地显示出它们的组织，如不锈钢、耐热钢、热电偶材料等。电解浸蚀法的工作原理基本上与电解抛光相同。在电解抛光开始时试样产生"浸蚀"现象，这一阶段正好是电解浸蚀的工作范围。由于各相之间与晶粒之间的析出电位不一致，在微弱电流的作用下各相的浸蚀深浅不同，因而能显示各相的组织。

常见的电解浸蚀剂见表 24.3。

表 24.2　常用金相化学浸蚀剂

浸蚀剂名称	成分	适用范围
硝酸酒精溶液	硝酸 1~5mL；酒精 100mL	淬火马氏体、珠光体、铸铁等
苦味酸酒精溶液	苦味酸 4g；酒精 100mL	珠光体、马氏体、贝氏体、渗碳体
盐酸、苦味酸酒精溶液	盐酸 5mL；苦味酸 1g；酒精 100mL	回火马氏体及奥氏体晶粒
氯化铁盐酸溶液	氯化高铁 5g；盐酸 15mL；水 100mL	纯铜、黄铜及其他铜合金
氢氧化钠水溶液	氧化钠 1g；水 100mL	铝及铝合金
硫酸铜－盐酸溶液	硫酸铜 5g；盐酸 50mL；水 50mL	高温合金

表 24.3　常用电解浸蚀剂

电解液成分	规范			用途
	电流密度 / (A / cm^2)	时间 / s	阴极	
硫酸亚铁 3g；硫酸铁 0.1g；水 100ml	0.1~0.2	30~60	不锈钢	中碳钢、高合金钢、铸铁
铁氰化钾 10g；水 90ml	0.2~0.3	40~80	不锈钢	高速钢
草酸 10g；水 100ml	0.1~0.3	40~60	铂	耐热钢、不锈钢
三氧化铬 1g；水 100ml	6	3~5	铝	铜合金

24.2 显微组织检验设备

24.2.1 金相显微镜

24.2.1.1 特点

一方面，金相显微镜所观察的显微组织，往往几何尺寸很小，小至可与光波波长相比较，此时不能再近似地把光线看成直线传播，而要考虑衍射的影响。另一方面，显微镜中的光线总是部分相干的，因此显微镜的成像过程是个比较复杂的衍射过程。此外，由于衍射等因素的影响，显微镜的分辨能力和放大能力都受到一定限制。目前金相显微镜可观察的最小尺寸一般是 0.2mm 左右，有效放大倍数最大为 1500~1600 倍。

24.2.1.2 分类及作用

金相显微镜的种类主要包括正置式（便于选取视场）、倒置式（方便，对试样底部要求不高）、体式显微镜（断口宏观检验）和工具显微镜（力学测量）四种。金相显微镜的功能主要包括明场、暗场、偏光以及微分干涉 DIC。其中明场是最常用的观察方法，能较真实地显示焊接金相各种不同的组织形貌；暗场则是利用丁达尔现象所产生的光衍射 / 绕射，用斜射照明的方式观察被测试样，可以看到明场看不到的物质；偏光主要用于区别精细组织结构如孪晶、晶界及夹杂物等；DIC 技术则主用于断口宏观检验。

24.2.2 扫描电子显微镜

24.2.2.1 基本原理

扫描电子显微镜利用细聚焦电子束在样品表面逐点扫描，与样品相互作用产生各种物理信号，这些信号经检测器接收、放大并转换成调制信号，最后在荧光屏上显示反映样品表面各种特征的图像。扫描电镜具有景深大、图像立体感强、放大倍数范围大，连续可调、分辨率高、样品室空间大且样品制备简单等特点，是进行样品表面研究的有效分析工具。

24.2.2.2 作用

扫描电镜不同信号的用途见表 24.4。

表 24.4 不同信号的用途

图像	信号	探测器	用途
SE（二次电子像）	二次电子	ETSE，VPSE，EPSE	表面形貌
BSE（背散射电子像）	背散射电子	BSD	成分、形貌
EDS（能谱）	X-ray	能谱仪	元素分析
WDS（波谱）	X-ray	波谱仪	高精度元素分析
EBSD（背散射电子衍射）	背散射电子衍射	PS CCD	晶粒取向、晶面取向
CL（荧光）	阴极荧光	PMT 或 Pbs	半导体及绝缘体缺陷或杂质

24.2.3 透射电子显微镜

24.2.3.1 基本原理

透射电子显微镜的总体工作原理是：由电子枪发射出来的电子束，在真空通道中沿着镜体光轴穿越聚光镜，通过聚光镜会聚成一束尖细、明亮而又均匀的光斑，照射在样品室内的样品上；透过样品后的电子束携带有样品内部的结构信息，样品内致密处透过的电子量少，稀疏处透过的电子量多；经过物镜的会聚调焦和初级放大后，电子束进入下级的中间透镜和第 1、第 2 投影镜进行综合放大成像，最终被放大了的电子影像投射在观察室内的荧光屏板上；荧光屏将电子影像转化为可见光影像。

24.2.3.2 作用

透射电子显微镜在材料科学、生物学上应用较多。由于电子易散射或被物体吸收，故穿透力低，样品的密度、厚度等都会影响到最后的成像质量，必须制备更薄的超薄切片，通常为 50~100nm。所以用透射电子显微镜观察时的样品需要处理得很薄，常用的方法有：超薄切片法、冷冻超薄切片法、冷冻蚀刻法等。

24.2.4 设备的使用程序

下面以奥林巴斯工业显微镜 BX53M 为例，介绍一下实验室常用的正置金相显微镜的操作步骤。

（1）设备的摆放。由于是光学仪器设备，对光线是有要求的，需要选择光线充足的地方，临窗的位置是比较合适的。另外，光学镜头对环境清洁度也是有要求的，需要实验室保持清洁。还有就是工作台必须平稳，一般将金相显微镜置于观察者左侧，距离桌边保持 4~8cm 的距离比较合适。

（2）设备的清洁。先对金相显微镜进行外观检查，机身机械部分用干净的软布擦拭，对透镜要用擦镜纸擦拭，如发现有污垢，可用少量二甲苯清洁。清理镜头手要轻，必须使用专业擦镜纸进行清洁。

（3）镜头的对光。将镜筒升至距载物台 1~2cm 处，低倍镜对准通光孔。调节光圈和反光镜，光线强时用平面镜，光线弱时用凹面镜，反光镜要用双手转动。

（4）试样的安放。将待观测试样放在载物台上，注意需要观测的一面一定朝上。转动平台移动器的旋钮，使要观察的试样对准通光孔中央。

（5）镜头的调焦。调焦时，先旋转粗调旋钮使镜筒慢慢降低，从侧面仔细观察，直到物镜贴近试样，然后用目镜观察，右手旋转粗调焦旋钮抬升镜筒，直到试样物像清晰时停止，然后再用细调焦旋钮回调至清晰。

使用双筒目镜时，双筒可相对平移以适应操作者两眼间距。若观察者双眼视度有差异，可用视度调节圈调节。

（6）金相试样的观察。先用低倍镜，发现目标和确定要观察的部位，然后转至高倍镜，略微调节细调焦旋钮，使金相试样清晰并移动标本视野中心，电脑显示器上会显示清晰的图像。按观测结果进行记录。

观测时应将试样按一定方向移动视野，直至整个标本观察完毕，做到不漏检，不重复。

（7）操作完成。观察完毕后，移除试样，转动转换器，使镜头 V 字形偏于两旁，反光镜要竖立，镜筒降下，清洁干净，然后套上镜套。

如果用的是带有光源的显微镜，则需要将光亮度调至最暗，再关闭电源按钮，防止下次开机时瞬间过强电流烧坏光源灯。

24.3　常用材料及焊接接头微观组织

金属材料焊接成型的过程中，焊接接头各区域经受了不同的热循环过程，因而所获得的组织也有很大的差异，从而导致力学性能的变化。对焊接接头进行金相分析，是对接头性能进行分析和鉴定的一个重要手段，它在科研和生产中已得到了广泛的应用。

24.3.1　光学显微镜检验

光学显微镜由于易于操作、视场较大、价格相对低廉，直到目前仍然是焊接检验和研究工作中最常使用的仪器。

（1）常用材料的金相照片。图 24.2 和图 24.3 为焊接常用材料退火态 45 钢和铸造 TC4 钛合金的金相照片。

图 24.2　45 钢退火状态（4% 硝酸酒精溶液浸蚀）

组织说明：片状珠光体和铁素体（白色）（图 24.2）。

图 24.3 铸造 TC4 钛合金（热染色，偏振光）

组织说明：网篮状 α+β（图 24.3）。

（2）焊接接头的金相照片。图 24.4 和图 24.5 为低碳钢焊接接头和 2219Al(CS) 搅拌摩擦焊接头的微观组织。

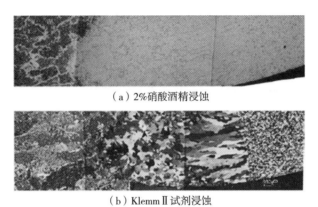

（a）2%硝酸酒精浸蚀

（b）Klemm Ⅱ 试剂浸蚀

图 24.4 低碳钢焊接件

组织说明：最左边为焊缝金属铸态组织，最右边标尺上方为母材组织。中间为热影响区，靠近熔合线附近从最初的粗大不规则晶粒逐渐变成形状规则的小晶粒，随后是柱状晶粒，直到母材上非常细小的等轴铁素体晶粒（图 24.4）。

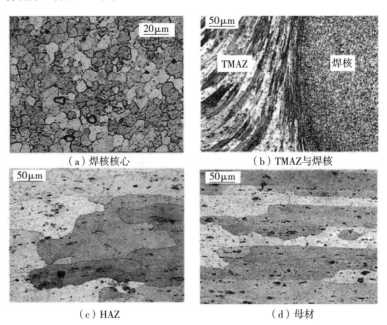

（a）焊核核心

（b）TMAZ与焊核

（c）HAZ

（d）母材

图 24.5 2219Al（CS）搅拌摩擦焊接头微观组织

24.3.2　电子显微镜检验

电子显微镜在材料科学研究中有着广泛的应用。焊接作为材料加工中的重要组成部分,在研究过程中也应用到了扫描电子显微镜。在焊接研究中,焊接接头、焊接后材料组织研究、焊接表面性能分析等方面都不可避免地要使用到扫描电子显微镜。通过对特定研究对象,采用电子显微镜的不同的信息检测器,进行最准确有效的检测实验。图 24.6 为通过扫描电子显微镜拍摄的 Ti40 钛合金激光焊接接头析出相 SEM 图;图 24.7 为通过透射电子显微镜拍摄的 7A09 铝合金电子束焊接头焊缝区 TEM 图。

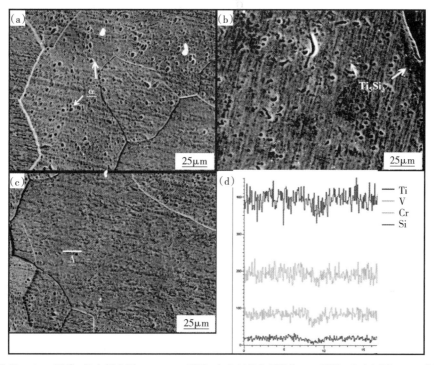

（a）析出相 α SEM 形貌　（b）析出相 Ti5Si3 SEM 形貌　（c）过饱和固溶体 SEM 形貌　（d）区域 A EDS 分析结果

图 24.6　Ti40 钛合金焊接接头析出相 SEM 图

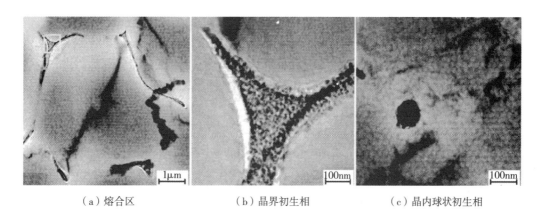

（a）熔合区　　　　　　（b）晶界初生相　　　　　（c）晶内球状初生相

图 24.7　7A09 铝合金电子束焊接头焊缝区 TEM 图

24.4 焊接接头宏观检查

24.4.1 焊接接头宏观检查的范围和目的

宏观组织检查的主要内容包括以下几个方面：①观察焊接接头的各部位组织宏观形态，如柱状晶、等轴晶、树枝晶的结构及分布，焊缝及热影响区的宽度，过渡区的宽度，可以从中了解焊接工艺变动时，对热影响区宽度的影响，对钢的结晶组织的影响；②观察焊缝凝固过程形成的缺陷，如裂纹、气孔、夹渣及母材的非金属夹杂物，或焊后热处理产生的各种缺陷。通过宏观组织的检查，研究焊接接头结晶过程中引起的成分偏析情况，检查焊缝金属与母材的熔合情况，显露焊接接头的熔合线位置。

焊接金相的宏观检查的一些宏观特征包括：①焊缝几何结构；②焊道的数量和大小；③焊透层深度；④HAZ（热影响区）的范围；⑤裂缝、坡口、填充金属过厚、凸面和焊趾角度等表面缺陷；⑥裂缝、孔洞、金属夹杂物、熔化缺失、焊透缺失以及熔渣等内部缺陷；⑦焊缝根部间隙、焊缝根部表面、坡口斜角和错位等接头几何结构。

24.4.2 焊接接头宏观图片示例

图 24.8 为 2219Al（CS）搅拌摩擦焊焊缝横截面宏观形貌；图 24.9 为不同焊接速度下 GH3039 / IC10 电子束焊接接头宏观形貌。

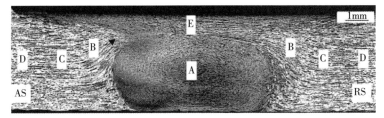

A—焊核；B—TMAZ；C—HAZ；D—母材；E—轴肩变形区；AS—前进侧；RS—返回侧

图 24.8　2219Al（CS）搅拌摩擦焊焊缝横截面宏观形貌

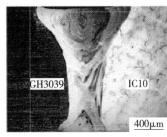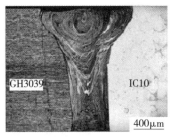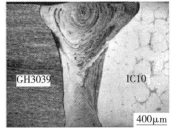

（a）1600mm / min　　　　（b）1700mm / min　　　　（c）1800mm / min

图 24.9　不同焊接速度下 GH3039 / IC10 电子束焊接接头宏观形貌

24.5　金相检验相关标准

金相检验的相关标准见表 24.5。

表 24.5　焊接金相检验涉及的部分相关标准

标准号	标准名称
ISO 17639：2003	Destructive tests on welds in metallic materials — Macroscopic and microscopic examination of welds
ISO 5817：2014	Welding — Fusion-welded joints in steel, nickel, titanium and their alloys（beam welding excluded）— Quality levels for imperfections
ISO 10042：2018	Welding—Arc-welded joints in aluminium and its alloys—Quality levels for imperfections
GB / T 6417.1—2005	《金属熔化焊接头　缺欠分类及说明》
GB / T 26955—2011	《金属材料焊缝破坏性试验　焊缝宏观和微观检验》
GB / T 26956—2011	《金属材料焊缝破坏性试验　宏观和微观检验用侵蚀剂》
GB / T 22087—2008	《铝及铝合金的弧焊接头　缺欠质量分级指南》

参考文献

［1］吕德林，李砚珠．焊接金相分析［M］．北京：机械工业出版社，1987：65.

［2］中国机械工程学会焊接学会．焊接金相图谱［M］．北京：机械工业出版社，1987：26.

［3］黄振东．钢铁金相图谱［M］．北京：中国科技文化出版社，2005：74.

［4］赵熹华．焊接检验［M］.北京：机械工业出版社，2015：85.

本章的学习目标及知识要点

1. 学习目标

（1）了解焊接接头金相检验的目的以及意义。

（2）了解焊接接头金相检验涉及的相关标准。

（3）掌握焊接接头金相试样的制样方法。

（4）掌握焊接接头金相试样的观察方法，具备分析焊接接头的常见缺陷的能力。

2. 知识要点

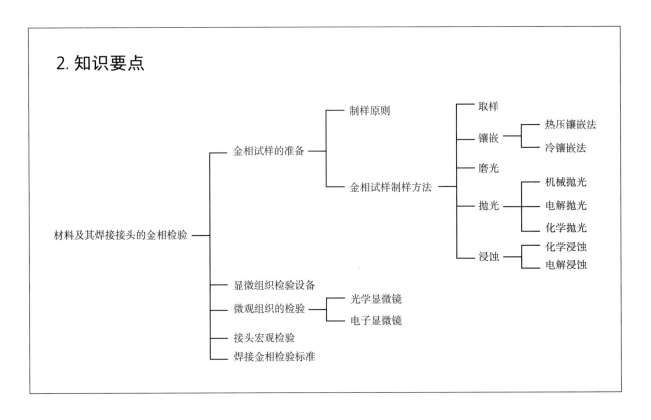